Holzfrei

Nr. 24 — 1953
S. 3669—3828 — 17. Juni

Chemisches Zentralblatt

Vollständiges Repertorium für alle Zweige der reinen und angewandten Chemie

Im Auftrage der Deutschen Akademie der Wissenschaften zu Berlin, der Akademie der Wissenschaften zu Göttingen und der Gesellschaft Deutscher Chemiker
herausgegeben von
Prof. Dr. Maximilian Pflücke

Chefredakteure: Dr. Eugen Klever und Prof. Dr. Maximilian Pflücke

124. Jahrgang
1953

Akademie-Verlag GmbH., Berlin — Verlag Chemie, GmbH., Weinheim/Bergstr.

Inhalt

Namenregister

Chemisches Zentralblatt

1953 Nr. 24 17. Juni

A. Allgemeine und physikalische Chemie.

A_1. Kernphysik und Kernchemie.

Alexander W. Stern, *Diracs Äther im Licht der heutigen Feldtheorie.* (Sitzungsbericht.) Durch Einführung des Äthers in die klass. elektromagnet. Theorie stellt DIRAC die Wechselwrkg. auf die gleiche Stufe mit Teilchen u. Feld. Unter diesem Gesichtspunkt wird die Quantentheorie mit DIRACs Theorie verglichen, in der sich der Äther wie ein quantisiertes Vakuum verhält. (Physic. Rev. [2] **87.** 199. 1/7. 1952.) KIRSCHSTEIN. 80

P. N. Daykin, *Erhaltungsgesetze in der Feynmanschen modifizierten Elektrodynamik.* Ausführliche Darst. des C. **1952.** 2785 referierten Sitzungsberichtes mit einem Anhang über den Beweis des Erhaltungsgesetzes. (Canad. J. Physics **29.** 459—62. Nov. 1951.) GERHARD SCHMIDT. 80

A. Lovati, A. Mura und **G. Tagliaferri**, *Erzeugung neutraler Mesonen bei energiereichen Kernzusammenstößen.* Unter der Annahme, daß π^0-Mesonen bei energiereichen Kernzusammenstößen erzeugt werden, untersuchen Vff. in 3500 m Höhe das Durchdringungsvermögen der emittierten nahezu relativist. Teilchen u. die Vervielfachung der Elektronenschauer, **die bei jeder Kernexplosion beobachtet werden,** in Pb-Platten von mehr als 13 g/cm² Dicke. Die Anzahl von 173 Schauern wird nach der Zahl der Elektronen ($<$ 3, 4, 5, 6—9 u. $>$ 10) analysiert. (Nuovo Cimento [9] **9.** 205—07. 1/2. 1952. Milano, Univ., Ist. di Fis.) GERHARD SCHMIDT. 85

Rudolf Ladenburg, *Die Absorption der ^{14}C erzeugenden Höhenstrahlneutronen in der Atmosphäre.* (Vgl. ANDERSON u. LIBBY, C. **1952.** 4108.) Aus Messungen der Neutronenabsorption mittels zweier B-Zähler, von denen einer mit Sn u. der andere mit Cd abgeschirmt war, wurde die Zahl der pro cm² durch die Rk. ^{14}N(n, p)^{14}C absorbierten Neutronen mit Energien bis zu 14 MeV, gemittelt über die gesamte Erdoberfläche, zu 2,4/cm²·Sek. berechnet. Die Zahl der zerfallenden ^{14}C-Atome ist 2,23/cm²·Sekunde. Die Annahme, daß sich während mehrerer tausend Jahre keine Änderung in der Höhenstrahlintensität ereignet hat, wird durch die Messungen bestätigt. (Physic. Rev. [2] **86.** 128. 1/4. 1952. Princeton, N. J., Univ., Palmer Phys. Labor.) WIEDEMANN. 85

L. C. Maximon und **H. A. Bethe**, *Differentieller Wirkungsquerschnitt für Bremsstrahlung und Paarbildung.* Vff. berechnen den Wirkungsquerschnitt für Bremsstrahlung u. Paarbldg. im Bereich hoher relativist. Energien ohne Verwendung der BORNschen Approximation. Der Hauptteil der Berechnung besteht in der Darlegung, daß die modifizierte Wellenfunktion der Vff. für die Berechnung des Wirkungsquerschnittes ausreicht. Dieses trifft für Energien $\varepsilon \gg mc^2$ u. Streuwinkeln Θ in der Größenordnung von mc^2/ε zu, die allein wesentlich zum Gesamtwirkungsquerschnitt beitragen. (Physic. Rev. [2] **87.** 156. 1/7. 1952. Ithaca, N. Y., Cornell Univ., Labor. of Nucl. Stud.) GERHARD SCHMIDT. 90

Handel Davies und **H. A. Bethe**, *Integraler Wirkungsquerschnitt für Bremsstrahlung und Paarbildung.* (Vgl. vorst. Ref.) Der l. c. angegebene differentielle Wirkungsquerschnitt wird über größere Winkelbereiche nach einer von BETHE angegebenen Meth. integriert. (Physic. Rev. [2] **87.** 156—57. 1/7. 1952.) GERHARD SCHMIDT. 90

J. N. McGruer, D. E. Findley und **H. R. Worthington**, *Streuung von Protonen an Protonen.* 1. Mitt. (Sitzungsbericht.) Die Streuung von Protonen an Protonen wurde im Winkelbereich von 6—45°, bezogen auf das Laboratoriumssyst., u. bei verschied. Energien zwischen 1,8 u. 4,2 MeV in einem Proportionalzähler untersucht, wobei bes. auf Verunreinigungen des als Target benutzten Gases geachtet wurde. Der Streuquerschnitt zwischen 15 u. 45° konnte somit mit einem wahrscheinlichen Fehler von $\pm$0,3% bestimmt werden. (Physic. Rev. [2] **87.** 223. 1/7. 1952. Univ. of Wisconsin.) v. HARLEM. 90

H. R. Worthington, D. E. Findley und **J. N. McGruer**, *Die Streuung von Protonen an Protonen.* 2. Mitt. (1. vgl. vorst. Ref.) (Sitzungsbericht.) Durch Beachtung verschied. experimenteller Faktoren konnte die Streuung bis zu einem Winkel von 6° herab bei Protonenenergien von 1,8—4,2 MeV untersucht werden. Bei allen Energien wurden Abweichungen von der reinen S-Wellenwechselwrkg. beobachtet. Die Abweichungen waren im allg. doppelt so groß **als** die experimentelle Ungenauigkeit. (Physic. Rev. [2] **87.** 223. 1/7. 1952.) v. HARLEM. 90

J. L. Powell und **H. H. Hall**, *Streuung von Protonen an Protonen.* 3. Mitt. (2. vgl. vorst. Ref.) (Sitzungsbericht.) Genauere Unterss. zeigten, daß bei Einschluß eines P-Wellenbeitrages Übereinstimmung mit dem Experiment erhalten werden konnte. Die Einführung eines Drehimpulses >1 ergab keine Verbesserung. Endwerte für die S- u. P-Phasenverschiebung wurden nach der Meth. der gewogenen kleinsten Quadrate für K_0 u. K_1 erhalten. Der theoret. Streuquerschnitt stimmte mit dem experimentell gefundenen in jedem Falle bis auf einige 0,1% überein. K_0 konnte innerhalb $\pm 0,05^0$ bestimmt werden. Geringe negative P-Phasenverschiebungen ($-0,1^0$ bei 3,9 MeV) wurden beobachtet. Die Ungenauigkeit von K_1 reichte gerade noch aus, um die erwartete Energieabhängigkeit festzustellen. (Physic. Rev. [2] **87.** 223. 1/7. 1952.) v. HARLEM. 90

H. H. Hall und **J. L. Powell**, *Streuung von Protonen an Protonen.* 4. Mitt. (3. vgl. vorst. Ref.) (Sitzungsbericht.) Vff. versuchen, die beobachtete Größe u. das Vorzeichen des P-Beitrages auf Grund der üblichen Triplettwechselwirkungen einschließlich eines Austausches von MAJORANA-Kräften zu erklären. Die Annahme einer Ladungsunabhängigkeit der Triplettzustände erlaubt die Best. von Potentialparametern mit Ausnahme des Austausches. Mehrere Parameterauswahlen führen zu dem Schluß, daß der Einfl. des Austausches angenähert durch ($0,35 + 0,65\ P_x$) gegeben ist. Vorläufige Abschätzungen zeigen, daß die angegebenen Zahlen aus den vorhandenen (p—p)-Daten mit ± 20% bestimmbar sind. (Physic. Rev. [2] **87.** 223. 1/7. 1952.) v. HARLEM. 90

J. L. Yntema und **M. G. White**, *(p–p)-Streuung bei 18,3 MeV.* (Sitzungsbericht.) Der differentielle Querschnitt für die Streuung von Protonen an Protonen bei 18,3 $\pm 0,2$ MeV wurde über den Winkelbereich von $90-30^0$ untersucht. Polystyrol- u. Polyäthylenfolien dienten als Streusubstanzen, der Querschnitt wurde durch Koinzidenzzählungen zwischen den Streu- u. Rückstoßprotonen bestimmt. Die Protonen wurden durch Anthracenscintillationszähler mit einer Auflösungszeit von 0,05 μSek. nachgewiesen. Der absol. wahrscheinliche Fehler wurde zu ± 1% bei 90^0 angegeben. Die Kernstreuung schien keine sphär. Symmetrie zu besitzen. (Physic. Rev. [2] **87.** 223. 1/7. 1952. Princeton Univ.) v. HARLEM. 90

E. Greuling, *Modifizierte Fermi-Theorie der Neutronenverlangsamung.* (Sitzungsbericht.) Es wird eine Näherungsformel für Neutronen angegeben, die die starke Absorption, die durch kleine Voll. bedingten Verluste u. die Bremsung in leichten Elementen berücksichtigt. (Physic. Rev. [2] **87.** 177. 1/7. 1952. Duke Univ.) KIRSCHSTEIN. 90

James M. Kennedy, *μ-Mesoneneinfang und Kernschalenstruktur.* Vf. berechnet die Absorptionsgröße negativer μ-Mesonen in *Pb* u. *Ca* unter Verwendung einer Wechselwrkg. vom WHEELERschen Ladungsaustauschtyp (Rev. mod. Physics **21.** [1949.] 133). Zur Berechnung der verschied. Kern-Matrixelemente wird ein Schalenmodell des Kerns benutzt. Das Verhältnis der Absorptionsgröße in Pb zu der in Ca ergibt sich zu 6,1, im Gegensatz zu dem von der WHEELERschen Theorie vorausgesagten Wert von 14,3. Die theoret. Werte für die Absorptionsgröße in *Hg* sind mit den experimentellen Messungen in Übereinstimmung. Die Kopplungskonstante für die Ladungsaustausch-Rk. ist $g \sim 3 \cdot 10^{-49}$ erg·cm^3, angenähert gleich der Kopplungskonstanten für den β- u. μ-Zerfall. (Physic. Rev. [2] **87.** 953—58. 15/9. 1952. Princeton, N. J., Univ., Palmer Physic. Labor.) GERHARD SCHMIDT. 95

Robert H. Rohrer, *Neutroneneinfangresonanzen in Cs, La, Pr, Rb, Tl und Y.* (Sitzungsbericht.) An neutronenaktivierten Proben von $CsNO_3$, Pr_4O_7, La_2O_3, Y_2O_3 $RbNO_3$ u. Tl wurde die unterste Resonanzstufe untersucht. Aus den Zerfallszeiten wurden folgende Energien bestimmt: 10 keV für ^{205}Tl, 5 keV für Y, 970 eV für ^{85}Rb, 600 eV für ^{87}Rb, 380 eV für Pr u. 76 eV für La. Ferner wurde bei Cs ein Abstand von 5,7—300 eV u. bei ^{203}Tl ein Abstand von 270 u. 1300 eV zwischen der ersten u. zweiten Resonanz gefunden. (Physic. Rev. [2] **87.** 177. 1/7. 1952. Oak Ridge Nat. Labor.) KIRSCHSTEIN. 95

Henry W. Newson und **Robert H. Rohrer**, *Niveauabstände und magische Zahlen.* (Vgl. vorst. Ref.) (Sitzungsbericht.) Trägt man den mittleren Abstand der Neutronenresonanzen als Funktion der Neutronenzahl N auf, so zeigt die Kurve für gerade N u. ungerade Z deutliche Maxima bei N = 50, 82, 126, die sich über N-Intervalle von 2—8 nach beiden Seiten erstrecken. (Physic. Rev. [2] **87.** 177. 1/7. 1952. Duke Univ., Emory Univ.) KIRSCHSTEIN. 95

E. E. Salpeter, *Massenkorrekturen für die Feinstruktur wasserstoffähnlicher Atome.* Ergänzend zu C. **1953.** 1436 wird mitgeteilt, daß die Feinstrukturkorrekturen +0,379 MHz für den 2 s-Zustand von H u. −0,017 MHz für den 2 p-Zustand betragen. Für wasserstoffähnliche Atome mit schwereren Kernen sind die Korrekturen angenähert das (Z^5/A)fache derjenigen für H. (Physic. Rev. [2] **87.** 328—43. 15/7. 1952. Ithaca, N. Y., Cornell Univ., Labor. of Nucl. Stud.) GERHARD SCHMIDT. 95

S. G. Nordström, *Notiz über den Abweichfaktor beim α-Zerfall.* Die GAMOW-Formel für den α-Zerfall gilt nur für gerade–gerade-Kerne, während Kerne mit einem ungeraden Neutron oder Proton (oder beidem) verbotenen Zerfall zeigen. Vf. gibt für den verbotenen Zerfall eine neue Darst., nach der beim Austritt eines α-Teilchens aus einem ein ungerades Proton enthaltenden Kern der restliche „α-Lochkern" aus Protonen- u. Neutronenpaaren in ihren untersten Energiezuständen u. dem ungeraden Proton in einem ungeraden Zustand besteht. Bei Anregung des „α-Lochkerns" besteht die Möglichkeit, die Abklingprozesse nach ihrem Verbotenheitsgrad durch direkten Vgl. der Werte für den Abweichfaktor zu klassifizieren. Dieses Verf. erfolgt in analoger Weise zur Klassifizierung der ft-Werte beim β-Zerfall u. der Multipolordnung der γ-Strahlung. (Ark. Fysik **3.** Nr. 34. 547—48. 1952. Helsingfors, Univ., Inst. of Phys.) GERHARD SCHMIDT. 103

R. Nataf und **R. Bouchez,** *Nucleon-Lepton-Wechselwirkung beim β-Zerfall.* Vff. zeigen, daß nach der Theorie die Wechselwrkg. des β-Zerfalls eine lineare Kombination der 5 möglichen Formen S, V, T, A u. P ist, während die experimentellen Ergebnisse auf andere Kombinationen hinweisen. Eine vollständige Erklärung kann für den Verlauf der zugelassenen β-Spektren nicht gegeben werden. Für ^{36}*Cl* wird versucht, den Verlauf des Spektr. mit zwei Größen von T allein sowie mit einer Kombination (T, V) oder (T, S) oder (A, V) wiederzugeben. (Physic. Rev. [2] **87.** 155. 1/7. 1952. Paris, Coll. de France, Labor. de Chim. Nucl.; Univ., Labor. Curie, Inst. du Radium.) GERHARD SCHMIDT. 103

J. M. Robson, *Der radioaktive Zerfall des Neutrons.* (Vgl. C. **1951.** II. 4 u. **1953.** 804.) Unter Verwendung eines zweiten Magnetlinsenspektrometers zur Messung der Energie der β-Teilchen wurden die Koinzidenzen zwischen den Protonen u. den entsprechenden β-Teilchen aus dem Neutronenzerfall erhalten. Es wurde das β-Spektr. des Neutrons über den Bereich von 300 keV bis zum Endpunkt vermessen u. in Übereinstimmung mit der für einen erlaubten Übergang erwarteten Energieverteilung gefunden. Der Endpunkt des Spektr. liegt bei 782 keV mit einem wahrscheinlichen Fehler von ±13 keV. Die Halbwertszeit des Neutrons beträgt 12,8 Min. mit einem wahrscheinlichen Fehler von ±2,5 Minuten. (Physic. Rev. [2] **83.** 349—58. 15/7. 1951. Chalk River, Ontario, Can., A. E. P., Nat. Res. Counc. of Canada.) GERHARD SCHMIDT. 103

D. S. Craig, C. P. Browne, D. J. Donahue, R. M. Williamson und **R. E. Benenson,** *Elektrostatische Analyse von Lithiumreaktionen.* (Sitzungsbericht.) Mit einem sphär. elektrostat. Analysator mit Energieauflösung von 500 wurden die kinet. Energien der bei nachst. Rkk. emittierten Teilchen gemessen. Die Energien der auslösenden Teilchen wurden durch einen zylindr. elektrostat. Analysator mit der ^{7}Li(p,n)^{7}*Be*-Schwellenenergie geeicht. Der Beobachtungswinkel (134° 32′) der frei werdenden Teilchen wurde durch direkte Messungen u. durch Streuprotonen aus einem D-Target bestimmt. Die folgenden Li-Rkk. liefern vorläufige Q-Werte (in MeV): ^{6}Li(p, ^{3}He)α, 4,027; ^{7}Li(d,p)^{8}Li, —0,181; ^{7}Li(p,p′)^{7}Li*, —0,4788 u. ^{7}Li(d,d′)^{7}Li*, —0,4773. (Physic. Rev. [2] **83.** 203. 1/7.; Bull. Amer. physic. Soc. **26.** Nr. 3. 12. 26/4. 1951. Univ. of Wisconsin.) GERHARD SCHMIDT. 103

R. M. Williamson, C. P. Browne, D. J. Donahue, D. S. Craig und **K. W. Jones,** *Energien von Beryllium- und Tritiumreaktionen.* (Vgl. vorst. Ref.) (Sitzungsbericht.) Mit der von Vff. beschriebenen Meth. (l. c.) werden für die nachst. Rkk. die vorläufigen Q-Werte (in MeV) erhalten: ^{9}Be(p,p′)^{9}Be*, —2,43; ^{9}Be(p,d)^{8}Be, +0,5581; ^{9}Be(p,α)^{6}*Li*, 2,123; ^{9}Be(p, ^{6}Li)^{4}*He*, 2,136; ^{9}Be(p,α′)^{6}Li*, —0,06; ^{9}Be(d,^{7}Li)^{4}He, 7,159 u. T(d,α)n, 15,578. Das 2,18 MeV-Niveau von ^{6}Li, das einem Q-Wert von —0,06 entspricht, wurde für drei verschied. Beschußenergien beobachtet. Es wird angenommen, daß es sich um das von HORNYAK u. Mitarbeitern (vgl. C. **1951.** I. **3144**) aus der Rk. ^{7}Li(d,t)^{6}Li* beobachtete Niveau von ~2,3 MeV handelt. Das Tritiumtarget zeigte nahe der Oberfläche eine schnelle Abnahme der Tritiumdichte, so daß der Q-Wert nur als unterer Grenzwert angesetzt werden konnte. (Physic. Rev. [2] **83.** 203. 1/7.; Bull. Amer. physic. Soc. **26.** Nr. 3. 12. 26/4. 1951.) GERHARD SCHMIDT. 103

S. T. Butler und **E. E. Salpeter,** *Differentielle Wirkungsquerschnitte für Abstreif- (stripping) und pick-up-Prozesse.* Vff. weisen durch die Beobachtung der ausgeprägten Vorwärtsstruktur bei der Verteilung der Rk. ^{9}*Be*(d,t)^{8}Be die Tatsache nach, daß bei kleinen Winkeln die Winkelverteilungen der Kern-Rkk., wie z. B. (d,t) u. (t,d), große Beiträge aus pick-up- u. Abstreifprozessen enthalten. Es werden die differentiellen Wirkungsquerschnitte, die aus solchen Rkk. als ein Ergebnis des Abstreif- u. pick-up-Prozesses erwartet werden, berechnet, wobei sich zeigt, daß die Meth. mit derjenigen ident. ist, die bisher für (d,p)- u. (p,d)-Rkk. verwendet worden ist. COULOMB-Wirkungen werden auch hier nicht berücksichtigt. Aus Vereinfachungsgründen werden Ergebnisse mitgeteilt, die unter der Annahme von S-Zuständen nur in den Wellenfunktionen des

Deuterons u. Tritons abgeleitet worden sind. (Physic. Rev. [2] **88.** 133—34. 1/10. 1952. Ithaca, N. Y., Cornell Univ.) GERHARD SCHMIDT. 103

J. Rhodes, W. Franzen und **W. E. Stephens,** *Ionisationsmessung von* $^{10}B(n,\alpha)^{7}Li$. Vff. verwenden eine dünne B-Schicht auf der Wand einer zylindr. Ionisationskammer, die mit langsamen Neutronen beschossen wird, zur Unters. der Ionisation, die durch Rückstoßteilchen der Rk. ^{10}B(n, α)^{7}Li hervorgerufen wird. Zur Eichung wurden Po-α-Teilchen benutzt; die Ausschläge wurden verstärkt u. auf einem Oscilloskopschirm photographiert. Unter Berücksichtigung der Wandeffekte u. der Schichtdicke ließen sich die Ionisationswerte ableiten. Das Verhältnis der durch ^{4}He- u. ^{7}Li*-Rückstöße erzeugten Ionisation wurde zu 1,878 ± 0,014 beobachtet, das aus der Erhaltung des Impulses berechnete Energieverhältnis beträgt 1,7529. Die Differenz kann durch die Annahme erklärt werden, daß die durchschnittliche Energie pro Ionenpaar mit der Geschwindigkeit schwankt. (Physic. Rev. [2] **87.** 141—45. Sitzungsbericht: 206. 1/7. 1952. Philadelphia, Pa., Univ.) GERHARD SCHMIDT. 103

J. L. Ryan, H. H. Givin, L. W. Cochran, B. D. Kern und **T. M. Hahn,** *γ-Strahlenausbeute beim Protonenbeschuß von Bor.* (Sitzungsbericht.) Bei Protonenbeschuß von B mit Energien zwischen 0,5 u. 1,0 MeV wurden die γ-Strahlen mit NaJ-Zählern registriert. Für die Resonanzenergien 0,65, 0,85 u. 0,95 MeV wurden obere Grenzwerte der γ-Ausbeute beobachtet. (Physic. Rev. [2] **87.** 177. 1/7. 1952. Univ. of Kentucky.) KIRSCHSTEIN. 103

D. A. Bromley, *Energiespektrum von Neutronen aus einer Quelle von aktivem Thoriumniederschlag und Beryllium.* Vff. untersuchen in einer WILSON-Kammer mit Hilfe von Rückstoßprotonen das Neutronenspektr. beim Beschuß von Be mit Th (C + C′)-α-Teilchen. Die Maximalenergie der Neutronen wird zu 15,5 MeV gefunden, innerhalb des experimentellen Fehlers für den theoret. Erwartungswert von 14,4 MeV. Eine große Zahl von Neutronen von ca. 2,15 MeV wird festgestellt, die Struktur im übrigen Spektr. kann Anregungszuständen von ^{12}C bei ca. 7,1 u. 4,5 MeV zugeschrieben werden. Die Winkelverteilung der von den Neutronen gestreuten Protonen ist innerhalb der Fehlergrenzen isotrop. (Canad. J. Physics **29.** 129—36. März 1951. Kingston, Ontario, Can., Queen's Univ.) WEIGEL. 103

Alois Schardt, William A. Fowler und **Charles C. Lauritsen,** *Die Zertrümmerung von* ^{15}N *durch Protonen.* Vff. bestimmen die absol. Wirkungsquerschnitte für die Rkk. ^{15}N(p,α)^{12}C (I), ^{15}N(p,αγ)^{12}C (II) u. ^{15}N(p,γ)^{16}O (III) mit im elektrostat. Beschleuniger erzeugten Protonen von 0,2—1,6 MeV. Die bei diesen Rkk. emittierten α- u. γ-Strahlen wurden durch GEIGER-MÜLLER-Zähler in Verbindung mit einem magnet. Spektrographen nachgewiesen. Die Ausbeute der Rk. I wurde auch für ein dickes Target bei 0,100 MeV gemessen. Resonanzen traten bei 0,338, 1,05 u. 1,210 MeV für die Rk. I, bei 0,429, 0,898, 1,210 u. wahrscheinlich bei 1,05 MeV für die Rk. II u. bei 1,05 MeV für die Rk. III auf. Die meisten Resonanzen folgen sehr eng dem Verlauf der Formel für eine Einniveau-Dispersion. Die 1,05 MeV-Resonanz erscheint symmetrisch. Der Wirkungsquerschnitt für die Rk. I kann bis auf Sternenergien extrapoliert werden u. ergibt sich zu $\sigma = (110/E) \exp. (-6{,}95\ E^{1/2})$ barn für E in MeV im Energiebereich nahe bei 0,030 MeV. (Physic. Rev. [2] **86.** 527—35. 15/5. 1952. Pasadena, Calif., Inst. of Technol., Kellogg Radiation Labor.) GERHARD SCHMIDT. 103

Raymond K. Sheline und **Raymond W. Stoughton,** *Der* ^{56}Ni*-Kern.* Das durch Beschuß des abgetrennten ^{54}Fe-Isotops mit 39 MeV-α-Teilchen erzeugte ^{56}Ni besitzt eine 6,4 ± 0,1 Tage-Aktivität durch Hüllelektroneneinfang mit weniger als 1% Positronen. Das Anwachsen des Nachfolgeprod. ^{56}Co bestätigt diese Halbwertszeit. ^{56}Ni sendet γ-Strahlen mit folgenden Energien in MeV (u. relativen Intensitäten) aus: 0,17 (1,0), 0,28 (0,3), 0,48 (0,4), 0,81 (0,8), 0,96 (0,1), 1,33 (0,05), 1,58 (0,15) u. 1,75 (0,02). Die Halbwertszeiten der meisten γ-Strahlen wurden einzeln verfolgt, wobei sich zeigte, daß sie mit der obigen Halbwertszeit übereinstimmten. Koinzidenzen wurden sowohl zwischen den CoK-Röntgenstrahlen u. den γ-Strahlen als auch zwischen den γ-Strahlen selbst beobachtet. Für das α-Abzweigungsverhältnis wird eine obere Grenze von 10^{-4} angenommen. (Physic. Rev. [2] **87.** 1—4. 1/7. 1952. Oak Ridge, Tenn., Nat. Labor., Inst. of Nucl. Stud. u. Chem. Div.) . GERHARD SCHMIDT. 103

Hans E. Suess und **J. Hans D. Jensen,** *β-Umwandlungsenergien, magic numbers und die fehlenden Elemente 43, Technetium, und 61, Promethium.* Vff. suchen nach quantitativen Daten, die einen Einblick geben in die Niveauaufspaltungen, die die einzelnen Schalen voneinander trennen, z. B. den Unterschied der Bindungsenergie des 51. Neutrons gegenüber den Bindungsenergien der Neutronen mit N ≦ 50. Einiges Material hierüber liefern die Daten des natürlichen radioakt. Gebiets, die Unterss. der Einsatzschwellen für (γ, n)-Prozesse u. die Energiebilanzen bei (d, p)-Reaktionen. Um von allen Paarungseffekten frei zu sein, betrachten Vff. nur die Kerne mit ungerader Massenzahl, d. h. die β-Umwandlungen zweier Nachbarisobare. Bei diesen Umwandlungen gibt es zwei verschied. Typen. Entweder ist N ungerade, dann ist, weil A als ungerade vorausgesetzt, Z gerade u. Z + 1 wieder ungerade. Hier wandelt sich beim β^--Prozeß ein ungepaartes Neutron in ein ungepaartes Proton um (umgekehrt beim β^+-Prozeß ein ungepaartes Proton in ein ungepaartes Neutron). Die Charakteristiken dieser ungerade–ungerade-Umwandlungen werden erörtert. Anschließend betrachten Vff. die Umwandlungen, bei denen im β^--Prozeß eine Neutronenpaarung aufgebrochen wird unter Bldg. einer neuen Protonenpaarung u. das Umgekehrte beim β^+-Prozeß eintritt. Abweichungen weisen auf Unterschiede in den Paarungsenergien der beiden Nucleonenarten hin. Die Gesetzmäßigkeit der Abweichungen führt zu dem Ergebnis, daß jedesmal, wenn eine der Nucleonenarten eine der mag. Zahlen 28, 50, 82 überschreitet, die Paarungsenergie dieser Nucleonenart kleiner als die der anderen Nucleonenart ist. Das Fehlen von Tc u. Pm läßt sich zurückführen auf das Verh. in den Paarungsenergien der Nucleonen jenseits der mag. Zahlen. Das Fehlen stabiler Elemente 43 u. 61 kann als Folge einer allg. Gesetzmäßigkeit im Kernbau verstanden werden, die mit neueren Modellverstellungen im Einklang ist. (Ark. Fysik **3**. Nr. 37. 577—84. 1952. Chicago, Inst. for Nucl. Stud.; Heidelberg, Univ., Inst. für theoret. Phys.) GERHARD SCHMIDT. 103

Maria D. Astudillo, *Bestrahlung organischer Halogenverbindungen mit langsamen Neutronen.* Vf. beschreibt Unterss. über die charakterist. Absorption der Strahlung von ^{128}J, die Best. der Höchstenergie der ausgesandten β^--Teilchen, Analyse der Kurve nach FEATHER u. die Best. der Aktivitätsverteilung bei Bestrahlung von CH_3J mit langsamen Neutronen. Die Aktivität findet sich zu 43,6% im wss., zu 56,4% im organ. Extrakt oder zu 81,3% als CH_3J u. zu 18,7% als CH_2J_2. (Inform. Quím. analít. **5**. 201—08. Nov./Dez. 1951. Madrid, Inst. A. Gregorio Rocasolano; Durham u. Cambridge.) R. K. MÜLLER. 103

J. L. Fowler, W. H. Jones und **J. H. Paehler**, *Spaltungsasymmetrie als eine Funktion der Anregungsenergie des Compoundkerns.* Für jede U-Folie wurden nach den radiochem. Methoden von MEINKE (nicht veröffentlicht) die Spaltausbeuten von ^{99}Mo u. ^{111}Ag relativ zu ^{140}Ba bestimmt. ^{99}Mo u. ^{140}Ba treten in den Spitzen der Massenverteilung bei der Spaltung durch therm. Neutronen auf, ^{111}Ag dagegen im Tal dieser Verteilung. Relative Ausbeuten wurden in bezug auf bekannte Ausbeuten durch Anwendung ident. radiochem. Analysen für die Spaltung durch therm. Neutronen in gleichen Mengen von n. *U* erhalten. Der durch die Neutronenspaltung hervorgerufene Untergrund wurde in Folien beobachtet, die sich jenseits der Protonenreichweite befanden. Das Ausbeuteverhältnis ^{99}Mo/^{140}Ba ist als eine Funktion der Protonenenergie nahezu konstant u. 60% höher als im Falle der Spaltung von ^{235}U durch therm. Neutronen. Das Ausbeuteverhältnis ^{111}Ag/^{140}Ba schwankt mit der Protonenenergie in einer Weise, die anzeigt, daß die Wahrscheinlichkeit der symm. Spaltung mit der Anregungsenergie des Compoundkerns schnell zunimmt. Für die durch Protonen induzierte Spaltung sowie für auf andere Weise erhaltene Spaltungen wird die Änderung des Ausbeuteverhältnisses von ^{111}Ag/^{140}Ba im Rahmen der statist. Theorie der Kerne diskutiert. (Physic. Rev. [2] **88**. 71—72. 1/10. 1952. Oak Ridge, Tenn., Nat. Labor.) GERHARD SCHMIDT. 103

J. Kastner, *Die Halbwertszeit von* ^{192}Ir. Mit einem LAURITSEN-Elektroskop wurde die Intensität einer ^{192}Ir-Quelle mit einem Ra-Standard verglichen. Die nach der Meth. der kleinsten Quadrate aufgestellte Zerfallskurve lieferte für ^{192}Ir eine Halbwertszeit von 74,37±0,07 Tagen. (Canad. J. Physics **29**. 480—81. Nov. 1951. Ottawa, Can., Nat. Res. Labor., Div. of Phys.) GERHARD SCHMIDT. 103

Darleane Christian, Russell F. Mitchell und **Don S. Martin jr.**, *Radioaktivitäten von Platin und Iridium aus Photokernreaktionen in Platin.* Pt-Proben von 1—5 g in Röhrchen von 1 cm Durchmesser wurden im 70 MeV-Synchrotron bestrahlt. Die Intensität des Röntgenbündels wurde durch eine Ionisationskammer kontrolliert. Bei der spektroskop. Analyse von Pt u. $PtCl_4 \cdot x\ H_2O$ wurde weder *Os* noch *Ir* gefunden. Die Hauptverunreinigung bestand in ca. 0,01—0,1% *Cu*. Die hohen spezif. Pt-Aktivitäten, die für Zählverss. erforderlich sind, wurden durch einen SZILARD-CHALMERS-Prozeß gewonnen. Die Ir-Fraktion schloß ^{192}Ir u. ^{194}Ir u. zwei neue Isotope, einen 140 Min.-1 MeV-β^--Strahler, wahrscheinlich ^{195}Ir, u. eine 7 Min.-Aktivität, wahrscheinlich ^{197}Ir, ein. In der Pt-Fraktion wurden ^{193}Pt, ^{197}Pt u. das 88 Min.-Isotop, welches durch isomeren Übergang zerfällt, gefunden. Die relativen Ausbeuten der Photokern-Rkk. von Pt pro Atom natürlicher isotop. Häufigkeit werden angegeben. (Physic. Rev. [2] **86**. 946—50. 15/6. 1952. Ames, Iowa, State Coll.) GERHARD SCHMIDT. 103

Frank Asaro und **I. Perlman**, *Die α-Teilchen von Radium.* Bei einer spektrograph. Neubest. der α-Gruppen-Häufigkeitswerte wurde aus der relativen Anzahl der α-Teilchenbahnen die Häufigkeit der Gruppe aus dem 188 keV-Niveau (α_{188}) von ^{226}Ra zu 5,7 ± 0,3 % ermittelt. Im Energiebereich von 300—800 keV unterhalb der α-Hauptgruppe von ^{226}Ra wurde eine obere Grenze von 0,1 % als maximale Häufigkeit einer α-Gruppe bestimmt. (Physic. Rev. [2] **88.** 129—31. 1/10. 1952. Berkeley, Calif., Univ., Radiat. Labor. u. Dep. of Chem.) GERHARD SCHMIDT. 103

R. Vestergaard und **E. Haeffner,** *Bestimmung der α-Energie von ^{235}U.* Mit einer Ionisationskammer vom Gittertyp mit Elektronenkollektor in reinem Ar bei 1 at in Verbindung mit Linearverstärker u. Zehnkanal-Impuls-Amplitudenanalysator wurde für die α-Energie von ^{235}U aus einer Reihe von 11 Verss. ein Mittelwert von 4,393 ± 0,014 MeV relativ zu den α-Energiewerten von ^{234}U u. ^{238}U erhalten. Die Meßkammer u. elektron. Anordnung sowie die Schwierigkeit der Messung so schwacher ^{235}U-Aktivitäten (ca. 1,8 % der Gesamtzahl der Ausschläge) werden angeführt. (Ark. Fysik **3.** Nr. 36. 557—75. 1952.) GERHARD SCHMIDT. 103

Norman J. Holter und **Wilford R. Glasscock,** *Das Aufspüren von Kernexplosionen.* Das sich auf Zerfallseigg. gemischter Spaltprodd. gründende Verf. ermöglicht eine Meth. zur Berechnung des Zeitpunktes der Explosion, welche die Spaltprodd. erzeugt. Die Zerfallskurve für Spaltprodd. wird mit den Werten einer Probe atmosphär. Radioaktivität verglichen, um die Brauchbarkeit der Meth. festzustellen. (Nucleonics **10.** Nr. 8. 10—13. Aug. 1952. Helena, Mont., Holter Res. Found., Phys. Labor.) GERHARD SCHMIDT. 105

J. V. P. Long, *Archäologische Zeitangabe durch Radiokohlenstoffmessungen.* Übersicht über Altersbestimmungen im Bereich von 700—10000 Jahren mittels des β-Strahlennachw. im Schirmgitterzähler. Techn. Einzelheiten der verschied. Meßverff. werden angeführt. (Atomics **3.** 317—19. Dez. 1952.) GERHARD SCHMIDT. 105

H. R. Crane und **E. W. McDaniel,** *Ein automatischer Zähler zur Altersbestimmung nach der ^{14}C-Methode.* Vff. entwickeln eine Modifizierung des LIBBYschen Verf. zur Altersbest. nach der ^{14}C-Meth., die sich von den früheren Anordnungen dadurch unterscheidet, daß sie vollständig automat. arbeitet. Zur Ausschaltung der bisherigen Fehler wird u. a. auf die Reduzierung des Höhenstrahluntergrundes durch Antikoinzidenzzähler u. Abschirmungen, auf die Vermeidung von Materialien, die radioakt. Quellen enthalten, sowie auf die Stabilität der Stromkreise über längere Zeitabstände geachtet. Die mechan. u. elektr. Einzelheiten der Zähleranordnung sowie die Charakteristiken der Zähler werden angeführt. (Science [Washington] **116.** 342—47. 3/10. 1952. Ann Arbor, Univ. of Michigan, Randall Labor. of Phys.) GERHARD SCHMIDT. 112

O. Kenton Neville, *^{14}C-Präparatherstellung und Zähltechnik.* 1. Mitt. *Gaszählungsmethoden.* Übersicht über die beiden wichtigsten Methoden für ^{14}C-Messungen. Für die Gaszählungsmeth. werden Schaltskizzen u. Charakteristiken der Meßgeräte angegeben. (Atomics **3.** 309—16. Dez. 1952. Oak Ridge Nat. Labor.) GERHARD SCHMIDT. 112

E. Baldinger, *Analogierechengerät zur Phasenanalyse von Streuexperimenten mit schnellen Neutronen.* Die theoret. Beschreibung der elast. Streuung von schnellen Neutronen mit dem Spin Null wurde von BLOCH u. anderen Autoren gegeben. Der totale sowie der differentielle Wirkungsquerschnitt läßt sich durch die Phasen der Streuwellen beschreiben. Um die Analyse der Messungen zu erleichtern, wurde ein einfaches Analogierechengerät gebaut, das die Formel für den Wirkungsquerschnitt nachbildet. Auf den Eingang des Rechengerätes wird eine Wechselspannung von 2500 Hz geschaltet. (Helv. physica Acta **25.** 446—47. 15/9. 1952. Basel.) GERHARD SCHMIDT. 112

Sven A. E. Johansson, *Die Verwendung von Scintillationszählern bei der Energiemessung von Röntgen- und energiearmen γ-Strahlen.* Vf. untersucht die Möglichkeit der Messung niedriger γ-Energien bis herunter zu 10 keV sowie kontinuierlicher Röntgenstrahlspektren mit der Scintillationsmethode. Zur Messung wurden NaJ-Kristalle mit einem Tl-Geh. von 3 % in der Schmelze benutzt. Die Absorptionsgrenze der verwendeten Kristalle (0,65 · 0,65 · 0,65 cm) lag bei ca. 150 keV. Untersucht wurden die Isotope ^{141}Ce, ^{193}Os u. ^{203}Hg, um das Verh. des Scintillationsspektrometers innerhalb des Energiebereiches von 10—300 keV näher zu verfolgen. Bei den Verss. wurde die akt. Substanz mit Zapon auf einer Al-Folie befestigt. Die β-Strahlen wurden durch die Folie abgebremst. Bei einer Entfernung von 1 cm zwischen Strahlenquelle u. Kristall konnten selbst ohne Bündelung der Strahlen sehr schwache Quellen (10^{-7}—10^{-9} Curie) verwendet werden. Bei ^{141}Ce lieferte die Impulshöhenverteilungskurve Spitzen bei 142 keV (γ) u. 40 keV ($K\alpha$-Röntgenstrahlung von *Pr*). Bei 315 keV wurden keine γ-Strahlen beobachtet. Die Verteilungskurve von ^{193}Os zeigte Spitzen bei 124 keV (γ) u. 65 keV ($K\alpha$-Röntgenstrahlung von *Ir*). Eine schwache Spitze war bei 35 keV (COMPTON-Elektronen der 124 keV-γ) angedeutet. Die Verteilungskurve von ^{203}Hg ergab Spitzen bei 286 keV (γ) u. 75 keV ($K\alpha$-Röntgenstrahlung von *Tl*). Die Brauchbarkeit der Scintillationsspektrometermeth.

bei 75 u. 100 kV Röhrenspannung zur Unters. kontinuierlicher Röntgenspektren erwies sich trotz der begrenzten Auflösung als gegeben. Der Vorteil der Meth. besteht in der großen Empfindlichkeit, die bis zu mindestens 125 keV konstant (100%) ist. (Ark. Fysik **3**. Nr. 33. 533—45. 1952. Lund, Univ., Dep. of Phys.) GERHARD SCHMIDT. 112

C. P. Keim, *Calutronchargen für die Trennung stabiler Isotope.* (Vgl. C. **1952**. 5683.) Auswahl des Ausgangsmaterials zur Erzeugung einer ausreichenden Zufuhr positiv geladener Ionen für das Calutron (Massenspektrograph), das zur Anreicherung stabiler Isotope verwendet wird. Tabellar. werden die am besten geeigneten Chargen, der Temperaturbereich sowie das Kollektormaterial für die Trennung von weit über 100 stabilen Isotopen von 40 Elementen angeführt. (Nucleonics **10**. Nr. 8. 29—31. Aug. 1952. Oak Ridge, Tenn., Nat. Labor., Y 12-Area.) GERHARD SCHMIDT. 112

A_2. Optisches Verhalten der Materie.

L. Binnendijk, *Die Raumverteilung von interstellarer Materie in der Milchstraße.* Verschied. Kataloge über die interstellaren Intensitäten des H- u. K-Dubletts von *Ca* II, des D 1- u. D 2-Dubletts von *Na* I u. der Bande 4430 Å werden auf ein Syst. von Äquivalentbreiten in Å reduziert. Die beobachteten Intensitätsverhältnisse der Dubletts werden untersucht u. Wachstumskurven abgeleitet. Im allg. ist die Materie in diskreten Gas- oder Staubwolken konz., die in einem dünneren Gaskontinuum liegen. Für ausgewählte kleine Bereiche werden Beziehungen zwischen der Entfernung u. Intensität, Rotverfärbung u. Polarisation aufgestellt u. daraus in dem Bereich vom Radius 1 kParsec um die Sonne in der Milchstraßenebene die Mittelwerte $3 \cdot 10^{-9}$ Ca-Ionen u. $11 \cdot 10^{-9}$ Na-Atome pro cm^3 gefunden. Die Werte für das Kontinuum u. die Gaswolken sind $0{,}8 \cdot 10^{-9}$ bzw. $6 \cdot 10^{-9}$ für Ca-Ionen u. $2 \cdot 10^{-9}$ bzw. $32 \cdot 10^{-9}$ für Na. (Astrophysic. J. **115**. 428—58. Mai 1952. Sproul and Goodsell Obss.) F. W. KRÜGER. 113

I. I. Ahmad, *Die Intensität gewisser He I-Linien in den B-Sternen.* Die Abhängigkeit der Intensitäten der He I-Linien 4471, 4387 u. 4144 Å von der nach dem YERKES-Atlas bestimmten Spektralklasse von Sternen der Hauptreihe u. von Überriesen wird untersucht. Die Intensität ist maximal bei B 2 für 4387 u. 4144 in beiden Reihen u. für 4471 in der Hauptreihe, dagegen für 4471 bei Überriesen im Bereich O 9—B 0. Das p-Spektr. von HD 93521 (abnorm hohe Intensität von 4471) wird diskutiert. (Astrophysic. J. **115**. 341—45. Mai 1952. Yerkes Obs.) F. W. KRÜGER. 113

Jorge Sahade, *Das Spektrum von CPD–60° 3278.* Das Spektr. (Dispersion ca. 42 Å/mm) des Bedeckungsveränderlichen vom 29/6. 1951 ($10^m{,}2$ Maximum $9^m{,}549$) ist ein Schalenspektr. mit scharfer *H*-, *He* I- u. *Ca* II-Absorption. Es liefert die Radialgeschwindigkeit $-20 \pm 1{,}3$ km/Sekunde. Das Spektr. vom 17/8. 1951 ist im wesentlichen unverändert, ergibt aber die Radialgeschwindigkeit $+10 \pm 4{,}2$ km/Sekunde. — Abb. des Spektrums. (Astrophysic. J. **115**. 578—79. Mai 1952. Córdoba, Argentina, Obs. Astron.) F. W. KRÜGER. 113

Arne Slettebak, *Das Schalenspektrum von Omikron Andromedae.* Der Stern ist seit 1946 als Schalenstern bekannt. Sein Spektr. (aufgenommen 1951, Dispersion 30 Å/mm bei Hγ), das enge H-Absorptionskerne u. die Linien von *Fe* I, Fe II, *Ni* II, *Ti* II, *Sr* II, *Sc* II, *Ca* I u. II, *Mg* II u. *Si* II zeigt, hat sich im Blauen seit 1949 nicht verändert, dagegen ist aus einer schwachen Hα-Absorptionslinie eine Emission mit Absorptionskern entstanden. Aus der Linienverbreiterung infolge der Sternrotation ergibt sich eine Schichtung der Schale. Die breiten Flügel der H-Linien lassen auf einen Stern der Hauptreihe schließen. Sein Spektraltyp ist B 6,5. Das Spektr. wird mit dem ihm ähnlichen von HD 217050 (B 5) verglichen. — Abb. der blauen u. roten Schalenspektren. (Astrophysic. J. **115**. 573—75. Mai 1952. Perkins Obs.) F. W. KRÜGER. 113

E. Margaret Burbidge, *Das Spektrum von Chi Ophiuchi.* Das hochaufgelöste Spektr. des photograph. Bereichs zeigt in Emission starke, über breiten *H*-Absorptionen liegende doppelte BALMER-Linien bis H 21 u. Hβ mit 3 nahezu äquidistanten Maxima, das Ultrarotspektr. Hβ als strukturlose intensive Emission u. doppelte PASCHEN-Linien. *Fe* II tritt als schwache doppelte Emission u. *He* I als breite Absorption auf. Neben der bei Hβ auftretenden mittleren Komponente ist das relativ zum violetten starke rote Maximum der Blendlinie *O* II 8446 Å die auffallendste noch nicht geklärte Erscheinung im Spektrum. Chi Ophiuchi ist ein „pole-on"-Stern mit einer Schichtung, die die Fe II-Emission in tieferen Bereichen als die H- u. bes. die O I-Emission entstehen läßt. (Astrophysic. J. **115**. 418—22. Mai 1952. Yerkes u. McDonald Obss.) F. W. KRÜGER. 113

G. Herzberg, *Spektroskopischer Nachweis von molekularem Wasserstoff in den Atmosphären von Uranus und Neptun.* Die mit einem Absorptionsrohr, entsprechend 80 m H_2-Atmosphäre, bei 78° K u. 100 at beobachtete S(0)-Linie der 3-0-Rotationsschwingungsbande wird mit der von Kuiper (Astrophysic. J. **109.** [1949.] 540) in den Spektren von Uranus u. Neptun beobachteten diffusen Erscheinung bei 8270 Å identifiziert. Weitere im Laboratoriumsspektr. beobachtete Linien werden in den Planetenspektren bis auf die Linie 8166 Å einer (2-0, 1-0)-Bande durch starke CH_4-Banden verdeckt. Aus den Planetenspektren folgt für das Verhältnis He/H_2 ca. 3/1, eine Temp. von 78° K u. ein H_2-Partialdruck am Boden von ca. 2 at. (Astrophysic. J. **115.** 337—40. Mai 1952. Ottawa, Can., Nat. Res. Counc., Div. of Phys.) F. W. Krüger. 113

R. H. Garstang, *Über die Coronalinien λλ 5445, 5694 und 4086.* Vf. zeigt, daß entgegen der Annahme anderer Autoren die Linien 5445 u. 5694 Å nicht zu *Ca* XV gehören. 4086 Å wird mit 2 $p^4\ ^3P_1-{}^3P_2$ von Ca XIII identifiziert. Übergangswahrscheinlichkeiten für Ca XIII u. Ca XV werden angegeben. (Astrophysic. J. **115.** 569—70. Mai 1952. Yerkes Obs.) F. W. Krüger. 113

Malcolm P. Savedoff, *Bildung von Absorptionslinien durch nichtkohärente Streuung.* Das Problem nichtkohärenter Streuung mit u. ohne selektive Absorption wird durch Iteration der exakten Integralgleichung für $\bar{J}-B$ ($\bar{J}$ mittlere Strahlungsdichte, B Planck-sche Funktion) für den Fall, daß ε u. η_ν unabhängig von der Tiefe sind, gelöst. Exakte Werte von $\bar{J}-B$ für $\varepsilon = 1$ u. Tabellen, aus welchen die Lösungen nullter Ordnung für beliebige ε u. η_ν bestimmt werden können, werden angegeben. (Astrophysic. J. **115.** 509—28. Mai 1952. Princeton, Univ., Obs.) F. W. Krüger. 114

Po Lee und **G. L. Weissler,** *Absolute Absorption des H_2-Kontinuums.* Die im Bereich 300—1300 Å experimentell untersuchte H_2-Absorption liefert im Ionisationskontinuum bei ca. 780 Å (Ionisationsgrenze 803,7 Å) einen Maximalwert des Absorptionskoeff. von $k = 200\ cm^{-1}$. k fällt linear bis auf $< 20\ cm^{-1}$ bei 303 Å. Die effektive Oscillatorstärke ist $f = 0{,}79$. Die gemessenen k-Werte sind bis auf 15% genau. (Astrophysic. J. **115.** 570—71. Mai 1952. Univ. of South. California, Phys. Dep.) F. W. Krüger. 118

Donald Cuthbertson und **Renée Herman,** *Struktur der Emissionsbande 2940 Å von verdünntem Sauerstoff in einer Xenonatmosphäre.* In O_2–Xe-Gemischen werden die Emissionsschwingungsbande bei 2940 Å aufgenommen u. die Wellenzahlen der Intensitätsmaxima ausgemessen. Es werden ein Schwingungsschema der Banden aufgestellt u. die Schwingungskonstanten bestimmt. Die gegenüber reinem O_2 veränderten Banden werden als verstärkte verbotene Übergänge bzw. als Bandensysteme von Moll. aus Xe mit O bzw. O_2 angesehen. So werden Bandenübergänge O ($^1S \rightarrow$ O (^3P) angenommen, wobei die oberen Niveaus von den beiden Metastabilen Xe ($1\ s_5$) + O ($^1S_0$) gebildet werden. (C. R. hebd. Séances Acad. Sci. **234.** 1355—57. 24/3. 1952.) Rudolph. 118

Janine Granier-Mayence, Stéphane Robin und **Boris Vodar,** *Der Einfluß von bis 1000 at komprimiertem Argon und Stickstoff auf das ultraviolette Absorptionsspektrum von Stickoxyd.* Die Absorption von NO, das zusammen mit Ar bzw. N_2 komprimiert wird, wird zwischen 2000 u. 4000 Å gemessen. In Ar wird mit zunehmendem Druck zunächst eine geringe Verschiebung der Bandenmaxima des γ-Syst. nach langen Wellen, dann eine stärkere nach kurzen Wellen beobachtet. In N_2 verschwinden mit zunehmendem Druck p diese Absorptionsbanden, u. es erscheint bei $p > 100$ at ein kontinuierlicher Untergrund unterhalb 2700 Å. Diese kontinuierliche Absorption, die — wie Vergleichsmessungen zeigen — nicht N_2O- oder NO_2-Moll. zugehört, kann nur durch die Annahme einer spezif. Wrkg. des N_2 auf eine Assoziation zwischen N_2 u. NO-Moll. erklärt werden. (C. R. hebd. Séances Acad. Sci. **234.** 1357—59. 24/3. 1952.) Rudolph. 118

John G. Phillips, *Bemerkung über die Identifizierung des Grundzustandes des TiO-Moleküls.* Das Spektr. wurde bei therm. Gleichgewicht im King-Ofen bei 1900, 2100 u. 2300° angeregt u. mit Gitterspektrographen (Dispersion 50 Å/mm) aufgenommen. Zur Ermittlung der Energiedifferenz zwischen den tiefsten beobachteten Zuständen $a^1\Delta$ u. $X^3\Pi$ werden die Intensitäten der (0,0)-Bande des β-Syst. ($c^1\Phi - a^1\Delta$) bei 5597 Å u. der (0,1)-Bande des α-Syst. ($C^3\Pi - X^3\Pi$) bei 5448 Å bei jeder der 3 Tempp. gemessen u. daraus 3 Werte für die Energiedifferenz $c^1\Phi - C^3\Pi$ berechnet. Für den Mittelwert der gesuchten Energiedifferenz folgt 581 cm^{-1}, d. h. $X^3\Pi$ ist der gesuchte Grundzustand bei Zugrundelegung der bisher bekannten 5 Bandensysteme. (Astrophysic. J. **115.** 567—68. Mai 1952. Univ. of California, Leuschner Obs.) F. W. Krüger. 118

J. Friedel, *Lichtabsorption durch Edelmetalle und ihre Beziehung zum van der Waalsschen Beitrag zur Kohäsionsenergie.* Die Absorption von *Au, Ag* u. *Cu* wird einem Übergang zwischen dem d- u. s-Band zugeschrieben. Das in der nd-Schale entstandene Loch wird durch ein gebundenes (n + 1) s-Elektron abgeschirmt, so daß die Absorption erst bei der Anregungsenergie nd^9 (n + 1) s anfängt. Der Vgl. mit gemessenen Werten anderer Vff. ist befriedigend. Das gleiche Modell kann für die Röntgenabsorption benutzt werden. Es wird gezeigt, wie sich vielleicht aus der Struktur der kurzwelligen Grenze der Absorptionsspitze die Größenordnung der VAN DER WAALSschen Wechselwrkg. zwischen den d-Schalen ableiten läßt. (Proc. physic. Soc., Sect. B **65.** 769—74. 1/10. 1952. Bristol, Univ., H. H. Wills Phys. Labor.) LINDBERG. 122

E. W. Saker, *Die optischen Eigenschaften von flüssigem Selen.* Durchlässigkeit, Absorption u. Brechungsindex von fl. Se wurden als Funktion von Temp. (bis zu 400°) u. Wellenlänge im nahen Ultrarot untersucht. Mit wachsender Temp. verschiebt sich die Absorptionskante zu größeren Wellenlängen entsprechend $1,4 \cdot 10^{-3}$ eV/Grad. Bei niedrigen Frequenzen ist die Absorption sehr gering. Der Brechungsindex nimmt mit steigender Temp. der therm. Expansion entsprechend ab. (Proc. physic. Soc., Sect. B **65.** 785—87. 1/10. 1952. Reading, Univ., Phys. Dep.) LINDBERG. 122

R. J. Collins und **H. Y. Fan,** *Infrarotabsorptionsbande in Germanium.* (Sitzungsbericht.) Die Infrarotdurchlässigkeit von massivem Ge wurde bis zu 38 μ untersucht. Der Absorptionskoeff. der Probe mit hohem elektr. Widerstand (39 Ohm·cm) war bis zu 15 μ so klein, daß er nicht genau bestimmbar war. Dann beginnt er stark mit wachsender Wellenlänge zu steigen u. erreicht ein scharfes Maximum von 25 cm^{-1} bei 29 μ. Eine Probe mit rd. 600mal größerer Trägerkonz. gibt eine ähnliche Kurve für den Absorptionskoeff., die Werte sind nur wenig höher. Die Kurve einer Probe mit noch größerer Trägerkonz. u. sehr viel größerem Absorptionskoeff. kann in zwei Teile zerlegt werden: einen kleinen Teil, wo der Absorptionskoeff. mit wachsender Wellenlänge ansteigt u. den Teil für die Probe mit großem Widerstand. Hieraus folgt, daß die Kurve für die Probe mit hohem Widerstand einer von den Trägern u. den Gittereigg. unabhängigen Absorptionsbande entspricht. Die von BORN abgeleitete Grenzfrequenz der Gitterschwingung für ein Gitter vom Diamanttyp, die durch die elast. Konstanten gegeben ist, war für die Frequenz der Absorptionsspitze gut erfüllt. (Physic. Rev. [2] **86.** 648. 15/5. 1952. Purdue Univ.) v. HARLEM. 122

P. L. Clegg, *Die optischen Konstanten dünner aufgedampfter Metallfilme.* Die opt. Konstanten aufgedampfter Ag-, Au-, Sn- u. In-Filme wurden mit einer photoelektr. Meth. bestimmt (vgl. C. **1953. 3771**). Die Unters. des Einfl. der Aufdampfbedingungen ergab, daß nur Schichtdicke, Temp. u. Sauberkeit der Unterlage eine Rolle spielen. Der Vgl. der gemessenen mit den gerechneten Werten zeigt wieder, daß die D. des Films geringer ist als die des massiven Metalls. Es wird gezeigt, daß mit Hilfe der MAXWELL-GARNETT-Theorie für dünne Filme Übereinstimmung von Theorie u. Messung erreicht werden kann. (Proc. physic. Soc., Sect. B **65.** 774—81. 1/10. 1952. Southampton, Univ.) LINDBERG. 122

E. Burstein, P. L. Smith und **J. W. Davisson,** *Farbzentrenbildung in plastisch deformiertem KCl.* (Sitzungsbericht.) Röntgenbestrahlung von plast. deformierten KCl-Kristallen führt im Gegensatz zu unverformten Kristallen direkt zur Bldg. von R- u. N-Banden sowie zur Bldg. von neuen Banden bei 3400 u. 2400 Å. Das Maß der Farbzentrenbldg. wächst bei mäßiger Deformation, nimmt jedoch bei starken plast. Verformungen wieder ab. (Physic. Rev. [2] **86.** 615. 15/5.; Bull. Amer. physic. Soc. **27.** Nr. 1. 40. 31/1. 1952. Naval Res. Labor.) SPEER. 125

A$_3$. Elektrizität. Magnetismus. Elektrochemie.

R. M. Redheffer, R. C. Wildman und **V. O'Gorman,** *Die Berechnung der Dielektrizitätskonstanten.* Vff. leiten verschied. mathemat. Beziehungen ab, die eine Berechnung der DK. auf Grund experimenteller Daten erlauben. Als Meßverf. wird dabei die Meth. der Ermittlung von stehenden Wellen auf einer geschlossenen Lecherleitung zugrunde gelegt. (J. appl. Physics **23.** 505—08. Mai. **1413.** Dez. 1952. Los Angeles, Calif., Univ. of California, u. Beverly, Mass., United Shoe Mach. Corp.) REUSSE. 132

Frances Britt, *Absorptionsbanden in dem elektrischen Spektrum eines Glases und von Quarz.* (Sitzungsbericht.) Es wurden die dielektr. Eigg. des Glassyst. B_2O_3–SiO_2 mit Zusätzen von 0—3,72 Gew.-% Li_2O untersucht. Trägt man die Verlusttangente graph. gegen die Temp. auf, dann erhält man eine Absorptionsbande, die im allg. für Gläser nicht charakterist. ist; die DK. nimmt nämlich in dem Temperaturgebiet maximaler Absorption sehr schnell zu. Ein ähnliches Verh. wurde an Quarzkristallen beobachtet, die parallel zur Hauptachse geschnitten waren. Verss. wurden bei Frequenzen von 60 u. 10^6 Hz angestellt. Die Absorptionsbande verschob sich bei der höheren Frequenz nach höherer Temp. zu. Bei einem 2,48% Li_2O enthaltenden Glas stieg die Temperaturverschiebung von 160° bei 60 Hz auf 400° bei 10^6 Hz. Anscheinend erhält durch die beginnende Quarzkristallisation in dem Glas eine genügend große Anzahl der Li-Ionen die gleiche Aktivierungsenergie anstatt der breiten Energieverteilung, die sonst n. mit dem regellosen Netzwerk des glasigen Zustandes verbunden sind. Als Verunreinigung werden in natürlichem Quarz gewöhnlich Alkaliionen gefunden; es ist außerdem bekannt, daß

Li^+-Ionen entlang der Hauptachse wandern können. Offensichtlich haben bei einer bestimmten Temp. die Ionen die Aktivierungsenergie, um sich in einer Richtung senkrecht zu der Hauptachse zu bewegen. (Physic. Rev. [2] **86.** 816. 1/6. 1952. Corning Glass Works.) GOTTFRIED. 132

Enis Bas-Taymaz, *Elektronenemissionsmessungen an Systemen Wolfram-Kohlenstoff und Molybdän-Kohlenstoff.* Elektronenemission u. elektr. Leitfähigkeit werden an den Systemen W–C u. Mo–C gemessen, die durch Carburierung von Drähten im Vakuum mit Naphthalindampf ($1-2\cdot10^{-3}$ Torr) bei 2000° K hergestellt wurden. Das Stadium der Carburierung wird an Hand von Messungen des Widerstandes verfolgt. Aus der aufgenommenen RICHARDSON-Geraden ergibt sich für das Syst. W–C (vermutlich W_2C) die Austrittsarbeit Φ = 3,85 eV u. die Mengenkonstante A = 0,35 A/cm²·°K². Zum Unterschied vom stetigen Verlauf der RICHARDSON-Geraden beim W_2C zeigen die des Syst. Mo–C auffällige Sprungpunkte. Bei der Temp. T = 1810° K steigt der Sättigungsstrom J_s sprunghaft um mehr als eine Zehnerpotenz, steigt dann mit T parallel zur ursprünglichen Geraden weiter an u. fällt bei 1940° K wieder sprunghaft auf diese zurück. Bei Abkühlung liegt der Sprung auf die erhöhten Werte erst bei 1810°; J_s läuft dann wieder parallel zur Hauptgeraden u. fällt erst bei 1720° K wieder plötzlich auf diese zurück. Entsprechende Diskontinuitäten mit gleichen Sprungtempp. treten bei der Leitfähigkeit auf. Das Verh. wird auf Gitterumwandlungen zurückgeführt. (Z. angew. Math. Physik [Basel] **2.** 49—51. 15/1. 1951. Zürich, ETH., Inst. für techn. Phys.) RUDOLPH. 135

H. A. Stahl, *Oxydkathode und atmosphärischer Schwefel.* Oxydkathoden werden durch Aufspritzen einer mit Kollodiumlsg. hergestellten Paste aus $BaCO_3$ u. $SrCO_3$ u. nachträgliche therm. Zers. in die Oxyde angefertigt. Elektronenbeugungsdiagramme zeigen neben den Reflexen des *SrO* die des *BaS*. *BaO* verdampft aus der Oberfläche bereits weitgehend bei der therm. Behandlung der Carbonatschichten. Vf. nimmt an, daß durch den H_2SO_4-Geh. der Luft aus dem $BaCO_3$ eine gewisse Menge $BaSO_4$ gebildet wird, die dann beim Glühen der Schichten durch den C des Bindemittels zu BaS red. wird. Lagerungsverss. mit Rohkathoden ergaben keine reproduzierbaren Ergebnisse, auch Verss., die Schichten künstlich zu schwefeln, zeitigten sehr verschied. Resultate. (Chemiker-Ztg. **75.** 305—07. 25/6. 1951. Stuttgart-Vaihingen.) H. W. LEVI. 135

Richard L. Petrity, *Über die Theorie des Rauschens in Photoleitern.* (Sitzungsbericht.) Erweiterung der Theorie des Rauschens von Photoleitern. Die Zahl der Leitfähigkeitselektronen u. die Zahl der Quanten im Strahlungsfeld werden in einem zweidimensionalen MARKOFF-Prozeß als Zufallsvariable aufgefaßt. Das Modell des Photoleiters besteht aus 2 durch $h\nu \gg kT$ getrennten Energieniveaus u. vernachlässigt Effekte des PAULI-Prinzips. Das Strahlungsfeld nimmt den Energieaustausch von $h\nu$ zwischen dem Photoleiter u. dem umgebenden Wärmebad vor. Diskussion der Ergebnisse für verschied. Kopplungsstärken des Feldes mit dem Wärmebad u. dem Photoleiter. (Physic. Rev. [2] **86.** 614—15. 15/5.; Bull. Amer. physic. Soc. **27.** Nr. 1. 39. 31/1. 1952. Catholic Univ. of America.) SPEER. 135

J. W. MacArthur, *Die Elektronenbeweglichkeit in CdS.* (Sitzungsbericht.) Berechnung der Elektronenbeweglichkeit in CdS auf Grund von Anklingmessungen von Photoleitfähigkeitsimpulsen, die durch α-Beschuß erzeugt wurden. Es fanden sich zwei Impulsgruppen: Quantenausbeuten von $\leqq$100% entsprechende n. u. Quantenausbeuten von über 100% entsprechende vergrößerte Impulse, die auf sek. Photoemission zurückzuführen sind. Die n. Impulse besitzen eine Anklingzeit von $4\cdot10^{-8}$ Sek., was einer Beweglichkeit von 300 cm²/V·Sek. entspricht, während die vergrößerten Impulse Anklingzeiten von ca. $3\cdot10^{-7}$, entsprechend einer Beweglichkeit von 40 cm²/V·Sek., aufweisen. (Physic. Rev. [2] **86.** 615. 15/5.; Bull. Amer. physic. Soc. **27.** Nr. 1. 40. 31/1. 1952. Rensselaer Polytechn. Inst.) SPEER. 135

H. P. R. Frederikse, *Thermoelektrische Effekte in Germanium bei tiefen Temperaturen.* (Sitzungsbericht.) Die Thermo-EMK von Ge (gegen Pb) wurde zwischen 10 u. 85° K an zwei mit Sb angereicherten Ge-Einkristallen vom n-Typ untersucht. Die Thermo-EMK. betrug mehrere hundert Mikrovolt u. konnte für T<30° K durch Q = aT dargestellt werden. Oberhalb dieser Temp. wird die Abhängigkeit komplizierter. Das Verh. war sehr ähnlich dem von SiC, CoO u. V_2O_5. Die Theorie ergibt für die Thermo-EMK. von Halbleitern $Q = (k/e)(\ln RT^{3/2} - 5{,}32)$, wo R der HALL-Koeff. ist. Die Formel ergibt gute Übereinstimmung mit den experimentellen Werten bis zu T rund 150° K, scheint aber bei sehr tiefen Tempp. nicht mehr zu stimmen. (Physic. Rev. [2] **86.** 647. 15/5. 1952. Purdue Univ.) v. HARLEM. 135

J. R. Haynes und **H. B. Briggs,** *In Germanium und Silicium durch Rekombination von Elektronenfehlstellen hervorgerufene Strahlung.* (Sitzungsbericht.) Durch Einführung von Trägern in Ge u. Si läßt sich eine Strahlung erzeugen. Bei Zimmertemp. besitzt diese

Strahlung eine scharfe Intensitätsspitze ganz in der Nähe des am besten berechneten Wertes für die Energielücke, so daß sie sehr wahrscheinlich durch eine direkte Rekombination der Überschußelektronen mit den Fehlstellen hervorgerufen wird. Die Wellenlänge des Maximums der strahlenden Energie des Ge nimmt mit abnehmender Temp. ab. Diese Abnahme ist in quantitativer Übereinstimmung mit dem Temperaturkoeff. der Energielücke, abgeleitet aus dem elektr. Widerstand u. Messung des HALL-Effektes ($E_g - 0{,}72 = 10^{-4}T$ eV). Der Wert für die Halbwertsbreite der Intensität der Ge-Strahlung kann durch die empir. Formel $W = 0{,}022 + 3kT(eV)$ über das untersuchte Temperaturgebiet (Zimmertemp. bis zur Temp. des fl. H_2) dargestellt werden. (Physic, Rev. [2] **86**. 647. 15/5. 1952. Bell Telephone Labor.) v. HARLEM. 135

M. B. Prince und **F. S. Goucher**, *Prüfung von Transistorgleichungen.* (Sitzungsbericht.) Mittels der von SHOCKLEY, SPARKS u. TEAL (C. **1952**. 1610) entwickelten Formeln läßt sich aus 5 Parametern eine Größe α für Ge-Transistoren vom n–p–n-Verbindungstyp berechnen. Die an 5 verschied. Proben mit jeweils sehr verschied. Parametern nach drei verschied. Methoden, die kurz beschrieben werden, durchgeführte Best. dieser Parameter ergab für jede Probe Werte von α, die innerhalb der Meßgenauigkeit übereinstimmten. (Physic. Rev. [2] **86**. 647. 15/5. 1952. Bell Telephone Labor.) v. HARLEM. 135

George Jaffé, *Theorie der Leitfähigkeit von Halbleitern.* Vf. gibt eine allg. Theorie der elektr. Leitung in polarisierbaren Medien, bes. in Halbleitern (Berücksichtigung der Gleichrichterwrkg.). Es wird der Einfl. der positiven Leerstellen, der Elektronen u. der negativen u. positiven Ionen berücksichtigt. Die erhaltenen Beziehungen geben die Abhängigkeit derLeitfähigkeit von der Zeit, der Frequenz u. den verschied. Materialkonstanten an. Der Vgl. mit dem Experiment (unveröffentlichte Leitfähigkeits- u. Kapazitätsmessungen an unbehandelten u. formierten *Se*-Scheiben im Frequenzbereich von 2—200kHz) ergibt gute Übereinstimmung, wenn angenommen wird, daß im Se zwei Ionenarten verschied. Beweglichkeit vorhanden sind. Daraus lassen sich weiter die Konz., die Beweglichkeit u. die Diffusionskonstanten der Ladungsträger berechnen. (Physic. Rev. [2] **85**. 354—63. 15/1. 1952. Baton Rouge, La., State Univ.) FUCHS. 135

S. Mizushima, *Thermische und elektrische Leitfähigkeit von Kohlenmaterialien.* In Fortführung der C. **1952**. 7609 beschriebenen Verss. wurden die elektr. u. therm. Leitfähigkeit σ bzw. λ von *Pechkohle* (I) in Abhängigkeit von der therm. Vorbehandlung von I untersucht. I wurde zuerst auf 1300° u. dann je 20 Min. auf verschied. Tempp. zwischen t = 1500 u. 2700° erhitzt. λ steigt mit t ab ca. 1400° stark an; im gleichen Maße steigt auch die Korngröße d von I in der hk0-Richtung mit t an. Der Anstieg von σ erfolgt erst 500° höher; mit ihm geht d in der hkl-Richtung konform. Aus den Verss. folgt, daß die für λ maßgebenden Gitterschwingungen an den Gittergrenzflächen, die für σ maßgebenden Elektronenwellen aber an den unregelmäßigen Potentialen der statist. verteilten Nachbarschichten gestreut werden. (Physic. Rev. [2] **86**. 1040. 15/6. 1952. Tokyo, Keiogijuku Univ., Dep. of Applied Phys.) FUCHS. 135

R. H. Pry, A. L. Lathrop und **W. V. Houston**, *Gyromagnetischer Effekt in einem Supraleiter.* Das gyromagnet. Verhältnis einer supraleitenden *Sn*-Kugel wird mit dem EINSTEIN-DE HAAS-Effekt gemessen u. steht in Übereinstimmung mit der theoret. Erwartung, wenn vollständig freie supraleitende Elektronen angenommen werden. Dabei folgt das gleiche Verhältnis vom mechan. zum magnet. Moment, gleich ob der Stoff als idealer Diamagnet angenommen wird oder ob starke Oberflächenströme im Magnetfeld auftreten. (Physic. Rev. [2] **86**. 905—07. 15/6. 1952. Houston, Tex., Rice Inst.) FAHLENBRACH. 136

Nicolas Perakis und **Jules Wucher**, *Die für das Vanadiumtetroxyd zwischen 81 und 680° K charakteristische thermomagnetische Kurve.* Die magnet. Susceptibilität von V_2O_4 wird zwischen 80 u. 680° gemessen. Eine Verunreinigung von 3% V_2O_3 wird extrapolator. berücksichtigt. Von tiefen Tempp. beginnend finden Vff. ein schwaches Susceptibilitätsminimum bei 115° K, das dem V_2O_3 wahrscheinlich zugehört, u. ein Maximum bei 130° K. Zwischen 130 u. 330° K nimmt die Susceptibilität weiter ab u. springt kurz darüber von $272 \cdot 10^{-6}$ bei 333° K auf $942 \cdot 10^{-6}$ bei 362° K. Nach höheren Tempp. hin wird dann ein CURIE-WEISS-Gesetz mit $\Theta = -720°$ u. einem Moment von 2,1 BOHRschen Magnetonen (μ_B) befolgt (theoret. Moment von $V^{4+} = 1{,}73\ \mu_B$, bei alleiniger Berücksichtigung des Spins). Der dem V_2O_4 zukommende antiferromagnet. Übergang bei ca. 350° K bleibt auch erhalten, wenn man die Susceptibilität von höheren nach tieferen Tempp. hin mißt. Man erhält wegen des sich bei höheren Tempp. bildenden Penta- u. Trioxydes des V nicht genau die gleiche Kurve wieder. Bes. ist der antiferromagnet. Übergang des V_2O_3 (115° K) stärker. (C. R. hebd. Séances Acad. Sci. **235**. 354—56. 4/8. 1952.) FAHLENBRACH. 137

B. M. Aldrich, *Ferromagnetismus und der Curiepunkt.* An 200 *Stahl*-Proben, bes. solchen mit 0,5—0,85% C, wird nach einem Einfl. eines äußeren Magnetfeldes auf den γ–α-Umwandlungspunkt vergeblich gesucht. (Oklahoma Engng. Exp. Stat. Publ. **19.** Nr. 3. 1—42. März 1952. Stillwater, Okla., Inst. of Technol.) FAHLENBRACH. 137

Je. Kondorski und **L. N. Fedotow,** *Temperaturabhängigkeit der magnetischen Sättigung von binären Eisen–Nickel-Legierungen bei tiefen Temperaturen.* Vff. untersuchen experimentell (Beschreibung der Versuchsanordnung) die Feld- u. Temperaturabhängigkeit (u. a. bei 20,4; 77,3 u. 291° K) der magnet. Sättigung I_s bin. *Fe–Ni*-Legierungen verschied. Zus. u. Wärmebehandlung u. bestimmen hierfür die Konstanten I_0 u. Θ' in $I_s = I_0[1 - (T/\Theta')^{3/2}]$ u. aus I_0 die Abhängigkeit des Mittelwertes μ des magnet. Momentes pro Legierungsatom von der Ni-Konz., die sich für ungeordnete Legierungen mit 25—100% Ni als linear erweist. Das 3/2-Gesetz bestätigt sich für Legierungen des Permalloytyps bei allen Konzentrationen. Θ' ist bei gehärteten Proben kleiner als bei lange geglühten; Änderungen von Θ' können als indirekte Anzeichen für Überstrukturumwandlungen dienen. Wärmebehandlung einer binär. Legierung mit 78,6% Ni beeinflußt die Lage des CURIE-Punktes nicht, jedoch Zugabe einer geringen *Mo*-Menge. Bei ungeordneten Fe–Ni-Legierungen ist $\mu^{2/3}\cdot\Theta'/\Theta$ im Bereich 35—100% Ni annähernd konstant. (Известия Академии Наук СССР, Серия Физическая [Nachr. Akad. Wiss. UdSSR, physik. Ser.] **16.** 432—48. Juli/Aug. 1952. Zentral. Wiss. Forschungsinst. für Eisenhüttenkunde.) AMBERGER. 137

C. G. Shull und **M. G. Wilkinson,** *Neutronenbeugungsuntersuchungen bei verschiedenen Übergangselementen.* (Sitzungsbericht.) (Vgl. C. **1952.** 2796.) Neutronenbeugung wird untersucht bei *V, Cr, Mn, Nb, Mo* u. *W*: V, Nb u. W zeigen keinen magnet. Streueffekt bis herunter zu Tempp. von 20° K. V besitzt danach maximal ein lokalisiertes Moment von 0,1 μ_B, W von 0,3 μ_B. Cr andererseits zeigt eine antiferromagnet. Struktur mit einem CURIE-Punkt von 150° u. einem Atommoment von 0,40 μ_B. Die maximale Stärke eines etwaigen lokalisierten Moments kann hier höchstens 0,1 μ_B sein. (Physic. Rev. [2] **86.** 599. 15/5.; Bull. Amer. physic. Soc. **27.** Nr. 1. 24. 31/1. 1952. Oak Ridge, Tenn., Nat. Labor.) FAHLENBRACH. 137

Forrest W. Lancaster und **Walter Gordy,** *Berichtigung: Paramagnetische Resonanzabsorption bei Mikrowellen.* Berichtigung der Formeln u. Bezeichnungen einiger organ. Stoffe, die in der C. **1952.** 3774 referierten Arbeit untersucht worden sind. (J. chem. Physics **20.** 740. April 1952.) FAHLENBRACH. 137

Sidney I. Miller, *Kombinieren von Halbreaktionen und ihren Standard-Elektrodenpotentialen.* Die Gleichungen von Halb- u. Voll-Rkk. entsprechen ihren Normalpotentialen nur dann, wenn in ihnen ein Äquivalent oder ein Elektron (z. B. ½ Cu^{2+}) umgesetzt erscheinen. Am besten werden die Potentialtabellen schon in dieser Weise aufgestellt. Beim Kombinieren solcher Gleichungen ergeben sich manchmal keine E_0 sondern „Voltäquivalente“, die durch die Anzahl der umgesetzten Äquivalente zu teilen sind, um E_0 zu erhalten. (J. chem. Educat **29.** 140—42. März 1952. Ann Arbor, Mich., Univ. of Michigan.) BLUMRICH. 140

Donald Cohen und **J. C. Hindman,** *Oxydationspotentiale der Ketten Neptunium(III)–(IV) und Neptunium(V)–(VI) in Überchlorsäure.* Die Oxydationspotentiale der Ketten Np(III)–Np(IV) u. Np(V)–Np(VI) werden als Funktion der Temp. in 1 mol. $HClO_4$ gemessen. Das formale Potential für die Rk. $Np^{3+}(aq) + H^+ \rightleftharpoons Np^{4+}(aq) + \frac{1}{2}H_2(g)$ beträgt bei 25° —0,1551±0,0010 V. Für diese Rk. ist bei 25° $\Delta\overline{H} = -5{,}7 \pm 0{,}2$ kcal u. $\Delta\overline{S} = 31{,}2 \pm 0{,}8$ Entropieeinheiten. Für die Rk. $NpO_2^+(aq) + H^+ \rightleftharpoons NpO_2^{2+}(aq) + \frac{1}{2}H_2$ ist bei 25° das formale Potential — 1,1373 ±0,0010 V, $\Delta\overline{H} = 28{,}1 \pm 0{,}2$ kcal u. die partielle molale Entropieänderung 6,4±0,6 Entropieeinheiten. (J. Amer. chem. Soc. **74.** 4679—82. 20/9. 1952. Chicago, Ill., Argonne Nat. Labor., Chem. Div.) B. REUTER. 140

Donald Cohen und **J. C. Hindman,** *Die Kette Neptunium(IV)–Neptunium(V) in Überchlorsäure. Die partiellen molalen Wärmen und freien Energien der Bildung von Neptuniumionen.* (Vgl. vorst. Ref.) Das formale Oxydationspotential der Rk. $Np^{4+}(aq) + 2H_2O \rightleftharpoons NpO_2^+(aq) + 3H^+ + \frac{1}{2}H_2(g)$ wird in 1 mol. $HClO_4$ bei 25° zu —0,7391±0,0010 V bestimmt. $\Delta\overline{H}$ beträgt für diese Rk. 35,6±0,3 kcal u. $\Delta\overline{S}$ 62,3±1 Entropieeinheiten. Auf Grund dieser u. früher mitgeteilter Daten (l. c.) wird ein Potentialschema für die Np-Ionen in 1 mol. $HClO_4$ gegeben. Weiter berechnen Vff. die molalen Bildungswärmen $\Delta\overline{H}$ u. freien Energien $\Delta\overline{F}$ der Bldg. der verschied. Np-Ionen in 1 mol. $HClO_4$ bei 298° K u. erhalten dabei folgende Werte (in kcal/Mol): Für $Np^0 + 3H^+ = Np^{3+}(aq) + {}^3/_2H_2(g)$ ist $\Delta\overline{H} = -126{,}9$ u. $\Delta\overline{F} = -126{,}3$; für $Np^0 + 4H^+ = Np^{4+}(aq) + 2H_2(g)$ ist $\Delta\overline{H} = -132{,}6$ u. $\Delta\overline{F} = -122{,}7$; für $Np^0 + 2H_2O(fl.) + H^+ = NpO_2^+(aq) + {}^5/_2H_2(g)$

ist $\Delta \overline{H} = -97,0$ u. $\Delta \overline{F} = -105,7$; für $Np^0 + 2H_2O(fl.) + 2H^+ = NpO_2^{2+}(aq) + 3H_2(g)$ ist $\Delta \overline{H} = -68,9$ u. $\Delta \overline{F} = -79,5$. Die Entropien der verschied. Np-Ionen betragen (in Entropieeinheiten): Np^0 12; Np^{3+} —37; Np^{4+} —84; NpO_2^+ —4; NpO_2^{2+} —13. (J. Amer. chem. Soc. **74.** 4682—85. 20/9. 1952.) B. REUTER. 140

Niro Matsuura, *Einfluß von Fremdmetallspuren im Zinkelektrolyten auf die Zinkelektrolyse.* 1. Mitt. *Bestimmung von Antimonspuren im Zinkelektrolyten.* Unters. über die Fällung des *Sb* aus dem angesäuerten Zn-Elektrolyten als Sulfid, dessen Anreicherung durch Adsorption an gefälltes $BaSO_4$ u. colorimetr. Best. bis zu 0,01 mg Sb/Liter durch Bldg. von Molybdänblau. (J. chem. Soc. Japan, pure Chem. Sect. [Nippon Kagaku Zassi] **73.** 165—68. März 1952. Tokyo Univ. [Orig.: japan.]) SCHULER. 141

Axel Scholander, *Elektrolytische Erscheinungen in der Polarographie.* Vf. zeigt am Beispiel von Tl^+, daß der elektrolyt. Effekt — Red. u. damit Abnahme des Depolarisators — bei polarograph. Unterss. zu Fehlern führt u. gibt die Faktoren (kleines Vol., lange Elektrolysendauer, kleine Diffusionskonstante u. geringe Elektronenzahl) an, die diese Fehler hervorrufen. (Radiometer Polarographics **2.** 74—75. Dez. 1952. Örnsköldsvik, Schweden, Mo och Domsjö AB.) ELCHLEPP. 142

René Audubert, *Phänomene der Überspannung.* Vf. gibt einen allg. kurzen Überblick über den augenblicklichen Stand der Überspannungsforschung, deren genaue Kenntnis für die elektrolyt. Unterss. von großer Bedeutung ist. Trotz großer Fortschritte auf diesem Gebiet sind noch zahlreiche Probleme, wie z. B. die Aktivierungsenergie der Entladungsprozesse, der Ort der Rkk. usw., zu behandeln. (J. Chim. physique Physico-Chim. biol. **49.** C45—46. Jan. 1952.) SURAWSKI. 143

Pierre van Rysselberghe, *Elektrochemische Thermodynamik und Kinetik der Wasserstoffüberspannung.* Das Problem der Beziehung zwischen H_2-Überspannung u. Stromdichte wird im einzelnen betrachtet. Den analogen Ergebnissen einer früheren Arbeit (C. **1950.** II. 2891) sind noch folgende Punkte hinzuzufügen: 1. Einführung eines thermodynam. Aktivitätskoeff. für den aktivierten Komplex, 2. Einführung eines FREUNDLICHschen Exponenten für die Adsorption dieses Komplexes u. 3. eine sehr ins einzelne gehende Prüfung der Bedeutung der „Freien Aktivierungsenergie". Der letzte Punkt führt zu bestimmten Ansichten über die Potentialdifferenz zwischen aktivierter Schicht u. Elektrode; ein Syst., das einer reversiblen Elektrode mit atomaren H gleicht. (J. Chim. physique Physico-Chim. biol. **49.** C47—52. Jan. 1952. Eugene, Oreg., Univ. of Oregon.) SURAWSKI. 143

Roger Parsons, *Die Bedeutung von Doppelmechanismen bei der Wasserstoffüberspannung.* Vf. betrachtet 3 Rkk., die die Ursache der hohen Überspannung bei der elektrolyt. H_2-Entw. zu sein scheinen (vgl. C. **1951.** I. 1273 u. C. **1950.** II. 2891): (1) $H^+ + e \rightarrow A^* \rightarrow H \xrightarrow{\text{schnell}} \frac{1}{2}H_2$ (Entladungs-Rk.); (2) $2H^+ + 2e \xrightleftharpoons{\text{schnell}} H^+ + H + e \rightarrow A^* \rightarrow H_2$ (elektrochem. Rk.); (3) $2H^+ + 2e \xrightleftharpoons{\text{schnell}} 2H \rightarrow A^* \rightarrow H_2$ (katalyt. Rk.). Es bedeuten: H^+ solvatisiertes Proton, e Elektron in der Metallelektrode, H am Metall adsorbiertes H-Atom, H_2 H-Mol. in der Gasphase u. A* aktivierter Komplex, entsprechend der höchsten Energieschwelle, die das Syst. zur Beendigung der Rk. $2H^+ + 2e \rightarrow H_2$ überschreiten muß. In der TAFELschen Gleichung $\eta = a - b \cdot \log^{10} i$, wo η = Überspannung u. i = Stromdichte, ist die Konstante b, wie folgt, charakterisiert: Für Rk. (1) $b = RT \cdot \ln 10/\beta_1 \cdot F$; für Rk. (2) $b = R \cdot T \cdot \ln 10/(1 + \beta_2)$ u. für die Rk. (3) $b = RT \cdot \ln 10/2\,F$. Der Koeff. β stellt eine Funktion der Symmetrie der Energieschwelle dar u. hat einen Wert von $0 < \beta < 1$. Für eine glatte nicht vergiftete Elektrode (symm. Schwelle) beträgt der wahrscheinlichste Wert von β 0,5. Es kann gezeigt werden, daß die 3 Paare des Doppelmechanismus folgende Elektrodenpotentialreihe aufweisen: (1,3) 0,075 V; (1,2) 0,118 V u. (2,3) 0,236 Volt. Überspannungsmessungen über eine hinreichend lange Potentialreihe lassen als Folge der Änderung der TAFELschen Kurve auf die Anwesenheit von Doppelmechanismen schließen. Dies kann auch experimentell bestätigt werden. Bei vergifteter Pt-Elektrode ändert sich die Adsorptionsenergie des H am Pt, wodurch eine Verzögerung der katalyt. Rk. (3) eintritt. Stark vergiftete Elektroden können nicht mehr katalyt. wirken u. zeigen nur noch Entladungsreaktionen. (J. Chim. physique Physico-Chim. biol. **49.** C82—87. Jan. 1952.) SURAWSKI. 143

A_4. Thermodynamik. Thermochemie.

Eduard Schreuer, *Der Gough-Joule-Effekt als meßtechnische Größe.* Vf. geht davon aus, daß die bei adiabat. Kompression Δp eines Stoffes auftretende Temperaturerhöhung $\Delta\vartheta$ durch die KELVINsche Gleichung $\Delta\vartheta = (J \cdot T \cdot \alpha \cdot \Delta p)/(\varrho \cdot C_p)$ quantitativ erfaßt wird, wo α den kub. Ausdehnungskoeff., ϱ die D., C_p die spezif. Wärme, T die absol. Temp. u. J das mechan. Wärmeäquivalent bezeichnet. Für einseitig beanspruchte Festkörper läßt sich α durch den linearen Ausdehnungskoeff. β u. Δp durch den Zug bzw. Schub $\Delta\sigma$ ersetzen, wobei $\Delta\vartheta$ bei Dehnung negativ wird, der Körper sich also abkühlt. Für die Abweichungen der kautschukelast. Körper von diesem Verh., d. h. für die bei Dehnung auftretende Erwärmung (GOUGH-JOULE-Effekt), führt nun Vf. den Nachw., daß beide Fassungen der KELVINschen Gleichung bei Berücksichtigung der durch die Dehnung erzeugten anisotropen, kristallinen Faserstruktur ihre Gültigkeit insofern behalten, als β mit wachsender Dehnung negativ wird bzw. ϱ ansteigt. Vf. gelingt die Deutung der Umwandlungs- als Kompressionswärme, indem er die KELVINsche Kompressions- aus der CLAUSIUS-CLAPEYRONschen Umwandlungsgleichung ableitet, wobei nur α u. C_p wegen ihrer starken Variabilität im Umwandlungsgebiet durch ihre effektiven Mittelwerte zu ersetzen sind. Vf. bestätigte diese Überlegungen auf genau beschriebenem experimentellem Wege für verschied. Gummisorten (Perbunan–Graphit-Systeme) u. fand für die gemessenen Quotienten $\Delta\vartheta/\Delta p$ die erwartete Linearität streng erfüllt, so daß z. B. bei Kenntnis von Cp u. ϱ das sonst nur schwierig bestimmbare α aus Messungen dieser Art berechnet werden kann. Für die untersuchten Systeme fand Vf. die Mischungsregel in der Form $\Delta\vartheta/\Delta p = (J \cdot T \cdot \Sigma k\, \alpha/\varrho)/\Sigma k C_p$ (k Gewichtsanteile der Komponenten) überraschend gut erfüllt. (Kolloid-Z. **124.** 176—81. Dez. 1951. Karlsruhe, TH, Phys. Inst.) R. WOLFF. 148

F. G. Keyes, *Eine Zusammenstellung der Viscositäts- und Wärmeleitfähigkeitszahlen für He, Ar, H_2, O_2, N_2, CO, CO_2, H_2O und Luft.* Für die Viscositäten von He, Ar, H_2, O_2, N_2, CO, CO_2, H_2O u. Luft bei niedrigen Drucken hat Vf. die Beziehung $10^5\eta = a_0 \sqrt{T}/(1 + a\tau/10^{\alpha,\tau})$ abgeleitet ($\tau = T^{-1}$). Für hohe Tempp. geht diese Gleichung in die von SUTHERLAND über. Die für He u. Ar erhaltenen experimentellen Ergebnisse lassen sich nicht durchweg durch diese 3-Konstantengleichung wiedergeben. Vf. führt dies auf ein Dominieren der Rückstoßkomponente als Folge der schwachen Anziehung zwischen den He-Atomen zurück u. weist darauf hin, daß eine genaue Wiedergabe experimenteller Ergebnisse eine bessere Kenntnis u. Berücksichtigung des intermol. Feldes erfordert. Die von ENSKOG entwickelte Beziehung für die Viscosität von Gasmischungen wendet Vf. auf die Systeme H_2–CO_2 u. H_2–C_3H_8 an. Im ersten Fall unterscheiden sich die Viscositäten der Komponenten erheblich, während die von H_2 u. C_3H_8 nahe beieinander liegen. Die Übereinstimmung zwischen den berechneten u. den von TRAUTZ u. KURZ angegebenen experimentellen Werten ist gut. Für die Wärmeleitfähigkeit der betrachteten Gase gilt die prinzipiell gleiche Beziehung wie für die Viscositäten, die erforderlichen Konstanten sind für die 9 Gase tabellar. zusammengestellt. (Trans. Amer. Soc. mechan. Engr. **73.** 589—96. Juli 1951. Cambridge, Mass., Inst. of Technol., Dep. of Chem.) WOELK. 149

F. G. Keyes, *Messungen der Wärmeleitfähigkeit von Stickstoff–Kohlendioxyd-Mischungen.* Die Messung der Wärmeleitfähigkeiten von N_2, CO_2 u. 3 Mischungen dieser Gase bei 0, 50 u. 150° ergab, daß oberhalb eines krit. Drucks die Meßgenauigkeit durch therm. Diffusion (Trennung der Komponenten im Temperaturgradienten der App.) herabgesetzt wird. Der Einfl. des Drucks auf die Wärmeleitfähigkeit wird auf der Grundlage der von ENSKOG entwickelten Gleichung diskutiert, u. für die Abhängigkeit der Wärmeleitfähigkeit der Komponenten vom Druck bei 50° werden die Gleichungen (N_2) $\lambda = \lambda_0 [1 + 0{,}47\, p\tau + 0{,}36\, (p\tau)^2]$ u. (CO_2) $\lambda = \lambda_0 [1 + 0{,}86\, p\tau + 2{,}8\, (p\tau)^2 + 19{,}4 (p\tau)^3]$ mit $\tau = 1/T$ angegeben. Für die Gasmischungen mit 0,3406, 0,5288 u. 0,6650 Mol-% N_2 haben die Koeffizienten von p/T die Werte 0,75, 0,65 u. 0,57 u. sind lineare Funktionen der Zusammensetzung. Vf. wendet die ENSKOG-Gleichung auch auf die Messungen der Wärmeleitfähigkeit von H_2–CO_2-Mischungen von SOPHUS u. WEBER an u. vgl. die theoret. mit den experimentell erhaltenen Werten. (Trans. Amer. Soc. mechan. Engr. **73.** 597—603. Juli 1951. Cambridge, Mass., Inst. of Technol., Dep. of Chem.) WOELK. 149

Ernst Kordes und **Bogislaw Rackow**, *Bestimmung der Schwefeltensionen von Schwermetallsulfiden durch Beobachtung des Anlaufens von Metallen im H_2/H_2S-Gasgemisch.* Vff. prüfen zunächst mit Hilfe der thermodynam. Näherungsgleichung von ULICH die aus der Literatur bekannten K_p-Werte für die Rk. $2H_2 + S_2 \rightleftharpoons 2H_2S$ nach u. geben eine einfache lineare Gleichung für K_p an, die im Temperaturgebiet zwischen 298 u. 1000° K hinreichend genaue Werte liefert. Das H_2/H_2S-Gemisch wurde durch Sättigen von reinem H_2 mit S-Dampf u. darauffolgende Rk. bei ca. 735° dargestellt. Der S-Partialdruck u. damit auch der H_2S-Partialdruck in dem entstehenden H_2/H_2S-Gemisch hängen von der Temp. des S, über den der H_2-Strom geleitet wird, nach der Gleichung $\log P_{H_2S/S_{kond}} = -3780/T_S + 6{,}16$ ab. Die Unterss. werden ausgeführt, indem eine Metallprobe entweder bei konstanter Temp. mit Gasgemischen verschied. Zus. oder bei verschied. Tempp. mit einem konstanten Gasgemisch behandelt u. der Moment des ersten Anlaufens registriert wurde. Aus der in diesem Moment herrschenden Gaszus., ausgedrückt durch die Temp. des S, über den der H_2 geleitet wurde, u. der Versuchstemp. kann die S-Tension des betreffenden Sulfids nach der Gleichung $\log(P_{S_2})_{MS} = -860/T_R - 7560/T_S + 16{,}90$

berechnet werden. Untersucht wurden die Systeme *Cu–CuS, Ag–Ag_2S, Fe–FeS* u. *Pb–PbS.* Die Meth. gestattet es, noch außerordentlich niedrige S-Tensionen zu messen, bis herab zu log P_{S_2} = −23,45 beim Syst. Cu–CuS bei 508°. Die gemessenen Werte werden thermochem. ausgewertet u. liefern Bildungswärmen von 18,6 kcal für Cu u. 6,2 kcal für Ag. Die Übereinstimmung der theoret. nach der Gleichung von ULICH ermittelten log P_{S_2}-Werte mit den experimentell gefundenen ist verschieden gut. Für fl. Pb ließ sich die Anlaufmeth. nicht anwenden, da die Löslichkeit von PbS in fl. Pb so groß ist, daß die Anlaufschicht viel zu spät in Erscheinung tritt, es mußte daher auf Messungen an dem Syst. Pb–PbS verzichtet werden. (Z. physik. Chem. **200.** 129—57. Aug. 1952. Jena, Univ., Physikal.-Chem. Inst.) H. W. LEVI. 150

R. L. Orr und **J. P. Coughlin,** *Wärmeinhalt von Magnesiumorthotitanat und Magnesiumdititanat bei hohen Temperaturen.* Es wurden die Wärmeinhalte von Mg_2TiO_4 zwischen 392,4 u. 1817,8° K u. von $MgTi_2O_5$ zwischen 396,8 u. 1812,1° K gemessen. Die von Verunreinigungen freien Substanzen wurden während der Messung in PtRh-Kapseln eingeschlossen. Korrekturen für die Wärmeinhalte dieser Kapseln wurden durch besondere Verss. ermittelt. Die Genauigkeit der gemessenen Werte ist besser als 0,1%. Beide Substanzen zeigten n. Verh. u. es traten keine Umwandlungen oder Gebiete anomaler Wärmekapazitäten auf. Neben einer Tabelle der gemessenen Werte geben Vff. eine Zusammenstellung der Wärmeinhalte u. Entropieinkremente von 400—1800° K in Abständen von 100° an. Die Gleichungen für die Temperaturabhängigkeit der Wärmeinhalte werden für beide Substanzen angegeben. (J. Amer. chem. Soc. **74.** 3186—87. 20/6. 1952. Berkeley, Calif., U. S. Dep. of Interior, Reg. III, Bur. of Min., Min. Thermodyn. Branch.) E. HEINRICH. 151

Thomas B. Douglas, Anne F. Ball, Defoe C. Ginnings und **William D. Davis,** *Wärmekapazität von Kalium und drei Kalium–Natrium-Legierungen zwischen 0 und 800°, der Tripelpunkt und die Schmelzwärme von Kalium.* Vff. untersuchten die Enthalpieänderungen von K u. drei K–Na-Legierungen, die ca. 45, 54 u. 78% K enthielten, zwischen 0 u. 800°. Die in Behälter aus korrosionsbeständigem Stahl eingeschlossenen Proben wurden in einem Ofen bis zu jeweils bestimmten Tempp. erhitzt u. dann in ein Eiscalorimeter überführt, in dem die bei der Abkühlung der Proben auf 0° entwickelte Wärmemenge gemessen wurde. Die Probenbehälter u. der Ofenkern waren mit He gefüllt, um die Oxydation der Behälter zu vermeiden u. die Einstellung des therm. Gleichgewichts zu beschleunigen. Die Wärmekapazität der leeren Behälter wurde gemessen u. weitere Korrektionsfaktoren bestimmt. Für eine K-Probe ergab sich bei einem Druck von 25 mm ein F. von 62,58°. Der Tripelpunkt des reinen K liegt bei 63,20°. Diese F.-Erniedrigung steht in Übereinstimmung mit einer Verunreinigung von 0,15 At.-%, die auch bei spektrograph. Analyse gefunden wurde. Vff. geben in 4 Tabellen die bei verschied. Tempp. an K u. den drei Legierungen gemessenen Enthalpien u. die sich aus diesen Werten ergebenden empir. Gleichungen an. Hieraus wurden die Wärmekapazitäten zwischen 0 u. 900° berechnet u. die Gleichungen für die relativen Entropien des festen u. fl. K aufgestellt. Vff. stellen fest, daß die Wärmekapazitäten der fl. Legierungen gut mit den additiv aus den entsprechenden Werten von K u. Na berechneten übereinstimmen. (J. Amer. chem. Soc. **74.** 2472—78. 20/5. 1952. Washington, D. C., Nat. Bur. of Stand.; Knolls Atomic Power Labor.) E. HEINRICH. 155

D. F. Evans und **R. E. Richards,** *Die Bildungswärmen von Germaniumtetrabromid und Germaniumtetrajodid.* Es wurden die Lösungswärmen von $GeBr_4$, GeJ_4 u. von GeO_2 in 1,2n NaOH gemessen. Die Lsg. befand sich in einem zylindr. Silbercalorimeter. Ein kleines Glasrohr, das in dem Calorimeter befestigt war, enthielt die Substanz. Das offene Ende des Glasröhrchens war plan geschliffen u. wurde durch ein von einer dünnen Ölschicht gehaltenes Glimmerblättchen verschlossen. Bei Rotation des Calorimeters wurde der Glimmerdeckel durch ein glasumkleidetes Gewicht entfernt. Das Calorimeter wurde mittels der Lösungswärme von festem KCl in W. geeicht (4,201 kcal, 25°). Aus den Lösungswärmen ergaben sich folgende Bildungswärmen: Ge (fest) + 2 Br_2 (fl.) = $GeBr_4$ (fl.), mittleres $\Delta H = -78{,}5$ kcal/Mol, Ge (fest) + 2 J_2 (fest) = GeJ_4 (fest), mittlere $\Delta H = -30{,}5$ kcal/Mol. Die Bindungsenergie für Ge–Br beträgt 63,5 u. für Ge–J 48,1 kcal/Mol. Für die gasförmigen Ge-Tetrahalogenide sind die Bildungswärmen: $GeBr_4$ = 83,3 kcal/Mol u. GeJ_4 = $42_{,0}$ kcal/Mol. Zum Vgl. sind die entsprechenden Bildungswärmen der Si-Tetrahalogenide angegeben. (J. chem. Soc. [London] **1952.** 1292—94. April. Oxford, Phys. Chem. Labor.) E. HEINRICH. 155

A₅. Grenzschichtforschung. Kolloidchemie.

Je. A. Porai-Koschitz, A. M. Kalinina und **W. N. Filipowitsch,** *Untersuchung der Struktur einiger Silicagele nach der Methode der Röntgenstrahlenstreuung unter kleinen Winkeln.* Mit Hilfe von FeKα-Strahlung wurden die Röntgenogramme folgender Silicagele aufgenommen: homogen-grobporiges mit dem effektiven Porenradius 100 Å (A); homogenporiges mit dem Porenradius 40 Å (B); heterogenporiges mit dem Porenradius 15—150 Å. Der minimale Streuwinkel betrug für alle Röntgenogramme 6,5', der maximale Streuwinkel (bei B) 2° 30'. Die mikrophotometr. Kurven u. die Kurven log J (J = Intensität)-Streuwinkelquadrat zeigten die Monodispersität von A u. B sowie die Polydispersität von C. Die quantitative Berechnung für den Radius der Inhomogenitätsgebiete ergab völlige qualitative Übereinstimmung mit den Ergebnissen nach anderen Verff., bei B außerdem eine quantitative Übereinstimmung. Da bei B das Porenvol. mit 65% nach der Sorptionsbest. fast doppelt so groß war wie das Teilchenvol. (35%), ist die erfolgte Best. des Porenradius u. nicht des Teilchenradius wahrscheinlich. Dasselbe gilt für C, weil bei 70% Porenvol. gegen 30% Teilchenvol. die Ggw. großer Poren unwahrscheinlich ist. Bei A erwies sich der röntgenograph. bestimmte Radius als 1,5mal kleiner als nach der Sorptionsmethode. Welcher Radius hier röntgenograph. ermittelt wurde, konnte nicht entschieden werden. Die Genauigkeit der röntgenograph. Best. des minimalen Teilchenradius beträgt ca. 5%. (Доклады Академии Наук СССР [Ber. Akad. Wiss. UdSSR] [N. S.] **86.** 985—88. 11/10. 1952.) LEBTAG. 162

Theodore A. Litovitz, *Die Temperaturabhängigkeit der Viscosität assoziierter Flüssigkeiten.* Die für assoziierte Fll. aufgestellte Gleichung $\eta = A \cdot \exp(a/R\,T^3)$ mit a u. A als Konstanten gibt die experimentellen Befunde an *W.* u. *Glycerin* sehr gut wieder. In grober Annäherung ist a der Anzahl der OH-Gruppen im Mol. proportional. Für Gemische derartiger Fll. mit den Molenbrüchen X_1 u. X_2 gilt a (Gemisch) = $X_1\,a_1 \cdot + X_2\,a_2$. (J. chem. Physics **20.** 1088—89. Juli 1952. Washington, D. C., Catholic Univ. Amer.) HENTSCHEL. 172

P. G. H. Boswell, *Die Entwicklung der Forschung über die Rheotropie geologischer Stoffe.* Hinweis auf den Unterschied zwischen Rheotropie u. Thixotropie u. Übersicht über das Fließverh. der Tone. (Sci. Progr. **39.** 608—22. Okt. 1951. London, Imp. Coll. Sci. Technol.) HENTSCHEL. 173

René Jottrand, *Anwendung der Messung der Dielektrizitätskonstanten von Suspensionen zur Untersuchung des Absitzens.* Die Konz. einer Suspension an einem beliebigen Punkt wird durch Messung der Kapazität eines Kondensators bestimmt, der so angeordnet ist, daß er den zu untersuchenden Effekt nicht stört. Verss. mit *Quarz*-Pulver von 56 μ Durchmesser in einem Gemisch von *Bzl.* u. *Nitrobenzol* zeigen, daß der Grad der Packung des Sediments eine Funktion seiner Höhe ist u. nicht von der Verweilzeit im Absetzgefäß abhängt. Das Verf. kann u. a. auch für Messungen an Cyclonseparatoren verwendet werden. (Chem. Engng. Sci. **1.** 81—85. 1951. Bruxelles, Univ. libre, Labor. de Chim. Ind.) K. L. WOLF. 174

J. W. Smith, *Die Adsorption von Gasen an festen Oberflächen.* Allg. Übersicht unter besonderer Berücksichtigung der auf der Diskussionstagung der FARADAY-Society 1950 gehaltenen Vorträge. (Sci. Progr. **39.** 669—78. Okt. 1951. London, Bedford Coll.) HENTSCHEL. 176

W. Juda, N. W. Rosenberg, J. A. Marinsky und **A. A. Kasper,** *Elektrochemische Eigenschaften von Ionenaustauschharzen.* 1. Mitt. *Donnan-Gleichgewichte, Membranpotentiale und Leitfähigkeiten.* Man kann die Ionenaustauscherharze als feste Elektrolyte auffassen. Für 2 chem. verschied. Ionenaustauscher, *Permionic CR 41* u. *CR 51* (vernetzte Phenolsulfonate), die in Membranform verwendet werden, werden die elektrochem. Eigg. ihrer Na-Salze, die Überführungszahl des Na^+-Ions aus Konzentrationsketten sowie die Leitfähigkeit gemessen u. mit der DONNAN-Membrandiffusion für NaCl verglichen. Aus den Messungen ergibt sich, daß das Na-Salz von Permionic CR 51 stärker dissoziiert ist, während bei CR 41 Assoziation in Ionenpaare anzunehmen ist. Die elektr. Leitfähigkeit kann man bei beiden Membranen als eine rein elektrolyt. mit gleichförmigem Ionenstrom durch den Querschnitt ansehen. (J. Amer. chem. Soc. **74.** 3736—38. 5/8. 1952. Cambridge, Mass.) HENTSCHEL. 176

F. H. Spedding und **J. E. Powell,** *Quantitative Berechnung des Verhaltens von Elutionsbanden bei der Trennung der Seltenen Erden durch Ionenaustauschersäulen.* Unter der Voraussetzung, daß die zur Trennung der Seltenen Erden verwendeten Ionenaustauschharze eine konstante Äquivalenzkapazität für die adsorbierten Ionen haben, läßt sich die Länge der Banden berechnen, wenn die Zahl der Äquivalente auf der Kolonne bekannt ist. Innerhalb dieser Banden bilden die Seltenen Erden individuelle Banden, beginnend mit den schwereren, die unter Gleichgewichtsbedingungen scharf ausgebildet sind. Vff. vergleichen experimentell erhaltene Werte für die erforderlichen Mengen Elutionsmittel (0,1% Citronensäure, die mit NH_4OH auf einen bestimmten p_H-Wert, zwischen 5,5 u. 7,3, eingestellt ist) mit den aus der Gleichung $V_B = A - B/C_{NH_4^+}$ berechneten (A = Austauschkapazität der Harzschicht in mÄquivalenten, B = adsorbierte mÄquivalente Seltene Erden u. $C_{NH_4^+}$ = mÄquivalente NH_4^+-Ion des Elutionsmittels) u. weisen darauf hin, daß eine Berechnung der Länge der Gleichgewichtsbanden, der Geschwindigkeit, mit der sie über die Säule wandern, der notwendigen Säulenlänge sowie der erforderlichen Menge Elutionsmittel in den meisten Fällen mit einer Genauigkeit bis zu 1—2% möglich ist. (J. Amer. chem. Soc. **74.** 856—57. 5/2. 1952. Ames, Iowa, State Coll., Inst. for Atomic Res., Dep. of Chem.) WOELK. 177

F. H. Spedding und **J. E. Powell,** *Quantitative Theorie der Trennung der Seltenen Erden durch Ionenaustauschersäulen.* (Vgl. vorst. Ref.) Die von Vff. angestellten Berechnungen für die Trennung der Seltenen Erden (SE) durch Ionenaustauscherharze erlauben in Verbindung mit noch unveröffentlichten experimentellen Daten die rechner. Ermittlung der Aktivitätskoeffizienten des Harzes. Hierzu ist u. a. noch die Kenntnis der Ionisationskonstante der als Elutionsmittel benutzten Citronensäure sowie der Gleichgewichtskonstanten des gebildeten Komplexes $SEcit_2^{3-}$ erforderlich. (J. Amer. chem. Soc. **74.** 857. 5/2. 1952.) WOELK. 177

A_6. Strukturforschung.

N. Kato, *Dynamische Theorie der Elektronenbeugung für einen endlichen polyedrischen Kristall.* 1. Mitt. *Erweiterung der Betheschen Theorie.* Vf. gibt eine zusammenhängende Darst. der Theorie der Aufspaltung eines Interferenzstrahls, die im Falle einer einfachen Interferenz bei Durchstrahlung eines keilförmigen Kristalls auftritt. Die Berechnung der Wellenamplituden dehnt Vf. auf den Fall aus, daß nur ein endlicher Querschnitt des Kristalls bestrahlt wird, indem er einen Kristallausschnitt durch Blenden begrenzt denkt u. die KIRCHHOFFschen Grenzbedingungen ansetzt. (J. physic. Soc. Japan **7.** 397—406. Aug. 1952. Nagoya Univ., Physikal. Inst.) NIEHRS. 181

N. Kato, *Dynamische Theorie der Elektronenbeugung für einen endlichen polyedrischen Kristall.* 2. Mitt. *Fraunhofersche Formel.* (1. vgl. vorst. Ref.) Für die FRAUNHOFERsche Beobachtung der austretenden Interferenzwellen nach Durchstrahlung eines keilförmigen Kristalls bei begrenztem Querschnitt des einfallenden Elektronenbündels zeigt Vf., daß die Intensitätsverteilung gegen diejenige nach der kinemat. Theorie des Intensitätsbereichs (Stacheln) konvergiert in folgenden Grenzfällen: a) großer Anregungsfehler (mangelhafte Erfüllung der Interferenzbedingung), b) kleines Prod. aus Kristalldicke u. Reflexionsvermögen der Interferenzfläche (Strukturpotential). Die Intensitätsverteilung bei Durchstrahlung eines kub. Kristalls, senkrecht zu (1 1 0), mit bester Erfüllung der dynam. Interferenzbedingung für (0 0 2) wird bei verschied. Kristalldicken u. Strukturpotentialen Φ_{002} berechnet u. in Kurven dargestellt. Es treten dabei auch nach der dynam. Theorie im allg. nicht nur 2, sondern mehrere Intensitätsmaxima auf, die vom Vf. durch Interferenz der Strahlen erklärt werden, die an einer (1 0 0)- u. einer (0 1 0)-Fläche eintreten u. einer $(0\,\bar{1}\,0)$- bzw. $(\bar{1}\,0\,0)$-Fläche austreten. (J. physic. Soc. Japan **7.** 406—14. Aug. 1952.) NIEHRS. 181

Karl A. Davis und **John E. Edwards,** *Umbau einer Röntgenröhre zur Aufnahme von Elektronenbeugungsbildern.* Eine von DERSHEM (C. **1936.** I. 3380) für Vakuumspektrographen entwickelte Röntgenröhre wird für Praktikumszwecke durch Anbau einer Elektronenbeugungskamera für Elektronenbeugungsaufnahmen verwendbar gemacht. Vakuumanlage u. Hochspannungserzeugung bleiben unverändert. (Ohio J. Sci. **52.** 255—57. Sept. 1952. Athens, O., Univ., Dep. of Phys.) LENZ. 181

W. Ehrenberg und **W. E. Spear,** *Ein elektrostatisch fokussierendes System und seine Anwendung auf eine Feinfokusröntgenröhre.* Es wird ein elektrostat. fokussierendes Syst. beschrieben, durch welches die von der Spitze eines Haarnadeldrahtes emittierten Elektronen in einem Abstand von 2—3 cm wieder vereinigt werden, ohne daß dazwischenliegende Potentiale benötigt werden. Zur experimentellen Unters. der Eigg. wurde eine röntgenograph. Meth. angewandt. Der Elektronenfleck ist ein red. Bild der Spitze des Drahtes u. hat einen Durchmesser von ca. 40 μ. Auf der Grundlage dieses Syst. wurde eine Feinfokusröntgenröhre entwickelt mit einer spezif. Spitzenbelastung der Anode von ca. 11 kW/mm². — Als Anwendungsbeispiel wurde eine Schattenaufnahme eines *Pt*-Netzes angefertigt, auf den sich zwei Pt-Drähte mit einem Durchmesser von 10 μ befanden, die in einem rechten Winkel zueinander angeordnet waren. Das Schattenbild war sehr scharf; die Vergrößerung war zwanzigfach. Zur Herst. einer Pulveraufnahme von ZnO war nur eine Belichtungszeit von 1 Min. notwendig. (Proc. physic. Soc., Sect. B. **64.** 67—75. 1/1. 1951. London, Birkbeck Coll.) GOTTFRIED. 181

J. N. Eastabrook, *Einfluß von vertikaler Divergenz auf die Verschiebung und Breite von Röntgenpulverinterferenzen.* Es wurden auf theoret. Wege die Abbildungsfehler untersucht, die durch die Ausdehnung der Röntgenquelle verursacht werden, wenn die zu untersuchende Probe u. der Schlitz senkrecht zu der Ebene der Kamera oder des Spektrometers angeordnet sind. Speziell behandelt wurden die Abweichungen, die auftreten, wenn die Höhe der Probe die einzige Ursache ist oder wenn die vertikale Divergenz des Röntgenstrahls durch Soller-Schlitze begrenzt ist; in jedem Fall wurde die Verschiebung u. das Profil der Linie bestimmt. Es wird gezeigt, daß die Abweichung von der vertikalen Lage des Spektrometers eine zusätzliche Verbreiterung der Interferenzen, bes. in dem Gebiet der Rückstrahlinterferenzen, verursachen kann. (Brit. J. appl. Physics **3.** 349—52. Nov. 1952. Cardiff, Univ. Coll., Viriamu Jones Labor.) Gottfried. 181

J. E. White, *Einige Schwingungseffekte auf die Röntgenbeugung durch Kristalle.* Es wird eine Versuchstechnik beschrieben, mit welcher man unter Verwendung der Bragg-Reflexion von Röntgenstrahlen ein „Bild" von dem Schwingungszustand auf der Oberfläche einer Kristallplatte erhält. Bei den ersten Verss. wurde eine nach X geschnittene Quarzplatte auf einem $NH_4H_2PO_4$-Kristall befestigt; eine dem $NH_4H_2PO_4$-Kristall zugeführte Spannung variabler Frequenz verursachte eine Schwingung der Quarzplatte in irgendeiner Art von Biegungsschwingung, während der Schwingungen wurde das Syst. um ca. 2^0 um den theoret. röntgenograph. Bragg-Winkel geschwenkt u. Aufnahmen hergestellt. Die Aufnahmen wurden bei verschied. Resonanzfrequenzen angefertigt. Die in allen Fällen beobachtete Intensitätszunahme ist auf eine lokale Krümmung des Kristalls infolge der Schwingungen zurückzuführen. In mehreren Fällen erhaltene Lycopodiumfiguren auf der Kristalloberfläche zeigten keine Beziehung zu den Röntgenbefunden. In einer zweiten Versuchsreihe wurde ein Quarzstab mit einem Ende an einen $NH_4H_2PO_4$-Kristall befestigt, so daß das andere Ende frei schwingen konnte. Die Aufnahmen lieferten eine Bestätigung der in der ersten Versuchsreihe erhaltenen Ergebnisse. (J. acoust. Soc. America **23.** 16—18. Jan. 1951. Cambridge, Mass., Inst. of Technol., Acoustics Labor.) Gottfried 181

Bodie E. Douglas, *Stabilisierung von Oxydationsstufen durch Koordination.* Übersicht über die erreichte Kenntnis der Faktoren, die verschied. (auch ungewöhnliche) Oxydationszustände von Zentralatomen stabilisieren: Günstige Elektronenkonfigurationen (verfügbare Bahnen für Bindungen, Erzielen „effektiver" Edelgasordnungszahlen usw.), Bindungstypen (Elektro- u. Kovalenzen), stereochem. Einflüsse (stabile Strukturen, maximale Koordinationszahlen, Chelate, erzwungene Strukturen, Einfl. der Symmetrie) u. Löslichkeit. — Beispiele. 69 Literaturangaben. (J. chem. Educat. **29.** 119—29. März 1952. State College, Pa., State Coll.) Blumrich. 182

J.-E. Hiller, *Strukturuntersuchungen anorganischer Schmelzen und amorpher Substanzen.* Zusammenfassende Arbeit über die Strukturchemie der Gläser. Behandelt werden die Methodik der Strukturbest. an nichtkristallinen Substanzen, Aufbau u. Bildungsbedingungen von Gläsern unter besonderer Berücksichtigung der *Silicatgläser,* die Strukturen von glasigem *Se, Sb* u. *As,* ferner die Strukturverhältnisse in Metallschmelzen u. in fl. *W.* beim Übergang Kristall–Schmelze sowie in *Ar* u. *N* beim Übergang Dampf–Flüssigkeit. (Angew. Chem. **64.** 209—12. 21/4. 1952. Berlin, Techn. Univ., Inst. für Mineralogie u. Petrographie.) H. W. Levi. 188

O. Knacke, *Beiträge zur Theorie der Keimbildung.* Vf. berechnet die bereits früher von Becker u. Döring, Volmer u. Eucken berechnete Keimbildungshäufigkeit in homogener Phase auf Grund eines anderen Ansatzes, der die quasistationäre Verteilung der Unterkeime benutzt. Die Einstellung dieser Verteilung beansprucht allerdings eine von der Theorie noch nicht erfaßte, aber in geeigneten Verss. (an kondensierten Phasen u. an Dämpfen von sehr kleinem Kondensationskoeff.) beobachtbare Anlaufzeit. In einer Anzahl gleichartiger Systeme bilden sich die Keime statist. nach dem Gesetz des radioakt. Zerfalls. — Auf den Oberflächen von Realkristallen entstehen die Keime an Störstellen (Hohlkanten nach Stranski, Schraubenversetzungen nach Frank), so daß schon ganz geringe Übersättigungen (höchstens 1%) in der Dampfphase genügen. Die Oberflächenwanderung erhöht die Keimbildungshäufigkeit erheblich. (Z. Physik **130.** 259—68. 1951. Berlin-Dahlem, KWI für physikal. Chemie.) Teltow. 190

S. Tolansky und **M. Omar,** *Ätzspiralen auf einer Oktaederfläche von Diamant.* Es wurde die Ätzwrkg. von $KNO_3 + Na_2CO_3$ auf Oktaederflächen von **Diamant** bei 525^0 untersucht. Es wurde gefunden, daß in vielen Fällen Ätzfiguren, teils einfacher, teils komplexer spiraliger Art entstanden waren. Diese Spiralen zeigen nur selten mehr als eine Windung. Sind mehrere Windungen vorhanden, dann zeigt die erste Spirale deutlich hexagonale Symmetrie. In allen Fällen scheinen die Spiralen aus Ketten von aneinanderstoßenden kleinen dreieckigen Ätzgrübchen zu bestehen, die alle in der gleichen Richtung orientiert sind. Ungeätzt konnten keine spiralartigen Ätzgebilde auf den Flächen festgestellt werden. (Philos. Mag. [7] **43.** 808—09. Juli 1952. Englefield Green, Royal Holloway Coll.) Gottfried. 190

F. C. Frank, *Kristallwachstum und Versetzungen.* Die Theorie über das Wachstum idealer Kristalle, die von GIBBS u. VOLMER abgeleitet wurde, zeigt, daß eine Keimbldg. neuer Netzebenen bei geringer Übersättigung nicht mit merkbarer Geschwindigkeit stattfindet. Daß diese Theorie im wesentlichen zutrifft, konnte durch das Kristallwachstum in Polyedern bestätigt werden, das auf andere Weise nicht zu verstehen wäre. Nach dieser Theorie jedoch müßte die Wachstumsgeschwindigkeit solcher Kristalle null sein. Erfahrungsgemäß trifft dies im allg. nicht zu, obwohl die notwendigen Bedingungen in den Experimenten von HAWARD (vgl. Trans. Faraday Soc. **35.** [1939.] 1401) offensichtlich realisiert waren. Diese Diskrepanz erklärt sich dadurch, daß ein Realkristall Versetzungen enthält u. daher aus einer einzigen Atomschicht besteht, die sich fortwährend selbst überlappt. Solch ein Kristall kann zu unbegrenzter Größe wachsen, ohne daß der Keim zu einer neuen Netzebene gebildet werden muß. Die Wachstumsgeschwindigkeit eines solchen Kristalls kann berechnet werden, sie ist für kleine Werte dem Quadrat der Übersättigung, für größere ihrer ersten Potenz proportional, u. zwar in guter Übereinstimmung mit den experimentellen Ergebnissen von VOLMER u. SCHULTZE (vgl. Z. physik. Chem., Abt. A **156.** [1931.] 91). Die Theorie sagt voraus, daß eine fast glatte Kristalloberfläche spiralförmige Wachstumsstufen zeigt, die in einer Versetzung enden. Diese Erscheinung wurde an zahlreichen verschied. Kristallen beobachtet, so daß diese Wachstumsart sehr verbreitet zu sein scheint. Es wird erörtert, auf welche Weise Versetzungen beim Wachstum entstehen können. (Advances in Physics, Suppl. zu: Philos. Mag. **1.** 91—110. Jan. 1952. Bristol, Univ., H. H. Wills Phys. Labor.) H. W. LEVI. 190

F. C. Frank, *Kristallwachstum und Versetzungen.* Inhalt ident. mit der vorst. referierten Arbeit. Zusätzlich einige Diskussionsbeiträge. (Z. Elektrochem., Ber. Bunsenges. physik. Chem. **56.** 429—38. 1952. Bristol, Univ., H. H. Wills Phys. Labor.) H. W. LEVI. 190

Maria Brandstätter, *Spiralen- und Schichtenwachstum an Kristallen aus der Dampfphase.* 1. Mitt. Vf. beobachtet die bei der Sublimation organ. Substanzen an der Kristalloberfläche auftretenden Wachstumsfiguren mit einem Heizmikroskop bei ca. 450facher Vergrößerung. Dabei können Spiralsysteme u. Schichtensysteme unterschieden werden. Bei den Spiralsystemen geht das Wachstum vom Zentrum einer Spirale aus, die sich kontinuierlich nach innen windet, während die Spiralflächen zugleich nach außen wachsen, so daß beim ständigen Wachstum nach zwei Richtungen das Zentrum der Spirale annähernd gleich bleibt. Beim Schichtenwachstum vergrößert sich ein zentrales Scheibchen zentrifugal. Dabei treten in Abständen, gewissermaßen stufenweise, immer neue zentrale Scheibchen an der gleichen Stelle auf, die gemeinsam mit den bereits zu Schichten herangewachsenen nach außen wachsen, so daß ein kegelförmiges Gebilde entsteht mit Schichtenstruktur u. einem Scheibchen an der Spitze. Vf. führt diese Bildungen darauf zurück, daß die Moll. bereits im Gaszustand einigermaßen geordnete Wirbel bilden oder rotieren u. daß der Zustand der Kristalloberflächen bei den in Betracht kommenden Tempp. keineswegs fest ist, wodurch ein scheinbares „Fließen" der Schichten ermöglicht wird. An folgenden Substanzen beobachtet Vf. Spiralen- u. Schichtenbldg.: *Acetanilid, Anthracen, Azobenzol, Benzoesäure, 2.3-Benzofluoren, Borneol, Bornylchlorid, Campher, Carbazol, Chloranil, β-Chlornaphthalin, Chrysen, 2.5-* u. *2.6-Dimethylnaphthalin, Dimethylpyron, Fluoren, 5-Methylindol, Naphthalin, β-Naphthol, Phenanthren, Phthalimid Pyren.* (Z. Elektrochem., Ber. Bunsenges. physik. Chem. **56.** 968—72. 1952. Innsbruck, Univ., Pharmakognost. Inst.) B. REUTER. 190

J. Krug und **L. Sieg,** *Die Struktur der Hochtemperaturmodifikationen des CuBr und CuJ.* Vff. untersuchen mit Hilfe einer Hochtemperaturkamera die Strukturen von β- u. α-CuBr (stabil zwischen 391 u. 470°, bzw. zwischen 470° u. dem F. bei 488°) sowie von β- u. α-CuJ (stabil zwischen 402 u. 440° bzw. zwischen 440° u. dem F. bei 602°): α-CuBr krist. kub. raumzentriert mit a = 4,56 Å analog dem α-AgJ. Punktlagen: 2 Br in 000, ½ ½ ½; 2 Cu statist. verteilt auf (0 0 0, ½ ½ ½) + (0 0 ½ ↻, ½ ¼ 0 ↻, ½ 0 ¼ ↻, ⅛ ⅛ ½ ↻, ⅛ ⅞ ½ ↻, ⅞ ½ ⅛ ↻, ⅞ ⅞ ½ ↻). β-CuBr krist. in einem Wurtzitgitter mit a = 4,06 Å u. c = 6,66 Å. Punktlagen: Br in ⅓ ⅔ 0, ⅔ ⅓ ½ u. Cu in ⅓ ⅔ ⅜, ⅔ ⅓ ⅞, wobei jedoch diese Cu-Plätze nur zu 90% statist. besetzt angenommen werden, während die restlichen 10% Cu in den Oktaederlücken des Br-Gitters (0 0 ¼, 0 0 ¾) untergebracht sind. α-CuJ krist. kub. flächenzentriert mit a = 6,15 Å in einem Zinkblendegitter. Das ebenfalls im Zinkblendegitter krist. γ-CuJ zeigt bei 390° die gleiche Intensitätsverteilung wie die α-Modifikation. β-CuJ krist. mit a = 4,31 Å u. c = 7,09 Å im Wurtzitgitter. Die D. von γ-CuBr wird von Vff. pyknometr. bei 16° zu 5,132 u. 5,137 bestimmt ($D_{\text{röntg.}}$ 5,26). (Z. Naturforsch. **7a.** 369—71. Mai 1952. Darmstadt, TH, Eduard-Zintl-Inst. für anorg. u. phys. Chem.) B. REUTER. 195

F. Hund und **G. Niessen,** *Anomale Mischkristalle im System Thoriumoxyd–Uranoxyd.* Durch Lösen von Th- u. Uranylnitrat in entsprechenden mol. Verhältnissen, Eindampfen der Lsgg. u. Verglühen der Rückstände an der Luft bei 1200° stellen Vff. Mischoxyde verschied. Zus. her. Dabei zeigt sich, daß sich von ThO_2 (Fluoritgitter mit a = 5,5840±0,0002 kX) bis zu 56,5 Mol-% Uranoxyd eine anomale Fluoritphase erstreckt, an die sich ein Zweiphasengebiet mit dem kub. Grenzmischkristall (a = 5,4742± 0,0008 kX) u. U_3O_8 als Phasen anschließt. Vff. bestimmen von allen Präpp. der kub. Phase die D. pyknometr. bei 25° u. berechnen die für ideales Kationen- u. ideales Anionengitter möglichen Dichten, u. zwar sowohl für UO_2 als auch für U_3O_8 als Urankomponente, zwischen denen in den Mischkristallen auf analyt. Wege eine Entscheidung nicht möglich ist. Der Vgl. zwischen gemessener u. berechneter D. zeigt, daß zwischen 0 u. 15 Mol-% Uranoxyd ein vollkommenes Kationengitter mit wahrscheinlich nur vierwertigem U vorliegt. Bei höherem U-Geh. treten im Kationengitter Leerstellen auf unter teilweiser Oxydation von U(IV) zu U(VI). Von 25 Mol-% Uranoxyd an mit idealem Anionengitter u. Leerstellen auf Kationenplätzen findet bei weiterem Einbau von Uranoxyd Auffüllung der Kationenpunktlage u. Einlagerung von O-Ionen auf Zwischengitterplätzen statt. Weiter messen Vff. die Temperaturabhängigkeit des elektr. Widerstandes. Aus den Logarithmen des spezif. Widerstandes bei gleicher Temp. u. den relativen Werten der Aktivierungsenergie des elektr. Leitungsvorganges kann die aus den Dichtebetrachtungen abgeleitete Fehlordnung bestätigt werden. Schließlich bestimmen Vff. die wärmeschwingungsartige Gitterstörung dieser breiten Fluoritphase nach der Absolutmeth. u. setzen sie in Beziehung zur Fehlordnung, Widerstandsmessung u. relativen Aktivierungsenergie der elektr. Leitung. (Z. Elektrochem., Ber. Bunsenges. physik. Chem. **56.** 972—79. 1952. Stuttgart, TH, Labor. für anorg. Chem.) B. REUTER. 195

O. S. Heavens, *Die Verunreinigung aufgedampfter Filme durch das Trägermaterial.* (Vgl. C. **1952.** 6497.) Verunreinigungen aufgedampfter Filme von *Ag* u. *Ge* durch die Schiffchen oder Drähte als Träger der verdampfenden Substanz wurden mikrochem. u. mit der radioakt. Spurenmeth. untersucht. Auf mikrochem. Wege sind einige Zehntel $^0/_{00}$ von *W* oder *Mo* festzustellen. Die Empfindlichkeit der Tracermeth. liegt dagegen bei 1 oder $2 \cdot 10^{-7}$. Mit ihrer Hilfe wurde der Verunreinigungsgrad von Ag- u. Ge-Filmen durch W u. *Ta* aus dem Schiffchenmaterial minimal zu einigen 10^{-6} gefunden. Direktes Verdampfen des Trägermaterials oder Verdampfen durch Rk. mit Gasresten ist prakt. ausgeschaltet. Es ist anzunehmen, daß die Verunreinigungen durch Lsg. des Trägermaterials in dem geschmolzenen Ag bzw. Ge entstehen. (Proc. physic. Soc., Sect. B **65.** 788—93. 1/10. 1952. Reading, Univ., Phys. Dep.) LINDBERG. 196

Ju. A. Bagarjatzki, *Mechanismus der künstlichen Alterung der Legierung Al–Cu–Mg.* An einer Al–Cu–Mg-Legierung mit 3,0% Cu u. 1,15% Mg, die von 490° gehärtet worden war, wurde der Ausscheidungsprozeß bei Anlaßtempp. bis zu 450° röntgenograph. verfolgt. Die Ergebnisse werden in theoret. Betrachtungen über die beim Ausscheiden der S-Phase (Al_2CuMg) aus der festen Lsg. sich abspielenden atomstrukturellen Umwandlungen ausgewertet. (Доклады Академии Наук СССР [Ber. Akad. Wiss. UdSSR] [N. S.] **87.** 397—400. 21/11. 1952.) EHMCKE. 197

D. Ss. Kasarnowski, *Über die Phasen- und Strukturumwandlungen im Stahl bei mehrfacher Umkristallisation.* Proben von 20 mm Durchmesser aus C-Stahl mit 0,47 bzw. ca. 0,62% C u. aus Cr-Stahl mit 0,46% C u. 0,77% Cr wurden auf 1000—1300° erwärmt u. nach 1std. Halten an Luft abgekühlt. Ein Teil derselben wurde anschließend bei 830 bis 900° mit Luftabkühlung normalisierend behandelt. Auf Grund der Ergebnisse von Zerreiß-, Kerbschlag- u. Biegewechselfestigkeitsproben sowie metallograph. Unters. wird gefolgert, daß bei unlegierten u. niedrig legierten Stählen die Größe des Ausgangskornes ohne Einfl. auf die mechan. Eigg. u. Korngröße nach nochmaliger Umkristallisation bei entsprechender Temp. ist. Bzgl. des Dispersitätsgrades der Carbide im Ausgangszustand werden ähnliche Schlußfolgerungen gezogen. (Доклады Академии Наук СССР [Ber. Akad. Wiss. UdSSR] [N. S.] **87.** 409—12. 21/11. 1952. Ukr. Wiss. Forschungsinst. für Metalle.) EHMCKE. 197

J. F. W. Bishop und **R. Hill**, *Eine Theorie der plastischen Verformung eines polykristallinen Aggregats unter kombinierten Drucken.* Es wird eine allg. Beziehung zwischen Druck u. plast. Spannung in einem polykristallinen Aggregat eines beliebigen Metalls hergeleitet, in dem sich die einzelnen Kristalle durch Gleitung über bevorzugte Ebenen unter einer krit. Scherspannung deformieren. Es kann gezeigt werden, daß ein plast. Potential existieren muß, das mit der Streckfunktion ident. ist. Es wurden die oberen u. unteren Grenzen für eine angenäherte Berechnung dieser Funktion für jedes angewandte Syst. von kombinierten Drucken erhalten. (Philos. Mag. [7] **42.** 414—27. April 1951. Bristol, Univ., Wills Phys. Labor.) GOTTFRIED. 200

A. P. Green, *Die Verwendung von Plastizinmodellen zur Nachahmung des plastischen Fließens von Metallen.* Es wurden zuerst die mechan. Eigg. von Plastizin untersucht.

Ganz allg. wurde gefunden, daß sich der Stoff unter Bedingungen von ebener Spannung ähnlich wie ein ideales Metall deformiert; dies geht aus der Übereinstimmung zwischen den Modellverss. u. den Berechnungen hervor, die auf der Grundlage der bestehenden Theorie für ein ideales plast.-starres, nicht härtendes Metall beruhen. In allen erhaltenen Druck–Spannungs-Kurven tritt eine scharfe Biegung auf, nach der sich das Material bei einem angenähert konstanten Druck deformiert. Alle durchgeführten Modellverss. mit dem Plastizin stimmten gut mit der Theorie überein. Verss. mit einem *Cu*-Keil zeigten, daß er sich in ähnlicher Weise deformiert wie ein Keil aus Plastizin. (Philos. Mag. [7] **42.** 365—73. April 1951. Sheffield, British Iron and Steel Res. Ass., Mechan. Working Div.) GOTTFRIED. 200

Jørgen Koefoed, Valenskræfterne og de kemiske reaktioner. Problemer fra den teoretiske kemi i omrids. I. Udg. på foranledning af Dansk Ingeniørforenings Fabrikingeniørgruppe. København: Teknisk Forlag. 1951. (202 S. mit Abb. u. Taf.) Kr. 15,—.

A_7. Gleichgewichte. Kinetik.

H. G. Heal, *Der Einfluß des Kationenradius und der Salzkonzentration beim Aussalzen von Äthyläther aus wässerigen Nitratlösungen bei 25°.* Die Löslichkeit von Ae. in wss. Lsgg. der *Nitrate der Alkalimetalle, Erdalkalien, des Mg, Ammoniaks, Tetramethyl-, Tetraäthyl-* u. *Tetra-n-propylammoniums* wurde mit großer Genauigkeit gemessen. Das Aussalzen bei unendlicher Salzverdünnung, geschätzt durch Extrapolation der Werte bei Salzkonzz. unterhalb 0,1 mol., stimmt im allg. mit der DEBYEschen Theorie überein. Meßwerte werden auch für höhere Salzkonzz. angegeben. (Canad. J. Chem. **29.** 563 bis 574. Juli 1951. Chalk River, Ontario, Can., Nat. Res. Council, Atomic Energy Proj.) v. SCHIESZL. 224

J. C. Jungers und **F. Coussemant**, *Angewandte kinetische Chemie.* 1. Mitt. *Die Thermodynamik der chemischen Umwandlung.* Vff. beschreiben an Hand zahlreicher Beispiele die Entw. der Erforschung der Reaktionskinetik, weisen auf die Wichtigkeit der Entropiebestimmungen hin u. zeigen, wie Bildungswärmen usw. berechnet werden. — Zahlreiche Literaturhinweise. (Rev. Inst. franç. Pétrole Ann. Combustibles liquides **7.** 115—22. Mai 1952. Löwen, Univ., u. Inst. Français du Pétrole.) ROEDER. 225

B. Anorganische Chemie.

K. Clusius, H. Meyer, H. H. Bühler und **E. Schumacher,** *Über die Anreicherung des leichten Argonisotops ^{36}Ar in den Visper-Restgasen der Ammoniaksynthese.* Während eine Anreicherung von ^{36}Ar in der Natur nie beobachtet worden u. auch nicht zu erwarten ist, muß es möglich sein, ^{36}Ar bei der Rektifikation der fl. Luft unter bestimmten Bedingungen, bei denen ein vollständiger Rücklauf in bezug auf Ar herrscht, d. h. möglichst argonfreier N_2 erhalten wird, anzureichern. Die dann noch in den N_2 übergetretene Ar-Menge sollte das Isotop ^{36}Ar angereichert enthalten. Tatsächlich konnten in techn. N_2, der durch Rektifikation fl. Luft gewonnen wird u. zur NH_3-Synth. dient, kleine Ar-Mengen mit 0,37±0,01% ^{36}Ar (gegenüber atmosphär. Ar mit $0{,}33_7$%) nachgewiesen werden. (Helv. chim. Acta **36.** 350—53. 16/3. 1953. Zürich, Univ., Physikal.-chem. Inst.) KLEVER. 233

Malcolm Dole, *Die Chemie der Sauerstoffisotope.* In einem umfassenden Überblick behandelt Vf. folgende Gebiete: O-Isotope, Methoden zur Messung ihrer Häufigkeit (aus der D. des W.; massenspektroskop.), Verff. zu ihrer Abtrennung (Dest. von W.; Thermodiffusion; chem. Austausch), chem. Anwendungen (direkte O-Best. in organ. Verbb. nach dem Isotopenverdünnungsverf., Austausch von O-Isotopen in anorgan. Salzlsgg., zwischen O_2-Gas u. festen Oxyden sowie zwischen organ. Verbb. u. W.; Verwendung von O-Isotopen zur Unters. des Mechanismus anorgan. u. organ. Rkk.; Unterss. von Isotopenaustausch-Gleichgewichts-Rkk.), Änderungen der natürlichen Häufigkeit der O-Isotope (Änderungen im W. u. Eis; atmosphär. u. photosynthet. O; O in Carbonatgesteinen u. Verwendung des O-Isotopenverhältnisses zur Ermittlung der Tempp. prähistor. Ozeane; O in Silicatgesteinen u. oxyd. Fe-Erzen) sowie das At.-Gew. des Sauerstoffs. — 121 Literaturzitate. (Chem. Reviews **51.** 263—300. Okt. 1952. Evanston, Ill., Northwestern Univ., Dep. of Chem.) B. REUTER. 239

Jean-Pierre Ebel, *Chromatographische und potentiometrische Untersuchung der aus dem Grahamschen Salz entstehenden Säure.* Die papierchromatograph. Unters. a) einer frisch hergestellten Lsg. von GRAHAMschem Salz, b) der durch Ionenaustausch aus dem GRAHAMschen Salz hergestellten Säure 1. direkt nach der Darst., 2. 24 Std. später, c) der aus dem Pb-Salz mit H_2S erhaltenen Säure ergibt bei a das Vorliegen einer einheitlichen Substanz (auch 24 Std. nach der Darst.), bei b_1 eine geringe Depolymerisation, bei b_2 Depolymerisation bis zum Triphosphat u. bei c das Vorliegen einer Mischung von Polyphosphorsäuren u. Säuren mit niedrigerem Mol.-Gew. (bis Orthophosphorsäure). Die potentiometr. erhaltenen Neutralisationskurven zeigen im Fall c einen völlig anomalen Verlauf. Für b_2 ergibt das aus den Titrationen berechnete Verhältnis von stark sauren zu schwach sauren (endständigen OH-) Gruppen eine wesentlich kleinere mittlere Kettenlänge als für b_1, so daß man bei schnellem Arbeiten aus der Neutralisationskurve der nach b hergestellten Säure Rückschlüsse auf die mittlere Kettenlänge des Grahamschen Salzes ziehen kann. (C. R. hebd. Séances Acad. Sci. **234.** 732—33. 11/2. 1952.) Sarry. 264

G. F. Hüttig, *Die Kinetik der Alterung von aktivem Magnesiumoxyd.* (Nach Versuchen von **F. Kahler** und **G. Meyenburg.**) Vf. dehnt den meist auf Sole u. Gele bezogenen Begriff der Alterung auf solche Stoffe aus, die bei chem. Rkk. in fester Form entstehen, u. versteht dann darunter den Übergang aus dem prim. erreichten (instabilen, ungeordneten u. energiereichen) in den thermodynam. wahrscheinlichen (stabilen, geordneten u. energiearmen) Zustand. Der kinet. Ablauf der Alterung u. ihrer Zwischenzustände hängt 1. vom Reaktionstyp, 2. von den Reaktionsbedingungen u. 3. vom Medium ab. Vff. untersuchten nun die Alterung des bei der Rk. $MgCO_3 \rightarrow MgO + CO_2$ unter definierten Reaktionsbedingungen (3 Std. Erhitzung bei 550° u. 40 mm Druck im NH_3–H_2O-Luftstrom) gebildeten akt. MgO. Als Maß für den Alterungsgrad wurde die therm. Aktivität (U cal), d. h. der Energieüberschuß über den Endzustand benutzt. Die daneben definierte thermodynam. Aktivität (A cal), d. h. der in mechan. Arbeit verwandelbare Anteil von U ist mit U von gleicher Größenordnung. Vff. gelang die Herst. eines MgO mit der Anfangsenergie $U_0 = 6210$ cal aus natürlichem Magnesit. Die fraglichen Energiegrößen wurden in regelmäßigen Zeitabständen bei verschied. Temp. als Differenz der Lösungswärmen in 11%ig. HCl bestimmt. Die Alterungsisothermen zeigen, daß unterhalb von ca. 480° keine Alterung auftritt. Drückt man diese Temp. im absol. Maß als Bruchteil α von F. aus, erhält man den gleichen Wert $\alpha = 0{,}26$, bei welchem die Selbstdiffusion in der Oberfläche beginnt. Von 480—600° ist daher nur mit einer Alterung der Oberflächenschichten zu rechnen. Bei ca. 650° ($\alpha = 0{,}32$) beginnt entsprechend die Selbstdiffusion u. damit eine exponentiell abklingende Alterung im Kristallgitter. (Kolloid-Z. **124.** 160—63. Dez. 1951. Graz, TH, Inst. für anorg. u. phys. Chem.; Radenthein/Kärnten, Österr.-Amerikan. Magnesit A.-G., Forschungslabor.) R. Wolff. 282

C. J. van Nieuwenburg, *Die pneumatolytische Synthese von Chrysotil.* Man mischt eine Lsg. von 1 Mol $MgCl_2$ mit einer Lsg. von 1 Mol Na_2SiO_3 oder von 3 Mol $MgCl_2$ mit 2 Mol Na_2SiO_3, wäscht den entstandenen gelatineartigen Nd. u. erhitzt diesen 24 Std. mit Wasserdampf von 30 at u. 410° oder 48 Std. mit Wasserdampf von 150 at u. 335°. Das erhaltene Prod. ist nicht faserig, sondern körnig u. entspricht auf Grund von Röntgendiagramm, therm. Analyse u. Thermowaagenkurve dem Antigorit. Der Brechungsindex von 1,54 weist jedoch auf Chrysotil hin. Das Prod. enthält in %: 40,5 SiO_2; 40,3 MgO; 15,4 H_2O. (Meded. Kon. vlaamse Acad. Wetensch., Letteren schone Kunsten België, Kl. Wetensch. **14.** Nr. 3. 3—11. 1952.) Wesly. 282

J. Arvid Hedvall, *Über die thermische Zersetzung von Dolomit.* In weitgehender Übereinstimmung mit den Befunden von Haul u. Mitarbeitern (C. **1952.** 342, 1138) über den Dolomitzerfall ergab die Unters. nach der Meth. der therm. Analyse folgenden Reaktionsmechanismus: Die ersten Abweichungen auf der Erhitzungskurve zeigten sich bei 580°, um im Intervall von 620—675° zu deutlichen therm., sowohl negativen wie auch positiven, Effekten zu führen. Die Effekte liegen bei 623, 643° u. sind am deutlichsten bei 657° mit dazwischenliegenden Gebieten starker Temperatursteigerung. Die Temp. von 675° stimmt gut überein mit der Temp. der raschen Dolomitzersetzung. Der Haltepunkt bei 910° entspricht schließlich der Zers. des gebildeten *Calcits.* Dieser Verlauf abwechselnder Wärmeabsorption u. -abgabe läßt auf den Ablauf von „Säureplatzwechsel-Rkk.“ zwischen intermediär gebildetem CaO u. noch unzers. Dolomit nach $CaO + CaMg \cdot (CO_3)_2 = 2\,CaCO_3 + MgO + q$ schließen. Bei Verss. mit trockenem *CaO* im Gemisch mit Dolomitpulver erfolgte eine rasche Umsetzung bei ca. 515°, d. h. bei Tempp. weit unterhalb derjenigen einer merklichen Zers. des Dolomits. Demnach kann beim Erhitzen von Dolomitpulver allein diese Rk. erst einsetzen, sobald durch den therm. Zerfall intermediär CaO freigesetzt wird. (Z. anorg. allg. Chem. **272.** 22—24. Febr. 1953.) Klever. 283

C. Decroly, J. Van Impe und **A. Rucquoy**, *Über die Natur der bei der Reduktion von Kalk mit Aluminium gebildeten Aluminate.* Aus pulverisiertem ungelöschtem Kalk u. Al-Pulver gepreßte Pastillen (Durchmesser 26,1 mm, Dicke 10—12 mm) wurden in einem Schmelztiegel aus nichtrostendem Stahl mittels elektr. Widerstandsheizung auf Tempp. von 1150—1250° erhitzt. Während der Reduktionsperiode wurde auf 2,5—90 μ Hg

evakuiert, die Erhitzungsdauer betrug 6—13 Stunden. — Die röntgenograph. Unters. der Reaktionsprodd. ergab die Bldg. von C_5A_3 u. C_3A (C = Kalk, A = Tonerde). Drei Linien sind vielleicht einem Aluminat C_2A zuzuschreiben. Aluminate mit geringerem Kalkgeh. als bei der Verb. C_5A_3 entstehen unter den angewandten Versuchsbedingungen, wie es scheint, nicht. Die Bldg. der Aluminate ist komplexer Natur u. läßt sich nicht durch eine einzige Reaktionsformel darstellen. (Ind. chim. belge **17.** 129—33. 1952. Bruxelles, Univ. Libre, Fac. des Sci. appl., Labor. de Métall. et d'Electrochim.)
OPPERMANN. 294

D. A. Everest, *Aluminiumhypophosphit.* Darst. u. Eigg. von $Al(H_2PO_2)_3$ (I) werden beschrieben. I wird erhalten als wasserfreier, krist. Nd. beim Erhitzen von $Al(OH)_3$ oder einer Lsg. eines Al-Salzes mit 50%ig. H_3PO_2 (II) bei 80—90° für 1 Std., oder beim Erhitzen einer Al-Salzlsg. mit NaH_2PO_2. I ist in W., NaH_2PO_2-Lsg. u. in II unlösl., löst sich in warmer NaOH, verd. H_2SO_4 u. verd. oder konz. HCl, aus der es beim Verdampfen unverändert zurückerhalten wird. Ein Doppelsalz I-$AlCl_3$, ähnlich den analogen Sn-Verbb., konnte nicht erhalten werden. Beim Erhitzen auf ca. 220° wird I zers. unter Entw. von PH_3 u. Bldg. eines rötlichbraunen Rückstandes. Bedingungen, unter denen II Al-Verbb. zum Metall red., konnten nicht gefunden werden. (J. chem. Soc. [London] **1952.** 2945. Juli. London, Battersea Polytechnic.) SPARMANN. 294

Bertold Reuter und **Alfred Goebel,** *Über die Oxydation des Thallium(I)-sulfids. 3. Mitt. Die Darstellung von sauerstoffreiem Thallium(I)-sulfid aus Thalliumäthylat.* (2. vgl. C. **1950.** I 851.) Vff. stellen sehr feinverteiltes u. O-freies Tl_2S durch Einleiten von trockenem H_2S in eine absol. alkoh. Lsg. von Thalliumäthylat u. Abdestillieren des A. unter Luftausschluß her. Das dazu benötigte Tl-Äthylat ist nach LAMY bequem zugänglich, indem man den Dampf von absol. A. auf Späne von metall. Tl in einer O_2-Atmosphäre einwirken läßt. Ein etwaiger geringer O-Geh. des Tl_2S läßt sich sehr empfindlich dadurch nachweisen, daß die wss. Suspension eines geringfügig oxydierten Tl_2S infolge der Bldg. von TlOH aus dem bei der Oxydation von Tl_2S prim. entstandenen Tl_2O gegen Phenolphthalein alkal. reagiert, während die Suspension von O-freiem Tl_2S keine alkal. Rk. zeigt. — Eine Diskussion der Literatur über die Darst. von Sulfiden durch Rk. von Alkoholaten mit H_2S zeigt, daß bisher nur die Alkalisulfide bzw. -hydrogensulfide auf diesem Wege dargestellt worden sind. (Z. anorg. allg. Chem. **268.** 101—04. April 1952. Berlin-Charlottenburg, Techn. Univ., Anorg.-chem. Inst.) B. REUTER. 297

C. A. Wamser, J. Belle, E. Bernsohn und **B. Williamson,** *Die Konstitution der Natriumuranate.* Vff. zeigen auf Grund chem. u. röntgenograph. Analysen, mittels p_H-Messungen u. Leitfähigkeitsunterss., daß bei der Fällung von $UO_2(NO_3)_2$-Lsgg. durch NaOH zwei Natriumuranate, $Na_2U_7O_{22}$ u. $Na_6U_7O_{24}$, oder deren Mischungen erhalten werden. Wenn NaOH bis zum Punkt der beginnenden Fällung zugesetzt wird, wofür mindestens 1 Mol NaOH/Mol U gebraucht wird, entstehen bas. Uranylionen der Typen $UO_3UO_2^{2+}$ u. $(UO_3)_2UO_2^{2+}$. Bei weiterer Zugabe von NaOH (bis zu NaOH/U = 2,29) wird U quantitativ als gelbes $Na_2U_7O_{22}$ gefällt. Dieses prim. Uranat reagiert mit weiterer NaOH (bis zu NaOH/U = 2,86) unter Verfärbung nach orange u. Bldg. von $Na_6U_7O_{24}$, das in Ggw. von überschüssigem Alkali beständig ist. Die lufttrockenen Prodd. haben die Zus. $Na_2U_7O_{22} \cdot 16\,H_2O$ bzw. $Na_6U_7O_{24} \cdot 16\,H_2O$. Bei Trocknung über H_2SO_4 scheinen Dodekahydrate stabil zu sein, die bei 130° vollständig dehydratisiert werden können. In den Röntgendiagrammen für das $Na_2U_7O_{22}$ u. das $Na_6U_7O_{24}$ sind keine Unterschiede zwischen den verschied. Hydraten zu erkennen. Die d-Werte der Röntgendiagramme für beide Substanzen u. für $UO_3 \cdot H_2O$ sind angegeben. (J. Amer. chem. Soc. **74.** 1020—22. 20/2. 1952. New York, N. Y., Vitro Corp. of America; Jersey City, N. J., Kellex Corp.)
B. REUTER. 339

Henry R. Hoekstra und **Joseph J. Katz,** *Untersuchungen über die Erdalkalidiuranate.* Vff. unterziehen die Verff. zur Herst. der Erdalkalidiuranate einer Überprüfung u. stellen reines MgU_2O_7 (mattorange), CaU_2O_7 (hellorange mit einem grünlichen Ton), SrU_2O_7 (orange) u. BaU_2O_7 (hellorange) durch therm. Zers. der entsprechenden Erdalkaliuranylacetate bei 700° an der Luft her. Auf tensiometr. Wege wird die therm. Beständigkeit der Diuranate im Vakuum u. in Ggw. von O_2 bei Tempp. bis zu 1100° bestimmt. Dabei zeigt sich, daß das Syst. Metalldiuranat–O_2 unterhalb 1100° reversibel ist. Die auf diese Weise erhaltenen Gleichgewichtsdissoziationsdrucke des O_2 gestatten, die zwei- u. einphasigen Gebiete des betrachteten Bereiches der Zus. abzuschätzen, die Zersetzungsisothermen u. -isobaren sowie die Reaktionswärmen u. die Änderungen der freien Energie u. der Entropie zu berechnen. Weiter werden qualitative Unterss. über die Oxydationsgeschwindigkeiten von Abbauprodd. der Diuranate ausgeführt. Röntgenaufnahmen von festen Verbb. der Zus. MeU_2O_6 zeigen, daß sie eine Struktur haben, die sich vom Fluoritgitter des UO_2 (a = 5,458 Å) dadurch ableitet, daß jeder dritte U-Platz durch Erdalkali besetzt

u. das U fünfwertig ist. $MgU_2O_{5,90}$ hat a = 5,292 Å, $MgU_2O_{6,04}$ a = 5,281 Å, CaU_2O_6 a = 5,379 Å u. SrU_2O_6 5,452 Å. Die D. beträgt für MgU_2O_6 8,97, für CaU_2O_6 8,71 u. für SrU_2O_6 9,07. (J. Amer. chem. Soc. **74.** 1683—90. 5/4. 1952. Chicago, Ill., Argonne Nat. Labor., Chem. Div.) B. REUTER. 339

Robert Collongues und **Georges Chaudron,** *Über die Arten des Zerfalls der Eisen(II)-oxyd-Phase.* Kompaktes FeO (I) wird hergestellt aus sehr reinem Fe u. einer H_2–H_2O-(Dampf-) Mischung, die bei 850° mit I im Gleichgewicht steht. Der Zerfall der Phase nach 4 I → Fe_3O_4 + Fe findet zwischen 480 u. 570° statt u. führt zur Ausbldg. einer perlit. Struktur. In der Nähe der Gleichgewichtstemp. (570°) entstehen in sehr langsamer Rk. große Lamellen, während in der Nähe von 480° sich bei maximaler Zerfallsgeschwindigkeit außerordentlich feine Lamellen bilden, die allmählich zusammenwachsen, vor allem längs der Korngrenzen von I. Röntgenaufnahmen ergeben zwischen 480 u. 570° für I ein konstantes a (= 4,287 Å) u. lassen das gleichzeitige Auftreten von Fe u. Magnetit erkennen. Unterhalb 480° tritt eine Verzögerung der Fe-Ausbldg. ein, während die Elementarzelle des I allmählich wächst. Der Zerfall führt in diesem Temperaturgebiet zur Entstehung von orientierten Fe-Keimen. (C. R. hebd. Séances Acad. Sci. **234.** 728—29. 11/2. 1952.) SARRY. 354

Jacques Robin und **Jacques Bénard,** *Untersuchungen über die Struktur und die Stabilität der Phasen im System Fe_2O_3–Co_3O_4.* Durch Zers. fester Mischungen von *Fe-* u. *Co-Oxalat* bei 300° erhält man von Fe_2O_3 bis Co_3O_4 eine Reihe von homogenen Mischkristallen mit Spinellstruktur. Vff. zeigen jetzt, daß diese Phase metastabil ist u. oberhalb 300° in teilweise mehrphasige Gebiete zerfällt. Von 0—33% Co existiert ein zweiphasiges Gebiet aus α-Fe_2O_3 u. einem Spinell Fe_2CoO_4. Oberhalb 720° wird der Existenzbereich schmaler (0—30% Co bei 1000°). Zwischen 50 u. 91% Co entstehen 2 Spinelle von der Formel der Grenzzuss., deren Existenzgebiet oberhalb 770° eingeengt wird u. bis 860° begrenzt ist. Von 33—50 u. von 91—100% Co sowie oberhalb 860° auch von 51—91% Co bestehen einphasige Mischoxyde mit Spinellstruktur. Diese Phase zerfällt oberhalb 900° in eine Verb. mit CoO-Struktur u. einen Fe-reichen Spinell, die miteinander im Gleichgewicht stehen. Zwischen 900 u. 1000° variiert die Zus. des Spinells von 100—51% Co, die der Verb. von 100—85% Co. (C. R. hebd. Séances Acad. Sci. **234.** 734—35. 11/2. 1952.) SARRY. 355

Arnold Frederik Holleman, Lehrbuch der Chemie. Dt. Ausg. T. 1. Anorganische Chemie. Von **Eugen Wiberg.** 30 u. 31. durchges. Ausg. Berlin: de Gruyter. 1952. (XXIV + 635 S.) 8°. DM 28,—.

C. Mineralogische und geologische Chemie.

W. D. Keller und **A. F. Frederickson,** *Die Rolle der Pflanzen und kolloidalen Säuren bei dem Mechanismus der Verwitterung.* Die Gesteinsverwitterung beginnt durch Einw. des H^+-Ions auf das Gitter der Silicatmineralien. Das H^+-Ion wird durch CO_2 + H_2O, sowie durch Pflanzenwurzeln geliefert, welche zum Bau der Pflanze H gegen Kationen aus den Silicaten austauschen. Humussäuren sind gleichfalls Agentien, welche Gesteine zersetzen. Außerdem kann die Zers. durch Kationenaustausch mit zirkulierenden Wässern u. sauren Kolloiden erfolgen. (Amer. J. Sci. **250.** 594—608. Aug. 1952.) ENSSLIN. 378

Josef Ladurner, *Die Rolle der Endfläche des Korunds (0 0 0 1) in der Gefügeregel verschiedener Vorkommen von Naxos-Schmirgel.* Schmirgelgesteine von den Fundorten Mauro Pharanja, Amalia, Kremno u. Spilea auf Naxos wurden auf die Gefügeregelung des Korunds untersucht. In den Gesteinen ist lagenweiser Wechsel zwischen Erz- u. Korundlagen festzustellen, er ist bes. deutlich in Schliffen ⊥ a. Die Stengelachsen des nach der c-Achse stengeligen bis tonnenförmigen Korunds liegen vorwiegend ⊥ b des Gefüges. Sie stehen damit im Gegensatz zu anderen stengeligen Mineralien. Die (0001)-Fläche zeigt eine Einstellung in eine der beiden $h0l_{(s1)}$- u. $\bar{h}0l_{(s2)}$-Flächen, wobei die h0l-Flächen in allen Diagrammen stärker besetzt erscheinen. Die Korundgefüge sind denen von Calcit bis in Einzelheiten isotyp. 7 Gefügediagramme werden reproduziert. (Neues Jb. Mineralog., Mh. **1952.** 108—26. April. Innsbruck, Univ., Inst. für Mineralogie u. Petrographie.) HILLER. 380

H. G. Bachmann, *Über Pyrit mit vollkommener Teilbarkeit nach (1 1 1) von Persberg, Schweden.* Pyrit aus einer *Magnetit*-Skarn-Lagerstätte von Storgruva, Persberg, Värmland, Schweden, zeigt vollkommene Spaltbarkeit nach dem Oktaeder. Vf. nimmt eine Entmischung FeS_2–FeS als Ursache der Teilbarkeit an. Spektralanalyse: 10—100% Fe; 0,1—1% Si; 0,01—0,1% Na, Ba, Ca, Cu, Co, Zn, Mg, Al; 0,001—0,01% Mo; Spuren: Ni, Mn, Ti, Ag, Pb. Gitterkonstante: a = 5,407 Å. Eine weitere Deutungsmöglichkeit ist die Annahme einer orientierten Aufwachsung dünner *Magnetkies*-Schichten auf (111 des Pyrits. (Neues Jb. Mineralog., Mh. **1952.** 103—08. April. Bonn, Univ., Mineralog. petrogr. Inst.) HILLER. 380

F. H. S. Vermaas, *Mangan–Eisen-Granat von Otjosondu, Südwestafrika.* Zwei Granatproben von Otjosondu (zwischen Windhuk u. Walvis), SW-Afrika, werden untersucht. I ist dunkelgelb, II ist dunkelrot. Lichtbrechung: I n = 1,872, II n = 1,901. D.: I 4,081, II 3,962. Gitterkonstante: I a = 11,819, II a = 12,000 Å. Analyse (I, II): SiO_2 34,56, 34,26; Al_2O_3 4,72, 5,98; Fe_2O_3 22,96, 22,20; MnO 22,12, 13,29; MgO 0,56, 0,67; CaO 14,60, 22,74%. Spuren (spektralanalyt.): I Ba, Na, K; II Ba, Na. Während I der idealen Granatformel gut entspricht, müssen bei II zur Deutung der D. als Zellinhalt 24 Si, 5 Al, 12 Fe, 18 Ca, 8 Mn u. 98 O angenommen werden. Die überzähligen Atome müssen in Zellhohlräumen untergebracht werden u. sollen den Grund für den höheren Brechungsindex von II darstellen. Die Zus. der Granate kann gedeutet werden: a) mit allem Mn als *Calderit* durch Anteile von *Pyrop, Grossular, Andradit, Calderit* oder b) mit allem Ca als Andradit durch Anteile von Pyrop, *Spessartin,* Andradit, Calderit. Auf Grund der D. entscheidet sich Vf. für a. (Mineralog. Mag. J. mineralog. Soc. **29.** 946—51. Sept. 1952. Pretoria, Südafrika, Geolog. Survey.) HILLER. 380

K. Hoehne, *Vorkommen von Magnetit in Schlesien.* In Schlesien treten 2 Magnetitgenerationen auf, von denen nur die ältere, von kaledon. Geosynklinalvulkanismus herrührend, Bedeutung hat. Angabe von Fundpunkten u. Aufzählung der mitvorkommenden Mineralien. (Neues Jb. Geol. Paläontol., Mh. **1952.** 289—94. Juli. Völklingen/Saar.) ENSSLIN. 384

Friedrich Wilhelm Locher, *Kurzer Bericht über die sedimentpetrographische Untersuchung zweier Lotkerne der Albatros-Expedition.* Es wurden 15 Proben aus 2 Lotkernen der Albatros-Expedition (I) aus dem Atlantik u. 2 Sedimentproben der Meteor-Expedition (II) aus der Amazonasmündung untersucht. In den einzelnen Korngrößenfraktionen sind die Proben von I untereinander mineralog. ähnlich. 26 Schwerminerale wurden bestimmt, die jedoch nur einen Gesamtgeh. <2% ausmachen. *Magnetit* u. *Hornblende* sind unter diesen die häufigsten. Sonst wurden *Quarz, Feldspat, Glimmer (Illit), Kaolinit, Montmorillonit, Chlorit, Foraminiferen* u. *Calcit* als wichtigste gefunden. Zur Best. wurden elektronenmkr., röntgenograph. u. differentialthermoanalyt. Methoden herangezogen. Der Schwermineralanteil von I u. II stimmt nicht überein. Es ergaben sich große Unterschiede im *Staurolith*-Geh. u. der Farbe des Turmalins. Im Leichtmineralanteil ist bei II Quarz auf Kosten von Feldspat u. Glimmer angereichert. Im Tonmineralanteil wurde in allen Proben von I das gleiche Mischungsverhältnis Kaolinit/Illit/Montmorillonit festgestellt, während bei II ein höherer Kaolinitgeh. vorliegt. Mit der Sedimenttiefe (Alter) ändert sich die Zus. nicht. (Heidelberger Beitr. Mineralog. Petrogr. **3.** 193—218. 1952. Göttingen, Univ., Sedimentpetrogr. Inst.) HILLER. 385

M. Blumer, *Fossile Kohlenwasserstoffe und Farbstoffe in Kalksteinen. Geochemische Untersuchungen.* 3. Mitt. (Vorl. Mitt.) (2. vgl. C. **1950.** II. 921.) Bei der geochem. Unters. von Sedimentgesteinen des unteren Malms des Berner Juras wurden geringe Mengen organ. Verbb. aus fossilen Seelilien (Millericrinus spec.) isoliert. 1. Eine farblose bis leichtgelbe, nichtfluorescierende Verb. (F. 120,5—121°), möglicherweise ein aromat. KW-stoff. 2. Intensiv gelbgrün fluorescierende Kristalle (F. 326—330° Zers.), wahrscheinlich ein *Alkylderiv. des 1.12-Benzperylens.* 3. Ein Gemisch mehrerer, chem. nahe verwandter *Oxychinonfarbstoffe,* die zusammen als mkr. kleine, schwarze Kristalle vorkommen u. daher als Mineral nach einem Fundort „*Fringelit*" benannt werden sollen; schwer lösl. in organ. Lösungsmitteln, am besten in Pyridin mit intensiv roter Farbe, lösl. in konz. H_2SO_4, grün mit roter Fluorescenz, daraus auch nach längerem Erwärmen auf 100° mit W. wieder unverändert fällbar. Eine Arbeitshypothese erklärt die Entstehung dieser Verbb. aus *Echinochrom* oder einem verwandten Naphthochinonfarbstoff. (Mikrochem. verein. Mikrochim. Acta **36/37.** 1048—55. 1951. Basel, Univ., Anst. anorgan. Chem.) METZENER. 386

W. Semmler, *Die Mineralquellen des Saarlandes.* Die saarländ. Mineralquellen, von denen einige Analysen angegeben werden, stellen alkal., muriat. Wässer dar, welche wahrscheinlich aus dem Muschelkalk stammen, welcher auch die Salzbestandteile lieferte. (Z. dtsch. geol. Ges. **103.** 284—96. 1951, ausg. 1952.) ENSSLIN. 394

E. Binggeli und **Ch. Haenny,** *Messung der Radioaktivität der Quellen von Lavey.* Beschreibung der Versuchsanordnung zur Radioaktivitätsmessung in Mineralquellen. Die mittlere Radioaktivität der Quellen von Lavey beträgt 6,1 mμC/Liter bei einer Quelltemp. von 41° entsprechend 26000 mμC/Stunde. (Bull. Soc. vaudoise Sci. natur. **65.** 253—64. 1952.) ENSSLIN 394

Emile Matthey, *Die chemische Zusammensetzung der Thermalwässer von Lavey-les-Bains.* Bei einem Gesamtsalzgeh. von 1,15 g/Liter sind als Kationen Na^+ (0,275 g) u.

Ca^{2+} (0,052 g) vorherrschend. Als Anionen treten SO_4^{2-} (0,422 g) u. Cl^- (0,181 g) sowie HCO_3^- (0,112 g) u. vor allem H_2S (0,002 g/Liter) auf. Die jahreszeitlichen Schwankungen sind verhältnismäßig gering. (Bull. Soc. vaudoise Sci. natur. **65.** 265—71. 1952.)
ENSSLIN. 394

J. R. Horan und **G. A. Boyd,** *Autoradiographische Analyse des Meteorits von Murray, Kentucky.* (Sitzungsbericht.) Die mkr. Unters. der α-Teilchenbahnen in 100 Std. exponierten Kernemulsionen (EASTMAN-NTB) ergab, daß die Strahlungen von schweren Elementen, die als Verunreinigungen vorlagen, u. nicht von durch Höhenstrahlen induzierten Aktivitäten stammten. (Physic. Rev. [2] **87.** 177. 1/7. 1952.) KIRSCHSTEIN. 397

D. Organische Chemie.

D_1. Allgemeine und theoretische organische Chemie.

R. K. Brinton und **D. H. Volman,** *Die Ultraviolett-Absorptionsspektren gasförmiger Diazomethane und Diazoäthane. Beweis für die Existenz von Äthylidenradikalen bei der Diazoäthan-Photolyse.* Diazomethan besitzt eine breite Absorptionsbande zwischen 470 u. 320 mμ (Maximum bei ca. 400 mμ) u. eine starke, bei 280 mμ beginnende Absorption im kurzwelligen Ultraviolett. Der breiten Absorptionsbande sind von 430—320 mμ mehrere schwache diffuse Banden überlagert. Das ähnliche Absorptionsspektrum des Diazoäthans liegt langwelliger; die langwellige Bande zwischen 540 u. 340 mμ hat ein breites Maximum bei 450 mμ ($\varepsilon = 3,5$), die kurzwellige Absorption beginnt bei ca. 300 mμ. Die Absorption des Diazoäthans zeigt im ganzen gemessenen Gebiet keine Diskontinuitäten. Aus der Massenspektrometeranalyse der Reaktionsprodd. bei der Bestrahlung von Diazoäthan mit ungefiltertem Licht einer Hg-Lampe ergibt sich das Vorhandensein von *2-Buten,* dessen Bldg. aus Äthylidenradikalen angenommen wird, wobei diese Radikale beim prim. photochem. Prozeß gemäß $CH_3CHN_2 + h\nu \rightarrow CH_3CH + N_2$ entstehen. (J. chem. Physics **19.** 1394—95. Nov. 1951. Davis, Calif., Univ., Dep. of Chem.) RUDOLPH. D 118

P. Grammaticakis, *Beitrag zur Kenntnis der Ultraviolett-Absorption stickstoffhaltiger Derivate einiger aromatischer Aldehyde und Ketone.* 6. Mitt. *Thiosemicarbazone und 4-Phenylthiosemicarbazone von Aldehyden.* (5. vgl. Bull. Soc. chim. France, Mém. [5] **16.** [1949.] 410.) Die Unters. der unten aufgezählten Thiosemicarbazone u. 4-Phenylthiosemicarbazone ergibt: die spektralen Beziehungen zwischen diesen Verbb. sind analog denen der entsprechenden Semicarbazone u. 4-Phenylsemicarbazone. Die Absorptionsspektren der S-haltigen Verbb. sind gegenüber denen der O-haltigen Verbb. nach längeren Wellen verschoben.

V e r s u c h e (*X = Thiosemicarbazon, Y = 4-Phenylthiosemicarbazon*; alle FF. im Block): *Propionaldehyd, X,* $C_4H_9N_3S$, F. 155°. — *Aceton, X,* F. 181° (A.); *Y,* $C_{10}H_{13}N_3S$, F. 132° (Ae.). — *Cyclohexanon, X,* $C_7H_{13}N_3S$, F. 164° (A.); *Y,* $C_{13}H_{17}N_3S$, F. 114° (Ae.). — *Crotonaldehyd, X,* $C_5H_9N_3S$, F. 167° (A.); *Y,* $C_{11}H_{13}N_3S$, F. 141° (A.). — *Benzaldehyd, X,* F. 162° (A.); *Y,* F. 195° (langsam), 203° (rasch) (Bzl.). — *Salicylaldehyd, X,* F. ~240° (langsam), ~260° (rasch) (A.); *Y,* F. 202° (langsam), ~220° (rasch) (A.). — *o-Methoxybenzaldehyd, X,* $C_9H_{11}ON_3S$, F. 216° (A.); *Y,* $C_{15}H_{15}ON_3S$, F. 159° (A.). — *m-Methoxybenzaldehyd, X,* $C_9H_{11}ON_3S$, F. 190 (A.); *Y,* $C_{15}H_{15}ON_3S$, F. 154° (Ae. + PAe.). — *p-Methoxybenzaldehyd, X,* $C_9H_{11}ON_3S$, F. 174° (A.); *Y,* $C_{15}H_{15}ON_3S$, F. 181° (A.). — *o-Nitrobenzaldehyd, X,* $C_8H_8O_2N_4S$, citronengelbe Prismen aus Dioxan + A., F. 264° (Zers.), F. ~287° (rasch); *Y,* $C_{14}H_{12}O_2N_4S$, gelbe Nadeln aus A., F. 202°. — *m-Nitrobenzaldehyd, X,* $C_8H_8O_2N_4S$, aus A., F. 239° (Zers.); *Y,* hellgelbe Blättchen aus A., F. 196°. — *p-Nitrobenzaldehyd, X,* $C_8H_8O_2N_4S$, gelbe Prismen aus Dioxan + A., F. (langsam) ~262° (Zers.), F. (rasch) 285°; *Y,* $C_{14}H_{12}O_2N_4S$, orangegelbe Nadeln aus A., F. (langsam) 231°, F. (rasch) 243°. — *Furfurol, X,* $C_6H_7ON_3S$, F. 154° (verd. A.); *Y,* $C_{12}H_{11}ON_3S$, F. 188° (A.). — *Zimtaldehyd, X,* F. ~113°, dann bei 143° (verd. A. oder Ae.); *Y,* F. 173° (A.). — *Acetophenon, X,* F. 122° (A.). — *Dimethylacetophenon, X,* $C_{11}H_{15}N_3S$, F. 133° (Methanol + Cyclohexan). — *n-Butyldimethylacetophenon, X,* $C_{15}H_{23}N_3S$, F. 128° (verd. A.). — *o-Methylpropiophenon, X,* $C_{11}H_{15}N_3S$, F. 142° (verd. A.). — *Benzophenon, X,* $C_{14}H_{13}N_3S$, F. 173° (A.). — *Cyclohexylphenylketon, Oxime,* aus A., FF. 113 u. 160° (I); *Phenylcarbamyloxim,* $C_{20}H_{22}O_2N_2$, F. 134° (Bzl. + PAe.); aus **I** u. Phenylisocyanat. — *o-Methylpropiophenonphenylcarbamyloxim,* $C_{17}H_{18}O_2N_2$, F. 101° (Ae. + PAe.), aus o-Methylpropiophenonoxim u. Phenylisocyanat. — *Thiosemicarbazid,* F. 184° (W.). — *4-Phenylthiosemicarbazid,* F. 140° (A.). (Bull. Soc. chim. France, Mém. [5] **17.** 504—10. Mai/Juni 1950. Sorbonne, Labor. Chim. organ.) L. LORENZ. D 118

Hermann Hartmann und **Ernst Lorenz,** *Über die Absorptionsspektren der Chinone.* Vff. nehmen die Spektren der Dioxanlsgg. von 30 Chinonen [*p-Benzo-* (**I**), *1.4-Naphtho-, 1.4-* (F. 212°) u. *9.10-Anthra-, Tetracen-5.12-* (F. 293—294°), *Pentacen-6.13-, Tetraphen-*

7.12-, 1.2.3.4-Tetrahydroanthracen-9.10-, 1.2.3.4.7.8.9.10-Oktahydrotetracen-, 3.4; 8.9-Dibenzpyren-5.10-, 3.4;9.10-Dibenzpyren-5.8-, Phenanthren-9.10-, Diphenochinon (Zers. 164°), *Anthanthron, 1.4;9.10-Anthra-* (F. 210—212°) u. *Pentaphen-5.14;8.13-dichinon, Benzanthron, 2.3-Benzobenzanthron, 1-* u. *2-Chlor-, 1.8-* u. *1.5-Dichlor-, 1-Nitro-, 1.5-Dinitro-, 2-Oxy-, 1.5-* u. *2.6-Dioxy-, 1-* u. *2-Amino-, 1.8-, 1.5-* u. *2.6-Diaminoanthrachinon*] auf. Diskussion unter Annahme möglicher Elektronenkonfigurationen für ungesätt. Verbb. mit Carbonylgruppen führt bei I zur Zuordnung der Banden zu den einzelnen Übergängen. Für die Klasse der Acenchinone ergibt sich eine „Teilsystemregel", die bereits vorher (vgl. C. **1952.** 345) aus mol.-physikal. Überlegungen erwartet worden war. (Z. Naturforsch. **7a.** 360—69. Mai 1952. Frankfurt/M., Univ., Inst. für Physikal. Chemie.)
D. Hahn. D 118

P. G. Masslow und **Ss. A. Antipina,** *Anwendung der Einflußkoeffizienten zur Untersuchung der Schwingungsspektren vielatomiger Moleküle.* 2. Mitt. *Einflußkoeffizienten, Frequenzen, Schwingungsform, Kräfteverteilung und Analyse der Frequenzwechselwirkung für Acetylen und Deuteroacetylene.* (1. vgl. Журнал Экспериментальной и Теоретической Физики [J. exp. theoret. Physik.] **22.** [1952.] 164.) Vff. benutzen die in der 1. Mitt. abgeleiteten Formeln zur Berechnung der Schwingungsspektren von C_2H_2, C_2HD u. C_2D_2 sowie der übrigen, in der Überschrift erwähnten Parameter. Die berechneten Frequenzen sind in guter Übereinstimmung mit dem Experiment, mit Ausnahme der Frequenz $\nu_{qH}^{(Au)}$, was Vff. auf den ungenügend genauen experimentellen Wert zurückführen. — Ausführliche Tabellen, Diskussion. (Журнал Экспериментальной и Теоретической Физики [J. exp. theoret. Physik] **22.** 172—83. Febr. 1952. Leningrad.) AMBERGER. D120

N. G. Jarosslawski und **A. N. Alexandrow,** *Infrarote Emissionsspektren erwärmter, flüssiger und fester organischer Filme.* Vff. messen im Bereich 1—15 μ die Infrarot-Emissions- u. -Absorptionsspektren von auf 230° erwärmtem *Vakuumöl, Benzaldehyd* (140°), *Resorcin* u. *Fuchsin* (200°) in Schichtdicken von jeweils 0,015 mm. Ausführliche Beschreibung der Methodik u. der Apparatur. (Журнал Физической Химии [J. physik. Chem.] **26.** 1278—83. Sept. 1952. Leningrad.) AMBERGER. D 120

Dwight Fay Mowery jr., *Die Ursache optischer Inaktivität.* Stoffe mit unorientierten symm. Moll. drehen die Polarisationsebene des Lichtes nur deshalb nicht, weil sich die Drehungen durch die einzelnen Moll. genau aufheben (externe Kompensation). Dasselbe gilt für rac. Mischungen u. Mesoformen. Diese sind nicht innermol., sondern ebenfalls extern kompensiert. (J. chem. Educat. **29.** 138—39. März 1952. Hartford, Conn., Trinity Coll.) BLUMRICH. D 122

G. A. Barclay, R. J. W. Le Fèvre und **B. M. Smythe,** *Die Änderung des Dipolmoments von n-Propyl- und n-Butylamin mit dem Aggregatzustand. Bemerkungen zu den scheinbaren Dipolmomenten in Lösung von einigen anderen Aminen.* In Fortführung der in Trans. Faraday Soc. **46.** [1950.] 812 beschriebenen Verss. wurden die Dipolmomente μ von *n-Propylamin* (I) aus Messungen im Gaszustande (324—432°) zu 1,17 u. aus Messungen in Bzl. als Lösungsm. bei 25° zu 1,26 bestimmt; für *n-Butylamin* (II) lauten die entsprechenden Werte 1,00 u. 1,20. Die Diskussion dieser μ-Werte auf Grund der von BARCLAY u. LE FÈVRE (vgl. C. **1950.** II. 2537) angestellten Betrachtungen führt zu dem Ergebnis, daß die C-Atome von I u. II etwa in einer Ebene liegen u. μ senkrecht zu dieser Ebene steht. Ferner wurden folgende μ-Werte in Bzl. als Lösungsm. bei 25° bestimmt: *Monomethylanilin* 1,67, *Monoäthylanilin* 1,70, *Dimethylanilin* 1,61, *Diäthylanilin* 1,81, *o-Toluidin* 1,60, *m-Toluidin* 1,45, *p-Toluidin* 1,52 u. *Diphenylamin* 1,0, sowie *Isobutylamin* 1,27. (Trans. Faraday Soc. **47.** 357—65. April 1951. Sydney, Univ., School of Chem.) FUCHS. D 132

Elizabeth E. Sager und **Iris J. Siewers,** *Die Überschneidung der Dissoziationskonstanten von 4.4'-Diaminobenzophenon bei Spektralabsorptionsmessungen.* Die beiden Dissoziationskonstanten von *4.4'-Diaminobenzophenon* wurden mit Hilfe von Messungen der Absorptionskurven bei verschied. Säurekonzz. bei 25° bestimmt, für die Rk. des Diaminobenzophenons $R^{++} \rightleftharpoons R^+ + H^+$, $\log K_1 = 1{,}367$, u. $R^+ \rightleftharpoons R + H^+$, $\log K_2 = 2{,}92$. Da die beiden Dissoziationskonstanten sehr nahe beieinander liegen, lassen sich nur die Kurven von R^{++} u. R bei einem p_H-Wert weit unterhalb 1,367 u. weit oberhalb 2,92 einwandfrei messen. Zwischen p_H 1,367 u. 2,92 überlappen sich die Kurven von R^{++}, R^+ u. R. Jedoch spielen in der Nähe von p_H 1,367 nur die Kurven von R^{++} u. R^+ u. in der Nähe von p_H 2,92 nur die Kurven von R^+ u. R eine wesentliche Rolle, so daß bei Messungen sehr vieler Kurven unter sehr kleiner Änderung der p_H-Werte innerhalb kleiner p_H-Bereiche isobest. Punkte zwischen R^+ u. R sowie zwischen R^{++} u. R^+ zu finden sind. In diesen p_H-Bereichen konnte die Kurve von R^+ extrapoliert werden. Die Gleichungen zur Best. der beiden Konstanten wurden abgeleitet. (J. Res. nat. Bur. Standards **49.** 7—12. Juli 1952. Washington.) D. BRÜCK. D 139

Giacomo Bionda, *Elektrolytische Halogenierungen. Die Bromierung von festen cyclischen Substanzen.* Um eine intensiv bromierende Wrkg. auf die zu untersuchende Substanz auszuüben, wird sie in die Anode eingebaut. So werden 40—50 g gepulverter *Graphit* mit 10—20 g organ. Substanz gründlich vermischt, dann 20 g *NaBr* zugefügt u. die ganze M. mit gesätt. NaBr-Lsg. angefeuchtet. Diese in einem porösen Gefäß untergebrachte Paste, in die ein Graphitstab eingeführt wird, dient als Anode u. ist in geringer Entfernung von einem die Kathode bildenden, reinen Fe-Drahtnetz umgeben. Der aus der Paste herausragende Teil des Graphitstabs ist paraffiniert, die Pastenoberfläche zwecks Vermeidung von Verflüchtigungen mit einem nichtleitenden Deckel verschlossen. Der Elektrolyt in der Zelle bedeckt die Anode völlig u. wird während der Elektrolysendauer (10—12 Std.) in Bewegung gehalten. Stromdichte im allg. ca. 0,5 A/dm². Bei der Bromierung von *Naphthalin* (I) wurde 2nNaBr-Lsg., durch CO_2 aufgerührt, als Elektrolyt benutzt. Dabei ergab sich, daß die prozentuale Ausbeute an *α-Bromnaphthalin* (II) besser wird, je geringer der I-Geh. der Anodenpaste ist (70% **II** aus einer Anode der Zus. 40 g Graphit, 5 g **I** u. 20 g NaBr bei 0,8 A/dm²), daß alle 2—3 Std. eine Stromumkehr für 2 Min. nötig ist, um die Polarisation aufzuheben, u. daß man den Verlauf der Bromierung an der Zunahme der Spannung einigermaßen verfolgen kann, da diese infolge der Bldg. des fl. **II** durch Erhöhung des Anodenwiderstandes ansteigt. Um *Campher* (**III**) zu bromieren, muß das Graphitpulver (beispielsweise 60 g) mit einer Lsg. von **III** (15 g) in einem leichtflüchtigen organ. Lösungsm. getrocknet u. der Rückstand mit NaBr (20 g) vermischt werden, um die Anodenpaste, wie angegeben, darzustellen. Als Elektrolyt dient gesätt. NaBr-Lsg., ohne mit CO_2 aufzurühren. Da der *Monobromcampher* fest ist, ändert sich das Potential während der Bromierung kaum. Man muß daher den Verlauf der Rk. an der Bildungsgeschwindigkeit der NaOH verfolgen, die zu Ende der Bromierung sich verlangsamt, oder an der Oxydationswrkg. des Elektrolyten infolge stark steigender Konz. an NaOBr. Der Mechanismus beider Bromierungen ist anscheinend rein chem. Natur. (Ann. Chimica **42.** 391—98. Juli/Aug./Sept. 1952. Torino, Univ., Ist. Merceol.)
METZENER. D 141

B. A. Arbusow und **W. Ss. Winogradowa,** *Parachor und Struktur von Estern der Phosphorsäure, phosphorigen Säure und Thiophosphorsäure.* In Fortsetzung früherer Unterss. (vgl. C. **1949.** I. 585) wurde der Parachor (P) bei weiteren *Trialkylphosphaten* (**I**), *-thiophosphaten* (**II**) u. *-phosphiten* (**III**) bestimmt. Aus den P-Werten wird geschlossen, daß bei den Estern **I** u. **II** alle, bei den Estern **III** nur 2 Alkylketten parallel u. gleichgerichtet zueinander liegen. Zur Herst. der Ester **III** dienten die Rk. von PCl_3 mit den entsprechenden Alkoholen in Ggw. von Dimethylanilin oder Pyridin (Meth. A) u. die Umesterung von $(C_2H_5O)_3P$ mit den Alkoholen in Ggw. von H_3PO_4 (Meth. B). Es wird angenommen, daß letztere Meth. reinere Präpp. lieferte, da nur bei diesen die ermittelten P-Werte einer der zur Wahl stehenden Anordnungen der Molekülketten entsprechen.

Versuche: *Trihexylphosphat,* $C_{18}H_{39}O_4P$, Kp.$_2$ 187—188°; aus $POCl_3$ (10 g) u. Hexylalkohol (20 g) in Ae. in Ggw. von Pyridin (15,4 g) unter Schneekühlung; D.$^{20}_{0}$ 0,9396; n_D^{20} 1,4340; Mol.-Refr. ([MR]$_D$) 97,13; γ^{20} 28,04 dyn/cm; P 857,16; 7 g (Ausbeute). — *Trioctylphosphat,* $C_{24}H_{51}O_4P$, Kp.$_2$ 225—227°; analog aus Octylalkohol; D.$^{20}_{0}$ 0,9200; n_D^{20} 1,4410; γ^{20} 29,02 dyn/cm; P 1094,7. — *Tripropylthiophosphat,* Kp.$_{10}$ 123,5—124,5°; aus Tripropylphosphit u. S; D.$^{20}_{0}$ 1,0177; n_D^{20} 1,4502; γ^{20} 28,47 dyn/cm; P 545,4. — *Tributylthiophosphat,* $C_{12}H_{27}O_3SP$, Kp.$_{11}$ 158—159°; D.$^{20}_{0}$ 0,9871; n_D^{20} 1,4515; [MR]$_D$ 77,09; γ^{20} 28,36 dyn/cm; P 660,2. — *Trihexylthiophosphat,* $C_{18}H_{39}O_3SP$, Kp.$_{2,5}$($_{3,5}$?) 188 bis 188,5°; D.$^{20}_{0}$ 0,9501; n_D^{20} 1,4568; γ^{20} 28,68 dyn/cm; P 892,6. — *Trioctylthiophosphat,* $C_{24}H_{51}O_3SP$, Kp.$_{0,5}$ 224—226°; D.$^{20}_{0}$ 0,9293; n_D^{20} 1,4592; γ^{20} 29,11 dyn/cm; P 1126,4. — *Tributylphosphit,* Kp.$_8$ 121,5°; Herst. nach Meth. A; D.$^{20}_{0}$ 0,9133; n_D^{20} 1,4327; γ^{20} 27,67 dyn/cm; P 619,6. — *Trihexylphosphit,* $C_{18}H_{39}O_3P$. Präp. nach Meth. A: Kp.$_3$ 167 bis 168°; D.$^{20}_{0}$ 0,9002; n_D^{20} 1,4405; [MR]$_D$ 97,95; γ^{20} 27,86 dyn/cm; P 853,5. Präp. nach Meth. B: Kp.$_2$ 157—157,5°; D.$^{20}_{0}$ 0,8981; n_D^{20} 1,4428; [MR]$_D$ 98,70; γ^{20} 27,82 dyn/cm; P 856,1. — *Trioctylphosphit,* $C_{24}H_{51}O_3P$. Präp. nach Meth. A: Kp.$_1$ 210°; D.$^{20}_{0}$ 0,8936; n_D^{20} 1,4489; γ^{20} 28,67 dyn/cm; P 1084,1. Präp. nach Meth. B: Kp.$_2$ 212—214°; D.$^{20}_{0}$ 0,8907; n_D^{20} 1,4475; γ^{20} 28,90 dyn/cm; P 1089,8. — *Trinonylphosphit,* $C_{27}H_{57}O_3P$, Kp.$_1$ 226,5—227,5°; Herst. nach Meth. B; D.$^{20}_{0}$ 0,8879; n_D^{20} 1,4495; γ^{20} 29,39 dyn/cm; P 1208,1. — *Tridecylphosphit,* $C_{30}H_{63}O_3P$. Präp. nach Meth. A: Kp.$_2$ 263°; D.$^{20}_{0}$ 0,8856; n_D^{20} 1,4500; γ^{20} 29,76—29,89 dyn/cm; P 1325,7. Präp. nach Meth. B: Kp.$_{1,5}$($_{0,5}$?) 236,5 bis 237,5°; D.$^{20}_{0}$ 0,8842; n_D^{20} 1,4518; γ^{20} 29,99 dyn/cm; P 1330,2. — *Tri-β-phenyläthylphosphit,* $C_{24}H_{27}O_3P$, Kp.$_1$ 256—258°; Herst. nach Meth. A; D.$^{20}_{0}$ 1,1089; n_D^{20} 1,5596; γ^{20} 41,27 dyn/cm. (Известия Академии Наук СССР, Отделение Химических Наук [Nachr. Akad. Wiss. UdSSR, Abt. chem. Wiss.] **1951.** 733—40. Nov./Dez. Kasan, Univ., Chem. Wiss. Butlerow-Forschungsinst.)
V. WILPERT. D 148

N. Thomas, *Die Bildung von Polymeren in Kohlenwasserstoffflammen.* Aus der Art u. Weise, wie sich C_2 in KW-stoffflammen bildet, aus den unterschiedlichen Erscheinungen in vorgemischten u. Diffusionsflammen u. aus den spektroskop. festgestellten anomalen Tempp. für einige Radikale in den Reaktionszonen der Flammen, die Vf. u. andere Autoren beobachteten, schließt Vf. auf die Möglichkeit, daß in KW-stoffflammen große Polymere entstehen, die bei ihrer Zers. C_2 bilden, daß die anomalen Anregungseffekte auf direkten Rkk. zwischen C_2 u. O_2 beruhen u. daß bei Ggw. von O_2 die Polymerisation der KW-stoffe gewöhnlich mit Dehydrierungen verbunden ist, so daß stärker ungesätt. Verbb. entstehen, wie z. B. C_2H_2, das quantitativ aus gekühlten Flammen erhalten werden kann. An F_2-haltigen KW-stoffen sind diese Vorgänge bereits spektrograph. bestätigt worden. Vf. stellt mathemat. Betrachtungen über die Widerstandsfähigkeit der Mol.-Ketten der Polymeren in den Flammen an, er geht dabei davon aus, daß ein nicht zur Schwingung angeregtes Kettenmol. die durch Zusammenstoß erhaltene Energie wie ein starrer Körper aufnimmt, im angeregten Mol. dagegen durch Stoßenergie aber die Bindungen aufgespalten werden. Je nachdem, ob die Kettenmoll. gesätt. oder ungesätt. sind, ist die Stabilität der Verbb. verschieden. Die hochungesätt. Kettenmoll., die nach Ansicht des Vf. in den Flammen gebildet werden, sind steifer als gesätt., ihre Schwingungsfrequenzen höher. Daher sind sie bei höherer Temp. beständiger, werden aber, falls einmal angeregt, schneller zersetzt. (J. chem. Physics **20.** 899—904. Mai 1952. London, England, Imp. Coll. of Sci. and Technol., Dep. of Chem. Engng. and Applied Chem.) ROEDER. D 157

H. W. Fox und **W. A. Zisman,** *Die Spreitung von Flüssigkeiten auf Oberflächen niederer Energie.* 2. Mitt. *Modifizierte Tetrafluoräthylenpolymere.* (1. vgl. C. **1951.** II. 785.) Es werden die Ergebnisse der Messungen von (Gleichgewichts-) Kontaktwinkeln einer Anzahl organ. Fll. [*n-Hexan, n-Heptan, n-Nonan, n-Decan, n-Dodecan, n-Tetradecan, n-Hexadecan, Ae., Di-n-propyl-, -butyl-, -amyl-, -heptyl-, -octyläther, Glycerin, Formamid, Methylenjodid, α-Bromnaphthalin, Trikresylphosphat, Phenylundecansäurebenzylester, tert.-Butylnaphthalin, Di-[2-äthylhexyl]-phthalat, Bzl., Perfluordimethylcyclohexan* sowie 2 perfluorierte KW-stoffgemische, ein Polymethylsiloxan u. *W.*] auf bes. hergestellten Oberflächen (Pressen der Kunststoffe zwischen Glasplatten) halogenierter Abkömmlinge des Polyäthylens mitgeteilt. Die Abnahme der freien Immersionsenergie (f_{SL}), die Adhäsionsarbeit (W_A) u. die Spreitungskoeffizienten wurden für die nicht spreitenden Fll. berechnet. Die Abnahme der freien Energie beim Einführen dieser Kunststoffe in den gesätt. Dampf der meisten der geprüften Fll. ist verschwindend gering. Für jede feste Oberfläche folgen Kontaktwinkel u. Spreitungskoeffizienten der früher für Polytetrafluoräthylen für die Oberflächenspannung der Fl. aufgestellten Beziehung, wonach bei Zunahme der Oberflächenspannung der Fl. der Kontaktwinkel größer, der Spreitungskoeff. aber kleiner wird. Substitution von Cl oder H an Stelle von F erhöht bei diesen Polymeren W_A, f_{SL} u. den Spreitungskoeff. in bezug auf eine gegebene Fl., wobei die Erhöhung vom Anteil des Substituenten (Cl oder H) abhängt. Substitution durch H an Stelle von F hat einen geringeren Einfl. als Substitution durch Cl. Ist f_{SL} für einen gegebenen Kunststoff in einer Reihe von Fll. konstant, dann sollten die Kurven für die Abhängigkeit von W_A von der Oberflächenspannung sowie für den Spreitungskoeff. von der Oberflächenspannung Geraden darstellen mit einem positiven bzw. negativen Neigungswinkel von 45°. Die Werte für die fluorhaltigen Polymeren u. die fl. n-Alkane u. Di-n-alkyläther liegen auch auf solchen Geraden. Für die fluorierten Polymeren liegen die Werte von f_{SL} in Abhängigkeit von der prozentualen mol. Substitution durch F ebenfalls auf einer Geraden. Für W_A scheint ein für das Polymere charakterist. Maximalwert zu bestehen, der ident. mit der Adhäsionsarbeit einer Fl. mit dem Kontaktwinkel 90° ist. Für die „Regel", daß nichtpolare Fll. nichtpolare feste Stoffe benetzen, konnten viele Ausnahmen nachgewiesen werden. Aus den Unterss. geht hervor, daß neuere Verss. zur Messung der Oberflächenspannung fester Stoffe allein auf Grund der Best. von Kontaktwinkeln auf nichtbegründeten Annahmen beruhen. (J. Colloid Sci. **7.** 109—21. April 1952. Washington, D. C., Naval Res. Labor.) HENTSCHEL. D 166

Elaine G. Shafrin und **William A. Zisman,** *Die Spreitung von Flüssigkeiten auf Oberflächen niederer Energie.* 4. Mitt. *Monomolekulare Überzüge auf Platin.* (2. vgl. vorst. Ref.) Für verschied. organ. Fll. werden die (Gleichgewichts-) Kontaktwinkel (ϑ_E) in bezug auf eine glatte, mit einer monomol. Schicht von *n-Octadecylamin* überzogene Pt-Fläche gemessen. Für jede homologe Reihe ergeben sich lineare Beziehungen zwischen cos ϑ_E u. der Oberflächenspannung von der Flüssigkeitsgrenze (γ_{LV}). Ohne Berücksichtigung homologer Beziehungen liegen die Werte für cos γ_{LV} alle auf 3 Geraden, von denen 2 nahezu parallel verlaufen. Zwischen der Adhäsionsarbeit (W_A) u. γ_{LV} sowie zwischen dem endgültigen Spreitungskoeff. ($S_{LV/SV}$) u. γ_{LV} entsprechen die Beziehungen einfach gekrümmten Kurven. Die Gruppierung auf mehrere lineare Abschnitte entspricht den Unterschieden der Grenzflächenspannung fest–fl. γ_{SL} u. dem relativen Lösungsvermögen der Fll. für das adsorbierte Octadecylamin. Dieselbe Beziehung erhält man für die krit. Oberflächenspannung (γ_c), die sowohl für die homologe Reihe als auch für die feste Oberfläche spezif. ist. Konstante Werte für die Abnahme der freien Energie bei der Immersion (f_{SL}) wurde für die homologe Reihe der n-Alkane u. n-Alkyläther beobachtet, während die Alkylbenzole eine lineare Abnahme mit steigendem γ_{LV} zeigten. Aus den engen Grenzen u. den niedrigen experimentellen Werten für f_{SL} der vielen nicht miteinander verwandten Fll. wird geschlossen, daß die freie Oberflächenenergie des überzogenen Pt wahrscheinlich nicht mehr als 28,5 erg/cm^2 beträgt. Die auffallende Ähnlichkeit zwischen den Benetzungseigg. der mit einem Monofilm überzogenen festen Oberfläche u. den früher für die Oberfläche einzelner Kristalle von n-Hexatriacontan u. Paraffin beobachteten zeigt, daß die Benetzungseigg. einer Oberfläche im wesentlichen durch die Natur u. die Packungsdichte der äußersten Atomgruppe eines Mol. bestimmt wird. Ein Vgl. der Benetzungswerte für die monomol. Schicht mit entsprechenden Werten für eine Oberfläche mit Methylgruppen in dichtester Packung (wie bei einzelnen Kristallen von Hexatriacontan) wird als ein Weg zur Best. des Packungsgrades adsorbierter Filme an der Grenzfläche Festkörper/Luft empfohlen. — Die untersuchten Fll. waren: *n-Hexan, -Heptan, -Octan, -Nonan, -Decan, -Undecan, -Dodecan, -Tetradecan, -Hexadecan, Cyclopentan, Cyclohexan, Bzl., Toluol, Äthyl-, n-Propyl-, -Butyl-, -Hexyl-, -Decylbenzol, Di-n-propyl-, -butyl-, -amyl-, -heptyl-, -octyl-, -decyläther, Diisopropyl-* u. *Diisoamyläther, Perfluordimethylcyclohexan, Methylenjodid, α-Bromnaphthalin, Perchlorcyclopentadien, Hexachlorbutadien, Chlf., Tetrachlorkohlenstoff, Trikresylphosphat, Phenylundecansäurebenzylester, Di-[2-äthylhexyl]-phthalat, -adipat* u. *-sebacat, Pentaerythrittetracapronsäureester, Tri-[2-äthylhexyl]-tricarballylat, Glycerin, Formamid, Glykol, α-Methylnaphthalin, tert.-Butylnaphthalin, Schwefelkohlenstoff,* außerdem 2 perfluorierte KW-stoffgemische, *Polymethyl-* u. *-äthylsiloxane, Polymonochlortrifluoräthylen, Arachlor 1242* u. *1248,* W. u. Hg. (J. Colloid Sci. **7.** 166—77. April 1952.) HENTSCHEL. D 166

A. N. Frumkin, *Adsorption organischer Stoffe und Elektrodenprozesse.* Eine Besprechung der Ergebnisse von Arbeiten über die Beziehung zwischen Adsorption u. Elektrodenprozessen. Vf. stellt folgende Hauptgesetzmäßigkeiten zusammen: 1. Wenn der Elektrodenprozeß in Abwesenheit einer adsorbierten Schicht durch die Reaktionsgeschwindigkeit u. nicht durch die Bedingungen der Zugabe eines reagierenden Körpers bestimmt wird, wie es z. B. bei der Entladung des H-Ions der Fall ist, dann ruft das Auftreten einer adsorbierten Schicht Erniedrigung der Reaktionsgeschwindigkeit oder Ansteigen der Überspannung bei gegebener Geschwindigkeit hervor. 2. Wenn die elektrochem. Rk. bei Fehlen von adsorbierten Schichten so schnell abläuft, daß die chem. Polarisation im Vgl. zur Konzentrationspolarisation vernachlässigt werden kann, wie z. B. bei der elektrolyt. Red. von Ag^+, Cu^{++}, dann erfolgt im Falle des Auftretens einer adsorbierten Schicht Erniedrigung der Reaktionsgeschwindigkeit. 3. Wenn der Diffusionsgrenzstrom zur Hg-Kathode unter dem Einfl. von Tangentialbewegungen der Elektrodenoberfläche wesentlich erhöht ist, dann wirkt die adsorbierte Schicht infolge Bremsung der Tangentialbewegungen auf Durchmischung u. Diffusion des reagierenden Stoffes zur Oberfläche ein, wodurch die Stromstärke beeinflußt wird. 4. Wenn das Eindringen der reagierenden Moll. in die adsorbierte Schicht erschwert ist u. eine bestimmte Aktivierungsenergie erfordert, dann geht dem Entladungsvorgang ein Stadium voraus, in dem die Aktivierungsenergie nicht oder nur wenig vom Potential abhängt. Wenn in diesem Stadium die Vorgänge langsamer als in den folgenden ablaufen, dann erweist sich auch die Stromstärke als unabhängig vom Potential. (Доклады Академии Наук СССР [Ber. Akad. Wiss. UdSSR] [N. S.] **85.** 373—76. 11/7. 1952. Inst. für physikal. Chem. der Akad. der Wiss. der UdSSR.) WÖRFFEL. D 176

M. M. Jones, W. R. Gilkerson und **G. A. Gallup,** *Wasserstoffbrückenbindungsenergien in Carbonsäuren.* Die Dimerisierungsenergie von Carbonsäuren in der Dampfphase wird zu 15,9 kcal berechnet. Die für die Berechnung des Orientierungs-, Induktions- u. Dispersionsanteils dieser Größe notwendigen Größen sind Bindungsmomente, Polarisierbarkeit der Bindungen, Abstand der an der Dimerisierung beteiligten Atome u. die Ionisierungsenergien der Bindungen. Zur Berechnung wurden einige Vereinfachungen vorgenommen, deren wichtigste sind, daß die an der Wasserstoffbrücke beteiligten Carbonyl- u. Hydroxylbindungen als klass. Dipole angesehen werden, daß die an der Wechselwrkg. beteiligten Faktoren additiv sind, daß die relative Orientierung u. die Bindungsabstände während der Assoziation konstant — wie mit Abständen experimentell bei der Ameisensäure gefunden — bleiben u. daß an der Bindung hauptsächlich Hydroxyl- u. Carbonylbindungen beteiligt sind. Die gute Übereinstimmung der berechneten mit experimentellen Werten zeigt, daß die H-Bindung in Carbonsäure gut durch zwischenmol.

Kräfte größerer Reichweite gedeutet werden kann. (J. chem. Physics **20.** 1048. Juni 1952. Lawrence, Kans., Univ. of Kansas, Bailey Chem. Labor.) ZIMMER. D 182

A. Elliott, *Die Wasserstoffbrücke in einer Amidbindung.* Vf. hält die Gründe von PAULING u. COREY (Proc. nat. Acad. Sci. USA **37.** [1951.] 241), die zur Ablehnung einer Siebenringstruktur eines synthet. α-Polypeptids führten — Verzerrung des Valenzwinkels der H-Brücke mit dem Carbonylsauerstoff um 70° —, für nicht stichhaltig, da ein gestreckter Winkel für die NH···O-Bindung noch nicht genug gesichert erscheint. (J. chem. Physics **20.** 756. April 1952. Maidenhead, England, Courtaulds Ltd.) ZIMMER. D 182

C. F. Koelsch, *Sterische Einflüsse auf die Thermochromie von Spiropyranen und die Reaktionsfähigkeiten bestimmter Methylengruppen.* Thermochromie scheint bei Spiropyranen wie Dinaphthospiropyran stets mit der Öffnung eines Pyranringes verbunden zu sein. Die farbige Form ist ein Resonanzhybrid einer Chinon- u. einer Zwitterionenform. Thermochromie wird daher durch ster. Einflüsse, welche das Mol. uneben machen u. damit die Mesomerie stören, u. durch Energieunterschiede der mesomeren Formen verhindert. Zur Stützung dieser Theorie untersucht Vf. Spiropyrane mit Chinolinring auf ihre Thermochromie. — Methylenaktivität gegen Salicylaldehyd (I) ist bei Chinaldinen nur vorhanden, wenn nicht ein Substituent in 3-Stellung die Bldg. eines ebenen Kondensationsprod. verhindert. Die *Pseudobase* (**II**) aus *1-Methylcyclopenteno-[1'.2':2.3]-chinoliniumsalz* bildet leicht eine *$\Delta^{5'}$-Anhydroverb.*, während eine solche bei der entsprechenden Cyclohexenoverb., dem *10-Methyl-1.2.3.4-tetrahydroacridiniumchlorid* (**III**), nur schwer entsteht. Dieses Verh. wird auf den ebenen Bau des Cyclopenten- u. den unebenen des Cyclohexenringes zurückgeführt. Demgemäß kondensiert sich **III** auch ziemlich schwer mit **I** zur *4-Salicylalverb.* (**IV**), die mit NH_4OH zunächst einen purpurroten Nd. gibt, der sich aber schnell unter Bldg. der farblosen *Spiroverb.* (**V**) dehydratisiert.

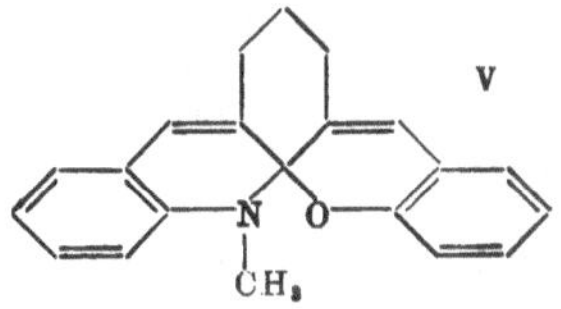

V

Versuche: Herst. der 2.3-substituierten Chinoline nach der PFITZINGER-Rk.: *2-Benzyl-3-phenylchinolin,* durch Schmelzen von 66 g 2-Benzyl-3-phenylcinchoninsäure mit 1 g $(CH_3COO)_2Cu$ u. Dest./30 mm; über Pikrat (aus A. 53 g) gereinigt; 27 g (Ausbeute), fast farblos; daraus mit $(CH_3)_2SO_4$ in Bzl. *2-Benzyl-1-methyl-3-phenylchinoliniummethylsulfat,* $C_{24}H_{23}O_4NS$, F. 193—195° (Ae.-A.);78%. *Pikrat,* $C_{29}H_{22}O_7N_4$, F. 142 bis 143° (verd. A.). — *2-Äthyl-3-methylchinolin,* aus 2-Äthyl-3-methylcinchoninsäure (aus Diäthylketon u. Isatin; 35%); 80%; *2-Äthyl-1.3-dimethylchinoliniumpikrat,* $C_{19}H_{18}O_7N_4$, F. 131—132° (verd. A.). — *2.3-Cyclopentenochinolin,* aus 2.3-Cyclopentenocinchoninsäure (aus Cyclopentanon 80%); 60%; aus 1-Methyl-2.3-cyclopentenochinoliniummethylsulfat *Pseudobase* (**II**), gelbe Kristalle, an der Luft schnelle Schwärzung. Daraus *Chlorid* (**VI**), F. ca. 170° (Zers.), Sintern 140°, graue Nadeln, nicht zu reinigen. *Pikrat,* $C_{19}H_{16}O_7N_4$, gelbgrün, F. 143—145°. — *1.2.3.4-Tetrahydroacridin,* aus der 9-Carbonsäure (aus Cyclohexanon 85%); 66%. Über Methylsulfat u. gelbe krist. Pseudobase krist. *10-Methyl-1.2.3.4-tetrahydroacridiniumchlorid* (**III**), F. 135—140°, nicht zu reinigen; 68%. *Pikrat,* $C_{20}H_{18}O_7N_4$, F. 135—137°. — *N-Methylsalicylalchinaldiniumchlorid* (**VII**), $C_{18}H_{16}ONCl$, orangebraune Prismen, F. 236—237° (Zers.), durch 5minütiges Kochen von 0,5 g N-Methylchinaldiniumchlorid, 0,4 g **I** u. 0,1 g Piperidin in 5 cm³ A., 0,6 g; *Betain,* $C_{18}H_{15}ON$, purpurbronzefarbene Nadeln, F. 165°, aus **VII** in W. mit NH_4OH; Lsg. in Chlf. blau. — *N-Methylsalicylal-2.3-cyclopentenochinoliniumchlorid,* $C_{20}H_{18}ONCl$, braune Nadeln aus verd. HCl, F. ca. 223° (Zers.), aus 0,5 g **VI** wie **VII**; 0,4 g; *Betain,* $C_{20}H_{17}ON$, bronzepurpur, F. ca. 175° (Zers.); Lsg. in Aceton grün, in Chlf. blaugrün u. in A. rotpurpur. — *N-Methyl-4-salicylal-1.2.3.4-tetrahydroacridiniumchlorid* (**IV**), $C_{21}H_{20}ONCl$, gelbe Nadeln aus verd. HCl, F. 222—226° (Zers.), durch 3std. Kochen von 0,5 g **III**, 0,8 g **I**, 0,2 g Piperidin u. 0,1 g CH_3COOH in 5 cm³ Butanol; 0,02—0,13 g; *Spiroverb.* **V**, $C_{21}H_{19}ON$, F. 150°, purpurrote Kristalle; wurden in 2 Std. fast weiß; in Bzl. sofort Entfärbung. (J. org. Chemistry **16.** 1362—70. Sept. 1951. Minneapolis, Minn., Univ., School of Chem.) LEHMSTEDT. D 184

C. A. Beevers, T. R. R. McDonald, J. H. Robertson und **F. Stern,** *Die Kristallstruktur von Saccharose.* Saccharose krist. wasserfrei aus wss. Lsg. in monoklinen Tafeln mit hauptsächlich entwickelten (1 0 0)-Flächen. Die Elementarkörperdimensionen sind a = 10,89 Å; b = 8,69 Å; c = 7,77 Å; β = 103°; Raumgruppe ist $P\,2_1$. Die Struktur wurde roh mittels PATTERSON-Projektionen erhalten; eine Verfeinerung der so erhaltenen Parameter geschah mittels FOURIER-Synth. u. der Meth. der kleinsten Quadrate. Die folgenden Parameter werden angegeben: C_1 (x/360 =) 109; (y/120 =) 43; (z/360 =) 177; C_2 108; 57; 224; C_3 102; 78; 199; C_4 133; 78; 152; C_5 131; 63; 103; C_6 165; 73; 65; C_1' 35; 17; 196; C_2' 47; 20; 134; C_3' 3; 19; 77; C_4' 25; 17; 20; C_5' 61; 1; 47; C_6' 102; 119; 20;

O_1 65; 40; 141; O_2 82; 51; 273; O_3 111; 86; 252; O_4 124; 95; 122; O_5 138; 48; 133; O_6 207; 68; 100; O_1' 15; 34; 227; O_2' 76; 6; 115; O_3' 335; 36; 74; O_4' 352; 10; 330; O_6' 117; 16; 14. Die Packung der Moll. im Gitter wird durch H-Bindungsbldg. zwischen den OH-Gruppen, hauptsächlich der Furanosereste bestimmt. Die Kontakte zwischen den Glucoseresten sind mehr vom VAN DER WAALSschen Typ. Hierauf ist die Spaltbarkeit der Kristalle parallel (1 0 0) zurückzuführen. (Acta crystallogr. [Copenhagen] **5.** 689—90 10/9. 1952. Edinburgh, Univ., Dewar Crystallographic Labor.) GOTTFRIED. D 195

Robert T. Foley und **Robbin C. Anderson,** *Spektrophotometrische Untersuchungen zur Komplexbildung mit Sulfosalicylsäure.* 4. Mitt. *Mit Eisen(III) bei höheren* p_H*-Werten.* (3. vgl. TURNER u. ANDERSON, J. Amer. chem. Soc. **71.** [1949.] 912.) Die Absorptionsspektren von Fe(III)-Sulfosalicylsäurelsgg., die mit verschied. Puffern auf p_H-Werte bis zu 8 eingestellt wurden, werden gemessen u. mitgeteilt. Die bereits früher gefundenen Komplexe im mol. Verhältnis 1 : 1 werden bestätigt, während für Komplexe vom Typ Fe R_2 u. Fe R_3, wie sie BABKO (Журнал Общей Химии [J. allg. Chem.] **15.** (**77.**) [1945.] 745) in Verb. mit Salicylsäure gefunden hat, ein eindeutiger spektrophotometr. Beweis nicht gelingt. (J. Amer. chem Soc. **72.** 5609—12. Dez. 1950. Austin, Tex., Univ., Dep. of Chem.) A. REUTER. D 223

Robert W. Rowden und **O. K. Rice,** *Kritische Phänomene im System Cyclohexan–Anilin.* Kürzlich wurden von ZIMM (C. **1951.** II. 950) die Fragen, 1. ob die Coexistenzkurve einen horizontalen Teil bei der krit. Mischtemp. T_m besitzt u. 2. ob im Gebiet der homogenen Mischungen direkt unterhalb T_m die Isothermen einen konstanten Anstieg über eine Reihe von Konzz. zeigen, mit nein beantwortet. Vff. prüfen das krit. Verh. des Syst. *Cyclohexan–Anilin* in Hinsicht auf diese Fragen u. stellen fest, daß die Coexistenzkurve in diesem Syst. einen ebenen Teil besitzt. Wahrscheinlich nehmen die Druckunterschiede außerhalb des krit. Gebietes mehr zu als innerhalb dieses Gebietes. T_m liegt bei 29,63°. Vff. machen darauf aufmerksam, daß die Temp., bei der der Meniskus erscheint, davon abhängt, ob das Syst. beim Erhitzen oder beim Abkühlen beobachtet wird. (J. chem. Physics **19.** 1423—24. Nov. 1951. Chapel Hill, N. C., Univ., Dep. of Chem.) ZIMMER. D 224

Hans von Euler und **Hans Hasselquist,** *Über die Bildung und Zersetzung von Nitroverbindungen.* Allg. Bemerkungen über die Theorie der Nitrierung von Bzl., Guanidin, Harnstoff u. Urethan, die ja bekanntlich über das Nitroniumion NO_2^+ erfolgt. H_3PO_4 u. HPO_3 verhalten sich in dieser Hinsicht nicht wie HNO_3. — Die Geschwindigkeit der Zers. von *Nitramid,* das wie eine schwache Säure ($k = 2—3 \cdot 10^{-7}$) wirkt, wurde bei verschied. p_H bei 25° gemessen. In alkal. Milieu sollen dabei Imidonitronsäure NH=NOH sowie die Ionen $^-$ON—NOH u. $^-$ON—NO$^-$ entstehen, aus denen N_2O frei u. volumetr. bestimmt wird. Die Zers. ist in saurem Medium relativ langsam, die Geschwindigkeit steigt mit dem p_H. (C. R. hebd. Séances Acad. Sci. **233.** 719—21. 1/10. 1951.) DU MONT. D 225

Sigvard Wideqvist, *Die Stabilität von Cyancarbonsäuren in wässeriger Lösung.* Festgestellt wird, daß nur Cyancarbonsäuren, bei denen die Cyangruppe in der β-Stellung zur COOH-Gruppe steht, in wss. Lsg. leicht zum entsprechenden Amid hydrolysieren. Gemessen werden die Dissoziationskonstanten K der Säuren u. die Geschwindigkeitskonstanten k der Hydrolyse konduktometr. bei 25°. Die Verseifung wird durch H^+-Ionen katalysiert, k kann daher nach $k = k_1 + k_2 [H^+]$ zerlegt werden, wobei $[H^+]$ von der Eigendissoziation der verwendeten Säure abhängig ist. Die Verseifungsgeschwindigkeit steigt mit der Zahl der Substituenten im Molekül. Am schnellsten werden Cyangruppen verseift, die an einem tert. oder aromat. C-Atom stehen, bei ihnen ist auch der katalyt. Einfl. von H^+ am größten. Untersucht wurden: *Phenylcyanessigsäure* $K = 1{,}31 \cdot 10^{-2}$; *α-Phenyl-γ-cyanbuttersäure* $K = 1{,}19 \cdot 10^{-4}$; *δ-Phenyl-δ-cyanvaleriansäure* $K = 2{,}3 \cdot 10^{-5}$; *ε-Phenyl-ε-cyancapronsäure* $K = 1{,}78 \cdot 10^{-5}$. — *β-Cyanpropionsäure* $K = 1{,}07 \cdot 10^{-4}$; $k_1 = 3{,}83 \cdot 10^{-5}$; $k_2 = 3{,}64 \cdot 10^{-3}$. *β-Cyanbuttersäure* $K = 1{,}11 \cdot 10^{-4}$; $k_1 = 1{,}22 \cdot 10^{-4}$; $k_2 = 3{,}35 \cdot 10^{-2}$. *β-Cyanisovaleriansäure* $K = 9{,}18 \cdot 10^{-5}$; $k_1 = 5{,}09 \cdot 10^{-4}$; $k_2 = 2{,}74 \cdot 10^{-1}$. *α.α-Dimethyl-β-cyanbuttersäure* $K = 1{,}07 \cdot 10^{-4}$; $k_1 = 9{,}03 \cdot 10^{-4}$; $k_2 = 5{,}75 \cdot 10^{-1}$. *α-Phenyl-β-cyanpropionsäure* $K = 3{,}67 \cdot 10^{-4}$; $k_1 = 1{,}11 \cdot 10^{-4}$; $k_2 = 6{,}08 \cdot 10^{-3}$. *γ-Phenyl-β-cyanbuttersäure* $K = 1{,}23 \cdot 10^{-4}$; $k_1 = 7{,}99 \cdot 10^{-5}$; $k_2 = 4{,}41 \cdot 10^{-2}$. *β-Phenyl-β-cyanbuttersäure* $K = 1{,}03 \cdot 10^{-4}$; $k_1 = 1{,}96 \cdot 10^{-5}$; $k_2 = 6{,}22 \cdot 10^{-1}$. *o-Cyanbenzoesäure* $k_1 = 2{,}94 \cdot 10^{-4}$; $k_2 = 2{,}24$. — *β-Phenyl-β-cyanpropionsäure* $K = 1{,}62 \cdot 10^{-4}$; $k = 1{,}18 \cdot 10^{-4}$. *β-Methylbernsteinsäuremonamid* $K = 2{,}59 \cdot 10^{-3}$; *β.β-Dimethylbernsteinsäuremonamid* $K = 1{,}36 \cdot 10^{-5}$; *α-Phenylbernsteinsäuremonamid* $K = 9{,}2 \cdot 10^{-5}$. *ε-Phenylpimelinsäuremonamid* $K = 1{,}64 \cdot 10^{-5}$. — *β-Cyanzimtsäure* $K = 8{,}55 \cdot 10^{-4}$; $k = 3{,}84 \cdot 10^{-2}$, u. β.β-Diphenyl-β-cyanpropionsäure sind in W. zu unlösl. zur exakten Messung. (Ark. Kemi **3.** Nr. 28. 281—88. 1951. Uppsala, Univ., Labor. org. Chem.) KLEINWÄCHTER. D 225

Daniel E. Koshland jr., *Wirkung von Katalysatoren auf die Hydrolyse von Acetylphosphat. Nucleophile Verdrängungsmechanismen in enzymatischen Reaktionen.* (Vgl. C. **1953.** 1942.) Um Grundlagen zur Darst. des Mechanismus der enzymat. Hydrolyse von *Acetylphosphat* (**I**) u. verwandter Substanzen zu erhalten, untersuchte Vf. die Kinetik der nicht enzymat. Hydrolyse von Li-**I** in Pufferlsgg. bei 39° u. der Ionenstärke von 0,6 (Zugabe von $NaClO_4$) zwischen p_H 0—12 bis zu mehr als 75%ig. Umsatz durch Best. von **I** nach LIPMANN u. TUTTLE (J. biol. Chemistry **159.** [1945.] 21). Die Hydrolyse verläuft nach der 1. Ordnung. Änderung des $p_H < 5$ u. > 10 vergrößert die Hydrolysengeschwindigkeitskonstante k, während sie zwischen p_H 5 u. 10 vom p_H ziemlich unabhängig ist. Das Verh. zwischen p_H 2—5 entspricht dem einer Titration u. gibt den Wechsel $CH_3COOPO_3^{2-} \rightarrow CH_3COOPO_3H^-$ wieder. Da die Abhängigkeit der k vom p_H dem Verh. bei β-Lactonen ähnelt, nimmt Vf. an, daß zwar in stark bas. oder saurer Lsg. der gewöhnliche nucleophile Angriff von OH^- bzw. H_2O am Carbonyl bzw. an der konjugierten Säure erfolgt, im Zwischengebiet aber H_2O unter Verdrängung des Acetations das P-Atom angreift, was auch mit Beobachtungen von BENTLEY (C. **1950.** I. 1581) übereinstimmt. Da BENTLEY ebenfalls die Spaltung der O—P-Bindung durch Acetylphosphatase feststellte, schließt Vf., daß bei Proteinen entweder der im stark sauren Gebiet herrschende Mechanismus nicht wirkt oder dieser durch ster. Hinderung nicht über Bruch der C—O-, sondern der O—P-Bindung verläuft. — Vf. prüfte ferner den Einfl. von Mg^{++} auf k. Unter der Annahme, daß die metallionenkatalysierte Rk. u. die gewöhnliche Hydrolyse unabhängig u. gleichzeitig verlaufen u. die Katalyse bzgl. Mg^{++} u. **I** 1. Ordnung ist, wurden Katalysenkonstanten $k_{Mg^{++}}$ (in Liter/Mol·Min.) berechnet nach: $k_b = k_u + k_{Mg^{++}} [Mg^{++}]$, wobei k_b die beobachtete u. k_u die Geschwindigkeitskonstante der unkatalysierten Rk. ist. Es wurde erhalten [in ( ) k_b u. $k_{Mg^{++}}$] bei p_H 7,7 mit Bicarbonatpuffer: ohne Mg^{++} (0,0039, —), mit 0,050 mol. $MgSO_4$ (0,00754, 0,073), mit 0,100 mol. $MgSO_4$ (0,0106, 0,067), mit 0,100 mol. $MgCl_2$ (0,0108, 0,069); bei p_H 2,7 mit Formiatpuffer: ohne Mg^{++} (0,112, —), mit 0,10 mol. $MgCl_2$ (0,112, —); bei p_H 0,63 mit Perchlorsäure: ohne Mg^{++} (0,033, —), mit 0,073 mol. $MgSO_4$ (0,033, —). Bei p_H 2,7 u. 0,63 wurde keine Beeinflussung der k durch Mg^{++} beobachtet. Vf. erklärt die starke Katalyse bei p_H 7,7 durch elektrostat. Anziehung zwischen $CH_3COOPO_3^{2-}$ u. Mg^{++} u. Bldg. des Komplexes **A**. Vf. vermutet, daß die Rolle von Metallionen in enzymat. Rkk. phosphorylierter Verbb. darin besteht, zur Bindung des Substrats an der Proteinoberfläche durch elektrostat. Anziehung beizutragen u. in manchen Fällen Bindungen des Substratmol. zu polarisieren. — Vf. prüfte weiter die katalyt. Wrkg. von Pyridin (**II**) auf die Hydrolyse von **I**. Auch hier folgte die Rk. der 1. Ordnung bzgl. **II**. Es wurden erhalten [Konz. an **II**, k_b (in $Min.^{-1}$), Katalysenkonstante von **II** k_p (in Liter/Mol·Min.)]: 0,149; 0,00523; 0,0089 bzw. 0,248; 0,00602; 0,0086 bzw. 0,496; 0,00822; 0,0087. Vf. vergleicht den Mechanismus der **II**-Katalyse mit dem früher für Anilin aufgestellten u. zeigt, daß die Katalysenkonstanten sich wie die Basizitäten verhalten. Vf. schließt, daß **II** das Carbonyl-C-Atom von **I** unter Bldg. einer C—N-Bindung u. Verdrängung von PO_4^{3-} angreift. Das gebildete *Acetylpyridiniumion* reagiert sehr schnell mit W. unter Bldg. von *Essigsäure* u. **II** weiter. Zur Bestätigung dieses Mechanismus wurde festes Acetylpyridiniumchlorid (**III**) dargestellt u. auf einmal in 2 mol. NH_2OH gegeben. 65% *Acetylhydroxamsäure* (**IV**) wurden gebildet, der Rest hydrolysierte. Zugabe von **III** zu Phosphatpuffer (p_H 7) u. sofortiges Gießen in 2 mol. NH_2OH ergab keine **IV**. Ggw. von **II** bei p_H 7 macht also aus dem phosphorylierenden **I** ein acetylierendes Agens. — Vf. vermutet, daß der nucleophile Verdrängungsmechanismus auch bei enzymat. Rkk. von **I** u. anderen Substraten eine Rolle spielt, u. postuliert 2 aufeinanderfolgende Verdrängungen mit je einer Inversion für die Prozesse, die unter Erhaltung der Konfiguration bei Angriff am asymm. C-Atom ablaufen. (J. Amer. chem. Soc. **74.** 2286—92. 5/5. 1952. Cambridge, Mass., Harvard Univ., Dep. of Chem.) GNAUCK. D 225

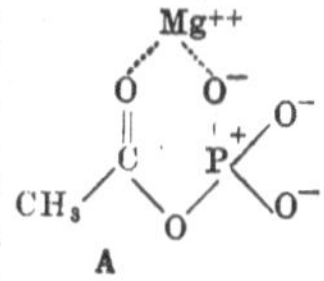

A

C. Gardner Swain und **Carleton B. Scott**, *Solvolysegeschwindigkeiten einiger Alkylfluoride und -chloride.* Vff. untersuchten die Hydrolysegeschwindigkeiten von *Triphenylmethylfluorid* (*-chlorid*), *tert.-Butylfluorid* (*-chlorid*), *Acetylfluorid* (*-chlorid*), *Benzolsulfonylfluorid* (*-chlorid*) u. *Benzoylfluorid* (*-chlorid, -bromid*) in neutralen, schwach sauren u. zum Teil auch alkal. Aceton–W.- u. A.–W.-Lösungen. Aus den Versuchsergebnissen folgt, daß bei den Triphenylmethylhalogeniden die Lösung der C-Halogenbindung weitgehender erfolgt als die O—C-Bindungsbldg., während bei den Benzoylhalogeniden die umgekehrte Tendenz besteht, u. daß der Austausch von Cl gegen F, wobei das C-Atom positiver wird, die Lösung der C-Halogenbindung erschwert u. die O—C-Bindungsbldg. erleichtert. In alkal. Lsg. reagiert Benzoylfluorid um 40% schneller als Benzoylchlorid.

V e r s u c h e : *Benzoylfluorid*, Kp. 155—157°, n_D^{15} 1,4988; durch Einleiten von wasserfreiem HF in Benzoylchlorid in einem Polyäthylengefäß unter Eiskühlung, bis die austretenden Dämpfe HCl-frei sind, Abdampfen des HF im Dampfbad, Lösen des Rückstands in Bzl., Ausschütteln der Lsg. mit Eiswasser, Trocknen über Na_2SO_4 u. Dest.; 60% (Ausbeute). — *Acetylfluorid*, Kp. 19,5—20,0°; durch Zutropfen von 150 g Acetylchlorid zu 100 g ZnF_2 bei 0°, Erwärmen auf 40°, Dest. des Destillats über wasserfreiem NaF u. Fraktionierung; 63%. — *Benzoylbromid*, $Kp._7$ 80°, n_D^{25} 1,5964. — *Benzolsulfonylfluorid*, $Kp._3$ 83°, n_D^{25} 1,4897. (J. Amer. chem. Soc. **75.** 246—48. 5/1. 1953. Cambridge, Mass., Massachusetts Inst. of Technol., Dep. of Chem.) FORCHE. D 225

G. Baddeley und **M. Gordon**, *Beziehung zwischen Hyperkonjugation und intramolekularer Konfiguration.* 1. Mitt. *Die Äthanolyse einiger Derivate des Diphenylmethylchlorids.* Die hyperkonjugative Wrkg. einer Seitenkette auf den Benzolkern hängt von ihrer Länge ab. Um die Ursache dieser Änderung aufzuklären, untersuchten Vff. die Alkoholyse von *4-Methyl-* (**I**), *3.4-Dimethyl-* (**II**) u. *3.4-Diäthyldiphenylmethylchlorid* (**III**) sowie von *5-α-Chlorbenzylindan* (**IV**), *6-α-Chlorbenzyltetralin* (**V**) u. *2'-α-Chlorbenzylbenzocyclohepten* (**VI**) bei 0 u. 20° in absol. A. titrimetrisch. Es wurde für die monomol. Rk. gefunden [in ( ) Aktivierungsenergie E in kcal/Mol u. Stoßzahl $A \cdot 10^{-10} sec^{-1}$]: **I** (18,2; 2,2), **II** (17,0; 0,6), **III** (18,9; 13), **IV** (17,3; 1,5), **V** (18,1; 1,7), **VI** (18,2; 2,0). Da die Reaktionsgeschwindigkeiten in der Folge **IV** > **V** > **VI** > **III** abnehmen, die Verbb. aber gleichen induktiven u. induktomeren Effekten ausgesetzt sind, nehmen Vff. im Gegensatz zu BAKER u. NATHAN (J. chem. Soc. [London] **1936.** 236) an, daß die Abnahme in einer Beeinflussung der Hyperkonjugation der α-Methylengruppe mit dem Benzolkern durch wachsende Abstände der β-Methylengruppe von der Ebene des Benzolkerns begründet ist.

V e r s u c h e : Folgende Ketone wurden aus dem entsprechenden aromat. KW-stoff, Benzoylchlorid u. $AlCl_3$ in Äthylendichlorid dargestellt: *4-Methylbenzophenon*, $Kp._{12}$ 171 bis 172°, F. 54—55° (PAe.); *3.4-Dimethylbenzophenon*, $Kp._{13}$ 190—191°, F. 45—46° (A.); *3.4-Diäthylbenzophenon*, $Kp._{0,34}$ 160—163°; *3.4-Cyclopentenobenzophenon*, $Kp._9$ 194—196°, F. 40—41° (A.); *3.4-Cyclohexenobenzophenon*, $C_{17}H_{16}O$, $Kp._{11}$ 219—221°, F. 40—41° (PAe.); *3.4-Ccyloheptenobenzophenon*, $Kp._8$ 219°, F. 38—42° (PAe.). — Aus vorst. Verbb. wurden durch Red. mit Zn-Staub u. Alkali erhalten: *4-Methyldiphenylmethanol*, F. 51—52°; *3.4-Dimethyldiphenylmethanol*, F. 65—66°; *3.4-Diäthyldiphenylmethanol*, $Kp._{0,45}$ 160—161°; *5-α-Oxybenzylindan*, $C_{16}H_{16}O$, F. 65—66° (PAe.); *6-α-Oxybenzyltetralin*, $C_{17}H_{18}O$, F. 66 bis 67° (PAe.); *2'-α-Oxybenzylbenzocyclohepten*, $C_{18}H_{20}O$, F. 72,5—73,5°. — Vorst. Alkohole ergaben beim Einleiten von trockenem HCl während 24 Std. in PAe. (Kp. 60—80°): **I**, $C_{14}H_{13}Cl$, $Kp._{0,4}$ 140°; **II**, $C_{15}H_{15}Cl$, $Kp._{0,11}$ 155°; **III**, $C_{17}H_{19}Cl$, $Kp._{0,18}$ 160°; **IV**, $C_{16}H_{15}Cl$, $Kp._{0,04}$ 162°; **V**, $C_{17}H_{17}Cl$, $Kp._{0,05}$ 177°; **VI**, $C_{18}H_{19}Cl$, $Kp._{0,24}$ 187—189°. (J. chem. Soc. [London] **1952.** 2190—93. Juni. Manchester, Univ., Fac. of Technol.) GNAUCK. D 225

Richard Baltzly und **Peter B. Russell**, *Katalytische Debenzylierung.* 2. Mitt. *Die Bestimmung des relativen Einflusses von Ringsubstituenten auf die Stabilität der N-Benzylbindung.* (1. vgl. C. **1945.** I. 889.) Die stabilisierende Wrkg. verschied. Substituenten an der Benzylgruppe gegenüber hydrogenolyt. Spaltung wurde durch Debenzylierungsverss. an verschieden substituierten Dibenzylmethylaminen u. quaternären Dibenzyldimethylammoniumsalzen untersucht. Die Substituenten p-OCH_3, CH_3CONH, $COOCH_3$ u. Cl üben die stärkste stabilisierende Wrkg. aus u. sind untereinander gleichwertig, dann folgen mit schwächerer Wrkg. die Substituenten NH_3^+ u. CH_3 u. schließlich NH_2; am wenigsten geschützt ist die nichtsubstituierte Benzylgruppe.

V e r s u c h e : Die Red. folgender Verbb. wurde, wie l. c. beschrieben, durchgeführt: *4-Methoxy-4'-chlordibenzylmethylaminhydrochlorid* (**I**), $C_{16}H_{19}ONCl_2$, F. 151,5—152°, aus 1 Mol p-Chlorbenzylchlorid u. 2 Mol p-Methoxybenzylmethylamin. (Red. bei 65°; H_2-Verbrauch mehr als berechnet, isoliert p-Methoxybenzylmethylaminhydrochlorid [**X**] in geringer Ausbeute.) — *4-Methoxy-4'-chlordibenzyldimethylammoniumchlorid, Pikrat*, F. 128—130° (A.), (bei 25°, isoliert 50% p-Chlorbenzyldimethylaminhydrochlorid, F. 212 bis 213°). — *4-Methoxy-4'-carbomethoxydibenzylmethylaminhydrochlorid* (**II**), $C_{18}H_{22}O_3NCl$, F. 201—202°, aus dem entsprechenden Nitril durch Hydrolyse u. Veresterung (bei 65°, isoliert 25—30% p-Toluylsäure [**VIII**], 25—30% **X** u. 4-Carbomethoxybenzylmethylaminhydrochlorid [**III**], $C_{10}H_{14}O_2NCl$, gelbe Prismen aus A.–Äthylacetat–Ae., F. 215 bis 215,5°). — *4-Methoxy-4'-acetamidodibenzyldimethylammoniumchlorid* (**VI**), *Jodid*, $C_{19}H_{25} \cdot O_2N_2J$, F. 196—197° (Aceton oder W.), aus 4-Methoxy-4'-aminodibenzylmethylamin (Dihydrochlorid [**V**], $C_{16}H_{22}ON_2Cl_2$, F. 187—189° [Zers.]; Acetylderiv., $C_{18}H_{22}O_2N_2$, aus Hexan, F. 87°), mit Essigsäureanhydrid u. dann mit CH_3J (bei 25°, isoliert 40% p-Acetotoluidid [**IV**], 30% p-Acetamidobenzyldimethylaminhydrochlorid, $C_{11}H_{17}ON_2Cl$, F. 228°, u. 10% p-Methoxybenzyldimethylaminhydrochlorid [**VII**]). — *4-Methoxy-4'-nitrodibenzylmethylaminhydrochlorid*, $C_{16}H_{19}O_3N_2Cl$, F. 148—149° (Aceton), analog **I** (bei 25° H_2-Verbrauch etwas mehr als berechnet, Nitrogruppe wurde zuerst hydriert, isoliert 70% **IV** u. 90% **X**, bei Überschuß an HCl keine Spaltung, isoliert nur **V**). — *4-Methoxy-4'-amino-*

dibenzyldimethylammoniumchloridhydrochlorid, $C_{17}H_{24}ON_2Cl_2$, aus A.–Ae., F. 166—167° (Zers.), aus **VI** durch 3std. Erhitzen mit 6nHCl (bei 25° u. HCl-Überschuß, 80% **IV** u. 90% **VII**). — *4-Methyl-4'-chlordibenzylmethylaminhydrochlorid*, $C_{16}H_{19}NCl_2$, F. 175,5—176°, analog **I** (bei 25°, 85—90% p-Chlorbenzylmethylaminhydrochlorid u. 10—15% Ausgangsmaterial). — *4-Methyl-4'-carbomethoxydibenzylmethylaminhydrochlorid*, $C_{18}H_{22}O_2NCl$, F. 182° (A.–Ae.), aus dem Nitril ($C_{17}H_{19}N_2Cl$, aus A.–Ae., F. 199—200°) analog **II** (bei 25° 10% **VIII** u. 70% **III**). — *4-Methyl-4'-nitrodibenzylmethylaminhydrochlorid* (**IX**), $C_{16}H_{19}O_2N_2Cl$, aus A.–Äthylacetat–Ae., F. 160—161°, aus p-Nitrobenzylchlorid u. p-Methylbenzylmethylamin in Aceton, Abfiltrieren des p-Methylbenzylaminhydrochlorids u. Rk. des Acetonrückstands mit Essigsäureanhydrid (bei 25°, erst Red. der Nitrogruppe, isoliert 95—100% p-Toluidinhydrochlorid u. 65—70% p-Methylbenzylmethylaminhydrochlorid, F. 176—177°, nicht F. 136—137°, wie l. c.). — In Ggw. von HCl lieferte **IX** 15% p-Aminobenzylmethylamindihydrochlorid. — *4-Nitro-2'-chlordibenzylmethylaminhydrochlorid*, $C_{15}H_{16}O_2N_2Cl$, F. 173° (Aceton–Ae.), analog **I** (bei 25°, 20% p-Chlorbenzylmethylaminhydrochlorid u. 60% **IV**). (J. Amer. chem. Soc. **72.** 3410—13. Aug. 1950. Tuckahoe, N. Y., Wellcome Res. Labor.) Faass. D 227

H. Dahn und **U. Solms**, *Über die katalytische Debenzylierung von sekundären Aminen.* 1. Mitt. *Über Hydrogenolyse.* Vff. untersuchen die Hydrogenolyse von tert. u. sek. benzylsubstituierten Aminen, die zu Toluol u. den entsprechenden sek. bzw. prim. Aminen führt. Auch benzylähnliche Gruppen, wie die Benzhydryl- u. Fluorenylgruppe, lassen sich aus sek. Aminen abspalten. An verschied. Katalysatoren wurden bei den tert. Aminen die günstigsten Reaktionsbedingungen untersucht, wobei mit Pd-Tierkohle in A. bei Zimmertemp. u. Atmosphärendruck die besten Resultate erzielt wurden. Die sek. Amine werden entweder selbst hydriert oder ein geeignetes tert. Amin zur sek. Base debenzyliert u. dieses in gleicher Rk. weiter gespalten. Die beiden Reaktionsstufen lassen sich an der Hydrierkurve deutlich unterscheiden, u. zwar verläuft die Hydrogenolyse tert.-sek. ca. 10—20mal rascher als sek.-prim.; noch rascher reagiert die quaternäre Base. Auffällig ist, daß Verbb. mit größerer ster. Hinderung schneller gespalten werden; lediglich Benzyläther werden langsamer hydriert als die zugehörigen Benzylalkohole. Salze u. freie Basen reagieren gleich schnell, nur Oxalsäure verlangsamt. Die Hydriergeschwindigkeiten der einzelnen Verbb. werden verglichen.

Versuche: *2-Dibenzylaminoäthylphenyläther* (**I**), Kp.$_{0,02}$ 146°, aus N.N-Dibenzylaminoäthylchloridhydrochlorid mit Phenol in alkoh. NaOH; 40% (Ausbeute); *Hydrochlorid*, $C_{22}H_{24}ONCl$, Nadeln aus Bzl., F. 161,5—164,5° (Sublimation). — *N-Methylbenzhydrylamin* (**II**), aus Benzalmethylamin u. Phenylmagnesiumbromid; 67%; *Hydrobromid*, $C_{14}H_{16}NBr$, F. 181—182° (Bzl.); *Acetylverb.*, $C_{16}H_{17}ON$, F. 80—83° (wss. Methanol); *Perchlorat*, Prismen aus perchlorsäurehaltigem A., F. 165—166°; *Pikrat*, F. 169—172°. — *N-Benzylbenzhydrylamin* (**III**), Kp.$_{0,25}$ 172—173°, aus Benzalbenzhydrylamin durch Hydrierung mit Raney-Ni bei 20° u. 1 at; 70%. — *N-Benzylfluorenyl-(9)-amin* (**IV**), $C_{20}H_{17}N$, F. 51—52°, Kp.$_{0,05}$ 120°, aus N-Benzalfluorenyl-(9)-amin durch Hydrierung mit Raney-Ni wie vorst.; 61%; *Hydrochlorid*, $C_{20}H_{18}NCl$, F. 193—197° (Zers.), Erweichen u. Rekristallisation bei 161—166°; *Nitrosoderiv.*, $C_{20}H_{16}ON_2$, F. 160° (A.); *Benzoylderiv.*, $C_{27}H_{21}ON$, F. 106—108° (PAe.). — Die folgenden Debenzylierungsprodd. wurden durch Hydrierung mit einem 10%ig. Pd-Tierkohlekatalysator in A. mit schwachem Überdruck erhalten: *Aminoäthanol* (aus N.N-Dibenzylaminoäthanol); *β-Phenoxyäthylamin* (aus **I**); *DL-Alaninol, Oxalat*, F. 170—171° (aus DL-N-Benzylalaninol); *Benzylamin* (aus Tribenzylamin u. Dibenzylamin); *Diphenylmethan* u. *Methylamin* (aus **II**); *Diphenylmethan* u. *Benzylamin* (aus **III**); *Fluoren* u. *Methylamin* (aus **IV**); *9-[α-Methylnaphthyl]-fluoren* u. *Methylamin* (aus N-Methyl-9-[α-methylnaphthyl]-fluorenylamin), daneben noch Kernhydrierung; analog für die *β*-Verbindung. — *Dihexahydrobenzylamin*, F. ca. 70°, aus Tribenzylamin durch Hydrierung mit Pt in Eisessig; *Hydrochlorid*, $C_{14}H_{28}NCl$, F. ca. 275° (Zers.), Sublimation 130°/0,05 mm; *Perchlorat*, F. ca. 290° (Zers.). (Helv. chim. Acta **35.** 1162—68. 16/6. 1952. Basel, Univ., Org.-chem. Anst.) G. Winkler. D 227

H. Dahn und **P. Zoller**, *Über die katalytische Hydrogenolyse von Derivaten des p-Phenylbenzylamins.* 2. Mitt. *Über Hydrogenolyse.* (1. vgl. vorst. Ref.) Vff. untersuchen die katalyt. Hydrogenolyse gemischter tert. Amine u. finden folgende noch unvollständige Reihe für die Leichtigkeit der hydrogenolyt. Abspaltung benzylartiger Gruppen: Benzyl $<$ p-Phenylbenzyl $<$ Benzhydryl, 9-Fluorenyl, Methylnaphthyl (*α* u. *β*). Die Hydrierungen erfolgen mit Pd-Kohle in A. bei Zimmertemp. u. 1 at. Bei *N-Methyl-N-fluorenyl-(9)-p-phenylbenzylamin* u. *N-Methyl-N-benzhydryl-p-phenylbenzylamin* verläuft die Hydrogenolyse in beiden möglichen Spaltungsrichtungen. Die Zus. des entstandenen KW-stoffgemisches wird quantitativ durch UV-Absorptionsanalyse ermittelt. Die UV-Spektren der reinen KW-stoffe *α-* u. *β-Methylnaphthalin, Fluoren, Diphenylmethan* u. *p-Phenyltoluol* in A. werden neu aufgenommen.

Versuche: *p-Phenylbenzylbromid* (I), $C_{13}H_{11}Br$, F. 87°, aus p-Phenylbenzaldehyd durch Hydrierung mit RANEY-Ni u. Umsatz mit HBr in Eisessig; 94% (Ausbeute). — *p-Phenyltoluol*, F. 47—48°, Sublimation 50°/0,06 mm, aus I durch Hydrierung mit Pd-Kohle. — *N-Methyl-p-phenylbenzylamin* (II), $Kp._{0,01}$ 60—70°, aus p-Phenylbenzaldehyd u. Methylamin in Methanol u. Hydrierung des gebildeten *p-Phenylbenzalmethylamins* mit RANEY-Ni; 49%; *Hydrochlorid*, $C_{14}H_{16}NCl$, F. 263—265° (A.); *Hydrobromid*, $C_{14}H_{16}NBr$, F. 244—245° (A.); *Benzoylderiv.*, $C_{21}H_{19}ON$, F. 88° (PAe.); *Tosylderiv.*, $C_{21}H_{21}O_2NS$, F. 160—161° (A.); als Nebenprod. von II entsteht *N-Methyl-bis-p-phenylbenzylamin*, $C_{27}H_{25}N$, F. 121—122°, Sublimation 160—190°/0,01 mm; 8%. — *N-Methyl-N-benzyl-p-phenylbenzylamin*, $C_{21}H_{21}N$, F. 42°, sublimiert im Hochvakuum, aus I u. N-Methylbenzylamin in A. durch 2std. Erhitzen; 64%; *Hydrochlorid*, $C_{21}H_{22}NCl$, F. 185 bis 192°. — *N-Methyl-α-naphthylmethylamin* (III), $Kp._{0,02}$ 77—81°, aus α-Naphthaldehyd u. Methylamin in A. u. Hydrierung des Gemisches mit RANEY-Ni; 80%; *Hydrochlorid*, $C_{12}H_{14}NCl$, F. 190,5° (A.-Ae., 2 : 1); *Tosylderiv.*, $C_{19}H_{19}O_2NS$, F. 147° (A.). — *N-Methyl-N-α-naphthylmethyl-p-phenylbenzylamin*, $C_{25}H_{23}N$, F. 39,5—40°, aus I u. III in A. durch 6std. Kochen; 80%; *Hydrochlorid*, F. 209—211°. — *β-Naphthaldehyd*, F. 59—60°, $Kp._{11}$ 148—149°, aus β-Menaphthylchlorid u. Urotropin in wss. A. durch 6std. Kochen; 53%. — *β-Naphthalmethylamin*, $C_{12}H_{11}N$, F. 81,5—82° (A.), aus β-Naphthaldehyd u. Methylamin in A. durch 1std. Kochen; 94%. — *N-Methyl-β-menaphthylamin* (IV), aus β-Naphthalmethylamin durch Hydrierung mit RANEY-Ni; 95%; *Hydrochlorid*, $C_{12}H_{14}NCl$, Sublimation zu Blättchen bei 190°, F. 232—233°; *Tosylderiv.*, $C_{19}H_{19}O_2NS$, F. 141—142° (A.). IV kann auch aus Naphthaldehyd + 2 Mol CH_3NH_2 erhalten werden, dagegen entsteht aus β-Menaphthylchlorid u. bis zu 10 Mol CH_3NH_2 als Hauptprod. *N-Methyldi-β-menaphthylamin*, F. 85—87° (A.); *Hydrochlorid*, F. 233—235°; 70%, daneben nur 20% IV. — *N-Methyl-N-β-menaphthyl-p-phenylbenzylamin*, $C_{25}H_{23}N$, F. 71—72,5° (A.), sublimiert im Hochvakuum, aus II u. β-Menaphthylchlorid in A. durch 2std. Kochen; 60%, oder aus I u. IV in A. durch 5std. Kochen; 90%; *Hydrochlorid*, $C_{25}H_{24}NCl$, aus A., F. 194—204° (Zers.). — *N-Methyl-N-fluorenyl-(9)-p-phenylbenzylamin*, $C_{27}H_{23}N$, F. 157—158°, aus II u. 9-Bromfluoren in A. durch Kochen; 56%, oder aus I u. N-Methylfluorenyl-(9)-amin; 51%; sehr schwache Base, wird aus dem Hydrochlorid mit W. in Freiheit gesetzt; *Hydrochlorid*, F. ca. 125—133°, sehr hygroskopisch. — *N-Methyl-N-benzhydryl-p-phenylbenzylamin*, $C_{27}H_{25}N$, F. 110—112° (A.), $Kp._{0,001}$ 140°, aus I u. N-Methylbenzhydrylamin in A. durch 2std. Kochen; 84%; *Hydrochlorid*, $C_{27}H_{26}NCl$, F. 202—205°. Hydrierung der Verbb. $C_6H_5—C_6H_4—CH_2—N(CH_3)—R$ liefert: (*R = Benzyl*) p-Phenyltoluol u. Methylbenzylamin; (R = *α-Menaphthyl*) α-Methylnaphthalin u. II; (R = *β-Menaphthyl*) β-Methylnaphthalin u. II; (R = *9-Fluorenyl*) Gemisch Fluoren : p-Phenyltoluol = 4 : 1 u. II + N-Methylfluorenyl-(9)-amin; (R = *Benzhydryl*) Gemisch Diphenylmethan : p-Phenyltoluol = 3 : 2 u. II + N-Methylbenzhydrylamin. (Helv. chim. Acta **35**. 1348—58. 16/6. 1952.) G. WINKLER. D 227

D₂. Präparative organische Chemie. Naturstoffe.

Maurice Prober, *Einige fluorierte Propane. 1.2-Dibrom-1.1.2-trichlor-3.3.3-trifluorpropan*, $C_3Cl_3Br_2F_3$, F. 151—152° (wss. A., geschlossenes Röhrchen), entsteht aus 1.1.2-Trichlor-3.3.3-trifluorpropen u. Br_2 nach 96std. Rühren $<25°$ im UV-Licht bei anschließendem Evakuieren auf 5 Torr; 50% (Ausbeute); die Rk. ist reversibel. — *2-Brom-1.2-dichlor-1.1.3.3.3-pentafluorpropan*, $C_3Cl_2BrF_5$, F. 23,5—24,5°, Kp. 90,1—91,8°, bildet sich aus vorst. Verb. u. $SbCl_2F_3$ in 1.1.2-Trichlor-1.2.2-trifluoräthan durch 12std. Schütteln in einer Stahlbombe zuerst bei Raumtemp., dann (nach 6 Std.) bei 120—130°, Waschen mit verd. HCl, Trocknen u. Dest.; n_D^{26} 1,3795; 64%. Daneben entsteht *2-Brom-1.1.2-trichlor-1.3.3.3-tetrafluorpropan*, $C_3Cl_3BrF_4$, F. 68—69° (wss. A., geschlossenes Röhrchen), Kp. 131—133°; 3%. Die Stellung der neu eingetretenen F-Atome wird aus dem Vgl. mit den Eigg. anderer durchhalogenierter Propane gefolgert, wonach Cl in $RCCl_3$ leichter als in $RR'CCl_2$ durch F ersetzt wird. (J. Amer. chem. Soc. **73**. 4495. Sept. 1951. Schenectady, N. Y., General Electric Co., Res. Labor.) W. HOFFMANN. 510

R. Paul und **S. Tchelitcheff,** *Über das symmetrische Pentantriol und seine Derivate.* Es wird eine Übersicht über 3 grundsätzlich verschied. Methoden zur Darst. von *Pentantriol-(1.3.5)* (I) gegeben (14 Literaturangaben), wobei als Ausgangsprodd. Pyron-(4) (II), Acetondicarbonsäurediäthylester (III) oder Acrolein (IV) zur Anwendung gelangen. Vff. beschreiben einige Abänderungen. Verss., durch direkte Hydrierung von II mit RANEY-Ni in Alkali bei 160 at I zu erhalten, waren erfolglos; dagegen gelang es, bei Verwendung von $NaOC_2H_5$ durch Hydrierung zu den *Monoäthern von* I zu kommen. Bei Anwendung von III erwies es sich als vorteilhaft, zunächst mit RANEY-Ni nur bis zum *3-Oxyglutarsäurediäthylester* (V) zu hydrieren, da man dabei mit geringerem Druck arbeiten kann u. **V** mit $LiAlH_4$ leicht weiterhydriert wird. Das aus **IV** leicht erhältliche *1.1.3-Triäthoxypropan* (**VI**) diente als Ausgangsprod. zur Darst. einiger Derivv. des **I**.

Versuche: *Tetrahydropyranyl-(4)-acetat*, $C_7H_{12}O_3$, Kp.$_{20}$ 86—87°, durch Zugabe von CH_3COCl zu 4-Oxytetrahydropyran (dieses durch Hydrierung von **II** mit Raney-Ni in Essigester bei 90° u. 50—100 at) in Ggw. von $ZnCl_2$ u. 5std. Kochen nach Beendigung der HCl Entw.; $D.^{21}_{15}$ 1,070; n_D^{21} 1,44059; Mol. Refr. 35,51; 83% (Ausbeute); daneben **VII** (6%). — *1-Chlorpentandiol-(3.5)-diacetat* (**VII**), $C_9H_{15}O_4Cl$, Kp.$_{22}$ 161—162°, durch 12std. Erhitzen vorst. Verb. mit CH_3COCl in Ggw. von $ZnCl_2$ im Rohr auf 130°; $D.^{25}_{15}$ 1,1431; n_D^{25} 1,44451; Mol.-Refr. 51,75; 92%. — *Pentantriol-(1.3.5)-triacetat*, $C_{11}H_{18}O_6$, Kp.$_{12}$ 166—167°, durch 10std. Kochen von **VII** mit K-Acetat, Essigsäureanhydrid u. etwas NaJ, Filtrieren u. Ausäthern; $D.^{11}_{15}$ 1,1124; n_D^{11} 1,43978; Mol.-Refr. 57,65; 90%; daneben unumgesetztes **VII**. — *Pentantriol-(1.3.5)* (**I**), $C_5H_{12}O_3$, a) durch Methanolyse vorst. Verb., Alkalisieren mit $Ba(OH)_2$, Einengen u. Zentrifugieren in alkoh. Lsg.; Kp.$_{12}$ 190°; $D.^{9}_{15}$ 1,141; n_D^{9} 1,47495; Mol.-Refr. 29,60; 90%; sehr viscose Fl., etwas süßer schmeckend als das isomere Pentantriol-(1.4.5) (vgl. C. **1941**. I. 2930); gibt wie dieses nach Oxydation mit Bromwasser bzw. nascierendem Brom Farb-Rkk. mit Kodein, Resorcin, Thymol, β-Naphthol, Salicylsäure u. Guajacol, die miteinander sowie mit denen des Glycerins verglichen werden; b) durch 3std. Hydrierung von **III** in A. mit Cu-Chromitkatalysator bei 150° u. 350 at; 70%; Kp.$_1$ 146—147°; daneben entsteht **V**; 5%; c) durch 2std. Einw. von $LiAlH_4$ auf **V** in Ae., Zers. mit W., Extrahieren des Rückstandes mit A., Sättigen der vereinigten äther. u. alkoh. Lsgg. mit CO_2, Filtrieren u. Dest.; Kp.$_2$ 147—151°; 61%. — *3-Oxyglutarsäurediäthylester* (**V**), Kp.$_1$ 103—105°, durch 2std. Hydrierung von **III** mit Raney-Ni in Essigester bei 100° u. 100 at. — *1.3.5-Tribrompentan*, $C_5H_9Br_3$, Kp.$_{14}$ 134—136°, durch 15std. Erhitzen einer bei 0° mit HBr gesätt. Lsg. von 4-Bromtetrahydropyran in CH_3COOH auf 100° im Rohr; $D.^{19}_{4}$ 2,065; n_D^{19} 1,5581; Mol.-Refr. 48,25; 62%. — *1-Methoxypentandiol-(3.5)*, $C_6H_{14}O_3$, Kp.$_1$ 128 bis 130°, durch 10std. Hydrierung einer Lsg. von **II** + CH_3ONa in CH_3OH mit Raney-Ni bei 24° u. 100 at, Sättigung mit CO_2, Einengen u. Ausäthern; $D.^{16}_{4}$ 1,060; n_D^{16} 1,4507; Mol.-Refr. 34,02; 20%. — Nach analogem Verf. *1-Äthoxypentandiol-(3.5)*, $C_7H_{16}O_3$, Kp.$_3$ 137—139°; $D.^{21}_{4}$ 1,013; n_D^{21} 1,4465; Mol.-Refr. 39,00; 16%. — *1.5-Diäthoxypentanon-(3)*, Kp.$_{20}$ 128—129°, durch Rk. von 3-Äthoxypropanal mit Vinyläthyläther in Ggw. von Benzoylperoxyd bei 70°. *2.4-Dinitrophenylhydrazon*, F. 112°. — *1.1.3.5-Tetraäthoxypentan* (**VIII**), $C_{13}H_{28}O_4$, Kp.$_{20}$ 133—134°, durch Zugabe von $CH_2{=}CHOC_2H_5$ zu **VI** in Ggw. von BF_3-Ätherat bei 35—40°, 1tägiges Stehenlassen u. Versetzen mit 20%ig. K_2CO_3-Lsg.; $D.^{23}_{4}$ 0,911; n_D^{23} 1,4193; Mol.-Refr. 68,56; 35,5%. Daneben entsteht *1.1.3.5.7-Pentaäthoxyheptan*, $C_{17}H_{36}O_5$, Kp.$_3$ 140—142°; $D.^{21}_{4}$ 0,934; n_D^{21} 1,4297; Mol.-Refr. 88,45; 20%. — *3.5-Diäthoxypentanal* (**IX**), $C_9H_{18}O_3$, Kp.$_{20}$ 104—105°, durch Erhitzen von **VIII** mit verd. CH_3COOH, Abdest. des entstandenen A., Ausäthern u. Sättigen mit $KHCO_3$; $D.^{20}_{4}$ 0,948; n_D^{20} 1,4254; Mol.-Refr. 46,97; 78%; verliert in stark saurem Medium A. u. gibt wahrscheinlich *5-Äthoxypenten-(2)-al* oder ein Isomeres. Dessen *2.4-Dinitrophenylhydrazon*, $C_{13}H_{16}O_5N_4$, F. 123°, entsteht aus **VIII** u. 2.4-Dinitrophenylhydrazin in A. bei Ggw. von HCl durch Fällung mit W.; aus Bzl.–PAe. rote Nadeln. — *3.5-Diäthoxypentanol-(1)*, $C_9H_{20}O_3$, Kp.$_{20}$ 129—131°, durch 1½std. Hydrierung von **IX** mit Raney-Ni in A. bei 40 at; $D.^{18.5}_{3}$ 0,943; $n_D^{18.5}$ 1,4331; Mol.-Refr. 48,52; 70%. (Bull. Soc. chim. France, Mém. [5] **18**. 550—53. Juli/Aug. 1951. Vitry-sur-Seine, Soc. des Usines Chim. Rhône-Poulenc, Labor. de Rech.) W. Hoffmann. 580

Hewitt G. Fletcher jr. und **Harry W. Diehl**, *Die Darstellung von 1.5-Anhydro-D-mannit (Styracit) aus D-Mannit.* Wird die von Foster u. Overend (vgl. C. **1951**. II. 2883) beschriebene Rk. von D-Mannit mit konz. HCl auf 48 Std. ausgedehnt, so erhält man *1.5-Anhydro-D-mannit*, F. 156—157°, $[\alpha]_D^{20}$ —50,3° (c = 1,06 in W.), in 10,9% Ausbeute. Das Rohprod. ist leicht zu reinigen. Identifiziert als *1.5-Anhydro-D-mannittetraacetat*, F. u. Misch-F. 66—67°, $[\alpha]_D^{20}$ —42,4° (c = 0,826 in Chlf.). (J. Amer. chem. Soc. **74**. 3175—76. 20/6. 1952. Bethesda, Md., Nat. Inst. of Arthritis and Metabol. Diseases.) Rossow. 580

Harry J. Deuel jr. und **Roslyn Alfin-Slater**, *Chemie der Lipide.* Übersichtsbericht (Okt. 1950 bis Dez. 1951); geradkett. u. verzweigte Fettsäuren; Triglyceride; Lipidverbb. (Phospholipide, Cerebroside); Lipoproteine u. Proteolipide. — 148 Literaturangaben. (Annu. Rev. Biochem. **21**. 109—28. 1952. Los Angeles, Univ. of Southern California, Dep. of Biochem and Nutrit.) K. Maier. 810

Arthur P. Phillips, *Dicarbonsäure-bis-[β-tert.-aminoalkyl]-amide und ihre quaternären Ammoniumsalze als Curareersatzstoffe.* 3. Mitt. (2. vgl. C. **1952**. 7157.) Durch 24std. Kochen von 1 Mol Dicarbonsäuremethyl- oder -äthylester mit 2,3 Mol β-Piperidino- oder β-Pyrrolidinoäthylamin werden die entsprechenden *Bis-β-piperidinoäthyl-* (**I**) u. *Bis-*

β-pyrrolidinoäthylamide (II) in 60—90%ig. Ausbeute erhalten. Die Amide, wie auch deren *Bis-methojodide*, besitzen keine Curarewirkung. **I** u. **II** verstärken jedoch die Wrkg. von Diacetylcholin (Succinylcholin) u. sind starke Antagonisten von d-Tubocurarinchlorid.

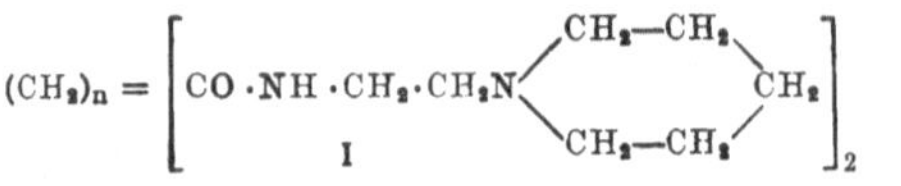

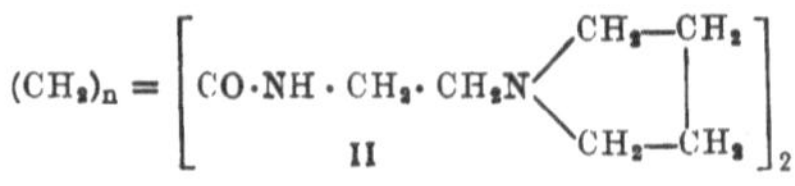

Dargestellt wurden (in [] F. bzw. Eig. des *Methojodids*): **I**-*Verbb.*: n = 0, F. 155—156°; [F. 286—288°]; *Äthojodid*, F. 285—286°. — n = 1, F. 102—103°; [F. 176—177°]. — n = 2, F. 150—151°; [F. 196—198°]. — n = 3, F. 134—135° [F. 136—137°]. — n = 4, F. 140—141°; [F. 177—178°]. — n = 5, F. 120—121°; [Öl]. — n = 7, F. 116—117°; [Öl]. — n = 8, F. 135—136°; [Öl]. — **II**-*Verbb.*: n = 0, F. 163—164°; [F. 266—267°]. — n = 2, F. 166—167°; [F. 169—170°]. — n = 4, F. 171—172°; [F. 147—148°]. — n = 5, F. 142—143°; [—]. — n = 7, F. 131—132°; [—]. (J. Amer. chem. Soc. **74.** 4320—21. 5/9. 1952. Tuckahoe, N. Y., Wellcome Res. Labors.) BRATFISCH. 820

T. L. Gresham, J. E. Jansen und **F. W. Shaver**, *β-Propiolacton*. 8. Mitt. *Reaktionen mit organischen und anorganischen Säuren, Säurechloriden und Anhydriden.* (7. vgl. J. Amer. chem. Soc. **71.** [1949.] 2807.) *β*-Propiolacton (I) reagiert mit $SOCl_2$ oder PCl_5 zu *β-Chlorpropionylchlorid*, mit Halogenwasserstoffsäuren reagiert **I** zu *β-Halogenpropionsäuren.* Einw. von Acetylchlorid, Acetanhydrid oder Essigsäure auf **I** bewirkt unter säurekatalysierten Bedingungen die Bldg. von *β-Acetoxypropionylchlorid* bzw. des entsprechenden *Propionsäureanhydrids* oder der entsprechenden *Propionsäure.*

Versuche: *β-Chlorpropionylchlorid*, $C_3H_4OCl_2$, Kp.$_{100}$ 80°; a) aus **I** u. $SOCl_2$ unter Rühren u. Rückflußkochen bis zur Beendigung der Gasentw.; n_D^{20} 1,4566; $D.^{20}_4$ 1,3192; 87% (Ausbeute); b) durch langsames Zufügen von **I** zu einer Suspension von PCl_5 in CCl_4 bei 20° (Eiskühlung); 70%. — *Acrylylchlorid*, C_3H_3OCl, Kp. 73°, durch Erhitzen vorst. Verb. mit H_2O-freiem $BaCl_2$; n_D^{20} 1,4337; $D.^{20}_4$ 1,1127; 74%. — *β-Jodpropionsäure*, F. u. Misch-F. 79—83°, durch langsames Zufügen von **I** zu ca. 35%ig. HJ, 3std. Stehen bei 0°, Filtrieren u. Extrahieren mit Ae.; 98,5%. — *β-Brompropionsäure*, F. 59—62°; analog; 77%. — *β-Chlorpropionsäure*, Kp.$_1$ 71—75°; F. 39—42°; 58%. — *β-Acetoxypropionylchlorid*, $C_5H_7O_3Cl$, Kp. 79—80°, durch Zutropfen von **I** zu konz. H_2SO_4 + Acetylchlorid unter Konstanthaltung der Temp. auf 50—56° u. Rektifikation nach 2std Stehen; n_D^{20} 1,4365; $D.^{20}_4$ 1,2228; 67%. — *β-Acetoxypropionsäureäthylester*, $C_7H_{12}O_4$, Kp.$_{0,3}$ 34°; Kp.$_{11}$ 76°; n_D^{20} 1,4180. — *β-Acetoxypropionsäureanhydrid*, Kp.$_{0,05}$ 60—62°; analog vorvorst. Verb., jedoch nur wenig H_2SO_4; n_D^{20} 1,4340; 85%. — *β-Acetoxypropionsäure*, $C_5H_8O_4$, Kp.$_{0,05}$ 77—78°; wie vorst.; n_D^{20} 1,4308; 78%. (J. Amer. chem. Soc. **72.** 72—74. Jan. 1950.) LEHWALD. 850

O. W. Nogina, R. Ch. Freidlina und **A. N. Nessmejanow**, *Umsetzung von Titantetrachlorid mit Alkoholen in Gegenwart von Ammoniak und Pyridin.* Da die in der Patentliteratur niedergelegte Herst. von *Orthotitansäuretetraalkylestern* aus $TiCl_4$ u. Alkoholen in Ggw. von NH_3 oder Aminen bei der Nachprüfung durch SPEER (J. org. Chemistry **14.** [1949.] 655) ein negatives Ergebnis hatte, wurden in vorliegender Arbeit die Bedingungen festgestellt, unter denen die Herst. gelingt. Es wurden der *Tetraäthyl*- (**I**), *Tetrabutyl*- (**II**), *Tetraallyl*- u. *Tetracyclohexylester* erhalten. Aus $TiCl_4$ u. A. in Ggw. von Pyridin (**III**) entstand aber nicht **I**, da dieses, wie bes. festgestellt wurde, mit **III**-Hydrochlorid *Triäthoxytitanchlorid* liefert. Dagegen ließ sich **II** auch in Ggw. von **III** erhalten.

Versuche: *Tetraäthylorthotitanat* (**I**), $(C_2H_5O)_4Ti$, Kp.$_{1,5}$ 128—129°. Zu 150 g A. gibt man langsam unter Kühlung mit Eis 25 g $TiCl_4$ u. leitet 9,4 g NH_3 ein. Hierauf wird 40 Min. auf 70° erhitzt, NH_4Cl nach Abkühlung abfiltriert, der größte Teil des überschüssigen A. abdest., mit 50 ml Bzl. verd., filtriert u. fraktioniert; 21 g (Ausbeute). — *Tetrabutylorthotitanat* (**II**), $(C_4H_9O)_4Ti$, Kp.$_2$ 160—162°. a) Analog Vorst. aus 200 g Butylalkohol (**IV**), 35 g $TiCl_4$ u. 13,5 g NH_3, 2 Std. bei 70°; 30 g. b) Aus 48 g **IV** u. 30 g $TiCl_4$ in 160 ml Bzl. + 50 g **III**, 2 Std. bei 70—77°; 23,7 g. c) Aus 120 g **IV**, 60 g $TiCl_4$ u. 27 g NH_3 in 250 ml Bzl., 2 Std. bei 70°; 62,5 g. — *Tetraallylorthotitanat*, $(C_3H_5O)_4Ti$, Kp.$_2$ 152—153°. a) Analog **I** aus 159 g Allylalkohol (**V**), 25 g $TiCl_4$ u. 9,5 g NH_3, 1 Std. bei 70—80°; 14 g. b) Aus 102 g **V**, 60 g $TiCl_4$ u. 25 g NH_3 in 250 ml Bzl., 2 Std. bei 70—75°; 36,5 g. — *Tetracyclohexylorthotitanat*, $(C_6H_{11}O)_4Ti$, Kp.$_1$ 190,5—192°. Aus 35 g Cyclohexanol u. 16,6 g $TiCl_4$ in 150 ml Bzl. durch 10std. Einleiten eines langsamen NH_3-Stromes; 20,5 g. — *Triäthoxytitanchlorid*, $(C_2H_5O)_3TiCl$, Kp.$_{1,75-2}$ 147,5—150°. a) Zu 50 g A., 85 g **III** u. 200 ml Bzl. gibt man unter Rühren u. Kühlen mit Eis 53 g $TiCl_4$ u. erhitzt 2 Std. auf 60—70°; gelbliche, viscose Fl.; 41 g. b) Aus 15,5 g **I** in 95 ml Bzl. in Ggw. von 8 g **III**-Hydrochlorid, 2 Std. bei 70—75°; 11,5 g. (Известия Академии Наук СССР, Отделение

Химических Наук [Nachr. Akad. Wiss. UdSSR, Abt. chem. Wiss.] **1950.** 327—30. Mai/Juni.) V. PEZOLD. 980

A. N. Nessmejanow, R. Ch. Freidlina und **O. W. Nogina,** *Einwirkung von Chlor und Brom auf Alkylorthotitanate. Additionsverbb.* von Alkoholen an Dihalogendialkoxytitane, $(RO)_2TiX_2 \cdot ROH$ (X = Cl, Br), wurden bei der Einw. von Cl_2 auf Orthotitansäuretetrabutylester (**I**), -tetraäthylester (**II**) u. -tetrapropylester (**III**) in CCl_4 oder von Br_2 auf die Ester allein erhalten. Sie gehören zu dem gleichen Typus von Verbb., deren Konst. von JENNINGS, WARDLAW u. WAY (J. chem. Soc. [London] **1936.** 637) aufgeklärt worden ist. $(C_2H_5O)_2TiBr_2 \cdot C_2H_5OH$ spaltete den koordinativ gebundenen A. bei 150° unter gleichzeitiger Zers. des entstehenden Dibromids u. Bldg. von C_2H_5Br ab; bei Einw. von Na-Alkoholat entstand **II**. Hierdurch wird vorst. Struktur auch für die noch unbekannten Additionsverbb. der Dibromdialkoxytitane bestätigt. Zum Mechanismus der Bildungs-Rk. wird angenommen, daß 2 Alkoxygruppen durch Halogen ersetzt werden, worauf Disproportionierung nach dem Schema $2RCH_2O\cdot \rightarrow RCH_2OH + RCHO$ erfolgt. Unter den Reaktionsprodd. konnten Aldehyde nicht nachgewiesen werden, wohl aber Ester, die nach dem Schema $2RCHO \rightarrow RCO_2CH_2R$ aus den Aldehyden entstanden sein konnten, denn eine Lsg. von **II** in Acetaldehyd, die eine Woche bei Zimmertemp. gehalten wurde, enthielt Essigsäureäthylester. — *Tripropoxytitanchlorid* wurde aus **III** u. Pyridinhydrochlorid hergestellt. Durch Umesterung wurden *Orthotitansäuretetra-β-chloräthyl-, tetra-β-methoxyäthyl-, tetra-β-äthoxyäthyl-* u. *-tetrabenzylester* erhalten.

Versuche: $(n\text{-}C_4H_9O)_2TiCl_2 \cdot n\text{-}C_4H_9OH$. Eine Lsg. von 27,5 g **I** in 20 cm³ CCl_4, wird unter Eiskühlung mit 6 g Cl_2 gesätt.; nach einem Tag unterwirft man das Reaktionsgemisch einer Vakuumdest. auf dem Wasserbad; der krist. Rückstand kann unter Ausschluß der Luftfeuchtigkeit aus absol. Ae. umkrist. werden. Ausbeute fast quantitativ neben 8,9 g *n-Butylbutyrat.* Die Additionsverb. spaltet bei mehrtägigem Aufbewahren über P_2O_5 Butylalkohol ab u. liefert *Dibutoxytitandichlorid.* — $(C_2H_5O)_2TiCl_2 \cdot C_2H_5OH$; aus **II** u. Cl_2 analog. Vorst.; aus Ae. Kristalle; fast quantitativ. — $(n\text{-}C_3H_7O)_2TiCl_2 \cdot n\text{-}C_3H_7OH$; aus Ae. Kristalle. — $(C_2H_5O)_2TiBr_2 \cdot C_2H_5OH$; man tropft zu 103 g **II** bei $<40°$ 106 g Br_2 hinzu u. scheidet das Reaktionsprod. durch Kühlung mit Eis ab; aus Ae. Kristalle; 108 g. Aus den fl. Reaktionsprodd. wurde *Äthylacetat* abgetrennt; 20%. — $(n\text{-}C_3H_7O)_2TiBr_2 \cdot n\text{-}C_3H_7OH$ (im Original irrtümlich mit C_2H_5 formuliert; der Referent); aus **III** u. Br_2; aus Ae. Kristalle; sehr leichtlösl. in Ae.; 46%. — $(n\text{-}C_4H_9O)_2TiBr_2 \cdot n\text{-}C_4H_9OH$; aus Ae. Kristalle; 43%. — *Tripropoxytitanchlorid,* $(n\text{-}C_3H_7O)_3TiCl$, $Kp._{1,5}$ 148—150°; 31 g **III** werden mit 12,5 g Pyridinhydrochlorid in 100 cm³ Bzl. 3 Std. gekocht; 24 g. — *Tetra-β-chloräthylorthotitanat,* $(ClCH_2CH_2O)_4Ti$, $Kp._3$ 177—178°; man erhitzt 37 g **II** mit 108 g in 2 Anteilen zugesetztem Äthylenchlorhydrin auf 150°; schwarze, viscose Fl.; 23 g. — *Tetrabenzylorthotitanat,* $(C_6H_5CH_2O)_4Ti$; aus **I** u. Benzylalkohol bei 170—190°; zers. sich bei der Dest. (250°/2 mm) unter Bldg. von *Dibenzyläther.* — *Tetra-β-methoxyäthylorthotitanat,* $(CH_3OC_2H_4O)_4Ti$, $Kp._3$ 182,5—183°; aus **II** u. Methylcellosolve; $D.^{18}_4$ 1,1910; n_D^{18} 1,5077; ca. 22 g aus 15 g **II**. — *Tetra-β-äthoxyäthylorthotitanat,* $(C_2H_5OC_2H_4O)_4Ti$, $Kp._3$ 187—188°; $D.^{21}_4$ 1,1106; n_D^{21} 1,4920; 88%. (Известия Академии Наук СССР, Отделение Химических Наук [Nachr. Akad. Wiss. UdSSR, Abt. chem. Wiss.] **1951.** 518—23. Sept./Okt. Inst. für organ. Chem. der Akad. der Wiss. der UdSSR.) WÖRFFEL. 980

O. W. Nogina, R. Ch. Freidlina und **A. N. Nessmejanow,** *Eine neue Methode der Synthese von Trialkoxytitanchloriden.* Aus dem leicht zugänglichen *Triäthoxytitanchlorid* (**I**) lassen sich weitere *Trialkoxytitanchloride* durch Umesterung herstellen. Der Ersatz des Cl-Atoms durch eine Alkoxygruppe erfolgt hierbei nur in geringem Ausmaß, so daß reine Prodd. gewonnen werden. Wesentlich ist es bei der Umesterung, die Rk. bei möglichst tiefer Temp. durchzuführen. Es genügt die doppelte der theoret. Menge des entsprechenden Alkohols. Bei Auftreten von HCl muß die Dest. im Vakuum weiter geführt werden. Auf diese Weise konnten folgende Verbb. hergestellt werden: *Tributoxytitanchlorid* (**II**), *Triisobutoxytitanchlorid* (**III**), *Triisoamyloxytitanchlorid* (**IV**), *Tri-n-hexyloxytitanchlorid* (**V**), *Tri-β-chloräthoxytitanchlorid* (**VI**) u. *Tri-β-äthoxyäthoxytitanchlorid* (**VII**). Außer **VI** sind sämtliche Chloride farblose, durchsichtige, dicke, hygroskop. Fll., die im Vakuum dest. werden können. Die Viscosität nimmt mit wachsendem Mol.-Gew. ab. **VI** war trotz Vakuumdest. eine hochviscose schwarze Masse.

Versuche: *Triisoamyloxytitanchlorid* (**IV**), $(iso\text{-}C_5H_{11}O)_3TiCl$, $Kp._2$ 173,5—175°. 10 g **I** u. 25 g Isoamylalkohol werden im Ölbad auf 140—150° erhitzt; man dest. das Gemisch der Alkohole langsam ab, gibt bei 122° (im Dampf) 10 g Isoamylalkohol zu u. dest. im Vakuum bis zur Erreichung des Kp. von Isoamylalkohol, womit die Rk. beendet ist; $D.^{20}_4$ 1,0600; n_D^{20} 1,5092; 13,4 g (Ausbeute). — *Tri-β-chloräthoxytitanchlorid* (**VI**), $(ClCH_2CH_2O)_3TiCl$, $Kp._2$ 194—196°; aus 10 g **I** u. 25 g Äthylenchlorhydrin analog Vorst.;

10 g. — *Tributoxytitanchlorid* (**II**), $(n\text{-}C_4H_9O)_3TiCl$, Kp.$_2$ 154—155°; aus **I** u. Butylalkohol; D.$^{20}_4$ 1,0985; n_D^{20} 1,5169; 90%. — *Triisobutoxytitanchlorid* (**III**), $(iso\text{-}C_4H_9O)_3TiCl$, Kp.$_5$ 147—148°. Man dest. aus einem Gemisch von 8,8 g **I** u. 25 g Isobutylalkohol langsam 20 cm³ ab (das Destillat enthält etwas HCl) u. beendet die Rk. durch Dest. bei 48 mm; D.$^{20}_4$ 1,1043; n_D^{20} 1,5158; 9,7 g. — *Tri-n-hexyloxytitanchlorid* (**V**), $(C_6H_{13}O)_3TiCl$, Kp.$_1$ 182—182,5°. Aus 10,3 g **I** u. 25 g n-Hexylalkohol; bei 150° geht fast reiner Alkohol über, von dem 5,1 g abdest. werden; man beendet die Rk. bei 42 mm; gelbliche, relativ bewegliche Fl.; D.$^{20}_4$ 1,0039; n_D^{20} 1,5050; 17,7 g. — *Tri-β-äthoxyäthoxytitanchlorid* (**VII**), $(C_2H_5O\cdot C_2H_4O)_3TiCl$, Kp.$_1$ 182—183°; aus 10,7 g **I** u. 25 g Äthylcellosolve werden 15 cm³ Alkoholgemisch abdest.; weitere Dest. bei 45 mm; D.$^{20}_4$ 1,2035; n_D^{20} 1,5178; fast quantitativ. (Известия Академии Наук СССР, Отделение Химических Наук [Nachr. Akad. Wiss. UdSSR, Abt. chem. Wiss.] **1952**. 74—77. Jan./Febr. Inst. für organ. Chem. der Akad. der Wiss. der UdSSR.) OEHRN. 980

Lee Irvin Smith und **Richard Remsen Holmes**, *Friessche Verschiebung des 2.3.5-Trimethylphenylsuccinats.* Bei der FRIESschen Verschiebung des 2.3.5-Trimethylphenylsuccinats (**I**) mit $AlCl_3$ in Tetrachloräthan bei 150° entstehen neben dem n. Reaktionsprod., *1.4-Di-[2-oxy-3.4.6-trimethylphenyl]-butandion-(1.4)* (**II**), noch *4-[2-Oxy-3.4.6-trimethylphenyl]-4-ketobutansäure* (**V**), deren *2.3.5-Trimethylphenylester* (**IV**) sowie ein weiteres *Diketon* (**III**), in dem wahrscheinlich eine Methylgruppe je Kern gewandert ist. Die beschriebene Rk. verläuft bisher unbefriedigend; BF_3 als Katalysator bewährt sich ebensowenig wie Nitrobenzol oder o-Dichlorbenzol als Lösungsmittel. **II** w rd durch Red. nach CLEMMENSEN in das *Diarylbutan* (**VI**), in Ggw. von konz. H_2SO_4 in warmem Eisessig in das *Diacetat* (**VII**) des *Diarylfurans* (**VIII**) übergeführt; dieses gibt nach der Verseifung mit diazotierter Sulfanilsäure ein n. Kupplungsprod., welches nach Red. durch $SnCl_2$ zum entsprechenden Aminophenol u. durch dessen Oxydation ins Dichinon (**IX**) übergeführt wird. Es werden von **II** u. **III** Infrarotspektren aufgenommen u. mit der vorgeschlagenen Struktur der Verbb. übereinstimmend gefunden.

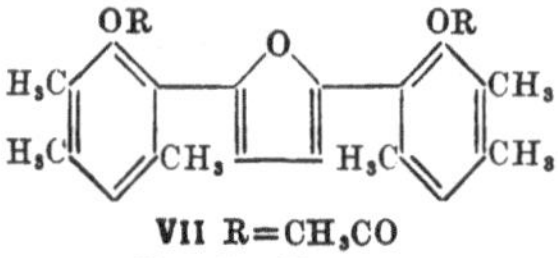

VII R=CH₃CO
VIII R=H

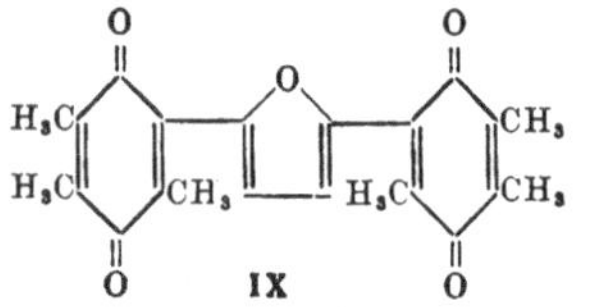

IX

Versuche: *2.3.5-Trimethylphenylsuccinat* (**I**), $C_{22}H_{26}O_4$, F. 86—87° (PAe.), aus 2.3.5-Trimethylphenol u. Succinylchlorid in Bzl. nach 14std. Erhitzen; 90 % (Ausbeute). — *1.4-Di-[2-oxy-3.4.6-trimethylphenyl]-butandion-(1.4)* (**II**), $C_{22}H_{26}O_4$, gelbliche Nadeln, F. 207—209° (Pyridin); a) durch Zutropfen von 4 Mol Succinylchlorid zu einer Lsg. von 8 Mol **I** in 1,5 Liter Tetrachloräthan innerhalb 4 Std., danach 3 Std. Sieden; anschließend Zugabe von 8,7 Mol $AlCl_3$ u. weiteren 1,5 Liter Lösungsm, weitere 30 Min. Erhitzen, sofort auf Eis Gießen; 260 g; b) durch Erhitzen von 0,1 Mol **I** mit 0,2 Mol $AlCl_3$, 1½ Std. in Tetrachloräthan auf 140—150°, Aufarbeitung: in eiskalte HCl gegossen, organ. Schicht abgetrennt u. mit Wasserdampf dest.; 2.3.5-Trimethylphenol mit Alkali extrahiert; Rückstand der Dest. 2 Std. mit Aceton gekocht; der ungelöste Rest **II**; 31%. — *4-[2-Oxy-3.4.6-trimethylphenyl]-4-ketobutansäure* (**V**), $C_{13}H_{16}O_4$, F. 170—171° (Bzl.), aus dem Acetonextrakt bei b) durch Ausziehen mit 10%ig. NaOH, Reinigung durch Lösen in Ae. u. Extraktion mit Bicarbonat; 1,2 g. — **V**-*2.3.5-Trimethylphenylester* (**IV**), $C_{22}H_{26}O_4$, F. 134 bis 135° (PAe.), aus vorst. Ae.-Lsg. durch Einengen; 2,2 g; Verseifung ergab 2.3.5-Trimethylphenol (F. 93—95°) u. **V**. — **II**-*Diacetat*, $C_{26}H_{30}O_6$, F. 154—156° (Äthylacetat–PAe.), aus **II** u. Acetanhydrid in Pyridin nach 2 Std.; 80% ; ließ sich schneller verseifen als das entsprechende Acetat von **III**, die Trennung **II**/**III** erfolgte deshalb immer über die Diacetate. — **II**-*Dimethyläther*, $C_{24}H_{30}O_4$, F. 124—125° (Methanol), aus **II**, Na u. CH_3J in sd. Xylol u. anschließend chromatograph. Reinigung an Al_2O_3; 50%. — **II**-*Dioxim*, $C_{22}H_{28}O_4N_2$, aus Methanol, F. 239—240° (Zers.), aus **II** u. $NH_2OH\cdot HCl$ in A. u. Pyridin durch 12std. Sieden, daneben hochschm. Verb., F. 312°. — *1.4-Di-[2-oxy-3.4.6-trimethylphenyl]-butan* (**VI**), $C_{22}H_{30}O_2$, F. 199—201° (Äthylacetat), durch CLEMMENSEN-Red. von 10 g **II**-Diacetat; 2 g. — *2.5-Di-[2-acetoxy-3.4.6-trimethylphenyl]-furan* (**VII**), $C_{26}H_{28}O_5$, F. 114—116° (PAe., Kp. 60—68°), aus 9 g **II** oder aus **II**-Diacetat in Acetanhydrid u. 1 Tropfen H_2SO_4 nach 20 Min. Erhitzen u. Zers. mit Eis; es wurde in PAe. u. A. heiß gelöst; beim Abkühlen fiel **II**-Diacetat (3 g) aus, beim Einengen dieser Mutterlauge 5,2 g **VII**. — *2.5-Di-[2-oxy-3.4.6-trimethylphenyl]-furan* (**VIII**), $C_{22}H_{24}O_3$, Nadeln, F. 130—131° (A.), a) durch Verseifen von 5 g **VII** mit 5%ig. wss. HCl; 3,1 g, oder b) durch Vakuumdest. von **II** unter 20 mm Hg; 21%; **VIII** ist im Gegensatz zu **II** in 5%ig. wss. Alkali löslich. — *2.5-Di-[3.5.6-trimethyl-1.4-chinonyl-(2)]-furan* (**IX**), $C_{22}H_{20}O_5$, rote Nadeln, F. 175—176° (Chlf.–PAe.), durch Kupplung von **VIII** mit diazotierter Sulfanilsäure in alkal. Medium,

Fällung eines roten Farbstoffes mit HCl, Kochen der Suspension mit $SnCl_2$ (Lösung, Farbumschlag nach Braun), Versetzen des Reaktionsgemisches mit überschüssigem $FeCl_3$, roter Nd., der abfiltriert u. mit Bzl. extrahiert wurde; 65%; **IX** ist unlösl. in wss. Alkali. — *2.5-Di-[3.5.6-trimethyl-1.4-dioxyphenyl-(2)]-furan*, $C_{22}H_{24}O_5$, F. 225—228° (Bzl.), durch Bisulfitred. von **IX**. — *Isomeres Diketon* (**III**), $C_{22}H_{26}O_4$, F. 246—248° (Äthylacetat), wahrscheinlich *1.4-Di-[2-oxy-3.4.5-trimethylphenyl]-butandion-(1.4)* oder *1-[2-Oxy-3.4.6-trimethylphenyl]-4-[2-oxy-3.4.5-trimethylphenyl]-butandion-(1.4)*; analog **II**, a); Reaktionstemp. jedoch 144° u. 8std. Erhitzen nach Zugabe von $AlCl_3$, Extraktion des Prod. mit Pyridin–Aceton; 19 g; daneben **II**. Sd. Pyridin lagert **II** nicht in **III** um. — **III**-*Diacetat*, $C_{26}H_{30}O_6$, F. 213—214° (Äthylacetat); 85%. — *Diarylbutan* $C_{22}H_{30}O_2$, F. 146 bis 148° (PAe.), aus **III** analog **VI**. Von **III** aus ließ sich kein Furanderiv. gewinnen. (J. Amer. chem. Soc. **73**. 3847—50. Aug. 1951. Minneapolis, Minn., Univ. of Minnesota, School of Chem.) ZIMMER. 1060

Wm. B. Brownell und **Arthur W. Weston**, *Eine neue Synthese von Croweacinaldehyd. Croweacinaldehyd* (*2-Methoxy-3.4-methylendioxybenzaldehyd*), F. 103° (verd. A.), entsteht in 46%ig. Ausbeute durch Zugabe von 1-Methoxy-2.3-methylendioxybenzol zu $POCl_3$ in N-Methylformanilid, 2std. Erhitzen auf 100°, Abkühlen u. Eingießen in Eiswasser. *2.4-Dinitrophenylhydrazon*, F. 254—255° (Essigester). Durch Oxydation mit $KMnO_4$ entsteht *Croweacinsäure* (*2-Methoxy-3.4-methylendioxybenzoesäure*), F. 155°. (J. Amer. chem. Soc. **73**. 4971—72. Okt. 1951. Chicago, Ill., Abbott Labor.) W. HOFFMANN. 1140

Robert W. Higgins, Clifford L. Hilton, Mary L. Willard und **Howard J. Francis jr.**, *Die partielle, direkte Jodierung von Phthalsäureanhydrid und Phthalsäureimid.* Es wird eine verbesserte Trennungsmeth. für die Jodierungsprodd. von Phthalsäureanhydrid (**I**) u. Phthalsäureimid (**II**) mitgeteilt. Bei der Jodierung von **I** [bzw. **II**] nach HIGGINS u. SUTER (J. Amer. chem. Soc. **61**. [1939.] 2662) entstehen 38,7% [9,1%] *3.6-Dijod-*, 35% [17%] *3.4-Dijod-*, 11,3% [55%] *4.5-Dijod-* u. 15,0% [5,7%] *3.4.6-Trijodverbindung*, bei **II** (nach Hydrolyse) noch 13,3% *4-Jodphthalsäure*. Das Jodierungsrohprod. wird jeweils in 20%ig. NaOH gelöst, allmählich auf p_H 5 gebracht u. schließlich bei **I** mit überschüssiger HCl 48 Std. auf dem Dampfbad, bei **II** 3 Std. mit konz. H_2SO_4 auf 130° erwärmt. 3.6-Dijod- u. 3.4.6-Trijodphthalsäure verwandeln sich dabei in die Anhydride zurück u. werden aus dem festen Rückstand mit Bzl. extrahiert (Fraktion A). Der Rest (Fraktion B) besteht aus 3.4- u. 4.5-Dijodphthalsäure. Beide Fraktionen werden in NaOH aufgenommen u. die Säuren fraktioniert ausgefällt. — *4.5-Dijodphthalsäureanhydrid*, F. 215—216°, aus Fraktion B durch fraktionierte Fällung als saures Na-Salz bei p_H 3,5 u. Behandeln mit Bzl. u. Essigsäureanhydrid; 5,7% (Ausbeute aus **I**). — *3.4-Dijodphthalsäure*, F. 210—211°, aus Fraktion B bei p_H 1. — *3.4-Dijodphthalsäureanhydrid*, F. 195—196°; 16,8%. — *3.4.6-Trijodphthalsäureanhydrid*, F. 220—224°, aus Fraktion A als saures Na-Salz bei p_H 3,5 u. Behandeln mit überschüssiger HCl; 5,7%. — *3.6-Dijodphthalsäureanhydrid*, F. 233 bis 236° (Bzl.), aus Fraktion A nach Abscheidung vorst. Verb. mit überschüssiger HCl; 18,8%. — *4-Jodphthalsäure*, aus **II** im Filtrat, Umkristallisieren aus Wasser. — *4-Jodphthalsäureanhydrid*, F. 124—126°. (J. org. Chemistry **16**. 1577—81. Okt. 1951. State College, Pa., Frank C. Whitmore Labor.) L. FISCHER. 1220

Robert Schwarz und **Wilhelm Kuchen**, *Die Anhydrisierung aromatischer Oxycarbonsäuren mit Hilfe von Siliciumtetrachlorid.* Vff. fanden, daß 2 Mol Salicylsäuremethylester u. 1 Mol $SiCl_4$ unter Bldg. eines harzartigen, polymeren Körpers miteinander reagieren. Es handelt sich um einen Kieselsäuresalicylester, in dem 6 Si-Atome durch $O \cdot C_6H_4 \cdot COO$-Gruppen ringförmig verknüpft sind. Bei der therm. Zers. werden *Tri-* [$(C_7H_4O_2)_3$, F. 199,5°. aus Chlf.-A. Nadeln] u. *Disalicylid* im ungefähren Molverhältnis 3: 1 in Freiheit gesetzt. Das Disalicylid liefert bei der Behandlung mit wss. NH_3 das *Disalicylamid* [$C_{14}H_{11}O_4N$, F. 203—204° (beginnende Zers. bei 200°), $+CH_2N_2 \rightarrow$ *O.O-Dimethyldisalicylamid*, F. 114°]. Die angewandte Meth. wird bes. für die Herst. von Trisalicylid empfohlen. Analog verhält sich Cumarsäuremethylester, der mit $SiCl_4$ ein harzartiges Prod. bildet, aus dem $> 150°$ *Cumarin* abgespalten wird. (Chem. Ber. **85**. 624—30. 1952. Aachen, TH., Inst. für anorgan. Chem. u. Elektrochem.) POHLOUDEK-FABINI. 1250

Roger Adams und **Joseph R. Gordon**, *Behinderte Drehung in Arylaminen.* 11. Mitt. *Einfluß von Gruppen, die eine Verminderung der Basizität des N-Atoms bewirken.* (10. vgl. C. **1952**. 6202.) In Fortführung ihrer Arbeiten untersuchen Vff. die Racemisierungsgeschwindigkeit von *opt.-akt. N-Succinyl-1-methylamino-2.4-dimethyl-6-chlorbenzol* (**I**) u. *N-Succinyl-1-methylamino-2-methyl-4.6-dichlorbenzol* (**II**). Die Halbwertszeit für die Racemisierung von opt.-akt. **I** beträgt in sd. Butanol 34 Min., in sd. Methylacetat 63 Std., opt.-akt. **II** ist in sd. Butanol nach 30 Min. völlig racemisiert, in sd. Methylacetat beträgt die Halbwertszeit 18 Stunden. Die Chlorderivv. sind also unbeständiger als die früher

(C. **1950.** I. 523) untersuchten Bromderivv., was Vff. darauf zurückführen, daß das Cl-Atom elektronegativer als das Br-Atom ist u. eine stärkere Schwächung der Basizität der benachbarten Aminogruppe bewirkt. Vff. glauben daher, daß die Basizität der Aminogruppe einen stärkeren Einfl. auf die opt. Stabilität dieser Verbb. hat als die Größe der Substituenten in Nachbarstellung.

Versuche: *1-Acetamido-2.4-dimethylbenzol,* F. 127—127,5° (A.), aus 1-Amino-2.4-dimethylbenzol in verd. HCl mit Acetanhydrid + Na-Acetat bei 50°; 84% (Ausbeute). — *1-Acetamido-2.4-dimethyl-6-chlorbenzol,* F. 197—198° (A.), durch Einleiten von Cl_2 in die Lsg. vorst. Verb. + $FeCl_3$ in Eisessig; 95%. — *1-Amino-2.4-dimethyl-6-chlorbenzol,* F. 39—40° (A.), durch 15std. Kochen vorst. Verb. in 15%ig. HCl, Neutralisieren mit NH_4OH u. Abblasen mit Wasserdampf; $Kp._2$ 85—88°; 25%. — *1-Methylamino-2.4-dimethyl-6-chlorbenzol,* $C_9H_{12}NCl$, $Kp._{1,4}$ 78—80°; durch Methylieren vorst. Verb. in W. mit Dimethylsulfat unter 1std. Rühren bei 50°, Ansäuern mit konz. HCl, langsames Zufügen von $NaNO_2$ in W. $<10°$, Ae.-Extraktion des Nitrosamins, Red. mit $SnCl_2 \cdot 2\,H_2O$ in konz. HCl bei 40—60°, Alkalisieren nach 12 Std. bei Zimmertemp. u. Abblasen mit Wasserdampf; n_D^{20} 1,5500, $D.^{20}_4$ 1,0724; 35%. *Pikrat,* $C_9H_{12}NCl \cdot C_6H_3O_7N_3$, F. 162—163° (korr.). — *N-Succinyl-1-methylamino-2.4-dimethyl-6-chlorbenzol* (**I**), $C_{13}H_{16}O_3NCl$, F. 137 bis 137,5° (korr.; Bzl.-PAe.), durch 8std. Kochen vorst. Verb. in Bzl. mit Bernsteinsäureanhydrid + 1 Tropfen konz. H_3PO_4; 74%. — *N-Succinyl-1-methylamino-2.4-dimethyl-5 chlorbenzol,* $C_{13}H_{16}O_3NCl$, F. 158° (korr.; Bzl.), durch Chlorierung von N-Succinyl-1-methylamino-2.4-dimethylbenzol in Eisessig bei 20° mit NaOCl-Lsg., Verdünnen mit W., Alkalisieren mit konz. NH_4OH bei 25° u. Ausfällen mit konz. HCl; 15%. — *d*-**I**, F. 137,5—138,5° (korr.), $[\alpha]_D^{31}$ +13° (A.); u. *l*-**I**, F. 137,5—138°, $[\alpha]_D^{31}$ —13° (A.), durch fraktionierte Kristallisation des Cinchonidinsalzes von rac. **I** aus Äthylacetat–Methanol (1: 1). — *1-Acetamido-2-methylbenzol,* F. 109—110° (A.), durch Acetylierung von o-Toluidin; 91%. — *1-Acetamido-2-methyl-4.6-dichlorbenzol,* F. 184—186° (A.), durch Chlorierung vorst. Verb.; 89%. — *1-Amino-2-methyl-4.6-dichlorbenzol,* F. 59°, durch Verseifen vorst. Verb. mit 15%ig. HCl; $Kp._3$ 109—110°; 28%. — *1-Methylamino-2-methyl-4.6-dichlorbenzol,* $C_8H_9NCl_2$, $Kp._{1,5}$ 94—95°; durch Methylierung vorst. Verb. wie oben, n_D^{20} 1,5236; $D.^{20}_4$ 1,1528; 36%. — *N-Succinyl-1-methylamino-2-methyl-4.6-dichlorbenzol* (**II**), $C_{12}H_{13}O_3NCl_2$, F. 156—157°, analog **I**; 46%. Opt. Spaltung mit Cinchonidin gab *d*-**II**, F. 157—158°, $[\alpha]_D^{31}$ +3°; u. *l*-**II**, F. 157—158° (korr.), $[\alpha]_D^{31}$ —3°. (J. Amer. chem. Soc. **72.** 2454—57. Juni 1950. Urbana, Ill., Univ., Noyes Chem. Labor.) LEHWALD. 1310

Roger Adams und **Joseph R. Gordon**, *Behinderte Drehung in Arylaminen.* 12. Mitt. *Optische Spaltung gewisser N-Benzolsulfonyl-N-carboxymethylderivate.* (11. vgl. vorst. Ref.) Vff. stellen *N-Benzolsulfonyl-N-carboxymethyl-3-brommesidin* (**I**) dar u. spalten es in die Antipoden. Die Halbwertszeit für die Racemisierung von opt.-akt. **I** in sd. Butanol beträgt 8 Stunden. Vff. führen die etwas geringere Stabilität von **I** gegenüber dem früher (1. Mitt., C. **1940.** II. 2881) dargestellten *N-Succinyl-1-methylamino-3-brommesidin* auf die größere Acidität der N-Substituenten u. damit auf die geringere Basizität der Aminogruppe zurück. Im Gegensatz zu YUAN (J. Chin. chem. Soc. **4.** [1936.] 131) gelingt Vff. die opt. Spaltung von *N-Benzolsulfonyl-N-carboxymethyl-1-amino-2.4-dimethyl-6-brombenzol* (**II**) (Halbwertszeit 2½ Std.) u. der entsprechenden *6-Nitroverb.* (**III**; Halbwertszeit $2^1/_4$ Std. in sd. Methylacetat).

Versuche: *N-Benzolsulfonyl-3-brommesidin,* $C_{15}H_{16}O_2NBrS$, F. 181,5—182° (korr.; A.), durch Zufügen von Benzolsulfonylchlorid in Pyridin zu einer turbinierten Lsg. von 3-Brommesidin in Pyridin u. Eingießen in Eiswasser; 77% (Ausbeute). — *N-Benzolsulfonyl-N-carbomethoxymethyl-3-brommesidin,* $C_{18}H_{20}O_4NBrS$, F. 95,0—95,5° (korr.; CH_3COOH), durch 20std. Kochen von Na-Methylat, Bromessigsäuremethylester u. vorst. Verb. in Methanol u. Eingießen in heißes W.; 67%. — *N-Benzolsulfonyl-N-carboxymethyl-3-brommesidin* (**I**), $C_{17}H_{18}O_4NBrS$, F. 211—212° (korr.; 80%ig. CH_3COOH), durch 2std. Kochen vorst. Verb. in Eisessig + verd. H_2SO_4 u. Eingießen in W.; 98%. Opt. Spaltung durch fraktionierte Kristallisation des Cinchonidinsalzes aus Äthylacetat; *d*-**I**, F. 211 bis 214°, $[\alpha]_D^{27}$ +6°; *l*-**I**, F. 212—214° (korr.), $[\alpha]_D^{25}$ —6°. — *N-Benzolsulfonyl-N-carbomethoxymethyl-1-amino-2.4-dimethyl-6-brombenzol,* durch 20std. Kochen von N-Benzolsulfonyl-1-amino-2.4-dimethyl-6-brombenzol, Bromessigsäuremethylester u. Na-Methylat in Methanol u. Eingießen in W.; bräunliches Öl, krist. nicht. — *N-Benzolsulfonyl-N-carboxymethyl-1-amino-2.4-dimethyl-6-brombenzol* (**II**), F. 196—197° (korr.; A.), durch Verseifung vorst. Verb. analog **I**; 78%. Opt. Spaltung durch fraktionierte Kristallisation des Cinchonidinsalzes aus Äthylacetat–CH_3OH (9: 1); *l*-**II**, F. 196—198° (korr.), $[\alpha]_D^{28}$ —15°; *d*-**II**, F. 196—198° (korr.), $[\alpha]_D^{28}$ +15°. — *N-Benzolsulfonyl-1-amino-2.4-dimethyl-6-nitrobenzol,* F. 154—156° (A.), durch Zufügen von Harnstoff zu HNO_3 (D. 1,49) bis zur Entfärbung, Kühlen auf 20° u. Zufügen von N-Benzolsulfonyl-1-amino-2.4-dimethylbenzol unter Rühren, 4std. Stehen bei Zimmertemp. u. Eingießen in W.; 62%. — *N-Benzolsulfonyl-N-carbäthoxymethyl-1-amino-2.4-dimethyl-6-nitrobenzol,* F. 93—95° (A.), durch 12std. Kochen von Na in absol. A., Bromessigsäureäthylester u. vorst. Verb. u. Eingießen in W.; 81%. — *N-Benzolsulfonyl-N-carboxymethyl-1-amino-2.4-dimethyl-6-nitrobenzol* (III), $C_{16}H_{16}O_6N_2S$, F. 212—213° (A.), durch Hydrolyse vorst. Verb. wie I; 77%, *d*-III, F. 214 bis 215° (korr.), $[\alpha]_D^{30}$ +236°. (J. Amer. chem. Soc. **72.** 2458—60. Juni 1950.)

LEHWALD. 1310

Gjorgje Stefanović und **Jelena Bojanović,** *Reaktionen von Bisamiden.* 1. Mitt. *Synthese von Derivaten von α-Nitro-β-aminosäuren.* Durch Rk. von aromat. Aldehyden, Acetamid u. Nitroessigsäureester (I) in Acetanhydrid entsteht eine neue Klasse von Verbb., nämlich Derivv. von *α-Nitro-β-aminosäuren* der Formel $R \cdot CH(NHCOCH_3) \cdot CHNO_2 \cdot COOC_2H_5$. Diese Formulierung wird bewiesen durch die bei der alkal. Hydrolyse auftretenden Abbauprodd.: NH_3, CH_3COOH, HCN u. die dem bei der Synth. verwendeten Aldehyd entsprechende Säure. Die neuen Verbb. entstehen auch durch Einw. von I auf Bis-amide in Acetanhydrid. Diese Bildungsweise beweist auch die obige Formulierung u. den Reaktionsmechanismus der 1. Darstellungsmeth., indem zunächst 2 Mol Amid mit 1 Mol Aldehyd unter Bldg. eines Bis-amids reagieren. Die *Bis-amide* können durch Erhitzen von Aldehyden mit Amiden oder NH_4-Salzen in Acetanhydrid mit guter Ausbeute dargestellt werden; sie reagieren leicht mit Verbb., die akt. H-Atome besitzen.

Versuche: *α-Nitro-β-acetylamino-β-phenylpropionsäureäthylester,* $C_{13}H_{16}O_5N_2$, 1. durch Zugabe von $^1/_{25}$ Mol NH_4-Acetatgemisch aus $^1/_5$ Mol Acetanhydrid, $^1/_{25}$ Mol I u. $^1/_5$ Mol. Benzaldehyd u. 7 Std. Erhitzen; 2. durch 7 Std. Erhitzen von $^1/_{25}$ Mol I, $^1/_5$ Mol Benzaldehyd, $^1/_5$ Mol Acetanhydrid u. $^1/_{25}$ Mol Acetamid; 3. durch 7 Std. Erhitzen von $^1/_{25}$ Mol I, $^1/_{10}$ Mol Benzyliden-bis-acetamid u. $^1/_{10}$ Mol Acetanhydrid, hexagonale Platten aus 90%ig. A., F. 140,5—141°; 63 bzw. 61 u. 85% (Ausbeute). — *α-Nitro-β-acetylamino-β-[3.4-methoxyphenyl]-propionsäureäthylester,* $C_{15}H_{20}O_7N_2$, aus Veratrumaldehyd (II), NH_4-Acetat u. I in Acetanhydrid, oder aus I, V u. Acetanhydrid, aus A.-Ae., F. u. Misch-F. 138° (Zers.); 41 bzw. 44%. — *α-Nitro-β-acetylamino-β-[3-methoxy-4-acetoxyphenyl]-propionsäureäthylester,* $C_{16}H_{20}O_8N_2$, aus Acetylvanillin (III), NH_4-Acetat u. I oder aus I u. IV in Acetanhydrid, hexagonale Kristalle aus 96%ig. A., F. u. Misch-F. 132°; 40 bzw. 43%. — *α-Nitro-β-acetylamino-β-[3.4-methylendioxyphenyl]-propionsäureäthylester,* $C_{14}H_{16}O_7N_2$, aus Piperonal, NH_4-Acetat u. I in Acetanhydrid, Rosetten aus A., F. 129° (Zers.); 49%. — *α-Nitro-β-acetylamino-β-[o-nitrophenyl]-propionsäureäthylester,* $C_{13}H_{15}O_7N_3$, aus I, o-Nitrobenzaldehyd, NH_4-Acetat in Acetanhydrid, grüne hexagonale Tafeln aus A., F. 135—136° (Zers.); 12%. — *3-Methoxy-4-acetoxybenzyliden-bis-acetamid* (IV), $C_{14}H_{18}O_5N_2$, durch 7 Std. Erhitzen von Acetamid, III u. Acetanhydrid, Kristalle aus 96%ig. A., F. 211°; 34%. — *3.4-Methoxybenzyliden-bis-acetamid* (V), $C_{13}H_{18}O_4N_2$, aus II, Acetamid u. Acetanhydrid, Kristalle aus 96%ig. A., F. 233,5°; 52%. (J. org. Chemistry **17.** 816—22. Juni 1952. Belgrad, Chem. Inst. of the Serbien Acad. of Sci., u. Chem. Inst. of the Fac. of Sci.)

K. F. MÜLLER. 1350

W. von E. Doering und **Lawrence H. Knox,** *Tropolon. Tropolon* (I) kann aus Tropiliden (II) durch Oxydation mit alkal. $KMnO_4$ erhalten werden. Diese Oxydation kann sowohl mit der Konst. eines Cycloheptatriens als auch mit der eines Norcaradiens für II erklärt werden. Mit wss. $KMnO_4$ entsteht über das Cu-Salz höchstens 1%, mit viel KOH in A. werden über 6% I gebildet. Die Hydrierung von I liefert *cis-Cycloheptandiol-(1.2).* I gibt ein *Acetat* u. ein *Benzoat,* die durch milde alkal. Hydrolyse zu I zurückführen. — I ist eine Säure mit p_{K_a} 6,7 im Gleichgewicht mit einem gelben Anion **Ia,** das in dem untenstehenden Sinn mesomer sein wird, wobei die O-Atome die Träger der negativen Ladung sind; I kann also als ein cyclisiertes Vinyloges eines β-Diketons aufgefaßt werden. I gibt ferner ein *Pikrat* u. ein *Hydrochlorid,* reagiert also auch als Base, wofür das mesomere Kation **Ib** verantwortlich gemacht werden muß. Dieses hat zwar keine Parallele bei den β-Diketonen, kann aber erklärt werden durch die „aromat." Resonanz in diesem Ringsyst. mit 6 π-Elektronen. Das in Chlf. lösl. Cu-Komplexsalz von I wird als III formuliert werden können. — I läßt sich sowohl mit CH_2N_2 als auch mit methanol. HCl zu dem *Methyläther* (IV) bzw. dessen *Hydrochlorid* methylieren; die Stabilität des letzteren wird ebenso erklärt wie die des I-Hydrochlorids. IV ist sowohl alkal. als auch sauer wieder zu I zu spalten. Für die Verätherung von I u. die Hydrolyse von IV werden in Analogie zu dem Verh. von Carbonsäuren u. Estern, enolisierbaren β-Diketonen u. β-Methoxy-α.β-ungesätt. Ketonen bei deren Methylierung u. Hydrolyse der entsprechenden Methylverbb. die gleichen Mechanismen vorgeschlagen. Auch bei der Rk. mit NH_3 verhält sich IV wie ein Ester: Die CH_3O-Gruppe wird durch die NH_2-Gruppe ersetzt; dabei wird sicher *2-Aminocycloheptatrien-(2.4.6)-on-(1)* gebildet, das jedoch wahrscheinlich auch als tautomeres *2-Iminocycloheptatrien-(1.3.5)-ol-(1)* vorliegen kann u. durch Alkali zu I hydrolysiert wird. — Weder I noch seine Acylverbb. geben ein Semicarbazon oder

2.4-Dinitrophenylhydrazon. — **I** bzw. **IV** sind nach allen Eigg. Analoge der Carbonsäuren bzw. ihrer Ester u. deren Vinylogen, den β-Dicarbonylverbb. bzw. ihren Äthern; sie haben die typ. Säure- bzw. Esterresonanzstrukturen, wobei das Besondere in dem Zusammenschluß der CO- u. Enolgruppe zu einem Ring liegt. — Mit elektrophilen Reagentien gibt **I** krist. Substitutionsprodd.: Mit Br_2 in W. entsteht ein *Tribromtropolon* (**V**) (wahrscheinlich *3.5.7-Tribromtropolon*), mit HNO_2 ein *Nitrosotropolon*, mit verd. HNO_3 ein *Nitrotropolon*, mit Benzoldiazoniumchlorid ein *Phenylazotropolon*; die Monosubstitutionsprodd. werden in 5- (oder 3-) Stellung die Substituenten tragen. Es wird eine Erklärung dafür gegeben, daß bei der Bromierung 3, bei den anderen durchgeführten Substitutions-Rkk. nur 1 Substituent in das Mol. eintritt. Daß keine Addition, sondern eine Substitution stattfindet, muß darauf zurückgeführt werden, daß bei letzterer keine Minderung der Resonanzenergie eintritt; **I** zeigt also auch hier eindeutig aromat. Charakter. — Mit konz. Alkali gibt **I** bei 220° *Benzoesäure* (bei 170° wird es noch nicht angegriffen), erleidet also keine Benzilsäureumlagerung, wie von einem α-Diketon zu erwarten wäre, sondern wird isomerisiert, wofür ein Mechanismus diskutiert wird. Mit NaOBr bzw. NaOJ entsteht aus **I** unter Ringverengerung u. Verlust eines C-Atoms ein Gemisch von *Brom-* bzw. *Jodphenolen*, das als *2.4.6-Tribrom-* bzw. *-Trijodphenol* identifiziert wurde; bei dieser Bromierung wird außerdem **V** gebildet. Eine weitere Umbldg. zum aromat. Sechsring stellt die Umwandlung von **IV** mit sd. methanol. CH_3ONa zu *Benzoesäuremethylester* dar, die ebenfalls eine Analogie von **I** zu einem α-Diketon ausschließt. — Für **I** wird das UV-Spektr. in 0,01nHCl, n-HCl, W., 0,01nNaOH u. in Isooctan angegeben, für **IV** in Isooctan; die Spektren werden verglichen u. diskutiert, ebenso die Infrarotspektren von **I** in CCl_4 u. **IV**. — Die mit den Rkk. von **I** vergleichbaren Rkk. des Ringes C im *Colchicin* u. in seinen Derivv. werden aufgezeigt; dieser Ring wird demnach ein **I**-Ring sein.

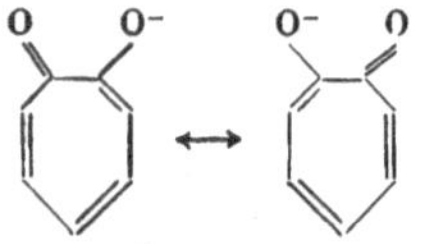

Ia

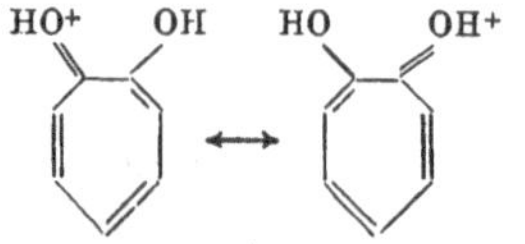

Ib

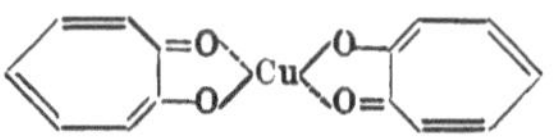

III

V e r s u c h e (FF. korr.): Nach langsamer Zugabe von $KMnO_4$ in W. zu alkoh. KOH u. 9,2 g Tropiliden (**II**) (Kp. 114°) bei —5°, Abdest. der Hauptmenge A. aus dem Filtrat im Vakuum, Ausziehen mit Chlf., Ansäuern der alkal. Lsg. auf p_H 2—3, Extraktion mit Chlf., Einengen u. Behandeln mit gesätt. Cu-Acetatlsg. wurden 0,811 g *Tropolon* (**I**)-*Cu-Salz* (**III**), $C_{14}H_{10}O_4Cu$, erhalten; nach Einengen der Mutterlauge 6,3% (Ausbeute); aus Chlf. hellgrüne Nadeln, F. 320° (Zers.); unlösl. in W., wenig in den meisten organ. Lösungsmitteln. — **I**, $C_7H_6O_2$, F. 49°, aus der Lsg. von **III** in Chlf. durch Einleiten von H_2S; aus Hexan Nadeln; 98%; lösl. in W., aus dem es in Nadeln auskrist.; lösl. in organ. Lösungsmitteln außer KW-stoffen; in verd. Sodalsg., NaOH u. KOH bildet **I** ein gelbes Anion, mit konz. Alkali fällt das gelbe Salz quantitativ aus; **I** ist auch in warmer konz. HCl lösl., aus der es in der Kälte unverändert ausfällt; mit $FeCl_3$ geben **I**-Lsgg. eine grüne Farbe. — *cis-Cycloheptandiol-(1.2)*, F. 49°, aus **I** durch Hydrierung über PtO_2, wobei 4 H_2 aufgenommen werden; aus Cyclohexan Nadeln; 28%. Die $KMnO_4$-Oxydation des rohen Hydrierungsprod. von **I** in W. gibt *Pimelinsäure*, F. 103° (Bzl.); 35% (bezogen auf **I**). — **I**-*Acetat*, $C_9H_8O_3$, F. 70° (Cyclohexan), a) aus **I** u. CH_3COCl in Pyridin; 43%; b) aus **I** u. Acetanhydrid in Pyridin; 59%. Gibt bei Erhitzen auf dem Dampfbad mit 6nNaOH **I** zurück; 95%, isoliert als **III**. — **I**-*Benzoat*, $C_{14}H_{10}O_3$, F. 129—130° (A.), aus **I** u. C_6H_5COCl in Pyridin; 31%; gibt mit 6nNaOH 80% **I** zurück als **III**. — **I**-*Pikrat*, $C_{13}H_9O_9N_3$, F. 83,5—84° (A.). — **I**-*Hydrochlorid*, $C_7H_7O_2Cl$, aus **I** in Ae. durch Einleiten von HCl; Nadeln aus methanol. HCl + Ae. (1: 10); Zers. bei 131—132°. — **I**-*Methyläther* (**IV**), $C_8H_8O_2$, aus 0,1 g **I** in Ae. u. CH_2N_2; 68%; blaßgelbe Flüssigkeit. *Hydrochlorid*, $C_8H_9O_2Cl$, F. 130° unter Zers. (10%ig. absol. methanol. HCl), aus **IV** u. 10%ig. methanol. HCl; 95%; Nadeln. Kochen von **I** in methanol. HCl führt ebenfalls zu **IV**-Hydrochlorid; 55%. — 3std. Erhitzen von **IV** mit 3nHCl gibt 52% **I** als **III**, kurzes Erhitzen mit 2nNaOH liefert 73%. — *2-Aminocycloheptatrien-(2.4.6)-on-(1)*, C_7H_7ON, F. 100—101°, aus **IV** durch 6std. Erhitzen mit 5%ig. methanol. NH_3 auf 110° im Rohr, Kristallisation aus W., Sublimation bei 100°/4 mm u. Kristallisation aus Acetonitril; kurze gelbe Nadeln; unlösl. in KW-stoffen, wenig lösl. in kaltem W., gut in Oxygruppen enthaltenden Lösungsmitteln. Mit alkoh. $FeCl_3$ Grünfärbung. 3std. Erhitzen mit 6nNaOH liefert 48% **I** als **III**. — *Tribromtropolon* (**V**), $C_7H_3O_2Br_3$, F. 123°, aus **I** u. Br_2 + KBr in W.; aus A. gelbe Nadeln; 86%; mit alkoh. $FeCl_3$ intensiv grün. — *Nitrosotropolon*, $C_7H_5O_3N$, Zers. bei 175—180°, aus **I**, Ba-Nitrit u. verd. H_2SO_4; aus Acetonitril gelbe Nadeln; 62%; mit alkoh. $FeCl_3$ grün. — *Nitrotropolon*, $C_7H_5O_4N$,

F. 191° unter Zers. (Acetonitril), aus I u. HNO_3; 45%; mit alkoh. $FeCl_3$ intensiv grün. — *Phenylazotropolon*, $C_{13}H_{10}O_2N_2$, F. 160—161°, aus diazotiertem Anilin durch Zugabe zur Lsg. von I in 1,5n NaOH u. Ansäuern; aus Acetonitril orangerote Nadeln; 86%. Mit diazotiertem α-Naphthylamin entsteht analog ein tiefrotes, unlösl. Na-Salz. — Nach Erhitzen von 0,1 g I mit KOH auf 230—235°, Lösen der Schmelze in W., Ansäuern, Ausäthern u. Sublimation werden 0,007 g *Benzoesäure* erhalten; bei 160—170° wurden 62% I zurückgewonnen, bei 48std. Kochen mit 45%ig. KOH in Äthylenglykol 72%. — Nach Zugabe von 0,26 g Br_2 in 2n NaOH zu I in 2 n NaOH, 3std. Erhitzen, Ansäuern, Ausäthern, Eindampfen u. Sublimation wurden 0,087 g rohes, nach Kristallisation aus 50%ig. A. 0,029 g reines V gewonnen, aus der Mutterlauge nach Eindampfen, Lösen in 2n NaOH u. Ansäuern 0,029 g *2.4.6-Tribromphenol*, F. 92°. — Ebenso liefert die Rk. von J_2 in 2n NaOH mit I nach Erhitzen, Ansäuern, Behandeln mit Thiosulfat, Lösen in 2n NaOH u. Fällen mit Säure *2.4.6-Trijodphenol*, F. 158°; 20%. — Nach 12std. Kochen von IV in methanol. $NaOCH_3$ u. Dest. wird *Benzoesäuremethylester* erhalten; aus dem Rückstand durch 3std. Erhitzen mit 6n NaOH, Ansäuern u. Ausäthern *Benzoesäure*; 46%. (J. Amer. chem. Soc. **73.** 828—38. Febr. 1951. Katonah, N. Y., Hickrill Chem. Res. Labor.)

NITZSCHKE. 1980

F. Kögl und **O. A. de Bruin**, *Synthesen auf dem Gebiet der Auxine.* 2. Mitt. *Einfache Analoga des Auxins b.* 40. Mitt. *über pflanzliche Wachstumsstoffe.* (1. vgl. C. **1935.** II. 3523; 39. vgl. C. **1945.** I. 1031.) Durch Kondensation von γ-Brom-β-äthoxycrotonsäureäthylester (I) bzw. γ-Brom-β-methoxycrotonsäureäthylester (II) mit Cyclopenten-(1)-aldehyd (III) nach REFORMATSKI entstanden *δ-[Cyclopenten-(1)-yl]-δ-oxy-β-äthoxy-Δ^α-pentensäurelacton* (IV) bzw. *δ-[Cyclopenten-(1)-yl]-δ-oxy-β-methoxy-Δ^α-pentensäurelacton* (V), analog wurde aus I u. Benzaldehyd *δ-Phenyl-δ-oxy-β-äthoxy-Δ^α-pentensäurelacton* (IX) erhalten. Die Hydrolyse der Enoläthergruppierung von IV bereitete zunächst Schwierigkeiten: Mit verd. Säure bei Raumtemp. wurde IV unverändert zurückgewonnen, bei 50° trat dagegen Decarboxylierung ein, 8n H_2SO_4 bewirkte gleichzeitig Dehydratisierung zu *δ-[Cyclopenten-(1)-yl]-β-keto-Δ^γ-pentensäure* (X), dagegen konnte mit 2n H_2SO_4 in geringer Ausbeute das gewünschte *δ-[Cyclopenten-(1)-yl]-δ-oxy-β-ketopentansäurelacton* (VI) erhalten werden; besser gelang die Darst. von VI durch alkal. Hydrolyse von IV zu *δ-[Cyclopenten-(1)-yl]-δ-oxy-β-äthoxy-Δ^α-pentensäure* (VII), Veresterung mit CH_2N_2 zum *Methylester* (VIIa) u. Hydrolyse mit verd. H_2SO_4 unter Relactonisierung. Die VI entsprechende freie Säure unterscheidet sich von Auxin b nur durch das Fehlen der beiden sek.-Butylgruppen. — Katalyt. Hydrierung von IV lieferte *δ-Cyclopentyl-δ-oxy-β-äthoxy-Δ^α-pentensäurelacton* (VIII), das sich zur *freien Säure* (VIIIa) verseifen ließ, die auch durch Hydrierung von VII erhältlich ist. Mit H_2SO_4 wird die Enoläthergruppierung von VIII hydrolysiert, das erhaltene *δ-Cyclopentyl-δ-oxy-β-ketopentansäurelacton* (XI) kann auf dem gleichen Wege auch aus V erhalten werden. — Die synthetisierten Verbb. erwiesen sich als physiol. unwirksam. Die UV-Spektren von *β-Methoxy-* u. *β-Äthoxycrotonsäureäthylester*, I, II, IV, V u. der *freien Säure* hieraus, von VI, VII, VIIa, VIII, VIIIa, IX, X, XI, *δ-Cyclopentyl-δ-oxy-β-methoxy-Δ^α-pentensäurelacton* sowie von *Auxin b* u. *Acetessigsäureäthylester* sind graph. wiedergegeben.

Versuche: *γ-Brom-β-äthoxycrotonsäureäthylester* (I), $Kp._{0,43}$ 77—80°, durch Bromierung von β-Äthoxycrotonsäureäthylester mit N-Bromsuccinimid in CCl_4 während 3 Std. auf dem Wasserbad; n_D^{20} 1,4821; 37,5% (Ausbeute). — *γ-Brom-β-methoxycrotonsäureäthylester* (II), $C_7H_{11}O_3Br$, $Kp._{0,5}$ 75—77°, aus β-Methoxycrotonsäureäthylester (Kp. 191—198°) wie vorst.; n_D^{19} 1,4988; 25%. — *δ-[Cyclopenten-(1)-yl]-δ-oxy-β-äthoxy-Δ^α-pentensäurelacton* (IV), $C_{12}H_{16}O_3$, F. 48—49°, durch Erwärmen von I u. III in Bzl. mit Zn-Spänen (20 Min. Wasserbad nach Beendigung der durch Erwärmen eingeleiteten Rk.) u. Zers. mit NH_4Cl; $Kp._{0,04}$ 136—154°; aus Cyclohexan Nadeln; 35%. — *δ-[Cyclopenten-(1)-yl]-δ-oxy-β-methoxy-Δ^α-pentensäurelacton* (V), $C_{11}H_{14}O_3$, F. 73°, aus II u. III wie vorst.; $Kp._{0,01}$ 140—160°, aus Cyclohexan Nadeln; 31%. — *δ-Phenyl-δ-oxy-β-äthoxy-Δ^α-pentensäurelacton* (IX), $C_{13}H_{14}O_3$, F. 93—94°, analog; aus Ae. Nadeln; 23%. — *δ-[Cyclopenten-(1)-yl]-β-keto-Δ^γ-pentensäure* (X), $C_{10}H_{12}O_3$, F. ~100° (Zers.), durch 1std. Schütteln von IV mit 8n H_2SO_4 bei Raumtemp.; amorph; 11%. — *δ-[Cyclopenten-(1)-yl]-δ-oxy-β-äthoxy-Δ^α-pentensäure* (VII), $C_{12}H_{18}O_4$, F. 116,5—117,5° (Zers.), durch 24std. Schütteln von IV mit 2,5%ig. wss. KOH; aus Cyclohexan Nadeln; 76%. *Methylester* (VIIa), $C_{13}H_{20}O_4$, $Kp._{0,01}$ 120—140°, n_D^{20} 1,5170; ~100%. — *δ-[Cyclopenten-(1)-yl]-δ-oxy-β-ketopentansäurelacton* (VI), $C_{10}H_{12}O_3$, F. 98—99° (Zers. bei 115°), a) durch Schütteln von IV mit 2n H_2SO_4 zunächst bei Raumtemp., dann 68 Std. bei 0°, Ausschütteln mit Ae., Schütteln der Ae.-Lsg. mit $NaHCO_3$-Lsg., Ansäuern u. Aufnehmen in Ae.; aus Cyclohexan Nadeln; 5%; b) durch 2std. Stehen von VIIa in A. mit 4n H_2SO_4, Extraktion mit Ae. u. daraus mit $NaHCO_3$-Lsg. u. 2%ig. KOH. — *δ-Cyclopentyl-δ-oxy-β-äthoxy-Δ^α-pentensäurelacton* (VIII), $C_{12}H_{18}O_3$, F. 68° (Cyclohexan), durch 4std. Hydrierung von IV in A. in Ggw. von PdO unter n. Druck u. Temp.; ~100%. — *δ-Cyclopentyl-δ-oxy-β-äthoxy-Δ$^{\alpha}$-pentensäure* (**VIIIa**), $C_{12}H_{20}O_4$, F. 103° (Cyclohexan), durch 48std. Schütteln von **VIII** mit 3%ig. KOH bei Raumtemp.; 80%; oder durch Hydrierung von **VII** in Ggw. von PtO_2 bei n. Temp. u. Druck. — *δ-Cyclopentyl-δ-oxy-β-ketopentansäurelacton* (**XI**), $C_{10}H_{14}O_3$, F. 105 bis 106° (Cyclohexan), durch 24std. Schütteln von **VIII** mit 4n H_2SO_4 bei Raumtemp.; 23%. — *δ-[Cyclopenten-(1)-yl]-δ-oxy-β-methoxy-Δ$^{\alpha}$-pentensäure*, $C_{11}H_{16}O_4$, F. 116—117° (Cyclohexan + A.), durch 24std. Schütteln von **V** mit 3%ig. wss. KOH; ~100%. — *δ-Cyclopentyl-δ-oxy-β-methoxy-Δ$^{\alpha}$-pentensäurelacton*, F. 43—45°, durch 1std. Hydrierung von **V** in Ggw. von PdO bei n. Temp. u. Druck; gibt durch Hydrolyse mit 4n H_2SO_4 **XI**; 43%. (Recueil Trav. chim. Pays-Bas **69**. 729—52. Mai 1950. Utrecht, Univ., Labor. de Chim. Organ.) Spaeth. 2070

E. John Skerrett und **D. Woodcock**, *Insekticide Wirkung und chemische Konstitution.* 3. Mitt. *Ein neuer synthetischer Weg zu Methylanalogen von DDT.* (2. vgl. C. **1951**. I. 2567.) Das früher (l. c.) dargestellte *1.1-Di-p-chlorphenyl-2.2-dimethylpropan* (**III**) enthält *3.3-Di-p-chlorphenyl-2-methylbuten-(1)* (**II**), da bei der katalyt. Hydrierung *2.2-Di-p-chlorphenyl-3-methylbutan* entsteht. Die Bldg. von **II** erklärt sich aus einer Umlagerung u. Wasserabspaltung des Ausgangsprod. 2.2-Dimethyl-1.1-di-p-chlorphenylpropanol-(1) (**VI**), diese dürfte über ein Carboniumion verlaufen. Sehr viel leichter erfolgt diese Umlagerung beim unsubstituierten *2.2-Dimethyl-1.1-diphenylpropanol-(1)* (**I**). Reines **III** wurde jetzt durch Hydrierung von **I** zu *2.2-Dimethyl-1.1-diphenylpropan* (**IV**), Nitrierung, Red. u. Sandmeyer-Rk. hergestellt, es ist im Gegensatz zu den früheren Angaben kristallin, zeigt aber auch keine nennenswerte kontaktinsekticide Wirkung. Analog wurde das ebenfalls unwirksame *2.2-Dimethyl-1.1-p-tolylpropan* erhalten.

V e r s u c h e: *2.2-Dimethyl-1.1-diphenylpropanol-(1)* (**I**), $Kp._{0,3}$ 140—142°, durch 3tägiges Stehen von C_6H_5MgBr u. Pivalinsäuremethylester in Ae. u. Zers. mit 2n H_2SO_4; n_D^{20} 1,5750; 65% (Ausbeute). — *2.2-Dimethyl-1.1-diphenylpropan* (**IV**), $C_{17}H_{20}$, F. 55—56°, durch Hydrieren von **I** mit Cu-Chromit bei 200°/150 at während 10 Std.; $Kp._{0,4}$ 128—132°, aus CH_3OH monokline Prismen; 99%. — Aus **I** entstand durch 2std. Kochen in A. mit Zn-Amalgam u. trockenem HCl ein Gemisch von **IV** u. *2-Methyl-3.3-diphenylbuten-(1)* (**V**), letzteres wurde identifiziert durch Hydrierung mit Raney-Ni u. Nitrierung zum *Nitroderiv.* (F. 171—172°, Plättchen aus Aceton/A.; vgl. nachst Ref.). — *2.2-Dimethyl-1.1-di-p-nitrophenylpropan*, $C_{17}H_{18}O_4N_2$, F. 149,5—150°, aus **IV** mit rauchender HNO_3 in Essigsäure bei —15 bis +3° während 1,5 Std., Eingießen in W. u. Ausziehen mit Chlf.; aus Aceton–A. gelbe Nadeln; 66%. — *1.1-Di-p-aminophenyl-2.2-dimethylpropan*, $C_{17}H_{22}N_2$, F. 141—142°, durch Hydrieren vorst. Verb. in Dioxan mit Raney-Ni unter Druck; aus wss. CH_3OH rhomb. Prismen. *Diacetylderiv.*, $C_{21}H_{26}O_2N_2$, F. 167—168°, Prismen aus CH_3·OH. — *1.1-Di-p-chlorphenyl-2.2-dimethylpropan* (**III**), $C_{17}H_{18}Cl_2$, F. 81—82°, aus vorst. Verb. durch Diazotieren in 2n HCl u. Eingießen in die sd. Lsg. von CuCl in konz. HCl; $Kp._{1,5}$ 150°, Prismen aus CH_3OH; 63%. Oxydation mit CrO_3 in Eisessig liefert *4.4'-Dichlorbenzophenon*, F. 144—145°. — **V**, $C_{17}H_{18}$, $Kp._{0,7}$ 110—112°, aus **I** durch 3std. Kochen in A. unter Einleiten von HCl; n_D^{20} 1,5730. — *3.3-Di-p-chlorphenyl-2-methylbuten-(1)* (**II**), $C_{17}H_{16}Cl_2$, $Kp._{0,8}$ 158—162°, aus **VI** wie vorst. oder durch 9std. Erhitzen mit p-Toluolsulfonsäure auf 150—160°. — *2.2-Di-p-chlorphenyl-3-methylbutan*, F. 121—122°, aus **II** durch katalyt. Hydrierung mit Raney-Ni unter Druck in A.; aus A. Prismen. — *3-Chlor-2.2-di-p-chlorphenyl-3-methylbutan*, $C_{17}H_{17}Cl_3$, F. 130—132°, aus **VI** durch Sättigen der absol. alkoh. Lsg. mit HCl bei 0° u. 12std. Stehen; aus A. rhomb. Prismen. — *2.2-Dimethyl-1.1-di-p-tolylpropan*, $C_{19}H_{24}$, $Kp._{4,2}$ 138°, aus 2.2-Dimethyl-1.1-di-p-tolylpropanol-(1) durch 10std. Hydrierung mit Cu-Chromit bei 200°/160 at in A.; n_D^{20} 1,5510. (J. chem. Soc. [London] **1952**. 2804—06. Juli. Long Ashton, Bristol, Univ., Res. Stat., Dep. of Agricult. and Horticult.) Macholdt. 2210

E. John Skerrett und **D. Woodcock**, *Insekticide Wirkung und chemische Konstitution.* 4. Mitt. *Synthese von 2.2-Di-p-chlorphenyl-3-methylbutan.* (3. vgl. vorst. Ref.) *2.2-Di-p-chlorphenyl-3-methylbutan* (**I**) wird dargestellt aus 2-Methyl-3.3-diphenylbuten-(1) (**III**) durch katalyt. Hydrierung zum Butan, Nitrierung, Red. zum Diamin u. Sandmeyer-Rk.; damit ist die Konst. von **I** (vgl. vorst. Ref.) sichergestellt. — Weitere Vers. zur Synth. von **I** waren erfolglos: Weder Di-p-chlorphenylessigsäureäthyl- oder -methylester noch Di-p-chlorphenylacetonitril ließen sich C-methylieren; obgleich dies bei der Di-p-nitroverb. (**Va** bzw. **b**) gelang, wurde *α.α-Di-p-nitrophenylpropionsäuremethylester* einfacher erhalten durch Kondensation von Brenztrauben säure (**IV**) mit Bzl. zu *α.α-Diphenylpropionsäure* (**II**) u. deren Nitrierung als Methylester. Red. zum Diamin u. Sandmeyer-Rk. ergab den Dichlorester (**VI**), der mit CH_3MgJ *3.3-Di-p-chlorphenyl-2-methylbutanol-(2)* lieferte, das sich aber nicht dehydratisieren ließ. Direkte Kondensation von **IV** mit Chlorbenzol lieferte nur *α-[p-Chlorphenyl]-acrylsäure.*

Versuche: *α.α-Diphenylpropionsäure* (II), $C_{15}H_{14}O$, F. 173,5—174°, durch Einrühren von Bzl. u. **IV** in konz. H_2SO_4 bei —14°, 25 Min. Rühren bei 6° u. Gießen auf Eis; aus CH_3OH Rhomben; 33% (Ausbeute). Bei einem Ansatz wurde nur *Atropasäure*, F. 106 bis 107°, isoliert. **II**-*Methylester*, $C_{16}H_{16}O_2$, Kp.₁ 144°, mit CH_2N_2; n_D^{20} 1,5674. — *α.α-Di-p-nitrophenylessigsäure, Methylester* (**Va**), F. 162—163°, aus α.α-Diphenylessigsäuremethylester u. rauchender HNO_3 bei —30° u. Gießen auf Eis; aus CH_3COOH blaßgelbe Prismen; 50%. Aus den Mutterlaugen *o-Nitrophenyl-p-nitrophenylessigsäuremethylester* (?), $C_{15}H_{12}O_6N_2$, F. 118,5—119°, gelbe Prismen aus CH_3OH. *Äthylester* (**Vb**), $C_{16}H_{14}O_6N_2$, F. 132—132,5°, analog; blaßgelbe Prismen aus Essigsäure; 36%. — *α.α-Di-p-nitrophenylpropionsäuremethylester*, $C_{16}H_{14}O_6N_2$, F. 107—108°, a) aus **II**-Methylester mit rauchender HNO_3 bei —20° u. Gießen auf Eis; aus A.-CH_3COOH blaßgelbe Prismen; 47%; b) aus **Va** u. CH_3J in CH_3OH/Dioxan durch 4std. Kochen u. Rühren unter Zutropfen von Na in CH_3OH; 44%; c) wie b) aus **Vb** unter gleichzeitiger Umesterung. — *α.α-Di-p-aminophenylpropionsäuremethylester*, $C_{16}H_{18}O_2N_2$, F. 145—146°, aus der Nitroverb. durch Hydrieren mit RANEY-Ni in Dioxan/A.; aus A. Prismen; 98%. *Diacetylderiv.*, $C_{20}H_{22}O_4N_2$, F. 224°, Prismen aus CH_3OH. — *α.α-Di-p-chlorphenylpropionsäuremethylester* (**VI**), $C_{16}H_{14}O_2Cl_2$, Kp.₀,₇ 160—162°, aus vorst. Aminoester durch Diazotieren in 2n HCl bei 4—8°, Eingießen in sd. CuCl/konz. HCl u. Gießen auf Eis; 93%. *Freie Säure*, $C_{15}H_{12}O_2Cl_2$, F. 158—159, Prismen aus wss. CH_3OH. — *α-[p-Chlorphenyl]-α-oxypropionsäure*, $C_9H_9O_3Cl$, F. 136—137°, aus **IV** u. p-Chlorphenyl-MgBr in Ae. während 48 Std. bei Raumtemp. u. Zers. mit 2n H_2SO_4; aus Bzl. monokline Prismen; 57%. *p-Bromphenacylester*, $C_{17}H_{14}O_4$·ClBr, F. 88—90°, Prismen aus wss. CH_3OH. — *α-[p-Chlorphenyl]-acrylsäure*, $C_9H_7O_2Cl$, F. 109—110°, aus vorst. Säure mit konz. H_2SO_4 bei Zimmertemp. während 1,5 Std. u. Gießen auf Eis; entsteht auch bei der Kondensation von **IV** mit Chlorbenzol. — *3.3-Di-p-chlorphenyl-2-methylbutanol-(2)*, $C_{17}H_{18}OCl_2$, F. 61—61,5°, aus **VI** u. CH_3MgJ in Ae. zuerst bei 0°, dann 16std. Kochen u. Zers. mit 2n H_2SO_4 bei 0°; Kp.₀,₂ 16,0°, rhomb. prismat. Plättchen aus wss. CH_3OH; 87%. Oxydation mit CrO_3 liefert *4.4'-Dichlorbenzophenon*, F. 145°, Einw. von PCl_5 bei 160° eine unbekannte Verb. vom F. 98,5—99°. — *2-Methyl-3.3-diphenylbutanol-(2)*, $C_{17}H_{20}O$, Kp.₀,₆ 135—136°, aus **II**-Methylester u. CH_3MgJ bei 0°, 72std. Stehen u. Zers. mit 2n H_2SO_4 bei 0°; n_D^{18} 1,5772; 100%. — *2-Methyl-3.3-diphenylbuten-(1)* (**III**), $C_{17}H_{18}$, Kp.₀,₃ 116—118°, aus vorst. Verb. durch 40 Min. Erhitzen auf 125° mit p-Toluolsulfonsäure, n_D^{21} 1,5728; 100%. — *3-Methyl-2.2-diphenylbutan*, $C_{17}H_{20}$, Kp.₀,₆ 112°, durch Hydrierung von **III** mit RANEY-Ni in A.; n_D^{17} 1,5653; 100%. — *3-Methyl-2.2-di-p-nitrophenylbutan*, $C_{17}H_{18}O_4N_2$, F. 175—175,5°, aus vorst. Verb. mit rauchender HNO_3 in Essigsäure bei —15° (2 Std.) u. Eingießen in Eis/W.; gelbe wachsartige Plättchen aus wss. Aceton; 59%. — *2.2-Di-p-aminophenyl-3-methylbutan*, $C_{17}H_{22}N_2$, F. 135—135,5°, aus vorst. Nitroverb. durch Red. mit H_2/RANEY-Ni in Dioxan; Prismen aus wss. CH_3OH; 90%. *Diacetylderiv.*, $C_{21}H_{26}O_2N_2$, F. 139—139,5°, Plättchen aus wss. CH_3OH. — *2.2-Di-p-chlorphenyl-3-methylbutan* (**I**), $C_{17}H_{18}Cl_2$, F. 121,5—122°, aus vorst. Diamin durch Diazotieren in 2n HCl bei 5—10° (1,5 Std. Rühren), Eingießen der Lsg. in sd. konz. HCl/CuCl u. Gießen auf Eis; Kp.₀,₂ 140°, Prismen; 64%. (J. chem. Soc. [London] **1952**. 2806—10. Juli.) MACHOLDT. 2210

K. Scholz, M. Spillmann, E. Tagmann und **K. Hoffmann**, *Über die Darstellung von basischen Estern*. 5. Mitt. (4. vgl. C. **1947**. E. 205.) In Erweiterung der Arbeiten über spasmolyt. wirksame Substanzen werden die *β-Diäthylaminoäthylester* von *Phenyl-Δ¹-* u. *-Δ³-cyclohexenyl-essigsäure* (**I**), *Phenyl-cyclohexyliden-* u. *Phenyl-cyclopentyliden-essigsäure* nach früher (Helv. chim. Acta **24**. [1941.] 458) beschriebenen Methoden dargestellt. **I** wird durch Kondensation von Na-Phenylmalonsäureester mit 1.4-Dibromcyclohexan unter HBr-Abspaltung, nachträglicher Verseifung u. Decarboxylierung gewonnen. Ein weiterer *Diäthylaminoäthylester* von starker parasympathicolyt. Wrkg. läßt sich aus einer Säure darstellen, deren Methylester bei katalyt. Hydrierung von Benzilsäuremethylester als Nebenprod. anfällt. Diese Säure, $C_{14}H_{20}O_3$, besitzt 2 katalyt. hydrierbare Doppelbindungen u. geht dabei in *Dicyclohexyl-oxy-essigsäure* über, bildet bei Dest. im Vakuum unter H_2O-Abspaltung u. Dehydrierung *Phenyl-cyclohexyliden-essigsäure* u. wird daher u. auf Grund der UV-Spektrumdeutung (Fehlen der Bande, die durch ein Cyclohexadiensyst. oder durch Konjugation einer semicycl. mit einer cycl. Doppelbindung hervorgerufen wird) als *Δ¹-Cyclohexenyl-Δ¹⁽⁷⁾-cyclohexenyl-oxyessigsäure* (**II**) bezeichnet.

Versuche: *Δ¹-Cyclohexenyl-Δ¹⁽⁷⁾-cyclohexenyl-oxyessigsäure* (**II**), $C_{14}H_{20}O_3$, F. 150 bis 151°, aus der Mutterlauge der techn. Darst. von Phenylcyclohexylessigsäure durch katalyt. Hydrierung von Benzilsäuremethylester unter Druck mittels RUPE-Ni u. nachfolgende Verseifung, Stäbchen aus Petroläther. *β-[Diäthylamino]-äthylester, Hydrochlorid*, $C_{20}H_{34}O_3NCl$, F. 197—198°, *Brommethylat*, F. 177—178°. — *Phenyl-cyclohexyliden-essigsäure*, $C_{14}H_{16}O_2$, F. 138—138,5°, a) aus vorst. Verb. durch Dest. bei 165—167°/0,08 mm, Aufnehmen in NaOH u. langsames Ansäuern, Nadeln aus Ae. + PAe.; b) aus

Phenylcyclohexyloxyessigsäure durch Dest. wie vorst.; λ_{max} 240 mμ (log ε 3,84; A.). *β-[Diäthylamino]-äthylester, Hydrochlorid,* $C_{20}H_{30}O_2NCl$, F. 113—114° (Aceton + Ae.), *Brommethylat,* F. 109—110° (A. + Ae.). — *Phenyl-cyclohexyl-essigsäure,* $C_{14}H_{18}O_2$, F. 147—148° (Ae./PAe.), aus vorst. Verb. durch Hydrieren über RUPE-Ni in absol. A. bei 115°/10 at. — *Dicyclohexyl-oxy-essigsäure,* $C_{14}H_{24}O_3$, F. 170—171° (Ae. + PAe.), aus **II** durch Hydrieren in Eisessig mit PtO_2. — *Phenyl-cyclopentyliden-essigsäure,* $C_{13}H_{14}O_2$, F. 138—142° (Aceton–Isopropyläther), aus α-Phenyl-α-[1-oxycyclopentyl]-essigsäure durch 3std. Sieden mit Acetanhydrid, Gießen in ammoniakal. Eiswasser u. Ansäuern nach 12std. Stehen. *β-[Diäthylamino]-äthylester,* $C_{19}H_{27}O_2N$, Kp.$_{0,5}$ 145—154° (*Hydrochlorid,* F. 123—126° [Essigester]. *Jodmethylat,* F. 102—107° [Isopropanol]). — *Phenyl-Δ^1-cyclohexenyl-essigsäure,* $C_{14}H_{16}O_2$, F. 99—99,5° (Methanol + W.). *β-[Diäthylamino]-äthylester, Hydrochlorid,* $C_{20}H_{30}O_2NCl$, F. 120—121° (Aceton–Ae.), *Brommethylat,* hygroskopisch. — *Phenyl-Δ^3-cyclohexenylessigsäure* (**I**), $C_{14}H_{16}O_2$, F. 118—120° (Aceton–Ligroin). *β-[Diäthylamino]-äthylester,* Kp.$_{0,5}$ 152—156° (*Hydrochlorid,* F. 144—147° [Isopropanol–Essigester], *Brommethylat,* F. 129—132° [Isopropanol–Ae.]). UV-Spektren vgl. Original. (Helv. chim. Acta **35**. 2016—22. 15/10. 1952. Basel, CIBA AG., Forschungslabor., pharmazeut. Abt.) LEHWALD. 2450

Nguyên-Hóan, *Derivate des 6-Brom-2-methoxynaphthaldehyds-(1) von biologischem Interesse.* Durch Kondensation von *6-Brom-2-methoxynaphthaldehyd-(1)* (**I**), der sich gut aus 6-Brom-2-methoxynaphthalin mit N-Methylformanilid in Ggw. von $POCl_3$ darstellen läßt, mit Arylacetonitrilen entstehen *β-[6-Brom-2-methoxynaphthyl-(1)]-α-arylacrylonitrile* u. daraus mit Pyridinhydrochlorid unter Entmethylierung, Hydrolyse der CN-Gruppe u. Ringschluß *3-Aryl-5.6-[3'-brombenzo]-cumarine* (vgl. nebenst. Formel). — Die Einw. von α-Halogenfettsäuren auf **I**-Thiosemicarbazon (**Ia**) liefert *N'-[4-Keto-5-alkylthiazolinyl-(2)]-6-brom-2-methoxynaphthaldehyd-(1)-hydrazone.* Die dargestellten Verbb. sollen auf ihre biol. Wirksamkeit geprüft werden, nach vorläufigen Verss. zeigen die Benzocumarine keine östrogene Aktivität.

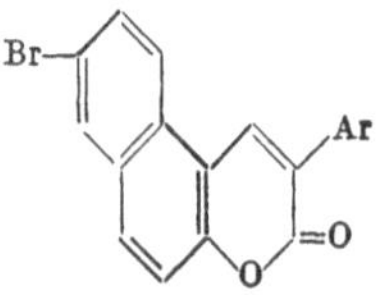

Versuche: *6-Brom-2-methoxynaphthaldehyd-(1)* (**I**), $C_{12}H_9O_2Br$, F. 110°, durch 4std. Kochen von 6-Brom-2-methoxynaphthalin mit N-Methylformanilid u. $POCl_3$ in Toluol, Wasserdampfdest. nach Behandlung mit wss. Na-Acetatlsg. u. Benzolextraktion des Rückstands; Kp.$_{15}$ 234—240°, gelbe Halochromie mit H_2SO_4; 52% (Ausbeute). *Semicarbazon,* $C_{13}H_{12}O_2N_3Br$, F. 246° (A.). *Thiosemicarbazon* (**Ia**), $C_{13}H_{12}ON_3BrS$, F. 240°, aus A. gelbe Blättchen. — *6-Brom-2-methoxy-1-styrylnaphthalin,* $C_{19}H_{15}OBr$, Kp.$_{15}$ 275 bis 280°, durch 1std. Kochen von **I** mit Benzyl-MgCl in Ae. u. Dehydratation des nach Zers. mit 5%ig. H_2SO_4 erhaltenen Carbinols mit 98%ig. HCOOH; aus CH_3OH mikrokrist. Pulver, das bei 101° erweicht u. bei 140° schm., vermutlich Gemisch von cis- u. trans-Form, braungelbe Halochromie mit H_2SO_4. — *6-Brom-2-methoxy-1-[2.4.6-trinitrostyryl]-naphthalin,* $C_{19}H_{12}O_7N_3Br$, F. 205°, durch 4std. Erwärmen von 2,5 g **I** u. 2,25 g 2.4.6-Trinitrotoluol in A. in Ggw. von Piperidin auf dem Wasserbad; aus Bzl. rote Nadeln; blaue Halochromie mit konz. H_2SO_4; 4 g. — *p-Jodbenzylchlorid,* Kp.$_{15}$ 140—143°, durch 6std. Einleiten von HCl in das Gemisch von 120 g Jodbenzol, 35 g Trioxymethylen, 20 g 40%ig. Formalin u. 75 g $ZnCl_2$; 52 g. — *p-Jodphenylacetonitril* (**II**), durch 12std. Kochen vorst. Verb. in Aceton mit KCN in möglichst wenig W.; aus dem Gemisch von **II** u. der o-Verb. (Kp.$_{15}$ 175—178°) krist. **II** aus. — *β-[6-Brom-2-methoxynaphthyl-(1)]-α-phenylacrylonitril,* $C_{20}H_{14}ONBr$, F. 159°, durch langsame Zugabe von 30%ig. KOH zur Lsg. von 5 g **I** u. 2,5 g Benzylcyanid in A. u. Rühren bis zum Nachlassen der exothermen Rk.; aus A. feine gelbe Nadeln, gelbe Halochromie mit H_2SO_4 in der Kälte; 6,5 g. — *3'-Brom-3-phenyl-5.6-benzocumarin,* $C_{19}H_{11}O_2Br$, F. 247°, durch ½std. Erhitzen vorst. Verb. mit Pyridinhydrochlorid auf 180—200°; aus Toluol Nadeln, gelbe Halochromie mit H_2SO_4. — *β-[6-Brom-2-methoxynaphthyl-(1)]-α-[p-tolyl]-acrylonitril,* $C_{21}H_{16}ONBr$, F. 170°, aus 5 g **I** u. 2,6 g p-Tolylacetonitril analog vorvorst. Verb.; aus A.–Bzl. blaßgelbe Kristalle, gelbgrüne Halochromie mit H_2SO_4 in der Wärme; 7,1 g. — *3'-Brom-3-[p-tolyl]-5.6-benzocumarin,* $C_{20}H_{13}O_2Br$, F. 297° (Chlorbenzol), gelbe Halochromie mit H_2SO_4. — *β-[6-Brom-2-methoxynaphthyl-(1)]-α-[p-äthylphenyl]-acrylonitril,* $C_{22}H_{18}ONBr$, F. 128°, aus 5 g **I** u. 2,7 g p-Äthylphenylacetonitril; aus A. feine hellgelbe Nadeln, gelbe Halochromie mit H_2SO_4 in der Wärme; 7,5 g. — *3'-Brom-3-[p-äthylphenyl]-5.6-benzocumarin,* $C_{21}H_{15}O_2Br$, F. 238°, aus 5 g vorst. Verb.; aus A. (Lsg. fluoresciert blau) hellgelbe Nadeln, gelbe Halochromie mit H_2SO_4 in der Kälte; 4,2 g. — *β-[6-Brom-2-methoxynaphthyl-(1)]-α-[p-chlorphenyl]-acrylonitril,* $C_{20}H_{13}ONClBr$, F. 161°, aus 5 g **I** u. 3 g p-Chlorphenylacetonitril; aus A. 7,2 g gelbe Nadeln, grüngelbe Halochromie mit H_2SO_4 in der Wärme. — *3'-Brom-3-[p-chlorphenyl]-5.6-benzocumarin,* $C_{19}H_{10}O_2ClBr$, F. 328°, nach Sublimation bei 319 bis

321° Nadeln, gelbe Halochromie mit H_2SO_4 in der Wärme. — *β-[6-Brom-2-methoxynaphthyl-(1)]-α-[p-bromphenyl]-acrylonitril*, $C_{20}H_{13}ONBr_2$, F. 190°, aus 5 g I u. 4 g p-Bromphenylacetonitril; aus A. 7,8 g feine gelbe Kristalle, gelbe Halochromie mit H_2SO_4 in der Wärme. — *3'-Brom-3-[p-bromphenyl]-5.6-benzocumarin*, $C_{19}H_{10}O_2Br_2$, F. 342°, aus 5 g vorst. Nitrils; aus Chlorbenzol blaßgelbe Kristalle, mit H_2SO_4 vorübergehende gelbe Halochromie; 4 g. — *β-[6-Brom-2-methoxynaphthyl-(1)]-α-[p-jodphenyl]-acrylonitril*, $C_{20}H_{13}$·ONBrJ, F. 207°, aus 5 g I u. 5 g II; aus Bzl. 8,5 g gelbe Kristalle, gelbgrüne Halochromie mit H_2SO_4 in der Wärme. — *3'-Brom-3-[p-jodphenyl]-5.6-benzocumarin*, $C_{19}H_{10}O_2BrJ$, F. 350°, aus 5 g vorst. Verb.; aus Toluol 3 g beigefarbene Kristalle, gelbgrüne Halochromie mit H_2SO_4 in der Wärme. — *β-[6-Brom-2-methoxynaphthyl-(1)]-α-[p-nitrophenyl]-acrylonitril*, $C_{20}H_{13}O_3N_2Br$, durch 2std. Kochen von 2,35 g p-Nitrophenylacetonitril u. 5 g I in A. in Ggw. von Piperidin; F. 115° (*cis-Form*) u. erneuter F. 226° (*trans-Form*), grünliche Halochromie mit H_2SO_4 in der Wärme (beide Formen); 7,2 g. — *3'-Brom-3-[p-nitrophenyl]-5.6-benzocumarin*, $C_{19}H_{10}O_4NBr$, F. 355°, aus 5 g vorst. Nitrils; aus Chlorbenzol 4 g dunkelgelbe Nadeln, braungelbe Halochromie mit H_2SO_4 in der Wärme. — *β-[6-Brom-2-methoxynaphthyl-(1)]-α-[thienyl-(2)]-acrylonitril*, $C_{18}H_{12}ONBrS$, F. 130°, aus 5 g I u. 2,5 g [Thienyl-(2)]-acetonitril, die Rk. ist schon nach 10 Min. beendet; aus A. 6,5 g gelbe Nadeln, mit H_2SO_4 grüne Halochromie. — *3'-Brom-3-[thienyl-(2'')]-5.6-benzocumarin*, $C_{17}H_9O_2BrS$, F. 242°, aus 5 g vorst. Nitrils; aus Toluol 3,7 g goldgelbe Kristalle, orangerote Halochromie mit H_2SO_4. — *β-[6-Brom-2-methoxynaphthyl-(1)]-α-[thianaphthyl-(3)]-acrylonitril*, $C_{22}H_{14}ONBrS$, F. 165°, aus 5 g I u. 3,5 g Thianaphthyl-(3)-acetonitril; krist. langsam, aus Bzl. 7 g blaßgelbe Kristalle, dunkelgrüne Halochromie mit H_2SO_4 in der Wärme. — *3-[Thianaphthyl-(3'')]-5.6-[3'-brombenzo]-cumarin*, $C_{21}H_{11}O_2BrS$, F. 266°, aus 5 g vorst. Nitrils; aus Bzl. 3 g gelbe Kristalle, orangegelbe Halochromie mit H_2SO_4. — N'-[4-Keto-5-alkyl(=R)-thiazolinyl-(2)]-6-brom-2-methoxy-naphthaldehyd-(1)-hydrazone, durch 6std. Kochen von **Ia** in CH_3COOH mit der äquivalenten Menge α-Halogenfettsäure in Ggw. von Na-Acetat u. Kristallisation aus CH_3COOH oder Toluol: *R = H*, $C_{15}H_{12}O_2N_3BrS$, F. 305°, aus Monochloressigsäure. — *R = C_2H_5*, $C_{17}H_{16}O_2N_3BrS$, F. 229°, aus α-Brom-n-buttersäure. — *R = iso-C_3H_7*, $C_{18}H_{18}$·O_2N_3BrS, F. 237°, aus α-Bromisovaleriansäure. — *R = $C_{10}H_{21}$*, $C_{25}H_{32}O_2N_3BrS$, F. 188°, aus α-Bromlaurinsäure. — *R = $C_{12}H_{25}$*, $C_{27}H_{36}O_2N_3BrS$, F. 195°, aus α-Brommyristinsäure. — *R = $C_{14}H_{29}$*, $C_{29}H_{40}O_2N_3BrS$, F. 184°, aus α-Brompalmitinsäure. — *R = $C_{16}H_{33}$*, $C_{31}H_{44}O_2N_3BrS$, F. 171°, aus α-Bromstearinsäure. — *R = $C_{14}H_{27}$*, $C_{29}H_{38}O_2N_3BrS$, F. 169° aus α-Bromdihydrohydnocarpussäure. — *R = $C_{16}H_{31}$*, $C_{31}H_{42}O_2N_3BrS$, F. 181°, aus α-Bromdihydrochaulmoograsäure. (Bull. Soc. chim. France, Mém. [5] **20**. 309—14. März 1953. Paris, Fac. de Pharm., Labor. de Chim. organ.) SPAETH. 2700

W. D. Garden und **F. D. Gunstone**, *Die gemischte Kondensation von Ketonen in Gegenwart von Methylanilinomagnesiumbromid.* Bei der Kondensation von *Fluorenon* (**I**) mit *Acetophenon* (**II**) in Ggw. von *Methylanilino-MgBr* (**III**) nach COLONGE (Bull. Soc. chim. France, Mém. **1**. [1934.] 1101) entsteht *9-Oxy-9-phenacylfluoren*, das von den Vff. durch 25%ig. Überschuß von **III** u. Umsetzung in N_2-Atmosphäre weniger gefärbt erhalten wird. Nach der Meth. von COLONGE erhalten Vff. bei der Kondensation von **I** mit *Methyl-α-* u. *-β-naphthylketon* (**IV** u. **V**) oder *p-Nitroacetophenon* u. von *Benzophenon* (**VI**) mit **V** die erwarteten Ketole. Die Kondensation von **I** mit *o-Chloracetophenon* u. von **VI** mit *α-Tetralon* (**VII**) führt dagegen direkt zu den ungesätt. Ketonen. **I** kondensiert mit *2-Methylcyclohexanon* (**VIII**) vermutlich in 6-Stellung von **VIII**, da sich das entstandene Ketol in ein ungesätt. Keton überführen läßt. **VI** kondensiert mit **VII** wahrscheinlich in 2-Stellung von **VII**, die 4-Stellung ist jedoch nicht ausgeschlossen. Wird **I** mit **IV** bei höherer Temp. kondensiert, so entsteht neben dem Ketol noch das ungesätt. Keton, dabei steigt die Ausbeute von letzterem mit der Temperatur. Kondensation von **I** mit Cyclohexanon u. von Benzil mit **II** ergab keine eindeutigen Produkte. Kondensation von **I** mit Desoxybenzoin, Dibenzylketon, Benzylmethylketon, Propiophenon, Butyrophenon, β-Tetralon, Benzylidenaceton, Benzylaceton oder Diäthylketon u. von Aceton, Anthrachinon oder Phenanthrachinon mit o-Chloracetophenon gelang nicht. Die Meth. von COLONGE scheint demnach auf Ketone vom Typ ArCOMe beschränkt zu sein, die gewonnenen Ketole lassen sich durch Behandlung mit Säure in die entsprechenden α.β-ungesätt. Ketone überführen, die mit HJ gesätt. Ketone bilden. Letztere entstehen auch mit HJ aus den Ketolen, vielleicht über die ungesätt. Ketone, da diese bei zu kurzer Reaktionszeit entstehen. — Vff. versuchten außerdem, *9-Phenacylfluoren* (**IX**) mit SeO_2 zum Diketon zu oxydieren aber ohne Erfolg; es bildet sich entweder *9-Phenacylidenfluoren* (**X**) oder **IX** zurück. Ebenso ließ sich *9-Phenacylfluoren-9-carbonsäuremethylester*, der leicht hydrolysiert u. zu **IX** decarboxyliert wird, nicht mit SeO_2 oxydieren. Katalyt. Red. der Ketone vom Typ $R_1-CH_2-CO-R_2$ (R_1 = Fluorenyl-, R_2 = Phenyl, α- oder β-Naphthyl) führt zu den entsprechenden Carbinolen. — **I** wurde in Ggw. von KOH in Dipropoxyäthan mit **II** kondensiert, vermutlich zu *9.9-Diphenacylfluoren*. Kondensation von **I** mit Propiophenon oder Dypnon nach dieser Meth. gelang nicht.

Versuche: *9-Oxy-9-phenacylfluoren*, F. 112—113°, aus 1 Mol **I** u. 1 Mol **II** in Bzl. u. **III** (25% Überschuß) bei Zimmertemp., Nadeln aus A., 85% (Ausbeute). — Analog wurden erhalten: *9-Oxy-9-fluorenylmethyl-α-naphthylketon*, $C_{25}H_{18}O_2$, F. 137° (Zers.), bei 15° Platten aus Essigester u. CH_3CN; mit ansteigender Reaktionstemp. von 15° bis Rückfluß Abnahme der Ausbeute an Ketol von 59% bis 0% unter gleichzeitiger Zunahme der Ausbeute an ungesätt. Keton von 0 bis 62%. — *9-Oxy-9-fluorenylmethyl-β-naphthylketon*, $C_{25}H_{18}O_2$, F. 126—128° (Zers.), Nadeln aus Bzl. u. A.; 96%. — *o-Chlorphenacylidenfluoren*, $C_{21}H_{13}OCl$, F. 131°, orangefarbene Nadeln aus A. u. CH_3CN; 45%; beständig gegen 96%ig. sd. Ameisensäure. — *9-Oxy-9-[p-nitrophenacyl]-fluoren*, $C_{21}H_{15}\cdot O_4N$, F. 134—135°, gelbrote Nadeln aus Essigsäure u. Bzl.; 45%. — *9-Oxy-9-[1.2.3.4-tetrahydro-1-ketonaphthyl-(2)]-fluoren*, $C_{23}H_{18}O_2$, F. 135—136°, Nadeln aus Bzl. u. CH_3CN; 84%. — *9-Oxy-9-[2-keto-3-methylcyclohexyl]-fluoren*, $C_{20}H_{20}O_2$, F. 109—110°, Platten aus A. u. Bzl./PAe.; 90%. — *2-Oxy-2.2-diphenyläthyl-β-naphthylketon*, $C_{25}H_{20}O_2$, F. 124 bis 125°; 57%; läßt sich wegen Zers. nicht aus warmem Lösungsm. umkristallisieren. — *2-[Diphenyl-methylen]-α-tetralon*, $C_{23}H_{18}O$, F. 206—207°, blaßgelbe Nadeln aus Essigester; 21%. — Kondensation von 3 g Benzil mit 3,38 g **II** gibt eine nicht identifizierte Substanz, F. 175°, gelbe Prismen aus CH_3CN, 3 g, Mol.-Gew. 293. — Kondensation von **I** mit Cyclohexanon verlief negativ, abgesehen von einem Vers., der wenig Substanz vom F. 193—194° (Essigester) lieferte. — Umwandlung der Ketole in α.β-ungesätt. Ketone: a) durch Kochen mit 96%ig. Ameisensäure; b) durch Zugabe von konz. H_2SO_4 in Essigsäure zu dem Ketol; c) durch Einleiten von trockener HCl in eine Lsg. des Ketols in Essigsäure; u. d) durch Rückflußkochen des Ketols in Bzl. + J_2. *9-Phenacylidenfluoren* (**X**), $C_{21}H_{14}O$, F. 139°, nach a), orangefarbene Polyeder aus Essigester; 93%. — *[Fluorenyliden-(9)-methyl]-α-naphthylketon* (**XI**), $C_{25}H_{16}O$, F. 126—127°, nach a); 68%; oder b); 86%. — *[Fluorenyliden-(9)-methyl]-β-naphthylketon* (**XII**), $C_{25}H_{16}O$, F. 112—113°, nach c), orangefarbene Nadeln aus CH_3CN; 67%. — *9-[p-Nitrophenacyliden]-fluoren*, $C_{21}H_{13}O_3N$, F. 172°, nach a), tieforangefarbene Nadeln aus Essigsäure; 90%. — *2-Fluorenyliden-α-tetralon*, $C_{23}H_{16}O$, F. 160°, nach a) 15%; c) 10%; d) 10%; orangefarbene Nadeln aus Essigsäure. — *β-Naphthyl-[2.2-diphenylvinyl]-keton*, $C_{25}H_{18}O$, F. 167—168° nach c), schwachbraune Polyeder aus CH_3CN; 48%. — *9-[2-Keto-3-methylcyclohexyliden]-fluoren*, $C_{20}H_{18}O$, F. 156—157°, nach c), gelbe Blättchen aus Essigester; 40%. — Darst. gesätt. Ketone: durch Kochen des Ketols oder ungesätt. Ketons in Eisessig mit HJ (5 Std.): *9-Phenacylfluoren* (**IX**), $C_{21}H_{16}O$, Nadeln aus A., F. 97°; 65%. *Oxim*, F. 160—161° (sintert bei 156°). — *[Fluorenyl-(9)-methyl]-α-naphthylketon* (**XIII**), $C_{25}H_{18}O$, F. 164°, Nadeln aus CH_3CN; 82%. *[Fluorenyl-(9)-methyl]-β-naphthylketon* (**XIV**), $C_{25}H_{18}O$, F. 67°, Nadeln aus CH_3CN; 67%. — *9-[o-Chlorphenacyl]-fluoren*, $C_{21}H_{15}OCl$, F. 109°, Nadeln aus A.; 70—80%. — *2-Diphenylmethyl-α-tetralon*, $C_{23}H_{20}O$, F. 147—148°, Nadeln aus A.; 58%. — *9-Phenacylfluoren-(9)-carbonsäuremethylester*, $C_{23}H_{18}O_3$, F. 177—179°, aus Fluoren-(9)-carbonsäuremethylester u. Phenacylbromid, Plättchen aus Essigsäure; 68%; Oxydation mit SeO_2 negativ; mit alkoh. KOH **IX**. — *9-[2-Oxy-2-phenyläthyl]-fluoren*, $C_{21}H_{18}O$, F. 108 bis 109°, aus **IX** oder **X** durch katalyt. Hydrierung mit RANEY-Ni in A. mit einer Spur Alkali, aus A. oder Bzl./PAe. Kristalle. *3.5-Dinitrobenzoat*, $C_{28}H_{20}O_6N_2$, F. 198—200°, gelbe Kristalle aus Bzl./Petroläther. — *9-[2-Oxy-2-α-naphthyläthyl]-fluoren*, $C_{25}H_{20}O$, F. 157—159°, aus **XI** oder **XIII**, aus Bzl. Kristalle. — *9-[2-Oxy-2-β-naphthyläthyl]-fluoren*, $C_{25}H_{20}O$, F. 130—131,5°, aus **XII** oder **XIV**, aus Bzl./PAe. weiße Kugeln. — *9.9-Diphenacylfluoren (?)*, $C_{29}H_{22}O_2$, F. 200—202°, aus **I** u. **II** in Dipropoxyäthan u. KOH in Dipropoxyäthan unter Eiskühlung, Kristallisation aus A., Eisessig oder Essigester. (J. chem. Soc. [London] **1952**. 2650—54. Juli. Univ. of Glasgow.) MACHOLDT. 2750

John L. Wood und **Louis F. Fieser**, *Derivate des 9.10-Dimethyl-1.2-benzanthracens.* Die Darst. von *5-Brom-* u. *5-Cyan-9.10-dimethyl-1.2-benzanthracen* wird beschrieben.

Versuche: *2-[α-Naphthoyl]-6-brombenzoesäure* (**I**), $C_{18}H_{11}O_3Br$, F. 160,8—161,1° (Bzl.–Hexan), aus α-Naphthylmagnesiumbromid (**IV**) u. 3-Bromphthalsäureanhydrid in Bzl. durch 1std. Kochen, Zers. mit W. u. fraktionierte Kristallisation des entstandenen Isomerengemisches (F. 124—155°) aus Bzl. bzw. Bzl.–Hexan; gelbliche rhomb. Kristalle; 60% (Ausbeute). Daneben entsteht *2-[α-Naphthoyl]-3-brombenzoesäure* (**II**), $C_{18}H_{11}O_3Br$, F. 223—224°, aus Toluol gelbliche Rhomben; 15%. — Identifizierung von **I** durch Erhitzen mit einer Spur seines Cu-Salzes auf 270° u. Sublimieren bei 310°/5 mm; dabei entsteht *α-[m-Brombenzoyl]-naphthalin*, $C_{17}H_{11}OBr$, F. 91,7—92,1° (Methanol); wird auch aus m-Brombenzylchlorid durch Rk. mit **IV** erhalten; 33%. — *5-Brom-1.2-benzanthrachinon* (**III**), $C_{18}H_9O_2Br$, F. 194,4—194,6°, durch 5std. Erhitzen von **I** mit C_6H_5COCl u. einer Spur 95%ig. H_2SO_4 auf 130° u. Eingießen in etwas A. enthaltende 3nNaOH; aus

Essigester lange goldgelbe Nadeln; 42%; entsteht auch aus **II**; 51%; gibt nach 1std. Kochen mit $SnCl_2$ in 36%ig. HCl u. CH_3COOH, Fällen mit W., 36std. Kochen mit Zn-Staub in 2nNaOH u. Toluol, Extrahieren mit Bzl. u. Durchleiten durch Al_2O_3 *1.2-Benzanthracen*, F. 160—161° (gefällt mit CH_3OH). — *5-Brom-9.10-bis-[jodmethyl]-1.2-benzanthracen*, F. ca. 110°, durch Zugabe von **III** in Bzl. zu CH_3MgJ in Ae.-Bzl., Eingießen nach 6 Std. in ein gekühltes Gemisch von HJ u. CH_3COOH, Waschen der benzol. Lsg. mit 90%ig. CH_3COOH u. Kühlen; gelbe Kristalle. — *5-Brom-9.10-dimethyl-1.2-benzanthracen*, $C_{20}H_{15}Br$, F. 165,2—166°, aus vorst. Verb. durch $^1/_4$std. Kochen mit $SnCl_2$ + 36%ig. HCl in Dioxan, Eingießen in heißes W. u. Abdest. des Dioxans; aus Bzl.-Methanol grüngelbe Blättchen; 46% (bezogen auf **III**). — *5-Cyan-9.10-dimethyl-1.2-benzanthracen*, $C_{21}H_{15}N$, F. 158—158,5°, aus vorst. Verb. durch 6std. Kochen mit CuCN + $C_6H_5NO_2$ in Pyridin, Gießen in heiße HCl, Wasserdampfdest. des benzol. Extrakts, Aufnehmen des Rückstandes in Bzl. u. Durchleiten durch Al_2O_3; durch Fällung mit CH_3OH gelbe, in UV-Licht fluorescierende, faserartige Kristalle; 40%. (J. Amer. chem. Soc. **73**. 4494—95. Sept. 1951. Cambridge, Mass., Harvard Univ., Converse Mem. Labor.)
W. HOFFMANN. 2950

G. Combes, M. Hebbelynck und **J. Ledrut**, *Synthesen einiger α.β-ungesättigter Ketone und ihrer Semicarbazone und Thiosemicarbazone.* Zur Prüfung auf ihre pharmakol. Wirksamkeit wurde eine Reihe von *Thiosemicarbazonen von Arylidenmethylketonen* dargestellt. Die Synth. von 5-Nitrofurfuryliden-(2)-aceton durch Nitrierung von Furfuryliden-(2)-aceton gelang nicht, es wurden nur Harze erhalten, auch die Isolierung von o-Nitrobenzylidenaceton aus dem Nitrierungsprod. von Benzylidenaceton (**II**) nach BAYER [1882] konnte nicht reproduziert werden. Zur Darst. der Thiosemicarbazone wurde entweder das Keton mit Thiosemicarbazid in üblicher Weise umgesetzt oder eine Austausch-Rk. mit Acetonthiosemicarbazon in A. oder wss. CH_3COOH (in Bzl. oder CCl_4 geht die Rk. nicht) durchgeführt, wobei es nicht nötig ist, das gebildete Aceton während der Rk. abzudestillieren. — Durch Kondensation von 4-Formylantipyrin (**I**) mit Ketonen der Form $RCOCH_3$ entstanden ferner *Antipyrylidenketone*, während sich **I** nicht mit Ketonen der Form RCH_2COCH_2R' kondensieren ließ, statt dessen trat Umlagerung von **I** zu *1-Phenyl-2-methyl-4-acetylpyrazolon-(5)* ein, das sich mit einem weiteren Mol **I** zu *Antipyrinantipyrylidenaceton* kondensieren kann. Aceton ist der doppelten Kondensation mit **I** zu *Diantipyrylidenaceton* fähig.

Versuche: *Thenyliden-(2)-aceton* (**III**), $Kp._{0,7}$ 94,5°, analog der Darst. von **II** nach DRAKE u. ALLEN (Org. Syntheses Coll. **1**. [1948.] 77); krist. beim Abkühlen; 72% (Ausbeute). *Semicarbazon*, $C_9H_{11}ON_3S$, F. 176—177° (A.). *Thiosemicarbazon*, $C_9H_{11}N_3S_2$, F. 136—138° (A.). — *Furfuryliden-(2)-acetonthiosemicarbazon*, $C_9H_{11}ON_3S$, F. 145—146°. — *5-Nitrothenyliden-(2)-aceton*, $C_8H_7O_3NS$, F. 127° (A.), durch Nitrierung von **III** in Acetanhydrid mit HNO_3 (D. 1,49) + Acetanhydrid bei —5°, 2std. Stehen im Dunkeln, Gießen auf Eis u. Chloroformextraktion. *Semicarbazon*, $C_9H_{10}O_3N_4S$, Zers. bei 225—228° (A.). *Thiosemicarbazon*, Zers. bei 228—230° (Dioxan). — *1-[p-Nitrophenyl]-butanol-(1)-on-(3)*, F. 60—61° (Ae.), durch Zugabe von 1%ig. NaOH zu p-Nitrobenzaldehyd in Aceton bei —8 bis —5°, 4std. Stehen bei Raumtemp. u. Ansäuern mit HCl; 48%. *Thiosemicarbazon*, $C_{11}H_{14}O_3N_4S$, F. 197—200° (A.); 80%; geht beim Erwärmen in CH_3COOH (15—20 Min.) in *p-Nitrobenzylidenacetonthiosemicarbazon*, Zers. bei 240—242°, über. — *Benzylidenacetonthiosemicarbazon*, F. 142—143°. — *Anisylidenaceton*; *Semicarbazon*, $C_{12}H_{15}O_2N_3$, F. 196—198°. *Thiosemicarbazon*, $C_{12}H_{15}ON_3S$, F. 186—188°. — *m-Nitrobenzylidenacetonthiosemicarbazon*, $C_{11}H_{12}O_2N_4S$, F. 217—218° (A.). — *Salicylidenacetonthiosemicarbazon*, $C_{11}H_{13}ON_3S$, F. 186° (A.). — *Benzylidenacetophenonthiosemicarbazon*, $C_{16}H_{15}N_3S$, F. 145°, durch 25std. Kochen von Chalkon mit Thiosemicarbazid u. dessen Hydrochlorid in A. u. Verdünnen mit W.; aus A. blaßgelbe Kristalle; 28%. — *α-Brombenzylidenaceton*; *Semicarbazon*, $C_{11}H_{12}ON_3Br$, F. 215—216° (CH_3COOH). *Thiosemicarbazon*, $C_{11}H_{12}N_3BrS$, F. 145° (A.). — *Monoantipyrylidenaceton* (**IV**), $C_{15}H_{16}O_2N_2$, F. 161° (A.-Äthylacetat), durch 12std. Stehen von **I** u. Aceton in W. mit 33%ig. NaOH unter Kühlung u. Ausfällung durch Zugabe von W.; 50%. *Thiosemicarbazon*, $C_{16}H_{19}ON_5S$, F. 228—230° (A.-Dioxan). — *[Antipyrylidenmethyl]-äthylketon*, $C_{16}H_{18}O_2N_2$, F. 128°, analog vorst. Verbindung. — *Antipyrylidenacetophenon*, $C_{20}H_{18}O_2N_2$, F. 190°. — *Antipyryliden-2-acetothienon*, $C_{18}H_{16}O_2N_2S$, F. 202—204°. — *Diantipyrylidenaceton*, $C_{27}H_{26}O_3N_4$, F. 270—271° (A.), durch Kondensation von **I** oder **IV** mit den entsprechenden Mengen Aceton in Ggw. von 15%ig. KOH bzw. 10%ig. NaOH (längeres Stehen bei Raumtemp.); 40 bzw. 38%. (Bull. Soc. chim. France, Mém. [5] **20**. 315—19. März 1953. Bruxelles, Univ. Libre, Labor. de Pharmacodynamie et de Thérapeut.) SPAETH. 3051

André Pernot und **Antoine Willemart**, *Darstellung von Aryl-γ-glykolen.* Durch Red. der entsprechenden γ-Ketosäuren mit $LiAlH_4$ werden einige *γ-Glykole* mit einem Arylrest dargestellt. Die Red. kann auch in zwei Stufen ausgeführt werden, nämlich zunächst Red. zur γ-Oxysäure mit $NaBH_4$ oder durch katalyt. Hydrierung bzw. bei den o-Aroylbenzoesäuren mit Zn + CH_3COOH bzw. NH_4OH u. Red. der aus den Oxysäuren leicht erhältlichen γ-Lactone mit $LiAlH_4$. Die γ-Glykole lassen sich leicht zu *Tetrahydrofuranderivv.* dehydratisieren.

Versuche: *4-Phenyl-4-oxybuttersäure,* F. 75°, durch Red. von β-Benzoylpropionsäure (I) entweder durch 4std. Hydrierung als K-Salz in W. in Ggw. von Raney-Ni oder mit $NaBH_4$ in W.; ~100 bzw. 61% (Ausbeute). — *γ-Phenylbutyrolacton* (II), $C_{10}H_{10}O_2$, F. 37—38°, durch Erwärmen vorst. Verb. auf 120°; Kp.$_{10}$ ~170°. — *γ-[p-Tolyl]-butyrolacton,* $C_{11}H_{12}O_2$, F. 72°, analog II aus β-[p-Methylbenzoyl]-propionsäure. — *3-Phenylphthalid,* F. 115° (A.), durch Kochen von o-Benzoylbenzoesäure mit Zn in 80%ig. $CH_3 \cdot COOH$ (1 Std.) oder in NH_4OH (6—8 Std.); 75 bzw. 80—90%. — *3-[p-Tolyl]-phthalid,* F. 131°, analog. — *4-Phenylbutandiol-(1.4)* (III), $C_{10}H_{14}O_2$, F. 68—69°, durch Red. von I oder II mit $LiAlH_4$; aus CS_2 Nadeln, aus Isopropyläther Tafeln; 80%. — *4-[p-Tolyl]-butandiol-(1.4),* $C_{11}H_{16}O_2$, F. 57—58°, analog; aus CS_2 Nadeln; 80%. — *2-Methyloldiphenylcarbinol,* $C_{14}H_{14}O_2$, F. 76° (CS_2); 80%. — *[2-Methylolphenyl]-p-tolylcarbinol,* $C_{15}H_{16}O_2$, F. 98° (CS_2); 80—90%. — *2-Phenyltetrahydrofuran,* $C_{10}H_{12}O$, Kp.$_{16}$ ~100°, durch ½std. Kochen von III mit 50%ig. H_3PO_4; D.$^{16}{}_4$ 1,032, n_D^{16} 1,529; 75%. — *2-[p-Tolyl]-tetrahydrofuran,* $C_{11}H_{14}O$, Kp.$_{17}$ 127°, analog; D.$^{19}{}_4$ 1,010, n_D^{19} 1,527; 70%. — *1-Phenylphthalan,* $C_{14}H_{12}O$, F. 35°, Kp.$_{15}$ ~164°; 75%. — *1-[p-Tolyl]-phthalan,* $C_{15}H_{14}O$, F. 42 bis 43° (PAe.), Kp.$_{15}$ ~177°; 70%. (Bull. Soc. chim. France, Mém. [5] **20.** 321—23. März 1953. Paris, École Nat. Supérieur de Chim.) Spaeth. 3061

André Pernot und **Antoine Willemart,** *Darstellung von Diarylpyrrolidinen und -isoindolinen.* Durch Umsetzung der im vorst. Ref. genannten γ-Arylbutyrolactone bzw. 3-Arylphthalide mit Anilin (I) oder p-Toluidin entstehen die entsprechenden *N-Aryllactame,* die sich mit $LiAlH_4$ zu *Pyrrolidinen* bzw. *Isoindolinen* reduzieren lassen. *1.2-Diphenylisoindolin* wurde auch noch auf einem zweiten Weg, nämlich durch Überführung von o-Methyloldiphenylcarbinol in das Dichlorid u. dessen Umsetzung mit I dargestellt.

Versuche: *1.5-Diphenylpyrrolidon-(2)* (II), $C_{16}H_{15}ON$, F. 115° (Ae.), durch 4std. Erwärmen von γ-Phenylbutyrolacton mit I u. I·HCl auf 180° u. Eingießen in 2nHCl; 88% (Ausbeute). — *1-[p-Tolyl]-5-phenylpyrrolidon-(2),* $C_{17}H_{17}ON$, F. 106° (Ae.), analog vorst. Verb. (6 Std. 200—210°); 95%. — *1-Phenyl-5-[p-tolyl]-pyrrolidon-(2),* $C_{17}H_{17}ON$, F. 129°, aus γ-[p-Tolyl]-butyrolacton u. I + I·HCl während 6 Std. bei 180°; 95%. — *1.5-Bis-[p-tolyl]-pyrrolidon-(2),* $C_{18}H_{19}ON$, F. 139°, analog; 60%. — *1.2-Diphenylphthalimidin,* F. 195° (CH_3OH), durch 7std. Erwärmen von 3-Phenylphthalid mit I + I·HCl; 60%. — *1-Phenyl-2-[p-tolyl]-phthalimidin,* $C_{21}H_{17}ON$, F. 193—194°, wie vorst. unter Abdest. des gebildeten W.; 50%. — *1-[p-Tolyl]-2-phenylphthalimidin,* F. 190°, aus 3-[p-Tolyl]-phthalid; 66%. — *1.2-Bis-[p-tolyl]-phthalimidin,* $C_{22}H_{19}ON$, F. 152°; 74%. — *1.2-Diphenylpyrrolidin,* $C_{16}H_{17}N$, F. 63° (A.), durch Red. von II mit $LiAlH_4$ in einer Soxhlet-App., Zers. des überschüssigen $LiAlH_4$ mit W. u. Alkalisieren mit 10%ig. NaOH; 75%. — *1-[p-Tolyl]-2-phenylpyrrolidin,* $C_{17}H_{19}N$, F. 61°, analog; 76%. — *1.2-Bis-[p-tolyl]-pyrrolidin,* $C_{18}H_{21}N$, F. 60°, analog; 80%. — *1.2-Diphenylisoindolin,* $C_{20}H_{17}N$, F. 151° (A.), anaolg (50%) oder durch 3std. Kochen von o-Methyloldiphenylcarbinol mit $SOCl_2$ in Pyridin, Ae.-Extraktion der Dichlorverb. u. deren 2std. Erwärmen mit I in $CHCl_3$. — *1-Phenyl-2-[p-tolyl]-isoindolin,* $C_{21}H_{19}N$, F. 137°; 70%. — *1-[p-Tolyl]-2-phenylisoindolin,* $C_{21}H_{19}N$, F. 138°; 79%. — *1.2-Bis-[p-tolyl]-isoindolin,* $C_{22}H_{21}N$, F. 144°; 83%. (Bull. Soc. chim. France, Mém. [5] **20.** 324—26. März 1953.) Spaeth. 3081

James D. Dutcher und **Anders Kjaer,** *Untersuchungen über das Abbauprodukt $C_{11}H_8ON_2S$ des Gliotoxins.* Das aus *Gliotoxin* durch alkal. Hydrolyse gewonnene Abbauprod. *$C_{11}H_8ON_2S$* (I) geht bei Behandlung mit H_2O_2 in ein *Hydantoinderiv.* *$C_{11}H_8O_2N_2$* (II) über, welches alkal. glatt zu CH_3NH_2 u. Indol-2-carbonsäure abgebaut wird u. ident. ist mit einem aus deren *Äthylester* (III) mit Urethan-Na u. CH_2N_2 gewonnenen Prod. (vgl. auch Elvidge u. Spring, J. chem. Soc. [London] **1949.** 135; u. Johnson u. Buchanan, J. Amer. chem. Soc. **73.** [1951.] 3749). I enthält S an $C_{(2)}$. Dieses ergibt sich daraus daß das aus I mit Al-Amalgam oder Zn in HCl erhältliche Desulfurierungsprod. im Gegensatz zu I eine positive Ehrlich-Rk. gibt. Vgll. mit Farb-Rkk. anderer Indolderivv. (18 Beispiele) schließen die Stellung des S an $C_{(4)}$ aus. — Es gelang nicht, I durch Kondensation von III mit Dithiourethan oder CH_3NCS darzustellen; überhaupt reagieren Isocyanate u. Isothiocyanate nicht mit III oder der Säure; mit Indol reagiert CH_3NCO nicht, wohl aber CH_3NCS. Im Fall von Benzylisothiocyanat bzw. -isocyanat reagiert letzteres heftiger mit Indol als ersteres; von den erhaltenen Verbb. ließ sich nur das mit C_6H_5CONCO gewonnene Deriv.

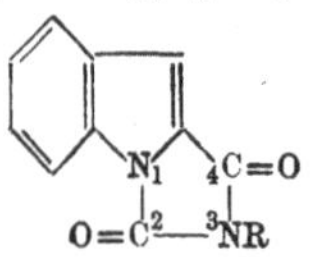

II R = CH_3
IV R = H

milde hydrolysieren zu *N-Carbamidoindol.* Die UV-Maxima von **I**, **II** u. der mit Isocyanaten u. Isothiocyanaten dargestellten Verbb. werden angegeben.)

Versuche: *Verb.* $C_{10}H_6O_2N_2$ (**IV**), F. 263—264°, durch 8std. Kochen von 739 mg **III** mit aus 292,5 mg Na + 130 mg Urethan hergestelltem Urethan-Na in Ae., mehrstd. Stehen, Zugabe von W., Ansäuern bis p_H 4 u. Zentrifugieren des in der wss. Lsg. entstanden Nd.; aus **A.** Nadeln, aus wss. Aceton glänzende Blättchen, die bei 240° zu sublimieren beginnen; 245 mg (Ausbeute). — *Hydantoinderiv.* $C_{11}H_8O_2N_2$ (**II**), F. 181,5—182°, a) aus 242 mg **IV** u. CH_2N_2 in Aceton–Ae.; aus wss. Aceton lange, seidige Nadeln; 135 mg; b) durch 18std. Einw. von 0,5 cm³ Perhydrol auf 55 mg des *Thiohydantoins* $C_{11}H_8ON_2S$ (**I**) (F. 188°), in Pyridin, Zugabe von W. u. Zentrifugieren; aus wss. Aceton Nadeln; 30 mg. — *Indol-2-[N-methylcarboxamid]*, F. 221°, durch 18std. Einw. von 16 cm³ 0,01nKOH auf 21,5 mg **II**, Neutralisieren u. Einengen; aus Bzl. lange Nadeln; 17 mg. — *Indol-2-carbonsäure*, F. 204°, durch 3std. Kochen von 20 mg **II** in 10%ig. KOH, Ansäuern u. Extraktion mit Chlf.; 16 mg. — *Indol-1-[N-methylthiocarboxamid]*, $C_{10}H_{10}N_2S$, F. 75—76° (A.–Hexan), durch 1wöchige Einw. von CH_3NCS auf Indol in Benzol. — *Indol-1-[N-benzoylthiocarboxamid]*, $C_{16}H_{12}ON_2S$, F. 169—171° (Zers.), durch 3tägige Einw. von 520 mg Benzoylisothiocyanat auf 371 mg Indol in Bzl., Einengen, Waschen des sirupösen Prod. mit heißem Hexan u. Aufnehmen in Bzl.; aus Dioxan orangefarbene glänzende Blättchen; 100 mg. — *Indol-1-[N-benzoylcarboxamid]*, $C_{16}H_{12}O_2N_2$, F. 234—236° (A.), aus Indol u. Benzoylisocyanat. — *Indol-1-carboxamid*, $C_9H_8ON_2$, F. 198—199°, durch 1std. Erhitzen von 510 mg vorst. Verb. mit nNaOH; aus W. Blättchen; 171 mg; daneben 150 mg *Benzamid*, F. 128°. (J. Amer. chem. Soc. **73.** 4139—41. Sept. 1951. New Brunswick, N. J., Squibb Inst. for Med. Res.) W. HOFFMANN. 3122

R. Thiers, *Reaktionsprodukte von α-Aminocycloammoniumbasen mit β-Dicarbonylverbindungen.* (Übersicht.) Aus dem Schrifttum geht hervor, daß die Rk. sechsgliedriger α-Aminocycloammoniumbasen mit offenen β-Dicarbonylverbb. stets zu Pyrimidin (**I**)-Derivv. führt, sofern die Temp. hoch genug u. ein wasserentziehendes Mittel zugegen ist. Wird die Bldg. eines **I**-Deriv. infolge Ggw. eines Substituenten in 6-Stellung des Pyridinkernes ster. gehindert u. die Reaktionsfähigkeit der 3-Stellung des Pyridins durch den Substituenten in 6-Stellung erhöht, so erfolgt Ringschluß zu 1—8-Naphthyridinderivaten. Niedrige Tempp. führen im allg. zu nicht cycl. Kondensationsprodukten. Verbb. vom 2-Aminoimidazoltyp gehen stets Ringschlüsse ein. Auch 2-Aminothiazolinverbb. erleiden leicht Ringschlüsse, 2-Aminothiazolverbb. dagegen schwerer. — 36 Literaturstellen. (Ind. chim. belge **17.** 541—52. 1952. Mortsel, Belgien, N. V. Gevaert Photo-Producten, Dienst voor Scheikundig Onderzoek.) WESLY. 3200

G. T. Piljugin, *Untersuchungen auf dem Gebiet der Cyaninfarbstoffe.* 1. Mitt. *N-Arylchinocyanine symmetrischen Baus.* Aus N-arylsubstituierten quartären Chinaldiniumsalzen u. Orthoameisen (**I**)- oder Orthoessigester (**II**) wurden *symm.-Chinocarbocyanine* erhalten, bei denen am N Aryl (Phenyl, p- u. o-Tolyl, α- u. β-Naphthyl) haftet. Phenyl u. Naphthyl am Heteroatom verschieben das Absorptionsmaximum (Max.) im Vgl. zum Äthyl bathochrom um 10—12 bzw. 14—18 mμ. Ersatz von H durch Methyl in Mesostellung der Polymethingruppe ruft unbedeutende hypsochrome Verschiebung des Max. hervor. Starke bathochrome Verschiebung wird durch Substitution im Benzolkern des Chinolinsyst. erreicht.

Versuche: *Bis-[N¹-phenylchinolin-(2)]-trimethincyaninperchlorat*, $C_{33}H_{25}O_4N_2Cl$, F. 276° (Zers.); aus 1-Phenylchinaldiniumperchlorat (**III**) u. **I** in Pyridin; man erhitzt 20 Min. zum schwachen Sieden u. scheidet den Farbstoff mit A. u. W. ab; aus A. grüne, metall. glänzende Nadeln; Max. bei 614 mμ; 25% (Ausbeute). — *Bis-[1-phenylchinolin-(2)]-β-methyltrimethincyaninperchlorat*, $C_{34}H_{27}O_4N_2Cl$, F. 231° (Zers.); aus **III** u. **II** in Pyridin, 3 Std. zum schwachen Sieden; man fällt mit Ae. aus; aus A. dunkelblaues Pulver mit metall. Glanz; in alkoh. Lsg. Max. bei 610 mμ; 18%. — *Bis-[1-phenyl-6-methylchinolin-(2)]-trimethincyaninperchlorat*, $C_{35}H_{29}O_4N_2Cl$, F. 270°; aus 1-Phenyl-6-methylchinaldiniumperchlorat u. **I** in Pyridin; man kocht 50 Min.; dunkelblaue Kristalle aus A.; Max. bei 620 mμ; 38,4%. — *Bis-[1-p-tolyl-6-methylchinolin-(2)]-trimethincyaninperchlorat*, $C_{37}H_{33}\cdot N_2O_4Cl$, F. 302°; aus 1-p-Tolyl-6-methylchinaldiniumperchlorat (**IV**) u. **I** analog Vorst.; dunkelgrüne Kristalle; Max. bei 622 mμ; 36,3%. — *Bis-[1-p-tolyl-6-methylchinolin-(2)]-β-methyltrimethincyaninperchlorat*, $C_{38}H_{35}O_4N_2Cl$, F. 210° (Zers.); aus **IV** u. **II**; aus wss. A. Kristalle; Max. bei 618 mμ: 30%. — *Bis-[1-α-naphthylchinolin-(2)]-trimethincyaninperchlorat*, $C_{41}H_{29}O_4N_2Cl$, F. 235°; aus 1-Naphthylchinaldiniumperchlorat u. **I** in Pyridin; man kocht 20 Min.; aus wss. A. dunkelblaue Kristalle; Max. bei 618 mμ; 25,4%. — *Bis-[1-α-naphthyl-6-methylchinolin-(2)]-trimethincyaninperchlorat*, $C_{43}H_{33}O_4N_2Cl$, F. 238° (Zers.); aus wss. A. Kristalle; Max. bei 625 mμ; 46%. — *Bis-[1-α-naphthyl-6-methylchinolin-(2)]-β-methyltrimethincyaninperchlorat*, $C_{44}H_{35}O_4N_2Cl$, F. 210° (Zers.); aus wss. A. blaue Kristalle; Max. bei 620 mμ; 48%. — *Bis-[1-phenyl-5.6-benzochinolin-(2)]-trimethincyaninperchlorat*, $C_{41}H_{29}O_4N_2Cl$, F. 267° (Zers.); aus 1-Phenyl-5.6-benzochinaldiniumperchlorat u. I in Pyridin, 40 Min. zum Sieden; aus wss. A. dunkelgrüne Kristalle; **Max. bei 645 mμ**; 41%. — *Bis-[1-o-tolyl-7.8.benzochinolin-(2)]-trimethincyaninperchlorat*, $C_{43}H_{33}O_4N_2Cl$, F. 287° (Zers.); aus 1-o-Tolyl-7.8-benzochinaldiniumperchlorat u. I; aus wss. A. Kristalle; Max. bei 642 mμ; 37%. — *Bis-[1-o-tolyl-5.6-benzochinolin-(2)]-trimethincyaninjodid*, $C_{43}H_{33}N_2J$, F. 287° (Zers.); aus 1-o-Tolyl-5.6-benzochinaldiniumjodid u. I; aus wss. A. Kristalle; Max. bei 644 mμ; 22%. — *Bis-[1-β-naphthyl-5.6-benzochinolin-(2)]-trimethincyaninjodid*, $C_{49}H_{33}N_2J$, F. 275—278°; aus 1-β-Naphthyl-5.6-benzochinaldiniumjodid u. I in Pyridin, 20 Min. zum schwachen Sieden; aus wss. A. dunkelgrüne Kristalle; Max. bei 654 mμ; 21%. (Известия Академии Наук СССР, Отделение Химических Наук [Nachr. Akad. Wiss. UdSSR, Abt. chem. Wiss.] **1952**. 512—19. Mai/Juni. Tschernowitz, Univ., Inst. für organ. Chem. der Akad. der Wiss. der UdSSR.) WÖRFFEL. 3231

G. T. Piljugin, *Untersuchungen auf dem Gebiet der Cyaninfarbstoffe*. 2. Mitt. *Carbocyanine asymmetrischen Baus aus Derivaten des N-Arylchinaldiniums und Benzothiazols*. (1. vgl. vorst. Ref.) *Chinothiacarbocyanine* wurden aus 2-β-Acetanilidovinylbenzothiazoljodäthylat (I) u. N-Arylchinaldiniumperchloraten erhalten. Im Vgl. zu C_2H_5 bewirkt Aryl am N des Chinolinrings dieser Farbstoffe schwache bathochrome Verschiebung des Absorptionsmaximums (Max.).

Versuche: *[1-Phenylchinolin-(2)]-[3-äthylbenzothiazol-(2)]-trimethincyaninperchlorat*, $C_{27}H_{23}O_4N_2ClS$, F. 256—257° (Zers.); aus 1-Phenylchinaldiniumperchlorat u. I in Pyridin, 40 Min. zum Sieden; man fällt den Farbstoff mit wss. A.; aus A. blaue Nadeln; Max. bei 586 mμ; 42,5% (Ausbeute). — *[1-Phenyl-6-methylchinolin-(2)]-[3-äthylbenzothiazol-(2)]-trimethincyaninperchlorat*, $C_{28}H_{25}O_4N_2ClS$, F. 270° (Zers.); aus 1-Phenyl-6-methylchinaldiniumperchlorat u. I in Pyridin + wenig Acetanhydrid; man erhitzt 40 Min. u. fällt mit Ae.; dunkelblaue Kristalle; Max. bei 587 mμ; 34,6%. — *[1-p-Tolyl-6-methylchinolin-(2)]-[3-äthylbenzothiazol-(2)]-trimethincyaninperchlorat*, $C_{29}H_{27}O_4N_2ClS$, F. 232—234° (Zers.); aus wss. A. Kristalle; Max. bei 588 mμ; 35%. — *[1-α-Naphthyl-6-methylchinolin-(2)]-[3-äthylbenzothiazol-(2)]-trimethincyaninjodid*, $C_{32}H_{27}N_2JS$, F. 233° (Zers.); aus 1-α-Naphthyl-6-methylchinaldiniumjodid u. I in Pyridin + Acetanhydrid; aus wss. A. Kristalle; Max. bei 594 mμ; 38%. — *[1-Phenyl-5.6-benzochinolin-(2)]-[3-äthylbenzothiazol-(2)]-trimethincyaninperchlorat*, $C_{31}H_{25}O_4N_2ClS$, F. 220° (Zers.); aus 1-Phenyl-5.6-benzochinaldiniumperchlorat analog Vorst.; aus wss. A. Kristalle; Max. bei 596 mμ; 32%. — *[1-o-Tolyl-7.8-benzochinolin-(2)]-[3-äthylbenzothiazol-(2)]-trimethincyaninperchlorat*, $C_{32}H_{27}O_4N_2ClS$, F. 227° (Zers.); aus 1-o-Tolyl-7.8-benzochinaldiniumperchlorat; aus wss. A. Kristalle; Max. bei 597 mμ; 22%. — *[1-α-Naphthylchinolin-(2)]-[3-äthylbenzothiazol-(2)]-trimethincyaninperchlorat*, $C_{31}H_{25}O_4N_2ClS$, F. 228° (Zers.); aus 1-α-Naphthylchinaldiniumperchlorat; aus wss. A. dunkelblaues Kristallpulver; Max. bei 590 mμ; 32,2%. — *[1-o-Tolyl-5.6-benzochinolin-(2)]-[3-äthylbenzothiazol-(2)]-trimethincyaninperchlorat*, $C_{32}H_{27}O_4N_2ClS$, F. 215°; aus 1-o-Tolyl-5.6-benzochinaldiniumjodid; aus wss. A. dunkelviolette Kristalle; Max. bei 594 mμ; 31,4%. — *[1-β-Naphthyl-5.6-benzochinolin-(2)]-[3-äthylbenzothiazol-(2)]-trimethincyaninjodid*, $C_{35}H_{27}N_2JS$, F. 250° (Zers.); aus wss. A. Kristalle; Max. bei 600 mμ; 40,7% (Известия Академии Наук СССР, Отделение Химических Наук [Nachr. Akad. Wiss. UdSSR, Abt. chem. Wiss.] **1952**. 520—25. Mai/Juni.) WÖRFFEL. 3231

Francesco Pizzi, *Einige Derivate des Isonicotinsäurehydrazids*. Zur Prüfung auf eine gegebenenfalls chemotherapeut. Wirksamkeit wurden dargestellt: *1-[Isonicotinyl]-2-[p-nitrobenzolsulfonyl]-hydrazin*, $C_{12}H_{10}O_5N_4S$, F. 226° (Zers.). — *1-[Isonicotinyl]-2-[sulfanilyl]-hydrazin*, $C_{12}H_{12}O_3N_4S$, F. 229—231° (Zers.). — *1-[Isonicotinyl]-2-[N-acetylsulfanilyl]-hydrazin*, $C_{14}H_{14}O_4N_4S$, F. 232° (Zers.). — *1-[Isonicotinyl]-2-[p-toluolsulfonyl]-hydrazin*, $C_{13}H_{13}O_3N_3S$, F. 216—218°. (Ricerca sci. **22**. 2183. Nov. 1952. Pisa, Univ., Ist. di chim. farmaceut.) SPAETH. 3231

Peter B. Russell und **George H. Hitchings**, *Einige 2.4.6-Triamino-5-alkyl- und -5-benzylpyrimidine*. Durch Kondensation von Guanidin mit substituierten Malodinitrilen wurden in guter Ausbeute *5-substituierte 2.4.6-Triaminopyrimidine* dargestellt. Die Malodinitrile entstanden aus den Diamiden durch Dest. über P_2O_5. Die Antimalariawirksamkeit der Triaminopyrimidine lag bei 10—100 mg/kg.

Versuche: Nachst. Malodiamide wurden aus den substituierten Malonestern dargestellt: *p-Chlorbenzyl-*, $C_{10}H_{11}O_2N_2Cl$, F. 244°; *p-Brombenzyl-*, $C_{10}H_{11}O_2N_2Br$, F. 245°; *p-Methoxybenzyl-*, $C_{11}H_{14}O_3N_2$, F. 216—217°; *3.4-Dichlorbenzyl-*, $C_{10}H_{10}O_2N_2Cl_2$, F. 212°; *Phenyl-*, $C_9H_{10}O_2N_2$, F. 226—228°. — *Benzylmalodinitril*, $C_{10}H_8N_2$, F. 79°. Benzylmalodiamid wird über P_2O_5 bei 250° (Bad)/20 mm dest. u. das Prod. durch Redest. gereinigt; $Kp._{23}$ 220—225°; 47% (Ausbeute). Entsprechend folgende Malodinitrile:

Äthyl-, $C_5H_6N_2$, Kp.$_{20}$ 100°; 80%; *n-Butyl-*, $C_7H_{10}N_2$, Kp.$_{20}$ 120°, 70%; *p-Chlorbenzyl-*, $C_{10}H_7N_2Cl$, F. 89°, 55%; *p-Brombenzyl-*, $C_{10}H_7N_2Br$, F. 90—91°, 50%; *3.4-Dichlorbenzyl-*, $C_{10}H_6N_2Cl_2$, viscoses Öl; 60%; *p-Methoxybenzyl-*, $C_{11}H_{10}ON_2$, F. 70—72°; 48%; *Phenyl-*, $C_9H_6N_2$, F. 67°; 47%. — *5-Benzyl-2.4.6-triaminopyrimidin*, $C_{11}H_{13}N_5$, F. 191—192°. Na in A. wird mit Guanidinhydrochlorid u. Benzylmalodinitril 3 Std. gekocht; aus dem Filtrat Plättchen; 85%. — In gleicher Weise folgende 2.4.6 - Triaminopyrimidine: *5-Äthyl-*, $C_6H_{11}N_5$, F. 190°; 92%. — *5-n-Butyl-*, $C_8H_{15}N_5$, F. 199°; 90%. — *5-p-Chlorbenzyl-*, $C_{11}H_{12}N_5Cl$, F. 218°; 98%. — *5-p-Brombenzyl-*, $C_{11}H_{12}N_5Br$, F. 235°; 85%. — *5-p-Methoxybenzyl-*, $C_{12}H_{15}ON_5$, F. 218—219°; 80%. — *5-[3.4-Dichlorbenzyl]-*, $C_{11}H_{11}N_5Cl_2$, F. 255°; 92%. — Aus Phenylmalodinitril u. Guanidinhydrochlorid entstand eine Verb. vom F. 139—140°, vermutlich ein Prod. der Kondensation von 2 Mol Guanidin mit 1 Mol Nitril. (J. Amer. chem. Soc. **74.** 3443—44. 5/7. 1952. Tuckahoe, N. Y., Wellcome Res. Labors.) NEZEL. 3272

P. Vièles und **J. Séguin**, *Synthesen von Morpholonen-(3) und von Oxazolidon-(2).* Ausführliche Wiedergabe der C. **1953.** 219 referierten Arbeit. — Nach der gleichen Meth. wie *Morpholon-(3)* (**III**) u. *2-Methylmorpholon-(3)* (**IV**; F. 66°) wurde aus Na-o-Aminophenolat u. Chloressigsäureäthylester (**I**) *Benzomorpholon-(3)* [$C_8H_7O_2N$, F. 168° (Ligroin); 60% (Ausbeute)] u. aus dem Na-Deriv. des Methyläthanolamins u. **I** *N-Methylmorpholon-(3)* (**II**; $C_5H_9O_2N$, F. 80—82°, läßt sich schwer reinigen) dargestellt. **II** entsteht auch aus der Na-Verb. von **III** mit CH_3J im Rohr bei 140°, während die Ag-Verb. von **III** bei gleicher Behandlung u. Aufarbeitung mit W. **III** zurückliefert; Vff. nehmen an, daß sich aus der Ag-Verb. von **III** nicht **II**, sondern der tautomere Lactiminoäther bildet, der dann durch W. wieder hydrolysiert wird. Die Hydrolyse von **IV** analog der von **III** gibt *α-[β-Aminoäthoxy]-propionsäure* [$C_5H_{11}O_3N$, F. 170—171° (wss. A.)], während aus **II** keine reine N-Methyl-β-aminoäthoxyessigsäure erhalten werden konnte; beim Vers. ihrer Darst. aus β-Aminoäthoxyessigsäure mit HCHO u. HCOOH entstand *N.N-Dimethyl-β-aminoäthoxyessigsäure*, $C_6H_{13}O_3N$, F. 71°. — Analog der Darst. von **III** entstehen aus der Na-Verb. des Äthanolamins u. Chlorkohlensäureäthylester *Oxazolidon-(2)* [$C_3H_5O_2N$, F. 87° (Chlf.); 60%] u. *β-Aminoäthoxykohlensäure* ($C_3H_7O_3N$, F. 205°). Die Aminosäuren liefern beim Erhitzen über ihren F. bzw. in 50%ig. H_2SO_4 die Lactame zurück. (Bull. Soc. chim. France, Mém. [5] **20.** 287—89. März 1953. Montpellier, Fac. des Sci., Inst. de Chim.) SPAETH. 3282

W. E. Bachmann und **E. L. Jenner**, *1-Acetoxymethyl-3.5.7-trinitro-1.3.5.7-tetrazacyclooctan und seine Reaktionen. Bedeutung für die Nitrolyse von Hexamethylentetramin und verwandten Verbindungen.* Vff. gelang die Isolierung des bei der Umsetzung von 1.5-Methylen-3.7-dinitro-1.3.5.7-tetrazacyclooctan (Substanz „DPT") (**I**) (vgl. C. **1952.** 2001) mit HNO_3 u. Essigsäureanhydrid zu *1.9-Diacetoxy-2.4.6.8-tetranitro-2.4.6.8-tetrazanonan* zunächst entstehenden *1-Acetoxymethyl-3.5.7-trinitro-1.3.5.7-tetrazacyclooctans* (**II**). An der CH_2-Brücke des **I** erfolgt prim. Nitrolyse u. in sek. Rk. Acetylierung der gebildeten $HOCH_2$-Gruppe. Bei Einw. von NH_4NO_3, HNO_3 u. $(CH_3CO)_2O$ auf **II** erhält man *1.3.5.7-Tetranitro-1.3.5.7-tetrazacyclooctan* („*HMX*") neben wenig *1.3.5-Trinitro-1.3.5-triazacyclohexan* („*RDX*"). Unter Zugrundelegung des bei der stufenweise erfolgenden Nitrolyse von **I** erkannten Prinzips, wonach die Spaltung einer N—C-Bindung an dem die Acetoxymethylgruppe tragenden N-Atom u. möglichst weit entfernt von der Nitramingruppe erfolgt, kommen Vff. zu einer Theorie über die unter der Einw. von HNO_3 u. $(CH_3CO)_2O$ erfolgende Bldg. von *1.7-Diacetoxy-2.4.6-trinitro-2.4.6-triazaheptan* u. *Bis-[acetoxymethyl]-nitramin* aus Hexamethylentetramin.

Versuche: *1-Acetoxymethyl-3.5.7-trinitro-1.3.5.7-tetrazacyclooctan* (**II**), $C_7H_{13}O_8N_7$, F. 152°, durch schnelle Zugabe von 1 cm³ 98%ig. HNO_3 zu einer Lsg. von 5 g **I** in 23 cm³ Essigsäureanhydrid; zuckerartige Kristalle; 5,9 g (Ausbeute). — *1.9-Diacetoxy-2.4.6.8-tetranitro-2.4.6.8-tetrazanonan*, F. 182—184° (Aceton), durch 1½std. Rk. von 1 g **II** mit 2 cm³ 98%ig. HNO_3 u. 5 cm³ $(CH_3CO)_2O$ u. Gießen auf Eis; 1,1 g. — *1.3.5.7-Tetranitro-1.3.5.7-tetrazacyclooctan* („*HMX*"), F. 278°, durch Zugabe von 10 cm³ $(CH_3CO)_2O$, 10 g **II** u. einer Lsg. von 3,5 g NH_4NO_3 in 2,9 cm³ 99%ig. HNO_3 in 3 gleichen Anteilen zu einer Lsg. von 5 g $(CH_3CO)_2O$ u. 5 g NH_4NO_3 in 30 cm³ Essigsäure bei 65° innerhalb von 10 Min., Versetzen mit W. nach 10 Min. u. Behandeln von 3 g des Rohprod. (10,1 g) mit heißem verd. NH_4OH; 1,79 g; aus weiteren 3 g nach 15std. Erhitzen mit 50%ig. Essigsäure (mit 1% HNO_3-Geh.) auf dem Dampfbad 2,44 g unreines Prod.; daraus 0,12 g *1.3.5-Trinitro-1.3.5-triazacyclohexan* („*RDX*"), F. 204—205° (korr.); Rhomben. (J. Amer. chem. Soc. **73.** 2773—75. Juni 1951. Ann Arbor, Mich., Univ. of Michigan, Chem. Labor.) W. HOFFMANN. 3380

Bernhard Witkop, James B. Patrick und **Myron Rosenblum**, *Ringbildungen bei der Autoxydation. Ein neuer Typ der Camps-Reaktion. (Über den Mechanismus der Oxydation.*

2. Mitt.) (1. vgl. C. **1952.** 6192.) In Analogie zu dem niedrigeren Homologen (Tetrahydrocarbazol), aber schon in Lsg., entsteht aus 2.3-Cyclopentenoindol (**I**) bei der katalyt. Oxydation oder durch Autoxydation *1-Aza-7 8-benzcyclooctendion-(2.6)* (**II**), welches bei der Einw. von Basen oder Säuren unter Ringspaltung in *γ-[o-Aminobenzoyl]-buttersäure* übergeht, während das höherhomologe *1-Aza-8.9-benzcyclononendion-(2.7)* (**III**) mit Basen in einer neuartigen CAMPS-Rk. *2 3-Cyclopentenochinolon-(4)* (**IV**) bildet. Das aus 2.3-Cycloheptenoindol (**V**) dargestellte, dem **II** u. **III** entsprechende, aber nicht isolierte 10-gliedrige Lactam ergibt schon bei der Al_2O_3-Chromatographie durch intramol., angulare Kondensation *Tetrahydrophenantridon* (**VI**); dagegen liefert *2.3-Cyclooctenoindol* bei der katalyt. Oxydation oder Autoxydation *2-Keto-2.3.4.5.6.7-hexahydrocyclooctindol* (**VII**), welches mit $LiAlH_4$ zum entsprechenden Alkohol red. wird. Die Konst. von **VII** wird bewiesen durch Synth. in einer JAPP-KLINGEMANN-Rk. aus *2-Oxymethylencyclooctanon* (**VIII**). — Die von der Größe der hydrierten Ringe der Ausgangsprodd. abhängigen Ergebnisse der Oxydations-Rkk. werden an Hand von Molekülmodellen diskutiert, wobei aber die Begünstigung der linearen bzw. angularen Kondensation bei der Bldg. von **IV** bzw. **VI** nicht erklärt werden kann. Zur Deutung der Versuchsergebnisse werden die UV-Absorptionsspektren von **II** u. **III** in Ae. sowie von **IV** u. **VI** in A. herangezogen, die wie die Infrarotspektren bes. leicht die Unterscheidung zwischen α- u. γ-Chinolonen gestatten. In Tabellen u. Abbildungen werden auch die UV-Absorptionsmaxima (in A.) u. einige Infrarotspektren bzw. Maxima (in Chlf. oder Nujol) von **II**, **IV**, **VI**, **VII** u. dem zum Vgl. mit **IV** synthetisierten *3.4-Cyclopentenochinolon-(2)* angegeben, ferner von den zum Vgl. mit **VII** dargestellten *3.4-Cycloheptenochinolon-(2)* u. *2.3-Cycloheptenochinolon-(4)* sowie von *Indol-3-aldehyd.*

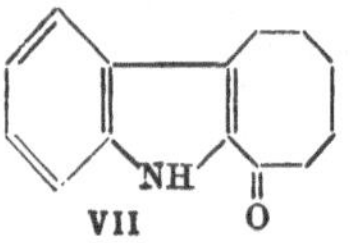

VII

V e r s u c h e (FF. korr.): *1-Aza-7.8-benzcyclooctendion-(2.6)* (**II**), $C_{11}H_{11}O_2N$, F. 170 bis 170,5° (sublimiert ab 109°), durch mehrstd. Einw. von O_2 auf **I** in Essigester in Ggw. von red. PtO_2; kub. Kristalle aus CCl_4; läßt sich auch im Infrarotspektr. einer 1 Tag alten Lsg. von **I** in Chlf. nachweisen. — *γ-[o-Aminobenzoyl]-buttersäure*, $C_{11}H_{13}O_3N$, F. 127 bis 129°, beim Erhitzen von **II** mit verd. Säuren oder Basen u. Neutralisieren (p_H 5); aus A. glänzende Nadeln. — *2.3-Cyclopentenochinolon-(4)* (**IV**), $C_{12}H_{11}ON$, F. 325—327° (Zers.), a) durch Einw. von 2nNaOH auf **III** u. Neutralisieren; b) durch 10 Min. Erhitzen von 2-Carbäthoxycyclopentanonanil (dieses durch Kondensation von **IX** mit Anilin) in überschüssigem Diphenyläther auf 250—260° u. Zugeben von Ligroin; aus Bzl.-A. Blättchen; gibt in A. rotbraune Farb-Rk. mit $FeCl_3$. — *3.4-Cyclopentenochinolon-(2)*, F. 256° (A.), aus Adipinsäure über deren *Diäthylester* (96% [Ausbeute]), Cyclisieren zu *2-Carbäthoxycyclopentanon* (**IX**), Rk. mit $C_6H_5NH_2$ in Pyridin zum *Anilid* u. Cyclisieren in konz. H_2SO_4. — *Tetrahydrophenanthridon* (**VI**), $C_{13}H_{13}ON$, F. 266—268,5°, durch 10std. Einw. von O_2 auf **V** (F. 145—147°) in Essigester in Ggw. von red. PtO_2, Filtrieren, Eindampfen, Chromatographie in Bzl. an Al_2O_3, Vorwaschen mit Bzl. u. Eluieren mit Bzl.-A. (10 : 1); aus Methanol Nadeln, aus A. Blättchen. — *2.3-Cyclooctenoindol*, $C_{14}H_{17}N$, F. 72—74° (Methanol), durch langsame Zugabe von Phenylhydrazin zu Cyclooctanon (**X**) in Eisessig, 1½std. Kochen u. Waschen des Rohprod. mit 50%ig. Methanol. — *2-Keto-2.3.4.5.6.7-hexahydrocyclooctindol* (**VII**), $C_{14}H_{15}ON$, F. 186—187° (A.), a) analog **VI** aus vorst. Verb., aber durch Eluieren mit 0,01% A. enthaltendem Bzl. aus den letzten Fraktionen; b) bei 3monatigem Aufbewahren von vorst. Verb. unter Einw. des Tageslichts; aus CH_3OH rhomb. Kristalle, die ab 154° sublimieren; c) durch Sättigen einer Lsg. von 0,2 g **XI** in A. mit HCl bei 0° u. Fällen mit W.; aus 75%ig. A. Blättchen; 0,03 g; reagiert nicht mit $FeCl_3$; gibt in wss. A. rotes *Dinitrophenylhydrazon.* — *2-Oxy-2.3.4.5.6.7-hexahydrocyclooctindol*, $C_{14}H_{17}ON$, F. 133°, durch 2std. Kochen von 0,2 g **VII** mit überschüssigem $LiAlH_4$ in Tetrahydrofuran; 0,21 g Rohprod.; aus Ae. Nadeln. — *Cyclooctandion-(1.2)-monophenylhydrazon* (**XI**), $C_{14}H_{18}ON_2$, F. 80—81°, durch Zugabe von C_2H_5ONa in A. zu **X** u. $HCOOC_2H_5$ bei —20°, Zers. nach 12sdt. Stehen bei 0° mit verd. Essigsäure u. Zugeben des gebildeten **VIII** zu einer Lsg. von $C_6H_5N_2OH$ bei 0°; aus A. glänzende gelbe Nadeln. — *3.4-Cycloheptenochinolon-(2)*, $C_{14}H_{15}ON$, F. 270—271° (A.), durch Kondensation von Cycloheptanon mit Oxalsäurediäthylester über *2-Carbäthoxycycloheptanon* u. dessen *Anilid* nach Cyclisierung mit konz. H_2SO_4. — *2.3-Cycloheptenochinolon-(4)*, F. 344°, aus 50% Essigsäure Nadeln. (J. Amer. chem. Soc. **73.** 2641—47. Juni 1951. Cambridge, Mass., Harvard Univ., Converse Memorial Labor., u. Bethesda, Md., Nat. Heart Inst.)

W. HOFFMANN. 3390

E. Alon Lloyd und **David G. Doherty,** *2.4-Dinitrophenylhydrazone einiger Hexosen und Pentosen.* Durch 12std. Erhitzen der in W. gelösten Zucker mit in absol. A. suspendiertem 2.4-Dinitrophenylhydrazin u. Aufarbeiten nach GLASER u. ZUCKERMANN (Hoppe-Seyler's Z. physiol. Chem. **167.** [1927.] 37) wurden die *2.4-Dinitrophenylhydrazone* (außer dem der Galaktose aus 80—95%ig. A.) folgender Zucker hergestellt: *D-Glucose*, $C_{12}H_{16}O_9N_4$,

F. 122—124°, lange Nadeln; $[\alpha]_D^{23}$ +6,5° (bei allen Verbb. c = 0,5%; Pyridin); 85% (Ausbeute). — *D-Mannose*, $C_{12}H_{16}O_9N_4$, F. 180—181°, Blättchen; $[\alpha]_D^{23}$ —192°; 75%. — *D-Galaktose*, $C_{12}H_{16}O_9N_4$, F. 178—179°, unlösl., amorphe Platten; $[\alpha]_D^{23}$ +47,7°; 89%. — *D-Arabinose*, $C_{11}H_{14}O_8N_4$, F. 181—182°, quadrat. Platten; $[\alpha]_D^{23}$ —46°; 85%. — *D-Ribose*, $C_{11}H_{14}O_8N_4$. F. 165—166°, Nadeln; ±0,0°; 80%. — *D-Xylose*, $C_{11}H_{14}O_8N_4$, F. 162—163°, Nadeln; $[\alpha]_D^{23}$ —22,6°; 90%. — *D-Lyxose*, $C_{11}H_{14}O_8N_4$, F. 169—170°, Nadeln; $[\alpha]_D^{23}$ +27,6°; 80%. (J. Amer. chem. Soc. **74**. 4214—15. 20/8. 1952. Oak Ridge, Tenn. Nat. Labor. Biol. Div.) ROSSOW. 3400

Burckhardt Helferich und **Egon von Gross,** *Eine neue Methode zur Maskierung der Oxygruppen an $C_{(1)}$ und $C_{(2)}$ in Aldopyranosen.* Triacetyl-d-glucal (I) addiert Phenanthrenchinon unter Bldg. von *Phenanthrenhydrochinon-triacetyl-d-glucopyranosidanhydrid* (**II**), das unter Einw. von O_3 *Diphensäure* abspaltet u. in guter Ausbeute *d-Glucose* liefert. Durch Entacetylierung von **II** entsteht *Phenanthrenhydrochinon-d-glucosidanhydrid,* in dem $C_{(1)}$, $C_{(2)}$ [u. $C_{(5)}$] sehr stabil u. doch abspaltbar maskiert sind. — Triacetyl-d-galaktal reagiert in entsprechender Weise unter Bldg. eines krist. Reaktionsprod., dem unter Vorbehalt die Formel *Phenanthrenhydrochinon-d-galaktosidanhydrid* gegeben wird.

Versuche: *Phenanthrenhydrochinon-triacetyl-d-glucosidanhydrid* (**II**), $C_{26}H_{24}O_9$, F. 206—207°, aus **I** in Bzl. mit suspendiertem Phenanthrenchinon unter Bestrahlung mit einer Labortauchlampe u. Rückflußkühlung; nach 100 Std. Eindampfen; aus CH_3OH Kristalle, Reinigung durch Umfällen aus Essigester mit CH_3OH; 32,5% (Ausbeute); leicht lösl. in Chlf., Essigester, Aceton, Bzl., Dioxan; schwer lösl. in CH_3OH u. Ae.; unlösl. in W.; FEHLINGsche Lsg. wird nicht red.; dunkelviolette Halochromie mit konz. H_2SO_4. — *Phenanthrenhydrochinon-d-glucosidanhydrid,* $C_{20}H_{18}O_6$, F. 254—255° (Zers.) (n-Butanol), durch 10std. Stehen von **II** in Chlf. mit CH_3ONa-Lsg. bei 0°, Schütteln mit der berechneten Menge 2n H_2SO_4 u. W.; 90%; oder ohne Isolierung von **II** aus dem mit Phenanthrenchinon u. **I** wie vorst., aber unter Zugabe von Azodiisobuttersäuredinitril als Reaktionsbeschleuniger, erhaltenen Sirup mit CH_3ONa; 50%; schwer lösl. in W. u. den meisten organ. Lösungsmitteln außer Dioxan, Tetrahydrofuran u. Pyridin. — Die Spaltung von **II** mit O_3 erfolgt in Essigester mit Eisessig u. wenig W. durch 30 Min. Einleiten eines O_3-haltigen O_2-Stromes bei —15° u. 10 Min. Einleiten von O_3 bei 0°, nach azeotropem Entfernen von Essigsäure u. W., Eindampfen u. Trocknen wird wie vorst. entacetyliert, nach dem Durchschütteln mit 2n H_2SO_4 in der Chloroformschicht *Diphensäure,* F. 225—227°; 75%; in der wss. Schicht *d-Glucose*; 77,7%; papierchromatograph. konnte die gleichzeitige Bldg. von d-Mannose nicht nachgewiesen werden. — *Phenanthrenhydrochinon-d-galaktosidanhydrid,* $C_{20}H_{18}O_6$, F. 264—267° (Tetrahydrofuran/Ligroin), aus Triacetyl-d-galaktal in Bzl./Ligroin mit Phenanthrenchinon wie vorst. unter sofortiger Entacetylierung; prismat. Nadeln; $[\alpha]_D^{20}$ +117° (Pyridin); 22%. — *Phenanthrenhydrochinontriacetyl-d-galaktosidanhydrid,* $C_{26}H_{24}O_9$, F. 220—221° (Essigester/Ligroin), durch Acetylieren vorst. Verb.; $[\alpha]_D^{20}$ +63,1° (Chlf.); 77%; leicht lösl. in Chlf., Tetrahydrofuran, Aceton, Essigester, Bzl., Ae. u. heißem CH_3OH, wenig lösl. in Ligroin, unlösl. in H_2O. (Chem. Ber. **85**. 531—35. 1952. Bonn, Univ., Chem. Inst.) ROSSOW. 3400

R. K. Callow und **D. A. Taylor,** *Die herzwirksamen Glykoside aus Strophanthus sarmentosus P. DC. „Sarmentosid B" und seine Beziehung zu einem ursprünglichen Sarmentobiosid.* Hydrolyse von *Sarmentosid B* (**I**) [über das Acetat (**Ia**) durch Hydrolyse erhalten] mit HCl/Aceton führte zu den Spaltprodd. *Sarnosidmonoacetat, Sarmentogenin* (**II**) u. *Sarmentogenin-11-acetat.* Letzteres wurde durch Acetylierung u. $KMnO_4$-Oxydation in *3β.11α-Diacetoxy-14β-oxyätiansäure* (**V**) übergeführt. Bei der Hydrolyse von **I** mit methanol. H_2SO_4 entstanden **II**, eine Verb., die nach FIESER u. FIESER als *„β"-Anhydrosarmentogenin* (**III**) bezeichnet werden müßte, von TSCHESCHE u. BOHLE (Ber. dtsch. chem. Ges. **69**. [1936.] 2479) aber als α-Anhydrosarmentogenin beschrieben worden ist, u. *„β"-Anhydrosarmentogenin-11-acetat.* **III** ist mit dem Dehydratisierungsprod. von **I** ident. u. gibt bei der Acetylierung das 3.11-Diacetat, welches auch aus dem 11-Acetat entsteht. **I** wird danach als 11-Acetylsarmentogenindigitalosidglucosid angesehen, das wohl noch Acetylgruppen in den Zuckerresten enthält, während das ursprüngliche amorphe Glykosid, das bisher noch nicht isoliert wurde u. das nach einem Vorschlag von REICHSTEIN (Privatmitt.) als *„Sargenosid"* bezeichnet wird, wahrscheinlich nicht acetyliert ist. **I** ist wahrscheinlich als Sargenosiddiacetat, **Ia** als Sargenosidhexaacetat aufzufassen. — **III**-Diacetat bildete durch Bromierung, Ozonolyse u. milde Hydrolyse *3β.11α-Diacetoxy-21-oxy-Δ^{14}-pregnen-20-on* (**IV**), aus dem durch Acetylierung, Hydrierung u. Reoxydation *3β.11α.21-Triacetoxypregnan-20-on* entstand, das zu *3β.11α-Diacetoxyätiansäuremethylester* abgebaut wurde. Perjodatoxydation von **IV** führte zu *3β.11α-Diacetoxy-Δ^{14}-ätiensäure* (**VI**), die mit dem Dehydratisierungsprod. von **V** ident. war.

Versuche: *Sarmentosid B* (**I**), $C_{38}H_{58}O_{15}$ oder $C_{40}H_{60}O_{16}$, Doppel-F. 193—195/266—270°, $[\alpha]_D^{21,5}$ +3,5° (c = 1,85 in Aceton), aus den Samen von *Strophanthus sarmentosus* aus Katsina über das *Sarmentosid B-acetat* (**Ia**; $C_{48}H_{68}O_{20}$, F. 282°, $[\alpha]_D$ —11° [Chlf.]) mit $Ba(OH)_2$ in CH_3OH bei 0°. — Hydrolyse von **I**: a) nach MANNICH-SIEWERT: 18 g **I** in 1200 ml Aceton u. 12 ml konz. HCl wurden 11 Tage bei 20° aufbewahrt, die auf 300 ml im Vakuum eingeengte Lsg. mit 300 ml W. versetzt u. Aceton im Vakuum vertrieben. Nach Zugabe von 300 ml CH_3OH wurde ½ Std. gekocht u. mit Chlf. extrahiert. Der Chloroformextrakt wurde in 400 ml Chlf./Bzl. (1 : 1) gelöst u. an sauer gewaschenem Al_2O_3 chromatographiert. Die erste Fraktion (1,2 g) wurde mit Chlf./Bzl. (3 : 2) eluiert, bei 20° mit Acetanhydrid/Pyridin acetyliert, das amorphe Acetat in Aceton mit $KMnO_4$ oxydiert, das saure Oxydationsprod. mit CH_2N_2 versetzt u. über sauer gewaschenem Al_2O_3 aus Bzl./PAe. chromatographiert. Das Benzoleluat gab aus CH_3OH *3β.11α-Diacetoxy-14β-oxyätiansäure* (**V**)*-methylester*, $C_{25}H_{38}O_7$, F. 168°, $[\alpha]_D^{25}$ +16,8° (c = 0,15 in Chlf.). Die zweite Fraktion wurde mit Chlf. eluiert u. gab aus CH_3OH eine *Verb.* $C_{32}H_{48}O_{10}\cdot H_2O$, F. 154 u. 237°, $[\alpha]_D^{20}$ +8° (c = 0,22 in A.), aus der durch Acetylierung *Sarnosid* (*Sarmentogenindigitalosid*)*-triacetat*, $C_{34}H_{50}O_{11}$, F. 288—291°, $[\alpha]_D^{20}$ +8° (CH_3OH), entstand. Die letzte, mit Chlf./CH_3OH erhaltene Fraktion blieb amorph. Hieraus nach Kochen mit 10 vol.-%ig. H_2SO_4 in A., Abtreiben des A., Extrahieren mit Chlf. u. Chromatographieren an Al_2O_3 aus Chlf./Bzl.-Lsg. u. Eluieren mit Chlf./Bzl. (1 : 9) „*β*"*-Anhydrosarmentogenin-11-acetat*, $C_{25}H_{34}O_5$, F. 253°, $[\alpha]_D^{20,5}$ —35,9° (c = 0,25 in CH_3OH), $[\alpha]_D^{20}$ —62° (Chlf.). Durch Acetylieren das *Diacetat*, F. 205—206°, $[\alpha]_D^{21}$ —39,6° (c = 0,34 in Chlf.). Durch Eluieren mit Chlf.-Bzl. „*β*"*-Anhydrosarmentogenin* (**III**), $C_{23}H_{32}O_4\cdot H_2O$, F. 128°, $[\alpha]_D^{21}$ —17,2±0,5° (c = 0,52 in Chlf.). Im Chlf./CH_3OH-Eluat *Sarmentogenin* (**II**), F. 273°, $[\alpha]_D^{19}$ +21±1° (c = 0,35 in Chlf.). b) Mit H_2SO_4 in CH_3OH: **Ia** wurde mit methanol. H_2SO_4 ½ Std. gekocht, mit W. verd. u. mit Chlf. extrahiert. Die benzol. Lsg. des Chloroformextraktes wurde chromatographiert. Aus dem Chromatogramm mit Chlf./Bzl. (1 : 10) **III**, mit 5% CH_3OH in Chlf. **II**. **III**, $C_{23}H_{32}O_4$, F. 210—212° (wasserfrei aus Essigester), $[\alpha]_D^{23}$ —25,9° (c = 1,08 in Chlf.), aus **II** durch Kochen mit 10%ig. methanol. H_2SO_4 **III**-*Diacetat*, $C_{27}H_{36}O_6$, F. 206°, $[\alpha]_D^{21}$ —39±2° (c = 0,5 in Chlf.). — **V**-*Methylester*, F. 168°, $[\alpha]_D^{20}$ +18,9° (c = 0,38 in Chlf.). **II** wurde acetyliert, das Acetat in Essigester bei —80° ozonisiert, nach dem Erwärmen auf 20° mit Essigsäure u. Zn-Pulver behandelt, filtriert, im Vakuum eingedampft, in CH_3OH gelöst, mit $KHCO_3$-Lsg. versetzt u. mit Chlf. ausgeschüttelt. Hieraus rohes *3β.11α-Diacetoxy-14.21-dioxy-14β-pregnan-20-on*. Es wurde in Dioxan mit wss. Perjodsäurelsg. oxydiert, die Säure isoliert u. mit CH_2N_2 verestert. — *3β.11α-Diacetoxy-Δ*^{14}*-ätiensäure* (**VI**)*-Methylester*, $C_{25}H_{36}O_6$, F. 117—120°, $[\alpha]_D^{22,5}$ 5±0,5° (c = 1,0 in Chlf.), aus **V**-Methylester mit $POCl_3$ in Pyridin, große hexagonale Tafeln aus CH_3OH. — *3β.11α-Diacetoxyätiansäuremethylester*, $C_{25}H_{38}O_6$, F. 180—181°, $[\alpha]_D^{21}$ +26,6±0,3° (c = 0,61 in Chlf.), durch Hydrierung vorst. Verb. in Essigester mit PtO_2. Die Petrolätherlsg. des Hydrierungsprod. wurde über Al_2O_3 chromatogriert u. mit PAe. eluiert. Die ersten Anteile enthielten wahrscheinlich *3β.11α-Diacetoxy-14-isoätiansäuremethylester*, $C_{25}H_{38}O_6$, F. 138—141°, $[\alpha]_D^{21}$ +44±2° (c = 0,85 in Chlf.). — *3β.11α-Diacetoxy-21-oxy-Δ*^{14}*-pregnen-20-on* (**IV**), aus **III**-Diacetat durch Bromierung in Essigester bei 0° u. Ozonisieren bei —80°; hieraus durch Oxydation mit Perjodsäure u. Dioxan u. Veresterung **VI**-Methylester. — *3β.11α.21-Triacetoxy-pregnan-20-on*, $C_{27}H_{40}O_7$, F. 180—181°, $[\alpha]_D^{20}$ +63±3° (c = 0,25 in CH_3OH), lange Nadeln aus CH_3OH. **IV** wurde acetyliert, das Prod. aus Bzl./PAe. chromatographiert, mit Bzl. eluiert u. in Essigsäure über PtO_2 hydriert; mit 10%ig. wss. Chromsäure wurde bei 20° reoxydiert u. mit Ae. isoliert. — *3β.11α-Diacetoxyätiansäuremethylester*, F. 181 bis 182°, $[\alpha]_D^{22}$ +26° (c = 0,3 in Chlf.). Vorst. Verb. wird in CH_3OH mit wss. $KHCO_3$ behandelt u. das Prod. mit Perjodsäure in Dioxan oxydiert u. mit 8 H_2N_2 verestert. (J. chem. Soc. [London] **1952**. 2299—2304. Juni. London, Nat. Inst. for Med. Res.)

NEZEL. 3450

G. Fodor, Ö. Kovács und **L. Mészáros**, *Stereochemie des Scopolamins.* (—)-Scopolamin (**Ia**) läßt sich durch Hydrierung mit RANEY-Ni (150 at) u. nachfolgende Hydrolyse

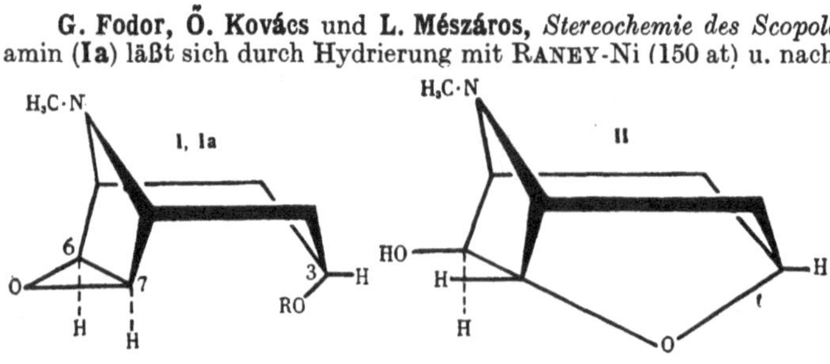

in *dl-3.6-Dioxytropan* (dl-**III**; F. 180°; *Hydrobromid*, F. 267°; *Hydrochlorid*, F. 295°; *Pikrat*, F. 248°), ident. mit dem aus Äpfelsäuredialdehyd synthetisierten Prod. (STOLL u. Mitarbeiter, C. **1953.** 1173), überführen, aus dem durch Spaltung mit d-Weinsäure (—)-**III** (F. 210°, $[\alpha]_D^{27}$ —23,3°[absol. A.]; *Pikrat*, F. 253°), ident. mit der in Cocablättern u. als Alkaminkomponente des Valeroidins

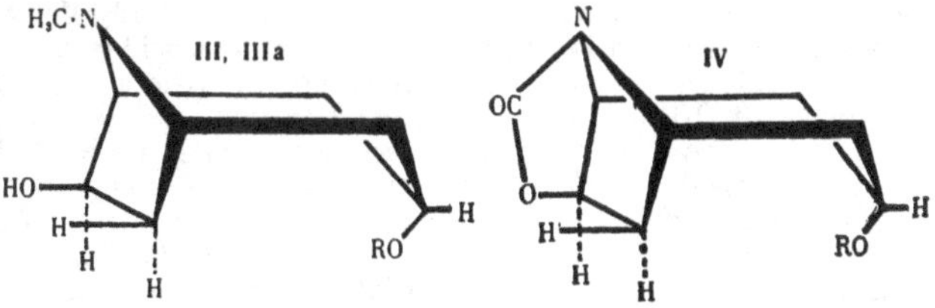

(**IIIa**) vorkommenden Verb., erhalten wird. Die Umwandlung von **Ia** bzw. Scopin (**I**) in Scopolin (**II**), bei der sich das an $C_{(3)}$ haftende O-Atom unter Bldg. eines Tetrahydrofuranringes an $C_{(7)}$ anlagert, ist nur möglich, wenn dieses O-Atom in **Ia**, **I** u. damit auch in **III** die anti-(α-)-Stellung zum N-Atom einnimmt. Andererseits muß sich die OH-Gruppe am $C_{(6)}$ des **III** in syn-(β-)-Stellung zum N-Atom befinden, da **IIIa** in ein cycl. Urethan (**IV**) übergeführt werden kann (MITCHELL u. TRAUTNER, C. **1948.** I. 1410). Dem Epoxydring von **Ia** u. **I** ist folglich die **6.7**-β-Konfiguration zuzuschreiben. (Research **5.** 534—35. Nov. 1952. Szeged, Ungarn, Univ., Inst. für organ. Chemie.) BOIT. 3500

Hans-G. Boit, *Über den Bromcyanabbau des Strychnins und Brucins.* 7. Mitt. *Über Strychnosalkaloide.* (6. vgl. C. **1952.** 2674.) Strychnin wird analog dem Brucin (vgl. LEUCHS u. SCHULTE-OVERBERG, C. **1933.** I. 1134) durch BrCN in ein *krist. Bromcyanamid* (**I**; $C_{22}H_{22}O_2N_3Br$, F. 193° Zers.) u. ein an der Luft allmählich in Strychninhydrobromid übergehendes *harziges Bromcyanamid* (**II**) umgewandelt. Dihydrostrychnin liefert hingegen nur ein einziges *Bromcyanamid* (**III**; $C_{22}H_{24}O_2N_3Br$, F. 256° Zers.), welches auch aus **I** durch Hydrierung (PtO_2 in Essigester) erhältlich ist u. folglich dessen 21.22-Dihydroderiv. darstellt. Bei der Red. von **III** mit Zn in sd. Eisessig entstehen neben 45% Neutralstoff (**IV**) 55% bas. Prodd., die in 72% *Dihydrostrychnin* u. 28% einer *sek. Base* (**V**; *N-Nitrosoderiv.*, $C_{21}H_{25}O_3N_3$, F. 255°; *N-Acetylderiv.*, $C_{23}H_{28}O_3N_2$, F. 266—267°) aufgeteilt werden. **V** liefert mit CH_3J ein *N-Methylderiv.* (**VI**; $C_{22}H_{28}O_2N_2$, F. 188—189°, 1 C—CH_3-Gruppe enthaltend; *Hydrojodid*, $C_{22}H_{28}O_2N_2 \cdot HJ$, F. 289—290° Zers.; *Perchlorat*, $C_{22}H_{28}O_2N_2 \cdot HClO_4$, F. 277—278° Zers.), welches mit dem durch Hydrierung (PtO_2 in NH_3-haltigem CH_3OH) von Strychninchlormethylat darstellbaren u. auch bei der Hydrierung von N-Methyl-sek.-pseudostrychninjodmethylat entstehenden *N-Methyltetrahydro-19.20-chanostrychnin* (**VII**; F. 200—201°; vgl. ACHMATOWICZ, C. **1933.** I. 2546, u. BOIT, C. **1951.** I. 2441; *Jodmethylat*, $C_{23}H_{31}O_2N_2J$, F. 260—262°; Methylperchlorat, F. 282—283° Zers.) nicht ident. ist u. demnach die Konst. des N-Methyltetrahydro-18.19-chanostrychnins besitzen muß. Folglich kommt auch **III** u. **I** 18.19-chano-Struktur zu, während **II** in Übereinstimmung mit seiner größeren Reaktionsfähigkeit als 19.20-chano-Verb. zu formulieren ist. **VI** addiert im Gegensatz zu **VII** kein CH_3J, sondern wird erst durch wiederholte Behandlung mit Dimethylsulfat + NaOH in ein quartäres Salz (*Jodmethylat*, $C_{23}H_{31}O_2N_2J$, F. 222—223°) verwandelt, ferner reagiert es nicht mit BrCN, welches **VII** zu *N-Cyantetrahydro-19.20-chanostrychnin* (**VIII**; $C_{22}H_{25}O_2N_3$, F. 177—178°) entmethyliert. Andererseits läßt sich **VI** durch Erhitzen mit HNO_2 in das N-Nitrosoderiv. von **V** u. ein *Abbauprod.* $C_{19}H_{24}O_6N_2$ (F. 292° Zers.) überführen, während bei **VII** keine entsprechende Rk. erfolgt. — **IV**, aus dem eine geringe Menge *N-Formylderiv.* von **V** ($C_{22}H_{26}O_3N_2$, F. 214—216°) abgetrennt werden kann, wird durch HCl zu *Dihydroisostrychnin-I* ($C_{21}H_{24}O_2N_2$, F. 249—250°; *Jodmethylat*, F. ~320° Zers.) u. einer *sek. Base* hydrolysiert, deren mit CH_3J erhältliches *N-Methylderiv.* (**IX**; $C_{22}H_{28}O_2N_2$, F. 195—197°)

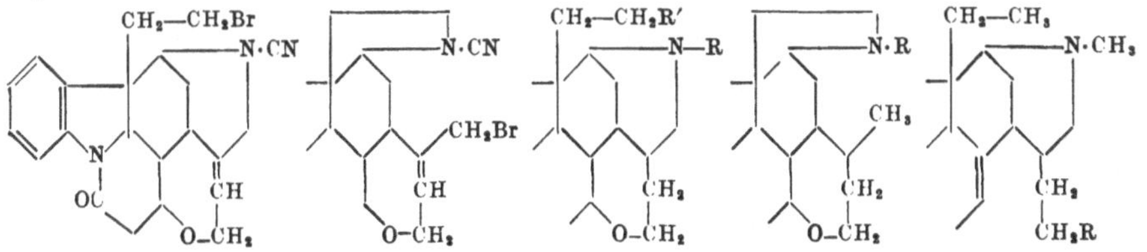

I II III R = CN, R′ = Br VII R = CH₃ IX R = OH
V R = R′ = H VIII R = CN X R = Br
VI R = CH₃, R′ = H

im Gegensatz zu dem isomeren **VI** ein *O-Acetylderiv.* (*Hydrojodid*, $C_{24}H_{30}O_3N_2 \cdot HJ$, F. 251 bis 252°; *Perchlorat*, $C_{24}H_{30}O_3N_2 \cdot HClO_4$, F. 255—256° Zers.) bildet. Da **IX** auch aus **VI** durch Erhitzen mit rauchender HBr + P in Eisessig u. nachfolgende Säurehydrolyse der entstehenden *Bromdesoxyverb.* (**X**; *Perchlorat*, $C_{22}H_{27}ON_2Br \cdot HClO_4$, F. 241—242°

Zers.) dargestellt werden kann, besitzt es die Konst. des N-Methyltetrahydro-18.19-chanoisostrychnins. Die aus **IV** isolierten Prodd. unterscheiden sich somit von denen der bas. Fraktion lediglich durch die Aufsprengung der Ätherbrücke, die offenbar während der Hydrolyse mit HCl erfolgt ist. — Das *Bromcyanamid aus Dihydrobrucin* (F. 240—242°; vgl. LEUCHS, l. c.), welches auch durch Hydrierung des krist. Bromcyanamids aus Brucin erhalten wird, liefert bei der Red. mit Zn + Eisessig an bas. Verbb. *Dihydrobrucin* [*Jodmethylat*, F. 290—292° (Zers.)] u. eine *sek. Base*, deren *N-Methylderiv.* [$C_{24}H_{32}O_4N_2$, F. 211—212°; *Hydrojodid*, F. 297—298° (Zers.); *Perchlorat*, F. 258—259° (Zers.)] mit dem **VIII** entsprechenden N-Methyltetrahydro-19.20-chanobrucin (vgl. ACHMATOWICZ, C. **1935**. I. 2184) nicht ident. u. folglich als N-Methyltetrahydro-18.19-chanobrucin zu formulieren ist. Der BrCN-Abbau des Brucins verläuft also analog dem des Strychnins. (Chem. Ber. **86**. 133—41. 1953. Berlin, Humboldt-Univ., Chem. Inst.) BOIT. 3500

C. H. Eugster, C. Garbers und P. Karrer, *Carotinoidsynthesen*. 9. Mitt. *Stereoisomere 1.18-Diphenyl-3.7.12.16-tetramethyloctadecanonaene.* (8. vgl. KARRER u. Mitarbeiter, Helv. chim. Acta **34**. [1951.] 1805.) *1-Phenyl-3-methylhexen-(1)-in-(5)-ol-(3)*, aus Benzalaceton mit Propargylbromid u. Mg, wurde als MgBr-Verb. mit Octen-(4)-dion-(2.7) umgesetzt u. dabei das Stereoisomerengemisch **I** erhalten. Bei der partiellen Hydrierung entstand das Tetraolgemisch **II**, aus dem durch Wasserabspaltung ein Gemisch isomerer KW-stoffe anfiel, das durch Chromatographie in 4 KW-stoffe der Struktur **III** aufgetrennt werden konnte. Ein weiterer KW-stoff wurde außerdem noch festgestellt. *trans-1.18-Diphenyl-3.7.12.16-tetramethyloctadecanonaen* (**IV**) war hierin Hauptbestandteil. Die 3 anderen Substanzen waren isomere cis-Verbb., die mit J_2 in **IV** übergeführt werden konnten. Die 5. Verb. wurde durch kleine Jodmengen nicht verändert.

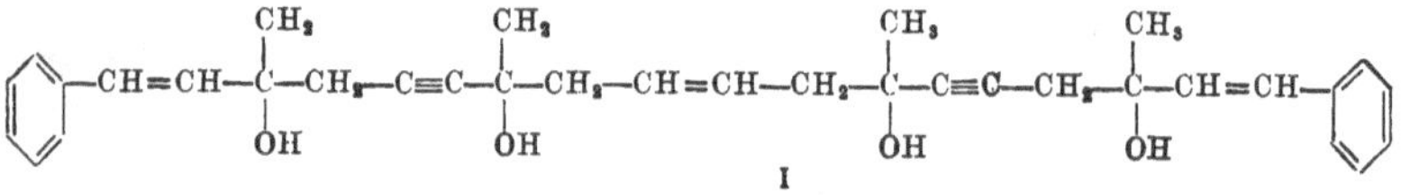

I

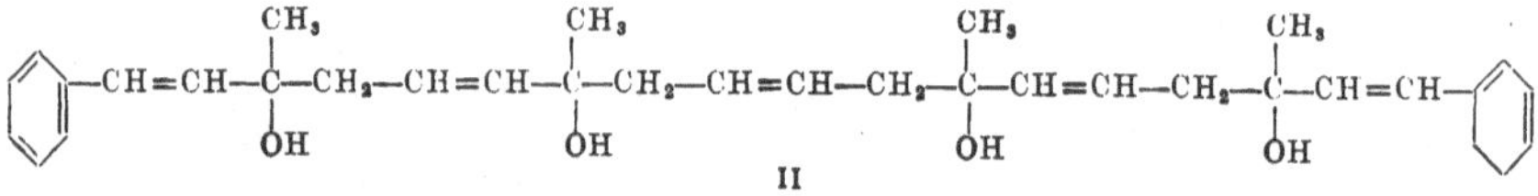

II

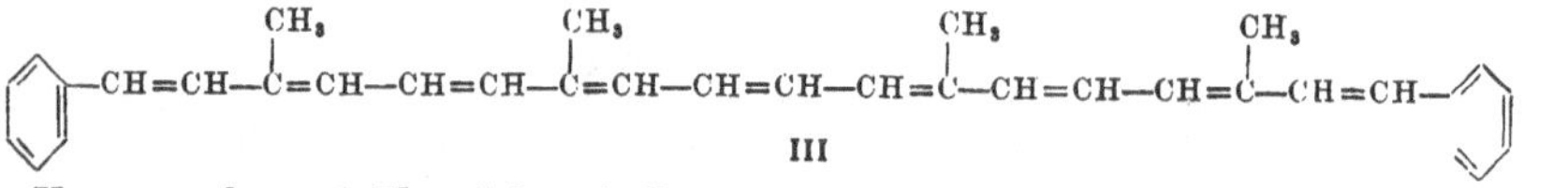

III

V e r s u c h e: *1-Phenyl-3-methylhexen-(1)-in-(5)-ol-(3)*, $C_{13}H_{14}O$, Kp.$_{0,02}$ 85—90° (Badtemp.). 3,5 g Mg mit 50 ml 1%ig. $HgCl_2$-Lsg. übergießen, nach Einsetzen einer lebhaften Gasentw. Fl. abgießen, Mg mit W. u. A. waschen u. im Vakuum bei 90° über P_2O_5 trocknen; das so erhaltene Mg in Ae. mit Propargylbromid zur GRIGNARD-Verb. umsetzen, die GRIGNARD-Lsg. zur berechneten Menge Benzalaceton (17,96 g) in 30 ml Ae. zutropfen, nach 1std. Erhitzen mit Eis/verd. H_2SO_4 zers., Ae. mit $NaHCO_3$-Lsg. u. W. waschen, Rückstand des trockenen Ae. in 150 ml CH_3OH aufnehmen u. mit 15 g GIRARD-Reagens P in 7,5 ml Eisessig vermischen u. 1 Std. unter Rückfluß kochen; hierauf mit W., das 90% der berechneten Menge $NaHCO_3$ enthält, versetzen u. das Acetylenderiv. mit Ae. extrahieren u. Ae.-Rückstand dest.; 11,4 g; λ_{max} 250 mμ. — *1-Phenyl-3-methylhexadien-(1.3)-on-(5)*, $C_{13}H_{14}O$, F. 53° (PAe. bei —20°). 2,5 g vorst. Verb. u. 2,4 g wasserfreie Oxalsäure langsam auf 70° im Vakuum erhitzen u. 1 Std. bei dieser Temp. halten, Reaktionsmasse in Ae. lösen, Ae.-Rückstand zwischen PAe. u. CH_3OH verteilen u. die Rückstände beider Phasen dest., Kp.$_{0,03}$ 79—85°; 0,63 g; λ_{max} 237 u. 323 mμ (in A.). *Phenylsemicarbazon*, $C_{20}H_{21}ON_3$, F. 190° (CH_3OH). *Semicarbazon*, F. 196°; λ_{max} 225 u. 327 mμ. — **I**: Obige Acetylenverb. (13,31 g) u. 200 mg Cu_2Cl_2 in 50 ml Ae. mit Äthyl–MgBr-Lsg. (2 Mol auf 1 Mol Acetylenverb.) versetzen, ½ Std. kochen u. innerhalb 1 Std. 3,34 g Octendion in 40 ml Ae. zugeben. Nach 45 Min. langem Kochen u. Stehen über Nacht mit Eis/verd. H_2SO_4 zers., Ae.-Rückstand (16,2 g) nach üblicher Aufarbeitung aus Bzl. an Al_2O_3 (BROCKMANN, Aktivität I) chromatographieren. 1. Fraktion mit 200 ml Bzl. 8,38 g viscoses Öl, 2. Fraktion mit 200 ml Ae. 1,21 g Öl, 3. Fraktion mit 500 ml Ae./CH_3OH (3:1) 6,67 g. Weitere Reinigung der 3. Fraktion aus Essigesterlsg. über Norit gab 6,64 g rohes **I**, das mit 0,7%ig. Pd·$CaCO_3$ in Essigester zu **II** hydriert wurde. — *trans-1.18-Diphenyl-3.7.12.16-tetramethyloctadecanonaen* (**IV**), $C_{34}H_{36}$, F. 209—210°. 2,13 g **II** u. 400 mg Toluolsulfonsäure in sd. Toluol zur Wasserabspaltung unter N_2 erhitzen, die abgekühlte Lsg. mit gesätt. $NaHCO_3$-Lsg. u. PAe. zusammen ausschütteln. Rückstand der Epiphase aus Cyclohexan u. mehrmals aus Bzl. kristallisieren, 130 mg; aus Acetanhydrid sehr feine viereckige, kupferrote Blättchen; λ_{max} (in CS_2) 536, 501,5, 475 mμ; λ_{max} 520, 480 mμ. — Chromatographie der Mutterlauge an Al_2O_3 (Aktivität I—II) gab 7 scharf getrennte Zonen, die jede für sich mit Bzl./CH_3OH eluiert wurden. Zone 1: **IV**; Zone 2: **IV** u. eine geringe Menge einer Substanz mit λ_{max} 452 mμ, amorph; Zone 3: **IV**; Zone 4: *cis-Form I* von **III**, feine rote Nadeln; F. 210° (bei 163 bis 166° tritt eine Umwandlung ein); in Ggw. geringer J_2-Mengen geht die Verb. in Lsg. in **IV** über; Zone 5: *cis-Form II* von **III**; feine gekrümmte Nädelchen, F. 159,5° (bei langsamem Erhitzen; krist. dann wieder in Blättchen vom F. 210°); λ_{max} (Bzl.) 498, 467, 442 mμ; λ_{min} 486, 449 mμ; Jod wandelt in **IV** um; Zone 6: feine, haarförmige Nädelchen, F. ~165°; durch Jod keine Veränderung; λ_{max} (CS_2) 501, 469 mμ. — Aus den Mutterlaugen von Vorverss. zur Wasserabspaltung aus **II** wurde die *cis-Form III* von **III** isoliert, F. 195° (roh); geht mit Jod in **IV** über. (Helv. chim. Acta **35**. 1179—89. 16/6. 1952. Zürich, Univ., Chem. Inst.) NEZEL. 3550

A. Stoll, J. Renz und **A. Brack,** *Über gelbe Farbstoffe im Mutterkorn.* 11. Mitt. *über antibakterielle Stoffe.* (10. vgl. C. **1952**. 1659.) Aus ungar. Mutterkorn konnte eine gelbe krist. Säure isoliert werden, die mit der zuerst von KRAFT (1906) beschriebenen *Secalonsäure* (**I**) ident. sein dürfte. Aus schweiz. Mutterkorn wurde eine ähnliche gelbe Säure, die *Chrysergonsäure* (**II**) isoliert. Beide Säuren sind opt.-akt. u. liefern bei der Alkalischmelze *Bernsteinsäure, Brenzweinsäure* u. *2.4.2'.4'-Tetraoxydiphenyl.* Die wahrscheinliche Summenformel ist für **I** $C_{31}H_{30-32}O_{14}$, für **II** $C_{32}H_{30-32}O_{14}$. Beim Erhitzen mit Acetanhydrid entsteht aus **I** ein farbloses Spaltprod. $C_{17}H_{14-16}O_7$, aus **II** ein analoges Spaltstück $C_{15}H_{14-16}O_7$. **I** u. **II** zeigen im Plattentest antibakterielle Wirksamkeit gegenüber Staphylokokken.

V e r s u c h e (FF. im KOFLER-Block): *Secalonsäure* (**I**), $C_{31}H_{30-32}O_{14}$, F. 244 bis 250° (aus Chlf.), 234—242° (aus Eisessig, Prismen), 260—262° (aus Aceton, sintert ab 250°), aus 1 kg fein gemahlenem u. mit PAe. entfettetem ungar. Mutterkorn durch Ausziehen mit Chlf., Eindampfen der Extraktlsg., Waschen des Rückstandes mit PAe. u. Ausziehen des ungelösten grauen Pulvers mit Eisessig. Das ungelöste citronengelbe Pulver wird mit CH_3OH ausgekocht u. dann aus Chlf. umkrist.; $[\alpha]_D^{20}$ $-80,9 \pm 3°$ (c = 0,692; Aceton), $-66,4 \pm 3°$ (c = 0,678; Chlf.); in Pyridin wird Mutarotation beobachtet, Anfangswert $[\alpha]_D^{20}$ $-198,2°$, Endwert nach 164 Std. $-59,4°$ (c = 1,0522); in 0,1 n NaOH Änderung der Drehung $[\alpha]_D^{20}$ $+30,9° \rightarrow -22,7°$, beim Ansäuern der alkal. Lsg. konnte kein **I** zurückgewonnen werden; antibakterielle Wrkg. gegen *Micrococcus pyogenes var. aureus* (ROSENBACH) ist bei p_H 5,16 im Lochplattentest bei Verdünnung 1:40000 gerade noch erkennbar. — Beim Behandeln von **I** mit Acetanhydrid + Pyridin (4 Std., 100°, dann 2 Std. Rückfluß) entsteht ein Bruchstück der Zus. $C_{17}H_{14-16}O_7$ (F. 205 bis 206°, Prismen aus A., $[\alpha]_D^{20}$ $+10 \pm 4°$, c = 0,501; Pyridin), das keine Acetylgruppen enthält u. in Sodalsg. unlösl. ist. — *Chrysergonsäure* (**II**), $C_{32}H_{30-32}O_{14}$, F. 250—257° (Plättchen aus Eisessig, aus getrocknetem, feingemahlenem u. mit PAe. entfettetem schweizer. Mutterkorn durch Extraktion mit 80%ig. Methanol, Konzentrieren des Extraktes, Ansäuern mit HCl, Ae.-Extraktion der sauren Lsg., Isolieren der an der Phasengrenze abgesetzten graugelben Substanz, Auswaschen dieser Substanz mit Eisessig, heißem Methanol u. dann mit Ae., Aufnehmen des ungelösten Anteils in Dioxan u. Versetzen dieser Lsg. mit der 4—5fachen Menge Ae.; $[\alpha]_D^{20}$ $-2,7°$ ($\pm 1°$) $\rightarrow$ $+33,7°$ (nach 120 Std.; c = 1,1132; Pyridin); antibakterielle Wrkg. 1:100000 (bestimmt wie bei **I**). Durch Acetylieren wie bei **I** wird ein Spaltprod. ($C_{15}H_{14-16}O_7$, F. 237—246°, aus A.) erhalten. — Bei der Alkalischmelze von **I** u. **II** mit NaOH + KOH bei 250° (Endtemp.) werden erhalten: *2.4.2'.4'-Tetraoxydiphenyl* ($C_{12}H_{10}O_4$, F. 221—222°, nach Sublimieren Nadeln; *Tetraacetylderiv.*, $C_{20}H_{18}O_8$, F. 122°, aus Methanol Polyeder), *Bernsteinsäure* u. *Brenzweinsäure* ($C_5H_8O_4$, F. 110—111°, aus Ae. + Hexan). (Helv. chim. Acta **35**. 2022. 15/10. 1952. Basel, Pharmazeut.-Chem. Labor. Sandoz.) K. FABER. 3550

B. R. Brown, *Neue Cholestendiole. Die gleichzeitige Einwirkung von Aluminiumhydrid und Aluminiumchlorid auf das Enolacetat von Δ^4-Cholesten-3-on.* Die Einw. von Al-Hydrid in Ggw. eines Überschusses an $AlCl_3$ auf das Enolacetat (**I**) von Δ^4-Cholesten-3-on lieferte 16% *Δ^4-Cholesten*, 20% *Δ^4-Cholesten-3-on* u. 49% der *Molekülverb. $C_{27}H_{46}O_2$* (**II**). Die Acetylierung von **II** gab 2 Diacetate (**IIIa** u. **b**), die zu den Diolen **A** u. **B** der Bruttoformel $C_{27}H_{46}O_2$ hydrolysiert wurden. Rekombination der beiden Diole in äquimol. Mengen führte wieder zu **II**. Der Drehwert von **II** beträgt nahezu die halbe Summe der Drehwerte beider Diole. Die Diole **A** u. **B** besitzen auf Grund ihrer ster. behinderten Reaktionsfähigkeit [langsame Br_2-Aufnahme, keine H_2-Aufnahme unter 80°, schwere Oxydierbarkeit mit $Pb(OOCCH_3)_4$] trans-α-Glykolstruktur, vermutlich ident. mit den noch unbekannten trans-Δ^5-Cholesten-3.4-diolen.

I

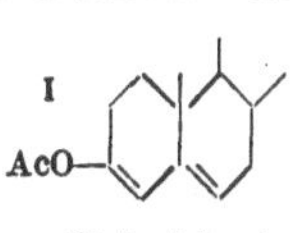

V e r s u c h e: *Molekülverb.* $C_{27}H_{46}O_2$ (II), F. 196—197°. Zu einer Lsg. von $LiAlH_4$ u. $AlCl_3$ in Ae. wurde nach Abfiltrieren des LiCl eine Lsg. von **I** in Ae. in 10 Min. zugetropft u. anschließend 2 Std. am Rückfluß gekocht; aus PAe. u. Methanol-A. (5:1) unregelmäßige Platten; $[\alpha]_D^{16}$ —47° (c = 0,5; Chlf.). Die Petroläther-Mutterlauge wurde an Al_2O_3 chromatographiert; die mit PAe. eluierte Fraktion gab aus wss. Aceton *Δ^4-Cholesten*, $C_{27}H_{46}$, F. 78—79°, $[\alpha]_D^{18}$ +69° (c = 0,7; Chlf.), der mit Bzl. eluierte Anteil Δ^4-Cholesten-3-on, F. 77—78°. — *Epoxyd der Molekülverb.*, $C_{27}H_{46}O_3$, F. 166°. **I** in Chlf. wurde mit Perbenzoesäure 24 Std. bei 0° gehalten; der mit PAe. behandelte Chloroformrückstand (Öl) gab aus Methanol u. Leichtbenzin (80—100°) Nadeln, $[\alpha]_D^{17}$ —15° (c = 0,5; Chlf.). — *Diacetate* (**IIIa** u. **IIIb**) von **II**, $C_{31}H_{50}O_4$. **II** wurde in Bzl. mit Essigsäureanhydrid 7 Std. am Rückfluß gekocht u. das nach Eindampfen erhaltene Öl in wenig Aceton bei 0° über Nacht stehengelassen; aus Aceton **IIIa** in Prismen, F. 157—158°, $[\alpha]_D^{17}$ —53° (c = 1,0; Chlf.); der aus der Aceton-Mutterlauge erhaltene Rückstand gab aus Methanol-Aceton (2:1) **IIIb** in Platten, F. 112—113°, $[\alpha]_D^{14}$ —31° (c = 0,4; Chlf.). — *Diol* **A**, $C_{27}H_{46}O_2$, F. 177—178°, aus **IIIa** durch 1std. Erhitzen mit wss. NaOH, aus Methanol längliche Platten, $[\alpha]_D^{14}$ —64° (c = 0,4; Chlf.). *Dibenzoat*, $C_{41}H_{54}O_4$, F. 166—167°, aus A. Nadeln, $[\alpha]_D^{19}$ —90° (c = 3,7; Chlf.). — *Diol* **B**, $C_{27}H_{46}O_2$, F. 179—180°, aus **IIIb** wie vorst.; aus Methanol flache Nadeln, $[\alpha]_D^{18}$ —34° (c = 0,6; Chlf.). *Dibenzoat*, $C_{41}H_{54}O_4$, F. 164—165°, aus Aceton schmale Nadeln, $[\alpha]_D^{14}$ +23° (c = 2,1; Chlf.). — Misch-F. (**A** u. **B**) 170—193°. Durch Umkristallisieren eines äquimol. Gemisches der Diole **A** u. **B** **II**, F. u. Misch-F. 196—197°. (J. chem. Soc. [London] **1952**. 2756—59. Juli. Cambridge, Univ., Chem. Labor.)
SCHORRE. 3700

Johannes Brüggemann, Walther Krauss und **Jürgen Tiews,** *Zum Mechanismus der Reaktionen von Vitamin A und D bzw. β-Carotin mit Metallhalogeniden, insbesondere Antimonchloriden.* 1. Mitt. *Zusammensetzung einiger Halogenidkomplexe. Vitamin A* (**I**) u. *D* (**II**), sowie *β-Carotin* (**III**) reagieren nicht, wie bisher angenommen, mit $SbCl_3$ unter Komplexbldg., sondern nur mit *$SbCl_5$*, das in handelsüblichem $SbCl_3$ zu ca. 0,06 Gew.-% enthalten ist. Die entstehenden Komplexverbb. haben die Zus. 1 Mol **I** oder **II**: 1 Mol $SbCl_5$ bzw. 1 Mol **III**: 2 Mol $SbCl_5$. Die mol. Extinktionskoeffizienten der $SbCl_5$-Komplexe von **I** u. **III** wurden bei 610 mμ, die von **II** bei 500 mμ bestimmt, als Lösungsm. diente Chloroform. Bei **II** ergab sich, daß der in Ggw. von CH_3COCl bestimmte Extinktionskoeff. ca. 3mal größer ist als der ohne CH_3COCl bestimmte. Vff. schließen daraus auf das Vorliegen von 2 verschied. Verbb., indem vermutlich CH_3CO^+ mit **II** reagiert u. erst diese Verbb. den entsprechenden Komplex mit dem höheren Extinktionskoeff. bildet. — Zur Komplexbldg. mit **I** oder **II** sind im allg. nur solche Metallhalogenide geeignet, nach deren Koordinationszahl nur 1 Vitaminmol. zur Bldg. des Komplexes notwendig ist. $FeCl_3$ (unter Verwendung von Dichloräthylen als Lösungsm.) reagiert in kleinsten Mengen, wobei sich Farbzustände ausbilden, deren Extinktionsmaxima den gleichen Schwerpunkt haben u. deren Extinktionskoeffizienten ebenso mit dem der $SbCl_5$-Verbb. übereinstimmen wie die stöchiometr. Bindungsverhältnisse. $AsCl_3$ kann erst nach Überführung in $AsCl_5$ zur Rk. gebracht werden. (Chem. Ber. **85**. 315—24. 1952. München, Univ., Inst. für Physiol. u. Ernähr. der Tiere, Abt. für Vitaminforsch. u. -prüfung.)
K. F. MÜLLER. 3800

R. Schwyzer, *Coenzym A: Eine einfache Synthese von S-Acylderivaten des Pantetheins.* Die als Bausteine in den acylübertragenden Formen des Cofermentes A vorkommenden (+)-*S-Acetyl-* u. (+)-*S-Benzoylpantethein* (**Ia**, **Ib**) werden in guten Ausbeuten aus Triäthylammoniumpantothenat (**II**) durch Umsetzen mit $ClCOOC_2H_5$ zu dem *Kohlensäureesteranhydrid* **III**, Umsetzen dieser Verb. mit Äthylenimin zu *Pantothensäureäthylenimid* (**IV**) u. Aufspaltung mit Thioessig- bzw. Thiobenzoesäure erhalten. Die Zwischenstufen der bei 0° verlaufenden Reaktionsfolge brauchen nicht isoliert zu werden. **Ia** u. **Ib** zeichnen sich durch starke acylierende Wrkg. aus. Mit verd. NH_3 bilden beide *Pantethein* (**Ic**) u. das betreffende Acylamid.

$$HOCH_2\cdot\overset{CH_3}{\underset{CH_3}{C}}\cdot CH(OH)\cdot CONH\cdot CH_2CH_2\cdot CO\cdot R$$

Ia $R = NH—CH_2CH_2—S—COCH_3$
Ib $R = NH—CH_2CH_2—S—COC_6H_5$
Ic $R = NH—CH_2CH_2—SH$
II $R = OH\cdot N(C_2H_5)_3$
III $R = O—COC_2H_5$
IV $R = N\langle{}^{CH_2}_{CH_2}$ (Ring)

V e r s u c h e: (+)-*S-Benzoylpantethein* (**Ib**), $C_{18}H_{26}O_5N_2S$, F. 116° [aus Äthylacetat (**V**)], aus (+)-Ca-Pantothenat durch Versetzen mit der äquivalenten Menge $N(C_2H_5)_3$ in W., Fällen des Ca mit Oxalsäure, Filtrieren, Eindampfen, Lösen des Sirups in HCO·

$N(CH_3)_2$, Eintropfen einer Lsg. von $ClCOOC_2H_5$ in **V** bei -5^0, Rühren (10 Min.), Eintragen der Mischung in eine Lsg. von Äthylenimin + $(CH_3)_3N$ in **V** bei -5^0, Stehenlassen (20 Min.), Eintragen der Reaktionsmischung in eine kalte Lsg. von Thiobenzoesäure in **V**, Stehenlassen bei 0^0 (30 Min.), Eindampfen im Hochvakuum, Lösen des Rückstandes in W., Extraktion mit Ae. u. dann mit **V** u. Eindampfen der **V**-Lsg., Nadeln, $[\alpha]_D^{26}$ $+31^0$ (c = 1; A.). — (+)-*S-Acetylpantethein* (**Ia**), $C_{13}H_{24}O_5N_2S$, Sirup, ebenso mit Thioessigsäure, Reinigung durch Chromatographieren an Al_2O_3, $[\alpha]_D^{26}$ $+38\pm4^0$ (c = 0,8; A.). — Bei colorimetr. Vgl. von **Ia** u. **Ib** in CH_3OH + Acetatpuffer nach LIPMANN u. TUTTLE unter Zusatz von HCl u. $FeCl_3$-Lsg. im Lumetron-Colorimeter wurde eine Durchlässigkeit von je 38,7% festgestellt. — Bei Ammonolyse von **Ia** u. **Ib** mit wss. oder methanol. NH_3 bei 28^0 entsteht nach ½—2 Std. *Pantethein* (**Ic**) (R_F = 0,75, Butanol + Eisessig + W. 4:1:5) neben einem nicht näher untersuchten Prod. (R_F = 0,47) u. Benz- bzw. Acetamid. — Bei Umsatz von **Ib** mit CH_3OH + Na-Acetat durch 5std. Kochen entsteht ein Ester. (Helv. chim. Acta **35**. 1903—07. 15/10. 1952. Basel, Ciba Akt.-Ges., Forschungslabors.) K. FABER. 3850

M. Viscontini und **P. Karrer**, *Darstellung eines kristallisierten Acridinsalzes des Pyridoxal-5'-phosphorsäureesters (Codecarboxylase).* Der nach der Meth. der Vff. (Helv. chim. Acta **34**. [1951.] 1834) hergestellte *Pyridoxal-5'-phosphorsäureester* (**I**) wurde in ein krist. Acridinsalz übergeführt, das zur Reinigung von rohen **I**-Präpp. dienen kann. Für die Darst. des reinen Ba-Salzes von **I** wird eine verbesserte Vorschrift gegeben.

Versuche: *Ba-Salz der Pyridoxal-5'-phosphorsäure*, $C_8H_8O_6NPBa \cdot 2\,H_2O$ ($3\,H_2O$), durch Phosphorylierung von 4 g Pyridoxal-N.N-dimethylglycylhydrazon u. Hydrolyse des Triphosphorsäureesters mit HCl in Ggw. von $AgNO_2$ bei 100^0, Verdampfen der Lsg. im Vakuum, Acetonbehandlung des Rückstandes, Lösen in W. u. Filtrieren durch eine Säule von Amberlite IRA 400, Versetzen der **I**-Lsg. mit $Ba(OH)_2$ bis p_H 5—6, Abzentrifugieren des Nd. u. Fällung des Ba-Salzes aus der gelben Lsg. mit 2 Voll. A.; Ausbeute 2 g. — *Acridinsalz des Pyridoxal-5'-phosphorsäureesters*, $C_{21}H_{19}O_6N_2P \cdot H_2O$, durch Versetzen einer Lsg. von 200 mg rohem **I** in 3 cm³ W. mit der Lsg. von 200 mg Acridin in 3 cm³ A., citronengelbe Nadeln aus W.; lösl. in W. u. A., unlösl. in Äther. (Helv. chim. Acta **35**. 1924—25. 15/10. 1952. Zürich, Univ., Chem. Inst.) K. F. MÜLLER. 3850

Walter D. Celmer und **I. A. Solomons**, *Mycomycin*. 2. Mitt. *Die Konstitution von Isomycomycin, einem Alkaliisomerisationsprodukt von Mycomycin.* (1. vgl. C. **1952**. 7827.) *Mycomycin* (**I**) erleidet in wss. n. Alkalihydroxydlsg. eine tiefgreifende Umlagerung zu *Isomycomycin* (**II**), *Tridecadien-(3.5)-triin-(7.9.11)-säure*, wobei Umwandlung einer Allen-Gruppierung in eine Acetylengruppe u. Wanderung vorhandener Acetylenbindungen stattfindet. Verss., **I** in alkoh. Alkali zu isomerisieren, gaben schwarze, teerige Prodd., während mit überschüssigem KOH, NaOH oder LiOH die krist. Salze von **II** erhalten werden. **II** besitzt in vitro gegenüber *Mycobacterium tuberculosis, H37 Ro*, ¼ der **I**-Aktivität, während es gegenüber *B. subtilis* nur sehr wenig wirksam ist. Katalyt. Hydrierung von **I** gibt *n-Tridecansäure*. **II** ist opt. inakt., das Infrarotspektr. läßt keine Allen- oder endständige Acetylenabsorption erkennen. Der **II**-Methylester (**III**) liefert ein krist. Maleinsäureanhydridmonoaddukt (**IV**). Die Daten der Infrarot- u. UV-Spektren von **II**, **III** u. **IV** entsprechen der angenommenen Konst., die auch durch Röntgenstrukturunterss. des krist. K-Salzes (**IIa**) von **II** bestätigt wird.

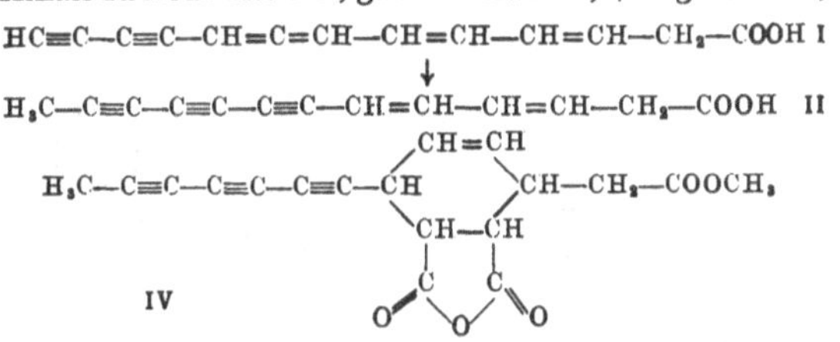

Versuche: *Isomycomycin, K-Salz* (**IIa**), $C_{13}H_9O_2K$, Zers. $<150^0$, Kristalle; λ_{max} 248, 260, 270, 289, 307, 326,5, 347,5 mμ, $\varepsilon \cdot 10^{-3}$ 27, 55, 90, 16, 26, 41, 36 (W.), Infrarotabsorption ca. 1570, 2200, 990 cm^{-1}, aus einer Aufschlämmung von krist. **I** in CO_2-freiem dest. W. mit frischer nKOH unter N_2 bei 27^0, wobei Lösung, Braunfärbung u. innerhalb 10 Min. Ausfällung eines weißen krist. Nd. von **IIa** erfolgt (Ausbeute 30 bis 40%); *freie Säure* (**II**), $C_{13}H_{10}O_2$, Zers. $> 140^0$, Nadeln (Ae.–Hexan), λ_{max} 246, 257,5, 267, 287,5, 305,5, 324, 347 mμ, $\varepsilon \cdot 10^{-3}$ 24, 58, 110, 14, 27, 41, 34 (Ae.), Infrarotabsorption bei ca. 1730 cm^{-1} (Dioxan). — *n-Tridecansäure*, durch Hydrierung von **II** in A. (27^0, PtO_2, n. Druck). — *Isomycomycinmethylester* (**III**), $C_{14}H_{12}O_2$, F. 69—70^0, Kristalle aus Hexan; λ_{max} 246, 257,5, 267, 287,5, 305,5, 324, 347 mμ; $\varepsilon \cdot 10^{-3}$ 23, 58, 110, 13, 27, 42, 34 (Ae.); Infrarotabsorption bei 1733 ± 2 cm^{-1} (5%, CCl_4); durch katalyt. Hydrierung (Äthylacetat, PtO_2) von **III** *Tridecansäuremethylester*. — **III**-*Maleinsäureanhydridaddukt* (**IV**), $C_{18}H_{14}O_5$, F. 177—178^0 (Zers.), Platten (Aceton–Hexan); λ_{max} 208, 217, 260, 275, 290,

312 mμ; $\varepsilon \cdot 10^{-3}$ 82, 110, 0,45, 0,43, 0,17 (CH_3OH); aus äquivalenten Mengen **III** u. Maleinsäureanhydrid (oder Anhydridüberschuß) durch Erhitzen (69—72°, 40 Min.) im verschlossenen Rohr. — **IV**-*Perhydrierungsprod.*, $C_{18}H_{28}O_5$, Kp.$_1$ ~160°, viscoses Öl, n_D^{25} 1,47; durch katalyt. Hydrierung von **IV** (27°, PtO_2, n. Druck, Äthylacetat). (J. Amer. chem. Soc. **74**. 3838—42. 5/8. 1952. Brooklyn, N. Y., Chas. Pfizer and Co., Inc., Res. Labors.) K. MAIER. 3900

John F. Lane, Walter T. Koch, Norma S. Leeds und **George Gorin,** *Über das Toxin aus Illicium anisatum.* 1. Mitt. *Isolierung und Charakterisierung eines krampferregenden Prinzips: Anisatin.* Aus dem eingedampften A.-Extrakt der entfetteten Samen des japan. Sternanis wurde mit Essigester ein krampferregender Auszug erhalten, der nach Al_2O_3-Chromatographie zur Kristallisation gebracht werden konnte. Der so erhaltene Stoff wird als *Anisatin* (**I**) bezeichnet, er krist. aus Isopropanol als *Solvat*, $C_{15}H_{20}O_8 \cdot \frac{1}{2} C_3H_8O$, F. 215—220° (Zers.) (FF. auf dem KOFLER-Block), $[\alpha]_D^{25}$ —27° (c = 2, in Dioxan). Aus W. **I**, $C_{15}H_{20}O_8$, F. 215—220° (Zers.), $[\alpha]_D^{26}$ —28° (c = 2, in Dioxan); LD_{50} ca. 1 mg. **I** reagiert neutral, ist in verd. Alkali leicht löslich. Aus der alkal. Lsg. wird mit Säure eine monobas. Säure frei gemacht, die mit Essigester ausgeschüttelt werden kann. Sie ist mit **I** isomer u. wird *Anisatinsäure* (**II**), $C_{15}H_{20}O_8$, genannt, F. 218 bis 221° (Chlf./Essigester), $[\alpha]_D^{25}$ —46° (c = 2, in Essigester); biol. unwirksam. *Methylester*, $C_{16}H_{22}O_8$, F. 230—232° (A.), aus **II** mit CH_2N_2, oder aus **I** u. CH_3OH im verschlossenen Rohr bei 125° während 2 Tagen. *Brucinsalz*, $C_{15}H_{20}O_8 \cdot C_{23}H_{26}O_4N_2$, F. 233—236°. *Ag-Salz*, $C_{15}H_{19}O_8Ag$, Zers. bei 250°. — Aus **I** u. fl. NH_3 entstand bei 20° ein *NH_4-Salz*, aus dem **II** erhalten wurde. Bei der Behandlung von **I** mit CH_3ONa verbraucht **I** 1 Mol. Hieraus u. aus dem Infrarotspektr. wird geschlossen, daß in **I** ein Anhydrid mit einer OH-Gruppe vorliegt; beim Übergang in **II** tritt Hydrolyse der Anhydridgruppierung u. Lactonbldg. zwischen der OH- u. einer der beiden Carboxylgruppen ein. 5 O-Atome scheinen als Hydroxyle vorzuliegen, von denen aber nur 3 acetylierbar sind. **I**-*Diacetat*, $C_{19}H_{24}O_{10}$, F. 225—227° (Chlf./Ae.), $[\alpha]_D^{25}$ —9,4° (c = 2, in Essigester), aus **I** mit Acetanhydrid/Pyridin während 6 Tagen bei 20°. **I**-*Triacetat*, $C_{21}H_{26}O_{11}$, F. 230—234°, $[\alpha]_D^{25}$ —4,4° (c = 2, in Chlf.), aus **I** mit Acetanhydrid/Pyridin während 7 Tagen bei 20° u. 2 Std. auf dem Wasserbad. — Da **I** keinen ungesätt. Charakter zeigt, wird angenommen, daß es 3 Ringe enthält. — **I** beigemengt waren *Coanisatin*, $C_{13}H_{18}O_5$, F. nach Sublimation 279—282°, $[\alpha]_D^{25}$ —24° (c = 1 in Dioxan), u. *Pseudoanisatin*, $C_{21}H_{32}O_8$, F. 200 bis 210° (Zers.), $[\alpha]_D^{22}$ +59° (c = 2 in Dioxan). Beide Verbb. waren biol. unwirksam. (J. Amer. chem. Soc. **74**. 3211—15. 5/7. 1952. New Brunswick, N. J., Rutgers Univ., School of Chem.) NEZEL. 3950

D_3. Makromolekulare Chemie.

J. M. de la Fuente, *Übersicht über die Methoden der Bestimmung der Molekülmasse bei Makromolekülen.* Begriff der mittleren Mol.-M. eines Polymeren; Fraktionierung, Verteilungskurven, Mol.-Massen; Einzelverff.: Kryoskopie, Ebullioskopie, isotherme Dest., Osmometrie, Viscosimetrie, Ultrazentrifugierung; Technik der oberflächenmol. Schichten; BROWNsche Bewegung; Best. der Endgruppen. (Rev. Plásticos **2**. 274—79. 308. Nov./Dez. 1951. **3**. 22—26. Jan. /Febr. 1952.) R. K. MÜLLER. 4000

Paul J. Flory, *Verteilung der Molekülgrößen in dreidimensionalen Polymeren.* 6. Mitt. *Verzweigte Moleküle mit Einheiten vom A-R-B_{f-1}-Typ.* (5. vgl. C. **1948**. II. 380.) Statist.-mathemat. Behandlung der Kondensation von f-funktionellen Monomeren des Typs A-R-B_{f-1} allein oder mit bifunktionellen Monomeren A-B u. ihre Ausdehnung auf gewöhnliche polyfunktionelle Kondensationen. (J. Amer. chem. Soc. **74**. 2718—23. 5/6. 1952. Ithaca, N. Y., Cornell Univ., Dep. of Chem.) RUSKE. 4000

K. Ueberreiter und **S. Nens,** *Spezifische Wärme, spezifisches Volumen, Temperatur- und Wärmeleitfähigkeit von Hochpolymeren.* 1. Mitt. *Distyrol und ein hochpolymeres Styrol.* Vff. messen die spezif. Wärme, die Temperaturleitfähigkeit u. das spezif. Vol. an selbsthergestellten Präpp. von *Distyrol* u. einem *Polystyrol* vom Polymerisationsgrad 33 im Einfrierbereich u. berechnen daraus die Wärmeleitfähigkeit. Die Meßmethodik u. die Ergebnisse sind ausführlich angegeben. Es wird gezeigt, daß der bekannte Sprung in der Kurve der spezif. Wärme im Einfriergebiet auch bei der Temperaturleitfähigkeit auftritt, u. daß die Wärmeleitfähigkeitskurve ein Maximum aufweist. Anschließend wird eine anschauliche Erklärung der Meßergebnisse gegeben, bes. werden die bisher summar. als „innere Beweglichkeit der Makromoll." bezeichneten Kettengliedbewegungen definiert. Unterhalb der Einfriertemp. schwingen die Kettenglieder in der Kettenebene. Da sie stark gekoppelt sind, ist die momentane Schwingungsrichtung die gleiche, u. nur die beiden Amplituden nächster Nachbarn unterscheiden sich um einen kleinen Betrag. Dieser geringe Unterschied hat die Ausbldg. von stehenden Wellen auf dem Makromol. zur Folge, deren Knotenpunkte Haftstellen sind, die die Struktur fixieren. Oberhalb der Einfriertemp. treten Drillschwingungen auf, die ebenfalls stark gekoppelt sind u. senkrecht zur Kettenebene liegen. Die Temperaturleitfähigkeit wird durch die Drillschwingungen herabgesetzt. Das amorphe u. das teilweise krist. Distyrol zeigen keinen Unterschied in ihren c_p-Kurven, während die Temperaturleitfähigkeit eine entgegengesetzte Temperaturabhängigkeit zeigt. Abschließend wird eine Erklärung für das Auftreten eines Maximums in der Wärmeleitfähigkeitskurve gegeben. (Kolloid-Z. **123**. 92—99. Aug./Sept. 1951. Berlin-Dahlem, KWI für Phys. Chem. u. Elektrochem.) G. Heinrich. 4010

A. I. Jurshenko und **N. Ss. Zwetkow**, *Zum Einfluß der Initiatorkonzentration auf die Polymerisationsgeschwindigkeit in Emulsion.* Bei einer auf $\pm 0{,}05^0$ konstant gehaltenen Temp. von 45 u. 55° wird der Einfl. der Konz. anorgan. u. organ. Peroxyde (I) auf die Polymerisationsgeschwindigkeit (PG) des Styrols in Emulsion bei verschied. p_H der wss. Phase u. verschied. Emulgatorkonzz. nach der dilatometr. Meth. untersucht. Die Verss. werden unter ständigem Rühren in N_2-Atmosphäre bei vermindertem Druck u. dem Verhältnis 1:5 der KW-stoff- u. der wss. Phase durchgeführt. Die PG nimmt bei allen untersuchten I ($K_2S_2O_8$, $NaBO_3$, H_2O_2, Dimethylphenylcarbinolperoxyd) mit deren Konz. zunächst zu, dann ab. Das Maximum wird bei um so niedrigerer I-Konz. erreicht u. entspricht um so niedrigerer PG, je leichter das I unter O_2-Entw. zersetzt. Mit abnehmendem p_H u. zunehmender Konz. an Emulgator (Nekal) verschiebt sich das Maximum der PG nach höheren I-Konzz. u. wird flacher. Die Beobachtungen werden damit erklärt, daß die Bldg. freier Radikale, die den Polymerisationsvorgang auslösen, u. das Wachsen der akt. Ketten des Polymeren an verschied. Stellen des Polymerisationssyst. erfolgt. Die freien Radikale können sich wieder miteinander (oder mit anderen Teilchen) vereinigen oder in ein an Monomerem reiches Medium (die Emulgatormicellen, seltener Tröpfchen der Emulsion) eindringen u. das Wachsen der Polymerenkette einleiten. Das Geschwindigkeitsverhältnis dieser beiden Vorgänge bestimmt die PG. Die Anreicherung polymerisationshemmender Stoffe (O_2, Aldehyde, Phenole) hängt von der Geschwindigkeit des I-Zerfalls ab, die ihrerseits p_H-abhängig ist. (Доклады Академии Наук СССР [Ber. Akad. Wiss. UdSSR] [N. S.] **85**. 1099—1102. 11/8. 1952. Lwow, Franko-Univ.) R. K. Müller. 4010

Hermann Kämmerer, *Zur Kinetik der Polykondensation von Phenolalkoholen.* Vf. entwickelt eine Kinetik der Kondensation bei *Phenol-Formaldehyd-Harzen* (I) unter der Voraussetzung, daß eine Methylolgruppe eines Phenolalkohols mit einer weiteren Methylolgruppe eines zweiten Mol. Phenolalkohol unter Wasseraustritt eine Methylenätherbrücke bzw. mit einem aktivierten H-Atom eines zweiten Mol. Phenolalkohol unter Wasseraustritt eine Methylenbrücke bildet, d. h. daß unter Verknüpfung zweier monomerer Einheiten eine Mol. W. frei wird, Nach Besprechung der bisher angewandten chem. u. physikal. Methoden zur Verfolgung der Kondensation bei I weist Vf. auf die formale Gleichheit der von Flory reaktionskinet. untersuchten Kondensation von Oxysäuren bzw. Glykolen u. Dicarbonsäuren mit dem prim. Härtungsstadium der Phenolalkohole hin. Voraussetzung für eine Verwendung der Floryschen Kinetik im vorliegenden Falle ist, daß die Reaktionsfähigkeit der funktionellen Gruppen von der Größe des Mol. unbeeinflußt ist u. die funktionellen Gruppen der gleichen Moll. nicht unter Ringbldg. miteinander reagieren oder sich chem. verändern. Unter Verwendung der Daten anderer Autoren errechnet sich dann für den *Di-p-kresylmethandialkohol* bei 153—155° u. einem Umsatz von 60—95% sowie für den *Hydrochinondialkohol* bei 150° u. einem Umsatz von 0—62% u. für den *Chinontetraalkohol* bei 165° u. einem Umsatz von 59—92% die 2. Reaktionsordnung, während für die letztgenannte Verb. bei 180° u. einem Umsatz von 73—92% die 3. Reaktionsordnung gilt. (Makromolekulare Chem. **8**. 72—84. April 1952. Mainz, Univ., Organ.-chem. Inst.) Ruske. 4010

Hermann Kämmerer, *Die Polykondensation des p-Kresoldialkohols.* Verschied. Autoren fanden bei der Unters. p-substituierter Phenoldialkohole, daß im Verlauf der Kondensation bei tieferen Tempp. W. u. bei höheren Formaldehyd abgespalten wird. Die Temp., bei der die Formaldehydabspaltung ein gewisses Maß erreicht, liegt um so höher, je größer der p-Substituent ist. Das Ausmaß der Härtung des *p-Kresoldialkohols* (I) ohne Lösungsm. oder Katalysator ist von der Reinheit von I, vom Gefäßmaterial, von der Luftsauerstoffeinw. u. vom Vol. der Schmelze bzw. ihrer Schichthöhe sowie selbstverständlich von der Temp. abhängig. Vf. arbeitet mit reinstem I in Pt- u. Ag-Gefäßen bei 130° unter N_2 u. einer Härtungsdauer von 90 Min. u. kann durch entsprechende Variation der Versuchsbedingungen den Einfl. der genannten Faktoren auf die Härtung von I experimentell verfolgen. Hierbei ist jedoch zu beachten, daß p-Kresol-Formaldehydharze W. u. abgespaltenen Formaldehyd festhalten, so daß zur Best. des Gewichtsverlustes bei Zimmertemp. mitunter bis zu 3 Monaten getrocknet werden muß. Die Trocknungsbedingungen müssen zur Vermeidung weiterer Kondensation milde sein. Der Trockenverlust kann den Gewichtsverlust unmittelbar nach Abbruch der Kondensation erreichen.

Kondensation bei 130° unter Luft bedingt eine weitere chem. Veränderung des Kondensats u. Abspaltung von mehr als einem Mol W. (vielleicht unter Chinonmethidbldg. im Sinne von Hultzsch), während im Verlauf der Kondensation unter N_2 bei 130° der Gewichtsverlust 1 Mol W. als Grenzwert erreicht. Unter gleichen Reaktionsbedingungen ist die Wärmehärtung von **I** auch reproduzierbar. Da nach anderen Autoren die Härtung von **I** u. anderer Phenoldialkohole auch unter Formaldehydabspaltung erfolgt, wurde auch dieser vom Vf. bestimmt u. gefunden, daß nach 7 Std. neben 1 Mol W. nur ca. 0,008 Mol Formaldehyd abgespalten werden, im Kondensat aus **I** die Phenolkerne also fast ausschließlich über Methylenätherbrücken verknüpft sind. Damit wird auch die kinet. Behandlung der Kondensation einfach u. ergibt, daß bei 40—240 Min. Härtungszeit u. 50—90% Umsatz bei 130° unter Luft u. im Pt-Gefäß die 1. Reaktionsordnung erfüllt ist. Diese wird während der ersten 40 Min. nicht gewahrt, wohl weil hier die Rk. zuerst im festen Zustand mit geringerer Geschwindigkeit abläuft. **I** läßt sich auch unterhalb seines F. bei 115° im festen Zustand kondensieren: Unter Luft im Pt-Gefäß verläuft die Rk. anfangs langsam im festen Zustand, nach Erreichen des Schmelzzustandes erhöht sich die Reaktionsgeschwindigkeit. (Makromolekulare Chem. **8.** 85—97. April 1952. Mainz, Univ., Organ.-chem. Inst.) Ruske. 4010

Hermann Kämmerer, *Über katalytische Einflüsse bei der Polykondensation des p-Kresoldialkohols.* Unterschiedliches Verh. verschied. *p-Kresoldialkohol* (**I**)-Proben bei der Kondensation unter gleichen Bedingungen führte Vf. zur Unters. des Na-Geh. der über das Na-Salz dargestellten **I**-Proben. Er fand dabei, daß der Gewichtsverlust bei der Härtung um so höher ist u. um so mehr Formaldehyd neben W. abgespalten wird, je höher der Na-Geh. des **I** ist, nahezu Na-freier **I** erleidet hingegen prakt. keine Formaldehydabspaltung in Ag- oder Pt-Gefäßen bei der Kondensation bei 130°. 4‰ Na bedingen bei einer Härtungszeit von 100 Min. bei 130° eine Verdoppelung des Gewichtsverlustes. Werden dagegen selbst Na-freie **I**-Proben in Gefäßen aus Jenaer Glas kondensiert, bewirkt das Alkali des Glases eine schwache Formaldehydabspaltung. Das gleiche Verh. zeigt **I** in Gefäßen aus Quarzglas. Auch Luft bedingt gegenüber N_2 eine Beschleunigung der Härtung. Wird die Härtung anstatt bei 130° bei 115° ausgeführt, wirkt sich der Na-Geh. des **I** viel deutlicher auf den Härtungsverlauf aus. (Makromolekulare Chem. **8.** 98—109. April 1952. Mainz, Univ., Organ.-chem. Inst.) Ruske. 4010

Melvin Mooney und **W. E. Wolstenholme,** *Modul und Relaxation von Elastomeren bei Torsion bei tiefen Temperaturen.* Mittels einer Torsionsmeth. untersuchten Vff., ob sich der Modul von natürlichen u. synthet. Kautschuken mit der Temp. im Bereich des Überganges 2. Ordnung oberhalb der Übergangstemp. ändert. In jedem Falle ergab das Drehmoment aber nur den Wert Null. Diese Verss. gestatteten daher keine Ermittlung des Moduls, zeigten aber bei Spannungsmessungen unter konstanter Deformation u. bei verschied. Tempp., daß alle Proben kristallisieren oder einen ähnlich geordneten Zustand annehmen, wenn sie längerer Spannungseinw. bei tiefen Tempp. ausgesetzt werden. Die Verss. stützen somit die Annahme, daß es keinen reellen Übergangspunkt 2. Ordnung gibt, sondern daß für das scheinbare Auftreten einer neuen Phase nur die sehr große Zunahme der Relaxationszeit u. die relativ kurze Prüfdauer bei den bisherigen Unterss. über die Erscheinungen beim scheinbaren Übergangspunkt verantwortlich zu machen sind. (Ind. Engng. Chem. **44.** 335—42. Febr. 1952. Passaic, N. J., US Rubber Co., Gen. Labors.) Schäff. 4030

W. I. Iwanow, Je. D. Kawersnewa und **S. I. Kusnetzowa,** *Primäre oxydative Umwandlungen der Cellulose unter dem Einfluß von Wasserstoffperoxyd.* Einw. von 5%ig. H_2O_2 in 10%ig. NaOH (Katalysator $FeSO_4$) auf *Baumwollcellulose* führt auch bei 40° nach 10 Std. zu nicht mehr als 0,34% COOH. In neutralem Medium verläuft die Rk. viel schwächer als bei p_H 4,6 oder 12. Eingehende Unterss. der vorliegenden oxydativen Verhältnisse unter verschied. Bedingungen zeigen, daß bei Einw. von H_2O_2 der Geh. an Uronsäuregruppen nach Oxydation der Aldehydgruppen ansteigt. Da die Gesamtzahl der sich bildenden COOH-Gruppen nach der Oxydation wesentlich geringer ist als die Gesamtzahl der Aldehydgruppen, dürften nicht alle Aldehydgruppen am $C_{(6)}$ sitzen. Auch wenn man annimmt, daß an den Enden der Celluloseketten die Aldehydgruppen vollständig erhalten geblieben sind, verbleibt doch noch ein Überschuß derselben, die weder am $C_{(6)}$ noch an den Kettenenden liegen u. auf Kosten einer oxydativen Spaltung des Pyranringes, der Bindung $C_{(2)}$—$C_{(3)}$, entstanden sein müssen. Die unter der Einw. von H_2O_2 entstehenden CO-Gruppen dürften teilweise in α-Stellung zur OH-Gruppe liegen, da die betreffenden Prodd. die Farb-Rk. auf die Endiolgruppierung geben. Auch muß auf Grund von Verss. mit Glucose erwartet werden, daß die OH-Gruppe am $C_{(2)}$ am leichtesten oxydierbar ist. (Доклады Академии Наук СССР [Ber. Akad. Wiss. UdSSR] [N. S.] **86.** 301—04. 11/9. 1952. Inst. für organ. Chem. der Akad. der Wiss. der UdSSR.) Ulmann. 4050

Klaus Simon, *Zur mathematischen Behandlung des Viscositätsanstieges bei der Symplexbildung von Actomyosin aus seinen Komponenten.* Viscositätsmessungen an *Actomyosin*-Präpp. ergaben, daß sich die Kurve des Viscositätsanstieges nach der enzymat. Hydrolyse des zugesetzten *ATP* nach dem Gesetz für Normalverteilungen zweiter Art behandeln läßt. Die benötigten Kenngrößen der Kurve u. ihre Berechnung werden angegeben. Die erhaltenen Ergebnisse (Verss. mit nativem Actomyosin, 1:3 verd. u. mit *k-Strophantin* versetzt, nach Zugabe von 0,4% ATP) bestätigen die Auffassung, daß die Symplexbldg. von Actin u. Myosin eine monomol. Rk. ist. (Z. Naturforsch. **7b.** 367—68. Juni 1952. München, Univ., Med. Poliklinik, u. TH, Organ.-Chem. Inst.) G. HEINRICH. 4070

Samuel S. Spicer, *Die Gelbildung durch Adenosintriphosphat in Actomyosinlösungen. Adenosinpyrophosphat* (I) bewirkt bei Myosin neben dem starken Abfall der Viscosität u. der Superkontraktion, wobei ein irreversibler kontraktiler Nd. erhalten wird, auch, wie Vff. jetzt finden, die Bldg. eines reversiblen Gels bei mittleren Salzkonzz. oder bei niedrigen Salzkonzz. u. hohem p_H. Ähnlich wie **I** wirkt Inosintriphosphorsäure. Der Einfl. verschied. Konzz. von Ca^+, Mg^{++} u. der $[H^+]$ wird untersucht. Für die Superkontraktion wird etwa die 5fache Menge **I** benötigt wie für die Gelbildung. (J. biol. Chemistry **190.** 257—67. Mai 1951. Bethesda, Md., Nat. Inst. of Health, Labor. of Phys. Biol., Exp. Biol. and Med. Inst.) LOHMANN. 4070

—, **Friedrich Konrad Beilsteins** Handbuch der organischen Chemie. Hrsg. u. bearb. von **Friedrich Richter,** Erg.-Werk 2. Bd. 19. Berlin, Göttingen, Heidelberg: Springer. 1952. (XXXIX + 571 S.) 8°. DM 210,—.

E. Biologische Chemie. Physiologie. Medizin.

E_1. Allgemeine Biologie und Biochemie.

Robert Austrian, *Umwandlungsreaktionen von Bakterien.* Übersichtsbericht. Vf. definiert eine bakterielle Umwandlungs-Rk. als eine auf nichtsexuellem Wege durch ein aus der Umgebung stammendes, genet. wirksames Prinzip (w.Pr.) ausgelöste erbliche Veränderung einer zu derartigen Umwandlungen fähigen Bakterienzelle. Als weiteres Charakteristicum der Transformations-Rkk. soll w.Pr. in der Nachkommenschaft der umgewandelten Zelle nachweisbar u. daraus in Konzz. erhältlich sein, die höher liegen als die zur ursprünglichen Auslösung der Umwandlung erforderlichen, d. h. w.Pr. soll sich als innerhalb der Zellen selbsttätig vermehrende Substanz erhalten. Die Umwandlungs-Rk. erfordert 1. eine empfindliche Zelle, 2. genet. akt. Material (w.Pr.), 3. für die Vereinigung der beiden Reaktionspartner geeignete Außenbedingungen. Im einzelnen werden betrachtet: bei der Umwandlungs-Rk. beteiligte Faktoren (Bakterienarten, Natur von w.Pr. [Desoxyribonucleinsäuren?], Außenbedingungen); der Umwandlung zugängliche bakterielle Eigg. (typenspezif. *Polysaccharide* der Bakterienoberfläche, Proteine, Kolonienform, Resistenz gegen Chemotherapeutica, Enzymausstattung, Farbstoffbldg.). — 43 Literaturangaben. (Bacteriol. Rev. **16.** 31—50. März 1952. Baltimore, Md., Johns Hopkins Univ. School, Dep. of Med., Biol. Div.) K. MAIER. 4130

G. Kølmark und M. Westergaard, *Die Gültigkeit des Neurospora-Rückmutationstestes.* Da nach den Beobachtungen von GRIGG (Nature [London] **169.** [1952.] 98) die Anwendbarkeit des *Neurospora*-Rückmutationstestes zur Unters. der mutagenen Wrkg. chem. u. physikal. Agentien in Frage gestellt war, wiederholten Vff. die eigenen Verss., wobei die Übertragung der Konidien sowohl auf das 2% Glucose enthaltende Standardmedium als auch auf einen, ähnlich dem von GRIGG angegebenen Sorbose-Nährboden (I) erfolgte. Der von GRIGG beobachtete Hemmungseffekt trat nur auf **I** ein, nicht aber mit dem von Vff. beim Rückmutationstest verwendeten Nährboden. Vff. nehmen an, daß die in **I** enthaltene geringe Glucosemenge von den Mutantensporen bei der Keimung verbraucht wird, so daß für das Wachstum der Wildtyp-Konidien kein C mehr verfügbar ist. (Nature [London] **169.** 626. 12/4. 1952. Kopenhagen, Univ., Inst. of Genetics.) K. MAIER. 4130

W. E. de Mol van oud Loodsdrecht, *Dreißig Jahre Röntgenbestrahlung von Hyazinthen und Tulpen.* Vf. berichtet zusammenfassend über die Veredlung von Blumen, bes. von Hyazinthen, durch Bestrahlung der Blüten mit Röntgenstrahlen. Dabei kommt es zu somat. Mutationen (Farbwechsel, Verlagerung der Farbstoffe von der Subepidermis in die Epidermis u. Formänderungen der Blütenbestandteile), die erblich sind u. bei der Blumenzüchtung kommerziell ausgewertet werden. (Vjschr. naturforsch. Ges. Zürich **97.** 270—77. 31/12. 1952. Amsterdam-Oost.) REUSSE. 4130

C. N. Hinshelwood und B. C. Kilkenny, *Die physiko-chemische Natur einiger fundamentaler Zellvorgänge.* (Scientia [Asso] [6] **87.** (**46.**) 209—15. 1952. Oxford, Univ.) KRUSEN. 4150

Berton C. Pressman und **Henry A. Lardy**, *Der Einfluß von Kalium und anderen Alkalikationen auf die Atmung von Mitochondrien.* Es wurde die Wrkg. von Alkalikationen auf Rattenlebermitochondrien durch Messung von deren Atmung in Ggw. von Zwischenstufen des KREBS-Cyclus (*Succinat, Pyruvat, Citrat, α-Ketoglutarat, Fumarat*) untersucht. K^+, Rb^+ u. Cs^+ ermöglichten eine höhere Atmungsgeschwindigkeit (Q_{O_2}) als Na^+ oder Li^+. Zusatz einer Mikrosomenfraktion zu Mitochondrien steigerte die Zunahme der Atmung der letzteren bei K^+-Zugabe erheblich. Ein hitzestabiler, acetonlösl. Mikrosomenextrakt hatte die gleiche Wirkung. (J. biol. Chemistry **197**. 547—56. Aug. 1952. Madison, Wis., Univ. of Wisconsin, Inst. for Enzyme Res.) K. MAIER. 4150

Marion L. Drasher, *Morphologische und chemische Beobachtungen am Mäuseuterus während des Östruscyclus und unter hormonaler Behandlung.* Sorgfältige Messungen der Voll. der Nucleoli, Nuclei u. des Cytoplasmas der Epithel- u. Stromazellen des Mäuseuterus während des Östruscyclus. Ferner wurden der *Gesamtnucleinsäure-P, Desoxyribonucleinsäure* (I)-*P* u. *Ribonucleinsäure* (II)-*P* des Uterus während dieser Zeit u. an kastrierten Tieren bei Behandlung mit *Östradiolbenzoat* u./oder *Progesteron* bestimmt. — Es wurde gefunden, daß, verglichen mit den Werten der Diöstrusphase, die Voll. der Zellkomponenten zunehmen u. schließlich fast zur gleichen Zeit maximale Werte erreichen, als erste die Nucleoli, dann die Nuclei u. schließlich das Cytoplasma. — Nach Vf. zeigen die Befunde, daß der **II**-Geh. am größten während der stärksten Tätigkeit des Cytoplasmas ist, was mit der Annahme ihrer Rolle bei der Proteinsynth. übereinstimmt. Dagegen blieb der **I**-Geh. des Uterus unter den hier gewählten Bedingungen stets konstant, was als Anzeichen einer Zellteilung von nur geringem Ausmaß angesehen wird. (J. exp. Zoology **119**. 333—53. April 1952. Stockholm, Karolinska Inst., Dep. of Cell. Res.) VINCKE. 4150

John J. Bittner, *Übertragung des Mammacarcinom-Agens von Mäusen durch das Männchen.* Unterss. über den Einfl. der Männchen auf die Übertragung des Milchfaktors bei Mäusen. Die Bereitschaft zur Infektion durch die Männchen ist bei Weibchen von Stämmen, bei denen der Faktor nicht vorkommt, sehr unterschiedlich; desgl. die Fähigkeit zur Infektion bei männlichen Tieren. Nicht alle infizierten Weibchen entwickelten Mammatumoren. In einigen Fällen wird gezeigt, daß die Nachkommenschaft von Tieren, die den Faktor nicht enthalten, dennoch Träger des Milchfaktors sein kann. (Cancer Res. **12**. 387—88. Juni 1952. Minneapolis, Minn., Univ. of Minnesota, Med. School, Dep. of Physiol., Div. of Cancer Biol.) REISS. 4160

Anita H. Payne, Lola S. Kelly, Genevieve Beach und **Hardin B. Jones**, *Die Wirkung von Neoplasmen auf den Umsatz von Nucleinsäuren, untersucht mit ^{14}C-Formiat und $^{14}C_{(2)}$-Glycin.* Intraperitoneale Applikation von ^{14}C-Formiat bzw. $^{14}C_{(2)}$-Glycin führt bei Mäusen mit transplantiertem Mammacarcinom bzw. Sarkom A 274 im Gegensatz zu n. Tieren zu einer Erhöhung der spezif. Aktivität in der *Desoxyribonucleinsäure* (I)-Fraktion der Leber u. der Milz. Die spezif. Aktivität der cytoplasmat. Pentosenucleinsäure ist dagegen bei n. u. Tumortieren gleich. Die **I**-Aktivität des Darmes ist bei Tumormäusen niedriger als bei normalen. (Cancer Res. **12**. 426—28. Juni 1952. Berkeley, Calif., Univ. of California, Donner Labor. of Med. Phys.) REISS. 4160

René Saracino, *Die Rolle der Thymonucleinsäure in der Behandlung der durch Bestrahlung hervorgerufenen Leukopenien.* Die nach Bestrahlung von malignen Tumoren auftretenden Leukopenien wurden mit 2,5%ig. Na-Thymonucleinat (I), 5 cm^3 i.m. pro die, meist für die Zeit der Bestrahlung, behandelt. Bei den plötzlich nach wenigen Bestrahlungen auftretenden Leukopenien trat eine Besserung durch **I** sehr schnell ein, bei den langsam auftretenden meist erst nach ungefähr 8 Tagen. Die Bestrahlungsbehandlung brauchte fast nie unterbrochen zu werden. In fast allen Fällen wurde die Leukopenie aufgehoben oder stark zurückgedrängt. (Semaine méd. **28**. 411—14. 26/5. 1952, zu: Semaine Hôpitaux Paris Nr. 39.) DUCHO. 4160

James Frederic Danielli, Cytochemistry; a critical approach. New York: Wiley. 1953. (139 S. m. Abb. u. Diagr.) $ 4,—.

Alexander Gero, Biological chemistry; an introduction to biochemistry. New York: Blakistón. 1952. (356 S. m. Diagr.) $ 5,—.

—, Ergebnisse der Physiologie, biologischen Chemie und experimentellen Pharmakologie. Hrsg. von **Otto Krayer, Emil Lehnartz** u. a. Bd. 47. Berlin, Göttingen, Heidelberg: Springer. 1952. (XX + 656 S. m. 227 Abb.) 8°. DM 98,—.

E_2. Enzymologie. Gärung.

R. A. Peters, *Letale Synthese.* Vf. behandelt Biochemie u. Physiologie der *Fluoressigsäure* (I) u. betrachtet die **I**-Vergiftung als das erste Beispiel einer „letalen Synth." in dem Sinne, daß die **I** nur dann letal wirkt, wenn sie durch die Wrkg. von Gewebeenzymen umgewandelt wird. — Zahlreiche Literaturangaben. (Proc. Roy. Soc. [London], Ser. B **139.** 143—70. 28/2. 1952. Oxford, Univ., Dep. of Biochem.) K. F. MÜLLER. 4200

D. Morgan, *Ein Apparat zum Messen der Katalaseaktivität.* Mit $CaCO_3$ gepufferte Macerate pflanzlicher oder tier. Gewebe werden in einem THUNBERG-Rohr, das an eine Gasbürette angeschlossen ist, mit 5%ig. H_2O_2 gemischt. Die gemessene Zeit für die Entw. von 5 ml O_2 bei 22° ist ein Maß für die Wrkg. vorhandener *Katalase.* Blindverss. mit durch Kochen oder NaCN inaktivierter Probe. (School Sci. Rev. **33.** 414. Juni 1952. Newcastle/Tyne, Kings Coll.) BLUMRICH. 4210

Grant R. Bartlett, *Nimmt Katalase an der physiologischen Oxydation der Alkohole teil?* Vf. gibt einen Überblick über die Hypothesen der physiol. Rolle der *Katalase* beim Stoffwechsel von *Alkoholen.* Einen eindeutigen Beweis für die Zers. organ. Moll. im lebenden Gewebe durch peroxyd. Katalase gibt es nicht. Es wird angenommen, daß *Alkoholdehydrogenase* den ersten Schritt beim Stoffwechsel von A. u. CH_3OH einleitet, aber Katalase an diesem Stoffwechsel nicht teilnimmt. (Quart. J. Stud. Alcohol **13.** 583—89. Dez. 1952. La Jolla, Calif., Scripps Metabolic Clinic.) FAHRNLAENDER. 4210

Bernard Axelrod, Paul Saltman, Robert S. Bandurski und **Rosamund S. Baker,** *Phosphohexokinase in höheren Pflanzen. Phosphohexokinase* (I) konnte in verschied. höheren Pflanzen nachgewiesen u. mit einer Meth. bestimmt werden, bei welcher *Aldolase* zur direkten Messung des gebildeten Fructose-1.6-diphosphats dient. Erbsensamen-I konnte durch fraktionierte Fällung mit $(NH_4)_2SO_4$ u. anschließende Dialyse gegen 10^{-4} mol. Cystein partiell gereinigt u. bzgl. p_H-Optimum (6,0), Hemmstoffen ($CuSO_4$, Jodacetat, $HgCl_2$, $K_4P_2O_7$), Stabilität, Substrataffinitäten u. Substratspezifität näher charakterisiert werden. (J. biol. Chemistry **197.** 89—96. Juli 1952. Albany, U. S. Dep. of Agricult., u. Pasadena, Calif., Inst. of Technol.) RUPPERT. 4210

Arvid J. Wretlind, *Darstellung von D-Valin durch asymmetrische, enzymatische Hydrolyse von DL-Valinisobutylester.* Bei der asymm. Hydrolyse von *DL-Valinisobutylester* (DL-I) durch ein aus Pankreas erhaltenes Enzympräp. entstehen freies *L-Valin* (L-II) u. *D-Valinisobutylester* (D-I). D-I wurde auf Grund seiner Löslichkeit in Ae. u. A. isoliert u. zu *D-Valin* (D-II) verseift. Reines L-II konnte nicht isoliert werden. Die Isopropyl- u. n-Propylester von DL-II werden durch das Enzym ebenfalls asymm. verseift, jedoch langsamer als DL-I.

Versuche: *DL-Valinisobutylester* (DL-I), $C_9H_{19}O_2N$, durch 3 Std. Kochen von 500 g DL-II in 2500 ml, 10% wasserfreie HCl enthaltendem Isobutylalkohol, Eindampfen u. Wiederholung dieser Prozedur mit dem Rückstand, $Kp._5$ 73—77°; 83—88% (Ausbeute). *D-Valin* (D-II), $C_5H_{11}O_2N$, 100 g *DL*-I werden mit 400 ml einer 5%ig. Lsg. des Pankreaspräp. 48 Std. bei Raumtemp. geschüttelt; nach Zugabe von NH_3 wird mit Ae. extrahiert, der Verdampfungsrückstand des Ae.-Extrakts nochmals mit dem Enzympräp. auf gleiche Weise behandelt; Ae.-Extraktion nach NH_3-Zugabe, Verseifung durch 12 Std. Kochen mit 20%ig. HCl, Auflösen des Hydrochlorids in 96%ig. A. u. Zugabe von Pyridin, aus W. + A., $[\alpha]_D^{23}$ —28,2 bis —28,6° (c = 2 in 6nHCl); 41—47%. (Acta chem. scand. **6.** 611—13. 1952. Stockholm, Karolinska Inst., Dep. of Pharmacol.) K. F. MÜLLER. 4210

G. L. Cantoni, *Die Natur des aus L-Methionin und Adenosintriphosphat enzymatisch gebildeten aktiven Methyldonators.* An enzymat. Transmethylierungen, in denen *L-Methionin* (I) den Methyldonator darstellt, beteiligt sich *Adenosintriphosphat* (ATP) nach der Gleichung: I + ATP → „akt. Methionin" + Orthophosphat; das diese Rk. katalysierende Enzym wurde in teilweise gereinigtem Zustand aus Kaninchenleber erhalten. Das „akt. Methionin" wirkt als Methyldonator, auch in Abwesenheit von ATP. Das enzymat. dargestellte „akt. Methionin" wurde aus dem entproteinisierten Reaktionsgemisch durch Entfernung der Mg^{++} (als Pyrophosphat bei p_H 7,0), Ausfällung der organ. u. anorgan. Phosphate mit Ba u. 80%ig. A. bei p_H 7,8, u. Papierchromatographie mit 80%ig. A.–5%ig. Essigsäure gereinigt. Die Lokalisierung des „akt. Methionins" auf dem Papier erfolgte auf Grund der Beobachtung, daß bei Verwendung von ^{35}S-Methionin ein ^{35}S-haltiges Prod. auftritt. Das „akt. Methionin", dessen UV-Spektr. fast mit dem der *Adenylsäure* ident. ist, gibt nach 2std. Hydrolyse mit 0,5n HCl bei 100° 3 Bruchstücke: *Adenin, Homoserin* u. eine noch nicht identifizierte S-haltige Verb., vermutlich *Thioribose* u./oder *Thiomethylribose.* Vf. schlägt für das „akt. Methionin" nebenst. Strukturformel vor. Es wird vorgeschlagen, das aus

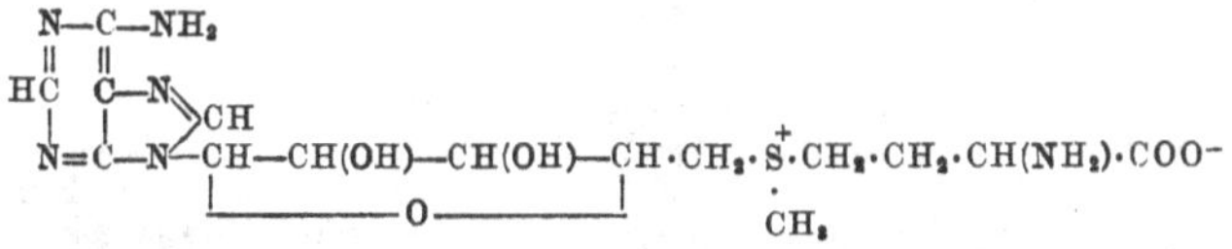

I u. ATP entstehende „akt. Methionin" besser als *S-Adenosylmethionin* zu bezeichnen. Das erhaltene Prod. ist, auf die Adeninverbb. bezogen, mindestens 80%ig. (J. Amer. chem.

Soc. **74.** 2942—43. 5/6. 1952. Cleveland, O., Western Rescove Univ., School of Med., Dep. of Pharmacol.) K. F. MÜLLER. 4210

J. N. Williams jr., *Untersuchungen über die Stabilität von Cholinoxydase aus Mitochondrien.* Altern von Mitochondriensuspensionen (Rattenleber) bei 5^0 vermindert deren *Cholinoxydase* (**I**)-Aktivität. In isoton. Zuckerlsg. suspendierte Mitochondrien besitzen nach 48 Std. noch 58%, in W. suspendierte noch 18% der **I**-Wirksamkeit. Der Aktivitätsverlust ist wahrscheinlich mehr auf eine Eiweißdenaturierung als auf Verlust von Cofaktoren zurückzuführen, da Zusatz eines Extrakts aus erhitzten frischen Mitochondrien nur einen geringen Teil der ursprünglichen Wirksamkeit wiederherstellt. Die beim Einfrieren u. Auftauen auftretende Aktivitätsabnahme beruht anscheinend in erster Linie auf Verlust eines (oder mehrerer) hitzestabilen Cofaktors. (J. biol. Chemistry **197.** 709—15. Aug. 1952. Madison, Univ. of Wisconsin, Coll. of Agric., Dep. of Biochem.) K. MAIER. 4210

B. M. Braganca und **J. H. Quastel**, *Wirkung von Schlangengift auf die Acetylcholinsynthese im Hirn.* Eine 300 γ/ml *Kobragift* (**I**) enthaltende wss. Lsg. wird 15 Min. auf 100^0 erhitzt, wodurch sämtliche Fermente außer *Lecithinase* inaktiviert werden. Mit dieser Lsg. bebrütetes, frisches Rattenhirn zeigt eine Abnahme der O_2-Aufnahme, Steigerung der Acetylcholin (**II**)-Synth. u. verstärkte Bldg. von freiem **II**. Die **II**-Synth. wird durch Zusatz von K-Ionen noch weiter erhöht. Bei O_2-Ausschluß ist **I** ohne Wrkg. auf die **II**-Synth., wie auch auf die Acetylierung von Sulfanilamid. Viperngift übt wesentlich geringere Wrkg. als **I** auf die **II**-Bldg. aus. Vff. diskutieren den möglichen Mechanismus der **I**-Wrkg., in dem die Lecithinase eine wichtige Rolle spielt. (Nature [London] **169.** 695—97. 26/4. 1952. Montreal, Gen. Hosp., Res. Inst.) KRUSEN. 4210

Ernst Helmreich und **Stefan Goldschmidt**, *Die Förderung der Adenosintriphosphataseaktivität des Herzmuskelhomogenates durch embryonalen Herzextrakt („Corhormon").* Die Dephosphorylierung der *Adenosintriphosphorsäure* in Rattenherzhomogenaten wird durch embryonalen Herzextrakt gesteigert. Diese Wrkg. beruht im wesentlichen auf dem *Mg*-Geh. der Corhormonpräpp., da durch Austauscher Mg-frei gemachtes Corhormon erst nach Zusatz von $Mg^{\cdot\cdot}$ seine Wrkg. wieder erhält. Danach scheint das Corhormon mittels seines Mg-Anteils in den Chemismus der Muskelkontraktion u. der Zellteilung einzugreifen. (Hoppe-Seyler's Z. physiol. Chem. **290.** 119—36. 8/9. 1952. München, TH, Org.-chem. Inst., u. Univ., Med. Poliklinik.) LOHMANN. 4210

J. B. Neilands, *Isolierung und Eigenschaften von Cytochrom c verschiedener Herkunft.* Die Isolierung von *Cytochrom c* (**I**) aus Rinderherz u. dem Rostpilz *Ustilaga sphaerogena* gelingt bes. einfach durch Chromatographie an synthet. Ionenaustauschern, z. B. *Amberlite IRC-50.* Die physikal., chem. oder katalyt. Eigg. von **I** bleiben hierbei unbeeinflußt. Die Absorptionsspektren beider **I**-Präpp. entsprechen in oxydiertem u. red. Zustand einander weitestgehend. Sie besitzen demnach anscheinend eine ident. prosthet. Gruppe u. eine sehr ähnliche Anordnung des Proteins. Das Pilz-**I** hat auf Grund von Sedimentation, Diffusion u. Fe-Best. ein Mol.-Gew. von 18000—20000. Sein isoelektr. Punkt liegt nahe bei p_H 7, der von Rinderherz-**I** bei 10,7. Das Pilz-**I** wird im Unterschied zu Herz-**I** durch gesätt. $(NH_4)_2SO_4$-Lsg. gefällt u. erlaubt auf diese Weise eine Anreicherung ohne Fällungsmittel. Die chem. oder physikal. Bindung beider **I** an die Zellsubstanz ist verschieden. Die Eiweißkomponenten beider **I** enthalten annähernd je Mol die gleiche Anzahl aromat. Aminosäuren. Beide **I** sind im Rattenleber-Bernsteinsäuredehydrogenasesyst. wirksam (J. biol. Chemistry **197.** 701—08. Aug. 1952. Madison, Univ. of Wisconsin, Coll. of Agric., Dep. of Biochem.) K. MAIER. 4210

P. Favarger, *Über die Wirkung der der Fettsäuredehydrogenasen im Darm der Ratte in vivo.* SCHOENHEIMER hat mit deuterierten Fetten nachweisen können, daß der Organismus der Ratte fähig ist, Fettsäuren zu dehydrieren; diese Rk. schien sich hauptsächlich in der Leber zu vollziehen. Ob bei der Resorption der Fette unter der Einw. einer Dehydrogenase solche Dehydrierungen stattfinden, ist noch nicht geklärt. Vf. hat mit Deuterium markierte Stearin- u. Palmitinsäure (nach der Arbeitsweise von VAN HEYNINGEN u. Mitarbeitern dargestellt) mit der Nahrung an Albinoratten verfüttert. Nach 3 Std. wurden die Tiere getötet, aus den Lipiden des Darmes die ungesätt. Fettsäuren isoliert u. in diesen der Geh. an Deuterium bestimmt. Auf Grund der sehr geringen Menge an deuterierten ungesätt. Fettsäuren zieht Vf. den Schluß, daß von den gesätt. Fettsäuren höchstens bis 1% während der Darmresorption dehydriert werden. Die Dehydrierung stellt daher bei der Resorption der Fette keinen spezif. Vorgang dar. (Helv. physiol. pharmacol. Acta **10.** 339—41. 1952. Genève, Univ., Inst. Chim. Physiol.)
POHLOUDEK-FABINI. 4230

R. Rossi, *Die Cytochromoxydaseaktivität im Uterus von Versuchstieren.* Die Best. der *Cytochromoxydase* (**I**)-Aktivität (nach STOTZ u. Mitarbeitern, J. biol. Chemistry **124.** [1938.] 733) des Uterus von Albinoratten während verschied. Altersstadien ergab, daß diese um so größer ist, je kleiner das Uterusgewicht (z. B. 65 mg — 86,48 mm³ O_2; 140 — 33,28; 470 — 6,16). Die I-Aktivität ist demnach, wahrscheinlich infolge der intensiven Stoffwechselprozesse, bei jungen Tieren höher, verringert sich mit zunehmendem Uterusgewicht u. Alter u. erreicht bei erwachsenen sehr niedrige Werte. (Experientia [Basel] **8.** 386. 15/10. 1952. Genua, Univ., Dep. of General Pathol. and Bacteriol.) K. MAIER. 4230

A. Dorothy Bergner und **Milward W. Bayliss,** *Der histochemische Nachweis der tödlichen Anticholinesterasevergiftung.* Die histochem. Meth. zur Lokalisierung der *Cholinesterase* (I)-Aktivität in nichtfixiertem Gewebe nach KOELLE u. FRIEDENWALD (Proc. Soc. exp. Biol. Med. **70.** [1949.] 617 u. C. **1951.** II. 240) wurde für den Nachw. von I-Inhibitoren, *Anticholinesterasen* (II), z. B. *Diisopropylfluorphosphat, Parathion, Tetraäthylpyrophosphat, Octamethylpyrophosphoramid, Physostigmin, Neostigmin,* in postmortem-Material (gestreifte Muskulatur) bei II-Vergiftungen modifiziert. Die Abscheidung einer geringen Menge *CuS,* speziell an den motor. Endplatten, ist die Folge einer teilweisen, das Fehlen von *CuS* die einer vollständigen I-Hemmung. (U. S. Armed Forces med. J. **3.** 1637—44. Nov. 1952. Army Chem. Center, Md., Chem. Corps Med. Labors.) K. MAIER. 4230

T. Wikén und **O. Richard,** *Untersuchungen über die Physiologie der Weinhefen.* 3. Mitt. *Über den Wuchsstoffbedarf einer auxoheterotrophen, schweizerischen Kulturweinhefe.* (2. vgl. C. **1953.** 3259.) Die sporogenen Kulturweinhefen bilden hinsichtlich ihres Bedarfs an exogen zugeführten Vitaminen eine sehr heterogene Gruppe. Die schweizer. Kulturweinheferassen „*Fendant*", „*Herrliberg*" u. „*Salenegg*" haben den Charakter auxo-autotropher Organismen u. zeigen demgemäß in vitaminfreien, synthet. Nährlsgg. ausgezeichnetes Wachstum, während die ausgeprägt auxo-heterotrophe Hefe „*Dézaley*" zur Erzielung n. Wachstums auf äußere Zufuhr von mindestens 3 Vitaminen angewiesen ist u. die Zellen erst durch eine Kombination von (+)-*Biotin, Mesoinosit* u. (+)-*Pantothensäure* zur maximalen Vermehrung gebracht werden. *Fructose, Glucose* u. *Saccharose* werden sehr rasch unter CO_2-Bldg. dissimiliert, *Maltose, Raffinose* sowie bes. *Galaktose* langsam u. *Lactose* nicht vergoren. Anscheinend besteht die Möglichkeit, auch andere Weinhefen auf Grund eines zunehmenden Grads an Auxoheterotrophie zu klassifizieren. (Antonie van Leeuwenhoek **18.** 293. 1952. Zürich, ETH, Inst. für landw. Bakteriol. u. Gärungsbiol.) K. MAIER. 4270

P. Valori, *Der Einfluß einiger Hormone auf die Glykogensynthese durch Saccharomyceten.* Vf. untersuchte verschied. Hormone (einzeln u. kombiniert) in ihrer Wrkg. auf den Glykogengeh. von Saccharomyceten (Rhodotorula) u. fand, daß *Hypophysenvorderlappenextrakt, Insulin* u. *Desoxycorticosteron* (sämtliche einzeln angewandt) eine Vermehrung des Glykogens verursachen, dagegen nicht, wenn gleichzeitig *Glucose* zugegeben wird. (Arch. Scienze biol. **36.** 142—46. März/April 1952. Genua, Univ., Ist. di Patol. generale.) H. SCHEURLEN. 4270

Jean Delga, *Die Wirkung dreier Stickstofflostverbindungen auf Hefezellen.* Es wurde vergleichend die Wrkg. der HCl-, HBr- u. HJ-Diester von *Methyl-bis-[β-äthanol]-amin,* in Form der betreffenden halogenwasserstoffsauren Salze (I), auf die Vermehrung, anaerobe Glykolyse, exogene u. endogene Atmung u. asept. Autolyse der Zellen von Bäckerhefe u. deren Fähigkeit zur Kohlenhydratsynth. aus Acetat untersucht. Zahlreiche Verss. ergaben, daß *Methyl-bis-[β-halogenäthyl]-aminhydrohalogenid* (II) in großen Verdünnungen die Vermehrung stark, dagegen die einzelnen Stoffwechselprozesse nur schwach hemmt. Die Giftwrkg. schwankt je nach der untersuchten Zellfunktion u. beruht wahrscheinlich auf dem durch Rk. von II mit W. gebildeten *Methyl-β-halogenäthyl-äthylenimmonium*-Kation u. nicht auf dem Kation der entsprechenden β-Oxyäthylverbindung. Für die physiol. Wrkg. von I ist nicht allein die Natur des Aminoalkohols, sondern auch die veresternde Säure von Bedeutung. (Bull. Soc. Chim. biol. **34.** 402—14. 1952.) K. MAIER. 4270

Robert F. Labbe, Richard C. Thomas, Vernon H. Cheldelin, Bert E. Christensen und **Chih H. Wang,** *Aus* ^{14}*C-markiertem Pyruvat und Acetat sich herleitende radioaktive Hefefraktionen.* Proben von Bäckerhefe (*Saccharomyces cerevisiae*), die bei der Vergärung von $CH_3{}^{14}COOH$ (I) bzw. $CH_3{}^{14}COCOOH$ (II) gezüchtet worden war, wurden fraktioniert u. miteinander hinsichtlich der Menge des in die *Fett-, Steroid-, Humin-* u. *Eiweiß*-Fraktionen eingebauten ^{14}C verglichen. Die Aufnahme von ^{14}C aus II war bei den Fett- u. Eiweißfraktionen relativ einheitlich, etwas geringer bei den Sterinen u. Humin (III). Die Markierung durch ^{14}C aus I war dagegen im Fett 4mal höher als im Eiweiß. Die Fettfraktionen aus I besaßen die doppelte Aktivität der Fette aus II. III aus I-Hefe besaß nur sehr geringe Aktivität. *Arginin* aus I u. II enthielt ca. die gleiche spezif. Aktivität/Millimol verwertetes Substrat. *Tyrosin, Glutaminsäure* u. *Asparaginsäure* waren, von II abgeleitet, merklich stärker markiert. Die unterschiedliche intramol. Verteilung dieser Aktivitäten deutet auf eine in verschied. Weise erfolgende Biosynth. dieser Verbb. aus den betreffenden Substraten hin. (J. biol. Chemistry **197.** 655—61. Aug. 1952. Corvallit, Oregon State Coll., Dep. of Chem.) K. MAIER. 4270

Piotr P. Slonimski, *Die Wirkung von Sauerstoff auf die Bildung einiger Enzyme bei der Saccharomyces cerevisiae-Mutante „Kleine Kolonie"*. Bei n. Hefe u. der durch eine Störung des Atmungssyst. gek. Mutante (*59 RA*) „Kleine Kolonie" wurde das Verh. von O_2 auf die Bldg. verschied. Komponenten des Cytochromsyst. vergleichend untersucht, Das Spektr. der aerob gezüchteten Mutante zeigt im red. Zustand eine starke Bande αc 550 mμ, u. zwei schwache Banden βc 520 u. αa_1 ca. 580 mμ. Nach dem Erhitzen sind nur die thermostabilen Banden αc, βc u. αa_1 zu beobachten. Nach anaerobem Wachstum in mehreren Zellgenerationen unterscheidet sich die Mutante nicht mehr vom n., unter gleichen Bedingungen gewachsenen Stamm u. zeigt dann (red.) die Cytochrombanden C_1 (αb_1 557—559 mμ) u. a_1 (αa_1 ca. 580 mμ), während *Cytochrom c* (**I**) fehlt. Bei —170° ist beim gleichen Stamm nach kurzem Erhitzen auf 80° eine starke Bande bei 553—554mμ vorhanden. In Ggw. von O_2 in Glucose (**II**)-Phosphatpuffer gebracht, geht die „anaerobe" Hefe wieder in den anfangs beschriebenen „aeroben" Zustand über, wobei mit zunehmendem **I**-Geh. die Bande αb_1 u. die thermostabile bei 553—554 mμ allmählich wieder verschwinden. Die Adaption an O_2 in Ggw. von **II** weist bei n. Hefe u. der Mutante einen tiefgreifenden Unterschied auf, da bei dieser das Verschwinden der Cytochrome a_1 u. b_1 nicht vom Auftreten der Cytochrome *a* u. *b* u. infolgedessen auch nicht von einem Atmungsvermögen begleitet ist. Die Zunahme des Geh. an Gesamt-*Protohäminen* (**III**) ist in Vgl. zu dem bei n. Hefe beobachteten unbedeutend. Bei der Entw. in **II**-freier Pufferlsg. nimmt bei der Mutante der **III**-Geh. ab, u. die Fähigkeit zur **I**-Synth. u. **II**-Vergärung fehlt. (C. R. hebd. Séances Acad. Sci. **231.** 375—76. 31/7. 1950.) K. MAIER. 4270

Piotr P. Slonimski und **Herbert M. Hirsch,** *Neue Befunde über die enzymatische Struktur der Saccharomyces cerevisiae-Mutante „Kleine Kolonie"*. (**Vgl. vorst. Ref.**) Es wurde der Geh. aerob gezüchteter n. Hefe (Stamm *59R*) u. der Mutante „*Kleine Kolonie*", bei der die KCN-empfindliche Atmung vollkommen fehlt, an 11 bei der Atmung beteiligten Enzymen verglichen, wobei der von 10 durch die Mutation beeinflußt u. nur der an *Milchsäurehydrogenase* der beiden Heferassen gleich war. In der Mutante fehlten im Gegensatz zu *Cytochrom c Cytochromoxydase, Bernsteinsäuredehydrogenase* u. *DPN-Cytochrom c-Reduktase* u. *α-Glycerophosphatdehydrogenase*. Während demnach die an sedimentierbare Zellbestandteile gebundenen Enzyme in der Mutante fehlten, war deren Geh. an Lyoenzymen, wie *Äpfelsäuredehydrogenase, Alkoholdehydrogenase, Aconitase, Fumarase* u. *Isocitronensäuredehydrogenase* nur wenig beeinflußt. Die sedimentierbare Fraktion der Mutantenzellen enthielt annähernd ebensoviel Protein wie die analoge des n. Stammes. Die Bedeutung der Befunde in genet. Hinsicht wird diskutiert. Die Konzz. der respirator. Lyoenzyme tendieren bei der aerob gewachsenen Mutante in Richtung der für n., in O_2-Abwesenheit gezüchteten Hefe charakterist. Werte. (C. R. hebd. Séances Acad. Sci. **235.** 741—43. 6/10. 1952.) K. MAIER. 4270

Otto Meyerhof und **Ann Kaplan,** *Der Mechanismus der Cyanidhemmung der Gärung*. Die Hemmung der alkoh. Gärung von lebender u. Trockenhefe durch 100—1000fach höhere KCN-Konzz. wie bei der Atmungshemmung wird im Gegensatz zu dieser nicht durch Komplexbldg. mit Schwermetallen hervorgerufen. KCN stört durch folgende Rkk.: Abfangen von *Glycerinaldehydphosphat* (**I**) u. *Acetaldehyd* durch *Cyanhydrin*-Bldg., Bldg. eines Additionsprod. mit *Diphosphopyridinnucleotid* (**II**) oder *Cozymase,* nicht jedoch mit *Dihydro*-**II** u. Bldg. eines dimeren Kondensationsprod. aus *Pyruvat* (**III**), *Parapyruvat* (**IV**), das nicht durch *Carboxylase* (**V**) angegriffen wird. Diese Abfang-Rkk. erklären die wirklichen u. scheinbaren Hemmungen einiger Teil-Rkk. der Gärung ausreichend. **V**-Hemmung nach Vermischen mit **III** mit einer stöchiometr. KCN-Menge durch **IV**-Bldg.; die Transphosphorylierung von *Phosphoglycerinsäure* (**VI**) u. *Phosphopyruvat* (**VII**) auf *Glucose* (**VIII**) wird nicht wirklich gehemmt, sondern die Abnahme der CO_2-Bldg. aus **VI** oder **VII** in Ggw. von KCN ebenfalls durch **IV**-Bldg. hervorgerufen. Bei Unters. der oxydativen Stufe der Gärung durch Rk. von *Triosephosphat* (**IX**) mit stöchiometr. **II**-Mengen ergibt sich vorzugsweise eine Hemmung derselben durch Abfangen von **I** infolge Cyanhydrinbildung. Die Bldg. von **IV** u. **IX**-*Phosphatcyanhydrin* spielt eine Rolle auch bei der Vergärung von **VIII** u. *Hexosediphosphat* (**X**) u. erklärt speziell die stärkere Hemmung der CO_2-Bldg. gegenüber derjenigen der Phosphorylierung. Bei Berücksichtigung des entstandenen **IV** entspricht die Menge von gebildetem CO_2 + **III** weitgehend der Phosphorylierung in Ggw. von **VIII** u. der Dephosphorylierung in Ggw. von **X**. Das KCN-empfindlichste Enzym ist die *Alkoholdehydrogenase* (**XI**), die nach beiden Richtungen hin gehemmt wird. **XI** wird, ausgehend von A. + **II**, durch 10^{-3} mol. KCN nahezu 100%ig. gehemmt, wenn KCN vor **II**-Zugabe zur Einw. gelangt. In Ggw. von **II** erfolgt teilweiser Schutz von **XI**. Die Hemmung beträgt mit 10^{-2} mol. KCN ca. 50%, wenn die Rk. durch **XI**-Zusatz gestartet wird, u. ent-

spricht derjenigen lebender Hefe. Der Schutz durch **II** ist auch bei der **VIII**-Gärung mit gewaschener Trockenhefe zu beobachten. Bei 10^{-2} mol. KCN-Zusatz einige Min. vor Beginn der Rk. durch Zugabe von **VIII** + **II** beträgt die Hemmung 90—100%, bei gleichzeitigem Zusetzen nur 30—50%. Die Hemmung reiner **XI** wird nur teilweise durch Entfernen von KCN durch Verdünnen aufgehoben. **XI** wird durch **II** u. *Glutathion* geschützt. Die Umsetzung von KCN mit dem **XI**-*Protein*, die möglicherweise auch auf einer Carbonyl-Rk. beruht, stellt anscheinend den zentralen Angriffspunkt von KCN auf die alkoh. Gärung dar. Hydrazin, NH_2OH u. Azid haben in 10^{-2} mol. Konz. auf **XI** u. die Gesamtgärung keine Wirkung. (Arch. Biochem. Biophysics **37**. 375—92. Juni 1952. Philadelphia, Pa., Univ. of Pennsylvania, School of Med., Dep. of Physiol. Chem.)
K. Maier. 4270

E_3. Mikrobiologie. Bakteriologie. Immunologie.

A. G. Lochhead, Margaret O. Burton und **R. H. Thexton,** *Ein durch ein Bodenbakterium synthetisierter bakterieller Wuchsfaktor.* Bei der Unters. des für die Entw. erforderlichen Nährstoffbedarfs verschied. Stämme von Bodenbakterien, bei denen *Vitamin* B_{12} (**I**) Bodenextrakt (**II**) nicht ersetzen kann, wurde eine Anzahl Bakterien aus Boden isoliert, die einen Wuchsfaktor (**III**) synthetisierten, der **II** äquivalent war. Unter Verwendung eines Testkeimes, der **III** benötigte (Nr. *88*), u. eines zur **III**-Synth. fähigen Organismus (*B 89*), die beide pleomorphe Bakterien des diphtheroiden Typs von Bodenbakterien darstellten, sowie eines aus anorgan. Salzen, Zucker u. Hefeextrakt bestehenden Grundmediums wurde festgestellt, daß Nr. *88* auf Thiamin, Riboflavin, Niacin, Pyridoxin, Pyridoxal, Pyridoxamin, Pantothensäure, Biotin, Folsäure, **I**, p-Aminobenzoesäure, Inosit, Cholin, Kombination von B-Vitaminen, Cytosin, Thymin, Uracil, Adenin, Guanin, Xanthin, Cystin, β-Alanin, Ribonucleinsäure, Desoxyribonucleinsäure, Ölsäure, Tomatensaftfiltrat, enzymat. Caseindigestat u. **II**-Asche nicht ansprach, dagegen auf Kulturfiltrat von *B 89*. Ein **III**-Effekt, der nicht auf **I** beruhte, war auch durch injizierbaren „15 Einh."-Leberextrakt erzielbar. (Nature [London] **170**. 282. 18/8. 1952. Ottawa, Can., Dep. of Agric., Sci. Serv., Div. of Bacteriol. and Dairy Res.) K. Maier. 4310

Dorothy J. McLean und **Elizabeth F. Purdie,** *Die Wirkung von Aminosäuren, Purinen und Pyrimidinen auf die CO_2-Bindung durch Serratia marcescens.* Die Fixierung von CO_2 durch wachsende *S. marcescens*-Kulturen (Glycerin–NH_3-Medium) wird durch gleichzeitigen Zusatz optimaler Konzz. von *Asparagin* (**I**), *Arginin* (**II**), *Uracil* (**III**), *Adenin* (**IV**) u. *Guanin* (**V**) auf 6,5% des Maximalwerts reduziert. Jede der Verbb. ersetzt einen bestimmten Anteil der gesamten CO_2-Bindung u. ist allein sowie in Ggw. der übrigen gleich wirksam. **I** kann teilweise durch *Glutaminsäure* ersetzt werden, u. **II** durch *Citrullin*, jedoch nicht durch *Ornithin*. **III** ist durch *Uridin*, *Cytidin* oder *Orotsäure*, jedoch nicht durch *Thymin* oder *Cytosin* substituierbar. Die durch **II**, **III**, **IV** u. **V** hervorgerufene Verminderung der CO_2-Fixierung ist annähernd der durch die Bakterien synthetisierten Menge von **II**, *Pyrimidinen*, **IV** u. **V** äquivalent. (J. biol. Chemistry **197**. 539—45. Aug. 1952. Chalk River, Ontario, Can., Nat. Res. Council, Atomic Energy Project.) K. Maier. 4320

Merrill N. Camien, *Antagonismen in der Verwertung von* D-*Aminosäuren durch Milchsäurebakterien.* 4. Mitt. D-*Asparaginsäure.* (3. vgl. C. **1951**. I. 3362.) Es wurde das Verh. von 6 Milchsäurebakterienstämmen gegenüber L-, DL- u. D-*Asparaginsäure* (**I**) in Nährmedien mit u. ohne L-*Cysteinsäure* (**II**), die ein Antimetabolit zu **I** ist, bestimmt. Anscheinend stellen L- u. D-**I** für *Lactobacillus brevis*, *L. lycopersici* u. *Leuconostoc mesenteroides* essentielle Metabolite dar, während D-**I** für *Lactobacillus arabinosus* nicht lebenswichtig ist. Hierfür spricht ferner, daß in Hydrolysaten der drei erstgenannten Organismen, nicht jedoch in solchen des letzten, merkliche Mengen D-**I** (>2% des Bakterienproteins) gefunden werden. Die Rk. von *Lactobacillus büchneri* u. *Leuconostoc citrovorum* gegenüber **I** ist unregelmäßig. D-**I** erweist sich in **II**-haltigen wie **II**-freien Medien für beide Organismen als wirksam. (J. biol. Chemistry **197**. 687—93. Aug. 1952. Liège, Belgien, Univ., Inst. Léon Fredericq, Labors. de Biochim., u. Los Angeles, Calif., Univ. of California, Chem. Labor.) K. Maier. 4320

Alma Schießer, *Der mikrobielle Abbau von Digitonin.* 1. Mitt. Zur Erforschung der Mikrobenflora, welche Steroidsaponine angreifen kann, wurden Anreicherungskulturen, die mit faulenden Blättern von *Digitalis purpurea* angesetzt waren u. bei 40° bebrütet wurden, untersucht. Daraus konnte ein dem *Bacillus macerans Schardinger* ähnlicher Mikroorganismus isoliert werden, der *Digitonin* (**I**) angreift. Die Wrkg. dieses Mikroorganismus wird bei Anwesenheit eines noch nicht identifizierten 2. Mikroorganismus deutlich potenziert. Die bei der Hydrolyse von **I** freiwerdenden Zucker dienen den Bakterien als C-Quelle. Das entstandene *Digitogenin* (**II**; $C_{27}H_{44}O_5$, F. 283°) bindet sich an noch nicht angegriffenes **I** wahrscheinlich zu einem Digitonid, das nicht weiter angegriffen werden kann. **II** hat antihämolyt. Wrkg. gegenüber den durch **I**, Hypotonie oder hämolyt. Seren erzeugten Hämolysen. (Ricerca sci. **22.** 449—60. März 1952. Mailand, Centro di studio per la chim. e microbiologia delle fermatentationi, Sez. Microbiologica.) K. FABER. 4320

Charles C. Shepard, *Über das chromatographische Verhalten der T-Coli-Bakteriophagen in Papierstreifen.* Filterpapierstreifen WHATMAN Nr. 2 von 16,5 cm Länge u. 2,5—3,8 cm Breite werden 1 Std. mit 0,01mol HCl behandelt. In einer Lsg. von 0,1% Rinderalbumin u. 0,1mol NaCl wurden je ein Paar der T-Phagen von Bacterium coli chromatograph. teilweise an ihnen getrennt. Zur Elution diente das Nährmedium der Bakterien. Die größte Adsorption zeigten die Phagen T 6, T 3 u. T 7, eine mittlere T 1 u. T 5, T 2 u. T 4 wurden am wenigsten adsorbiert u. wanderten am stärksten. (J. Immunology **68.** 179—84. Febr. 1952. Hamilton Montana, Rocky Mountain Labor., Nat. Microbiol. Inst., Nat. Inst. of Health.) WIEDEMANN. 4331

Avram Goldstein, *Wirkung von Penicillin auf streptomycinabhängige Varianten von Escherichia coli-Kulturen. Streptomycin*-abhängige Zellen von *E. coli* werden durch *Penicillin* langsamer vernichtet als n. Kulturen. 2 Erklärungen dafür werden diskutiert. (Science [Washington] **116.** 113—15. 1/8. 1952. Boston, Mass., Harvard Med. School, Dep. of Pharmacol., u. Bern, Univ., Pharmacol. Inst.) RUTKOWSKI. 4340

Lucille B. Robinson, Ruth H. Wichelhausen und **Thomas McP. Brown,** *Empfindlichkeitsuntersuchungen humaner pleuropneumonieähnlicher Organismen.* 28 Stämme pleuropneumonieähnlicher (*L*) Mikroorganismen menschlicher Herkunft u. der tierpathogene L_4-Stamm wurden auf ihre Empfindlichkeit gegenüber *Aureomycin* (**I**), *Chloramphenicol* (**II**), *Terramycin* (**III**), *Penicillin* (**IV**), *Streptomycin* (**V**), *Na-Aurothiomalat* (*Myochrysin,* **VI**) u. *Stickstofflost* (**VII**) geprüft. 15 Stämme stammten aus Prostatasekret bei rheumat. Arthritis, Marie-Strumpell-Arthritis, Erythema nodosum, Rheumatismus, Chorea u. Lupus erythematosus, 13 aus Cervixabstrichen bei Arthritis, gonorrhöeischer Arthritis, unspezif. Urethritis, gonorrhöeischer Cervicitis u. einer n. Person. Die Kulturen erfolgten vorwiegend auf 1,5%ig. pankreat. Digestat-Agar mit 20% Ascites-Fl. (**VIII**) oder Pferdeserum (**IX**), vereinzelt auch auf Bacto-Tryptose-Phosphat-Agar mit **VIII**- oder **IX**-Zusatz. Die Mehrzahl der Organismen waren gegen **I**, **II** u. **III** empfindlich, wobei letzteres stärkere Wirksamkeit als **I** u. **II** zeigte (vollständige Hemmung durch $\leqq 1\gamma$ **III**). Die minimalen letalen Konzz. von **I**, **II**, **III** u. **V** waren viel größer als die zur Hemmung erforderlichen, d. h. diese Antibiotica üben auf die genannten Organismen mehr einen stat. wie einen letalen Effekt aus. **IV** hemmte nicht, **VII** nur in hohen Dosen. Die Ergebnisse mit **VI** waren nicht eindeutig. — 55 Literaturangaben. (J. Lab. clin. Med. **39.** 290—302. Febr. 1952. Washington, Veterans Admin. Hosp., Rheumatic Disease Unit, u. Univ., School of Med., Hosp., Dep. of Med.) K. MAIER. 4340

Eduino Fellin, *Die gegenseitige Beeinflussung von Streptomycin, Inosit und Guanidin in ihrer Wirkung auf Bakterien.* Bei der Züchtung von Escherichia coli auf SAUTON-Nährböden, die *Streptomycin* (**I**) u. *Inosit* (**II**) enthielten, konnte der Vf. keinen Anhalt für einen kompetitiven Antagonismus zwischen diesen beiden Substanzen finden. Interessanterweise verstärkt **II**, ohne allein antibakteriell zu wirken, die antibakterielle Wrkg. des **I**, da ein Zusatz von 1 mg **II**/ml Nährboden die noch wirksame Konz. an **I** von 125 auf 62,5 γ/ml herabsetzt. Vf. erklärt dies mit einer Störung des Vitaminstoffwechsels durch die relativ große **II**-Menge. In höheren Verdünnungen des **II** wurde keine Beeinflussung der **I**-Wrkg. festgestellt. Das *Guanidin* (**III**) zeigte eine gewisse antibakterielle Wrkg., jedoch ist auch mit einem Zusatz von 1% keine vollständige Wachstumshemmung zu erzielen. Irgendwelche Wechselwirkungen zwischen **I** u. **III** waren nicht nachweisbar. (Giorn. Batteriol. Immunol. **44.** 337—40. Juli/Aug. 1952. Mesiano, Trento, Ist. Naz. della Previdenza Sociale, Ospedale sanatoriale „Fabio Filzi“.) IPPEN. 4340

Robert Cohen und **Patricia Ann Webb,** *Nystatin, ein Antibioticum gegen Coccidioides immitis.* Vff. bestätigen durch in vitro-Verss. die antifungicide Wrkg. von *Nystatin* (**I**; SQUIBB & SONS, New York) = *Fungicidin.* Als Lösungsm. für **I** wurde *Propylenglykol* (**II**) verwandt. Die mit *Coccidioides immitis* beimpften SABOURAUD-Pilzagarschichten zeigten unbehandelt viele Kolonien, bei Zusatz von 7,5 μg/ml **I** zum Nährboden völlige Wachstumshemmung, desgleichen bei Zusatz von 70,5 μg/ml **II** allein. Auf die Möglichkeit synergist. Wrkg. von **II** bei in vivo-Verss. wird hingewiesen. (Arch. Pediatrics **69. 414** bis 16. Okt. 1952. Bakersfield, Calif., Kern General Hosp.) DOSSMANN. 4340

C. P. Spencer, *Die Anwendung von Antibioticis zur Isolierung bakterienfreier Kulturen von Phytoplankton-Organismen des Meeres.* Angabe von Verss., unter Anwendung von *Penicillin* (**I**) u. *Streptomycin* (**II**) eine Meth. zur Trennung von Algenkulturen von ihnen anhaftenden Bakterien zu entwickeln. **I** lag vor als steriles kristallines Na-Salz, Reinheitsgrad 90%, **II** als steriles $CaCl_2$-Salz; mit sterilem W. wurden geeignete Lsgg.

hergestellt. Benutzte Medien: *Pepton* (**III**)–*Seewasser* (**IV**), **III**–**IV**-Agar, *Casein*–**IV**-Agar. Wegen der selektiven bakteriostat. Eigg. von **I** u. **II** konnte der Anteil der Algenzellen erhöht werden. Es gelang, von geeignet behandelten Kulturen von *Nitzschia closterium* u. 2 Arten von *Chlorophyceae* Subkulturen zu erhalten, die in verschied. Medien kein Bakterienwachstum hervorbrachten. (J. Marine biol. Assoc. United Kindom **31**. 97—106. Plymouth, Univ., Coll. of North Wales, Marine Biol. Stat.) DOSSMANN. 4340

Helge Larsen, *Über die Kultur und allgemeine Physiologie der grünen Schwefelbakterien.* Es wird die Isolierung u. Identifizierung grüner Schwefelbakterien beschrieben. Ein neu entwickeltes synthet. Nährmedium, das ein rasches Wachstum u. eine gute Ausbeute der Kulturen gewährleistet, enthält 0,01% $CaCl_2$, 160 μg-% $FeCl_3$, 10 μg-% B, 10 μg-% Zn, 5 μg-% Co, 0,5 μg-% Cu u. 0,5 μg-% Mn. Das Fe spielt in der Biosynth. der Chlorophyllpigmente der grünen Schwefelbakterien eine wichtige Rolle. Die Anreicherung erfolgte aus Proben von See- u. Süßwasserschlamm in einem Medium aus Leitungswasser u. Zusatz von je 0,1% NH_4Cl, KH_2PO_4 u. $Na_2S \cdot 9H_2O$, 0,05% $MgCl_2$, 0,2% $NaHCO_3$ sowie — je nach der Herkunft der Probe — einer unterschiedlichen Menge NaCl; das Anfangs-p_H soll 7,3 betragen. Bei einem höheren p_H-Wert oder einer niedrigeren Sulfidkonz. entwickeln sich vornehmlich purpurne Schwefelbakterien. Aus 5 von 9 Proben konnten auf diese Weise grüne, aus 2 purpurne Schwefelbakterien gezüchtet werden, während sich aus 2 Proben keine photosynthet. Bakterien entwickelten. Als Reinkultur wurde neben dem bereits bekannten *Chlorobium limicola* eine neue Spezies, *Chlorobium thiosulfatophilum* n. sp., isoliert. Hinsichtlich des Vork., der Farbe u. der äußeren Form sind die beiden genannten Arten voneinander nicht zu unterscheiden. Im Gegensatz zu *C. limicola* kann jedoch *C. thiosulfatophilum* Thiosulfat u. Tetrathionat oxydieren. *C. limicola* oxydiert H_2S zu SO_4^{2-} u. S, S zu SO_4^{2-} u. H_2 zu H_2O. *C. thiosulfatophilum* oxydiert H_2S, S_2O_3, S_4O_6 u. S zu SO_4^{2-}, H_2 zu H_2O. Beide Arten können demnach unter anderem elementaren S u. mol. H_2 als Elektronendonatoren für die CO_2-Assimilation verwenden. Vf. weist darauf hin, daß die bestehenden Angaben über *C. limicola* wahrscheinlich unzulänglich sind, da sie auf Beobachtungen in „unzureichenden" Nährmedien fußen. (J. Bacteriol. **64**. 187—96. Aug. 1952. Pacific Grove, Calif., Hopkins Marine Stat.) ERDMANN. 4350

Yoshimasa Yoneyama, *Die Wirkung der Denaturierung auf die antigene Wirksamkeit von monomolekularen Proteinschichten.* Die antigene Aktivität von monomol. Schichten von krist. *Pferdeserumalbumin* (**I**) wird durch vorherige Behandlung von 1%ig. **I**-Lsgg. mit gleichem Vol. 0,1nHCl bzw. 0,1nNaOH über Nacht nicht beeinflußt, während sie durch 1 Woche dauernde Alkalibehandlung zerstört wird. In gleicher Weise wirkt sich der p_H-Wert des unterschichteten W. aus, auf das eine nicht vorbehandelte **I**-Schicht aufgebracht oder mit dem eine solche nachträglich behandelt wird. Die Denaturierung von monomol. Schichten von nativem **I** auf Wasser- oder metall. Oberflächen mit Säure, Alkali oder durch Wärme bewirkt bei allen 3 Versuchsausführungen Abnahme der antigenen Aktivität, die bei Alkali am größten ist. — 20 Literaturangaben. (J. Biochemistry (Tokyo) **39**. 81—89. März 1952. Tokio, Univ., Fac. of Med., Dep. of Biochem. [Orig.: engl.]) KRUSEN. 4370

Zanvil A. Cohn, *Die durch Infizierung mit Influenzavirus beeinflußte quantitative Verteilung des Phosphors in der Chorioallantoismembran.* Infektion der Chorioallantoishaut von Eiern (nach 15tägiger Bebrütung) mit dem *PR-8*-Stamm des Influenzavirus ruft bei 24std. Bebrütung eine Abnahme der *Phospholipid-P*-Konz. von 326 auf 120 γ P/500 mg Gewebe hervor. Im fl. Medium finden sich beträchtliche Mengen von lipidgebundenem P. Das spricht für die Freisetzung von Phospholipidmoll., allein oder in Verbindung mit anderen Zellbestandteilen aus den virusinfizierten Zellen. ^{32}P wird von der infizierten Membran rascher als von der n. aufgenommen, wobei bes. die Phospholipidfraktion eine erhöhte relative spezif. Aktivität aufweist. (Proc. Soc. exp. Biol. Med. **79**. 566—68. April 1952. Harvard Med. School, Dep. of Bacteriol. and Immunol.) K. MAIER. 4374

O. Siegmann und **H. Woernle,** *Einwirkung des Phagogene HNC 304 auf das Newcastle Disease Virus. Phagogene HNC 304* (**I**) kann in starker Konz. sowohl durch unmittelbare Benetzung als auch durch seine flüchtigen Bestandteile (äther. Öle, Aldehyde) eingetrocknetes Virus der Geflügelpest (Stamm Braunfels) abtöten. Die angegebene Raumdosierung (2 cm^3 auf 1 m^3 Rauminhalt) reicht nicht aus, die Infektiosität von eingetrocknetem Virus zu vernichten. Im Tiervers. an Kapaunen u. Hühnern kann **I** einen wenn auch recht begrenzten Einfluß auf die Entw. der Viruskrankheit ausüben. Ob der Infektionserreger selbst gehemmt oder ob der Wirtsorganismus beeinflußt wird, läßt sich auf Grund der Unterss. nicht entscheiden. Beim Versuchstier wird nur der Krankheitsverlauf abgeschwächt, wenn die Behandlung sofort nach der Infektion erfolgt. (Mh. prakt. Tierheilkunde **4**. 551—54. 1952. Stuttgart, Württ. Tierärztl. Landesuntersuchungsamt.) K. BÖHM. 4374

E_4. Pflanzenchemie. Pflanzenphysiologie. Pflanzenpathologie.

P. G. Tawadse, *Einfluß der Agrotechnik auf den Pigmentgehalt der Weinrebenblätter.* An Rebenhybriden wurde der Pigmentgeh. der Blätter in Abhängigkeit von Art der Pfropfung, Pflanzdichte sowie Fruchtbarkeit u. Wassergeh. des Bodens untersucht. Es wurde der Geh. an *Chlorophyll* (**I**), *Carotin, Xanthophyll* u. W. bestimmt. Der **I**-Geh. lag bei der Pfropfung nach GUYOT höher als bei der nach CAZENAVA. Entsprechend waren die Oculi frostfester. Der Geh. an Carotin, Xanthophyll u. W. zeigte keine wesentlichen Unterschiede zwischen beiden Pfropfungsverfahren. Die Bodenfeuchtigkeit zeigte ein Optimum bei 40—60%. Bodendüngung erzeugte bedeutend mehr **I**. Auf düngerarmen Böden wurde bei größerer Pflanzweite mehr **I** erzeugt. Geringer Geh. an W. u. Mineralstoffen im Boden bewirkte geringen Geh. an **I**. Die jüngsten gut belichteten Blätter enthielten weniger **I** als die unteren u. mittleren. Die Pfropfung nach CAZENAVA ist daher in Kachetien nicht zu empfehlen. (Виноделие и Виноградарство СССР [Weinbereit. u. Weinbau UdSSR] **12.** Nr. 5. 31—33. Mai 1952. Inst. für Weinbau u. Weinbereitung der Akad. der Wiss. der GrusSSR.) v. WILPERT. 4420

Erwin Winter, *Ascorbinsäuresynthese in Gewebeschnitten.* Auf Grund der Beobachtungen an abgeschnittenen Teilen von Endivie u. Spargel, die innerhalb der ersten 24 Std. eine Erhöhung ihres *Ascorbinsäure* (**I**)-Geh. zeigen (vgl. C. **1953.** 2850), wurden Gewebeschnitte von Endivie, Spargel, Kartoffeln, Mohrrüben u. Weißkohl auf ihren **I**-Geh. geprüft. Bei Spargelschnitten trat innerhalb weniger Min. nach Herstellen der Schnitte eine starke, jedoch schnell vorübergehende Erhöhung des **I**-Geh. auf. Bei den anderen Pflanzen stieg der **I**-Geh. ebenfalls an, jedoch nicht so stark, um nach 20—40Std. wieder abzufallen. Es wurden maximal die 3fachen Ausgangswerte erreicht. Die Zunahme des **I**-Geh. wurde in chlorophyllfreien Pflanzenteilen nur mäßig oder gar nicht, in grünen Teilen dagegen stark durch Belichten begünstigt. Die Erhöhung des **I**-Geh. nach Verletzungen scheint eine ziemlich allg. auftretende Rk. des Pflanzengewebes zu sein, die mit dem durch die Verletzungen gesteigerten Stoffwechsel in Zusammenhang steht. Der Geh. an *Dehydroascorbinsäure* änderte sich kaum. (Planta **41.** 52—58. 1952. Karlsruhe, Bundesforschungsanstalt für Lebensmittelfrischhaltung.) KLESSE. 4425

J. G. Heathcote, J. J. C. Hinton und **B. Shaw,** *Die Nicotinsäureverteilung in Weizen und Mais.* In den anatom. Hauptteilen des Korns von je 2 Weizen- u. Maisvarietäten wurde nach einer HCl-Hydrolyse der *Nicotinsäure* (**I**)-Geh. mikrobiol. mit *Lactobacillus arabinosus* als Testorganismus bestimmt. Die Aleuronschicht enthält beim Weizen 82%, beim Mais ca. 60% der Gesamt-**I**. Das Scutellum enthält beim Weizen 1,9%, beim Mais ca. 11% der Gesamt-**I**. Das Kohlenhydratendosperm von „sweet maize" hatte eine doppelt so hohe **I**-Konz. als das von „flint maize", obgleich der Gesamt-**I**-Geh. beider Typen ähnlich war. Es gelang, entzweigeschnittene Weizenembryos ohne äußere **I**-Zufuhr, wenn auch schwach, zum Blühen zu bringen, obgleich 99% der **I** des Korns hierbei zerstört werden; äußere **I**-Zufuhr hatte nur einen geringen fördernden Einfluß. (Proc. Roy. Soc. [London], Ser. B **139.** 276—87. 28/2. 1952. St. Albans, Cereals Res. Stat., Res. Assoc. of Brit. Flour Millers.) K. F. MÜLLER. 4425

Tsung-Hsun T. Hsiang, *Physiologische und biochemische Veränderungen nach der Bestäubung bei Orchideenblüten.* 2. Mitt. *Atmung, Katalaseaktivität und chemische Bestandteile.* (1. vgl. C. **1952.** 2200.) Innerhalb 48 Std. nach der Bestäubung wird, je nach der Art (*Cymbidium Lowianum, Coelogyne Mooreana, Cattlaya Bowringiana*), eine 2—3fache Zunahme der Atmungsintensität u. der *Katalase*-Aktivität beobachtet. Ebenfalls steigt der Geh. an Gesamt-*N*, Gesamt-*P* u. *Zucker* in dem sich entwickelnden Säulchen, während der Geh. des Perianths an diesen Substanzen während der gleichen Zeit abnimmt. *Stärke* wird in den bestäubten Blüten langsamer abgebaut als in den unbehandelten Kontrollen. *Naphthylessigsäure* (**I**) u. *Indolylessigsäure* (**II**; beide als 0,5%ig. Lanolinpasten) auf die Narben appliziert, wirken etwa doppelt so stark als die Pollen, **I** noch stärker als **II**. Während jedoch die Wrkg. der Wuchsstoffe, wenn sie eine bestimmte Höhe erreicht hat, gleichbleibt u. dann aufhört, steigt die Pollenwrkg. langsam, aber stetig an. Daraus wird geschlossen, daß der Pollen nicht die vollständige Auxinquelle für den gesamten Entwicklungsprozeß darstellt, sondern daß entweder neuer Wuchsstoff gebildet oder verfügbarer mobilisiert wird. (Plant Physiol. **26.** 708—21. Okt. 1951. Madison, Wis., Univ. of Wisconsin, Dep. of Botany.) KLESSE. 4450

Hermann v. Guttenberg und **Hanne-Lore Wiedow,** *Über den Wirkstoffbedarf isolierter Haferembryonen.* Vom Endosperm befreite Haferembryonen wurden benutzt, um festzustellen, welche Wirkstoffe zum Wachstum unbedingt erforderlich sind bzw. inwieweit Wirkstoffe von Endospermen verschied. Pflanzen gegeneinander austauschbar sind. Zusatz von 2% *Glucose* zum Nährboden hat nur einen sehr schwach fördernden Einfl. auf die Entw. der Embryonen. Zusatz von verschied. Wirkstoffen wirkt in verschieden hohem Maße fördernd: Am stärksten wirken *Heteroauxin* u. *Bierwürze*, etwas weniger *Vitamin* B_1 u. *Ascorbinsäure*, noch weniger (ähnlich wie Glucose) *Nicotinsäureamid*. *Cumarin* wirkt hemmend. — *Samenextrakte* (A.- bzw. Ae.-Extrakte) können die Wrkg. des Endosperms weitgehend, wenn auch nicht vollkommen, ersetzen. Haferkörnerextrakte fördern nicht so gut wie andere Gramineenextrakte. Von diesen wirkt *Mais* am günstigsten, jedoch wirkt der Extrakt aus *Isatis canescens* (Crucifere) stärker als alle Gramineenarten. Extrakte von Leguminosen u. Kürbis wirken kaum besser als Glucosezusatz. Die Verss. ergaben ferner, daß die Pflanzen nur in einem sehr kurzen Jugendstadium auf äußere Zufuhr von Wirkstoffen reagieren. Bei nachträglicher Freilandkultur zeigte sich, daß die durch einige Samenextrakte geförderte Entw. nicht anhält, sondern daß die Pflanzen oft sogar geschädigt werden (durch spätere Blütenstandsentw. oder Verringerung der Zahl der Blütenstände). (Planta **41**. 145—66. 1952. Rostock, Univ., Botan. Inst.)

KLESSE. 4485

Börje Åberg, *Über die Wuchsstoffaktivität enantiomorpher α-(Naphthoxy)-propionsäuren.* Die enantiomorphen Formen von *α-(1-Naphthoxy)-propionsäure* (**I**) u. *α-(2-Naphthoxy)-propionsäure* (**II**) wurden in einem Wurzelwachstumstest auf Wuchsstoffaktivität geprüft. 28 Std. alte Flachskeimlinge blieben 17 Std. bei 25° in der Testlsg. (6,7 millimol. Phosphatpuffer, 5 millimol. Ca-Nitrat, Testsubstanz, p_H 5,9), worauf der Zuwachs bestimmt wurde. Die (+)-**II**-Form setzte wie ein wirksames Auxin (**III**) das Wurzelwachstum herab u. war hierin 3000fach aktiver als die (—)-Form. Die Wrkg. von (+)-**II** ist mit der von *2.4-Dichlorphenoxyessigsäure* (**IV**) oder *Indol-3-essigsäure* (**V**) vergleichbar. Die für 50%ig. Hemmung im *S*-Test (Physiol. Plantarum **3**. [1950.] 447) erforderlichen Konzz. sind: **V** $1{,}1 \cdot 10^{-8}$, (+)-**II** $2{,}1 \cdot 10^{-8}$, **IV** $3{,}8 \cdot 10^{-8}$ molar. Die (—)-Form verhält sich wie ein **III**-Antagonist u. ähnelt z. B. *α-(1-Naphthylmethylmercapto)-propionsäure*. Die durch 10^{-7} mol. (+)-**II**-Lsg. bewirkte Hemmung des Wurzelwachstums wurde durch 10^{-5} mol. (—)-**II** aufgehoben u. die Wachstumsgeschwindigkeit mehr als verdoppelt. Die antagonist. Wrkg. ist nicht auf die beiden Antipoden beschränkt. Der Unterschied in der Hemmwrkg. von (+)-**I** u. (—)-**I** auf das Wurzelwachstum war deutlich, jedoch weniger ausgeprägt. (+)-**I** entspricht in der Wrkg. mehr (—)-**II**. (Ark. Kemi **3**. Nr. 59. 549—55. 1952. Upsala, Royal Agric. Coll., Inst. of Plant Physiol.)

K. MAIER. 4486

Richard Harder und **Adolf Oppermann**, *Einfluß von 2.3.5-Trijodbenzoesäure auf die Blütenbildung und die vegetative Gestaltung von Kalanchoe Blossfeldiana.* Die bei photoperiod. unabhängigen Pflanzen (Tomaten) gefundene blühfördernde Wrkg. des Wuchsstoffantagonisten *2.3.5-Trijodbenzoesäure* (**I**; vgl. DE WAARD u. ROODENBURG, C. **1949**. I. 512) wurde an der Kurztagpflanze *Kalanchoe Blossfeldiana* (K.B.) nachgeprüft. **I**, in verschied. Konzz. in die Blätter injiziert, wirkte bei K.B. jedoch weder im Langtag noch im Kurztag fördernd auf die Blütenbildung. Es trat in allen Fällen Blühhemmung ein, u. zwar um so stärker, je höher die Konz. an **I** war. Außerdem bewirkte **I** Hemmung des vegetativen Wachstums sowie morpholog. Änderungen im Habitus (Verwachsungen zwischen Haupt- u. Nebenstengeln, kropfartige Mißbildungen am Sproßende). Auch hierbei war die Höhe der Konz. der injizierten **I**-Lsg. ausschlaggebend. Mit zunehmender Entfernung von der Injektionsstelle u. mit zunehmender Zeit, die nach der Injektion vergangen war, nahmen die Erscheinungen ab. — Stellungnahme zur Blühhemmtheorie auf Grund dieser Befunde. (Planta **41**. 1—24. 1952. Göttingen, Univ., Pflanzenphysiol. Inst.)

KLESSE. 4486

G. F. Maklakowa, *Zur Frage der Widerstandsfähigkeit der Kartoffel gegen Phytophthora.* Im Feldvers. u. bei künstlicher Infektion mit Phytophthora infestans D. wurde die Widerstandsfähigkeit verschied. Sorten u. Hybriden der Kartoffel untersucht. Danach werden selbst sehr widerstandsfähige Kartoffelknollen durch Lagerung bei erhöhter Temp. anfällig gegen Phytophthora. Diese Anfälligkeit ist verschieden nach Sorte u. Hybrid. Die von den Züchtern geübte Schnellvermehrung durch Stecklinge der wiederholt ausgewachsenen Mutterknolle führt ebenfalls zur allmählichen Erschöpfung der Knolle u. damit zur Herabsetzung der Widerstandsfähigkeit gegen Phytophthora. (Доклады Всесоюзной ордена Ленина Академии Сельскохозяйственных Наук имени В. И. Ленина [Ber. Allunions landwirtsch. (Lenin-Orden) Lenin-Akad.] **17**. Nr. 9. 24—28. Sept. 1952. Puschkino, Versuchsstelle des Allunions Wiss. Forschungsinst. für Pflanzenschutz.)

LEBTAG. 4490

P. I. Nikolajew, *Der Einfluß minimaler Temperaturen und der Feuchtigkeit in der Strauchkrone auf die Entwicklung des Mehltaus.* Bei Best. der Dauer der Incubationsperiode des Mehltaus ist nicht die Durchschnittstemp. von 3 Tagen u. die Dauer der Ndd., sondern vor allem die tiefste Nachttemp., sodann der Zeitpunkt der Ndd. u. die relative Luftfeuchtigkeit in der Strauchkrone zu beachten. Nächtliches Sinken der Temp. in der Strauchkrone bei erhöhter Feuchtigkeit führt zur Kondensation der letzteren u. dadurch zu günstigen

Verhältnissen für die Entw. des Mehltaus. (Виноделие и Виноградарство СССР [Weinbereit. Weinbau UdSSR] **12.** Nr. 6. 44—46. Juni 1952. Inst. „Magaratsch".)
M. GORDIENKO. 4490

E_5. Tierchemie. Tierphysiologie. Tierpathologie.

David W. Bishop und **Charles B. Metz,** *Fructose als Kohlenhydratbestandteil im Fertilisin des Seeigels Echinarachnius parma.* Chromatograph. Unterss. des gewöhnlichen (p_H 8,1) u. des sauren Seewasserextraktes (p_H 3,0) der Eier von Echinarachnius parma ergaben, daß Fructose den hauptsächlichen Anteil der Monosaccharide darin darstellt. (Nature [London] **169.** 548. 29/3. 1952. Woods Hole, Mass., Marine Biol. Labor.)
LÜPNITZ. 4520

Siegfried Niedermeier, *Quantitative Eiweißfraktionierung des Kammerwassers.* 1. Mitt. Nach Vf. eignet sich für die fraktionierte Eiweißbest. im Kammerwasser die Meth. der Elektrophorese in Filtrierpapier, die mit 0,06 cm^3 durchzuführen ist. Meth. nach ESSER u. ihre Auswertung werden beschrieben. Beispiel für das Kaninchenauge: Gesamteiweiß (I) 3,58%, *Albumin* (II) 2,07%, *Globulin* (III) 1,51% ($\alpha = 0{,}63$, $\beta = 0{,}31$, $\gamma = 0{,}57$%). Das n. Kammerwasser des Menschen enthält im Durchschnitt: **I** = 0,013 g/Liter, **II** = 0,01 g/Liter, **III** = 0,003 g/Liter. Bei lokalen u. allg. Erkrankungen wurden erhebliche Steigerungen des **II**-Geh. festgestellt. (Klin. Monatsbl. Augenheilkunde augenärztl. Fortbild. **120.** 644—45. 1952. Düsseldorf, Med. Akademie, Augenklinik.) DOSSMANN. 4520

Torbjørn Pedersen, *Das Milchfett des Spermwales.* Vf. berichtet über die Unters. der Milch eines Spermwales, die mit A. konserviert wurde. Es zeigten sich folgende Charakteristika: Viscose Fl. bei Zimmertemp.; Ae.-Extrakt 30%; JZ. 161,5; VZ. 302,0; Neutralisationszahl der Fettsäuren 285,0; Unverseifbares 0,74%; SZ. 0,27; Geh. an gesätt. Säuren (BERTRAM-Meth.) 31,2 g/100 g. Wachse u. Fettalkohole waren nicht nachweisbar. (Norsk Hvalfangst-Tid. **41.** 300. Juni 1952.) KNÖPKE. 4520

H. Fraenkel-Conrat, N. S. Snell und **E. D. Ducay,** *Avidin.* 1. Mitt. *Isolierung und Charakterisierung von Protein und Nucleinsäure.* Aus Eiweiß wurden 3 *Biotin* (I)-bindende Fraktionen isoliert, von denen 2 Komplexe aus *Nucleinsäure* bzw. einer noch nicht charakterisierten Komponente (inakt. *Glucoprotein*) mit dem albuminähnlichen *Avidin A* (**II**) darstellen. Der *Nucleoprotein*-Komplex („*Avidin*" der früheren Literatur) wurde als *Avidin NA* (**III**), der Komplex von **II** mit dem nicht näher bekannten P-freien, sauren Glucoprotein als *Avidin XA* (**IV**) bezeichnet. Wahrscheinlich kommt *Avidin* (**IIa**) im Eiweiß in wechselnden Mengen in Form dieser Komplexe vor. Die Isolierung von **III** erfolgt durch Adsorption von **IIa** zusammen mit Lysozym (**V**) u. anderen Proteinen an Bentonit, Waschen der Bentonitsalze, Eluierung von **IIa** u. Proteinen (ohne **V**) durch mol. K_2HPO_4, Dialyse des Eluats, wobei rohes **III** als wasserunlösl. Nd. anfällt. **IV** erhält man aus der überstehenden Lsg. durch Einstellung auf 2,5 mol. $(NH_4)_2SO_4$, Abtrennung des inakt. Nd., Sättigen der Lsg. mit $(NH_4)_2SO_4$, Lösen des Nd. in verd. Salzlsg., Dialysieren, wobei die meiste **IIa**-Aktivität (rohes **IV**) ausfällt. Die beiden Rohpräpp. von **III** u. **IV** werden durch Lösen in 2,8 mol. $(NH_4)_2SO_4$ u. Fällen mit 4 mol. weitergereinigt. **III** u. **II** unterscheiden sich in der Ultrazentrifuge nicht. Bei Annahme eines sphär., nichthydratisierten Mol. kommt man für die ermittelte Sedimentationskonstante von 4,0 (bis 4,5) auf ein Mol.-Gew. von 42000, für ein hydratisiertes, von der Kugelform abweichendes Mol. auf höhere Werte für **III**. Auf Grund von Messungen des osmot. Drucks findet man für **III** 66000, für **II** 68000. Die Trennung der beiden **III**-Komponenten gelingt außer durch Elektrophorese in 0,2 mol. K_2HPO_4 durch Ionophorese auf Papier, ferner durch Einw. von Desoxyribonuclease, nicht jedoch von Ribonuclease, u. anschließende Dialyse. Die Nucleinsäure von **III** gehört dem *Desoxypentose*-Typ an u. enthält *Adenin, Guanin, Cytosin* u. *Thymin* in relativen Mengen von 1,19, 0,86, 0,85 u. 1,10. Das reinste **III**-Präp. band mehr als 8 γ **I**/mg lufttrocknes **III**, enthielt $<$0,03 bzw. $<$1% **V** bzw. *Ovomucoid* (Trypsininhibitor) u. erwies sich elektrophoret. sowie in der Ultrazentrifuge als einheitlich. Die **IIa**- u. **IV**-Präpp. besaßen 80—90% der Reinheit der besten **III**-Fraktionen. Die Instabiltität wss. **IIa**-Lsgg., bes. der verd., beruht wahrscheinlich in erster Linie auf der Ggw. von Fe-Spuren. Verss. zur Stabilisierung von **IIa**-Lsgg. durch Chelate bildende u. metallbindende Agentien waren ohne Erfolg. Der **IIa–I**-Komplex, der in verschied. Richtungen stabiler als **IIa** ist, verhält sich gegenüber Metallionen u. Licht gleich empfindlich wie **II**. 1 Mol. **IIa** verbindet sich mit 2 Moll. **I** unter gleichzeitiger Inaktivierung desselben. (Arch. Biochem. Biophysics **39.** 80—96. Juli 1952. Albany, Calif., Western Regional Res. Labor.)
K. MAIER. 4520

H. Fraenkel-Conrat, N. S. Snell und **E. D. Ducay,** *Avidin.* 2. Mitt. *Zusammensetzung und Wirkungsweise von Avidin A.* (1. vgl. vorst. Ref.) *Avidin A* (**I**) ist ein *Glucoprotein,* das ca. 9% Kohlenhydrat enthält, zur Hälfte aus *Hexosamin* u. *Mannose* bestehend.

Avidin XA enthält ferner *Galaktose.* Der N- u. Amino-N-Geh. von **I** beträgt 13,8 u. 1,10%. *Avidin* (**II**)-Eiweiß weist wahrscheinlich kein *Cystin* u. *Cystein* sowie wenig *Tyrosin* u. *Histidin* auf. Der Geh. an *Asparaginsäure* u. *Threonin* (10,6 u. 12,6%) ist **im Verhältnis zu dem** an *Glutaminsäure* u. *Serin* (6,6 u. 4,5%) **ungewöhnlich hoch.** I weist einen deutlichen Überschuß an bas. Gruppen auf, während *Avidin NA* u. *Avidin XA* einen hohen Geh. an sauren besitzen. Eine Anzahl chem. Veränderungen am **II**-Mol. beeinflußte die *Biotin* (**III**)-bindende Aktivität nicht u. deuten darauf hin, daß die biol. Wrkg. anscheinend nicht von intakten Amino-, Phenol-, Imidazol-, Carboxyl- oder Disulfidgruppen abhängig ist. **II** ist gegen zahlreiche denaturierende Agentien, wie Hitze, Harnstoff, organ. Solventien, relativ widerstandsfähig, längere Einw. von 0,01—0,02nHCl u. Alkali bei 36° bewirkt allmählich Inaktivierung, Der **II**–**III**-Komplex ist unter gleichen Bedingungen u. gegenüber Pepsin beständig. *2-Imidazolidon,* als einfachstes **III**-Modell, übt ebenfalls, wenn in großem Überschuß **II** zugesetzt, eine ähnliche, wenn auch schwächere Schutzwrkg. wie **III** aus. Harnstoff ist unwirksam. Die Stabilisierung von **II** erfolgt nach diesen Modellverss., möglicherweise durch Stabilisierung einer der hydrolyt. Spaltung leicht zugänglichen Gruppierung von **II** mittels cycl. Ureidoverbb., z. B. nach **A**, unter Ausbildung von H-Brücken. Modellverss. mit *Diacetylimid,* $CH_3CONHCOCH_3$, ergaben dessen langsame Hydrolyse zu Essigsäure u. Acetamid unter gleichen sauren u. alkal. p_H-, sowie unter Temperaturbedingungen, die langsame Inaktivierung u. Unlöslichwerden von **II** hervorrufen. Einw. warmer Säure bewirkt bei **II** anscheinend ebenfalls Neubldg. von COOH-Gruppen. Die **II**-Inaktivierung durch NH_2OH ist ebenfalls mit einer Annahme cycl. Diacylimidgruppen in **II** vereinbar. (Arch. Biochem. Biophysics **39.** 97—107. Juli 1952.) K. MAIER. 4520

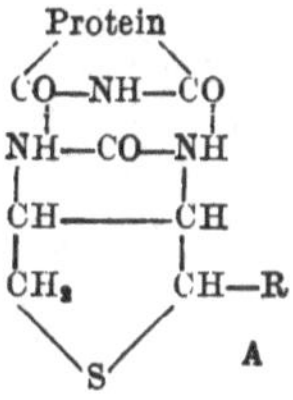

T. W. Goodwin, *Die Biochemie der Pigmentierung von Heuschrecken.* (Vgl. C. **1951.** II. 1605, 1606; C. **1952.** 1351, 3030.) Zusammenfassende Arbeit über die Färbung der Wüstenheuschrecke (Schistocerca gregaria Forsk.) u. der afrikan. Wanderheuschrecke (Locusta migratoria migratorioides R. u. F.). Sowohl soziale als solitäre Exemplare werden in verschied. Entwicklungsstadien untersucht, die Konst. der Pigmente festgestellt u. ihr Vork. in Körperteilen u. Organen ermittelt. Der Einfl. der Bruttemp. auf die Bldg. einiger Pigmente wird untersucht u. ein Zusammenhang zwischen dem Stoffwechsel der Pigmente u. ihrem Auftreten in der solitären oder sozialen Phase diskutiert. — 68 Literaturzitate. (Biol. Rev. Cambridge philos. Soc. **27.** 439—60. Nov. 1952. Liverpool, Univ., Dep. of Biochem.) BAUMANN. 4520

B. Duperrat und **M. Cintract,** *Dermatitis durch Nylonstrumpf, Streptokokkenangina und große allergische nächtliche Krisen.* Bericht über einen 46jährigen überlasteten Mann ohne patholog. Anamnese, bei dem auf eine Dermatitis durch *Nylon* eine Angina, große hypertherm. Anfälle bis über 40° mit Larynxödem u. cerebralem Ödem, regelmäßig gegen 2 Uhr morgens auftretend, folgten. Blutkultur war negativ, wenig Wrkg. von Penicillin, aber deutliche Wrkg. intravenöser Antihistaminica auf das Krankheitsbild. Erörtert werden: ein an 2 Stellen sich abspielender Prozeß, ausgelöst durch Nylon, zufälliges Zusammentreffen, Virusaffektion, Histamineffekt. (Semaine méd. **28.** 696. 2/11. 1952. Suppl. zu: Semaine Hôpitaux Paris Nr. 81.) BÖHM. 4551

G. Hieronymi, A. Bohle und **F. Hartmann,** *Morphologische und elektrophoretische Untersuchungen bei der Masugi-Nephritis an Ratten.* Als Nachprüfung der MASUGI-Nephritis (M.N.) bei Ratten wurden 100 Albinoratten untersucht. Es wurden auf elektrophoret. Wege die Serumeiweißveränderungen während der M.N. im Abstand von 2 Tagen bis 11 Wochen nach der Injektion des tox. Serums bestimmt. Gleich nach der Blutentnahme für die elektrophoret. Unters. wurden die Tiere zur histolog. Auswertung der Nieren getötet. Die Ergebnisse sind im Gegensatz zu der Ansicht MASUGIs nur bedingt mit der menschlichen akuten Glomerulonephritis zu vergleichen. (Arch. Kreislaufforsch. **18.** 34—49. Febr. 1952. Beih. zur Z. Kreislaufforsch. Heidelberg, Univ., Pathol. Inst., u. Göttingen, Univ., Med. Klin.) DUCHO. 4552

V. Köhler, *Der Einfluß des Desoxycorticosteronacetats und Insulins auf den Kongorotschwund des Blutes.* In Verss. an Patienten untersuchte Vf. das Verschwinden von intravenös injiziertem *Kongorot* (**I**) aus der Blutbahn. Trotz sehr erheblicher Schwankungen der Kontrollwerte u. zum Teil sehr geringer Differenzen in den vergleichbaren Werten, glaubt Vf. aus seinen Befunden schließen zu können, daß *Desoxycorticosteronacetat* das Verschwinden von **I** aus dem Blute hemmt, dagegen *Insulin* es beschleunigt. (Endokrinologie **29.** 23—26. April 1952. Würzburg.) VINCKE. 4558

Lennart Hesselvik, *Einige Mitteilungen über geschlechtliche Frühreife bei einem männlichen Säugling, die durch östrogene Salbe verursacht war.* Ein 10 Monate alter Knabe wies eine fortschreitende Gynäkomastie, zunehmende Färbung des Warzenhofes, Gliedes u.

Hodensacks sowie Geschlechtsbehaarung auf. Diese Symptome waren durch percutane Aufsaugung von *Stilböstrol* entstanden; das Kind war 5—6 Monate lang mit 300 g einer Salbe eingerieben worden, die 0,1 % *Diäthyldioxystilben* enthielt. Das gleiche Symptomenbild ließ sich experimentell bei einem anderen Kind erzeugen. (Acta paediatrica [Uppsala] **41.** 177—85. März 1952. Uppsala, Akad. Sjukhuset, Pediatric Clinic.) W. BRANDT. 4559

Henry D. Moon, Miriam E. Simpson, Choh Hao Li und **Herbert M. Evans,** *Wirkung des Hypophysenwachstumhormons bei Mäusen.* Intraperitoneale Applikation des Hypophysenwachstumhormons (HWH) (Initialdosis: 0,04 mg/Tag, Steigerung bis 2 mg/Tag, Versuchsdauer: 194 Tage) führt bei weiblichen im Gegensatz zu männlichen Mäusen des A-, C 3 H- u. C 57 bl-Stammes im Vgl. zu nicht mit HWH behandelten Kontrolltieren zu einer Erhöhung der Gewichtszunahme. HWH bewirkt unabhängig vom Geschlecht der Tiere Vergrößerung des Herzens, der Lymphknoten, der Nieren, des Nebennierenmarks, der Milz sowie der Leber. Es besteht kein Unterschied zwischen Versuchs- u. Kontrolltieren hinsichtlich der Tumorhäufigkeit. (Cancer Res. **12.** 448—50. Juni 1952. Berkeley, Univ. of Calif., Dep. of Biochem., u. Div. of Anat., Inst. of Exp. Biol., u. San Francisco, Calif., Veterans Administr. Hosp., u. Univ. of California, School of Med., Div. of Pathol.) REISS. 4560

Charles E. Shopfner und **Marvin Seife,** *Rheumatische Myocarditis und hämorrhagische Pneumonie, die mit ACTH behandelt wurden.* Wiedergabe der Krankengeschichte eines 19jährigen Mannes, der wegen akuten rheumat. Fiebers mit *ACTH* (**I**) behandelt wurde. Da sich bestehende Myocarditis nicht besserte, wurden vom 14. Tage der **I**-Behandlung ab 20 Tage lang 100 mg **I**/Tag intramuskulär u. dann noch 4 Tage lang je 25 mg **I**/Tag intravenös als Dauertropfinfusion gegeben. Als Komplikation trat eine hämorrhag. Pneumonie auf. Wegen sehr ausgeprägter Nebenwirkungen (Mondgesicht, Erregungszustand) wurde **I** dann abgesetzt; der Patient starb jedoch 4 Tage später. — Vff. glauben, daß **I** zwar die akuten Symptome von rheumat. Fieber unterdrückt, jedoch keinen Einfl. auf Umkehrung oder Beendigung des Prozesses hat. (U. S. Armed Forces med. J. **3.** 819—24. Juni 1952. Denver, Colo., U. S. Air Force Hosp.) VINCKE. 4560

Bawa P. Singh und **Lee F. Miller,** *Wirkung von ACTH auf akutes rheumatisches Fieber während der Schwangerschaft.* Klin. Bericht über die erfolgreiche Behandlung einer schwangeren 21jährigen Negerin, die während der letzten 4 Wochen vor der Entbindung an akutem rheumat. Fieber erkrankte, mit *ACTH.* (Amer. J. Obstetr. Gynecol. **63.** 452—54. Febr. 1952. Dayton, O., Miami Valley Hosp., Dep. of Obstetr. and Int. Med.) VINCKE. 4560

J. Vesterdal, O. Remvig und **M. Sprechler,** *ACTH bei der Behandlung rheumatoider Arthritis bei Jugendlichen.* 7 an jugendlicher rheumatoider Arthritis leidende Patienten im Alter von $2\frac{1}{2}$—12 Jahren wurden mit *ACTH* behandelt. Es wurde nur ein Fall mit längere Zeit dauernder Besserung (Beobachtungszeit $3\frac{1}{2}$ Monate) beobachtet; tägliche Zufuhr von 5 g Ascorbinsäure u. 1—$1\frac{1}{2}$ g Cholesterin hatte keine klin. bemerkbare Wirkung. ACTH war in solchen Fällen angezeigt, wo sich Deformitäten zu entwickeln begannen; ACTH ist dort ohne Wrkg., wo die Deformitäten auf Knochengelenkversteifung beruhen. (Acta paediatrica [Uppsala] **41.** 145—57. März 1952. Kőbenhavn, Rikshosp.) W. BRANDT. 4560

Robert Debré, P. Mozziconacci und **M. K. Caramanian,** *ACTH und Cortison in der Kinderheilkunde.* Ausführlicher klin. Bericht über die Erfahrungen der Vff. bei der Behandlung von 148 Kindern mit *ACTH* bzw. *Cortison.* Im einzelnen wurden Kinder behandelt, die an BOUILLAUDscher Krankheit (55), Lipoidnephrose (17), Leukämie (23), Nahrungsekzem (19), STILLscher Krankheit (5), chron. ankylot. Polyarthritis (3) u. verschied. anderen Erkrankungen (26) litten. — Selbst bei den Kindern, bei denen ein Erfolg festzustellen war, war dieser in den meisten Fällen nur vorübergehend. Zwischenfälle (z. B. Lungenödem mit Todeserfolg bei einem Leukämiefall, sowie Krämpfe als Folge von Gehirnödem); glauben Vff. durch kurze Behandlungsperioden vermeiden zu können. (Ann. Méd. **53.** 337—413. 1952. Paris.) VINCKE. 4560

William J. Eisenmenger, Robert J. Slater und **Alfred M. Bongiovanni,** *Übermäßige Blutgerinnung durch ACTH-Behandlung bei Patienten mit Lebercirrhose.* 14 Patienten mit Lebercirrhose wurden mit *ACTH* behandelt. In 3 Fällen trat Pfortaderthrombose auf. In 4 Fällen konnten Gingivablutungen gestillt werden. Bei verschied. Patienten wirkte ACTH gerinnungsbeschleunigend, ohne daß es zum Anstieg von Fibrinogen, Plasmaprothrombin u. der Blutplättchen im Blut kam. ACTH muß also auf andere Faktoren der Blutgerinnung wirken. (Amer. J. Med. **13.** 27—34. Juli 1952. Philadelphia, Pa.) MATTHIES. 4560

Robert C. Muehrcke, Jack L. Lewis und **Robert M. Kark,** *Die Wirkungen von Cortison und Heparin auf Eosinophile im defibrinierten Menschenblut.* Blut von Patienten, die unter Asthma, Polyarthritis nodosa u. anderen Krankheiten litten, wurde 4 Std. bei 37,5° gehalten. Blut allein oder mit Zusatz von *NaCl* oder Substanzen vom Typ der *Sulfonamide* zeigte keine wesentliche Änderung der Zahl der Eosinophilen. Wenn jedoch das defibrinierte Blut mit *Cortisonacetat* (I) versetzt worden war (1 mg/3 ml Blut), wurde beim Bebrüten die Zahl der Eosinophilen um ca. 45% reduziert. Diese Wrkg. von I konnte durch den Zusatz von *Heparin* (II) (40 E.) blockiert werden: die Zahl der Eosinophilen wurde dann nur um ca. 11% vermindert. Es wird angenommen, daß beim Menschen Nebennierenrindenhormone mit II reagieren, wie es mit anderen Polysacchariden der Fall ist. (Science [Washington] **115.** 377—78. 4/4. 1952. Chicago, Univ. of Illinois, Coll. of Med., Dep. of Med. and Res., u. Educat. Hosp.) LÜPNITZ. 4561

R. D. T. Cape, J. W. Thomas und **R. A. Palmer,** *Die Wirkung von Nebennierensteroiden auf Eosinophile.* Beschreibung zweier Versuchsreihen in vitro, um die Möglichkeit der Lysis von Eosinophilen (Eos) als Ursache der Eosinopenie nach Nebennierensteroidverabreichung zu untersuchen. 4—18 Std. Bebrütung von Plasma von Patienten mit maximaler eosinopen. Wrkg. infolge *ACTH*-Gaben bewirkte keine Red. der Eos-Zahl im untersuchten Patientenblut zufälliger Spender. Wurde dem Blut ACTH, *Cortison,* ACTH + Cortison u. *Compound F* zugesetzt, so konnte ebenfalls keine Wrkg. auf die Eos-Zahlen gefunden werden. Auch morpholog. Veränderungen wurden nicht festgestellt. Die nach ACTH-Behandlung auftretende Eosinopenie kann nach diesen Versuchsergebnissen also nicht durch intravasale Auflösung zirkulierender Eos entstehen. (Canad. med. Assoc. J. **66.** 441—44. Mai 1952. Vancouver.) BÖHM. 4561

M. G. Good, *Theorie der Cortisonwirkungen.* (Die Medizinische **1952.** 312—15. 8/3. 348—50. 15/3. 1500. 22/11. — C. **1952.** 4318.) KRUSEN. 4561

Samuel Soskin, *Physiologische Grundlage der therapeutischen Wirkungen von Cortison.* Auf Grund umfangreicher Unterss. kommt Vf. zu der Ansicht, daß die ungewöhnlich schnelle Wirksamkeit von *Cortison* bei verschied. Erkrankungen auf einem neurozirkulator. Mechanismus beruht, allerdings kann nicht ausgesagt werden, ob dies der einzige Mechanismus ist. (Rev. Gastroenterology **19.** 808—16. Okt. 1952. Chicago, Univ., Med. School.) REICHLE. 4561

Sterling J. Ritchey, *Der Gebrauch von Cortison bei Dupuytren'scher Kontraktur.* Bericht über 2 Fälle (49- u. 60jähriger Mann), von denen der eine im Frühstadium u. der zweite weit vorgeschritten war. Beide Fälle wurden operativ behandelt. Vorherige *Cortison* (I)-Behandlung schien von nur recht geringem Wert. Dagegen wurde I postoperativ mit günstigem Erfolg verwendet. Die Meth. der Wahl bleibt nach Vf. die chirurg. Behandlung, wobei I ein wertvolles Hilfsmittel während der postoperativen Periode sein kann. (U. S. Armed Forces med. J. **3.** 811—18. Juni 1952. Fort Dix, N. J., U. S. Army Hosp.) VINCKE. 4561

E. Kresbach, *Zur Insulinbehandlung der rheumatischen Arthritis.* Die bei vielen rheumat. Erkrankungen vorliegende Funktionsstörung des Hypophysenvorderlappen-Nebennierenrindensyst. kann durch subcutane Verabreichung von *Insulin* (I) durch Stimulierung der Nebennierenrinde u. gesteigerte Cortisonausschüttung aus derselben günstig beeinflußt werden. Als bes. wirksam hat sich eine Kombination von I u. *ACTH* erwiesen, wobei die ACTH-Dosis auf wenige mg/Tag herabgesetzt werden kann. (Wiener klin. Wschr. **64.** ([N. F.] 7.) 257. 4/4. 1952. Graz, Med. Univ.-Klinik.) GRAU. 4564

L. Schalm, *Diazotierung des Bilirubins nach Cholelithiasis ohne sichtbare Gelbsucht.* Zur differentialdiagnost. Abgrenzung einer Cholelithiasis bei Schmerzattacken im Oberbauch wird die colorimetr. Bestimmungsmeth. der *Azobilirubin* (I)-Bldg. angewendet (vgl. SCHALM u. SCHULTE, C. **1951.** II. 282). Dabei liegen in 10 Min. 30—80% des Gesamtbilirubins als I vor (n. 2—12%). Untere Sicherheitsgrenze = 30%. Nur positive Befunde sind von Wert, negativer Ausfall der Probe schließt Cholelithiasis nicht aus. Myokardinfarkt u. Appendicitis können gleichfalls Steigerung der I-Bldg. bewirken, jedoch erfolgt Anstieg im Gegensatz zur Cholelithiasis nicht sofort nach der Schmerzattacke. (Lancet **263.** 1153—54. 13/12. 1952. Arnhem, Municip. Hosp.) SCHELER. 4572

L. Schalm und **W. A. H. Hoogenboom,** *Blutbilirubin bei Herzschwäche mit Stauung.* Mittels der von SCHALM u. SCHULTE (vgl. C. **1951.** II. 282) beschriebenen Meth. wurde nachgewiesen, daß bei Herzschwäche mit Stauung der *Bilirubin* (I)-Geh. des Serums erhöht liegt u. die mit dem Diazoreagens schnell reagierende Fraktion des I („direktes" I) proportional zum Grad der Stauung ansteigt. Als Ursache werden Parenchymschäden der Leber diskutiert. Gute Übereinstimmung der Diazotierungsgeschwindigkeit mit dem *Bromsulphalein*-Test. Rückgang bzw. Beseitigung der Dekompensation ohne Normalisierung der *Azobilirubin*-Werte weisen auf bleibenden Leberschaden hin. (Amer. Heart J. **44.** 571—80. Okt. 1952. Arnhem, Municipal Hosp.) SCHELER. 4572

Desire M. Eny und **Donald M. Qualls,** *Quantitative Untersuchung der Aminosäuren des Blutplasmas afrikanischer Framboesie-Kranker.* Beschreibung von 8 Fällen Framboesie afrikan. Patienten bei gleichzeitiger Ascariasis u. Ancylostomiasis, bei denen sowohl die Konz. an Nichtproteinstickstoff (NPN) als auch die an freiem Aminostickstoff (NH_2-N), im Blutplasma deutlich niedriger als die der Kontrollen lag. — Die Best. des NPN erfolgte in frischem venösem Oxalatblut nach der Mikro-KJELDAHL-Meth. von WAGNER, die des totalen NH_2-N nach SAHRGEEN spektrophotometrisch. Die Identifizierung der einzelnen Aminosäuren sowie ihre quantitative Best. wurden papierchromatograph. (2-dimensional) nach der absteigenden Meth. in isopropylalkoh. Lsg. unter Verwendung von Phenol–W. in der einen, Butanol–W. in der anderen Richtung durchgeführt u. anschließend im BECKMANN-Spektrophotometer gemessen. — Auf diesem Wege konnten 25 Aminosäuren (I) nachgewiesen u. bestimmt werden, darunter Asparaginsäure, Cystin (II), Prolin u. Serin. Während die Konzz. der meisten I niedrig waren, lagen, im Vgl. zu den Kontrollen, die Konz. an II, Glutathion u. Methionin bemerkenswert hoch. Nach *STB*-Behandlung (das ist 20 mg/kg/Tag *4-Oxy-3-acetaminophenylarsenoxyd,* oral) wurden wieder n. Werte für die im Plasma enthaltenen I gefunden. (Amer. J. trop. Med. Hyg. **1.** 220—26. März 1952. Liberia, West Africa, Firestone Health Serv.) LIPPOLD. 4574

Walter Kocholaty, William W. Ellis und **H. Jensen,** *Aktivierung von Plasminogen durch Trypsin und Plasmin.* Zunahme der fibrinolyt. Aktivität von menschlichem u. Rinderplasminogen nach Incubation mit *Trypsin* oder *Rinderplasmin,* nicht aber mit *Chymotrypsin.* (Blood **7.** 882—90. Sept. 1952. Fort Knox, Ky., Army Med. Res. Labor.) REISS. 4574

Murray Weiner und **Niel Wald,** *Vorübergehende Schwankungen der Serum-Prothrombinaktivität.* Zur Ausarbeitung einer zuverlässigen u. reproduzierbaren Einzelbest. des Prothrombinverbrauchs wird die Abhängigkeit der Serumprothrombinzeit (PZ) von der Inkubationsdauer vor u. nach Abtrennung des Serums vom Gerinnsel untersucht. An Stelle von „prothrombinfreiem“ Kaninchenplasma wird ein Standardpräp., das Fibrinogen, Thromboplastin, $CaCl_2$ u. NaCl in optimalen Mengen enthält u. sich bei 5^0 monatelang hält, verwandt. Es lassen sich 3 unterschiedliche Phasen der Prothrombinaktivität feststellen: 1. Sofortige Abtrennung des Serums nach n. Blutgerinnung zeigt eine dem Originalplasma gleiche oder verkürzte PZ, bei nachfolgender Incubation langsamer Aktivitätsverlust. 2. Abtrennung nach mehreren Min. bringt beträchtlichen Aktivitätsverlust mit zunehmender Incubation. 3. Nach ½ Std. oder mehr bleibt die Aktivität des anschließend incubierten Serums relativ konstant. Für dieses Verh. machen Vff. das Thrombin verantwortlich. Die Untersuchungsdaten an n. u. hämophil. Blut zeigen, daß der Prothrombinverbrauch sich ausreichend festlegen läßt durch Best. der PZ nach 1std. Incubationszeit mit Hilfe des Standardpräparates. Die n. PZ beträgt ca. 40 Sek., verglichen mit ca. 25 Sek. bei der QUICK-Technik. (Proc. Soc. exp. Biol. Med. **80.** 8—10. Mai 1952. New York, Welfare Island, Goldwater Mem. Hosp., u. New York, Univ., Coll. of Med., Dep. of Med.) KÖNIGSDORF. 4574

Guido Izar, *Über die Therapie venöser Thrombosen mit Antikoagulantien.* Die Ursachen der venösen Thrombose lassen sich in 3 Gruppen zusammenfassen: a) Verletzungen des Blutgefäßendothels, b) Faktoren der Kreislaufstörung bzw. Stockung, c) humorale Modifikationen im Sinne einer Hyperkoagulierbarkeit. Als Antikoagulans verwendet Vf. *Heparin,* dessen Aktivität nach dem Test von WAUGH u. RUDDIK geprüft wird u. mit dem S-Geh. parallel läuft. Als 2. Koagulans werden Derivv. des *Cumarins* untersucht. Als leicht lösl. Präp. ist die Li-Verb. des *Dicumarins* bekannt, sie ist jedoch wegen des raspiden Abfallens der *Prothrombin*-Konz. mit größter Vorsicht anzuwenden. Alle Derivv. des Cumarins können bei ungeeigneter Anwendung Schäden verursachen, bestimmt sind sie schädlich in der cerebralen Chirurgie, bei Harnleiden u. erblichen Leberkrankheiten. Ihre Verwendung in der Therapie ist durch Prothrombinbestimmungen im Urin oder durch besonderes Beachten des Auftretens roter Partikeln im Urinsediment zu kontrollieren. Von 1284 behandelten Kranken starben 6 durch Embolie, während von 476 nicht mit Antikoagulantien Behandelten 67 Tote registriert wurden. (Minerva med. [Torino] **43.** II. 665—67. 15/10. 1952. Siena, Univ., Ist. di Clin. Med. e Therapia Med.) ENDRASS. 4574

Wiesener, *Untersuchungen über die Wirkung injizierbaren dreiwertigen Eisens.* Unterss. ergaben, daß dreiwertiges Eisen in koll. Lsg. auch von Säuglingen vertragen wird. Es wurden je nach Alter 5—10 mg/kg Körpergewicht gegeben. Der Serumeisenwert lag dabei nie über 400 γ%. Leichte Reizwrkg. auf das RES wurde festgestellt, die sich in einer vorübergehenden Vermehrung der β-Globuline äußerte. (Mschr. Kinderheilkunde **100.** 229—30. April 1952. Berlin.) MATTHIES. 4575

A. Feser, *Zur Behandlung der Eisenmangelanämien mit hohen intravenösen Eisengaben.* Bericht über die Verwendung eines Fe-Präp. (*Ferrlecit* NATTERMANN) bei Fe-

Mangelanämien. Anführung einiger Fälle, wobei das Präp. bei Blutungsanämien u. essentiellen hypochromen Anämien gut, bei Infektanämien u. Tumoranämien weniger anspricht. Anwendung erfolgt intravenös. (Dtsch. med. Wschr. **77.** 84—85. 18/1. 1952. Köln, St. Vincenz-Haus, Inn. Abt.) GRAU. 4575

E. Kordts, *Untersuchungen über die Eignung der Elektrophorese zur Trennung der männchen- und weibchenbestimmenden Spermien beim Kaninchen (zugleich eine Nachprüfung der Befunde von Vera Schröder).* Vf. prüft die Unterss. von SCHRÖDER (Z. Tierzücht. Züchtungsbiol. **50.** [1941.] 1), durch Elektrophorese weibchen- u. männchenbestimmendes Sperma zu gewinnen, nach. Die Ergebnisse konnten die Befunde von SCHRÖDER (Erzeugung von bis zu 80% des gewünschten Geschlechts) nicht bestätigen. (Z. Tierzücht. Züchtungsbiol. **60.** 221—40. Nov. 1952. Kiel, Inst. für Milcherzeugung.) KNÖPKE. 4582

A. Scheunert, Johs. Reschke und **K.-H. Wagner,** *Zum gegenseitigen Verhalten von Vitamin A und Vitamin C*. Es wurde die Haltbarkeit u. gegenseitige Verträglichkeit von *Vitamin-A* (I)-Konzentraten u. synthet. *Vitamin C* (II), die gemeinsam in Bonbons eingearbeitet wurden, untersucht. Die Prüfung auf I, die sowohl chem. nach CARR-PRICE auch biol. nach dem Keratomalacietest an wachsenden Ratten durchgeführt wurde, ergab einen Verlust bis zu 13%, der bei der Fabrikation eintrat. Weitere Verluste während der 5monatigen Lagerzeit konnten nicht festgestellt werden. II wurde ebenfalls chem. (Titration) u. biol. (Skorbutwrkg. an wachsenden Meerschweinchen) untersucht. Die gleichen Ergebnisse nach beiden Methoden bewiesen auch hier die volle Haltbarkeit von II während der ganzen Lagerzeit. Es besteht also keine gegenseitige Beeinflussung von I u. II. (Vitamine u. Hormone **5.** 349—56. 1952. Leipzig, ehem. Reichsanst. für Vitaminprüfung u. Vitaminforsch.) LOCH. 4587

R. Ramos Calvo, *Die Behandlung der Schwerhörigkeit mit Vitamin A.* Ein Teil der Fälle von otosklerot. Innenohrschwerhörigkeit oder Taubheit spricht, mit wechselndem Erfolg, auf eine Behandlung mit *Vitamin A* (I) an. Wahrscheinlich entsteht bei Mangel von I im Bereich der oberen Luftwege u. des Ohres eine Schleimhautschädigung oder -schwäche, die für die Schwerhörigkeit verantwortlich ist. Auch bei unklaren Fällen von Schwerhörigkeit scheint ein Vers. mit I angebracht. Um Resorptionsstörungen auszuweichen, muß I parenteral gegeben werden. Gelegentlich können Störungen im Hormonhaushalt (Keimdrüsen) beobachtet werden. — Kasuistik über eine Auswahl von 4 Fällen. (Medicina [Madrid] **20.** II. 317—37. Nov. 1952.) P. G. SCHEURLEN. 4587

I. I. Nitzescu und **C. Teodoru,** *Vitamin B_1 (Aneurin) und Acetylcholin. Über die Giftwirkung des Acetylcholins bei Tauben in Avitaminose B_1.* Tauben mit B_1-Avitaminose zeigen größere Toleranz gegenüber *Acetylcholin* (I) als n. Tauben (40—60 γ I/g gegen 10—15 γ I/g). Die vertragene Menge I richtete sich nach dem Grad des Vitaminmangelzustandes u. dem Beriberistadium. Im Gegensatz zu den Tauben mit B_1-Mangel ist bei Tieren, die mit *Aneurin* vorbehandelt wurden, eine gesteigerte Empfindlichkeit gegen I zu beobachten. Die von ANTOPOL u. Mitarbeitern (Proc. Soc. exp. Biol. Med. **42.** [1939.] 679) festgestellte Erhöhung der Cholinesteraseaktivität bei Beriberitauben könnte eine Erklärung für die Befunde sein. (Vitamine u. Hormone **5.** 381—85. 1952. Bukarest, Univ., med. Fak., physiol. Inst.) LOCH. 4587

Domokos Boda, *In welcher Weise beeinflußt einmal überstandene B_1-Avitaminose den Widerstand des Organismus gegenüber folgender B_1-avitaminotischer Diät?* In Verss. mit Hühnern wurde festgestellt, daß das Wachstum der Tiere bei einem Futter aus gedämpftem Weizen + *Vitamin B_1* (I)-Injektion nur dann n. ist, wenn gleichzeitig Vitamin D gegeben wird. Das zweimalige Überstehen eines teilweisen oder völligen I-Mangels schützt den Organismus der Hühner in keiner Weise bei einem abermaligen I-Entzug. Das symptomlose Überstehen längerer I-Mangelperioden durch den Menschen wird auf die große Spanne zwischen dem optimalen u. suboptimalen I-Bedarf zurückgeführt. (Vitamine u. Hormone **5.** 386—97. 1952. Budapest, Peter-Pázmány-Univ., Physiol. Inst.) LOCH. 4587

G. Mouriquand, Jean Courjon, V. Edel und **H. Bonnet,** *Elektroencephalographische Experimentaluntersuchung der B_1-Avitaminose und des Thiaminschocks.* Unterss. an Tauben ergaben, daß bei *Thiamin* (I)-Mangel die Veränderungen der Vestibularchronaxie um mehrere Tage denen des Elektroencephalogrammes vorausgehen. Beim I-Schock laufen diese Veränderungen anfänglich einander parallel, streben dann jedoch auseinander, wobei das Elektroencephalogramm viel langsamer wieder in den ursprünglichen Zustand zurückkehrt. Dieses zeigt demnach viel besser als die Vestibularchronaxie Bedeutung u. Dauer der durch den I-Schock ausgelösten Störungen der Gehirntätigkeit an. (Bull. Acad. nat. Méd. **136.** ([3] **116.**) 580—85. 1952.) K. MAIER. 4587

W. Stepp und **F. Diehl,** *Beitrag zur Kenntnis des Plummer-Vinson-Syndroms und zu seiner Behandlung.* Es werden die Symptome des hauptsächlich auf *Lactoflavin* (I)-

Mangel beruhenden PLUMMER-VINSON-Syndroms an Hand von zwei Krankengeschichten beschrieben. Die Krankheitserscheinungen verschwanden rasch nach Therapie mit I + übrige B-Vitamine + Pepsin-HCl. Es besteht die Möglichkeit, daß die I-Wrkg. zu einer Verbesserung der Resorption des Nahrungseisens führt u. somit auch die bei der Krankheit bestehende sek. Anämie günstig beeinflußt. (Vitamine u. Hormone **5.** 376—80. 1952.) LOCH. 4587

Wolmar Nyberg, *Mikrobiologische Untersuchungen über Antiperniciosa-Faktoren des Fischbandwurms.* Der *Vitamin-B_{12}* (I)-Geh. von *Diphyllobothrium latum, Taenia saginata* u. *Ascaris lumbricoides* wurde unter Verwendung von *Lactobacillus leichmannii 4797* mikrobiol. bestimmt u. die Meth. durch vergleichende I-Bestimmungen mittels *Euglena gracilis,* sowie papierchromatograph. in Verbindung mit einer mikrobiol Meth. kontrolliert. Wss. Extrakte aus *D. latum* (papainverdaut, unverdaut) besaßen bei *L. leichmannii* eine durchschnittliche I-Aktivität von 2,3 γ I/g Trockensubstanz, solche aus *T. saginata* von 0,046 γ, aus *A. lumbricoides* von 1,8 γ. Wss. Extrakte aus den untersuchten Bandwürmern enthielten ferner kleine Mengen mikrobiol. wirksamer, alkalistabiler Faktoren. Ein in analoger Weise wie Leberextrakt hergestellter Auszug von *D. latum* enthielt unbekannte alkalistabile Faktoren mit der gleichen klin. Wrkg. wie I. A.- u. Acetonextrakte von *D. latum* u. wss. von *D. latum, T. saginata* u. *A. lumbricoides* wiesen keine mikrobiol. hemmend wirkenden Faktoren auf. In wss. *D. latum*-Auszügen wurden papierchromatograph. die *Desoxyriboside* von *Guanin* (II), *Cytosin* u. *Thymin* nachgewiesen, sowie 2 nicht identifizierte Substanzen durch Färben nach BUCHANAN (Cystein–H_2SO_4) **sichtbar** gemacht. Wss. Extrakte aus *T. saginata* u. *A. lumbricoides* enthielten anscheinend II-*Desoxyribosid.* — Etwa 140 Literaturangaben. (Acta med. scand. **144,** Suppl. Nr. 271. 1—68. 1952. Helsingfors, Univ., 4. Med. Klinik u. Pharmacol. Labor.) K. MAIER. 4587

U. J. Lewis, D. V. Tappan und **C. A. Elvehjem,** *Eine neue und biologisch verschiedene Form von Vitamin B_{12}.* Auf bisher vorliegende Befunde über verschied. Formen von *Vitamin B_{12}* (I) wird hingewiesen. Bei Verss. mit Ratten wurde gefunden, daß durch Zulagen von 100 mg Co je kg einer I-freien synthet. Nahrung der Geh. des Darminhaltes an I-wirksamen Stoffen erheblich zunimmt, bes. gegen das Ende des Darmes, nicht jedoch der Geh. des übrigen Organismus (biol. Best. mit *Lactobacillus leichmannii*). Bei Fütterungsverss. mit rohen Konzentraten aus den Faeces solcher Ratten wurde gefunden, daß bei Zufuhr von Mengen entsprechend 0,15 γ I täglich (nach mikrobiol. Best.) bei Ratten nur $^1/_3$ der zu erwartenden Wachstumswrkg. auftritt. Nach Isolierung eines krist. Materials (Beschreibung der Arbeitsweise) erwies sich dieses bei der Ratte als vollständig unwirksam, dagegen beim Küken voll wirksam wie I. Diese neue I-wirksame Form zeigt ein von I verschiedenes Verh. bei der Papierchromatographie (bioautograph. Verf.). Bei I treten 2 akt. Flecken auf (Vitamin B_{12b} [II] u. I), bei der neuen Substanz dagegen 3. Möglicherweise tritt bei der Chromatographie teilweise Umbldg. der neuen Substanz in I u. II ein. Auch das Absorptionsspektr. dieser Substanz ist von dem von I verschieden. (J. biol. Chemistry **194.** 539—48. Febr. 1952. Madison, Univ., Coll. of Agricult., Dep. of Biochem.) SCHWAIBOLD. 4587

Corrado Paci, *Das Vitamin B_{12} in der Viehaufzucht.* Kurze Übersicht über die Bedeutung des *Vitamin B_{12}* bzw. des *„animal protein factor“* (*APF*) für die Viehfütterung u. bes. für die Jungviehaufzucht. — Keine Literaturangaben. (Clinica veterin. **75.** 225—28. Aug. 1952.) IPPEN. 4587

H. C. Heinrich und **H. Lahann,** *Eine hochempfindliche spektrophotometrische Auswertemethode zur mikrobiologischen Bestimmung der B_{12}-Vitamine mit Euglena gracilis var. bacillaris.* (Vgl. auch C. **1953. 85.**) Vff. untersuchten die Grundlagen des Grünalgentestes zur Best. des *Antiperniciosa-Vitamins* in biol. Material. Die Ausmessung der Aceton- u. A.-Auszüge aus Testkulturen von *E. gracilis var. bacillaris* im BECKMAN-Quarzspektrophotometer (Modell *DU*) ergab 2 charakterist., im Violett u. im Rot gelegene Maxima (λ_{max} 4320 bzw. 4370 u. 6640 Å), deren Extinktionsquotient 2,0 beträgt, so daß beim Photometer EPPENDORF mit Filter 436 mμ die größte Empfindlichkeit erreicht wird. Best.: 4—8 cm³ Testkultur 3 Min. bei 15000 Umdrehungen zentrifugieren, Zellen 1—2mal auf der Zentrifuge mit dest W. waschen, 2—3mal, bis Algen weiß sind, mit je 2 cm³ A. (bzw. Aceton) extrahieren, vereinigte Extrakte auf 5 cm³ mit Solvens auffüllen. Zur Messung im günstigsten Extinktionsbereich (E = 0,10—1,0) sind gegebenenfalls Verdünnungen (1: 10—1: 50) erforderlich. Zellzahl u. spektrophotometr. bestimmter *Chlorophyll a + b* (I)-Geh. der Zellen stimmen im Bereich, in dem eine exakte Zellzählung möglich, überein. Meßbereich der Meth.: 0,001—100 $\mu\gamma$ *Vitamin B_{12}* (II)/cm³, Empfindlichkeitsgrenze 10^{-15} g II/cm³ (ca. 2,2·10⁶ Moll. II/cm³). Die Carotinoide der Augenflecken u. der Chloroplasten, deren Biosynth. II-unabhängig zu sein scheint, schwanken ohne Beeinflussung der Bestimmung. Da einige Antibiotica (III) bei Phytoflagellaten genotyp. I-Verlust (Mutationen) bewirken können, ist bei der II-Best. in Ggw. hoher III-Konzz. auf die I-Synth. zu achten. (Z. Naturforsch. **7b.** 417—18. Juli 1952. Hamburg, Univ., Physiol.-Chem. Inst.) K. MAIER. 4587

H. Schroeder und **E. Kergl,** *Über die Beeinflussung der menschlichen Reaktionszeit durch das Vitamin C.* Mittels eines Fallmykographen wurde die Reaktionszeit von Versuchspersonen auf einen opt. Sinneseindruck gemessen. Es zeigte sich, daß diese nach oraler Verabfolgung von 5·0,05 bzw. 10·0,05 g *Vitamin C* (**I**; *Cebion*-MERCK) verkürzt wird. Die maximale Wrkg. trat zwischen 30 Min. u. 1 Std. ein. **I** zeigt eine dem Strychnin ähnliche, das Zentralnervensyst. stimulierende Wrkg., ohne daß es die tox. Eigg. des Strychnins besitzt. (Vitamine u. Hormone **5.** 357—60. 1952. München, Univ., I. med. Klinik.) LOCH. 4587

F. Tinacci, *Über den Zusammenhang zwischen Ascorbinsäure und mesenchymalem Stoffwechsel der Mucopolysaccharide.* Bei Meerschweinchen mit experimentellem Skorbut wurde das Verh. der chromotropen Substanzen in den Organen u. Geweben untersucht; dawurden in der Submaxillaris, in der Magen- u. Darmschleimhaut, in Milz, Lymphdrüse, Hoden, Uterus u. Thyreoidea keine Abweichungen gegenüber gesunden Tieren beobachtet. In der Niere, im Augapfel u. in geringerem Maße im Ovar wird eine Zunahme der metachromat. Substanzen beobachtet. (Arch. Scienze biol. **36.** 127—34. März/April 1952. Bologna, Univ., Ist. di Patol. generale.) H. SCHEURLEN. 4587

Joachim Haase, *Das Verhalten der histochemisch nachweisbaren Ascorbinsäure in der Nebennierenrinde von Meerschweinchen nach einseitiger Adrenalektomie, Kälteeinwirkung, Wasserentzug und Hunger.* Verss. an Meerschweinchen, die entweder linksseitig adrenalektomiert oder bis zu 20 Tagen bei 1^0 gehalten wurden bzw. die man bis zu 10 Tagen dursten bzw. bis zu 7 Tagen hungern ließ. Vf. untersuchte in verschied. Zeitabständen histochem. die Umsetzung des Gewebes der Nebenniere dieser Tiere mit $AgNO_3$. Er schließt daraus auf Veränderungen des *Ascorbinsäure*-Geh. dieser Organe. (Endokrinologie **29.** 1—22. April 1952. Göttingen, Univ., Anat. Inst.) VINCKE. 4587

Kurt H. Meyer, C. H. Haselbach und **R. A. Boissonnas,** *Schnellbestimmung von Ascorbinsäure in Nebennieren von Ratten.* In einem Zentrifugenglas wird eine Nebenniere mit 5 ml 4%ig. Trichloressigsäure u. 50 mg Celite 535 zerrieben u. durch einen G 3-Tiegel filtriert. Zu 2 ml Filtrat 0,1 ml Bromwasser, umschütteln, nach weniger als 1 Min. 0,1 ml einer Lsg. von 3 ml Anilin in 100 ml $9nH_2SO_4$ zufügen. Nach Mischen werden 0,5 ml einer 2%ig. Lsg. von Dinitrophenylhydrazin in $9nH_2SO_4$ zugegeben u. nach erneutem Umschütteln für genau 5 Min. in ein sd. Wasserbad verbracht. Zur Abkühlung 5 Min. in kaltes Wasserbad bringen u. dabei 5 ml 70%ig. H_2SO_4 zugeben. Die entstandene Färbung wird gegen W. im Spektrophotometer bei 540 $m\mu$ abgelesen. Es können mit einer Genauigkeit von ± 1% 25—125 γ *Ascorbinsäure* pro Nebenniere erfaßt werden, bei einer Kapazität von ca. 50 Bestimmungen in 40 Minuten. (Helv. chim. Acta **35.** 1781—83. 1/8. 1952. Genf, Univ., Labor. de Chim. Org. et Inorg.) KRUSEN. 4587

G. Gaehtgens, *Vitamin E und Sexualhormone.* Vf. setzt sich mit der Annahme WINKLERS (C. **1943.** II. 1286) auseinander, die im *Vitamin E* (**I**) ein spezif. Fruchtbarkeitsvitamin sieht. **I** kann wohl in der Lage sein, vielleicht auf dem Wege über die Beeinflussung des Kohlenhydrat-, Mineral- u. Wasserhaushalts diencephalo-hypophysäre Dysfunktionen zu regulieren, jedoch kommt ihm ein spezif. Charakter im Sinne eines Fortpflanzungsvitamins nicht zu. (Vitamine u. Hormone **5.** 361—75. 1952. Leipzig, Univ., Frauenklinik, u. Gütersloh, Stadtkrankenhaus.) LOCH. 4587

Hellmuth A. F. Martin, *Über die Behandlung des Pruritus und der Kraurosis vulvae mit Vitamin E.* Vf. berichtet über Behandlungserfolge mit *Vitamin E* bei der Kraurosis vulvae, wobei nach ca. 14tägiger Vitamin-E-Medikation der Pruritus beseitigt oder erheblich gemildert war. Auch ein Fall von sogenanntem essentiellen Pruritus wurde geheilt. Eine mögliche E-Hypovitaminose als Ursache der Kraurosis wird erörtert, auf Grund anderer Beobachtungen dem Vitamin E jedoch eine pharmakodynam. Wrkg. zugeschrieben. (Med. Klin. **47.** 1603—05. 28/11. 1952. Münster, Univ., Frauenklinik.) BÖHM. 4587

M. Aloisi und **E. Bonetti,** *Ausgedehnte Muskelschädigungen durch anhaltenden Mangel an Methyldonatoren bei Ratten.* Längerer Mangel an Methyldonatoren ruft bei der Ratte Muskeldystrophie hervor, die sich morpholog. von der durch E-Avitaminose hervorgerufenen unterscheidet. Dabei tritt innerhalb von 120 Tagen keine Verminderung der Kreatininausscheidung ein. Proteinarme Diät beschleunigt das Auftreten der Dystrophie durch E-Avitaminose. (Arch. Scienze biol. **36.** 205—18. März/April 1952. Roma, Univ., Centro del C. N. R. per la Fisiopatol., u. Ist. di Patol. gen.) H. SCHEURLEN. 4589

H. Schlüssel, *^{35}S-Urinausscheidung nach Gabe von ^{35}S-markierter Hefe (Torula utilis). Ein Einblick in den zeitlichen Ablauf der intestinalen Eiweißaufspaltung beim*

Menschen unter Anwendung von radioisotopem Schwefel. An gesunden Versuchspersonen wurde die ^{35}S-Urinausscheidung nach Gaben von ^{35}S-markierter Hefe (20—30 μC ^{35}S enthaltend) untersucht, u. zwar als Gesamt-S, Gesamtsulfat u. Estersulfat. Die Hauptmenge ^{35}S wird in 36—48 Std. ausgeschieden, wobei sich innerhalb der ersten 12 Std. 2 Ausscheidungsmaxima zeigen. Diese können sowohl in ihrem zeitlichen Auftreten, als auch in ihrer Größe zueinander variieren bzw. ineinander übergehen. Eine gleichzeitige Röntgenkontrolle mit Kontrastmittel ergab, daß sich die Hauptmenge der Nahrung zur Zeit des ersten Maximums im Dünndarm u. zur Zeit des zweiten Maximums im Dickdarm befand. Vf. vermutet daher, daß die ^{35}S-Ausscheidungen im wesentlichen von der intestinalen Resorption abhängen, u. daß nach der Dünndarmresorption eine anscheinend nicht unwesentliche Dickdarmresorption der S-haltigen Eiweißspaltprodd. einsetzt. Der in 48 Std. ausgeschiedene ^{35}S schwankt zwischen 15 u. 40% der aufgenommenen Menge. (Biochem. Z. **322.** 513—19. 1952. Köln, Med. Univ.-Klinik.) NEHRING. 4594

R. Müller und **L. v. Erichsen,** *Der Schwefel im Stoffwechsel des Wiederkäuers.* 1. Mitt. *Bilanzversuche mit $Mg^{35}SO_4$ beim Hammel.* Beschreibung der wichtigsten Funktionen des Schwefels im tier. Organismus, bes. der Thioaminosäuren *Methionin* u. C Da der Sulfatgeh. vieler Grünlandpflanzen ziemlich hoch ist, werden Unterss. angestellt, um die Verwertbarkeit bei Wiederkäuern zu prüfen. Hier schalten sich die autotrophen Symbionten in den Vormägen in die Chemosynth. ein. Die Verss. wurden an Hammeln vorgenommen, die mit radioakt. $Mg^{35}SO_4$ gefüttert wurden. Die Messung der β-Strahlung erfolgte im Harn u. im Kot. In den Trockenproben wurden außerdem der Gesamtschwefel u. der Sulfatanteil bestimmt. Es zeigte sich, daß ca. 38% des zugeführten S über die Nieren u. 30% durch den Kot ausgeschieden werden. Auch in der Wolle war eine erhebliche Aktivität meßbar, die auf den Einbau von ^{35}S in Methionin u. Cystin zurückzuführen war. Bei parenteraler Zufuhr konnte eine Rückresorption in den Verdauungstraktus nachgewiesen werden, u. auch enteral zugeführtes $Mg^{35}SO_4$ wurde zu 30% retiniert. Durch die Ergebnisse kann als erwiesen gelten, daß durch $MgSO_4$-Zufuhr die biol. Wertigkeit der Pflanzenproteine für den Wiederkäuer erheblich verbessert werden kann. (Z. Tierzücht. Züchtungsbiol. **60.** 285—95. Nov. 1952. Bonn. Univ., Inst. für Anat. u. Physiol. der Haustiere.) KNÖPKE. 4596

Horst Hanson und **Günter Eisfeld,** *Untersuchungen über den intermediären S-Stoffwechsel.* 3. Mitt. *Die Schwefelwasserstoffbildung durch die Leber aus Cystin/Cystein.* (2. vgl. C. **1953.** 2459.) Die Unters. der H_2S-Bldg. aus *Cystin* (I)/*Cystein* (II) durch Leber (Ratte, Kaninchen) unter Verwendung von Schnitten, Breien u. Extrakten mit laufender Gasdurchströmung, von Schnitten, Breien u. Extrakten in der WARBURG-App. u. mittels der Organdurchströmung zeigte, daß nicht nur, wie bereits bekannt, Leberbrei u. -extrakt H_2S aus I u. II zu bilden vermögen, sondern daß auch Schnitte sowie exstirpierte u. mit I- u. II-Lsg. durchströmte Gesamtorgane H_2S aus diesen Aminosäuren freisetzen können. Wesentlich für das Ausmaß der H_2S-Bldg. sind anaerobe Reaktionsverhältnisse, relativ hohe, die physiol. Norm überschreitende I- bzw. II-Konzz., laufende Entfernung von anfallendem H_2S. Deutungsmöglichkeiten der Unterschiede der aeroben u. anaeroben Verss. werden diskutiert. Die Annahme einer Bldg. von *Cysteinsulfensäure* aus II (z. B. durch H_2O-Addition u. Dehydrierung) oder aus I (durch Hydrolyse) könnte die anaerobe H_2S-Bldg. der Leber aus I/II u. die aerobe Desulfurierung ohne H_2S-Bldg. erklären. (Z. ges. inn. Med. Grenzgebiete **7.** 801—10. 1/9. 1952. Halle, Martin-Luther-Univ., Physiol.-chem. Inst.) K. MAIER. 4596

Howard E. Skipper, Charles Morgan und **Leonard L. Bennett jr.,** *Wirkungen von A-Methopterin (4-Amino-N^{10}-methylpteroylglutaminsäure) auf die Synthese des Adeninanteils des Adenosintriphosphats.* Intraperitoneale Injektion von 2,0 μC ^{14}C-Formiat (I) bzw. 5,0 μC $^{14}C_{(1)}$-Glycin (II) bei Mäusen mit nachfolgender Best. der spezif. Aktivität des ATP-Adenins (III) der Maus (außer in Haut, Haaren, Schwanz u. Füßen) zeigt einen Einbau von I u. II in III. *A-Methopterin* (3 mg/kg) bewirkt Inhibition des I- bzw. II-Einbaues. (Cancer Res. **12.** 413—14. Juni 1952. Birmingham, Ala., Southern Res. Inst., Biochem. Div.) REISS. 4596

Thomas H. Jukes, B-vitamins for blood formation. Springfield, Ill.: C. C. Thomas. 1952. (125 S. m. Abb. $ 4,—.

E_6. Pharmakologie. Therapie. Toxikologie. Hygiene.

Jarrett H. Folley, Wayne Borges und **Takuso Yamawaki,** *Das Auftreten von Leukämien bei Überlebenden der Atombombenexplosionen von Hiroshima und Nagasaki, Japan.* Leukämien u. dadurch verursachte Todesfälle, die eindeutig als Folgen der Atombombenabwürfe auf Japan anzusprechen sind, traten im wesentlichen bei solchen Personen auf, die sich in einer Entfernung von weniger als 2 km vom Hypozentrum entfernt befanden. Die Krankheit trat vorwiegend bei jungen u. mittleren Altersstufen auf. Allg. wurde akute u. myeloische, nur vereinzelt lymphat. Leukämie beobachtet. (Amer. J. Med. **13.** 311—21. Sept. 1952. Atomic Bomb Casualty Comm., u. Hiroshima, Hiroshima Red Cross Hosp., Dep. of Pediatrics.) REUSSE. 4601

Paul G. Fillmore, *Die medizinische Prüfung von Hiroshima-Patienten mit Strahlungskatarakt.* Als Beobachtungsmaterial für Strahlenschäden nach Atomexplosionen (Hiroshima) wurde eine Gruppe von 98 Patienten mit Strahlungskatarakten ausgewählt. Diese Personen befanden sich zur Zeit der Explosion 150—1240 m vom Hypozentrum entfernt. Es zeigte sich, daß der Strahlungskatarakt der einzige körperliche Befund war, der den Spätschäden der Atombombe zugeschrieben wurde. (Science [Washington] **116.** 322—23. 26/9. 1952. Durham, N. C., Duke Univ., Dep. of Med.) GERHARD SCHMIDT. 4601

P. Desaive, Z. Bacq und **A. Herve,** *Die Ursachen der Sterilität weiblicher Mäuse nach Totalbestrahlung und Schutzinjektion von Cystinamin.* Vff. haben Mäuse mit 900 r total bestrahlt (250 kV, 12 mA, Filter 0,25 mm/Cu, FHA 50 cm), nachdem diese vorher eine Injektion von 2 mg *Cystinamin* (I) bekommen hatten. Die Dosis ohne Injektion ist letal, mit Injektion überlebten 80% der Tiere. Bei diesen Überlebenden wurden verschied. Gewebe histolog. untersucht: Die lymphoiden Gewebe u. der Verdauungsapp. erwiesen sich dabei als normal. Geringe Modifikationen zeigte die Schilddrüse, eine Volumenabnahme u. Unterfunktion zeigten die Nebennieren. Komplette Degeneration dagegen wurde am Ovar festgestellt. Diese massive Atresie ist kennzeichnend für die strahleninduzierte Sterilität der Tiere, die durch I nicht verhindert wird. (Experientia [Basel] **8.** 436—37. 15/11. 1952. Liège, Univ., Centre nat. belge pour l'Etude de la Croissauve norm. et pathol., Labor. de Pathol. chirurg.) REUSSE. 4601

Marcia R. White und **Jack Schubert,** *Die Wirkung von Salzen von Zirkonium und anderen Metallen auf Plutonium- und Yttriumverteilung und -ausscheidung.* Spritzt man Ratten *Zirkonium* (*Zr*) vor der Injektion von radioakt. *Plutonium* (*Pu*) u. *Yttrium* (*Y*), so verringert es den Betrag von *Pu* u. *Y*, der nachher im Skelett gespeichert wird, u. läßt den Betrag von *Pu* in den Nieren ansteigen. Wird *Zr* 24 Std. nach *Pu* u. *Y* gespritzt, so verhindert es weitere Speicherung der Radioelemente im Knochen, hat aber keine merkbare Wrkg. auf ihre Organverteilung. Zugaben anderer hydrolysierbarer *organ. Mg-, Fe-, Ti-, Al-* u. *Th-Verbb.* verkleinern die Knochenspeicherung von *Pu* u. haben verschied. Wrkg. auf den gespeicherten Betrag in anderen Organen. *Al* u. *Th* lassen den *Pu*-Geh. von Leber u. anderen Geweben ansteigen. Nicht hydrolysierbares *Mg-Gluconat* hat keine signifikante Wrkg. auf die Verteilung weder von *Pu* noch *Y*. Der Mechanismus dieser Wrkg. auf den *Pu-* u. *Y*-Stoffwechsel durch *Zr* u. andere hydrolysierbare Elemente wird erörtert, wonach Adsorption des Radioelementes an koll. Aggregate in der Zirkulation erfolgen u. Beziehungen zwischen Teilchengröße u. Endverteilung der Aggregate, die mit dem Radioelement beladen sind, bestehen soll. (J. Pharmacol. exp. Therapeut. **104.** 317—24. März 1952. Chicago, Ill., Argonne Nat. Labor., Div. of Biol. and Med. Res.) BÖHM. 4601

P. Lacroix, *Autoradiographien von spongiösem Knochengewebe.* Nach einer besonderen Technik wurden Dünnschliffe von Knochengewebe aus der menschlichen Tibia hergestellt. Das Gewebe wurde in *Methylmethacrylat* eingebettet, geschnitten u. geschliffen. Die Schliffe wurden während 12 Std. mit einer $CaCl_2$-Lsg. (10 mg Ca in 100 cm^3 Lsg.) mit einem Geh. vom 400 μC an ^{45}Ca benetzt u. dann mit einer EASTMAN-KODAK-Emulsion begossen. Nach 48 Std. wurde entwickelt u. es wurde an den so hergestellten Autoradiographien festgestellt, daß die gering calcifizierten Knochengewebe, d. h. der spongiöse Knochen, das Radiocalcium bes. intensiv anlagern. (Experientia [Basel] **8.** 426. 15/11. 1952. Louvain, Univ., Inst. d'anat.) REUSSE. 4601

P. Lamarque und **E. Thibaud,** *Klinische Anwendung von radioaktivem Phosphor zur Behandlung verschiedener Hämopathien.* Bericht über die Behandlung verschied. Blutkrankheiten mit radioakt. ^{32}P (orale Gaben bis zu 15 mC). Während bei der VAQUEZschen Krankheit (Polycythämia rubra megalosplenica) u. lymphoiden Leukämien gute Resultate erzielt wurden, erwiesen sich myeloide Leukämien als resistenter. (J. Radiol. Électrol. Arch. Électr. méd. **33.** 501—04. 1952. Montpellier, Centre régional anti-canvereux.) REUSSE. 4601

Eberhard Diestelkamp, *Über Lungenparenchymschäden nach Bronchographie mit Jodölen.* Obgleich für die Bronchographie brauchbare wasserlösl. Kontrastmittel zur Verfügung stehen, werden Jodöle wie *Jodipin* mit an Fettsäuren gebundenem Jod noch vielfach verwendet. Nach ihrer Anwendung bleiben Ölreste bes. in geschädigtem Lungengewebe monatelang röntgenograph. nachweisbar. Zur Färbung mkr. Schnitte diente Scharlachrot. Die histolog. Unters. zeigte dabei Bldg. von Fremdkörperriesenzellen u. Bindegewebswucherungen. Fetttröpfchen, die in den Alveolen nicht phagocytiert werden konnten, fanden sich in der Mitte knötchenförmiger Granulome eingeschlossen. Mit

Perabrodil M lassen sich die beschriebenen Schäden vermeiden. (Beitr. Klin. Tuberkul. spezif. Tuberkul.-Forsch. **107.** 112—16. 1952. Hamm, Städt. Krankenhaus.) ZOPFF. 4601

H. Gaier und **H. Jantsch,** *Über das Eintreiben von Medikamenten mittels Ultraschall.* (Wiener klin. Wschr. **64.** ([N. F.] 7.) 520—21. 18/7. 1952. Wien, Univ., 1. Chirurg. Klinik, Abt. für Physikal. Med.) GRAU. 4601

A. Loomis, *Die Wirkung des Alkohols auf die Herzmuskel- und Atmungsfunktion. Der Einfluß der eingeschränkten Atmungsfunktion auf die cardiale Toxizität des Alkohols.* Vf. führt 3 Versuchsreihen an Hunden durch: In der ersten wird ihnen eine 50%ig. A.-Lsg. intravenös injiziert, wobei der Tod bei 690—760 mg/pro 100 cm^3 durch Atmungsdepression eintritt (bis 400 mg/100 cm^3 ohne Einw. auf die Atmung). In der zweiten Reihe wird künstliche Atmung angewandt, um die Wrkg. gesteigerter Blut-A.-Mengen auf den Herzmuskel festzustellen. Hier wird bei 880—1105 mg/100 cm^3 der Herzschlag arrhythmisch. Im 3. Vers. werden Tiere mit erhöhtem Blut-A.-Geh. in O_2-armer (10% O_2, 90% N_2) Atmosphäre gehalten, wobei festgestellt wird, daß die Atmung in dem Maße vermindert wird, wie der A.-Geh. im Blut ansteigt. Die Ergebnisse zeigen, daß erst höhere A.-Konzz. Atmungsdepression u., bei Aufrechterhaltung künstlicher Atmung, nur letale Mengen A. auf den Herzmuskel einwirken. Am isolierten Kaninchenherz wirkt erst eine A.-Konz. von 1400—1600 mg/100 cm^3 auf die Kontraktionen stark schwächend. (Quart. J. Stud. Alcohol **13.** 561—70. Dez. 1952. Washington, Univ. of Washington, School of Med., Dep. of Pharmacol.) FAHRNLAENDER. 4607

N. Rabinovici, *Durch Novocain- und Phenolinfiltration hervorgerufene anatomische Veränderungen in sympathischen Ganglien.* Im oberen Halsganglion von Katzen wurden durch Infiltration mit *Novocain* (1%) u. *Phenol* (6%) ausgedehnte Schädigungen der Ganglienzellen hervorgerufen, während die Injektion physiol. NaCl-Lsg. ohne sichtbaren Einfl. auf das Zellbild war. Nach 2—3 Wochen setzt eine Regeneration ein, jedoch sind auch nach 3 Monaten noch Abweichungen vom n. histolog. Bild in Form umfangreicher Pigmentablagerungen sichtbar. (Surgery **31.** 877—84. Juni 1952. Jerusalem, Israel, Hadassah Univ. Hosp.) DAUTZENBERG. 4607

Hans-Jürgen Steinke und **Günther Vogel,** *Untersuchungen zur Frage des Curarediabetes.* An der narkotisierten Katze (*Pernocton* 0,06 g/kg) wurde unter Curarisierung mit *d-Tubocurarinchlorid* eine Abnahme der arterio-venösen Blutzuckerdifferenz (Femoralgefäße) festgestellt, die sich durch direkte elektr. Reizung der gelähmten Muskulatur wieder vergrößern läßt. Demnach beruht sie auf einer Stoffwechselherabsetzung der gelähmten Muskulatur mit entsprechender Verminderung des Zuckerverbrauchs. Gesteigerte Glykogenolyse in der Leber unter Curare wird auf eine Mobilisierung der chem. Wärmeregulation der Leber bezogen, da sich eine Abkühlung der Tiere unter den Versuchsbedingungen nicht ganz vermeiden ließ u. die gelähmten Muskeln für die Wärmeproduktion ausfallen. Damit ist nach Meinung der Vff. die diabetogene Curarewrkg. lediglich ein indirekter Effekt. (Pflügers Arch. ges. Physiol. Menschen Tiere **256.** 9—18. 1952. Berlin, Humboldt-Univ., Physiol. Inst.) DAUTZENBERG. 4607

W. W. Douglas und **C. C. Toh,** *Die Wirkung von 5-Oxytryptamin (Serotonin) auf die Atmung des Hundes.* Niedrige Dosen von *5-Oxytryptamin* (**I**) steigern, bei Injektion in die Art. carotis communis, die Atmung des Hundes, gleichzeitig zeigt sich ein Abfall des Blutdrucks. Hohe Dosen von **I** führen zu einer Tachypnoe, verbunden mit Blutdruckveränderungen. (J. Physiology **117.** 71 P—72. 28/8. 1952. Mill Hill, N. W., Nat. Inst. for Res.) REICHLE. 4607

A. N. Smith, *Präparat 48/80 und Magensäureproduktion.* Die Injektion von *48/80* (**I**) in die Art. coeliaca setzt eine geringe Menge einer Histaminfraktion frei, welche einen zeitweiligen Anstieg der Plasmahistaminwerte zur Folge hat. Die Hauptmenge des Mucosahistamins ist gegenüber **I** resistent. Bei Katzen ruft eine Injektion von **I** in die Art. coeliaca einen geringeren Anstieg der Säuresekretion hervor als bei intravenöser Injektion. (J. Physiology **117.** 73 P—74. 28/8. 1952. Mill Hill, N. W., Nat. Inst. for Med. Res.) REICHLE. 4607

A. Mugler, *Colchicin und ACTH.* Zusammenfassender Bericht über die Ähnlichkeit in der therapeut. Wrkg. des *Colchicins* (**I**) u. des *ACTH* (**II**). Vf. sah nach intravenöser Injektion von **I** recht gute Erfolge bei allerg. Erkrankungen, wie Serumkrankheit, Urticaria oder QUINCKEschem Ödem. An biol. Wirkungen sind bes. die Verminderung des Geh. an Antikörpern, der Einfl. auf das lymphat. Gewebe (Mitosehemmung), relative Lymphopenie u. Eosinophilensturz nach **I**-Applikation zu nennen. Vf. glaubt, daß **I II**-ähnliche Eigg. besitzt. (Semaine Hôpitaux Paris **28.** 136—38. 14/1. 1952. Strasbourg, Clin. Méd.) VINCKE. 4608

K. A. Didcock, G. W. Picard und **J. M. Robson,** *Die Wirkung von Podophyllotoxin auf die Schwangerschaft. Podophyllotoxin* wurde trächtigen Mäusen u. Ratten in 10%ig. alkoh. Lsg. u. Kaninchen in absol. A. gegeben. Die Mäuse abortierten meist oder die Föten waren tot u. wurden resorbiert. Die Placenta war meist groß u. normal. Bei Ratten u. Kaninchen zeigten sich ähnliche Ergebnisse. (J. Physiology **117**. 65P—66 P. 28/8. 1952. Guy's Hosp. Med. School, Dep. of Pharmakol.) REICHLE. 4608

Peter Marquardt und **Georg Vogg**, *Pharmakologische und chemische Untersuchungen über Wirkstoffe in Bienenpollen.* Tierverss. zeigten, daß in reinen Bienenpollen der cholinerg. Faktor des Honigs nicht nachzuweisen war. In 1 g Bienenpollen fand sich eine Substanz, die in ihrer Wrkg. (am Blutdruck geprüft) dem *Histamin* (**I**) entsprach. Eine bestimmte Menge des Pollenextraktes zeigte am Meerschweinchendarm u. auf der Haut des Menschen typ. Histaminwirkungen. Unterss. von Blütenpollen ergaben, daß **I** kein regelmäßiger Bestandteil derselben ist u. nur in einzelnen Species vorhanden ist. Weiter konnte gezeigt werden, daß die Wrkg. der Pollenextrakte wahrscheinlich auf **I** u. nicht auf Peptonwrkg. beruht. Neben dem pharmakol. konnte auch der chem. Nachw. für das Vorhandensein von **I** erbracht werden. (Arzneimittel-Forsch. **2**. 267—71. Juni 1952. Freiburg/Br., Univ., Abt. für experimentelle Therapie.) REICHLE. 4609

A. Schüller Pérez und **M. Sanz Garcia**, *Ergebnisse bei der Behandlung der Tuberkulose mit PAS.* Beschreibung von 32 Fällen. (Medicina [Madrid] **20**. II. 279—302. Nov. 1952. Madrid, Hosp. Provincial.) P. G. SCHEURLEN. 4610

A. Tzanck, Ed. Sidi und **Hubault**, *Über einen Fall von p-Aminosalicylsäureintoleranz.* Bericht über einen Fall akuter nässender Dermatitis, die nach Umgang mit *PAS* in einem pharmazeut. Labor. auftrat. Durch Testung konnte festgestellt werden, daß die durch Kontakt entstandene Sensibilisierung gegen PAS auch eine solche gegen andere Para-Derivv. hervorgerufen hatte u. auch gegen interne Verabreichung bestand. Man sollte also keine zur Sensibilisierung führende Verbb., deren man sich gegebenenfalls zur internen Behandlung noch bedienen muß, auf die Haut bringen (p-Aminobenzoesäure, Novocain). (Semaine méd. **28**. 694—95. 2/11. 1952. Suppl. zu: Semaine Hôpitaux Paris Nr. 81.) BÖHM. 4610

Olga Palich-Szántó, *Über toxische Wirkung der Paraaminosalicylsäure (PAS).* Bericht über einen Fall, bei dem akut nach Verabreichung von 10 g *Streptomycin* u. 350 g *PAS* ein generalisiertes Exanthem, identifiziert als papulonekrot. Tuberkulose, auftrat, das auf eine durch die *PAS*-Therapie ausgelöste Streuung vom Primärherd zurückgeführt wird. (Klin. Monatsbl. Augenheilkunde augenärztl. Fortbild. **120**. 574—77. 1952. Budapest.) DOSSMANN. 4610

Antonio Rourera Farré, *Beitrag zum Studium der Behandlung von Nierentuberkulose mit Isonicotinsäurehydrazid.* Es wird über einen Fall von Nierentuberkulose berichtet, der bei stark positivem Urin- u. Allgemeinbefund erfolglos mit TB I, Streptomycin u. a. behandelt worden war. Nach zweimonatiger Therapie mit insgesamt 15 g Isonicotinsäurehydrazid trat klin. Besserung ein. (Clín. y Lab. **54**. (**37**.) 414—17. Dez. 1952.) P. G. SCHEURLEN. 4610

Vittorio Lamberti Bocconi, *Über den Einfluß der Reinheit des Isonicotinsäurehydrazids auf die Genese von Sekundärerscheinungen in der Tuberkulosetherapie.* Unverträglichkeiten des Isonicotinsäurehydrazids werden auf Unreinheiten des Prod. zurückgeführt. (Minerva med. [Torino] **43**. II. 718—19. 18/10. 1952.) GERBER. 4610

Robert J. Glaser, *Die allgemeinen Grundlagen der Therapie mit Antibioticis.* Anwendung u. Toxizität von Sulfonamiden, Penicillin, Streptomycin, Aureomycin, Chloramphenicol u. Terramycin. (J. Amer. Dental Assoc. **46**. 129—34. Febr. 1953. St. Louis, City Hosp.) LOCH. 4611

Floyd D. Ostrander, *Die Anwendung von Antibioticis in der Periodontie und Endodontie.* (J. Amer. Dental Assoc. **46**. 139—44. Febr. 1953. Ann Arbor, Mich., Univ. of Michigan, School of Dent.) LOCH. 4611

Jack B. Caldwell, *Die Anwendung von Antibioticis in der Kieferchirurgie.* (J. Amer. Dental Assoc. **46**. 135—38. Febr. 1953. Washington.) LOCH. 4611

O. Remler, *Bakteriologische und klinische Untersuchungen über den Wirkungsbereich von Antibioticis gegenüber augenpathogenen Keimen.* Besprochen wird die Wirkungsbreite von *Penicillin* (**I**); in der Augenheilkunde sind 90% aller Fälle **I**-empfindlich. **I** ist den gebräuchlichsten Desinfektionsmitteln nach der Lochtestmeth. weit überlegen. **I**-Wirksamkeit ist weitgehend abhängig von der Applikationsform. Bes. hervorgehoben werden wasserfreie **I**-Salben. Oberhalb von 10^3 E./g nimmt die Wrkg. von **I** bei lokaler Anwendung mit steigenden Einheiten nur noch wenig zu. Als bestes Mittel wird *Ophtopen* (DR. WINZER, Konstanz), eine stabile Lsg. von **I** in pflanzlichem Öl herausgestellt. Der Wirkungsbereich von **I** kann durch Kombination mit *Sulfonamiden* u. *Streptomycin* (**II**) in Richtung der gramnegativen Keime erheblich erweitert werden. Besprochen wird die *Peniazolsalbe* (DR. WINZER), enthaltend **I** + *Cibazol*, ferner die *Penimycin*-Augensalbe (DR. WINZER) mit 10^3 E. **I** + $2 \cdot 10^3$ E. *Dihydro*-**II** pro cm^3. Die über 2 Jahre geprüften

Präpp. zeigten bei 2—3% der Fälle Nebenwirkungen in Form von Kontaktdermatitiden. (Klin. Monatsbl. Augenheilkunde augenärztl. Fortbild. **120.** 578—96. 1952. Frankfurt/M., Univ., Augenklinik.) DOSSMANN. 4611

E. Juch, *Penicillinspiegeluntersuchungen im menschlichen Knochenmark und ihre Bedeutung für die Therapie der akuten Osteomyelitis.* Nach intramuskulärer Injektion von 60000 E. *Penicillin* (I) wurde in 14 Fällen im Knochenmark ein wesentlich geringerer I-Spiegel gefunden als im Serum. Der bakteriostat. Grenzwert wurde im Knochenmark teilweise überhaupt nicht erreicht. Vf. schlägt deshalb für die Behandlung der akuten Osteomyelitis vor, I in Form einer Stoßtherapie (mindestens 300000 E., alle 6 Std.) zu geben oder, z. B. bei Fällen mit sichtbaren Knochenveränderungen, I direkt lokal in das Knochenmark zu applizieren. (Zbl. Chirurg. **77.** 2085—86. 1952. Greifswald.) R. KÖNIG. 4611

K. Brüning, *Die akute hämatogene Osteomyelitis und die Antibiotica.* Obgleich ein abschließendes Urteil über den Wert der Antibiotica bei der Behandlung der akuten hämatogenen Osteomyelitis noch nicht gefällt werden kann, sieht Vf. im *Penicillin* (I; Dosis: 3—10 Mill. E.) zwar ein wertvolles Hilfsmittel, betont aber, daß sich das Schwergewicht wieder mehr auf die operative Therapiemeth. zu verlagern scheint. Vor allem verdient die zunehmende I-Resistenz besondere Beachtung. (Zbl. Chirurg. **77.** 2083—85. 1952. Rostock.) R. KÖNIG. 4611

G. Fischer, *Zur Frage der Früh- oder Spätbehandlung des Scharlachs mit Penicillin. Zugleich ein Beitrag zur Anwendung des Oralpenicillins beim Scharlach.* Zur Frage der Kurztherapie mit *Penicillin* nach NEUBERT u. KAISER (C. **1951.** II. 1774) wird über eigene Erfahrungen bei 160 Fällen berichtet (nach dem 10. Krankheitstag bei Kindern bis zu 10 Jahren Applikation von täglich 4mal 75000 E., von 10—14 Jahren 4mal 100000 E., jeweils 3 Tage lang). Das Verf. wird als Meth. der Wahl abgelehnt (34,9% Komplikationen). — Perorale I-Behandlung (Oral-I, MADAUS; Dosierung: bis zu 15 kg Körpergewicht 1 Tablette, 16—25 kg 2 Tabletten, >25 kg 3 Tabletten mit je 50000 E., täglich 8mal, 6 Tage lang) war bei 102 Fällen den Behandlungserfolgen mit Depot-I gleichwertig. Es wird gegebenenfalls kombinierte Behandlung mit Oral-I am Tage u. Depot-I in der Nacht vorgeschlagen. (Dtsch. Gesundheitswes. **7.** 1479—81. 20/11. 1952. Chemnitz, Zeisigwaldkrankenhaus.) RANG. 4611

Mary Alice Hamilton und **Erving F. Geever,** *Die Anwendung von Kaliumjodid in Kombination mit Streptomycin bei der Behandlung experimenteller Tuberkulose bei Meerschweinchen.* Besprechung verschied. Versuchsreihen an ca. je 10 Tieren. Nach Infektion mit Mycobacterium tuberculosis var. homines, Stamm H 37 Rv, ergab Vgl. zwischen Kontrollen, täglich mit 40 mg *KJ* oral, mit 8 mg *Streptomycin* (I) intramuskulär u. mit *KJ* + I behandelten Tieren, daß *KJ* allein den Verlauf der Tuberkulose nicht beeinflußt u. daß bei *KJ* + I-Therapie eher eine Verschlechterung gegenüber der I-Therapie allein zu verzeichnen ist. Erhalten die Tiere vor der Infektion *BCG-Vaccine* (II), so ist mit II eine Schutzwrkg. gegenüber den unbeimpften Kontrollen zu erreichen. Das signifikanteste Ergebnis der Verss. war, daß erst durch II eine gesteigerte Resistenz der Tiere herbeigeführt werden muß, um eine Verstärkung der I-Wrkg. durch *KJ* zu erreichen. *KJ* allein ist ohne therapeut. Effekt. Unterdosierung von I, täglich 2 mg, bewirkt nur eine Verzögerung im Auftreten des Todes durch die Tuberkulose. (Amer. Rev. Tubercul. **66.** 680—98. Dez. 1952. Colorado Coll., Colorado Found. for Res. in Tubercul., u. Colorado Springs, St. Francis u. Glockner-Penrose Hospitals.) DOSSMANN. 4611

—, *Behandlung des „Shipping"-Fiebers in Northwest-Iowa.* Nachdem die 11jährige erfolgreiche Behandlung des „Shipping"-Fiebers bei Rindern mit täglich 1 g *Sulfathiazol-Na*/2—3 pound plötzlich zahlreiche Fehlwirkungen zeigte, konnten mit 1 g *Streptomycin* 300—400 pound sehr gute Erfolge erzielt werden. Bewährt haben sich auch andere Antibiotica allein sowie in Verbindung mit Sulfonamiden. (J. Amer. veterin. med. Assoc. **121.** 244—45. Okt. 1952.) KRUSEN. 4611

Reed M. Nesbit, Austin I. Dodson jr. und **Charles C. Mackinney,** *Die Behandlung von Infektionen der Harnwege mit Neomycin. Neomycinsulfat* (I; UPJOHN CO., Kalamazoo, Mich.) wurde intramuskulär an 18 Patienten mit Infektionen der Harnwege, die vorher schon erfolglos mit anderen Mitteln behandelt worden waren, in Dosen von 0,25 g alle 6 Std. über maximal 5 Tage verabreicht. Diese Dosierung erwies sich als nichttoxisch. Am Ende der Therapie war der Urin in 12 Fällen steril. In vitro-Verss. ergaben, daß die Hemmwrkg. von I gegenüber 102 Bakterienstämmen mit derjenigen von *Chloromycetin* u. *Terramycin* vergleichbar ist. Die Organismen waren in 79 Fällen I-empfindlich bei I-Konzz. von 25,6 mcg/ml oder weniger, in 31 Fällen wird I als das Mittel der Wahl angesehen. (Antibiotics and Chemotherapy **2.** 447—52. Sept. 1952. Ann Arbor, Mich., Univ. of Michigan, Med. School, Dep. of Surgery.) DOSSMANN. 4611

Frederick R. Carriker, *Die Verwendung von Hyaluronidase in der Ophthalmologie. Hyaluronidase* (I)-Anwendung erwies sich als günstig zur Behandlung früher Stadien von Pterygium, zur Beschleunigung der Resorption subconjunktivaler Hämorrhagien, zur Senkung des Augendruckes bei der retrobulbären Anästhesie, zur Beschleunigung der Absorption subconjunktival injizierten Cortisons u. begünstigte in 1 Fall degenerativer Keratitis die Auflösung einiger Degenerationsprodd. der Cornea. Ohne Einfl. war I auf die Lösung hinterer Synechien bei alten leprösen Iritiden. (Amer. J. Ophthalmol. [3] **35.** 1765—68. Dez. 1952. Ancon, Panama Canal Zone, Gorgas Hosp., Dep. of Ophthalmol.)
GIBIAN. 4614

Arthur J. Butt, Ernst A. Hauser und **Joseph Seifter,** *Wirkung von Hyaluronidase auf Urin und ihre mögliche Bedeutung für die Nephrolithiasis.* Subcutane Injektion von 24—48stündlich 150—2400 WYETH-Trübungseinheiten *Hyaluronidase* führt bereits nach ½ Std. zu einer 12—24 Std. anhaltenden Änderung der physikochem. Eigg. des Harns (Oberflächenspannung, Turbidität [Sedimentbldg.], ultramikrophotograph. Verh.). Die hierbei auftretende Vermehrung der sogenannten *Harnschutzkolloide* kann zu einer Prophylaxe der Bldg. von Harnsteinen bei dazu prädestinierten Personen führen. (J. Amer. med. Assoc. **150.** 1096—98. 15/11. 1952. Pensacola, Fla., Butt Med. Found.)
GIBIAN. 4614

C. A. Keele, *Prüfung von analgetischen Mitteln beim Menschen.* Bei 5 gesunden Versuchspersonen wurde am Arm durch Anlegen einer Manschette bei einem Druck von 200 mm Hg u. unter Beobachtung des Kontrakturschmerzes der Muskeln die analget. Wrkg. untersucht. Die Schwellendosis lag bei intravenöser Injektion für *Morphium* bei 1,3 mg, *Amidon* 2,0 mg, *Pethidin* 7,5 mg u. bei den *Dithienylbutylaminderivv. I C 50* bei 3,7 mg, *268 C 49* bei 3,5 mg, *191 C 49* bei 5,0 mg u. *489 C 49* bei 5,5 mg. Durch Injektion in den Muskel von 10 g Morphium oder 25 mg 191 C 49 wurde die Zahl der ischäm. Muskelkontraktionen zur Erzielung von Schmerzen heraufgesetzt. (Analyst **77.** 111—17 März 1952. London, Middlesex Hosp. Med. School, Dep. of Pharmakol.)
KLINGMÜLLER. 4621

André Plichet, *Die Behandlung rheumatischer Arthritis und Gicht mit Phenylbutazon.* (Vgl. auch KUZELL u. Mitarbeiter, C. **1953.** 1052.) Besprechung von Behandlungserfolgen mit *Phenylbutazon* (I), einem *Pyrazol*-Deriv., dem wesentlichen Bestandteil von *Irgapyrin* (GEIGY) an 140 Kranken mit rheumat. Arthritis, Gicht u. a. Vorteile gegenüber *Pyramidon* werden herausgestellt. I-Wrkg. ist wie bei *Cortison* u. *ACTH* nur temporär. 5—7 Tage nach Absetzen von I treten die Erscheinungen wieder auf. Bei Gicht sind die Resultate mit I besser als mit *Colchicin.* (Presse méd. **60.** 1217—18. 20/9. 1952.)
DOSSMANN. 4621

Edith Roth Kepes, *Die Wirkung von Demerol auf den Liquordruck.* In 25 von 27 Fällen stieg nach intravenöser Injektion von *Demerol* (*1-Methyl-4-phenylpiperidincarbonsäure-(4)-äthylester*; I) der Liquordruck an, während der Blutdruck nicht erkennbar beeinflußt wurde. Die Höhe des Druckanstiegs hing von der injizierten Menge I ab. *Morphin* wirkt in ähnlicher Weise. (Anesthesiology **13.** 281—86. Mai 1952. Denver, Colo., Denver General Hosp.)
DAUTZENBERG. 4621

Helmut Schüle, *Klinisch-experimentelle Vergleichsuntersuchungen über die anästhesierende Wirksamkeit einiger neuerer Lokalanästhetica.* An 88 Versuchspersonen mit klin. gesunden Zähnen wurden verschied. Lokalanästhetica in bezug auf Frequenz, Dauer, Ausbreitung u. Latenz der Anästhesie unter Anwendung von Gleichstromreizen miteinander verglichen. Untersucht wurden: *Anästheticum ABC* BAYER, *2% Novocain-Suprarenin B* HOECHST, *Anästheticum 12303 Zl* HOECHST, *2% Pharmatonin* PHARMATON, *2% Xylocain spezial* ASTRA, *2% Xylocain normal* ASTRA, *2% Xylocain* ASTRA u. *1% Xylocain-Epinephrin* ASTRA. Als weitaus wirksamstes Mittel zeigte sich dabei *2% Xylocain spezial.* Vf. betont außerdem, daß in der Praxis meist viel zu große Mengen Anästheticum injiziert werden. (Dtsch. zahnärztl. Z. **7.** 1376—83. 1/12. 1952. Tübingen, Univ., Zahnärztl. Inst.)
DAUTZENBERG. 4621

G. Riedel, *Isopropylchlorid (IPC), ein neues Rauschnarkoticum.* Vf. berichtet über gute Erfahrungen bei über 100 Rauschnarkosen mit *Isopropylchlorid* u. hebt die gute Verträglichkeit u. Wirtschaftlichkeit hervor. (Zbl. Chirurg. **77.** 2334—36. 1952. Bergisch-Gladbach, Evangel. Krankenhaus.)
DAUTZENBERG. 4621

R. Palliez, P. Cotteel und **M. Delecour,** *Die Verwendung des Trichloräthylens in der Geburtshilfe. (Klinische und biologische Studie.)* Klin. ist *Trichloräthylen* ein gutes Inhalationsanalgeticum ohne Hemmung des Geburtsverlaufs (210 Fälle). Die Ausscheidung erfolgt langsam; damit ist die Gefahr einer Überdosierung leicht gegeben. Leberschäden stellen eine Kontraindikation dar. (Gynécol. et Obstétr. **51.** 389—96. 1952. Lille.)
DAUTZENBERG. 4621

A. Cognasso und **F. Perna,** *Die Prothrombinzeit bei der Trilennarkose.* Vff. fanden bei der Best. der Prothrombin (**I**)-Zeit u. des **I**-Spiegels bei Narkosen mit *Trichloräthylen* (**II**; *Trilen*) bei otorhinolaryngolog. Eingriffen, daß der **I**-Spiegel durch **II** nicht nennenswert beeinflußt wird u. daß nur in der ersten Std. nach der **II**-Anwendung eine geringe Verlängerung der **I**-Zeit festzustellen ist. Nach spätestens 24 Std. haben sich die Verhältnisse wieder restlos normalisiert, so daß nach Ansicht der Vff. bei oder nach Eingriffen unter **II**-Narkose keine erhöhte Blutungsgefahr besteht. (Giorn. ital. Anestesia Analgesia **18.** 355—62. Mai/Juni 1952. Torino, Ospedale Maria Vittoria, Div. Medicina gener.) IPPEN. 4621

Francis F. Foldes und **Pearl G. McNall,** *2-Chlorprocain: ein neues Lokalanästheticum.* Die lokalanästhet. Wrkg. von *2-Chlorprocain* (**I**) wurde an insgesamt 461 Personen untersucht, u. zwar mittels intracutaner Hautquaddel (27), Leitungsanästhesie (130), Kieferanästhesie (90) u. Spinalanästhesie (214). Außer einer lokalen Urticaria traten keine tox. Symptome auf. **I** wirkt bei der Spinalanästhesie stärker als *Procain* (**II**) u. seine Wrkg. setzt schneller ein. Im Hautquaddeltest ist die Wirkungsdauer von **I** erheblich länger gegenüber **II**. Der therapeut. Index ist günstiger als bei **II**. (Anesthesiology **13.** 287—96. Mai 1952. Pittsburgh, Pa., Mercy Hosp., Dep. of Anesthesiol.; Univ. of Pittsburgh, School of Med., Dep. of Anesthesiol.) DAUTZENBERG. 4621

Alfred Leimdorfer, *Die Wirkung von Pentamethylentetrazol (Metrazol) und 2-Methylamino-6-oxy-6-methylheptan (Aranthol) auf die Atmungs- und Kreislaufstörungen bei Pentothalnatriumvergiftung.* Im ersten Stadium einer experimentellen *Pentothal*-Vergiftung beim Hund (wenige Sek. Atemstillstand, noch keine Herz- u. Blutdruckstörung) konnte rasche Erholung durch intravenöse Injektion von *Metrazol* (**I**; *Pentamethylentetrazol*) erzielt werden; im 2. Stadium (längerer Atemstillstand mit Herzrhythmusstörungen u. leichter Blutdrucksenkung) hatte kombinierte Injektion von **I** u. *Aranthol* (**II**; *2-Methylamino-6-oxy-6-methylheptan*) gute Wrkg.; im 3. Stadium (Kollaps, plötzlicher Blutdruckabfall) mußte **I** + *Epinephrin,* anschließend **II** intravenös injiziert werden, um die schweren Herz–Kreislauferscheinungen zu bessern. Die Verwendung von **II** hilft, Überdosierungen von **I** (Krampfauslösung) zu vermeiden. (Arch. int. Pharmacodynam. Thérap. **89.** 302—10. 1952. Chicago, Ill., Loyola Univ., School of Med., Dep. of Pharmacol.) DAUTZENBERG. 4621

S. Thesleff, *Die pharmakologischen Eigenschaften von Succinylcholinjodid. Mit besonderer Berücksichtigung seines klinischen Wertes als Muskelrelaxans. Succinyl-bis-[cholinjodid]* (**I**) besitzt eine kurzdauernde muskellähmende Wrkg., die viel kürzer ist als bei anderen Stoffen. Bei aufeinanderfolgenden Injektionen tritt keine Tachyphylaxie auf. Die 6—700fache zur Muskellähmung erforderliche Dosis erst lähmt die autonomen Ganglien. Weiterhin zeigt **I** keine Wrkg. auf Blutdruck, Peristaltik oder Bronchokonstriktion. Unterss. an Schwangeren zeigten, daß **I** keine Schädigung des Föten verursacht; die allg. Toxizität von **I** ist gering. Durch Verabreichung von *3-Oxyphenyltrimethylammoniumbromid* kann die Wirkungsdauer verlängert u. verstärkt werden. (Acta physiol. scand. **26.** 103—29. 10/9. 1952. Stockholm, Karolinska Inst., Dep. of Pharm.) REICHLE. 4628

Nancy S. G. Butt, *Bericht über die Anwendung von Succinylcholinchlorid auf einer Thoraxstation.* Bei 1000 Patienten von 21 Monaten bis zu 83 Jahren wurde *Succinylcholinchlorid* (*Scoline*; ALLEN & HANBURYS) bei Bronchoskopien u. Ösophagoskopien angewendet. In einem Fall trat längere Atemlähmung auf (20 Min.) ein. Trotzdem überwiegen bei weitem die Vorzüge vor anderen Relaxantien: gute Erschlaffung, rascher Abbau, selteneres Auftreten von leichterem Laryngospasmus. (Brit. J. Anaesthesia **24.** 245—51. Okt. 1952. Liverpool, Thoracic Surg. Centre.) DAUTZENBERG. 4628

D. A. Hodgson und **P. C. Kothary,** *Gefahren des Succinylcholins.* Unter mehr als 350 Fällen, bei denen *Succinylcholin* angewendet wurde, trat 2mal verlängerte Apnoe von 25 bzw. 27 Min. auf. (Brit. med. J. **1952.** II. 442. 23/8. 1952. Bedfordshire, Luton and Dunstable Hosp.) DAUTZENBERG. 4628

F. M. Berger, *Zentral lähmende und krampfhemmende Eigenschaften von Mephenesinisomeren Glycerinäthern.* Untersucht wurden die α- u. β-, *o*-, *m*- u. *p*-*Tolyl*- bzw. -*Benzyläther* des *Glycerins* auf ihre lähmende Wrkg. u. ihre Fähigkeit, die Krampfschwelle des *Elektroschocks* zu beeinflussen u. Krämpfe durch *Strychnin, Pikrotoxin* u. *Tetanustoxin* zu hemmen. Die *Glycerin-α-tolyläther* lähmen stärker als die entsprechenden β-Verbindungen. Am stärksten lähmt Mephenesin (*3-o-Toloxy-1.2-propandiol*), es ist auch am besten bei *Tetanus*-Krämpfen wirksam. Beim *Elektroschock* u. *Strychnin* wirkt am besten *2-o-Toloxy-1.3-propandiol.* Gegenüber *Pikrotoxin*-Krämpfen bestehen zwischen den geprüften Verbb. keine besonderen Unterschiede. (J. Pharmacol. exp. Therapeut. **105.** 450—57. Aug. 1952. New Brunswick, N. J., Wallace Labor.) DAUTZENBERG. 4628

William J. La Joie und **Jerome W. Gersten,** *Eine objektive Methode zur Beurteilung der Muskelspastik. Vorläufige Beobachtungen über die Wirksamkeit verschiedener Maßnahmen zur Erzeugung einer Muskelerschlaffung in der hemiplegischen Extremität.* Als Maß für die Spastizität wurde die Kraft bestimmt, die eben den Ellbogen aus einem Winkel von 145° um 1,5° streckt. Die Meth. wird genau beschrieben u. die Wrkg. nachst. Behandlungsmethoden damit geprüft: Infrarotbestrahlung aus 14 u. 20 Zoll Abstand, heiße Umschläge, heiße Paraffinpackungen, Faradisierung, Galvanisierung, Chloräthylspray, *Mephenesin* intravenös. Statist. signifikante Verringerung des Muskelwiderstandes wurde nur mit Infrarotbestrahlung (14 Zoll Abstand) u. *Mephenesin* erreicht. (Arch. physic. Med. **33.** 595—603. Okt. 1952.) DAUTZENBERG. 4628

E. Schulze und **R. Franke,** *Klinische Erfahrungen mit Khellin, einem neuen spasmolytischen Mittel. Khellin* „MOOR" (HEFA G. m. b. H., Werne/Lippe) war sehr gut wirksam bei Spasmen der Coronargefäße. Mit höheren Dosen wurden auch bei spast. Erkrankungen im Bereich der Atmungsorgane u. des Urogenitaltraktes Besserungen erzielt. (Aerztl. Wschr. **7.** 1207—10. 19/12. 1952. Gießen, Justus-Liebig-Hochschule, Med. Akad., Med. u. Nervenklinik.) DAUTZENBERG. 4828

J. Poëtes, *Unsere Erfahrungen mit Convallan liquidum.* Bericht über Erfolge mit *Convallan liquidum* (**I**; GÖDECKE & CO., CHEM. FABRIK A. G., Berlin, Werk Memmingen) bei 40 organ. Herzkranken. **I** ist ein standardisiertes Maiglöckchenpräp. mit $3 \cdot 10^3$ Froschdosen/cm^3. Dosierung 3mal täglich 25 Tropfen. Mit **I** wurde vorzügliche diuret. Wrkg. erzielt, Pulsfrequenz normalisierte sich, keine tox. Kumulationserscheinungen, gute Verträglichkeit von seiten des Magens. Am besten sprachen Mitralinsuffizienzen auf **I** an. (Med. Klin. **47.** 554—55. 18/4. 1952. Köln, Krankenhaus der Augustinerinnen.) DOSSMANN. 4630

Hamilton H. Anderson, Arseny K. Hrenoff, Jeanette Van D. Anderson, M. Nakamura und **A. N. Contopoulos,** *Fumagillin bei Amöbiasis. Fumagillin* (**I**; aus Aspergillus fumigatus NNRL 171) ist beim Menschen u. beim Affen bei oraler Applikation wirksam gegen *Entamoeba histolytica.* 9 von 10 Personen zeigten nach Verabreichung von insgesamt 100 mg **I** innerhalb 12½ Tagen 3 Monate lang keine Cystenausscheidung; mit 50 mg **I** wurde bei 4 von 10 Personen dieselbe Wrkg. beobachtet; bei Affen trat mit Dosen von 250—625 mg **I**/kg innerhalb 5—10 Tagen bei 12 von 19 Tieren keine Cystenausscheidung während der folgenden 3 Monate auf. Unverträglichkeit wurde beim Menschen nicht beobachtet. **I** ist auch bei chron. Intestinalamöbiasis beträchtlich wirksamer als Terramycin oder Thiocarbarson. (Amer. J. trop. Med. **1.** 552—58. Juli 1952. San Francisco, Calif., Univ. of California, u. Beirut, Libanon, Amer. Univ. of Beirut.) GOEBEL. 4649

Horace R. Frye und **Iden N. Hill,** *Fluorzusatz und Zahnkontrolle.* Zusammenfassender Bericht über Durchführung u. bisherige Ergebnisse des Zahncariesvers. in Evanston, Illinois. Während die im Jahre 1949 durchgeführte Unters. der 12—14jährigen nach 23—24 Monaten Einwirkungsdauer des F-Zusatzes zum Trinkwasser eine Abnahme von nur 12,9% ergab, zeigte sich bei der Unters. der 6—8jährigen im Jahre 1951 nach 47 bis 58 Monaten Wirkungsdauer ein Rückgang des Cariesbefalls der zweiten Zähne von 46,42%. Die tägliche Kost der beobachteten Bevölkerung enthält bestimmte Mengen F. Bei der Zubereitung in 1—2 mg/Liter F enthaltendem W. ergab sich kein Unterschied in der F-Aufnahme von frischem u. tiefgekühltem Gemüse; beim Kochen in offenen Gefäßen wird aber mehr F aufgenommen als in Dampfkochgefäßen. (J. Amer. Water Works Assoc. **44.** 947—56. Okt. 1952. Evanston, Ill., Water Dep.; Chicago, Ill., Univ., Zoller Mem. Dental Clin.) MANZ. 4655

Rudolf Hofmann, *Salviathymol, ein neues Therapeuticum für die tägliche Praxis.* Hinweis auf das wegen seiner guten adstringierenden, antisept. u. desodorierenden Wrkg. bei allen entzündlichen Affektionen der Mundschleimhaut indizierte *Salviathymol* (GALENIKA DR. HETTERICH G. M. B. H., Fürth; Gemisch aus *Azulen, Chlorophyll* u. alkoh. Auszügen aus *Fol. Salviae, Herba Alchemillae, Rad. Ratanhiae* mit Zusätzen von *Salol, Thymol, Menthol* u. einer organ. *F*-Verb.). (Zahnärztl. Rdschr. **62.** 17—18. 5/1. 1953. Bayreuth.) KLESSE. 4655

Karl Helbig, *Die Verbesserung der Füllungstherapie durch Mittel zum Schutz der Pulpa.* 1. Mitt. Allg. Ausführungen u. Besprechung des neutralisierend auf die Säure des Füllungsmaterials wirkenden Präp. *Protector* (= *Antac*). (Dtsch. dentist. Z. **6.** 414—17. 25/6. 1952. Eisleben.) KLESSE. 4655

Karl Helbig, *Die Verbesserung der Füllungstherapie durch Mittel zum Schutze der Pulpa.* 2. Mitt. (1. vgl. vorst. Ref.) Aufzählung u. krit. Würdigung von imprägnierenden Mitteln (*Argentosol, Höllenstein, Imprägnol, Cervin, Zinkchlorid* + *Kaliumferrocyanid*), verkieselnden (*Tiranal, Eucarsil, Dentilith, Morpasil*) u. isolierenden Pulpaschutzmitteln (*Guttapercha, Tutol*). (Dtsch. dentist. Z. **6.** 529—32. 13/8. 1952. Eisleben.) KLESSE. 4655

Karl Helbig, *Die Verbesserung der Füllungstherapie durch Mittel zum Schutze der Pulpa.* 3. Mitt. (2. vgl. vorst. Ref.) Krit. Besprechung von Zementen (*Aquadentin, Plerodont, Ultraphos, Rhealit, Vivadent, Phosphatzement*) u. Ca-Salzpräpp. (*Calxyl, Reogan*) zum Schutz der Pulpa. Wurzelfüllungs- u. Amputationspasten werden zur Behandlung der lebenden Pulpa abgelehnt. Auch Lackschutzmittel (Zahnlacke) u. medikamentöse Mittel auf Thymol- oder Eugenolbasis sind zum Schutz der Pulpa nicht geeignet. (Dtsch. dentist. Z. **6.** 594—97. 10/9. 1952.) KLESSE. 4655

Wilhelm Baade, *Über klinische Erfahrungen mit Atosil bei Hautkrankheiten.* Vf. konnte mit *Atosil* (BAYER, Leverkusen) in individueller Dosierung von 107 behandelten Fällen verschied. Hautkrankheiten bei 69 Patienten eine juckreizstillende u. bei 26 eine mildernde Wrkg. erzielen. Keine Unverträglichkeitserscheinungen. (Münchener med. Wschr. **94.** 2528—30. 12/12. 1952. Ludwigshafen/Rh., Städt. Krankenhaus.) KRUSEN. 4661

Reinhard Friede, *Zur Therapie der kongenitalen Retinitis pigmentosa.* Eingehende Besprechung des komplexen Krankheitsbildes der Retinitis pigmentosa. Vf. gibt eine kombinierte Therapie an, die bei 39 Fällen in 36% Besserungen zeitigte; verabreicht wurden *Vasodilatoria*: *Priscol,* conjunktival oder intravitreal, *Na-Nitrit*; *Hyperaemica*: *Milch*-Injektionen, subconjunktivale *NaCl*- bzw. *Dionin*-, ferner *Aloe*-Injektionen neben Kammerpunktion; *Hormone*: *Menformon, Retalon* u. bes. Placenta-Implantationen; *Vitamin A* als *Vogan, Lebertran* u. *J.* Daneben Kurzwelle, Dunkelkur u. O_2-Inhalationen. (Klin. Monatsbl. Augenheilkunde augenärztl. Fortbild. **120.** 605—24. 1952. St. Pölten, Österreich, A. Ö. Krankenhaus.) DOSSMANN. 4670

I. Brand, *Klinische Erfahrungen mit einem neuen synthetischen Mydriaticum.* Erfahrungen an 100 Patienten mit *Labotropin* (**I**; LABOPHARMA, Berlin), einem Bis-alkylarylaminoester mit der Bruttoformel $C_{18}H_{21}O_3N \cdot HCl$. Untersucht wurde der Einfl. von **I** in 1%ig. Lsg. auf Mydriasis u. Akkomodationslähmung im Vgl. zu *Atropin* (**II**), *Scopolamin* (**III**) u. *Homatropin* (**IV**). **I** wirkt heftiger u. rascher als **IV**, die Wirkungszeit ist kürzer, der n. Augendruck wird durch **I** nicht beeinflußt. **I** kann am entzündeten Auge **II** u. **III** nicht ersetzen. Gute Verträglichkeit von **I** in Tropfen u. keine Nebenwirkungen. Eine 3%ig. **I**-Salbe verursacht Brennen der Augen u. wurde nur nach Einträufeln von 1 bis 2 Tropfen *Pantocain* oder *Cocain* ertragen. (Klin. Monatsbl. Augenheilkunde augenärztl. Fortbild. **120.** 596—605. 1952. Pécs, Ungarn, Univ., Augenklinik.) DOSSMANN. 4670

Wolfgang Leydhecker, *Die medikamentöse Behandlung von Augenkrankheiten.* (*Bericht über die Literatur 1950/51.*) 225 Literaturangaben. (Klin. Monatsbl. Augenheilkunde augenärztl. Fortbild. **120.** 655—64. 1952. Mainz, Univ., Augenklinik.) DOSSMANN. 4670

J. Schuck, *Der Cystinmangel bei den Schwangerschaftsspättoxikosen.* In je 100 cm^3 Serum betrug der *Cystin* (**I**)-Geh. bei: 16 nichtschwangeren Frauen 359 mg, 10 n. Schwangeren 269 mg, 52 Spättoxikosen 203 mg, nach deren Entbindung 295 mg. Beim Vgl. des **I**-Geh. Mutter: Kind ergab sich als Mittel von 11 Fällen 301: 357 mg. Danach wird **I**-Mangel mit Spättoxikosen in Beziehung gebracht. 20 solche Fälle wurden mit **I** behandelt, 1 g täglich oral oder intravenös. Die Erscheinungen wurden durch **I** gebessert, Erfolge zeigten sich in der Ausschwemmung der Ödeme u. in Blutdrucksenkung, Albuminurie war wenig zu beeinflussen. Der Wirkungsmechanismus von **I** im Zusammenhang mit Schwangerschaftstoxikosen wird besprochen. (Arch. Gynäkol. **181.** 623—37. 1952. München.) DOSSMANN. 4670

H. Feldmann, *Die Behandlung von akuten alkoholischen Bewußtseinstrübungen mit „Curéthyle“.* Vf. beschreibt 50 Fälle von alkoh. Bewußtseinstrübungen (Delirium tremens), bei denen durch Behandlung mit *Curéthyle* (**I**; intravenöse Injektion einer alkoh. Glucose-lsg.: 250 cm^3 absol. A. u. 750 cm^3 10%ig. Glucoselsg.) die Krankheitserscheinungen unterdrückt bzw. stark verkürzt werden. Die **I**-Injektionen erstrecken sich über 7 Tage, wobei die täglich 2mal injizierten **I**-Mengen von 180 cm^3 am 1. Tag auf 50 cm^3 am 7. Tag gesenkt werden. Auch chron. Alkoholismus läßt sich durch diese Behandlung heilen. (Rev. méd. Suisse romande **72.** 899—905. Dez. 1952. Genf, l'Hôpital cantonal.) FAHRNLAENDER. 4670

Rud. Krahnert und **Mechth. Kupky,** *Vergiftung durch Taumelkerbel (Chaerophyllum temulum) beim Sumpfbiber.* Von 6 ca. 14 Tage alten Sumpfbibern, die als Morgenfutter frischen Taumelkerbel (Chaerophyllum temulum) erhalten hatten, starben 5, während 5 Alttiere das Futter kaum angingen. Mit unbewaffnetem Auge sichtbare Entzündungen am Verdauungskanal wurden bei der Sektion nicht gefunden. Die Leber war in Form der akuten Leberdystrophie entartet. Der Giftstoff bewirkte Taumeln u. Durchfall. Schimmelpilzbefall konnte ausgeschlossen werden. (Mh. Veterinärmed. **8.** 9—12. 1/1. 1953. Leipzig, Univ., Veterinärpathol. Inst. u. Klinik u. Polklinik für kl. Haustiere.) PATZSCH. 4675

S. N. Pradhan, *Antihistaminica bei Schlangenbiß.* Die blutdrucksenkende u. atmungslähmende Wrkg. des Giftes der Cobra u. der Russell-Viper, die vom Vf. auf einen histaminartig wirkenden Inhaltsstoff der Schlangengifte bezogen wird, kann durch Vorbehandlung mit *Phenergan* (*Promethazin*; *N*-[*2-Dimethylamino-n-propyl*]-*phenothiazin*) bei Katzen verhindert werden, desgl. wird eine durch diese Gifte bereits ausgelöste Blutdrucksenkung durch *Phenergan* aufgehoben. Dagegen zeigte sich *Anthisan* (*Mepyramin*; *N.N-Dimethyl-N'*-[*2-pyridyl*]-*N'*-[*p-methoxybenzyl*]-*äthylendiamin*-{*maleat*}) in beiden Anordnungen bei der Katze wirkungslos. Vf. empfiehlt daher die therapeut. Anwendung von *Phenergan* bei Cobra- u. Vipernbiß. (Indian J. med. Res. **40**. 63—66. Jan. 1952. Lucknow, Indien, Centr. Drug Res. Inst.) Dautzenberg. 4675

M. Lob, *Chronische Toluol- und Xylolintoxikation und ihre Rückwirkungen auf die hämatopoetischen Organe.* Unterss. an 19 Arbeitern, die einige Monate bis 21 Jahre der Einw. von *Toluol*- u. *Xylol*-Dämpfen ausgesetzt waren, ergaben im Blutbild leichte isochrome Anämie, Makrocytose, leichte Leukopenie sowie in manchen Fällen Eosinophilenanstieg. Wesentlich deutlicher u. häufiger waren dagegen Knochenmarksschäden, die sich bes. in Reifungshemmungen zeigten: Vf. fordert deshalb für solche Arbeiter nicht nur Blutunterss., sondern auch Knochenmarkteste. — Bericht über 4 Fälle. (Schweiz. med. Wschr. **82**. 1125—26. 25/10. 1952. Lausanne.) Krusen. 4681

Enrique Rebés, *Gesundheitsschäden in der Gummiindustrie.* Hinweis auf die Schädigungen, die durch mechan. oder tox. Einflüsse entstehen können. Es kommen an chem. Verbb., die krankheitserzeugend wirken können, vor allem in Frage: Bzl. u. seine Derivv., Tetrachlorkohlenstoff, Trichloräthylen u. Anilin. Kurze Schilderung der Symptomatologie. (Goma **1**. 15—17. Jan. 1953.) P. G. Scheurlen. 4681

Edwin Sidi und **Jean Huerre**, *Über die Rolle der Beschleuniger bei der Kautschukdermatitis.* (Vgl. auch C. **1952**. 7857.) *Mercaptobenzothiazol* u. seine Derivv. sind die gebräuchlichsten Beschleuniger bei der Kautschukvulkanisation. Diesen kommt für das Entstehen der Kautschukdermatitis gewiß eine große Rolle zu, aber auch wohl andere Prodd. u. der Kautschuk selbst können zur Dermatitis führen, bes. wenn ihre Wrkg. durch sensibilisierende Vorgänge vorbereitet ist. (Semaine méd. **28**. 692—94. 2/11. 1952. Suppl. zu: Semaine Hopitaux Paris Nr. 81.) Böhm. 4681

F. Pharmazie. Desinfektion.

H. Scheuffele, *Skizzen und Fragmente auf dem Wege zum neuen ADHAB* (*Amtlichen Deutschen Homöopathischen Arznei-Buch*). Geschichtlicher Überblick über die mit Hahnemanns „Vers. über ein neues Prinzip zur Auffindung der Heilkräfte der Arzneisubstanzen" (Hufelands Journal 1796) einsetzende wissenschaftliche Homöopathie u. die bisherigen deutschen homöopath. Pharmakopoen (1854—1934), die nunmehr in einem neuen ADHAB ihre Erneuerung finden sollen. (Pharmazie **6**. 322—27. Juli 1951.) Zaunick. 4750

V. Massera, *Die ätherischen Öle in den Arzneibüchern: dem italienischen 1940, dem französischen 1949, dem U. S.-amerikanischen 1947 und dem englischen 1948.* Vf. schlägt, teils im Vgl. mit den neueren Arzneibüchern Englands, Frankreichs u. der USA, eine Reihe von Änderungen für die Neuauflage des italien. Arzneibuches auf dem Gebiet der äther. Öle vor. Besondere Berücksichtigung finden dabei in den letzten Jahren entwickelte Bestimmungsmethoden für einige Bestandteile u. Verfälschungen. In der Neuauflage der italien. Pharmakopoe sollten nach Meinung des Vf. Ol. Aurantiorum dulcium u. Ol. Chenopodii (aus Chenopodium ambrosioides var. anthelminthicum Gray) neu aufgenommen werden. (Boll. chim. farmac. **91**. 269—72. Juli 1952.) Ippen. 4750

J. van Espen, *Bemerkungen zur 7. Ausgabe des „Codex Medicamentarius Gallicus".* Einführungsübersicht. (J. Pharmac. Belgique [N. S.] **6**. 295—304. Sept./Okt. 1951.) M. D. Laubschat. 4750

N. C. Manning und **W. G. Pickford**, *Vorschlag für allgemeine Richtlinien der Arzneidosierung in Mitteln zur äußerlichen Anwendung.* Die für den Apotheker bestehenden Schwierigkeiten bei der Überwachung der richtigen Dosierung äußerlich anzuwendender, unter Umständen stark wirkender Arzneistoffe werden dargelegt. Die Angaben des Arzneibuchs sind unzureichend. Es ist notwendig, einen Leitfaden für Wirkungsstärke u. Dosierung der Arzneistoffe zu schaffen. Die Aufgabe ist schwierig mit Rücksicht auf die Unterschiede der Wirkungsstärke im Hinblick auf individuelle Eigg. des Patienten. Ort u. Meth. der Applikation, Art der Zubereitung sowie chem., physikal. u. physiol. Faktoren. Als vorläufige Anregung zu einer Diskussion wird je nach dem Ort der Applikation folgendes Stärkeverhältnis für Pharmaka allg. aufgestellt: Haut 1, Wunden, Mund u. Hals, Vagina, Ohr, Nase je 0,5, Augen u. Blase 0,25. Voraussetzung dabei ist die Verarbeitung des Pharmakons in dem gleichen Vehikel. (Australas. J. Pharmacy [N. S.] **33.** 838—39. 30/9. 1952.) FRESENIUS. 4750

H. Sager, *Pharmazeutische Kleinapparaturen.* 24. Mitt. *Einfache Hilfsmittel für die Sterilisationskontrolle für den Kleinbetrieb.* (23. vgl. MÜNZEL, C. **1951.** II. 715.) Beschrieben werden 2 neue Hilfsmittel (Abb.) für die Sterilitätskontrolle, bestehend aus steifem Kartonpapier, das mit Farbindicatoren bedruckt ist. Letztere zeigen in Abhängigkeit von Zeit, Temp. bzw. Druck, relativer Feuchtigkeit u. Abwesenheit von Luft im Sterilisierapp. eine bleibende Farbänderung. (Schweiz. Apotheker-Ztg. **89.** 161—63. 10/3. 1951. Bern, Schweizer Rotes Kreuz, Zentrallabor. des Blutspendedienstes.) v. OSTEN. 4758

H. Sager, *Pharmazeutische Kleinapparaturen.* 25. Mitt. *Ein neuer Autoklav.* (24. vgl. vorst. Ref.) Beschreibung eines neuen Sterilisationsautoklaven (Abb.) mit Dampfumwälz-Ventilator. An Hand von Kurven u. Tabellen wird eine Darst. der Temperaturverteilung während des Anwärmens u. eine bakteriolog. Kontrolle des Autoklaven gebracht. (Schweiz. Apotheker-Ztg. **89.** 193—200. 24/3. 1951.) v. OSTEN. 4758

—, *Das Drageeren von Adetaminpillen.* Gleichartiger Farbbelag läßt sich mittels Pulvis sacchari ad obductionem erreichen; der Geruch kann durch 0,2 g Tinctura tolutana/1000 Pillen verbessert werden, zur Vermeidung des Klebens der Pillen wird eine besondere Glätte-Fl. empfohlen. (Arch. Pharmac. og Chem. **59.** (**109.**) 997. 27/12. 1952. Kopenhagen, Danmarks Apotekerforenings Kontrollabor.) GEITZ. 4766

Heribert Eick, *Die Zaunrübe in Vergangenheit und Gegenwart.* Kurze Charakteristik der beiden Zaunrübenarten Bryonia dioica Jacq. u. Bryonia alba L., ihrer Inhaltsstoffe (u. a. Bryonin u. Bryonicin) u. der in der Homöopathie ausgenutzten pharmakol. Wirkung. (Hippokrates **22.** 615—18. 30/11. 1951. Ratingen/Rhld.) HERRMANN. 4782

M. S. El Ridi, L. A. Strait und **M. H. Aboul Wafa,** *Gewinnung von Rutin aus dem Pollen der Dattelpalme* (*Dactylifera palma L.*). Getrocknete Pollen wurden wiederholt mit 90%ig. A. extrahiert. Der A. wurde im Vakuum bei 60° verjagt u. der sirupöse Rückstand in W. gelöst u. filtriert. Der Farbstoff fällt beim Stehen aus. Fällung nach 2 Tagen beendet. Das gereinigte Pigment wurde durch Elementaranalyse, colorimetr. Teste (Borsäuretest für Flavone u. Flavonole), Zuckerbest. u. spektralphotometr. Unterss. als reines Rutin identifiziert. (Arch. Biochem. Biophysics **39.** 317—21. Aug. 1952. Kairo, Fouad I. Univ., Kasr El Aini Fac. of Med., Biochem. Dep.) I. WEINMANN. 4782

Luigi Malaguti, *Die Sennesglucoside* (*Sennoside*). Übersicht über neuere Arbeiten betreffend Chemie, pharmakol. Wrkg. u. Dosierung der Glucoside der Sennesblätter. — 6 Literaturzitate. (Boll. chim. farmac. **90.** 242—43. Juni 1951.) K. FABER. 4782

Jiban Kumar Chakravarti, *Herzgifte aus Pflanzen.* Übersicht über Strophanthus, Digitalis u. Scilla, ihr Herkommen, über die bekannte Chemie u. Physiologie ihrer Inhaltsstoffe u. besonderer Hinweis auf die Kultivierung von Digitalis purpurea in Indien zur Einsparung des Imports an Strophanthus–Digitalis-Präparaten. (Sci. and Cult. **17.** 282—85. Jan. 1952. Calcutta, Dep. of Chem.) K. BÖHM. 4782

—, *„Ammikhellin" aus Ammi Visnaga.* Beschreibung der zu den Umbelliferen gehörenden, im Mittelmeergebiet heim. Pflanze, Erwähnung der in den Früchten enthaltenen Inhaltsstoffe (Khellin, Visammin, Visammidin, Visnaginin, Visnagidin, Khellinin u. Khellidin) u. Hinweis auf ihre antispast. Wirkung. (Dtsch. Apotheker-Ztg. **92.** 782. 10/10. 1952.) SPITALER. 4782

R. C. Holder und **A. E. Bowey,** *Beobachtungen über die Verteilung suspendierter Arzneistoffe.* Unlösl. Arzneistoffe wurden in verschied. Weise in W. suspendiert u. ihre Verteilung bei üblicher Entnahme (Schütteln der Flasche, Abstellen, Öffnen, Ausgießen) aus einer Arzneiflasche von 6 fl.oz. (ca. 170 cm^3) in Portionen von je ca. 0,5 fl.oz. (ca. 1 Eßlöffel) gemessen. 1. Sulfadiazin + Sirup + Traganthschleim/6 fl.oz. 2. Aspirin + Traganthpulver/6 fl.oz. 3. $NaHCO_3$, teilweise ungelöst u. dasselbe + Kaolin/6 fl.oz. 4. $MgCO_3$ pond. u. dasselbe + Kaolin/6 fl.oz. Verteilung war bei 1 u. 2 ganz gleichmäßig, bei 3 unbefriedigend, bei 4 bis auf die letzte Portion viel besser als bei 3. (Australas. J. Pharmacy [N. S.] **33.** 811—13. 30/9. 1952.) FRESENIUS. 4786

G. Eckert und **C. Griffiths,** *Schwierigkeiten bei der Verarbeitung oberflächenaktiver Substanzen.* Na-Cetylsulfat u. Cetylalkohol bilden einen Molekularkomplexfilm (**I**) an der Öl/W.-Grenzfläche, woraus sich die gute Emulgatorwrkg. erklärt. Verschied. Arzneistoffe werden in Emulsionen dieses Typs verarbeitet. Tabellar. Zusammenstellung. Als Emulgatoren dienen dabei Cetylalkohol, Na-Laurylsulfat (anion. Oberflächenaktivität) u. Cetrimid (kation. Oberflächenaktivität). Als unpolarer Emulgator fand Polawachs Verwendung (Prod. aus Rk. zwischen Stearylalkohol u. Äthylenoxyd). Emulsionen des

Typs I sind in weitem p_H-Bereich beständig. Anwendung in der Dermatologie bei p_H 1,5, I-Typ-Emulsionen werden erst nach Erkalten mit dem einzuarbeitenden Medikament versetzt. Sie werden zerstört durch Substanzen, die selbst oberflächenakt. sind, durch starke Elektrolyte u. durch Stoffe, die mit den Emulgatoren chem. reagieren. In beiden letzteren Fällen kann man Emulsionen mit unpolaren Emulgatoren (Polawachs) bereiten. (Australas. J. Pharmac. [N. S.] **33.** 839—41. 30/9. 1952. Sydney, Univ., Dep. of Pharm.) FRESENIUS. 4786

Salvatore J. Greco, *Isotonische Lösungen. Vereinfachte Herstellungsmethode.* Es wird eine Formel angegeben, die schnelle Berechnung der zur Herst. isoton. Lsgg. benötigten Mengen an W. u. einer neutralen isoton. Lsg. (neben den ärztlich verordneten Stoffen) erlaubt. Aus einer 92 Stoffe umfassenden Tabelle lassen sich die Mengen an W. entnehmen, die mit jeweils 1 g des Chemikals eine isoton. Lsg. ergeben. (J. Amer. pharmac. Assoc., pract. Pharmacy Edit. **13.** 340—41. 354. Mai 1952. Washington, D. C., Univ.) SPITALER. 4790

M. L. Frith, *Kritische Betrachtungen über die Haltbarmachung von Augentropfen.* Zur Konservierung von Augentropfen können nur Substanzen verwendet werden, die gegenüber pathogenen Keimen baktericid wirken, mit den enthaltenen Arzneistoffen verträglich sind u. auf das Auge nicht ungünstig wirken. Vergleichende Verss. mit 0,5%ig. wss. Chlorbutollsg., Liqu. Pro Guttis, Cetrimid (**I**), reinem dest. W. (**II**). Die Wirksamkeit wurde erprobt gegen Staph. aureus, P. pyocyaneus, Proteus vulgaris u. B. coli. Verschied. Reihenverss. ergaben, daß nur **I** (1:50000) nach 48 Std. sicher abtötend wirkt. Bei Heraufsetzen der Konz. auf 1:20000 war bereits nach 30 Min. die Wrkg. sicher. Von 63 Versuchspersonen empfanden 19 Augentropfen aus **II** als Reiz, 18 ebenso **I** (1:20000). Diese Konz. von **I** ergibt mit allen erprobten Medikamenten zur Augenbehandlung keine Ndd., Trübungen oder Opalescenz. Sie entfaltet ihre Wrkg. auch beim p_H der Tränen-Fl. u. reizt die Augen nicht. (Australas. J. Pharmacy [N. S.] **33.** 836—37. 30/9. 1952. Sydney, Univ., Pharm. Dep.) FRESENIUS. 4790

C. A. Johnson, *Niederschlag in Ipecacuanha-Mixtur für Kinder B. P. C.* Die Unterss. ergaben keine eindeutige Beziehung zwischen der Bldg. eines Nd. u. dem Geh. an flüchtiger Base (berechnet als NH_3) des verwendeten fl. Süßholzextraktes. Zusatz von NH_4HCO_3 verhindert das Absetzen nicht. In jedem Fall ist, wenn eine Zubereitung fl. Süßholzextrakt enthält, dest. W. zu verwenden. (Pharmac. J. **169.** [4] **115.** 243. 4/10. 1952. Labor. of Pharmac. Soc. of Great Britain.) SPITALER. 4790

Lydia Pinardi D'Escamarad, *Über die technische Darstellung der p-Aminobenzoesäure. p-Aminobenzoesäure* wird in guter Ausbeute durch katalyt. Red. von p-Nitrobenzoesäureäthylester mit RANEY-Ni/H_2 u. anschließende alkal. Hydrolyse hergestellt.

V e r s u c h e: *p-Nitrobenzoesäureäthylester,* F. 57°, aus p-Nitrobenzoesäure durch Erhitzen mit frisch dest. $SOCl_2$ (4 Std., 50% Überschuß), Abdest. des unveränderten $SOCl_2$, Eintropfen von absol. A. u. 2std. Kochen, Kristalle aus A.; 97% (Ausbeute). — *p-Aminobenzoesäureäthylester* (*Anästhesin*), F. 91°, $Kp._{20}$ 176—178°, aus vorst. Verb. mit RANEY-Ni/H_2 in A. bei 90°, 40 atü in 2 Std. (ca. 90%). — *p-Aminobenzoesäure,* F. 186—187°, aus vorst. Verb. durch Erhitzen mit wss.-alkoh. NaOH (2 Std.), Kristalle durch Fällen mit HCl. (Boll. chim. farmac. **90.** 90—95. März 1951.) K. FABER. 4806

—, *Grossproduktion von Cortison mittels eines neuen Gärungsverfahrens.* Die entscheidende Rk. bei der Synth. von *Cortison* (**I**), die Oxydation am C-Atom 11 des Steringerüstes, wird bei dem neuen Verf. der UPJOHN Co. (Kalamazoo, Mich.) biol. durch eine Rhizopus-Art bewirkt. Als Ausgangsmaterial können u. a. Stigmasterin, Ergosterin, Diosgenin verwandt werden. (Australas. J. Pharmacy [N. S.] **33.** 710. 30/8. 1952.) v. GIZYCKI. 4808

C. Trolle-Lassen, *Über die Haltbarkeit von Chloramphenicol in galenischen Präparaten.* Bei 6 Präpp. (Salbe, Augen- u. Ohrentropfen, Tabletten, Pillen u. Creme) wurde der Rückgang im Geh. an Chloramphenicol (**I**) beim Lagern bei ca. 22° untersucht u. die gefundenen Resultate in Kurven (Lagerzeit u. %-Geh. an **I**) gegenübergestellt u. kurz erläutert. (Arch. Pharmac. og Chem. **59.** (**109.**) 998—1000. 27/12. 1952. Kopenhagen, Danmarks Apotekerforenings Kontrollabor.) GEITZ. 4810

C. Trolle-Lassen, *Chloramphenicolpalmitat und -stearat. Eine pharmazeutische Orientierung über die Stoffe und deren Anwendung.* Chloramphenicol (**I**) von außerordentlich bitterem Geschmack läßt sich ersetzen durch seine Palmitin- u. Stearinsäureester, die ohne Geschmack sind u. deren enzymat. Spaltung erst im Duodenum vor sich geht, wo das wirksame **I** frei wird. Die beiden Ester werden beschrieben, eine Meth. zu ihrer mikrobiol. Best. sowie die Zus. u. Bereitung einer Mixtura chloramphenicoli sind angegeben. (Arch. Pharmac. og Chem. **59.** (**109.**) 1000—08. 27/12. 1952. Kopenhagen, Danmarks Apotekerforenings Kontrollabor.) GEITZ. 4810

S. F. Jeffries, Harold A. Nash, Robert L. Harmon, Doris C. Reynolds und **Carl A. Bunde,** *Eine neue antibiotische Salbengrundlage.* Die Salbengrundlage besteht aus je 1 Teil Paraffinöl, weißer Vaseline, Glycowax 3932 (Hersteller: GLYCO PRODUCTS CO., Brooklyn, N. Y.), Polyäthylenglykoldistearat u. 6 Teilen Polyäthylenglykoldilaurat, die schnelle Resorption u. gute Haltbarkeit von Bacitracin u. Polymyxin gewährleistet. (J. Amer. pharmac. Assoc., pract. Pharmacy Edit. **13.** 337—39. 368. Mai 1952. Indianapolis, Ind., Pitman-Moore Co.) SPITALER. 4810

—, *Schaum- und Netzmittel in Zahnputzmitteln.* Die Seife (I) wird heute in Zahnputzmitteln (II) vorteilhaft durch nichtionisierbare oberflächenakt. Stoffe ersetzt, welche der I an Schaumkraft überlegen sind, keine Unverträglichkeit mit anderen Bestandteilen der II (z. B. Perboraten) zeigen u. durch hartes W. nicht beeinflußt werden. — Rezepturbeispiele. (Australas. J. Pharmacy [N. S.] **33.** 735. 30/8. 1952.) v. GIZYCKI. 4822

Paul Hagedorn, *Die Papierchromatographie von Urtinkturen.* 1. (vorl.) Mitt. Es wurden fast alle Urtinkturen, deren Aufnahme in das kommende Homöopath. Arzneibuch vorgesehen ist, papierchromatograph. durchgeprüft. Die Unters. ergab, daß eine Identifizierung von Urtinkturen in den meisten Fällen durch wenige charakterist. Zonen im Chromatogramm möglich ist. Über Einzelheiten der Meth. soll in Kürze berichtet werden. (Dtsch. Apotheker-Ztg. **92.** 780. 10/10. 1952. Karlsruhe, Fa. Dr. Willmar Schwabe.) SPITALER. 4880

G. L. Brooks und **S. E. Wright,** *Die Bestimmung von Natriumbarbituraten in nichtwässerigen Lösungsmitteln.* Da W. ein starker Protonacceptor ist, können sehr schwache Basen in wss. Lsg. mit Säuren nicht so titriert werden, daß völlige Neutralisierung eintritt. Eisessig (I) ist ein Lösungsm. mit nur geringer Neigung zur Aufnahme von Protonen. Man kann daher in I solche Substanzen mit starken Säuren titrieren, die leichter als dieser Protonen aufnehmen u. daher als Basen wirken. So wirkt z. B. ein Barbitursäureanion als Acceptor u. ist in I mit Perchlorsäure titrierbar. Indicator Methylviolett. Es werden z. B. 0,2—0,8 g diäthylbarbitursaures Na in 30 ml wasserfreiem I gelöst u. mit n/10 Perchlorsäure-I (MARKUNAS u. RIDDICK, C. **1952.** 4504) titriert. Die $HClO_4$-Lsg. ist täglich gegen K-Biphthalat einzustellen (vgl. BECKETT u. Mitarbeiter, C. **1953.** 1212). Anwendung auf verschied. Barbiturate in Tabletten u. Kapseln. (Australas. J. Pharmacy [N. S.] **33.** 809—10. 30/9. 1952. Sydney, Univ., Pharmacy Dep.) FRESENIUS. 4880

Badische Anilin- & Soda-Fabrik (Erfinder: **Heinrich Hopff** und **Hermann Spänig**), Ludwigshafen/Rh., *Nichthygroskopische Cholinsalze* erhält man durch Behandlung der Salze aus Cholin u. mehrbas. Säuren, die noch durch Metalle ersetzbare H-Atome enthalten, mit Ca- oder Mg-Verbb. u. Überführung in die entsprechenden Ca- oder Mg-Cholindoppelsalze. Nach dem Beispiel wird saures Cholincitrat (I) in W. mit $Ca(OH)_2$ umgesetzt u. nach dem Eindampfen im Vakuum das Ca-Salz des I als weißes Pulver erhalten. Für *therapeut.* Tabletten. (**D. B. P. 865 453** Kl. 12q vom 2/2. 1951, ausg. 2/2. 1953.) SCHINDLER. 4767

Deutsches Hydrierwerk Rodleben VEB (Erfinder: **Stefan Morgenstern,** Berlin), Rodleben bei Roßlau/Elbe, *Lösungsmittel bzw. Lösungsvermittler für Salicylsäure* nach D.R.P. 762 726; C. **1953. 740,** dad. gek., daß an Stelle höhermol. aliphat. Alkohole oder deren Verätherungsprodd. mit mehrwertigen Alkoholen — ausschließlich oder zum Teil — Ester aus höhermol. aliphat. Alkoholen u. mehrbas. Carbonsäuren oder natürlich vorkommende fl. Wachsester als Lösungsmittel bzw. Lösungsvermittler für Salicylsäure verwendet werden. — Genannt sind z. B. die Ester von höhermol. aliphat. Alkoholen mit Adipinsäure, Methyladipinsäure, Pimelinsäure, Sebacinsäure, Citronensäure, Butantetracarbonsäure, Phthalsäure, Cyclohexandiessigsäure. Von den fl. Wachsestern sind genannt Spermacetiöl u. Döglingöl. — Eine wasserfreie *Salbe* erhält man z. B. aus 40 (Gewichtsteilen) Phthalat des techn. Laurinalkohols, 40 polyoxyäthyliertem techn. Laurinalkohol, 10 techn. Gemisch von Cetyl- u. Stearylalkohol, 10 Salicylsäure. (**D. P. [DDR] 591** Kl. 12q vom 14/8. 1943, ausg. 28/4. 1952 [Zusatz-Wirtschaftspatent].) M. F. MÜLLER. 4787

Smith, Kline & French Laboratories, übert. von: **Thomas Carl Aschner,** Philadelphia, Pa., und **John Verga Meyer,** Haddon Heights, N. J., V. St. A., *Gewinnung eines Extraktes aus Ammi visnaga-Samen* durch Perkolation der gequollenen Samen mit W. von unten nach oben, Extrahieren der wss. Lsg. mit Bzl., Trichloräthylen, CCl_4 oder Chlf., Eindampfen der Lsg. u. Aufnehmen des Rückstandes mit n-Butylcarbinol. Es wird krist. *Khellin* u. *Visnagin* erhalten. *Bronchodilator. Wirkung.* (**A. P. 2 608 560** vom 21/5. 1951, ausg. 26/8. 1952.) K. HEINZE. 4791

Vasenol-Werke Dr. Arthur Köpp K.-G. (Erfinder: **Herbert Fiedler**), Oberndorf/Neckar, *Herstellung fettlöslicher Tanninabkömmlinge.* Man verestert OH-Gruppen enthaltende Fette oder fettartige Stoffe (Cholesterine, Wollfettauszüge, Cetylalkohol) mit Tannin, z. B. in Ggw. von Aceton, Glycerin oder anderen Lösungsmitteln u. von p-Toluolsulfonsäure als Katalysator. — Verwendung bes. in *Salben.* (**D. B. P. 863 805** Kl. 12q vom 20/7. 1940, ausg. 19/1. 1953.) FABEL. 4793

Schering Corp., übert. von: **Edward Henderson,** Bloomfield, N. J., V. St. A., *Herstellung von N¹-Acetyl-N⁴-phthalylsulfanilamid* durch Rk. von N¹-Acetylsulfanilamid mit Phthalsäureanhydrid. — Der N¹-Acetylrest kann auch durch einen anderen niedermol. Acylrest ersetzt werden. — *Chemotherapeut.* Wirkung. (**Can. P. 477 908** vom 5/8. 1949, ausg. 16/10. 1951. A. Prior. 9/2. 1949.) M. F. MÜLLER. 4807

Schering Corp., übert. von: **Edward Henderson,** Bloomfield, N. J., V. St. A., *Herstellung von N¹-Acetyl-N⁴-phthalylsulfanilamid* durch Rk. von N⁴-Phthalylsulfanilamid mit Essigsäureanhydrid. — Der Phthalylrest kann auch durch einen anderen zweibas. Carbonsäurerest ersetzt werden. (**Can. P. 477 909** vom 17/4. 1951, ausg. 16/10. 1951. A. Prior. 9/2. 1949.) M. F. MÜLLER. 4807

Abbott Laboratories, Chicago, Ill., V. St. A., *Dimethylphenylacetylharnstoff* erhält man durch Rk. von α-Phenylisobuttersäurechlorid mit Harnstoff. $C_{11}H_{14}O_2N_2$; F. 129 bis 130°. — Mittel *gegen Krämpfe.* (**E. P. 668 479** vom 21/12. 1949, ausg. 19/3. 1952. A. Prior. 22/12. 1948.) BRÖSAMLE. 4807

Imperial Chemical Industries Ltd., London, England, *N¹-(p-Chlorphenyl)-N⁵-isopropylbiguanid* erhält man durch Rk. von Isopropylguanidinsulfat mit N-(p-Chlorphenyl)-S-methylisothioharnstoff in Toluol bei 110° in Ggw. von CH_3ONa. *Hydrochlorid,* F. 244°. — *Malariaheilmittel.* (**E. P. 649 372** vom 21/10. 1949, ausg. 24/1. 1951.) BRÖSAMLE. 4807

Aktiebolaget Recip, Stockholm, Schweden (Erfinder: **S. Carlsson**), *Herstellung von in der Aminogruppe substituierten β-Aminoäthanolverbindungen.* Man setzt β-Aminoäthanol oder dessen Äthylenglykolderiv. mit Piperonylderivv. um, so daß ein oder zwei Piperonylreste in die Aminogruppe eingebaut werden. Die Prodd. sind *Spasmolytica.* — Z. B. setzt man 61 g β-Aminoäthanol mit 100 g Ameisensäure u. 150 g Piperonal um. Man erhält *Dipiperonyl-β-aminoäthanol; HCl*-Salz, F. 208°. Mit N-Monobenzyl-β-aminoäthanol erhält man das analoge *N-Piperonyl-N-benzyl-β-aminoäthanol,* Öl; *Hydrochlorid,* leicht lösl. in W., nicht kristallisierbar. (**Schwed. P. 132 874** vom 30/4. 1948, ausg. 11/9. 1951.) JÜRGEN SCHMIDT. 4807

J. R. Geigy Akt.-Ges., Basel, Schweiz, *Basische Iminodibenzylderivate* der allg. nebenst. Formel (Alkylen = 2—6 C-Atome, wovon 2—4 in direkter Kette zwischen den beiden N-Atomen liegen, Am = niedrigmol. Dialkylamin-, Piperidin-, Pyrrolidin-, Morpholinrest) erhält man durch Kondensation von Iminodibenzyl (I) mit einem reaktionsfähigen Ester eines Alkohols der Formel HO—Alkylen—Am in Ggw. von säurebindenden Mitteln (Na-, Li-, KNH_2, Na, K), zweckmäßig in einem Lösungsm. (Bzl., Toluol, Xylol). Die erhaltenen Verbb. können mit CH_3J, Dimethylsulfat, Äthylbromid oder Benzylchlorid in die quaternären Ammoniumverbb. übergeführt werden, mit anorgan. oder organ. Säuren (HCl, HBr, H_2SO_4, H_3PO_4, Methansulfonsäure, Äthandisulfonsäure, Essig-, Citronen-, Äpfel-, Bernstein-, Wein-, Benzoe-, Phthalsäure) bilden sich in W. lösl. Salze. — I wird in Bzl. in Ggw. von $NaNH_2$ mit Dimethylaminoäthylchlorid 10 Std. erhitzt, wobei sich *N-Dimethylaminoäthyliminodibenzyl* bildet, $Kp._{0,08}$ 138—140°. *Hydrochlorid,* F. 216 bis 217°. *Antiallerg. Heilmittel.* (**Schwz. P. 279 775** vom 22/7. 1949, ausg. 16/4. 1952.) KRAUSS. 4807

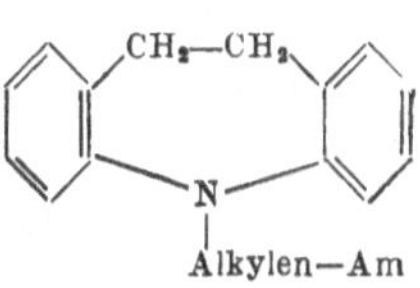

Sterling Drug, Inc., New York, übert. von: **Arlo Wayne Ruddy,** Albany, N. Y., V. St. A., *Quaternäre Salze des N-(3.3-Diphenylpropyl)-pyrrolidins* (**I**) mit *antispasmod.* Wirksamkeit erhält man durch Rk. von **I** mit CH_3J (F. 157°); mit $C_6H_5CH_2Cl$ (F. 164°); mit C_2H_5Br (F. 158°). (**A. P. 2 592 191** vom 16/9. 1949, ausg. 8/4. 1952.) BRÖSAMLE. 4807

Parke, Davis & Co., Detroit, Mich., V. St. A., *Darstellung von neuen Dichlormethyloxazolinen,* dad. gek., daß 2-Amino-1-p-nitrophenylpropan-1.3-diol mit einem Iminoäther oder Iminothioäther der Type I in Ggw. eines wasserfreien organ. Lösungsm., wie Pyridin, umgesetzt wird. In der Formel I ist X = O oder S u. R ist der Rest eines aliphat., araliphat. oder heterocycl. Alkohols R·XH. — D(—)-threo-2-Amino-1-p-nitrophenylpropan-1.3-diol wird in trocknem Pyridin gelöst u. mit Dichloracetiminoäthylätherchlorhydrat behandelt. Dabei entsteht D-threo-2-Dichlormethyl-4-p-nitrophenyloxymethyl-Δ^2-oxazolin, F. 143—144°. Als Nebenprod. wurde D-threo-2-Dichlormethyl-5-p-nitrophenyl-4-oxymethyl-Δ^2-oxazolin, F. 132—133°, gewonnen. — *Zwischenprodd.* zur Gewinnung *therapeut.* Mittel. (**Oe. P. 173 456** vom 14/12. 1950, ausg. 27/12. 1952. E. Priorr. 14/12. 1949 u. 9/8. 1950.) M. F. MÜLLER. 4807

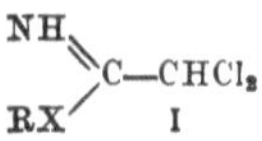

I

Abbott Laboratories, Inc., Chicago, Ill., V. St. A. (Erfinder: **M. A. Spielman**), *Herstellung von Alkylderivaten von Diketooxazolidin.* 5 R_1-5 R_2-Oxazolidin-2.4-dione, in denen R_1 H oder einen Alkylrest mit bis zu 3 C-Atomen u. R_2 einen solchen Alkylrest bedeuten, werden mit methylierenden Mitteln behandelt, so daß eine Alkylgruppe am N-Atom eingeführt wird. Die Prodd. besitzen *analget.* Eigenschaften. — Z. B. methyliert man 5.5-Dimethyloxazolidin-2.4-dion mit Dimethylsulfat zum *3.5.5-Trimethyloxazolidin-2.4-dion,* $Kp._5$ 82—85°, F. 45—46°. Weiter wird die Herst. von *3.5-Dimethyloxazolidin-2.4-dion,* $Kp._4$ 75—83°, beschrieben. (**Schwed. P. 133 775** vom 18/7. 1942, ausg. 4/12. 1951. A. Prior. 18/7. 1941.) JÜRGEN SCHMIDT. 4807

Chemische Fabrik von Heyden Akt.-Ges., München (Erfinder: **Rudolf Gebauer**, Dresden), *α-Piperidino-α-phenylessigsäureester* erhält man durch Rk. von α-Halogen-α-phenylessigsäureestern mit Piperidin (**I**); z. B. aus α-Phenyl-α-chloressigsäureäthylester u. **I** in Bzl. den *α-Piperidino-α-phenylessigsäureäthylester.* — *Spasmolytica, Analgetica.* (**D. R. P. 752 373** Kl. 12p vom 12/12. 1941, ausg. 10/11. 1952.) BRÖSAMLE. 4807

Imperial Chemical Industries Ltd., London, England (Erfinder: **F. H. S. Curd**), *Herstellung von Pyrimidylaminochinolinderivaten.* Als Heilmittel gegen die *Schlafkrankheit* sind Verbb. der allg. Formel Pq—NH—Qq wirksam. In diesen bedeutet P einen Pyrimidinkern mit einer Aminogruppe in 2-, 4- oder 6-Stellung, der mit der NH-Gruppe über eines der anderen Atome verbunden ist. Außerdem können weitere Substituenten (Alkyl oder Aminoreste) vorhanden sein. Q bedeutet einen Chinolinkern mit einer Aminogruppe in 2- oder 4-Stellung, während die NH-Gruppe in 6-Stellung gebunden ist. Es können weitere Substituenten vorhanden sein. q gibt an, daß die Kerne P bzw. Q in Form ihrer quaternären Salze vorliegen. Zur Herst. dieser Verbb. bringt man Verbb. der allg. Formeln P—NH—Q oder Pq—NH—Q oder P—NH—Qq mit einem Mittel zur Bldg. quaternärer Salze zur Umsetzung. — Z. B. erhitzt man 4-Amino-6-[2′-amino-6′-methylpyrimidyl-4′-amino]-chinaldin mit Methyljodid in A. 16 Std. in einem geschlossenen Kessel auf 100—110°. Man erhält ein Gemisch aus *4-Amino-6-[2′-amino-6′-methylpyrimidyl-4′-amino]-chinaldin-1.1′-dimethyljodid* u. dem entsprechenden *1-Methyljodid-hydrojodid* mit F. 300—301°. Hieraus mit HCl *4-Amino-6-[2′-amino-6′-methylpyrimidyl-4′-amino]-chinaldin-1.1′-dimethylchlorid,* F. 316°. Ferner wird die analoge Herst. beschrieben von: *4-Amino-6-[4′-amino-6′-methylpyrimidyl-2′-amino]-chinaldin-1.1′-dimethyljodid,* F. 296 bis 298°; *4-Amino-6-[2′-aminopyrimidyl-4′-amino]-chinaldin-1.1′-dimethyljodid,* F. 302°; *4-Amino-6-[2′-amino-6′-methylpyrimidyl-4′-amino]-chinaldin-1.1′-dimethylmethylsulfat,* grau-weißes Pulver, F. 259—260°. (**Schwed. P. 133 597** vom 20/8. 1948, ausg. 20/11. 1951. E. Prior. 22/8. 1947.) JÜRGEN SCHMIDT. 4807

Imperial Chemical Industries Ltd., London, und **Justus Kenneth Landquist**, Manchester, England, *5-Methoxychinoxalin-1.4-di-N-oxyd,* das als Injektionsmittel gegen *Psittacosis* u. *Lymphogranuloma venereum* geeignet ist, erhält man durch Oxydation von z. B. 20 (Teilen) 5-Methoxychinoxalin mit 450 einer 1,2 Mol Peressigsäure je Liter enthaltenden Essigsäurelösung. (**E. P. 666 197** vom 20/7. 1949, ausg. 6/2. 1952.) MÖLLERING. 4807

Chas. Pfizer & Co., Inc., New York, übert. von: **George B. Stone**, Hempstead, N. Y., V. St. A., *Kristallines, wasserfreies Theophyllin* erhält man aus wss. Lsgg. von Theophyllin, die bei 51—105° übersätt. wurden, beim Abkühlen. (**A. P. 2 596 946** vom 12/8. 1949, ausg. 13/5. 1952.) BRÖSAMLE. 4807

N. V. Veenendaalsche Sajet- en Vijfschachtfabriek voorheen Wed. D. S. van Schuppen & Zoon, Veenendaal, Holland, *Sterine* kann man über deren Additionsverbb. mit $CO(NH_2)_2$ (**I**), NH_2OH, $H\cdot CO\cdot NH_2$ u. dgl. isolieren, indem man z. B. 500 (g) Wollfettalkohole mit einem Geh. von 28,7% *Cholesterin* (**II**) unter Rühren ca. 30 Min. mit 13 **I** auf 90° erhitzt, auf 30—35° kühlt u. langsam in 2500 (cm^3) Isooctan (**III**) eingießt, den Nd. abzentrifugiert u. mit 1000 **III** wäscht. Durch Einw. von 250 W. bei Raumtemp. wird die Verb. zerlegt, wobei **I** in Lsg. geht u. 95,3 (47,7%) Roh-**II** (72,6%ig) erhalten werden. Durch Umkristallisieren aus A. erhält man Rein-**II** vom F. 146°. — Herst. von *Vitaminen, Hormonen, kosmet.* u. *pharmazeut. Produkten.* (**Schwz. P. 274 237** vom 7/1. 1948, ausg. 16/6. 1951. Holl. Prior. 9/1. 1947.) MÜLLER-MEININGEN. 4809

N. V. Organon, übert. von: **Rupert Oppenauer**, Oss, Holland, *Herstellung von Oxyketonen der Dehydroandrosteron- und Pregnenolonreihe* durch Oxydation von ungesätt. polycycl. Alkoholen der Cyclopentanopolyhydrophenanthrenreihe, wobei mindestens eine OH-Gruppe der Alkoholverb. in eine Carbonylverb. übergeführt wird. Die Ausgangsalkohole werden mit Aldehyden oder Ketonen in Ggw. eines Metallalkoholats, wie Al-, Mg-, Cl·Mg- oder ClAl-Alkoholat, behandelt. (**Can. P. 479 327** vom 30/6. 1937, ausg. 11/12. 1951.) M. F. MÜLLER. 4809

Ayerst, McKenna & Harrison Ltd., Ville St. Laurent, übert. von: **Sidney Alfred Vindin Deans**, Rosemount, und **James A. Scarrow**, Rosemere, Can., *Anästhetisch wirkende Salze östrogener Steroide* durch Einw. von p-Aminobenzoyldiäthylaminoäthanol-hydrochlorid (I) auf Östron-3-monosulfat-Na (II) oder Equilin-3-monosulfat-Na oder Östradiol-3-monosulfat-Na. — Z. B. werden 0,2 (g) I, 4 W., 0,1 II u. 1,6 W. bei 30° gehalten u. die amorphe Fällung bei 40° kristallisiert. — Weitere Beispiele. (**A. P. 2 555 579** vom 24/5. 1950, ausg. 5/6. 1951.) K. HEINZE. 4809

Distillers Co. Ltd., Edinburgh, **Harold Tozer** und **Neville Mackinnon Cross**, New Ferry, England, *Herstellung von reinem kristallinem Na-Penicillin* durch Verrühren des amorphen unreinen Salzes bei ca. 70° mit Aceton, Methyläthylketon, Halten der Temp. u. Kristallisierenlassen. Das rohe Na-Salz kann durch Zusatz von Alkali zur Kultur-Fl. gebildet werden, woraus es mit n-Butanol extrahiert wird. Nach Reinigen der Lsg. mit A-Kohle, Ansäuern auf p_H 5—7,5 u. Eindampfen wird das kristalline Salz gewonnen. — Beispiele über 11 Variationen des Verfahrens. (**E. P. 647 320** vom 14/7. 1948, ausg. 13/12. 1950. **Schwz. PP. 282 871** u. **282 872** vom 14/7. 1949, ausg. 16/9. 1952. Beide E. Priorr. 14/7. 1948 u. 13/7. 1949.) SCHINDLER. 4811

Merck & Co., Inc., übert. von: **Robert B. Walton**, Rahway, und **Harold B. Woodruff**, Westfield, N. J., V. St. A., *Gewinnung des Antibioticums Mycosubtilin* (I) durch Züchten von Bacillus subtilis 370 submers unter Belüftung bei 24—37°, Ansäuern der Kultur-Fl., Abtrennen der festen Bestandteile u. Extraktion dieser mit Alkohol. Das unreine I wird aus Pyridin krist. erhalten. Analyse: N = 15,15—15,18%, C = 55,12—55,31%, H = 7,33—7,61%, kein S. Unlösl. in W., n-Butanol, Aceton u. kalter verd. HCl, lösl. in A., Methanol, Pyridin, kalter verd. NaOH. F. ca. 256—257° (Zers.). Charakterist. UV-Spektr. mit Intensität bei 2770 Å; $\Sigma^{1cm}_{1\%} = 14{,}58$. — Tabellen. (**A. P. 2 602 767** vom 8/4. 1949, ausg. 8/7. 1952.) SCHINDLER. 4811

Charles C. H. Thomas, Pittsburgh, Pa., V. St. A., *Kolloidales Jodpräparat*, bestehend aus einer Paste von Bentonit (I) bzw. hydratisiertem Al-Silicat oder dgl. u. einer wss., koll. Jodlsg. (II) u. einem Schutzkoll., wie Na-Carboxymethylcellulose, Akaziengummi oder dergleichen. — Z. B. werden 98 (Teile) I u. 292 W. angerührt u. mit 120 einer 10%ig. II vermischt. Die II kann in einer Kolloidmühle hergestellt werden. Das Prod. kann in Kapseln gefüllt oder schonend getrocknet u. tablettiert werden. — *Zur Wundbehandlung.* (**A. P. 2 567 584** vom 14/3. 1949, ausg. 11/9. 1951.) K. HEINZE. 4815

Fabrica de Productos Quimicos y Farmacéuticos Abello (Erfinder: **Juan Abello Pascual**), Madrid, Spanien, *Herstellung pulverförmiger Aluminiumsilicate* durch Fällen von Al-Salzlsgg. mit Silicatlsgg. bei einem Verhältnis von SiO_2:Al_2O_3 gleich 1,1:1,5 u. Waschen des Nd., bis elektrolytfrei. — Z. B. werden 100 (kg) Wasserglaslsg. (28% SiO_2) mit 600 Liter W. verd. u. mit 200 einer Na-Aluminatlsg., die 22 Al_2O_3 enthält, versetzt. Der Nd. wird mit W. gewaschen, abgepreßt u. bei 125° getrocknet. Der Nd. aus obigem Beispiel kann mit einer Lsg. von 40 $MgSO_4 \cdot 7\,H_2O$ in 200 Liter W. verrührt werden. Nach Abpressen u. Auswaschen wird getrocknet. — *Peroral gegen Hyperacidität.* (**D. R. P. 759 686** Kl. 30h vom 17/7. 1941, ausg. 5/1. 1953.) K. HEINZE. 4815

Dr. Rentschler & Co., Laupheim (Erfinder: **Robert Fricke**, Neckarhausen), *Herstellung eines Magenmittels* durch Fällen einer Na-Aluminatlsg. mit einer Mg-Salzlsg. in Ggw. von Wasserglas (I), nachträgliche Zugabe einer Al-Salzlsg. u. anschließendes Trocknen. — Z. B. werden 8 (Mol) NaOH in 400 cm³ W. gelöst u. mit 1 Al-Sulfat (II) in 1,2 Liter W. ohne Fällung verrührt. Dann werden schnell 180 cm³ I u. 1 Liter $MgSO_4$-Lsg. zugegossen. Nd. wird nach 120 Min. mit 0,2 Liter II-Lsg. versetzt, dekantiert u. bei 120° getrocknet. Dekantieren erfolgt mit hartem Wasser. — *Pufferwrkg. bei Hyperazidität.* (**D. B. P. 862 936** Kl. 30h vom 20/7. 1951, ausg. 15/1. 1953.) K. HEINZE. 4815

R. Demuth Ltd., London, und **Ronald Leopold Demuth**, Farnham, England, *Desodorierendes Adstringens*, enthaltend ein bas. Al-Salz der Aminoessigsäure (I) u. ein kationakt. Desinfektionsmittel, wie z. B. Oxyäthylheptadecenylglyoxalidinsulfat oder Laurylpyridiniumsulfat (II). Es kann $AlCl_3$ zugesetzt werden. — Z. B. werden 3 (Teile) Sorbitanmonostearat, 3 Polyoxyalkylensorbitanmonostearat, 17 Diäthylenglykol, 3 Bienenwachs, 58 W., 15 I u. 2 II gemischt. — Weiteres Beispiel. (**E. P. 656 747** vom 10/8. 1948, ausg. 29/8. 1951.) K. HEINZE. 4815

R. Demuth Ltd., London, und **Ronald Leopold Demuth**, Farnham, England, *Desodorierendes Adstringens*, enthaltend ein eiweißfällendes Metallsalz, wie $Al_2(SO_4)_3$ (I) oder $AlCl_3$ u. eine bas. Komponente, wie Cetyltrimethylammoniumhydroxyd oder Oxyäthylheptadecenylglyoxalidin (II) oder Laurylpyridin. — Z. B. werden 18 (Teile) Diäthylenglykol (III)-monostearat, 4 III-distearat, 1 Ceresin, n-Propenylallophanat, 3 II, 58 W. u. 12 I gemischt. (**E. P. 656 748** vom 10/8. 1948, ausg. 29/8. 1951.) K. HEINZE. 4815

W. J. Fitzpatrick Co., Inc., Chicago, Ill., V. St. A., *Lecithinhaltige Zubereitung*, bestehend aus einem innigen Gemisch von 0,5—4 (%) Lecithin, 0,5—1 $MgCO_3$ mit NaCl oder Zucker mit einem p_H-Wert zwischen 4,5 u. 6,7. — Beispiele. — *Kräftigungsmittel.* (**E. P. 663 759** vom 27/7. 1948, ausg. 27/12. 1951.) K. Heinze. 4815

Procter & Gamble Co., Cincinnati, O., und **Richard S. Manly**, Westwood, Mass., V. St. A., *Zahnputzmittel* mit einem Geh. an Fluorverbb. u. Be-, Fe-, Th-, V- oder Zn-Salzen. — Z. B. werden 20 (Teile) A., 1,5 Pfefferminzöl u. 2 einer Mischung aus 16 Thoriumnitrat u. Natriumborofluorid mit Bolus alba, Traganth, Glycerin u. Saccharin zu einer Paste verarbeitet. Es können die üblichen Netz- u. Schaummittel zugesetzt werden, wie Alkylphenolpolyglykoläther, Alkylmercaptanpolyglykoläther, Fettalkoholsulfonate, Fettsäurekondensationsprodd. u. dergleichen. (**E. P. 656 478** vom 11/3. 1948, ausg. 22/8. 1951. A. Prior. 12/3. 1947.) K. Heinze. 4823

J. E. Brandenberger und **F. J. Bossard**, Neuilly/Seine, Frankreich, *Zahncreme*, bestehend aus ca. 110 (g) koll. Kaolin (Bentonit), 220 gefälltem $CaCO_3$, 90 Öl (Vaseline, Paraffinöl, tier. oder pflanzliche Öle) u. 300 konz. oder gesätt. NaCl-Lösung. Die Zahncreme wirkt stärkend auf die Schleimhäute u. verhindert Entzündungen. (**Schwed. P. 132 646** vom 20/4. 1945, ausg. 7/8. 1951. F. Prior. 20/4. 1944.) Jürgen Schmidt. 4823

American Cystoscope Makers, Inc., New York, übert. von: **William Galler**, Valley, Stream, N. Y., V. St. A., *Röntgenkontrastmittel*, bestehend aus einem Gemisch von 2.4.6-Trijodphenoxyalkanen in Pflanzenöl mit einem J-Geh. von 10—70, bes. 35—45%, z. B. 2.4.6-Trijodphenoxyisopropan u. 2.4.6-Trijodphenoxy-n-hexan in Baumwollsamen- oder Rapsöl. (**A. P. 2 613 172** vom 10/8. 1949, ausg. 7/10. 1952.) Schindler. 4829

Anglo Iranian Oil Co. Ltd., England, *Keimtötende Mittel* von hoher Wirksamkeit werden durch Rk. von heterocycl. Polymethylensulfiden mit Halogenalkylen, die 12 bis 18 C-Atome, vorzugsweise 14—16 C-Atome im Mol. enthalten, hergestellt. Die Reaktionstemp. darf 120° nicht übersteigen, gegebenenfalls kann in Ggw. eines Lösungsm., wie CH_3OH, C_2H_5OH, gearbeitet werden. Das *Cetylthiocyclohexansulfoniumbromid* besitzt bes. stark keimtötende Eigenschaften. — Beispiele. (**F. P. 979 684** vom 26/1. 1949, ausg. 30/4. 1951. E. Prior. 28/1. 1948.) Wittholz. 4835

A. J. Gillet, La Préparation des remèdes homoeopathiques. Paris: P. et M. Ney. 1952. (11 S.) 8°.

G. Analyse. Laboratorium.

—, *Die Ausrüstung radiochemischer Laboratorien.* Zusammenfassender Bericht über die Ausrüstung u. Schutzmaßnahmen in „hot"- u. „semi-hot"-Labors. beim Arbeiten mit β- u. γ-Strahlen verschied. Aktivität mit zahlreichen Abbildungen. (Atomics **3.** 275—87. Nov. 1952.) Gerhard Schmidt. 5004

Charles S. Simons, *Instrumentarium für ein landwirtschaftliches Radioisotopenlaboratorium.* Übersicht über die für ein kleines Labor. erforderlichen, tragbaren u. ortsfesten Zähl- u. Prüfgeräte. (Atomics **3.** 288—92. Nov. 1952. Oak Ridge, Tenn., Inst. of Nucl. Stud.) Gerhard Schmidt. 5004

George G. Manov, *Radioisotopenlaboratorien für Tier- und landwirtschaftliche Forschung.* Projekt zur Errichtung von Isotopenlaborr. für gleichzeitige physikal. u. chem. Untersuchungen. — 13 Abbildungen. (Atomics **3.** 293—300. Nov. 1952. Oak Ridge, Tenn., U. S. AEC, Isotopes Div.) Gerhard Schmidt. 5004

W. A. Cannon, *Vorgeschlagene Verwendung von Polyäthylenflaschen.* In etwa halb mit Lösungsm. gefüllten u. vor dem Verschließen durch Zusammendrücken von Luft fast befreiten Polyäthylenflaschen lassen sich Glaskügelchen mit eingewogenen flüchtigen oder rauchenden Fll. mit der Hand oder durch leichten Schlag zertrümmern. (Chemist-Analyst **41.** 71. Sept. 1952. Wyandotte, Mich., Wyandotte Chem. Corp.) Blumrich. 5006

R. C. Salander, *Für Druckhydrolyse geeignete Flaschen.* Verwendung von Mineralwasserflaschen mit säurefester Stopfendichtung (eingesetzt in Autoklaven) zur Hydrolyse von Proteinen. (Chemist-Analyst **41.** 69. Sept. 1952. Fort Collins, Colo., Colorado Agric. and Mechan. Coll., Chem. Dep.) Blumrich. 5006

Clyde R. Dillard, *Ein Apparat zum Aufbewahren und Abmessen von Lithiumaluminiumhydridlösungen.* Auf das die $LiAlH_4$-Lsg. enthaltende Gefäß ist eine Bürette aufgeschliffen, in die die Lsg. unter N_2-Druck aufsteigt. Sie wird nach dem Ablassen mit Ae. nachgespült u. mit N_2 getrocknet. (J. chem. Educat. **29.** 129—30. März 1952. Nashville, Tenn., Tennessee A & I State Coll.) Blumrich. 5006

J. Mazur, *Über die Probenahme von Wassertröpfchen in natürlichen Wolken und in durch Strahlung kondensierten Nebeln.* Unter den angeführten Methoden wird das Auffangen der Tröpfchen auf Deckgläsern, die vorher mit einer Mischung von Vaselin mit leichtem Mineralöl überzogen u. schwach erwärmt werden, empfohlen; bes. von Flugzeugen aus (Momentexposition). (Proc. physic. Soc. Sect. B **65.** 457—58. 1/6. 1952. Manchester, Brit. Rayon Res. Assoc.) BLUMRICH. 5012

A. Müller und **W. Ruzha,** *Eine Rührvorrichtung für die Mikroschmelzpunktbestimmung.* Es wird eine Rührvorr. als Zusatzgerät für den Mikroskop-Heiztisch nach KOFLER beschrieben. Mit Hilfe eines kleinen Verschiebers wird ein Deckglas, welches in einen Rahmen eingefügt ist, der über einem festgeklemmten Objektträger gleitet, geschwenkt oder gedreht. Auf diese Weise wird eine innige, gleichmäßige Durchmischung während des Schmelzens erreicht. Die Rührvorr. ist dann von Vorteil, wenn Pulverpräpp. von Stoffgemischen vorliegen, da ohne den Ausgleich der in ruhenden Schmelzen auftretenden lokalen Konzentrationsunterschiede häufig zu hohe Endschmelzpunkte gefunden werden. (Mikrochem. verein. Mikrochim. Acta **40.** 60—62. Juli 1952. Wien, Univ., I. Chem. Labor.) HILDEGARD SCHULZ. 5018

Herbert Hoyer, *Eine Ultramikromethode zur Molgewichtsbestimmung schwerflüchtiger Stoffe (verbesserte Apparatur).* Eine Verbesserung der App. für das in Chemie-Ing.-Techn. **22.** [1950.] 316 beschriebene Verf., das auf der Gleichgewichtseinstellung durch isotherme Dest. zwischen einer Vergleichslsg. u. einer Lsg. der unbekannten Substanz im gleichen Lösungsm. beruht, wird angegeben, das darin besteht, daß wesentliche Teile der App. aus Metall gefertigt sind, was größere Bruchsicherheit u. schnelleres Arbeiten (½ Std. je Messung) zur Folge hat. Als Lösungsm. dienen unter Zimmertemp. sd. Stoffe: *Methyläthyläther, SO_2, Butadien, Trimethylamin,* da die Messung bei Zimmertemp. ausgeführt wird. 0,4 mg Probe genügt zur Best. des Mol.-Gew. mit $\leq 3\%$ Genauigkeit. (Mikrochem. verein. Mikrochim. Acta **36/37.** 1169—73. 1951. Leverkusen, Farbenfabriken Bayer, Organ.-analyt. Labor.) METZENER. 5044

P. Dunsmuir, *Die Benutzung polarisierten Lichtes zur Untersuchung geätzter Metallkristalle und deren Orientierung.* Die goniometr. Unters. geätzter Metallkristalle mit polarisiertem Licht ist eine einfache Meth., die zwischen Einfach- u. Mehrfachreflexionen zu unterscheiden gestattet u. mit der die Kristallorientierung festgestellt werden kann. Messungen an kaltgewalzten *Si–Fe*-Legierungen werden wiedergegeben. Eine polykrist. Probe, bei der die verschied. Kristalle weitgehend die gleiche Richtung haben, zeigt [100], (110)-Orientierung. (Brit. J. appl. Physics **3.** 264—67. Aug. 1952. Rugby, Brit. Thomson-Houston Co. Ltd.) LINDBERG. 5060

G. E. Livingston, D. E. Westcott und **I. S. Fagerson,** *Tisch-Ultraviolettkammer für die Untersuchung von Chromatogrammen.* Beschreibung eines geräumigen, mit schwarzem Vorhang abgeschlossenen Kastens u. einer UV-Lichtquelle mit Filter zur Beobachtung fluorescierender Zonen. (Chemist-Analyst **41.** 68—69. Sept. 1952. Amherst, Mass., Univ., Dep. of Food Technol.) BLUMRICH. 5062

Paul R. Camp und **Richard C. Raymond,** *Ein photoelektrisches Polarimeter zur Messung kurzdauernder Drehungen.* Das Polarimeter arbeitet mit zwei Photovervielfachern zum Vgl. eines nichtanalysierten Anteils des zu untersuchenden Lichtes mit dem Anteil, der einen fest eingestellten Analysator passiert. Die Anordnung gestattet die kontinuierliche Aufzeichnung des Polarisationszustandes. Auch die Drehung der Polarisationsebene teilweise polarisierten Lichtes kann gemessen werden. Die Messung des FARADAY-Effektes in pulsierenden Magnetfeldern ist auf 3% genau. Die VERDET-Konstante von *Polysterol, Äthyllaurat* u. *Dodecylacetat* für die Wellenlängen 4480, 5010, 5510 u. 6090 Å wird gemessen. (J. opt. Soc. America **42.** 237—40. April 1952. State College, Pa., Pennsylvania State Coll., Dep. of Phys.) LINDBERG. 5063

J. F. Archard, P. L. Clegg und **A. M. Taylor,** *Photoelektrische Analyse elliptisch polarisierten Lichtes.* Bei der einen Anordnung durchläuft das zu untersuchende Licht ein doppelbrechendes Prisma u. den Analysator. Die entstandenen zwei senkrecht aufeinanderstehenden Komponenten fallen auf zwei Photozellen. Die Einstellung des Prismas auf Gleichheit der Komponenten liefert die Orientierung der Ellipse. Bei Einstellung des Prismas in diese Orientierung liefert das Intensitätsverhältnis der Komponenten das Achsenverhältnis. Bei der anderen Meth. wird das Licht durch einen Zerhacker moduliert. Das Prisma wählt zwei Komponenten gleicher Phase aus, die nur dann gleich sind, wenn die Prismenachsen unter 45° gegen die Ellipsenachsen geneigt sind. (Proc. physic Soc. Sect. B **65.** 758—68. 1/10. 1952. Southampton, Univ.) LINDBERG. 5063

Herwig Schopper, *Die Bestimmung der optischen Konstanten und der Schichtdicke beliebig dicker Schichten mit Hilfe der absoluten Phase.* (Vgl. C. **1952.** 7449.) Unter Benutzung der absol. Phase lassen sich die allg. Gleichungen für die komplexen Amplituden des aus einer Schicht reflektierten bzw. durchgegangenen Lichtes nach den opt. Konstanten auflösen. Die Schichtdicke läßt sich aus zwei unabhängigen komplexen Gleichungen berechnen. Unterss. an zwei Sb_2S_3-Schichten bei den Wellenlängen 6400, 5780, 5460 u. 4360 Å ergaben Übereinstimmung des theoret. u. gemessenen Verlaufs der durchgegangenen u. reflektierten Strahlungsleistung mit der Schichtdicke. Für n ergeben sich Werte von 2,45—2,59 bzw. 2,56—2,62, für k von 0—0,26 bzw. 0,01—0,30∓0,03—0,05. Die Schichtdicken betrugen ca. 60 bzw. 180 mμ. (Z. Physik **131.** 215—25. 1952. Hamburg, Phys. Staatsinst.) Lindberg. 5063

—, *Neuer Monochromator mit hoher Auflösung und Leistung.* Beschreibung eines neuen Plangitter-Monochromators der Fisher Scientific Comp. für den Bereich von 2000—14000 Å u. seiner Anwendungsmöglichkeiten. Die beiden Ausführungen mit 250 bzw. 500 mm Brennweite ergeben eine Dispersion von 66 bzw. 33 Å/mm bei einer Lichtausbeute von 65% bei 2650 Å. Das Gerät ist mit einer Hg-Bogenlampe hoher Intensität für das UV u. einer Bandglühlampe für das Sichtbare ausgerüstet. (Laboratory **22.** 52—53. 1952.) Eichhoff. 5063

Juan Manuel Lopez de Azcona, *Spektraluntersuchungen über den Einfluß des physikalischen Zustandes bei der Legierung „Haynes stellite No. 30".* Vorläufiger Bericht über die Wrkg. der Wärmebehandlung der aus der Legierung (0,33—0,50 C, 23—29 Cr, 13—17 Ni, 5—7 Mo, 2% Fe, Rest Co) hergestellten Elektroden auf das Emissionsspektr. unter Benutzung eines besonderen Ofens derart, daß die Oberflächenstruktur nicht geändert wird. Beim Vgl. der Linien von Cu, Ni u. Mo mit denen des Co beim Erwärmen u. Abkühlen zwischen Zimmertemp. u. 1000° zeigten sich Anomalien zwischen 640 u. 800° (im engl. Auszug 640—680°) sowie oberhalb 880°. (Spectrochim. Acta [London] **5.** 18. Juli 1952. Madrid, Inst. geológ. y minero de España.) Metzener. 5063

a) Elemente und anorganische Verbindungen.

William I. Stephen, *Organische Reagentien in der anorganischen Analyse. Kurze Übersicht über neuere Entwicklungen.* Zusammenstellung einer Anzahl organ. Reagentien für die analyt. Chemie. Angeführt werden für *Ni* neben *Dimethylglyoxim* das *1.2-Cyclohexandiondioxim* (Nioxim) (I) u. das *1.2-Cycloheptandiondioxim* (Heptoxim); I auch für *Pd*; für *Cu 2.2'-Dichinolyl* (Cuproin); für *Be Chinalizarin* (colorimetr.) bzw. für gravimetr. Best. *α-Picolin*; für *Sb* (absorptionsspektrometr.) *Methylviolett*, für sehr kleine Mengen (0,5 μg) *Gossypol*; für *Bi* (colorimetr.) *Rubean-* u. *Silicowolframsäuren*; qualitativer Nachw. mit *Methylrot* u. *Chloramin T*. *Cd* kann mit *Methylviollet* gefällt u. als CdS bestimmt werden, ferner als *8-Oxychinolinat* (Oxinat) u. titrimetr. mit *3,3'-Dimethylnaphthidin* (II). Trennung von *Cu* mit *K-Xanthat*. Colorimetr. Mg-Best. mit *1-amino-2-naphthol-6-sulfonsaurem Na* (Fe, Co u. Mn stören), Cu, *Co*, Ni u. *Zn* können mit *Cystin* von *Ca*, *Ba* u. Mg getrennt werden. *Th* wird mit *Chinaldinsäure* von Seltenen Erden (Al, Be, U stören), mit *Ferron* von *W*, *La*, *Ce*, *Ti*, Ni u. Co getrennt. Gravimetr. Best. von *U* mit *Oxin* oder *Isatin-β-oxim*, colorimetr. Best. mit *Chromotropsäure*, qualitativer Nachw. mit *Oxalhydroxamsäure*. *Zr* wird durch *Na-Flavianat*, *Mandelsäure* (III) bzw. halogenierte III gefällt; Pd^{4+} durch *2.2'-Dipyridyl*, *1.10-Phenanthrolin*, *Phenylharnstoff*, *Thiophenol* u. *Thiobarbitursäure* (auch für *Rh*) u. *Pt* durch *symm. Di-o-tolylharnstoff*. Rh-Best. colorimetr. mit *2-Mercapto-4.5-dimethylthiazol*. Kleine Mengen W werden mit *Toluol-2.3-dithiol* colorimetr. bestimmt, größere mit *4-Amino-1-(4-aminophenyl)-naphthalin* bzw. *anti-1.5-Di-(p-methoxyphenyl)-5-hydroxyamino-3-oximido-1-penten* (Mo stört) gefällt. *V*-Best. mit II (colorimetr.). Als Ersatz für H_2S sind genannt: *Thioformamid* u. *Thioacetamid*. — 36 Literaturangaben. (Chem. Age **66.** 47—52. 12/1. 1952.) Free. 5100

Hans Wolfgang Spier, *Zur quantitativen Kalium-Mikroanalyse. (Oxydimetrische Kaliumbestimmung über Tetraphenylborkalium.)* Die bis 100 mg-% *K* enthaltende, schwach essigsaure Lsg. wird mit dem 1,5—2fachen Überschuß 3%ig. wss. *Tetraphenylbor-Na*-Lsg. versetzt, der Nd. nach kurzem Stehen (5—10 Min.) abfiltriert u. mit n/40 Ceriammoniumnitratlsg. in $2nHClO_4$ 15 Min. im Wasserbad von 92—97° erwärmt, wobei für je 25 γ K ca. 3,5 ml Ce-Lsg. angewendet werden. Nach dem Erkalten Rücktitration mit n/100 $(NH_4)_2(SO_4)_2$-Lsg. in $2nH_2SO_4$ mit 1 Tropfen mol/100 Ferroin als Indicator. Die für Mengen bis zu 1 γ K anwendbare Meth. hat eine Fehlerbreite von ca. 1—2%. (Biochem. Z. **322.** 467—70. 1952. München, Univ., Dermatol. u. Poliklinik.) Krusen. G 275

Walter Nielsch, *Die spektrochemische Bestimmung von Magnesium in Nickel.* In Ni oder Ni-Salzlsgg. werden mittels Lösungsspektralanalyse Mg-Gehh. von 0,001—1,0% quantitativ bestimmt. Der Mg-Blindgeh. der Kohlen wird hierbei berücksichtigt. Die Herst. von Mg-freien Ni-Salzlsgg., der Einfl. der Versuchsbedingungen u. das Auswertungsverf. werden beschrieben. (Z. Metallkunde **43.** 370—72. Okt. 1952. Lautenbach.) Hochstein. G 282

Takeshi Sugihara, *Über den Nachweis geringer Hg-Mengen.* Unter Benutzung einer Spezialapp., die ein Entweichen von Hg ausschließt u. für die eine restlose Rückgewinnung von eingebrachtem Hg (Verss. mit 4—120 γ) nachgewiesen wurde, ließ sich Hg selbst in Ggw. von *Te* in HCl- oder H_2SO_4-saurer Lsg. durch $SnCl_2$ reduzieren, restlos als Nd. erhalten u. (mittels Dithizon) bestimmen. Fehler unter 2 γ bei 4—120 γ Hg. (J. chem. Soc. Japan, pure Chem. Sect. [Nippon Kagaku Zassi] **73.** 188—91. März 1952. [Orig.: japan.]) Schuler. G 290

Seizo Misumi, *Untersuchungen über die analytische Chemie der Elemente der Seltenen Erden.* 1. Mitt. *Neue Farbreaktion für Ce^{3+}.* Als geeigneter Farbstoff zu einer Farb-Rk. auf Ce^{3+} erwies sich *Sunchromine Pure Blue B extra (2'.6'-dichlor-4''-oxy-3.3''-dimethylfuchson-5.5''-dicarbonsaures Na)* (**I**). Für den Ce-Nachw. werden 5 cm^3 der zu prüfenden Lsg., in der Ce dreiwertig vorliegt u. die frei von Be, Th, Fe^{2+} u. La^{3+} sein muß, mit 0,5 cm^3 Glycerin, 0,3 cm^3 wss. nNH_4Cl-Lsg. u. 0,3 cm^3 **I**-Lsg. versetzt u. gut geschüttelt, dann wird mit 3%ig. wss. NH_3 ein p_H von ca. 8 erzeugt, worauf sich Ce durch violette Farbe zu erkennen gibt. Nach einiger Zeit flockt ein Nd. aus. Die Rk. wurde an 36 verschied. Ionen geprüft. Als Tüpfel-Rk. auf Mg-freiem Filtrierpapier, das mit einer 0,1%ig. Lsg. von **I** imprägniert ist, lassen sich 4 γ Ce/cm^3 nachweisen. (J. chem. Soc. Japan, pure Chem. Sect. [Nippon Kagaku Zassi] **73.** 171—73. März 1952. [Orig.: japan.]) Schuler. G 304

Seizo Misumi, *Untersuchungen über die analytische Chemie der Elemente der Seltenen Erden.* 2. Mitt. *Colorimetrische Bestimmung von Ce^{3+} durch eine neue Farbreaktion.* (1. vgl. vorst. Ref.) Es wurde für die colorimetr. Best. des Ce^{3+} folgendes Verf. ausgearbeitet: 5 cm^3 schwach saurer Ce^{3+}-Lsg. (8—30 γ Ce pro cm^3) werden mit 0,5—1,0 cm^3 Glycerin u. 0,5 cm^3 $NH_4CO_2CH_3$-Lsg. versetzt (nötigenfalls kann noch nNH_4Cl zugegeben werden) u. auf 10 cm^3 aufgefüllt. Dann folgen 0,4 cm^3 einer 0,1%ig. Lsg. des Farbstoffs (vgl. vorst. Ref.) u. einige Tropfen 1%ig. NH_3 bis zu einem p_H von 7,5. Nach 15 Min. ist die Färbung stabil u. kann mit einem auf gleiche Weise bereiteten Standard colorimetr. ausgewertet werden. (J. chem. Soc. Japan, pure Chem. Sect. [Nippon Kagaku Zassi] **73.** 173—75. März 1952. [Orig.: japan.]) Schuler. G 304

Agustin Vioque Pizarro, *Analytische Anwendungen des Gossypols.* 1. Mitt. *Seine Verwendung zum Nachweis von Zinn(IV). Gossypol,* der gelbe Farbstoff des Baumwollsamens, reagiert mit Sn(IV)-Chloridlsgg. unter Bldg. einer purpurroten Verb., die sich gut für den qualitativen Nachw. von Sn(IV) eignet. Mit Hilfe dieses Reagenses lassen sich noch 0,3 γ Sn bei einer Verdünnungsgrenze von 10 γ gut nachweisen. Sb^{3+} u. Fe^{3+} stören die Rk., lassen sich aber durch geeignete Verff. entfernen. Nachfolgende Anionen stören die Rk. ebenfalls: F', JO_3', BrO_3', Cr_2O_7'', MnO_4', Vanadat u. Oxalat, die durch sie hervorgerufene Störung läßt sich durch geeignete Maskierungsmittel verhindern. Molybdate, Phosphate, Ferrocyanid, Ferricyanid u. Tartrat lassen sich nicht maskieren u. stören immer. (Analytica chim. Acta [Amsterdam] **5.** 529—35. Dez. 1951. Sevilla, Spanien, Univ., Labor. für analyt. Chem.) Fretzdorff. G 327

Agustin Vioque Pizarro, *Analytische Anwendungen des Gossypols.* 2. Mitt. *Seine Verwendung zum Nachweis von Molybdän(VI).* (1. vgl. vorst. Ref.) Außer für den Nachw. des Sn^{4+} eignet sich das *Gossypol* auch für den analyt. Nachw. des Mo^{6+}. Molybdate geben in saurer Lsg. ($8nHNO_3$) mit einer 0,1%ig. Lsg. des Reagenses in A. oder Aceton eine rote Verb., deren Aussehen dem Stannikomplex ähnelt. Es läßt sich mittels dieser Rk. noch 0,1 γ Mo^{6+} in einer Verdünnung von $10^{-5,48}$ erkennen. Die Rk. wird als Tüpfel-Rk. durchgeführt. Mögliche Störungen werden diskutiert u. Wege zu ihrer Behebung angegeben. (Analytica chim. Acta [Amsterdam] **6.** 105—11. Febr. 1952. Sevilla, Univ., Labor. für analyt. Chem.) Fretzdorff. G 336

L. Silverman, H. E. Schwartz und **B. Chalett,** *Schnellanalysen verkürzen die Heizzeit von Schmelzöfen.* Vff. beschreiben die colorimetr. Best. von *Cu, Mn* u. *Fe* in *Mn-Bronzen,* geben Beispiele für die Eichkurven, erörtern den Einfl. der Säurekonz. u. die erforderlichen Korrekturen der Cu-Werte beim Vorhandensein von Ni oder Cr. (Iron Age **167.** Nr. 2751. 70—72. 18/1. 1951. Los Angeles, Eastern Smelting and Refining Co.) Woelk. G 358

E. C. Mills und **S. E. Hermon,** *Reproduzierbarkeit analytischer Resultate.* Die von Scheuer u. Smith (C. **1952. 6741**) nachgewiesene Abhängigkeit der Reproduzierbarkeit der Ergebnisse von Routineanalysen (bei *Legierungen*) vom %-Geh. des betreffenden Elements derart, daß sie bei niedrigen %-Gehh. abnimmt, wurde von Vff. auch bei sehr genauen Analysenverff. festgestellt. (Chem. and Ind. **1951.** 616. 14/7. Slough, Bucks.) Freytag. 5280

Jacques Despujols, *Anwendung der Röntgenspektrometrie auf die Bestimmung geringer Metallmengen in Mineralen.* Vf. prüft die Eignung der Röntgenspektralanalyse zur schnellen Best. des Metallgeh. der Nebengesteine von Mineralen, um auf diese Weise die Güte der Aufbereitungsverff. zu kontrollieren. Verwendet werden Spektrographen mit gebogenem Kristall. Die besten Resultate werden mit den Emissionsspektren bei Erregung mit Röntgenstrahlen (Sekundärmeth.) erhalten; die optimalen experimentellen Bedingungen werden durch eingehende Unterss. ermittelt. Die Meth. erlaubt die Best. von *Zn* in Konzz. von 0,1% mit einer Genauigkeit von 5—10%. Die Nachweisgrenze liegt bei ca. 0,007%. Zur Registrierung wird dabei ein GEIGER-MÜLLER-Zählrohr verwendet. Die gleiche Meth. wird zur Best. von *Pb* angewandt. Für *W* wird die Meth. der direkten Erregung mit Kathodenstrahlen benutzt; die Registrierung erfolgt hierbei photographisch. Als Nachweisgrenze wird 0,03% angegeben. Bei visueller Auswertung der Aufnahmen lassen sich Mengen von 0,15% u. weniger mit einem absol. Fehler von 0,03% bestimmen. — Für die Best. des Zn wurde auch die Absorptionsmeth. geprüft, die darauf beruht, daß man die Absorption des betreffenden Präp. für zwei Wellenlängen nahe der Absorptionskante des zu bestimmenden Elementes mißt. Die Messung erfolgt mit dem GEIGER-MÜLLER-Zählrohr. Die Ergebnisse stimmen mit denen der ersten Meth. für Konzz. über 2% überein. Für hohe Konzz. ist die Genauigkeit jedoch gering. (J. Physique Radium **13.** Suppl. zu: Nr. 2. 31A—41A. Febr. 1952. Paris, Fac. des Sci., Labor. de Chim. phys.) FAESSLER. 5290

b) Organische Verbindungen.

W. J. Rosicky, *Vermeiden des Schäumens bei der Kjeldahlanalyse.* Zusatz von wenig Kerosin oder Mineralöl vor der alkal. Dest. verhindert das durch Ggw. von Seifen (aus flüchtigen, beim Aufschluß im Kolbenhals kondensierten Fettsäuren) verursachte Schäumen. (Chemist-Analyst **41.** 72. Sept. 1952. Omaha, Nebr., Allied Mills.) BLUMRICH. 5352

Lawrence M. Marshall, Kenneth O. Donaldson und **Felix Friedberg,** *Chromatographische Trennung organischer Säuren durch zunehmend veränderte Lösungsmittel.* Für die Chromatographie mit Lösungsmitteln, deren Polarität während der Trennung gleichmäßig zunimmt, ist eine Gleichung entwickelt, die einen funktionellen Zusammenhang zwischen der anwachsenden Polarität, dem Auflösungsvermögen u. der Silicagelmasse angibt. Zur Best. der Konstanten der Gleichung wurden *Fumarsäure, Milchsäure, Bernsteinsäure, α-Ketoglutarsäure* u. *Aconitsäure* sowie verschied. Lösungsmittelsysteme mit Chlf. als Grundlage u. wechselnden Mengen *n-Amylalkohol, tert.-Amylalkohol* u. H_2O verwendet. Zusätzlich werden *Brenztraubensäure, Oxalessigsäure* u. *Äpfelsäure* untersucht, um die allg. Anwendbarkeit zu zeigen. (Analytic. Chem. **24.** 773—75. Mai 1952. Washington, D. C., Howard Univ., Coll. of Med.) BRINCKMANN. G 800

Mario Marconi, *Die Bestimmung der Ameisensäure.* Da die gravimetr. Best. der Ameisensäure nach der Rk. $2\,(CH_3COO)_2Hg + HCOOH + 2\,Cl^- + 2\,H^+ = CO_2 + 4\,CH_3COOH + Hg_2Cl_2$ durch Wägen des gebildeten Kalomels zu ungenauen Ergebnissen führt, wird letzteres gemäß $2\,Hg_2Cl_2 + JO_3^- + 5\,Cl^- + 6\,H^+ = JCl + 4\,Hg^{++} + 8\,Cl^- + 3\,H_2O$ mittels KJO_3 volumetr. bestimmt. Zuvor ist die Ameisensäure durch Ansäuern mit Phosphor- oder Weinsäure, Überdestillieren mit Wasserdampf u. Auffangen in einer $BaCO_3$-Suspension zu isolieren. (Chimica [Milano] **6.** 315—16. Sept. 1951. Florenz.) HENTSCHEL .G 810

A. G. Williamson, *Die Bestimmung der Isocyanatgruppe in Klebstoffen für Gummi.* Zur Best. der *Isocyanat*-Gruppe wird eine potentiometr. Meth. vorgeschlagen. Die Meth. beruht auf der Rk. zwischen *Isocyanat* (**I**) u. *Diisobutylamin* (**II**) in einem inerten Lösungsm., wobei sich ein substituiertes Harnstoffderiv. bildet. Das überschüssige Amin wird mit HCl in einem wss.-organ. Medium potentiometr. titriert. Die Ggw. von Carbamylchloriden stört. Ausführung: 10 ml einer 1,5—2nII-Lsg. in Monochlorbenzol werden mit Monochlorbenzol zu 20 ml verd. u. mit der I-Probe, die 5—7ml II-Lsg. verbrauchen soll, 10 Min. stehengelassen. Man verd. mit CH_3OH (100 Vol. pro 30 Vol. inertes Lösungsm.) u. gibt 13 Vol. W. hinzu. Das überschüssige **II** wird mit einer nHCl potentiometr. titriert, die durch Auflösen von konz. HCl in einem aus 30 Vol. Monochlorbenzol u. 100 Vol. CH_3OH bestehenden Medium hergestellt u. mit n Alkali gegen Methylorange eingestellt ist. (Analyst **77.** 372—74. Juli 1952. Croydon, Res. Ass. of British Rubber Mfg.) K. F. MÜLLER. G 890

Philip Wedgwood und **R. L. Cooper,** *Der Nachweis und die Bestimmung kleiner Mengen mehrkerniger Kohlenwasserstoffe durch eine Kombination von Chromatographie und Absorptionsspektroskopie.* Die Chloroformlsg. der Probe wird nach dem Ausschütteln mit Säure u. Lauge zur Trockne gebracht, in reinem Cyclohexan gelöst, auf eine Al_2O_3-Säule gegeben u. mit Cyclohexan u. etwas Bzl. eluiert. Von den Eluaten wird das Absorptionsspektr. bestimmt u. mit dem reiner Substanzen verglichen. *Pyren, Fluoranthen, 1.2-Benzanthracen, 3.4-Benzpyren, Perylen, Ananthren* u. ähnliche Verbb. konnten so aufgefunden werden. (Chem. and Ind. **1951.** 1066—67. 1/12. Sir John Cass Coll., u. St. Albans Labor.) NEZEL. G 2950

W. W. Nikolski und **A. M. Powerennyi,** *Über die Barfoed-Reaktion.* Zwecks Klärung des verschied. Verh. von Mono- u. Oligosacchariden gegenüber BARFOEDS-Reagens (B.R.) wurde die 0,1 mol. Lsg. von *Glucose* (**I**) mit wachsenden Mengen *A., Glycerin* (**II**), *Sorbit* (**III**), *Mannit* (**IV**) oder *Dulcit* (**V**) versetzt u. nach Zusatz des halben Vol. B.R. (50 g Kupferacetat, 50 g Na-Acetat, 5 ml. Eisessig je Liter) 2,5 Min. gekocht. Durch A. u. **II** wurde die Cu-Red. nicht verhindert. Die Ausfällung von Cu_2O wurde völlig verhindert bei **I**:**III** = 1:6, **I**:**IV** = 1:20, **I**:**V** = 1:25. Wurden 5 ml 0,1 mol. **I**-Lsg. mit wechselnden Mengen 0,5 mol. **III**-Lsg. u. 20 ml B.R. versetzt, auf 60 ml aufgefüllt u. 3 Min. gekocht, dann nahm die Menge des red. Cu mit der **I**-Menge ständig ab, wurde jedoch bei keiner **I**-Zugabe völlig unterbunden. Auch Lactose zeigte bei negativer qualitativer Rk. eine geringe Cu-Red. mit B.R. Die **III**-Zugabe war ohne Einfl. auf die FEHLINGsche Rk. mit **I**. Die hemmende Wrkg. der Hexite erklärt sich nicht aus ihrer stereochem. Ähnlichkeit mit **I**, da in Ggw. von Galaktose die Unterdrückung der Cu-Red. bei denselben Mengen **III** u. **V** erfolgt wie in Ggw. von **I**. Beim Vermischen von B.R. mit den Hexiten wird das p_H erhöht, Essigsäure freigesetzt. Damit ist erwiesen, daß die Wrkg. der Hexite auf der Bldg. einer Verb. zwischen Cu(II) u. Hexit beruht. (Биохимия [Biochemie] **17.** 317—19. Mai/Juni 1952. Rostow/Don, Med. Inst., Lehrstuhl für Biochemie.) LEBTAG. G 3400

c) Bestandteile von Pflanzen und Tieren.

N. P. Gorbunowa, *Zur Methodik der mikroskopischen Untersuchung der Mykorrhizie von Holzgewächsen.* Von 12 untersuchten mkr. Färbemethoden zum Nachw. von Mykorrhiza bei Wurzeln von Eiche, Birke, Kiefer u. Tanne wurden die besten Resultate nach Fixierung des Materials durch Anfärbung mit einer 0,5%ig. wss. Lsg. von *Toluidinblau* oder mit einer 2%ig. wss. Lsg. von *Safranin* mit anschließender *Lichtgrün*-Behandlung erhalten. (Микробиология [Mikrobiologie] **21.** 561—65. Sept./Okt. 1952. Moskau, Lomonossow-Univ., Inst. für Bodenbiol.) ULMANN. 5661

Jack Schreiber, *Eine Anweisung für die Untersuchung somatischer Chromosomen bei Bromus.* Sprosse werden möglichst dicht an ihrem Ursprungsort von der Basis einer größeren Pflanze abgeschnitten u. zur Erzielung von sauberen, gesunden Wurzeln in Glimmer kultiviert, dem eine bestimmte Menge mineral. Nährlsg. zugesetzt wird, um ihn genügend feucht zu halten. Während die Wurzeln noch an der Pflanze sind, werden sie mit 0,0015 mol. 8-Oxychinolinlsg. 4 Std. lang bei 18° behandelt. Danach werden sie abgeschnitten, ca. 5 Min. in 45%ig. Essigsäure gelegt u. die Wurzelspitzen nach FEULGEN gefärbt. Danach können Quetschpräpp. von den Meristemen angefertigt werden. (Stain Technol. **26.** 247—50. Okt. 1951. Madison, Wis., Univ., Dep. of Bot.) ITZEROTT. 5661

G. Calcutt, *Die Supravitalfärbung von normalem und bösartigem Gewebe mit Tetrazoliumverbindungen.* Bei der Vitalfärbung mit *Tetrazolium, Neotetrazolium* oder *Jodtetrazolium* färben sich die Mitochondrien, Kernmembranen, Nucleoli u. Chromosomen dunkel an. Diese Meth. kann jedoch nicht zur Unterscheidung von n. u. bösartigem Gewebe verwandt werden. (Brit. J. Cancer **6.** 197—99. Juni 1952. Northwood, Middlesex, Mount Vernon Hosp., Dep. of Cancer Res., u. Radium Inst.) H. SCHEURLEN. 5662

d) Medizinische und toxikologische Analyse.

Robert Kehl, *Über Theorie und Praxis der Papierchromatographie und deren klinische Bedeutung. Überblick für den praktischen Arzt.* (Med. Klin. **47.** 397—99. 28/3. 1952. München, Univ., I. Med. Klinik.) DOSSMANN. 5725

H. Odenthal, J. Westerboer und **S. Panse,** *Über die Vergleichbarkeit von Ergebnissen der Makroelektrophorese nach Tiselius und der Mikroelektrophorese nach Antweiler bei Anwendung von Michaelis- und Dole-Puffer.* Eine befriedigende Angleichung an die nach TISELIUS ermittelten Werte ist mit der Mikroelektrophorese nach ANTWEILER zu erreichen, wenn statt des MICHAELIS-Puffers der DOLE-Puffer verwendet wird. Bes. war dadurch eine gute Abtrennung des Pufferextragradienten der δ- von der γ-Globulinfraktion möglich. Die realtiv ungenügende Trennung der α_1-Globuline vom Albumin beim ANTWEILER-Verf. war auch durch DOLE-Puffer nicht zu verbessern. Weitere Differenzen sind durch die Abweichung der aufsteigenden von den Mittelwerten der auf- u. absteigenden Kurvenäste bedingt. (Aerztl. Wschr. **7.** 694—98. 25/7. 1952. Bonn, Univ., Med. Klinik.) FISCHOEDER. 5728

Eiichiro Murakami, *Untersuchungen über die Methode zur differenzierten Mikrobestimmung der Gallensäuren in Gallenflüssigkeit.* Auf Grund seiner Unterss. beschreibt Vf. folgende verbesserte Meth.: Zu einer abgemessenen Menge Gallen-Fl. werden 96%ig. A. u. einige Tropfen NH_4OH mit 10—20 mg Norit gegeben, geschüttelt, 2—3 Min. in einem Wasserbad von 80—90° gehalten, abgekühlt u. filtriert. Nach völliger Enteiweißung, die erforderlichenfalls durch wiederholten Zusatz von A. u. Erhitzen auf 80—90° erreicht wird, werden nach Auffüllung aliquote Anteile in 2 Kolben gegeben u. der A. unter Vakuum bei 50° abgedampft. Der 1. Kolben wird mit einer Lsg. von 1 mg Vanillin (I) in 1,5 ml H_3PO_4 (D^{22} 1,625) 15 Min. bei 50°, der 2. Kolben mit einer Lsg. von 1 mg I in 1,5 ml H_3PO_4 (D^{23} 1,750) 15 Min. bei 70° gehalten. Darauf folgt Extinktionsmessung im PULFRICH-Stufenphotometer, die im 1. Kolben die gesamte *Trioxycholansäure* (II) (E_1), im 2. Kolben die gesamte II + *Dioxycholansäure* (III) (E_2) erfaßt. Von einem weiteren aliquoten Anteil des Filtrates wird der Trockenrückstand in 4 ml WALPOLE's Acetatpuffer (p_H 4,8) gelöst u. 2mal mit je 10 ml wassergesätt. Ae. ausgeschüttelt. In der wss. Schicht werden nach der beschriebenen Meth. die Extinktionen der als Glycyl- oder Taurylderivv. gebundenen II (E_3) sowie der ebenso gebundenen II + III (E_4) bestimmt. Die Berechnungen erfolgen nach folgenden Formeln u. liefern Werte in mg: 1. gebundene II = $0{,}1 \cdot 1{,}25 \cdot E_3/0{,}1277$; 2. gebundene III = $0{,}1 \cdot 1{,}25 \cdot [E_4 - (E_3 \cdot 0{,}89)]/0{,}2$; 3. freie II = $1{,}0 \cdot [E_1 - (E_3 \cdot 1{,}25)]/0{,}1417$; 4. freie III = $0{,}1 \cdot [E_2 - (E_4 \cdot 1{,}25)]/0{,}216$. Mit dieser Meth. erhaltene Werte werden angegeben. (J. Biochemistry [Tokyo] **39**. 17—29. März 1952. Fukuoka, Japan, Kyushu Univ., School of Med., 1. Surg. Dep. [Orig.: engl.]) KRUSEN. 5731

Dino Coppini und **Enzo Costa**, *Bestimmung der p-Aminosalicylsäure im Harn durch Bromierung.* Auf Grund der Feststellung, daß die Bromierung der p-Aminosalicylsäure (I) u. ihres *N-Acetylderiv.* (F. 220—222°) infolge CO_2-Abspaltung dasselbe Prod. wie *3-Aminophenol* liefert, nämlich *2.4.6-Tribrom-3-aminophenol*, während das *N.O-Diacetylderiv.* (II), F. 189—190° nicht bromiert wird, wird ein Verf. zur Best. der I u. ihrer Metabolite im Harn angegeben: Der Harn wird auf p_H 2,5 angesäuert, mit Ae. extrahiert, der Ae. aus dem Extrakt abdest., der Rückstand mit KBr + $KBrO_3$ in Ggw. von Essigsäure + HCl bromiert u. der Br-Überschuß jodometr. mit $Na_2S_2O_3$ titriert. Obgleich die Bestimmungen vor u. nach der Hydrolyse des Harns die gleichen Br-Werte gaben, erscheint es ratsam, doch nach vorheriger Verseifung zu extrahieren, um gegebenenfalls vorhandene Metabolite, die wie II nicht bromiert werden, zu spalten. Gute Ergebnisse bei ca. 0,5 mg I/ml Harn. (Mikrochem. verein. Mikrochim. Acta **36/37**. 939—41. 1951. Modena, Univ., Ist. Chim. farmaceut.) METZENER. 5732

Michel Demole und **Madeleine Arpin-Morand**, *Die Verwendung der Nilblaureaktion zur schnellen Abschätzung des Fettinhaltes der Fäkalien.* Wenn ein makroskop. erkennbarer Fettstuhl nicht vorliegt, muß zur Beurteilung des Fettgeh. der Fäces der mkr. Fettnachw. durch die Nilblau-Rk. erbracht werden. Das negative Ergebnis, rosa Farbe, entspricht einem Fettgeh. unter 5%, die positive Rk., blaue Farbe, weist auf einen Fettgeh. über 5% hin. (Gastroenterologia [Basel] **78**. 249—54. 1952. Genève, Univ., Clin. méd.) DOSSMANN. 5734

H. Angewandte Chemie.

I. Allgemeine chemische Technologie.

J. Böhm, *Zeichnerische Bestimmung der Wärmeübergangszahl kondensierender Dämpfe.* Nach einer Erklärung für die Bedingungen für Film- u. Tropfkondensation an Wänden wird eine Zusammenstellung der einschlägigen Formeln für die Berechnung der Wärmeübergangszahl bei laminarem u. turbulentem Kondensatablauf gegeben, die die Grundlagen für Nomogramme bilden, die aufgestellt werden. — Rechenbeispiele. (Schweiz. Bau-Ztg. **70**. 327—30. 7/6. **344**—48. 14/6. 1952. Alexandria.) MIETHING. 5814

J. T. Hugill, *Trennungen bei tiefer Temperatur.* Übersicht über die theoret. thermodynam. Grundlagen für die Verflüssigung der Gase. Es wird darauf hingewiesen, daß der Prozeß wirtschaftlicher verläuft, wenn der Druck nicht auf einmal von 200 at auf 0 vermindert wird, sondern eine Zwischenstufe von z. B. 40 at eingeschaltet wird. Bei den meisten Anlagen wird nach einem kombinierten Verf. nach LINDE u. CLAUDE gearbeitet. Letzteres wird eingehend beschrieben: der Luftstrom wird unterteilt, u. die Expansion findet bei verschied. Drucken statt. Zum Schluß wird das „Oxyton", eine vollständige Anlage zur Luftverflüssigung, geschildert. (Chem. in Canada **4**. Nr. 9. 42—48. Sept. 1952. Montreal, Can., Canadian Liquid Air Co. Ltd.) MIETHING. 5856

Julian Feldman, Anne Svedi, Samuel Connell und **Milton Orchin**, *Bewertung von Vakuum-Rektifikationskolonnen. Monomethylnaphthalin als binäre Testmischung.* Eine Mischung von 1- u. 2-Methylnaphthalin kann zur Prüfung der Arbeitsweise einer 60 theoret. oder weniger Böden enthaltenden Kolonne bei Hg-Drucken von 20—760 mm herangezogen werden. Die relative Verdampfbarkeit der Mischung ändert sich nur wenig mit Druck u. Konzentration. Die Zus. der Mischung wird durch UV-Spektrometrie bestimmt. Vergleichsunterss. an verschied. Kolonnen mit anderen Testmischungen im Original. (Ind. Engng. Chem. **45.** 214—15. Jan. 1953. Brucetown, Pa., Synthetic Fuels Res. Branch, Bureau of Mines.) K. O. MÜLLER. 5864

Charles D. Yaffe, Andrew D. Hosey und **John T. Chambers jr.**, *Der Spiralsammler, ein neues Hilfsmittel zur Untersuchung von Schwebestoffen.* Zu Staubunterss. in Luft wird eine sich verengende, von 2 Archimedes-Spiralen (äußere 2,5 mm/30°, innere 2,5 mm/45°) begrenzte Führung benutzt, die aus einer Lucitplatte von 1/4″ Dicke ausgeschnitten, durch zwei seitliche Platten eingefaßt u. mit Filmstreifen ausgelegt wird. Aus der mit einer Geschwindigkeit von 28,3 Liter/Min. durchgeleiteten, am Ende der Führung durch ein seitliches Rohr abgeführten Luft werden Staubteilchen durch Zentrifugalwrkg. nach ihrer Teilchengröße bis zu 1—0,5 μ herab abgeschieden. Für besondere Zwecke können die Filmstreifen mit einem Cedernholz- oder Balsamölüberzug versehen werden. (A. M. A. Arch. ind. Hyg. occupat. Med. **5.** 62—70. Jan. 1952. Cincinnati, O., U. S. Public Health Service, Federal Security Agency.) MANZ. 5888

Wilhelm Vogelbusch, Wien, Österreich, *Austauschboden für Destillier- und Rektifizierkolonnen* oder dgl. mit gleichsinniger Flüssigkeitsführung u. zwischen zwei benachbarten Destillierböden angeordneten Zwischenböden, über welche die Rücklauf-Fl. von dem jeweils höher gelegenen Destillierboden dem nächst tiefer gelegenen zugeführt wird. — Zeichnung. (**Oe. P. 173 433** vom 29/1. 1951, ausg. 27/12. 1952.) M. F. MÜLLER. 5865

Georges-François Jaubert, Paris, Frankreich, *Konzentrieren,* z. B. verd. Lsgg. von H_2SO_4, $MgCl_2$, $ZnCl_2$, $CaCl_2$. Inerte poröse Körper werden mit der zu behandelnden Lsg. imprägniert u. danach der Einw. heißer Luft zwecks Entfernung des W. ausgesetzt. — Vorrichtung. (**Schwz. P. 274 227** vom 15/10. 1947, ausg. 16/6. 1951. F. Prior. 30/1. 1947.) STEIL. 5865

Imperial Chemical Industries Ltd., London (Erfinder: **Peter William Reynolds** und **Ralph Lozalu Robinson,** Norton-on-Tees, Durham), England, *Herstellung von porigen Metallkatalysatoren,* z. B. zur Umwandlung von Isopropanol in Aceton. Körner einer Legierung von Al mit Cu (50—60 Gew.-%), Ni (30—50 Gew.-%), Co (30—50%) oder Fe (30—55%) werden mit z. B. NaOH-Lsg. (0,5—10 Gew.-%) bei Tempp. bis 100° u. einer Raumgeschwindigkeit > 10 (20—30) zwecks Herauslösen eines Teiles des Al (bis zu 70% des ursprünglich darin enthaltenen Al) behandelt. Ohne Unterbrechung des Flüssigkeitsstromes wird das verd. Alkali durch W. ersetzt, dessen Geschwindigkeit derart gewählt ist, daß eine Abscheidung von Al_2O_3 auf dem aktivierten Katalysator nicht erfolgt. (**D. B. P. 846 249** Kl. 12g vom 8/11. 1951, ausg. 11/8. 1952. E. Prior. 13/8. 1948.) STEIL. 5905

Shell Development Co., San Francisco, Calif., V. St. A., übert. von: **Willem Frederic Engel,** Amsterdam, Holland, *Zweimal imprägnierte harte Trägerkatalysatoren.* Ein relativ inerter Träger (α- oder γ-Al_2O_3, pulverförmiges Al, SiO_2, Diatomeenerde, MgO, Knochenkohle, ZrO_2, Al-Phosphat, Spinell, Bauxit, Bimsstein) wird zunächst mit einer 88—92 Teile, bezogen auf 100 Träger, enthaltenden Lsg. einer durch Erhitzen in das Oxyd zerfallenden Schwermetallverb. getränkt, getrocknet u. bei solchen Tempp. calciniert, daß ein Schwermetalloxyd entsteht. Hierauf wird das calcinierte Material mit 8—12 der gleichen Verb. enthaltenden Lsg. getränkt u. unterhalb der Zersetzungstemp. getrocknet. Hierauf werden Körper geformt u. diese bei Tempp. oberhalb der Zersetzungstemp. calciniert. — Diagramm. (**A. P. 2 592 016** vom 15/11. 1949, ausg. 8/4. 1952. Holl. Prior. 29/12. 1948.) STEIL. 5905

Universal Oil Products Co., Chicago, übert. von: **Louis S. Kassel,** Riverside, Ill., V. St. A., *Regenerierung von Wirbelschichtkatalysatoren* mittels oxydierender Gase. Mittels des Regenerierstromes wird der Katalysator in der Regenerationszone, die vorteilhaft mehrere übereinander angeordnete Lochböden enthält, in einem Strom in die Höhe getragen, so daß in dieser Schicht eine gleichförmige Temp. aufrechterhalten wird. Durch eine Erweiterung am oberen Ende dieser Zone trennt sich der Katalysator von dem Gas u. wird, z. B. durch ein zentral angeordnetes, beiderseits offenes Rohr, das unter der unteren Öffnung eine waagerechte Platte trägt, als geschlossener Strom wieder nach unten geführt, so daß ein ständiger Kreislauf der Teilchen aufrechterhalten wird. — Zeichnung. (**A. P. 2 581 670** vom 19/7. 1947, ausg. 8/1. 1952.) STEIL. 5905

Hellmuth Gustav Bodenbender, Chemisch-technisches Spezial-Lexikon mit Bezugsquellen-Verzeichnis. Ein prakt. Nachschlagebuch für d. gesamte chemische, pharmazeutische u. kosmetische Industrie, Fabriken, Laboratorien. Berlin-Lichterfelde: Chemisch-technischer Verl. 1952/53. (396 S.) 8°. DM 9,80.

II. Feuerschutz. Rettungswesen.

Paul P. Mader, Robert D. MacPhee, Robert T. Lofberg und **Gordon P. Larson,** *Zusammensetzung des organischen Anteils der atmosphärischen Aerosole im Gebiet von Los Angeles.* Vff. untersuchten Art u. Zus. der ätherlösl. Komponenten (I) der in der Luft des Gebietes von Los Angeles vorkommenden Aerosole. Für diesen Zweck wurden spezielle Methoden der Probenahme u. der Analyse entwickelt, die eingehend beschrieben werden. Es wurde gefunden, daß die I zum größten Teil aus KW-stoffen bestehen u. in beträchtlicher Menge auch Sauerstoffderivv. derselben (Hydroxylverbb., Säuren, Carbonylverbb. u. peroxyd. Verbb.) enthalten. In Laborverss. der Vernebelung von KW-stoffen wurde nachgewiesen, daß die Aerosolbldg. durch Ggw. von Oxyden des N begünstigt wird. Als Quellen dieser Verunreinigungen werden bes. die erdölverarbeitende Industrie u. der Kraftverkehr angesprochen. (Ind. Engng. Chem. **44.** 1352—55. Juni 1952. Los Angeles, Calif., County Air Pollution Control District.) Gerhard Günther. 5930

Paul L. Magill und **Robert W. Benoliel,** *Luftverunreinigung im Gebiet von Los Angeles. — Anteil der Verbrennungsprodukte.* Vff. teilen Ergebnisse der Unters. der Luft im Gebiet von Los Angeles mit. Die Methoden der Unters. werden kurz skizziert. Den Hauptteil der Verunreinigungen stellen Verbrennungsprodd. dar. Sie belaufen sich auf ca. 1850 t/Tag. Nur $^1/_3$ davon stammt von industriellen Anlagen, der Rest im wesentlichen von Haushaltsfeuerungen u. von Verbrennungskraftmaschinen. Etwa 70% der Verbrennungsprodd. sind organ. Natur, der Rest besteht zu etwa gleichen Teilen aus Oxyden des N u. S sowie geringen Mengen anderer Säuren u. NH_3. Die Folgen sind bes. Belästigung der Augen u. Atmungsorgane der Bevölkerung sowie Schädigung gewisser pflanzlicher Kulturen. (Ind. Engng. Chem. **44.** 1347—51. Juni 1952. Stanford, Calif., Stanford Res. Inst.) Gerhard Günther. 5930

Max Gugger, *Die Sicherheitstechnik beim Betrieb chemischer Apparate.* An einigen charakterist. Beispielen wird der Einfl. der Sicherheitstechnik, die unter Mitarbeit des Sicherheitsingenieurs betrieben werden soll, auf den chem. Betrieb gezeigt. Es werden behandelt: Geschützte Schaugläser, Schutz von Äthylenoxydvorlagen, Ventilverriegelungen, Kohlensäure-Löschanlagen, Sicherheitsvorrichtungen in einer Cl-Fabrik, an Rohrleitungen u. an explosionsgeschützten Lampen u. Werkstoffprüfungen. (Chemie-Ing.-Technik **24.** 611—14. Nov. 1952. Marl, Chem. Werke Hüls.) Eisenbarth. 5936

J. Roy Tallis und **S. R. Crook,** *Grubenbrände in 2 Anthrazitbergwerken.* Die Tätigkeit eines wissenschaftlichen Einsatzdienstes zur Vornahme von Analysen der Grubenwetter wird beschrieben. Die Analysenergebnisse, die in Anthrazitgruben hinsichtlich des CO-Geh. interessant sind, werden in bezug auf den Verlauf des Brandes diskutiert. (Trans. Instn. Mining Engr. **111.** 960—74. Sept. 1952.) Eisenbarth. 5936

A. Elste und **K. Möbius,** *Neues Schaum-Wasser-Löschfahrzeug für die Mineralölindustrie.* Zur Vermeidung der kostspieligen stationären Schaumlöschanlagen in der Mineralölindustrie wurde ein Löschfahrzeug entwickelt, das 2000 Liter Schaummittel mitzuführen gestattet. Die Einrichtung des Fahrzeuges u. deren Arbeitsweise werden beschrieben. (Erdöl u. Kohle **5.** 645—47. Okt. 1952. Wesseling u. Ladenburg.) Eisenbarth. 5944

Drägerwerk Heiner & Bernh. Dräger, Lübeck, *Absorptionsmittel für saure Gase zur Verwendung in Atemschutzgeräten.* Eine Mischung von $Ca(OH)_2$ u. $Mg(OH)_2$ im Gewichtsverhältnis 10:5 (kg) wird mit W. (15 Liter) gelöscht u. zu stückigem Material verarbeitet. An sich bekannte Zusätze (Ätzalkalien u. Mineralsalze) können noch darin enthalten sein. (**D. B. P. 860 318** Kl. 61b vom 5/12. 1941, ausg. 18/12. 1952.) Steil. 5937

Horst Witthauer, Coburg, *Feuerlöschmittel,* bestehend aus einer innigen Mischung von 10 kg Sand oder einem anderen schwer lösl., kieselsäurehaltigen Stoff (Mergel, Talkum), 6 kg $NaHCO_3$, 6 kg $(NH_4)_2SO_4$, 5 kg Erdalkalicarbonat ($CaCO_3$) u. geringen Mengen (1 kg) Schwefelpuder. (**D. B. P. 848 915** Kl. 61b vom 27/5. 1950, ausg. 8/9. 1952.) Steil. 5945

Diamond Alkali Co., Cleveland, übert. von: **Robert C. Danison,** Painesville, O., V. St. A., *Flammenschutzmittel.* Polyäthylen wird zusammen mit stark chloriertem Paraffin, einem Oxyd oder Sulfid von Bi, As oder Sb, sowie einem ligninhaltigen Nebenprod. der Holzhydrolyse zu einer homogenen M. vermahlen. (**A. P. 2 588 362** vom 17/8. 1949, ausg. 11/3. 1952.) Kranz. 5945

Farbwerke Hoechst, vormals Meister Lucius & Brüning, Frankfurt/M. (Erfinder: **Karl Daimler,** Ehlhalten/Taunus), *Feuerschutzmittel.* Man verwendet Zink-Halogen-Harnstoff-Komplexverbb., bes. solche mit <2 (Mol) Harnstoff auf 1 Halogenzink ($ZnCl_2$). (**D. B. P. 853 969** Kl. 38h vom 5/1. 1943, ausg. 30/10. 1952.) E. Petersen. 5945

Farbwerke Hoechst, vormals Meister Lucius & Brüning, Frankfurt/M. (Erfinder: **Karl Daimler,** Ehlhalten/Taunus), *Erzeugung von Löschschaum* nach dem Getrenntverf. durch Einw. von alkalicarbonat- u. oder bicarbonathaltigen Lsgg. (I) auf sauer reagierende Lsgg., bes. solche von Salzen 3 wertiger Metalle. Man fügt I Alkalisalze solcher Fettsäuren zu, deren C-Kette im Vgl. zu handelsüblichen Seifen eine wesentlich kleinere Zahl von C-Atomen (z. B. 4—10) besitzt. (**D. B. P. 862 564** Kl. 61 b vom 17/8. 1950, ausg. 21/1. 1953.) STEIL. 5945

Total K.-G. Foerster & Co. (Erfinder: **Ludwig Schleichl**), Ladenburg/Neckar, *Eiweißhaltige Stammextrakte zur Erzeugung von Schäumen,* z. B. für *Feuerlöschzwecke.* Zur Erhöhung der Schaumwirksamkeit werden die Rohextrakte mit (1—10 Gew.-%, bezogen auf den Gesamtextrakt) wasserlösl. Polymerisaten der Acrylsäure oder deren Derivv. gekocht. (**D. B. P. 861 794** Kl. 61 b vom 24/8. 1950, ausg. 5/1. 1953.) STEIL. 5945

III. Elektrotechnik.

Monsanto Chemical Co., St. Louis, Mo., übert. von: **Robert J. Anderson,** Springfield, Mass., V. St. A., *Isolierüberzug für elektrische Leitungen,* bestehend aus z. B. 100 (Teilen) Polyvinylformal u. 40—150 eines lösl. schmelzbaren Kondensationsprod. aus 1 (Mol) Phenol, 0,75—2 CH_2O u. 5—50 eines trocknenden Öls (Oiticicaöl). Die imprägnierten Drähte werden auf 150—315° erhitzt. (**A. P. 2 574 313** vom 23/9. 1948, ausg. 6/11. 1951.) SALZMANN. 5957

Elektro-Praga, National Corp., Prag, Tschechoslowakei (Erfinder: **A. Slezák**), *Herstellung elektrischer Heizelemente.* Das aufzuheizende Rohr wird mit einer Heizspirale umwickelt, die in eine Isoliermasse, bes. MgO, eingebettet ist. Diese M. enthält Mg, das dazu dient, bei der Umwandlung in MgO, die durch Behandlung mit Hochdruckdampf erfolgt, die Poren der Isoliermasse auszufüllen u. somit die Heizspirale dicht einzulagern, ohne daß Risse u. Spalten gebildet werden können. Man kann die Überführung von Mg in MgO auch stufenweise über Ammoniummagnesiumhydroxyd vornehmen, das leichter als $Mg(OH)_2$ in MgO umgewandelt wird. (**Schwed. P. 132 886** vom 25/9. 1944, ausg. 11/9. 1951. D. Prior. 25/9. 1943.) JÜRGEN SCHMIDT. 5957

Victor Herold, Paris, Frankreich, *Herstellung von negativen Elektroden für alkalische Akkumulatoren.* Eine durch Fritten oder Sintern aus Ni- oder Fe-Pulver hergestellte poröse Elektrode wird in eine Lsg. (I) aus 80(%) $CdCl_2$, 10 $TiCl_4$ u. 10 $FeCl_2$ getaucht, danach ca. 30 Min. bei 65° im NaOH-Bad formiert u. dann gewaschen u. getrocknet. — Die einzelnen Salze der I können auch getrennt zur Anwendung gelangen. (**D. B. P. 863 375** Kl. 21 b vom 24/2. 1951, ausg. 15/1. 1953. F. Priorr. 28/2. u. 9/6. 1950.) LAASS. 5971

Union Carbide and Carbon Corp., New York, übert. von: **Paul A. Marsal,** Rocky River, **Russel P. Fox,** Cleveland, **Erwin A. Selenmacher,** Parma, **Paul S. Brooks** und **Roswell J. Bennett,** Lakewood, O., V. St. A., *Herstellung von Klein-Luftsauerstoff-Trockenbatterien,* z. B. für *Hörhilfen.* Das flache Gehäuse aus Kunststoff besitzt an den breiten Seiten Öffnungen, die durch zwei, an den Innenseiten anliegende, rechteckige Kohleelektroden (I) wasserdicht abgedeckt werden. Beide I tragen oben eine metall. Verb., auf der der Polkopf befestigt ist. Die negative Elektrode ist eine Zn-Platte, die, nachdem sie mit mehreren Lagen Glaswolle oder regenerierter Cellulose abgedeckt ist, von unten in eine in der Mitte der Gehäusewand befindliche Nut eingeschoben wird. Der Elektrolyt — aus einer wss. Lsg. von NaOH u. ZnO — ist mit Stärke eingedickt. — Die luftdurchlässigen I bestehen aus perforiertem Stahlblech, auf welches eine Mischung aus Kohlepulver, Kunstharz u. Öl aufgepreßt ist; ihre dem Elektrolyt zugewendeten Seiten sind mit einer wasserabstoßenden Mischung, z. B. aus Mineralfett u. Ba-Stearat, überzogen. (**A. PP. 2 597 116** vom 30/9. 1948, **2 597 117** vom 28/12. 1948, **2 597 118** vom 25/8. 1949 u. **2 597 119** vom 1/9. 1949, alle ausg. 20/5. 1952.) LAASS. 5971

Magnavox Co., Fort Wayne, Ind., V. St. A., *Trockenbatterie aus Plattenzellen,* die in einem gemeinsamen, gasdurchlässigen Gehäuse aus mikrokristallinem Wachs (I) angeordnet sind. In jeder Zelle befinden sich: ein gut leitendes Grundblech, z. B. aus Fe, darauf die Kombination Depolarisator–positive Elektrode (II), dann eine Membran, z. B. aus Pergamentpapier oder dgl., darauf die Kombination Elektrolyt–negative Elektrode (III), dann ein nicht an der chem. Rk. teilnehmendes Zn-Blech zur Stromableitung. I ist ein Asphaltprod., welches bei der Petroleumgewinnung anfällt. II besteht aus 90 bis 93 (Gew.-%) HgO u. 10—7 Graphit u. wird in die Form einer dünnen ovalen Platte gepreßt. III enthält eine starke Alkalilsg., eine kleine Menge ZnO, ein Verdickungsmittel u. gröbere Teilchen von Zn als Kathodenmetall, u. die Mischung wird ebenfalls zu einer dünnen Platte gepreßt. (**E. P. 666 005** vom 3/6. 1949, ausg. 6/2. 1952.) LAASS. 5971

Vacuumschmelze Akt.-Ges. (Erfinder: **Hans Thomas**), Hanau/M., *Herstellung von Thermoelementen.* Der Plusschenkel des Thermoelements, das bis ca. 900° ausreichend zunderbeständig ist, besteht aus 5—15(%) Cu, 0—2 Mn, Rest Ni u. der Minusschenkel aus 20—35 Cu, 0—2 Mn, Rest Ni. An Stelle von Mn können andere Desoxydations- u. Verarbeitungszusätze, wie z. B. Si oder Be, verwendet werden. (**D. B. P. 863 377** Kl. 21b vom 15/4. 1943, ausg. 15/1. 1953.) LAASS. 5971

Gesellschaft FLUORA, Frankreich, *Elektrische Glühlampen oder Gasentladungsleuchtröhren.* Lichtstreuende oder fluorescierende Beläge auf der Innenwandung erhält man durch Festkleben der Pulverteilchen mit Siliconen, z. B. in A. oder Bzl. gelöstem Methyl- oder Äthylsilicon. (**F. P. 999 245** vom 10/12. 1945, ausg. 29/1. 1952.) KESSEL. 973

Carbone-Lorraine Soc. An., Frankreich, *Elektrodenkohlen.* Preßkörper (**I**) aus amorphem C oder Graphit mit oder ohne Metallgeh. werden mit fl. oder gelösten einfachen, gemischten oder substituierten Siliconen (**II**) imprägniert u. dann auf 150—250° erhitzt, so daß die **II** unter Polymerisation erhärten. Man kann auch die **I** mit einem Halogenid, z. B. $Cl_2Si(CH_3)_2$, imprägnieren, das dann durch Behandlung mit heißem W. oder Wasserdampf unter Hydrolyse in ein Silicon verwandelt wird. (**F. PP. 999 968** u. **999 969** vom 9/2. 1946, ausg. 6/2. 1952.) KESSEL. 5973

General Electric Co., New York, übert. von: **C. Campbell**, Scotia, N. Y., V. St. A., *Leuchtschirme für Kathodenstrahlröhren.* Zur Herst. eines Metallbelages wird die körnige Fluorescenzschicht (**I**) mit einer Wasserschicht (**II**) bedeckt. Auf dieser wird eine Lsg. eines in W. unlösl., bei Erwärmung flüchtigen Kunstharzes (**III**) in einem flüchtigen nichtwss. Lösungsm. (**IV**) in ca. 500—10000 Å dicker Schicht ausgebreitet. Nach dem Verdunsten des **IV** wird auf der dabei entstandenen **III**-Schicht eine dünne Metallschicht aufgedampft. Dann wird bei ca. 400° ausgeheizt. — Zeichnung. (**A. P. 2 597 617** vom 9/9. 1946, ausg. 20/5. 1952.) KESSEL. 5975

IV. Wasser. Abwasser.

Owen Martin, *Wasserentsalzung durch Mischbett-Ionenaustausch.* Übersicht über die Entw. des Verf. der Wasserentsalzung mit Ionenaustauschern in einem Mischbett u. seine Anwendungen. (Ind. Chemist **28.** 448—501. Okt. 1952. Permutit Co. Ltd.) WESLY. 6020

Thos. H. Norris, *Die Filtration von Kesselspeisewasser mit Hilfe von Diatomeenerde.* Vf. berichtet über seine Filtrationsmeth. mit Hilfe von Diatomeenerde. Chem. Eigg. des Materials, Ablauf des Verf. u. prakt. Gestaltung werden eingehend beschrieben. (Pulp Paper Mag. Canada **53.** 187—98. 1952.) HEINRICHS. 6030

J. De Jong, *Die Einrichtung zur biologischen Reinigung der Abwasserreinigungsanlage des Leygebietes in der Gemeinde Tilburg.* Die Einzelheiten der als Ergänzung der chem. Abwasserbehandlung errichteten biol. Abwasserreinigung werden beschrieben. (Ingenieur ['s-Gravenhage] **65.** G1—6. 23/1. 1953. Tilburg, Publieke Werken.) WESLY. 6040

Sam R. Hoover und **Nandor Porges**, *Assimilation von Molkereiabfällen durch Belebtschlamm.* 2. Mitt. *Die Gleichung der Synthese und die Geschwindigkeit der Sauerstoffaufnahme.* (1. vgl. C. **1951.** II. 2510.) Es werden Gleichungen für die Umwandlung von Lactose, Casein, Magermilch in Belebtschlamm sowie für die innere Atmung des Schlammes aufgestellt. Die Geschwindigkeit der Umsetzung wird durch polarograph. Best. der O-Abnahme ermittelt. (Sewage ind. Wastes **24.** 306—12. März 1952. Philadelphia, Pa., U. S. Dep. of Agricult., Agric. Res. Admin., Bur. of Agric. and Ind. Chem.) MANZ. 6048

H. Ballczo und **G. Mondl**, *Jod in Mineralwässern. Seine Bestimmung und Anreicherung.* Zwecks Anreicherung der J^- aus ganz verd. Lsgg., bes. aus Mineralwässern, werden 1—2 Liter W. durch eine 1—2 g *AgBr* auf Bimsstein unter Vermeidung von Luftblasen fassende Austauschsäule mit einer Durchlaufgeschwindigkeit von 2—3 ml/Min. geschickt. Diese wird mit ca. 100 ml dest. W. ausgewaschen, der Austauscher in einen 100 ml-ERLENMEYER-Schliffkolben gestoßen, mit 20—25 ml frisch gesätt. Cl_2-*W.* 24 Std. bei Zimmertemp. gelassen u. nach Öffnen des Kolbens 1 Std. auf das sd. Wasserbad zur Vertreibung des Cl_2 gestellt. Nach Absaugen vom Austauscher u. Auswaschen werden von der *Jodat* enthaltenden Lsg. je 30 u. 5 ml zur Doppeltitration entnommen, nach Titration der kleineren Menge beide auf das gleiche Endvol. von 25—30 ml gebracht, wobei je 1 ml 5%ig. KJ-Lsg. u. 1,5 ml gesätt. Citronensäurelsg. (Anfangs-p_H ca. 2) zugegeben werden. Nach 1 Min. Wartezeit wird das freigemachte J_2 mit 0,001 n $Na_2S_2O_3$-Lsg. (auch durch Doppeltitration eingestellt) bis zur schwachen Gelbfärbung titriert, 12 Tropfen Stärkelsg. (1 g lösl. Stärke in 20 ml W. + 80 ml 0,1—0,2 g Salicylsäure enthaltende, gesätt. KCl-Lsg.) zugegeben u. auf farblos titriert. Empfindlichkeit der Jodstärke-Rk. 0,1 γ J/ml. (Mikrochem. verein. Mikrochim. Acta **36/37.** 997—1003. 1951. Wien, Univ., II. Chem. Labor.) METZENER. 6058

William Andrew Hardenbergh, Water supply and purification. 3rd ed. Scranton, Pa.: Internatl. Textbk. Co. 1952. (528 S. m. Abb., Diagr. u. Map.) $ 6,50.

V. Anorganische Industrie.

Chloberag Chlor Betrieb Rheinfelden Akt.-Ges. (Erfinder: **Ernst Feder**), Rheinfelden/Baden, *Reinigen von Chlorwasserstoff* von Dämpfen verhältnismäßig niedrigsd. organ. Stoffe. Der HCl wird mit hochsd. perchlorierten KW-stoffen (z. B. Hexachlorbutadien oder hochsd. fl. Nebenprodd. der Tetrachloräthanherst.), deren Dampfspannung bei 20° unter 0,5 Torr liegt, vorzugsweise in einem Rieselturm, in zwei oder mehreren Stufen gewaschen. (**D. B. P. 869 193** Kl. 12i vom 22/8. 1944, ausg. 5/3. 1953.) SCHREINER. H 247

Imperial Chemical Industries Ltd., London (Erfinder: **William Norman Howell**, Widnes, und **Harold Hill**, Runcorn), England, *Herstellung von Fluor* durch Elektrolyse im wesentlichen trockener Gemische geschmolzener Fluoride. Es wird eine Kohlenanode verwendet, die eine solche Durchlässigkeit besitzt, daß durch eine 25 mm starke Kohlenplatte dieses Anodenmaterials unter einem Druck von 50 mm Wassersäule mindestens 15 (bes. mindestens 61) Liter Luft pro dm^2 pro Min. hindurchgehen. Der Elektrolyt soll etwa der Zus. KF·2HF entsprechen u. die Anode in dem die geschmolzenen Fluoride aufnehmenden Behälter so angeordnet sein, daß sie ganz oder teilweise von der Kathode umgeben ist. — Abbildung. (**D. B. P. 846 993** Kl. 12i vom 17/9. 1949, ausg. 18/8. 1952. E. Prior. 27/9. 1948.) SCHREINER. H 247

Farbenfabriken Bayer (Erfinder: **Wilhelm Schüth**), Leverkusen, *Herstellung von Schwefelsäure.* Gasgemische, die SO_2 u. O_2 enthalten, werden in Ggw. von W. mit akt. Kohle in Berührung gebracht. Das Verf. eignet sich bes. zur Umsetzung von Abgasen mit wenig SO_2 (1,5—0,1 Vol.-% SO_2). Erhöhung der Temp. bis zum Kp. des W. bzw. der sich bildenden H_2SO_4 beschleunigt. (**D. B. P. 854 205** Kl. 12i vom 31/12. 1950, ausg. 30/10. 1952.) ZÜRN. H 253

Badische Anilin- & Soda-Fabrik, Ludwigshafen/Rh. (Erfinder: **Wilhelm Wenzel**, Frankfurt/M.), *Gewinnung von Borsäure beim Eindampfen von Borsäurelösungen.* Beim Waschen der Dämpfe mit alkal. Fll. hält man diese Fll. auf solchen Temp., daß ihr Dampfdruck mindestens so groß ist wie der Teildruck (**I**) des Flüssigkeitsdampfes in den Dämpfen, ihr **I** an $B(OH)_3$ aber Null ist. Im Beispiel wird bei 38° u. 50 mm Druck eingedampft u. mit verd. NaOH von 40° gewaschen. Die NaOH nimmt alle $B(OH)_3$, aber kein W. auf. (**D. B. P. 854 043** Kl. 12i vom 22/7. 1942, ausg. 30/10. 1952.) ZÜRN. H 258

United States of America, United States Atomic Energy Commission, übert. von: **Clyde A. Hutchison jr.** und **James S. Smith**, New York, N. Y., V. St. A., *Herstellung von BCl_3* aus einer Legierung von B mit Ta. Bei 575—900° leitet man über die feinzerteilte Legierung trockenes Cl_2, trennt das $TaCl_5$ durch Kühlung von BCl_3 u. Cl_2, die gasförmig bleiben, verflüssigt BCl_3 u. Cl_2 durch starke Kühlung, z. B. mit festem C_2, u. fraktioniert die Flüssigkeit. — Vorrichtung. (**A. P. 2 589 391** vom 28/8. 1945, ausg. 18/3. 1952.) ZÜRN. H 258

J. M. Huber Corp., Borger, Tex., V. St. A., *Rußgewinnung.* Man führt in eine Reaktionskammer (**I**) gasförmigen KW-stoff u. ein O_2-haltiges Gas ein, wobei ca. 20% des letzteren freier O_2 u. der Rest Luft sind, zündet das Gasgemisch (**II**) u. führt dabei 0,5—8,0 (Volumenteile) eines inerten Gases (**III**) auf 1 **II** bei Tempp. bis zu 100° ein. Das in der **I** entstandene Gemisch wird entfernt, wenn die Temp. T erreicht ist. — Das Verhältnis **III** : **II** wird durch folgende Gleichung ausgedrückt: $T = T_c + (Vi \cdot Ti)/1 + Vi$, worin T_c die Temp. des **II** beim Eintritt von **III**, Vi das Vol. des **III** je Vol. der **II**, Ti die Temp. des **III** u. T 400—700° bedeuten. (**E. P. 672 074** vom 27/4. 1950, ausg. 14/5. 1952. A. Prior. 3/5. 1949.) NEBELSIEK. H 260

Great Lakes Carbon Co., New York, N. Y., übert. von: **Bernard W. Gamson**, Morton Grove, Ill., V. St. A., *Schwefelhaltige Aktivkohle.* Bei 150—230° mischt man Asphalt, Teer, Petroleumcrackrückstände u. ähnliche schwere KW-stoffe enthaltende Stoffe, deren Geh. an H 4—12 (%) beträgt, mit >60 S, stöchiometr. bezogen auf H_2. Das Gemisch wird auf 230—320° erhitzt. Das harte, schwarze Reaktionsprod. wird unter milden oxydierenden Bedingungen, z. B. Behandlung mit Wasserdampf, CO_2 oder Rauchgasen, auf 320—1000° erhitzt. (**A. P. 2 585 454** vom 7/7. 1948, ausg. 2/12. 1952.) ZÜRN. H 260

Sinclair Refining Co., New York, N. Y., übert. von: **Kenneth Merle Watson**, Madison, Wis., V. St. A., *Gewinnung von reinem CO aus Gasgemischen.* Man absorbiert das CO bei 40—200° u. erhöhtem Druck mit großoberflächigem, z. B. auf Träger aufgebrachtem

Ni zu $Ni(CO)_4$, bringt Ni u. das Carbonyl in ein anderes Gefäß u. zers. letzteres durch Erhitzen auf 100—300° bei n. Druck. CO wird gewonnen, Ni geht in das 1. Gefäß zurück. — Vorrichtung. (**A. P. 2 593 232** vom 18/7. 1947, ausg. 15/4. 1952.) ZÜRN. H 260

Girdler Corp., Louisville, Ky., übert. von: **James E. Taylor**, Boonton, N. J., und **John H. Haslam**, Newport, Del., V. St. A., *Abtrennen von CO_2 aus Gasen.* Man wäscht die Gase mit einer wss. Lsg. von Monoäthanolamin (I) u. bricht den danach von den Gasen mitgeführten Nebel von I dadurch, daß man die Temp. der Gase um 15° steigert u. anschließend kühlt. Mit der Kühlung kann man ein Waschen mit einer wss. Fl. verbinden. Die Lsg. von I wird durch Erhitzen regeneriert. — Vorrichtung. (**A. P. 2 592 762** vom 24/1. 1946, ausg. 15/4. 1952.) ZÜRN. H 260

Air Reduction Co., Inc., New York, übert. von: **Robert Bridges**, New Rochelle, N. Y., V. St. A., *Gewinnung von CO_2 durch Verbrennen von Ölen.* Die Verbrennungsgase (I) werden in einer Gasturbine, die Energie abgibt, auf einen noch erhöhten Druck entspannt, dann mit W. gewaschen u. durch ein Absorptionsmittel (II) für CO_2, z. B. Monoäthylamin, geleitet. Aus dem II treibt man CO_2 durch Erwärmen im Wärmeaustausch mit den heißen, expandierrn I aus u. verwendet es nach Abkühlung wieder. — Zeichnung. (**A. P. 2 593 530** vom 11/12. 1947, ausg. 22/4. 1952.) ZÜRN. H 260

André-Delruelle, Prayon-Trooz, Belgien, *Herstellung von Phosphorsäure.* Die Temp. der exothermen Rk. zwischen H_2SO_4 u. Rohphosphat wird dadurch geregelt, daß wenigstens ein Teil der M. einer Verdampfung bei einem Druck unterworfen wird, der kleiner als die Dampfspannung des W. in der M. ist. Den Unterdruck kann man gleichzeitig zum Fördern der M. benützen. (**D. B. P. 858 546** Kl. 12i vom 9/3. 1951, ausg. 8/12. 1952. F. Prior. 27/3. 1950.) ZÜRN. H 264

Soc. An. des Manufactures des Glaces et Produits Chimiques de Saint-Gobain, Chauny & Cirey (Erfinder: **Paul-André Dupont**), Paris, Frankreich, *Herstellung von $POCl_3$.* P_2O_5 oder seine Hydratisierungsprodd. werden bei 500—700° in Ggw. von als Katalysator wirkender Kohle mit einem Chlorierungsmittel (Cl_2) u. einem Reduktionsmittel (CO oder C) umgesetzt. CCl_4 oder $COCl_2$ können als Chlorierungs- u. Reduktionsmittel wirken. Man kann z. B. Kohle mit verd. Orthophosphorsäure tränken, bis zur Erzielung von z. B. Metaphosphorsäure erhitzen u. anschließend chlorieren. (**D. B. P. 859 000** Kl. 12i vom 14/10. 1950, ausg. 11/12. 1952. F. Prior. 13/10. 1949.) ZÜRN. H 264

Deutsche Hydrierwerke Akt.-Ges., Düsseldorf (Erfinder: **Christoph Grundmann**, Berlin), *Herstellung von Phosphoroxybromid.* Man setzt PBr_5 mit HOOCH um u. isoliert das $POBr_3$ in üblicher Weise. (**D. B. P. 854 206** Kl. 12i vom 12/5. 1943, ausg. 30/10. 1952.) ZÜRN. H 264

United States of America, übert. von: **Louis B. Werner**, Berkeley, Calif., V. St. A., *Gewinnung von Americium.* Zwecks Abtrennung von Am aus Lsgg., welche noch Verunreinigungen, z. B. solche der La-Reihe, enthalten, werden die Lsgg. mit einem Hypochlorit oxydiert, wobei Am aus dem 3wertigen in den 5wertigen Zustand übergeht u. dabei ausfällt, so daß es abgetrennt werden kann. — Z. B. wird eine 40%ig., Am-haltige Lsg. durch Zusatz von NaOCl auf einen Hypochloritgeh. von 1,7% gebracht u. auf 95° erhitzt. (**A. P. 2 577 097** vom 25/1. 1949, ausg. 4/12. 1951.) HANS HOFFMANN. H 344

VI. Silicatchemie. Baustoffe.

J. E. Stanworth, *Glasforschung in der Industrie elektrischer Lampen und Röhren.* Zusammenfassender Bericht über die Forschungsergebnisse des Vf. u. anderer Autoren, die zur Herst. von Gläsern mit besonderen physikal. Eigg. führten, unter Hinweis auf verschied. Veröffentlichungen. (Ind. Chemist **27.** 536—40. Dez. 1951.) STEINER. 6200

Anton Hübler, *Das Polieren mit Flußsäure — ein Lösungsvorgang.* Vf. untersucht den Einfl. der Badzus., der Tauchzeit, der Art des Tauchens u. der Badtemp. auf verschied. Glassorten beim Säurepolierverf. (Tauchen in ein warmes Bad von H_2SO_4 u. HF). Der Einfl. der einzelnen Faktoren wird bestimmt durch die in mg/cm² Glasoberfläche abgegebene Glasmenge (0,799—50,2) bzgl. durch die Stärke der abgelösten Schicht (2,92 bis 206,0 μ). Die gelöste Menge nimmt mit steigendem H_2SO_4-Geh. ab. Empfehlenswert ist die Badzus. 1 HF : 1 H_2O : 1½—2 H_2SO_4. Öfteres Tauchen u. Bewegen während des Tauchens begünstigt den Lösungsvorgang. Die Arbeitstemp. ist, um eine rasche Verflüchtigung von HF zu vermeiden, anfangs niedrig zu halten (40°), im weiteren Verlauf des Polierens, als Ausgleich für das Sinken der Konz. der HF im Bade, auf ca. 60° zu steigern. (Glas-Email-Keramo-Techn. **3.** 155—58. 15/5. 1952. Rheinbach, Glasfachschule.) THIENE. 6200

R. Féron, *Einige Gesichtspunkte zur Frage der Hochofenschlacke.* Krit. Betrachtungen zu den verschied. Hypothesen über die Natur u. die wirkungsvollen Eigg. von Hochofenschlacken. Bes. hervorgehoben wird der Empirismus u. der völlige Mangel an wissenschaftlichen Grundlagen bisheriger Beurteilungsverfahren. Verschied. vorgeschlagene physikal. u. chem. Methoden zur Best. der hydraul. Eigg. der Schlacken werden besprochen u. auf die vielen, sich oft widersprechenden Hypothesen über die Bedeutung der Granulation u. ihre Auswrkg. hingewiesen. Im einzelnen werden behandelt: Der Einfl. richtiger Bewertung der Schlacken auf den Gesamthaushalt der Metallurgie; Verwertung der Schlacken in verschied. Form; Klassifizierung der Schlacken; Granulation, Wirkungsgrad u. Zus. der Schlacken; die Rolle von Schwefel in den Schlacken; neue Entwicklungen der Anwendung des Fluorescenztestes. (Silicates ind. **16.** 61—68. März 1951. Belg. Gesellschaft zur Förderung des Studiums von Gläsern u. silikat. Stoffen.) v. MICKWITZ. 6208

G. I. Beljajew, *Zur Frage der chemischen Widerstandsfähigkeit von Antimonfritten.* Zur Unters. gelangten 2 Frittenserien, die teils ohne, teils mit 4% feingemahlenem metall. Sb u. endlich mit 6,34% $NaSbO_3$ (I) im Kryptolofen bei 1050—1350° geschmolzen wurden. Die chem. Widerstandsfähigkeit wurde nach dem Kornverf. bestimmt. — Es zeigte sich eine mit dem Anstieg der Schmelztemp. fallende chem. Widerstandsfähigkeit gegen W. u. Essigsäure. Das grellste Weiß zeigten die aus den Fritten hergestellten Glasuren auf Stahl bei Zusatz von metall. Sb zur Charge (Albedo 63), das matteste Weiß (Albedo 53) jene mit Zusatz von I zur Charge. Dazwischen lagen die Glasuren mit Sb-Zusatz bei der Schlickermahlung. Es empfiehlt sich daher, die Schmelztemp. nicht über 1150—1200° zu steigern, den Zusatz von Sb in metall. Form durchzuführen, sowie 2—2,5 (Teile) Salpeter je 1 Sb zuzusetzen; Zusatz von I ist nicht zu empfehlen. In einer Anmerkung warnt die Redaktion vor der Herst. von Emaillen u. Glasuren auf Sb-Grundlage. (Стекло и Керамика [Glas u. Keram.] **9.** Nr. 6. 17.—18. Juni 1952.) v. WILPERT. 6212

Felix Singer, *Zinkoxyd in der Keramik, ein wesentlicher Bestandteil der Glasuren.* Bericht über die Verwendungsmöglichkeiten von ZnO als teilweiser Ersatz von PbO u. SnO_2 u. als Bestandteil weißer u. farbiger Glasuren. (Chem. Trade J. chem. Engr. **131.** 1477—78. 19/12. 1952.) STEINER. 6212

W. Kerkmann, *Einige Hinweise aus der Praxis des Emaillierens.* Behandelt werden Fragen der Lagerung der Rohstoffe, der Glühtemp. (720—750°), des Entfettens, Beizens u. Mahlens. Von Bedeutung ist die Qualität des Mühlenwassers. Als Stellmittel wird $NaNO_2$, als Entstellmittel $Na_4P_2O_7$ empfohlen. Ein Harnstoffzusatz verhindert die Bldg. von Wasserlinien beim Rändern. (Ber. dtsch. keram. Ges. e. V. Ver. dtsch. Emailfachleute e. V. **29.** 212—13. Juni 1952. Düsseldorf.) MARKHOFF. 6212

Rudolf Märker, *Glanzmessungen an Emails.* Berichtet wird über die theoret. Grundlagen der Entstehung des Glanzeindrucks u. die Möglichkeit der physikal. Erfassung. Als Glanzmeßgerät wurde das ZEISS-Stufenphotometer nach PULFRICH verwendet. Der physiol. Begriff „Glanz“ wird unterteilt in die Begriffe „Spiegelungsvermögen“ u. „Reflexionsvermögen“. Für die Best. des Spiegelungsvermögens wird die Glanzzahl nach KLUGHARDT angewendet. (Silikattechnik **3.** 411—15. Sept. 1952. Lichtentanne bei Zwickau, Deutsches Amt für Material- u. Warenprüfung der Deutschen Demokrat. Republik, Inst. für bildsame metall. Formung, Emaillabor.) MARKHOFF. 6212

D. N. Polubojarinow und **Ja. B. Kirschenbaum,** *Die Sinterung tonerdereicher Briketts.* Es wurde eine Brikettmasse aus 75% techn. Al_2O_3 u. 25% Ton angefertigt, gepreßt, getrocknet u. gebrannt. Hierbei wurde die Mahlfeinheit, der Dispersionsgrad u. die Brenntemp. in ihrem Einfl. auf die Brennergebnisse untersucht. Es ergab sich, daß das Mahlen mit kleinen Stahlkugeln bedeutend wirksamer war als die Verwendung von Porzellankugeln (4—6 gegen 10—15 Std. bei gleichwertigem Mahlprod.). Das stahlgemahlene Prod. begann ca. 50° niedriger zu sintern. Eine Verlängerung der Mahlzeit ergab keine Verbesserung (beim Trockenmahlen), da Klümpchenbldg. eintrat. Bei 1450° trat unabhängig von der Mahldauer kein Sintern ein, das mit annähernd gleicher Wrkg. bei 1550—1650° erfolgte; bei 1700° war beginnendes Aufblähen zu beobachten. Durch Naßmahlen kann die Mahlfeinheit gesteigert, durch Steigerung der Brenntemp. eine ungenügende Mahlfeinheit teilweise ausgeglichen werden. Beim Mahlen mit Stahlkugeln wird der Fe_2O_3-Geh. des Mahlgutes nur ganz unbedeutend gesteigert (um 0,01 u. 0,02% bei 6 u. 15 Std. Mahlen). (Огнеупоры [Feuerfeste Mater.] **17.** 243—52. Juni 1952. Moskau, Chem.-Technolog. Mendelejew-Inst.) v. WILPERT. 6216

—, *Die mechanische Aufbereitung von Ton in den keramischen und Terrakotta-Industrien.* Erörterungen zur Technik der Tonaufbereitung für keram. Zwecke, Feststellung der Zus. der Rohmassen u. Vorschläge sowie Beschreibung einiger bewährter Maschinen. (Silicates ind. **16.** 72—74. März 1951.) v. MICKWITZ. 6216

Arne Harris Johannessen (unter Leitung von: **G. Keppeler**), *Beitrag zur Kenntnis der Gießbarkeit von Tonmineralien.* Kaoline (I) verschied. Herkunft verhalten sich gegen Alkalizusatz nicht gleichartig. Während sich die n. I mit *Kaolinit* als vorwiegendem Bestandteil gut verflüssigen lassen, zeigen andere I ein weniger günstiges Verhalten. Es gibt I, bei denen der Zusatz von Alkali entgegengesetzt wirkt als gewünscht. Dazwischen stehen wiederum andere I. Diese Unterschiede können nicht auf verschied. Humusgeh. zurückgeführt werden, sondern müssen ihre Ursache, außer in der verschied. Korngrößenverteilung, in der mineral. Zus. haben. Nach den Ergebnissen der rationellen Analyse, der Best. der Teilchengrößenverteilung u. der isothermen u. isobaren Entwässerung besteht der *Zettlitzer Kaolin* aus fast reinem Kaolinit. Kaadener Kaolin I u. II enthalten neben Kaolinit etwas Halloysit, im Chodauer Kaolin könnte noch etwas *Montmorillonit* vorhanden sein. Der Kaolin von Sarospatak enthält ebenfalls Kaolinit, aber außerdem größere Mengen Glimmer (dieser verhält sich bei Alkalizusatz indifferent) u. Montmorillonit (der sich schlecht verflüssigen läßt). Für das Verh. des *ChodauerKaolins* konnte noch keine befriedigende Erklärung gegeben werden. (Tonind.-Ztg. keram. Rdsch. **76.** 334—37. Nov. 1952. Hannover, TH, Techn.-Chem. Inst.) PISTOR. 6216

Alfred Prosig, München, *Herstellung farbiger, emailartiger Überzüge.* Es wird eine dünne Schicht aus einer Mischung von in W. gelöstem Alkalisilicat, feingemahlenem Metalloxyd u. gegebenenfalls Farbpigmenten u. Zusätzen von feingemahlenen mineral. Füllstoffen aufgetragen u. dann auf 100—300° erhitzt. — Beispiel: 25 (kg) Wasserglas von 38° Bé, 10 ZnO, 25 Quarzmehl u. 30 g Eisenoxydrot werden gemischt u. vermahlen u. dann als Schicht auf Metall, Glas, Beton oder Asbestzement aufgetragen u. erhitzt. Die dünne Schicht ist hart u. abriebfest. (**D. B. P. 854 455** Kl. 48c vom 1/11. 1950, ausg. 4/11. 1952.) MARKHOFF. 6213

E. I. du Pont de Nemours & Co., Wilmington, Del. (Erfinder: **Charles Gerald Geary,** Perth Amboy, N. J.), V. St. A., *Oberflächenverzierung von Emails.* Man verwendet keram. Farbkörper auf Cu–Cr-Basis im Gemisch mit verhältnismäßig geringen Mengen von Schwermetallcyaniden, wie $Zn(CN)_2$, CuCN, $Co(CN)_2$ oder $Cd(CN)_2$. Beim Brennen sinken die Verzierungen nicht in das Email ein. (**D. R. P. 758 632** Kl. 48c vom 29/7. 1939, ausg. 27/10. 1952. A. Prior. 29/7. 1938.) MARKHOFF. 6213

Nicola Lengersdorff (Erfinder: **Carola, Erika** und **Nicola Lengersdorff**), Braunlage/Harz, *Backofenherdplatten* u. dergleichen. Nach dem Hauptpatent 850 719 werden an Stelle der Platten aus Radeburger Porphyr Platten aus Granuliten des Granits, Porphyrs, Syenits oder anderen pluton. Gesteinen u. feuerfestem Ton hergestellt. Um die Wärmeleitfähigkeit dieser Backofensteine zu verbessern, werden den oben angeführten Gesteinen synthet. hergestellte Stoffe mit hoher Wärmeleitzahl, wie SiC, zugemischt. Die M. wird mit einem hydraul. erhärtenden Bindemittel gebunden u. zu Herdplatten geformt, die durch feuchte Warmluft oder Dampf gehärtet werden. (**D. B. P. 854 628** Kl. 80b vom 21/4. 1949, ausg. 6/11. 1952. **Zusatz zu D. B. P. 850 719.**) REINHART. 6219

Herbert Ernest Moon, London, England, *Feuerfeste Steine aus Dolomit.* Kohlendioxydfreier, gebrannter Dolomit wird mit Kalk, Kaolin u. Feldspat in einer Gesamtmenge bis zu 10 (%) sowie mit 7 Mineralöl versetzt u. nach dem Formen gebrannt. Hierbei werden die Dolomitteilchen mit einer Flußmittelschicht umkleidet u. dadurch beständig gegen die Einw. der Atmosphäre gemacht. Es werden ca. 2—5 Kalk, 1 bis 2 Kaolin u. 1—2 Feldspat verwendet. (**D. B. P. 855 516** Kl. 80b vom 7/4. 1949, ausg. 13/11. 1952. Belg. Prior. 9/4. 1948.) REINHART. 6219

Deutsche Magnesit Akt.-Ges., München (Erfinder: **Josef Berlek, Paul Lanser** und **Norbert Skalla,** Radenthein, Kärnten, Österreich), *Magnesia für feuerfeste Erzeugnisse.* Ein Gemenge, das neben Magnesia Kalk u. Kieselsäure im Verhältnis von ca. $2\,CaO \cdot SiO_2$ enthält, wird unter Isolierung durch körnige Sintermagnesia geschmolzen. Das gebildete $2\,CaO \cdot SiO_2$ wandert vornehmlich in die Außenzone des Schmelzblocks u. bildet beim Abkühlen eine zerfallende Zwischenschicht zwischen dem Schmelzblock u. der Kruste aus ungeschmolzener Sintermagnesia. Die so geschmolzene u. gereinigte Magnesia kann zu Magnesiakörpern durch Brechen, Mahlen auf die gewünschte Korngröße, Zugeben von Bindemittel u. Zuschlägen u. Formen verarbeitet werden. Es können organ. u. anorgan. Bindemittel u. Tonerde als Zuschlag benutzt werden. Die Formkörper sind gebrannt oder ungebrannt verwendbar. (**D. B. P. 855 220** Kl. 80b vom 14/2. 1943, ausg. 10/11. 1952.) REINHART. 6219

Heinrich Koppers G. m. b. H. (Erfinder: **Elisabeth Lux**), Essen, *Raumbeständige Mulliterzeugnisse.* Ein Gemisch, das folgende drei Stoffgruppen gleichzeitig enthält, nämlich 1. ein Tonerdesilicat, wie Kaolin, 2. eine gut reaktionsfähige Tonerdeverb., wie Tonerdehydrat oder calcinierte Tonerde, 3. eine reaktionsträge Tonerde, wie feingemahlener Schmelzkorund in einer Korngröße von 0,2 mm u. darunter, wird so zusammengesetzt, daß sich ein Gesamttonerdegeh. von 50—60% ergibt, u. bei ca. 1600° gebrannt. Das gebrannte Prod. wird zerkleinert, mit Bindemitteln vermischt, geformt u. bei 1400 bis 1450° zum zweiten Male gebrannt. Die erhaltenen Prodd. sind schwindungsfrei, bei hohen Tempp. biegefest u. temperaturwechselbeständig. (**D. B. P. 855 674** Kl. 80b vom 21/8. 1940, ausg. 13/11. 1952.) REINHART. 6219

Quartz & Silice Soc. An., Paris (Erfinder: **Georges Bouchet**, Bellevue/Seine), Frankreich, *Höchstfeuerfestes Erzeugnis.* Durch Schmelzen oder durch Brennen von Zirkon u. Kalk mit etwa weiteren Zusätzen werden feuerfeste Prodd. hergestellt. Der Anteil des Kalks soll ca. 30—70% betragen. — Z. B. kommen auf 1 Mol CaO 1 Mol Zirkon. Die geschmolzene M. besitzt eine therm. u. chem. Beständigkeit, die größer ist als die ihrer Bestandteile. Das Prod. hält Tempp. bis zu 2200° ohne Verformung aus. Der Kalk kann ganz oder teilweise durch ein Oxyd des Be, Sr, Mg oder Ba ersetzt werden. (**D. B. P. 857 322** Kl. 80b vom 9/7. 1944, ausg. 27/11. 1952. F. Prior. 27/10. 1943.) REINHART. 6219

Friedrich Kleineberg, Trier, *Feuerfestes Futter.* Feuerfeste Massen werden mit Fasern aus mineral. Stoffen, z. B. Asbest, Schlacken- oder Glasfasern, versetzt. Die Fasern können gleichmäßig verteilt, aber auch in Lagen oder in bestimmten Zonen nahe den Rändern angeordnet oder Gewebe oder Geflechte aus solchen Fasern verwendet werden. Die Fasern geben den Steinen oder Ausmauerungen eine erhebliche Widerstandsfähigkeit bei starken Wärmebeanspruchungen. (**D. B. P. 855 675** Kl. 80b vom 31/5. 1950, ausg. 13/11. 1952.) REINHART. 6219

Great Lakes Carbon Corp., Chicago, Ill., übert. von: **Armand R. Bollaert**, Arcadia, und **Ernest L. Neu**, Manhattan Beach, Calif., V. St. A., *Leichtbeton.* Es wird eine Mischung verwendet, die aus Portlandzement, durch Hitzeeinw. zellig gemachtem Perlit mit D. 5—20 lbs. per cu.ft. (ca. 0,08—0,32 g/cm³) u. 2—100 Gew.-% feinverteilter Diatomeenerde, bezogen auf das Zementgewicht, besteht. Das Volumenverhältnis von Zement zu Füllstoff soll 1: 5 bis 1: 12 betragen. — Diagramm. (**A. P. 2 585 366** vom 20/4. 1948, ausg. 12/2. 1952.) HANS HOFFMANN. 6225

British „Rema" Mfg. Co. Ltd. und **Jack Davis**, Sheffield, England, *Verbesserungen beim Gipsbrennen.* Man setzt feingemahlenen Gips einem Strom von so heißen Verbrennungsgasen aus, daß das Kristallwasser ausgetrieben wird. Mit diesem Gasstrom wird das in ihm suspendierte Material einem Separator zugeführt, aus dem Gas u. Gips getrennt ausgetragen werden. Der entwässerte Gips kann dann noch einem rotierenden Desintegrator zwecks Feinstmahlung zugeführt werden. (**E. P. 650 006** vom 22/7. 1949, ausg. 7/2. 1951.) NEBELSIEK. 6227

VII. Agrikulturchemie. Schädlingsbekämpfung.

Károly Sik und **Sándor Schönfeld**, *Über periodische Veränderungen der Bodenkennzahlen.* An Hand der von 1949—51 an 4 verschied. Böden period. durchgeführten Bestimmungen wird festgestellt, daß die Ergebnisse beträchtlichen Schwankungen unterworfen sind. Die Differenzen betragen bis zu einigen 100%. Die größten Schwankungen weisen Proben aus der Zeit April—Mai u. Aug.—Sept. auf, was zur Festlegung der Schwankungsbreite, bes. des P_2O_5- u. Fe- bzw. Fe^{++}-Geh. als bedeutungsvoll erkannt wird. Bei der Diskussion der Ergebnisse wird auf den oxydo-reduktiven Zustand des Bodens hingewiesen u. festgestellt, daß mit der Durchlüftung des Bodens in trockenwarmer Jahreszeit Oxydationsprozesse wie hauptsächlich $Fe^{++} \rightarrow Fe^{+++}$ begünstigt werden. Dieses zieht dann, auf Grund der geringeren Löslichkeit von Fe^{+++}-Phosphaten, einen Abfall des lösl. P_2O_5-Geh. nach sich. Dieser Vorgang soll unter den anaeroben Verhältnissen der kaltfeuchten Jahreszeit entgegengesetzt verlaufen. Der austauschbare K_2O-Geh. läßt ähnliche Zusammenhänge kaum erkennen. Die unterschiedlichen Ergebnisse bei naturfeuchten u. lufttrockenen Bodenproben werden ebenfalls auf obige Faktoren zurückgeführt. (Agrokémia és Talajtan. **1.** 269—90. April 1952. Budapest, Agrokém. Kutató Int., Trágyázástani oszt.) V. PILINSZKY. 6304

—, *Bedeutung des Calciumsulfats im Superphosphat.* $CaSO_4$ ist kein Ballast im Superphosphat, sondern stellt eine beachtliche S-Quelle dar, wirkt regulierend auf den CaO-Zustand des Bodens, vermag Boden-K_2O zu mobilisieren u. übt einen günstigen Einfl. auf den koll. Bodenzustand aus. (Progr. agric. viticole **137.** (**69.**) 243—45. 20.—27/4. 1952.) GRIMME. 6304

M. F. Mossjuk, *Die Wirkung von Mineraldüngern auf Niederungsmoor.* K_2O- u. Phosphorsäuredünger wirkten günstig auf den Ertrag. N-Dünger wird bes. bei der Grasfruchtfolge empfohlen, u. zwar für Gräser, Gemüse, Hackfrüchte, Hanf u. Getreide. In der ersten Periode der Urbarmachung der Niederungsmoore sind Cu-haltige Düngemittel sehr wichtig. Vf. bringt Zahlen über Ertragssteigerungen durch K, P, N, Cu u. stellt Normen für die einzelnen Düngemittel auf. (Почвоведение [Bodenkunde] **1952.** 562—69. Juni. Sarnensk, Wiss. Forschungsstat. für Moorkultur.) A. JACOB. 6304

P. Riepma, *Grenzflächenerscheinungen und Selektivität bei der chemischen Unkrautbekämpfung.* Übersicht über die theoret. Grundlagen der Unkrautbekämpfung, die Einflüsse von Konz. u. Einwirkungsdauer des angewandten Mittels, von Grenzfläche u. Kontaktwinkel (Winkel, den ein Tropfen mit dem festen Stoff bildet) auf die Selektivität u. von Faktoren, die den Kontaktwinkel bestimmen. (Landbouwkund. Tijdschr. **64.** 387—93. Juni 1952. Centraal Inst. voor Landbouwkund. Onderzoek.) WESLY. 6312

H. A. Roberts und **E. K. Woodfort,** *DNBP zur Bekämpfung der Unkräuter bei Erbsen.* (Vgl. C. **1951.** II. 3227.) Es wird ausführlich über die Verwendung von *DNBP* (2.4-Dinitro-6-sek.-butylphenol) zur Vernichtung einjähriger Unkräuter in Erbsenpflanzungen berichtet, die in Oxford seit 1946 durchgeführt wurden. DNBP ist gegenwärtig das für Erbsen wirksamste Herbicid. (Agriculture [London] **58.** 268—73. Sept. 1951. Univ. of Oxford, Agric. Res. Counc. Unit of Exp. Agronomy.) W. LORENZ. 6312

J. B. M. van Dinther, *Versuche zur Bekämpfung von Eriophyes avellanae Nal. und Eriophyes gracilis Nal.* Zur Bekämpfung von Eriophyes gracilis (Himbeermilbe) erwies sich günstig eine Winterspritzung mit 5 u. 7% Teeröl u. mit 5% Mineralöl (W. E. 103) zu Anfang März u. eine Spritzung mit 0,75% Netzschwefel (*Thiorit*) zu Anfang Mai. Eriophyes avellanae (Haselnußgallmilbe) ließ sich gut bekämpfen durch 5 Spritzungen mit 2% Thiorit in der Zeit von Mai bis Juni. 0,05%ig. Parathion- (*Folidol E 605,* konz.) Spritzungen hatten so gut wie keinen, 3 Spritzungen mit 2%ig. Kalkschwefel oder Netzschwefel mäßigen Erfolg. (Tijdschr. Plantenziekten **58.** 96—103. Juli/Aug. 1952.) B. KASPAR. 6312

—, *Die rote Spinne* (*Tetranychus urticae*). Zur Bekämpfung ist vorbeugend wichtig sorgfältige Bodenbearbeitung u. Unkrautvernichtung. Wo *DDT* allg. Anwendung zur Bekämpfung anderer Pflanzenschädlinge findet, ist mit *verstärkter Vermehrung* der *roten Spinne* zu rechnen. Geeignete Bekämpfungsmittel waren bei Bohnen u. Erdbeeren → *Schwefel/Kalkhydrat-Puder* aus gleichen Gewichtsteilen bei 2—3 Zerstäuberstößen je Pflanze. Puder erwies sich wirksamer u. praktischer als Spritzmittel (Verdünnung 1:100), bei Gurken dagegen das Spritzmittel, wobei eine 2. Behandlung ratsam ist. Bei dichten Sträuchern zeitigte eine einmalige Behandlung mit einer *Weißöl*-Emulsion (Verdünnung 1:40) ausgezeichnete Wirkung. (Agric. Gaz. New South Wales **62.** 95—96. 1/2. 1951.) v. OSTEN. 6312

—, *Der Gladiolen-Blasenfüßler* (*Taeniothrips simplex*). Bekämpfungsbericht aus Neuseeland, wonach *DDT* u. *BHC* leichtere Kontrollmöglichkeiten bieten als die älteren *Giftbrühen*-Spritzmittel. *DDT* wird in 0,1%ig. Konz. u. Emulsionsform als Schutzspritzung angewendet, sobald Befall festgestellt wird. Unter Umständen sind mehrmalige Wiederholungen in wöchentlichen Abständen notwendig. Bei Verwendung von Giftbrühen ist auf feinste Zerstäubung zu achten. Mitt. bewährter Rezepte von Giftbrühen mit *Pariser Grün* (I) bzw. *Brechweinstein* (**II**) als Wirkstoff, wobei **II**-Brühen gegenüber I-Brühen verschied. Vorteile aufweisen u. sich beim *Thrips* gleich wirksam wie DDT zeigen. Gute Ergebnisse geben auch Stäubepulver auf *Derrispulver*-Grundlage oder *DDT* oder/u. *BHC* (ca. 2%ig.) (Agric. Gaz. New South Wales **62.** 92—94. 1/2. 1951.) v. OSTEN. 6312

R. Roesler, *Holfidal gegen den Himbeerkäfer. Holfidal* erwies sich dem Gesarol als überlegen. (Anz. Schädlingskunde **25.** 171—72. Nov. 1952. Neustadt/Weinstr., Landesanstalt für Wein-, Obst- u. Gartenbau.) WINIKER. 6312

H. Fischer, *Ein neues Verfahren zur Bekämpfung von Wühlmäusen* (*Arvicola terrestris L.*). Als geeigneter Köder zur Wühlmausbekämpfung an Wasserläufen haben sich Obstzweige u. -äste erwiesen. Als Ködergifte dienten Cumarinpräpp. in Pastenform. (Schädlingsbekämpfung **44.** 201—06. Dez. 1952. Rellingen, Bezirksstelle für Pflanzenschutz.) WINIKER. 6312

Miklós Dvoracsek und **Andor Klimes-Szmik,** *Die Untersuchung der mit dem Wasserhaushalt in Verbindung stehenden Eigenschaften an strukturell unveränderten Bodenproben im Laboratorium.* (Vortrag.) Beschreibung eines geeigneten Probenehmers u. der mit den Proben durchgeführten Bewässerungsversuche. — Abbildungen. (Agrokémia és Talajtan **1.** 321—38. April 1952. Budapest, Agrokém. Kutatóint., Talajfizik. és Kolloidik. oszt.) v. PILINSZKY. 6324

Monsanto Chemical Co., St. Louis, Mo., übert. von: **David T. Mowry,** Dayton, O., V. St. A., *Herbicide.* Durch Rk. von KSCN mit ß-Bromäthylcarbanilat ($C_6H_5NHCOOCH_2 \cdot CH_2Br$) in Aceton unter Rückfluß erhält man *β-Thiocyanoäthylcarbanilat,* $C_6H_5NHCOO \cdot CH_2CH_2SCN$. — Analog: *β-Thiocyanäthyl-2.5-dichlor-, -3-chlor-, -4-chlor-, -2.4-dichlor-*

carbanilat. — 1-Thiocyano-2-propylcarbanilat. — β-Thiocyanoäthyl-2-methylcarbanilat. (**A. P. 2 617 818** vom 25/10. 1949, ausg. 11/11. 1952.) BRÖSAMLE. 6313

Hercules Powder Co., übert. von: **Glenwood Louis Schertz**, Wilmington, Del., V. St. A., *Schädlingsbekämpfungsmittel* enthalten als akt. tox. Substanz ein stabilisiertes Kolophoniumamin oder dessen Salze, bes. Dehydroabietylamin, dessen NH_4-Salz, z.B. das Acetat, oder komplexe Cu-Salz, z. B. das Di-(dehydrabietylamino)-kupferacetat, im Gemisch mit Pyrophyllit, Bentonit, Kieselgur, Kerosin, Gasolin, Bzl., A., Aceton, W. oder Ölen. Sie sind als *Bakterieide* u. *Fungicide* zum Schutz von Baumwollfabrikaten, Holz, Tauen, Leder u. dgl. bes. geeignet. (**E. P. 669 823** vom 11/6. 1948, ausg. 9/4. 1952. A. Prior. 18/7. 1947.) KARST. 6313

Shell Development Co., San Francisco, übert. von: **Clifford J. Boissonou**, Concord, und **Wallace J. Yates**, Martinez, Calif., V. St. A., *Insekticides und fungicides Spritzöl.* Das in W. emulgierbare Spritzmittel enthält einen überwiegenden Anteil an einem leichten mineral. Spritzöl mit einer SAYBOLT-Viscosität von 70 Sek. bei 38° u. einem unsulfonierbaren Rückstand von ca. 92%, in dem 0,01—5% eines Monooleatesters eines Polyäthylenglykols u. ca. 0,3% eines öllösl. unsubstituierten Kresols gelöst sind. Es dient bes. zur Behandlung von *Obstbäumen* u. dgl. im Gartenbau. (**A. P. 2 560 626** vom 27/4. 1948, ausg. 17/7. 1951.) KARST. 6313

Standard Oil Development Co., Del., übert. von: **Allen R. Mittleson**, Cranford, und **Howard L. Yowell**, Westfield, N. J., V. St. A., *Parasitenbekämpfungsmittel.* Perchlormethylmercaptan wird bei 80—120° mit oder ohne Katalysatoren mit ungesätt. organ. aliphat. oder alicycl. Verbb., wie Allylacetat, Allyläther, Isobutylen, Diisobutylen, Vinylcyclohexen, Octen-(1) u. dgl., zur Rk. gebracht u. das Reaktionsprod. mit inerten pulverförmigen Trägerstoffen, wie Ton, Talkum oder Bentonit, vermischt oder unter Zusatz von Netzmitteln oder Emulgatoren mit W. oder Lösungsmitteln zu Spritzbrühen verarbeitet. Sie zeigen insekticide, fungicide u. baktericide Wirkungen. (**A. P. 2 553 772** vom 21/10. 1948, ausg. 22/5. 1951.) KARST. 6313

Union Oil Co. of California, Los Angeles, übert. von: **Davis A. Skinner**, Compton, und **Elwin L. Wampler**, Anaheim, Calif., V. St. A., *Pesticide Mittel.* Die wss. Dispersion des Mittels enthält als akt. Bestandteil 0,1—5 (%) eines Alkylarylsulfids der allg. Formel **I**, in der R eine Alkylgruppe u. X Nitro- oder Halogengruppen darstellen, u. 0,001—0,5 eines Dispergierungsmittels. — Beispiele: Methyl-, Äthyl-, Isopropyl-, n-Butyl-, n-Amyl-, n-Hexyl-, n-Octyl-, Hexadecyl- u. Octadecyl-2.4-dinitrophenylsulfid, Äthyl-2-nitro-4-chlorphenylsulfid u. dergleichen. Die Mittel haben insekticide, fungicide, aphicide, larvicide, vermicide u. pesticide Wirkungen. (**A. P. 2 557 520** vom 18/2. 1949, ausg. 19/6. 1951.) KARST. 6313

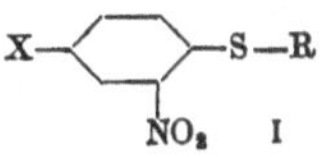

I

E. I. du Pont de Nemours & Co., übert. von: **Marvin Paulshock**, Wilmington, Del., V. St. A., *Insekticide*, bes. *Aphicide*, erhält man durch Rk. von metall. *Na* mit Tetraalkyldiamidophosphorylhalogeniden in Bzl., Toluol oder Xylol bei ca. 100°; z. B. mit *Tetramethyldiamidophosphorylchlorid* ein orangefarbenes Öl vom $Kp._{0,9}$ 120—140°, mit *N-Isoamyl-N-methyl-N'-dimethyldiamidophosphorylbromid* ein rotes Öl, mit *Tetraäthyldiamidophosphorylchlorid* ein dunkelbraunes Öl, mit *N-Isopropyl-N-methyl-N'-isopropyl-N'-methyldiamidophosphorylchlorid* ein rotes Öl. (**A. P. 2 613 224** vom 20/3. 1950, ausg. 7/10. 1952.) BRÖSAMLE. 6313

Dow Chemical Co., Midland, Mich., V. St. A., übert. von: **Oscar Hugo Hammer**, *Parasitenbekämpfungsmittel.* Zur Bekämpfung von Milben, z. B. *Paratetranychus pilosus, Tetranychus bimaculatus, Bryobia sp.* u. dgl., an Obstbäumen, Ziersträuchern, Rosen, Bohnen usw. werden wss. Spritzmittel verwendet, die *Di-(4-chlorphenoxy)-methan* u. *4-Chlorbenzolsulfonsäure-4-chlorphenylester* im Verhältnis 0,5—10:1 u. im Gemisch mit festen inerten Trägerstoffen, Netz- u. Dispergiermitteln enthalten. Geeignete Lösungsmittel: Aceton, CCl_4, Bzl., Toluol u. Xylol. Die festen Trägerstoffe können mit den beiden Verbb. zusammen zu Stäubemitteln vermahlen werden. Sie haben synergist. Wrkg. aufeinander u. sind für Tiere unschädlich. (**E. P. 663 137** vom 23/8. 1949, ausg. 19/12. 1951. A. Prior. 2/2. 1949.) KARST. 6313

Standard Oil Development Co., Del., übert. von: **Lawrence T. Eby**, Roselle, N. J., V. St. A., *Insekticide Mittel.* Schwefelhaltige β-tert. Alkylthioalkohole der allg. Formel: $R-C(RR)-S-C(R_1R_2)-C(R_3R_4)-OH$, wie β-tert.-Octylthioäthylalkohol, β-tert.-Octylthioisopropylalkohol, β-tert.-Dodecylthioäthylalkohol, β-tert.-Dodecylthioisopropylalkohol u. dgl., werden mit Emulgatoren, mineral. Spritzölen u. W. oder mit festen pulverförmigen Verdünnungsmitteln, wie Ton, Bentonit u. dgl., vermischt. Die Mittel sind für Menschen u. Haustiere ungiftig u. werden an Stelle von Bleiarseniat oder dgl. zur Vertilgung von Insekten verwendet. (**A. P. 2 570 051** vom 5/11. 1945, ausg. 2/10. 1951.) KARST. 6313

Farbenfabriken Bayer, Leverkusen (Erfinder: **Gerhard Schrader,** Opladen, und **Rudolf Mühlmann,** Wuppertal-Elberfeld), *Tetraalkyldithiopyrophosphorsäureester* erhält man durch Kondensation von Dialkylthiophosphorsäuremonochloriden mit äquivalenten Mengen Alkalicarbonaten unter Zugabe von W. in Ggw. einer katalyt. Menge Pyridin bei ca. 40—90°. — Dimethylthiophosphorsäuremonochlorid wird mit K_2CO_3 u. W. u. wenig Pyridin 15 Std. auf 40° erwärmt. Nach Beendigung der CO_2-Entw. erhält man nach dem Aufarbeiten *Tetramethyldithiopyrophosphorsäureester,* Kp.$_2$ 118—120°, in 73%ig. Ausbeute. — *Tetraäthyldithiopyrophosphorsäureester.* — *Tetrapropyldithiopyrophosphorsäureester.* — *Schädlingsbekämpfungsmittel.* (**D. B. P. 848 812** Kl. 12o vom 4/10. 1950, ausg. 8/9. 1952.) KRAUSS. 6313

Stauffer Chemical Co., übert. von: **Ramsey G. Campbell,** Richmond, Calif., *Anreicherung von γ-Hexachlorcyclohexan* (**I**). Das durch Chlorierung von Bzl. erhaltene **I** behandelt man zweckmäßig mit einem Alkohol, um das δ-**I** im wesentlichen zu entfernen; dann wird **I** mit kaltem Chlf. extrahiert, wobei sich etwas α-**I** löst. Die Lsg. wird ziemlich stark eingeengt, worauf beim Stehenlassen γ-**I** in großen u. α-**I** in feinen Kristallen ausfallen. Diese beiden Kristallarten können voneinander durch Sieben getrennt werden. (**A. P. 2 573 676** vom 7/9. 1948, ausg. 6/11. 1951.) KRAUSS. 6313

Waeco Ltd., übert. von: **John Merritt Dinsdale, Phyllis May Holmes** und **Pamela Ruth Martin,** High Post, Salisbury, England, *Dampfförmige Insekticide.* Eine hochsauerstoffhaltige anorgan. Verb., z. B. $KClO_3$, wird mit Hexamin im Verhältnis von 0,75:1 bis 5,0:1 vermischt u. der M. DDT oder $C_6H_6Cl_6$ im Verhältnis von 2,3:1 bis 3,5:1 zugefügt. Zur Verhinderung von Explosionen setzt man der M. noch 5—30% Kaolin, Kieselgur oder Talkum zu, feuchtet das Gemisch mit geringen Mengen Gummi arabicum-Lsg. oder A. an u. verarbeitet es zu Kügelchen, die bei 30—40° getrocknet werden. Die M. wird ohne Verwendung besonderer Behälter mittels eines Streichholzes entzündet u. ist als *insekticides Räuchermittel* verwendbar. (**A. P. 2 557 814** vom 14/11. 1949, ausg. 19/6. 1951. E. Prior. 23/11. 1948.) KARST. 6313

Imperial Chemical Industries Ltd., übert. von: **John St. Flanders** und **Elwyn Jones,** London, England, *Thermisch verdampfbares Begasungsmittel* für die *Schädlingsbekämpfung,* bestehend aus NH_4NO_3 u. einem chromsauren Salz, welches befähigt ist, das NH_4NO_3 zu einer exothermen Rk. bei lokaler Erhitzung zu initieren. (**Can. P. 485 669** vom 26/4. 1946, ausg. 12/8. 1952.) M. F. MÜLLER. 6313

W. E. Chambers, A manual of practical chemistry for students of agriculture. London: Allan & U. 1953. (181 S.) 16 s.

N. M. Comber, J. S. Willcox and **W. N. Townsend,** An introduction to agricultural chemistry. 2nd. edn. London: Edward Arnold. 1953. (382 S. m. Abb.) 18 s.

VIII. Metallurgie. Metallographie. Metallverarbeitung.

M. M. Hallett, *Untersuchungen an hitzebeständigen Gußeisen.* Es wurde die Oxydationsbeständigkeit von Gußeisenlegierungen in Luft u. in einer S-haltigen Atmosphäre bei 750—1050° untersucht. Hierbei zeigte sich eine klare Abhängigkeit von den im Gußeisen vorhandenen Legierungselementen Ni, Si u. Cr. Es wurde das Wachsen der verzunderten Proben gemessen u. ihr Mikrogefüge geprüft. Auch wurde der Verlauf der inneren Oxydation in den verschied. Werkstoffen beobachtet. Kleine Legierungszusätze verbessern die Zunderbldg. bei verhältnismäßig niedrigen Tempp., u. Si ist gut für die Verringerung der Oxydation bei Tempp. bis zu ca. 900°. Bei höheren Tempp. nimmt die Wrkg. von Si merklich ab. Die Gußeisensorten mit hohem Cr-Geh. waren bei den höchsten Versuchstempp. beständig u. weniger empfänglich für Rißbldg. als erwartet wurde, unter der Voraussetzung, daß die Querschnitte verhältnismäßig dünn waren, um Wärmespannungen zu vermeiden. (J. Iron Steel Inst. **170.** 321—29. April 1952. Chesterfield, Sheepbridge Engng. Ltd.) HOCHSTEIN. 6404

G. Morini, *Die Herstellung beruhigter Stähle.* Vortrag u. Diskussion. (Metallurgia ital. **43.** 487—95. Nov. 1951.) RUMPF. 6408

Wilhelm Anton Fischer und **Hans vom Ende,** *Die Verteilung des Phosphors zwischen Eisenschmelzen und kalkgesättigten Schlacken für Temperaturen von 1530—1700°.* In einem Kalktiegel wurde im Hochfrequenzofen die Verschlackung des P aus der Eisenschmelze unter kalkgesätt. FeO-Schlacken untersucht. Die Schlacken waren nur wenig durch SiO_2, MgO u. Al_2O_3 verunreinigt. Sie enthielten bis zu ca. 38% P_2O_5, zwischen 32 u. 58% CaO u. zwischen ca. 2 u. 50% $Fe_{ges.}$. Für Schlacken mit P_2O_5-Gehh. in der Größenordnung derjenigen des Thomasstahles von ca. 20—25% wurden Gleichgewichtsgehh. an P in der Eisenschmelze bei 1530—1570° von ca. 0,01%, bei 1580—1620° von ca. 0,02% u. bei 1630—1700° von ca. 0,03% ermittelt. Die a_{FeO}-Werte der Schlacken ändern sich kaum im Konzentrationsbereich von 20—50% Fe_{ges}. Erst bei kleineren Gesamteisengehh. der Schlacke ändern sich die a_{FeO}-Werte mit den Fe-Gehh. in der Schlacke stärker. Die O_2-Gehh. im Fe liegen je nach der Temp. u. P_2O_5-Geh. der Schlacken zwischen 0,025 u. 0,12%. Mit zunehmendem P-Geh. in der Fe-Schmelze, entsprechend ansteigenden P_2O_5-Gehh. der Schlacke, findet eine gesetzmäßige Erniedrigung der O_2-Gehh. im Fe statt. Das Gefüge der erstarrten Schlacken zeigt prim. Ausscheidungen des Phosphates *3CaO·P₂O₅*. Die Restschmelze erstarrt bei geringeren P_2O_5-Gehh. in der für die kalkhaltigen, P-freien FeO-Schlacken bekannten Weise, offenbar in Form eines tern. Eutektikums aus sehr fein verteiltem metall. *Fe, Kalkferrit* $2CaO \cdot Fe_2O_3$ u. kalkhaltigem *Wüstit*. (Stahl u. Eisen **72.** 1398—1408. 6/11. 1546. 20/11. 1952. Düsseldorf, Max-Planck-Inst. für Eisenforschung.) HOCHSTEIN. 6408

—, *Kohlenstoffarme Stähle.* Besprechung der *AISI-Stähle C 1010—1025* mit 0,10 bis 0,25% C. (Materials and Methods **34.** Nr. 2. Materials Engng. File Facts Nr. 212. 99. Aug. 1951.) KREITZ. 6408

—, *Stähle mit mittleren C-Gehalten.* Besprechung der *AISI-Stähle C 1030—C 1045* mit. 0,30—0,45% C. (Materials and Methods **34.** Nr. 2. Materials Engng. File Facts Nr. 213. 101. Aug. 1951.) KREITZ. 6408

Theo Brüggemann, *Der Einfluß des Ausgangsgefüges unlegierter übereutektoider Werkzeugstähle auf das Verhalten bei der Stahlhärtung.* Ein Glühen des Stahles auf körnigen Perlit bietet den besten Schutz gegen Spannungsrisse. (Metallurgie u. Giessereitechn. **1.** 195—97. Juli 1951. Berlin.) PAHL. 6408

C. Fornaci, *Neuere Entwicklungslinien halbharter Stähle für geschweißte Konstruktionen.* Übersicht über die Eigg. von *Cof 3* mit niedrigen Gehh. an *Mn* u. *Cr* u. *Cof 5* mit niedrigen Gehh. an Mn, Cr, *Cu*. Angaben über gutes Verhalten in geschweißten Konstruktionen sowie im Rohrleitungs- u. Behälterbau; weitere Angaben über Alterungsverh. bis —40° sowie über die Korrosionsbeständigkeit. (Ossature métallique **16.** 603—07. Dez. 1951.) WERNER. 6410

Walter Eilender, Robert Mintrop und **Willy Lutz,** *Untersuchungen über die Zwischenstufenvergütung von Warmarbeitsstählen.* Als Vorzüge der Zwischenstufenvergütung von Warmarbeitsstählen werden festgestellt: Geringe Verzugs- u. Rißgefahr, in manchen Fällen Steigerung der Kerbschlagzähigkeit im hohen Festigkeitsbereich, die hierdurch bedingte geringere Schlagempfindlichkeit, größere Zeitstandfestigkeit im Temperaturbereich um 500° u. gute Verschleißfestigkeit. Das Umwandlungsverh. von mehreren legierten Warmarbeitsstählen mit 0,24 (%) C, 1,3 Mn, 1,8 Cr u. 0,2 Mo sowie mit 0,46 C, 1,3 Cr, 0,3 Mo, 1,7 Ni u. 0,13 V sowie mit 0,39 C, 1,4 Cr, 0,5 Mo, 0,8 V u. 0,9 W sowie mit 0,31 C, 2,1 Cr, 0,6 V u. 3,9 W sowie mit 0,27 C, 2,6 Cr, 0,45 V u. 8,4 W in der Zwischenstufe wird mit mkr. Härteunterss. magnet. ermittelt u. in Zeit–Temperatur-Umwandlungsschaubildern wiedergegeben, denen die erforderlichen Haltezeiten im Zwischenbad entnommen werden können. Bei allen untersuchten Stählen lag die zweckmäßige Umwandlungstemp. bei 300—350°. Die erreichten Werte für Härte, Kerbschlagzähigkeit u. Anlaßbeständigkeit werden mit denen von üblich vergüteten Stählen verglichen. — Diskussion. (Stahl u. Eisen **72.** 1149—57. 11/9. 1952. Aachen, Rheinhausen u. Zuchwil-Solothurn.) HOCHSTEIN. 6410

Karl Wellinger und **Paul Gimmel,** *Die Biegewechselfestigkeit nitrierter Proben mit verschiedenen Durchmessern.* Der Einfl. der Nitrierschicht auf die Biegewechselfestigkeit scheint bei Probestäben über 20 mm Durchmesser nur noch gering zu sein. Bis etwa zu diesem Durchmesser wird es gelingen, durch eine Nitrierschicht den Einfl. der Oberflächenbeschaffenheit wirksam auszuschalten. Der Ausgangspunkt des Dauerbruchs lag bei den nitrierten Proben meist unmittelbar unter der Nitrierschicht. Bei hohen, oberhalb der Biegewechselfestigkeit liegenden Beanspruchungen nahm der Dauerbruch bei nitrierten Proben aus verschied. Stählen seinen Ausgang von der Randfaser des Probestabes. (Arch. Eisenhüttenwes. **23.** 203—05. Mai/Juni 1952. Stuttgart, Staatl. Materialprüfungsanstalt.) HABBEL. 6410

Franz Wever und **Otto Krisement,** *Anlaufzeit der Austenitumwandlung bei verschiedener Art der Abkühlung.* (Arch. Eisenhüttenwes. **23.** 229—37. Mai/Juni 1952. Düsseldorf, Max-Planck-Inst. für Eisenforschung.) HABBEL. 6410

V. A. Phillips und **Arthur Phillips,** *Der Einfluß von bestimmten gelösten Elementen auf die Rekristallisation von Kupfer.* Unter Verwendung der von THORLEY entwickelten Meth. wurden die Aktivierungsenergien für die beiden in der Rekristallisationstheorie von COOK u. RICHARD angenommenen Stufen aus Härteergebnissen an reinem Cu u. bin. Legierungen berechnet, die kleine Mengen an P, Ag, Cd, As, Te u. O_2 enthalten. Die Werkstoffe mit 0,01—0,018 mm Anfangskorngröße wurden mit einer Abnahme von 95% kaltgewalzt u. isotherm. bei 35—400° geglüht. Die beiden Aktivierungsenergien, obwohl sie für reines Cu u. einige Legierungen fast gleich sind, unterscheiden sich z. B. in Legierungen, die 0,01 At.-% As oder weniger enthalten, beträchtlich. Angenäherte Messungen wurden vom Wachstum u. von Keimgeschwindigkeiten gemacht. Sie schwankten mit der Temp. für reines Cu. Die Wachstumsgeschwindigkeit war mit der Glühzeit für reines Cu u. drei Legierungen konstant. Die Keimbildungsgeschwindigkeit bei 215° nahm mit zunehmender Glühzeit für eine Legierung mit 0,021 At.-% ab. Die Gefüge wurden mkr. u. röntgenograph. untersucht u. die Polfiguren an Legierungen bestimmt, die 0,021 (At.-%) P, 0,0271 Ag, 0,018 Cd u. 0,047 As enthielten u. bei 350° geglüht waren. Der Einfl. der Korngröße u. eines Verformungsgrades von 90—97,5% wurde für reines Cu u. zwei Legierungen mit P ermittelt. — Gefügebilder. Schrifttumsangaben. (J. Inst. Metals **81.** 185—208. Dez. 1952. New Haven, Conn., Yale Univ.) HOCHSTEIN. 6432

Ernst Brunhuber, *Ingolin und Ingobronzen.* Überblick über die Entw. u. die Eigg., bes. im Hinblick auf die Korrosionsfestigkeit, von „*Ingolin*", einer Mn-*Bronze* mit erniedrigten Cu- u. Mn-Gehh. u. dafür erhöhtem Ni-Geh., u. von „*Ingobronzen*", in der das Ni durch Sn ersetzt ist. (Giessereipraxis **70.** 339—40. 25/9. 1952.) HABBEL. 6432

—, *Zinn-Nickel-Legierungen in Form galvanischer Niederschläge.* Zusammenfassender Überblick. (Rev. Produits chim. **54.** 217—21. 31/10. 1951.) J. FISCHER. 6434

J. A. Rees und **R. J. L. Eborall,** *Laboratoriumsöfen zum Schmelzen von Titanlegierungen.* Beschreibung von 2 Vakuumöfen mit Widerstands- u. Lichtbogenbeheizung sowie des Schmelzverfahrens. (Metallurgia [Manchester] **46.** 186—90. Okt. 1952. British Non-Ferrous Metals Res. Assoc.) K. STEIN. 6448

A. P. Thompson und **J. R. Musgrave,** *Bedeutung von als Nebenprodukt gewonnenem Germanium.* Ge wird entweder aus Ge-haltigen Erzen, bes. ZnS-Erzen, oder (in England) aus Flugstaub von Gaserzeugern gewonnen, u. zwar als rohes $GeCl_4$; das gereinigte $GeCl_4$ wird zu reinem GeO_2 hydrolysiert, dieses wird bei 650° mit H_2 zu Ge-Pulver red. u. dieses bei 1000° geschmolzen u. dann zu Knüppeln vergossen. Überblick über die Eigg. u. Verwendung von Ge. — Schrifttumsangaben. (J. Metals **4.** 1132—37. Nov. 1952. Joplin, Mo., Eagle-Picher Co.) HOCHSTEIN. 6448

G. F. Hüttig und **A. Vidmajer,** *Sinterkörper aus Eisen.* (Vgl. C. **1951.** II. 1403.) Vff. untersuchen an Sinterstäben aus Hametag-Fe-Pulver mit 0,020% C u. 0,50% Mn den Einfl. der Pulvergröße, des Preßdrucks u. der Sintertemp. auf die D., die spezif. elektr. Leitfähigkeit, die VICKERS-Härte u. die Zerreißfestigkeit. Die Ergebnisse für die Pulvergröße 0,06—0,15 mm u. 0,15—0,35 mm, für den Preßdruck 1, 2, 4 u. 6 t/cm² sowie für die Tempp. 20, 700, 850, 1000, 1150 u. 1260° werden tabellar. u. graph. mitgeteilt. Die auftretenden Extremwerte der Härte u. Leitfähigkeit sowie der Mindestdruck, um bearbeitbare Preßlinge zu erhalten, werden diskutiert. Schließlich werden die Leitfähigkeitseigg. (elektr. Leitfähigkeit, Zerreißfestigkeit) der Sinterkörper (850° u. 6 t/cm²) für eine Lagerungskonstante 0,25 berechnet. Gute Übereinstimmung mit den Meßwerten. (Mh. Chem. **83.** 365—76. 1952. Graz, TH, Inst. für Anorgan. u. Physikal. Chemie, u. Reutte, Tirol, Metallwerk Plansee, Laborr.) WEITBRECHT. 6474

Je. I. Feliksson, *Abhängigkeit der Schlagzähigkeit des Stahls von der Lage der gehärteten Schicht nach einer induktiven Oberflächenhärtung.* Kerbschlagproben aus Stahl *U 8* wurden oberflächengehärtet. Bei der Best. der Kerbschlagfestigkeit wurde ein Teil der Proben von der gehärteten gekerbten Seite aus geschlagen, während bei dem anderen Teil die Schlagbeanspruchung von der gehärteten, jedoch ungekerbten Seite erfolgte. Es zeigte sich, daß die Kerbschlagzähigkeit derjenigen Proben, deren gehärtete Schicht auf Druck beansprucht wurde, etwa um das 5fache höher lag als die Kerbschlagzähigkeit der Proben mit gehärteter Schicht im Kerb, die auf Zug beansprucht wurden. (Вестник Машиностроения [Nachr. Maschinenbau] **32.** Nr. 8. 40. Aug. 1952.) HOCHSTEIN. 6480

E. Schwenk und **A. Wüsthofen,** *Periodische Nachprüfung der Werkstoffeigenschaften von warmfesten Stählen.* Es wird vorgeschlagen, in Hochdruck-Dampfkraftwerken, bei denen neuerdings Betriebstempp. bis 550° u. mehr erreicht werden, häufiger als bisher period. Nachprüfungen an den an den verschiedensten Stellen verwendeten Stählen vorzunehmen, die sich auf alle Eigg. der verwendeten Stähle zu erstrecken hätten. Die Nachprüfungen sollten alle 2000 Betriebsstunden erfolgen. Der Vgl. der Protokolle läßt den Gang der untersuchten Eigg. erkennen u. ermöglicht eine Extrapolation auf längere Zeiträume. Ein Versuchsschema wird angegeben. (Brennstoff. Wärme. Kraft **3.** 330—31. Okt. 1951.) WERNER. 6480

Hermann Goebbels, *Elektromagnetisches Wechselfeldverfahren zur zerstörungsfreien Prüfung von Eisenwerkstoffen.* Durch die Best. der Veränderung des Scheinwiderstandes einer vom Wechselstrom durchflossenen Spule, welche die zu untersuchenden Werkstücke magnetisiert, können diese nach ihrer Zus., Wärmebehandlung u. Härte unterschieden werden. Schweißelektroden konnten nach ihrer Verschweißbarkeit unterschieden werden.

Die Empfindlichkeit der Anzeige wird beeinflußt durch die Stärke des Magnetisierungsstromes, die Phasenlage von Strom u. Spannung sowie die Magnetisierungsfrequenz. Als Maß für die durch dynam. Beanspruchungen hervorgerufene Änderung der Magnetisierungseigg. kann die Änderung der magnetoelast. Empfindlichkeit gelten. — Diskussion. (Arch. Eisenhüttenwes. **23.** 443—48. Nov./Dez. 1952. Stolberg, Rhld.) HABBEL. 6480

H. Staudinger, *Vergleich zwischen Prüfstabergebnissen und Untersuchungen an Werkstücken bei Dauerschwingbeanspruchung.* An Beispielen wird gezeigt, daß die Dauerhaltbarkeit von Bauteilen bzw. deren Gestaltfestigkeit wesentlich von der Zusammenwrkg. folgender Faktoren abhängt: Beanspruchungsart, Querschnittsform u. -größe, Art der Bearbeitung, der Oberflächenbehandlung, der Einhärtung, Art des Abschreckens u. des Anlassens bei der Wärmebehandlung u. deren Einfl. auf Größe u. Richtung der Restspannungen. — Schrifttumsangaben. (Konstruktion **4.** 232—37. Aug. 1952. Berlin.) HABBEL. 6480

Hans Kostron, *Zur Mathematik des Zugversuches.* (Arch. Eisenhüttenwes. **22.** 317—25. Sept./Okt. 1951. Bonn, Vereinigte Aluminium-Werke A.G. u. Vereinigte Leichtmetallwerke GmbH.) HABBEL. 6480

J. Van Nieuwkoop, *Die zerstörungsfreie Materialprüfung mit Ultraschall bei Anwendung auf Materialien und Werkstücke des Maschinenbaus.* Erfahrungsbericht. Zahlreiche Abbildungen u. Diagramme. (Metalen **6.** 165—72. 28/5. 1951, Hengelo, Gebr. Stork & Co., Koninklijke Maschinefabriek, Metallurgische Dienst.) RUMPF. 6480

D. M. Rabkin, Ju. N. Gotalski, Je. Ss. Kudelja und **W. W. Podgajetzki,** *Das Haften der Schlacke an der Oberfläche der Schweißnaht beim Schweißen mit Flußmitteln.* Die schlechte Trennung der Schlackenkruste vom Schweißgut nach dem Schweißen mit Flußmitteln beruht grundsätzlich, soweit nicht Schweißfehler vorliegen, auf der chem. Verkettung zwischen Schlacke u. Metall. Der Vorgang ähnelt der Bindung zwischen Eisen u. der aufgetragenen Emailleschicht. Enthält die Metalloberfläche Oxyde zweiwertiger Metalle (MnO, MgO, CaO u. a.) u. die Schlacke Oxyde dreiwertiger Metalle (Fe_2O_3, Cr_2O_3, Al_2O_3, V_2O_3), so ist Spinellbldg. möglich (Berührungszwillingbldg. nach dem Spinellgesetz), wodurch eine feste Verbindung zwischen Schlacke u. Metall zustande kommt. Zur Verbesserung der Trennfähigkeit der Schlackenschicht muß die Oxydschicht auf dem Eisen vermieden werden, wozu folgendes vorgeschlagen wird: 1. Im Flußmittel ist der Geh. an Mn-Oxyden möglichst gering zu halten; 2. das Schweißgut ist mit geringen Mengen reduzierender Legierungszusätze zu versehen; 3. erforderlich ist niedrige Spannung des Lichtbogens bei erhöhter Schweißgeschwindigkeit; 4. Spezialflußmittel mit nichtoxydierenden Eigenschaften. (Автогенное Дело [Autogene Ind.] **22.** Nr. 6. 10—14. Juni 1951.) VOLLENBRUCK. 6506

William P. Hoffman, *Das automatische Schweißen in Stahlwerksanlagen.* Überblick. (Blast Furnace Steel Plant **39.** Nr. 11. 1348—53. Nov. 1951. Intern. Harvester Comp., Wisconsin Steel Works.) PAHL. 6506

R. L. Nelson und **I. C. Mattson,** *Schweißen von Magnesiumlegierungen.* Vorbehandlung u. Schweißverff. (Punkt-, Flammen-, Bogen-, Gasschweißung). (Welding Engr. **36.** Nr. 11. 52—56. Nov. 1951.) KÖHN. 6506

G. D. Nikiforow, *Schweißen von Aluminiumlegierungen nach der Methode Mati.* Nach der MATI-Meth. wird die Schweißung gebördelter Leichtmetalle durch einen Lichtbogen ausgeführt, der zwischen einer W-Elektrode u. dem Blech unter bestimmten Flußmitteln brennt. (Schweißtechnik **1.** 13—14. Juli 1951.) G. RICHTER. 6506

J. Liger, *Die Stromdichte für galvanische Niederschläge.* Eine Einführung. (Galvano [Paris] **21.** Nr. 183. 11—14. April 1952.) J. FISCHER. 6514

P. Baeyens, *Die Stromquellen für die Galvanotechnik.* Überblick über die Eigg., Vorteile u. Nachteile der in der Praxis angewendeten Stromquellen. Die Vorzüge des Selengleichrichters werden hervorgehoben. (Galvano [Paris] **21.** Nr. 184. 21—25. Mai 1952.) J. FISCHER. 6514

O. P. Krämer, *Wannen für galvanische Bäder.* In einer tabellar. Zusammenstellung werden die für die verschied. galvan. Badlsgg. geeigneten Werkstoffe für die Badbehälter angegeben. (Metall **5.** 153—54. April 1951. Dahlenberg bei Torgau.) MARKHOFF. 6514

W. H. J. Vernon, *Korrosionsprobleme in der Industrie.* Übersicht. (Chem. and Ind. **1952.** 524—26. 14/6. Teddington, Middlesex, Chem. Res. Labor. D. S. I. R.) J. FISCHER. 6538

I. A. Lewin, *Über die Verarmung der Korngrenzen an Chrom als Ursache der interkristallinen Korrosion nichtrostender Stähle.* Das Auftreten einer *interkristallinen Korrosion* (I) wird im allg. mit einer Cr-Verarmung an den Korngrenzen erklärt. Vf. berichtet auf Grund eigener Unterss. an hochchromlegierten Stählen mit niedrigem C-Geh. über einige Unstimmigkeiten mit dieser Theorie. Die für Stähle mit 0,04% C in 4 mol. H_3PO_4 aufgenommenen anod. Polarisationskurven ergeben, daß der anfängliche Verlauf derselben mit steigendem Cr-Geh. ein zunehmend negatives Potential anzeigt; ein Stahl mit 17% Cr ist jedoch in dieser Lsg. gegen interkristalline Korrosion noch anfällig. Die chem. Unters. der Korrosionsprodd. zeigt, daß dieselben bei reiner I in der Hauptsache Fe, bei Korrosion der Körner selbst Fe u. Cr (dem Legierungsverhältnis etwa entsprechend) enthalten. Die Annahme, daß die an Cr verarmte Zone an den Korngrenzen im wesentlichen aus reinem Fe besteht, steht jedoch zu dem Verh. der hochchromhaltigen Stähle in 30% HNO_3 im Widerspruch. **I** tritt in diesem Fall nicht ein. Für austenit. 18-8-Cr–Ni-Stähle angestellte Berechnungen ergeben für die Aktivierungsenergie der Cr-Diffusion im γ-Fe einen doppelt so hohen Wert wie für die Einleitung **I**; letzterer ist wiederum annähernd gleicher Größenordnung mit dem Wert für die C-Diffusion im γ-Fe. (Доклады Академии Наук СССР [Ber. Akad. Wiss. UdSSR] [N. S.] **83**. 701–04. 11/4. 1952.) EHMCKE. 6538

E. I. du Pont de Nemours & Co., Wilmington, Del., übert. von: **Bruce Scott Old**, Concord, Mass., V. St. A., *Abstechen von metallurgischen Öfen*. In eine im Verschlußpfropfen des Abstichkanals befindliche Bohrung wird eine nach dem Prinzip der Hohlladung aufgebaute Sprengladung eingeführt u. zur Explosion gebracht. (**A. P. 2 563 131** vom 1/10. 1947, ausg. 7/8. 1951. **D. B. P. 815 194** Kl. 18a vom 1/1. 1949, ausg. 1/10. 1951. **E. P. 656 587** vom 1/10. 1948, ausg. 29/8. 1951. Beide A. Prior. 1/10. 1947.) MEYER-WILDHAGEN. 6371

Escher Wyss Akt.-Ges., Zürich, Schweiz, *Erhöhung der Granulierfähigkeit von Erzen oder Metalloxyden*. Dem zu granulierenden Gut, z. B. Kiesabbrand, werden Stoffe wie Ton, Lehm, Mergel, Na_2CO_3 oder NaOH zugemischt, die die Plastizität u. damit die Granulierfähigkeit der mit W. angemachten M. erhöhen. Die Zusatzstoffe können in Pulverform oder als wss. Aufschlämmung bzw. Lsg. verwendet werden. (**Schwz. P. 272 002** vom 23/12. 1948, ausg. 16/2. 1951.) MEYER-WILDHAGEN. 6377

Deutsche Eisenwerke Akt.-Ges., Mülheim/Ruhr, *Erzsinterung*. Feinverteilte Erze, bes. Fe-Erze, werden mit feinkörnigen oder feingemahlenen Al_2O_3-haltigen Kohlerückständen mit weniger als 30% Brennstoffgeh. auf Saugsinteranlagen gesintert, wobei der geringe Brennstoffgeh. allein zur Aufbringung der zur Sinterung erforderlichen Wärme dient. Es können die bei der Kohlenwäsche anfallenden Rückstände benutzt werden, welche in solchen Mengen mit Fe-Erzen vermischt werden, daß ihr Wärmewert unter 400000 Wärmeeinheiten pro Tonne Fe-Erz liegt. (**E. P. 668 838** vom 19/11. 1948, ausg. 26/3. 1952.) HANS HOFFMANN. 6379

Erie Mining Co., Hibling, Minn., V. St. A., *Wärmebehandlung von Formkörpern aus Erz oder Mineralstaub*. Feuchte Kügelchen, z. B. auch Pellets, aus feinverteiltem mineral. Material werden in Form einer Säule durch einen Ofen abwärts bewegt. Durch diese Beschickung werden im Gegenstrom Heizgase geführt, deren Strömungsgeschwindigkeit in Abhängigkeit von der Temp. der die Beschickung verlassenden Gase geregelt wird, um eine bestimmte Art der Wärmeeinw. im oberen Teil der Beschickung aufrecht zu erhalten. Das Verf. ist für das Rösten, Trocknen, Calcinieren, Verfestigen von Erz, Kaolin, Kalkstein, Rohzementmischungen u. ähnliche Zwecke geeignet. (**D. B. P. 825 006** Kl. 40a vom 10/5. 1950, ausg. 17/12. 1951. **E. P. 656 935** vom 30/12. 1948, ausg. 5/9. 1951. **F. P. 978 256** vom 28/12. 1948, ausg. 11/4. 1951. Alle A. Prior. 14/1. 1948.) MEYER-WILDHAGEN. 637[illegible]

Deutsche Eisenwerke Akt.-Ges. (Erfinder: **Helmut Timmerbeil**), Mülheim/Ruhr, *Masse zum Herstellen von Gießereiformen und -kernen*, enthält ein W. aufnehmendes Bindemittel, z. B. Sulfitlauge, Casein oder Stärke, u. essigsaure Tonerde als W. abweisenden Stoff. (**D. R. P. 753 984** Kl. 31c vom 4/2. 1942, ausg. 15/12. 1952.) BÜLTMANN. 6383

Ford Motor Co. Ltd., London, England, *Kernstützen*. Metall. Kernstützen werden auf der freien Metalloberfläche inner- oder außerhalb der Form vor dem Überziehen der Form mit dem Anstrichmittel mit einem Überzug von *Polyorganosiloxan* versehen, der vorzugsweise aufgespritzt wird. Die Viscosität liegt zwischen 100 u. 500, bes. bei 350 Centistok. (**E. P. 658 363** vom 24/5. 1949, ausg. 10/10. 1951. A. Prior. 19/6. 1948.) BÜLTMANN. 6383

Maschinenfabrik Augsburg-Nürnberg Akt.-Ges. (Erfinder: **Adolf Denk**), Augsburg, *Herstellung von Schleudergußstücken*. Ein Reinigungsmittel, z. B. Na_2CO_3, wird der Auskleidung der umlaufenden Kokille zugesetzt. Das Mittel schm. durch das eintretende fl. Eisen u. bildet eine leichtfl. Schlacke mit den Verunreinigungen. Die Auskleidung besteht vornehmlich aus einem Gemisch aus mit W. angemachter Cellulose u. Graphit. (**D. R. P. 752 023** Kl. 31c vom 24/12. 1942, ausg. 8/12. 1952.) BÜLTMANN. 6383

Deutsche Edelstahlwerke Akt.-Ges., Krefeld (Erfinder: **Hans Hougardy**, Dortmund-Aplerbeck, und **Eugen Nassauer**, Köln), *Chromierstahl* mit bis 0,5(%) *C*, 0,2—2 *Si*, vorzugsweise 0,35—2 Si, 0,05—2 *Zr* u. 0,08—4 *S* soll als Werkstoff für Gegenstände verwendet werden, die auf Automaten spanabhebend bearbeitet u. dann chromiert werden, wie Schrauben u. Bolzen. Bes. beträgt der Zr-Geh. etwa das Vierfache des C-Gehaltes. (**D. B. P. 857 064** Kl. 18d vom 24/5. 1942, ausg. 27/11. 1952.) HABBEL. 6411

Gustaf Newson Kirsebom, Riksby, Schweden, *Herstellung von kohlenstofffreien Chrom–Eisen- und Eisen–Chrom-Legierungen aus kohlenstoffhaltigen Legierungen.* Zur Entfernung des C werden die Ausgangslegierungen mit MgO oder anderen reduzierbaren Mg-Verbb. bei 1600—1700° behandelt. Hierbei entweichen CO u. dampfförmiges Mg. (**N. P. 79 291** vom 18/12. 1947, ausg. 5/11. 1951. Schwed. Priorr. 27/12. 1946 u. 31/10. 1947.) JÜRGEN SCHMIDT. 6411

Soc. An. des Établissements Jacob Holtzer, Frankreich, *Warmfeste Eisenlegierung* enthält außer *Fe* noch 0,001—0,3 (%) *C*, 15—25 *Cr*, 8—20 *Ni*, $<$ 20 *Co* u. 0,4—3 *Ti*. Ferner können $<$ 5 *Mo* oder *W* vorhanden sein. (**F. P. 995 494** vom 12/3. 1945, ausg. 3/12. 1951.) HABBEL. 6411

Westfälische Leichtmetallwerke G. m. b. H., Nachrodt/Westf., *Aufbereitung von Aluminiumlegierungen.* Um Al-Legierungen für die Al-Gewinnung durch Hg-Extraktion u. darauffolgende Verflüchtigung des Hg aufzubereiten, wird die geschmolzene Legierung zweckmäßig in inerter Atmosphäre in einen Überschuß von Hg eingegossen, das vorzugsweise bis nahe an seinen Kp. erhitzt ist; hierauf wird die auf dem Hg schwimmende Paste, welche die Al-Legierung im überschüssigen Hg feinverteilt enthält, durch mechan. Mittel, z. B. durch Abschöpfen, abgetrennt. Das Hg wird während des Eingießens der Al-Legierung durch Rühren, Umpumpen oder dgl. in Bewegung gehalten. (**D. B. P. 855 468** Kl. 40a vom 4/6. 1943, ausg. 13/11. 1952.) HANS HOFFMANN. 6443

International Alloys Ltd. und **Ernst Scheuer,** Aylesbury, Buckinghamshire, England, *Aluminiumdestillation.* Bei der Gewinnung von reinem Al aus Al-haltigen Stoffen (I) durch Dest. unter Verwendung von Dämpfen eines Halogenids, bes. $AlCl_3$, welche bei erhöhter Temp. u. vermindertem Druck mit I zur Rk. gebracht werden u. aus denen durch Kühlung das reine Al zur Abscheidung gebracht wird, werden diese Dämpfe durch einen Injektor in dem Syst. in Umlauf gesetzt. Als treibendes Medium können hierfür Halogeniddämpfe selbst oder inerte Gase oder Mischungen von beiden verwendet werden, welche zweckmäßig vor Eintritt in den Injektor einen Reiniger passieren, um schädliche Bestandteile abzuscheiden. — Abbildung. (**E. P. 642 500** vom 18/8. 1948, ausg. 6/9. 1950 und **F. P. 993 580** vom 18/8. 1949, ausg. 2/11. 1951. E. Prior. 18/8. 1948.) HANS HOFFMANN. 6443

International Alloys Ltd. und **Ernst Scheuer,** Aylesbury, Buckinghamshire, England, *Aluminiumdestillation.* Zur Gewinnung von reinem Al aus Al-Legierungen oder dgl. werden diese im geschmolzenem Zustande über eine unter vermindertem Druck stehende Kammer in Umlauf versetzt, in der sie mit den Dämpfen eines Halogenids zur Rk. gebracht werden, aus denen dann das reine Al durch Abkühlen abgeschieden wird. Die Vorr. zur Durchführung des Verf. wird beschrieben. — Abbildung. (**E. P. 642 499** vom 18/8. 1948, ausg. 6/9. 1950 u. **F. P. 993 579** vom 18/8. 1949, ausg. 2/11. 1951. E. Prior. 18/8. 1948.) HANS HOFFMANN. 6443

Jean-Charles Séailles, Frankreich, *Reinigen von Aluminium.* Die in z. B. aus Ca-Aluminaten gewonnenem Al enthaltenen Verunreinigungen aus CaO u. $CaCO_3$ werden durch Auslaugen mit Hilfe einer Säurelsg. entfernt. Die Säure ist so auszuwählen, daß sich ein lösl. Ca-Salz bildet u. keine Schwierigkeiten beim Filtrieren entstehen. Es kommen stark verd. Säuren, wie H_2SO_4, $CH_3 \cdot COOH$ oder HNO_3, in Frage. (**F. P. 985 922** vom 11/11. 1943, ausg. 25/7. 1951.) HANS HOFFMANN. 6443

Höganäs-Billesholms Aktie-Bolag, Höganäs, Schweden, *Erzeugung von Eisenpulver.* Eis. . xyd in Form von Pulver oder Sinter wird bei einer Temp. von mindestens 950° eine. Vorred. unterworfen, bei der der O_2-Geh. auf 1—10% verringert wird. Darauf wird das so erhaltene Material zu einem Pulver zermahlen, das die für das Endprod. gewünschte Korngröße hat. Dieses wird unterhalb der Temp., bei der eine beträchtliche Sinterung auftritt, zweckmäßig bei einer Temp. unter 950°, weiter reduziert. Nach der Endred. wird das erhaltene Prod. zur Trennung der lose verbundenen Kornaggregate gemahlen. Die Vor- u. Endred. wird zweckmäßig mit Gas oder einem festen Reduktionsmittel durchgeführt. (**E. P. 675 350** vom 17/11. 1950, ausg. 9/7. 1952.) HOCHSTEIN. 6475

Soc. d'Électro-Chimie, d'Électro-Métallurgie et des Aciéries Électriques d'Ugine, Paris, übert. von: **Charles Guillaud,** Bellevue, Frankreich, *Permanentmagnete.* Eine Mn-Bi-Legierung mit der stöchiometr. Zus. MnBi wird zur Kristallvergröberung bei 150—600° getempert u. dann fein pulverisiert (Korngröße ca. 10 μ). Aus dem Pulver wird densitometr. oder magnet. der Anteil ausgeschieden, der der gewünschten nicht entspricht. Der Rest wird mit einem Bindemittel (**I**) versetzt u. einem die Kristallite orientierenden Magnetfeld ausgesetzt. Nach der Verfestigung des **I** wird mit einem starken Magnetfeld von ca. 20000 Oersted in der gleichen Richtung fertigmagnetisiert. (**A. P. 2 576 679** vom 9/11. 1946, ausg. 27/11. 1951. F. Prior. 2/8. 1949.) KESSEL. 6475

Deutsche Norton-G. m. b. H., Wesseling, Bez. Köln, *Borcarbid für harte Gebrauchsgegenstände.* Reines B_4C-Pulver oder auch solches aus 77—80 (%) *B* u. 23—20 *C* wird ohne Bindemittel unter Druck bis zur Erweichung auf eine Temp. unterhalb des F. in neutraler Atmosphäre erhitzt u. in der Form schnell abgekühlt. Infolge der Homogenität kann das Material auf Hochglanz poliert werden, so daß es sich für Ziehsteine, Strahldüsen, Schneidwerkzeuge u. Lager eignet. — Zeichnung. (**D. B. P. 851 553** Kl. 40b vom 14/10. 1934, ausg. 6/10. 1952. A. Prior. 20/10. 1933.) GÖTZE. 6477

Akt.-Ges. für Unternehmungen der Eisen- und Stahlindustrie (Erfinder: **Josef Hinnüber**), Essen, *Hartmetallegierungen* bestehen aus bis zu 25(%) *Co*, das mindestens bis 10 als feinkörnige δ-Phase vorliegt, Rest *WC* in der Hauptsache von einer Korngröße von weniger als 1 μ. Was WC kann bis zu 20 durch andere *Carbide* der Metalle *Ti, Ta, Nb, V, Mo* u. *Cr*, einzeln oder gemischt, ersetzt sein. Die Legierungen werden ohne Druck durch Sintern hergestellt u. zeichnen sich durch außerordentlich hohe Härte u. Verschleißfestigkeit aus. (**D. B. P. 851 552** Kl. 40b vom 13/8. 1949, ausg. 6/10. 1952.) GÖTZE. 6477

Printing and Allied Trades Research Association, übert. von: **William Henry Banks** und **Patrick Bernard Upton,** London, England, *Erzeugen ablösbarer galvanoplastischer Metallschichten auf Wachsformen.* Die Wachsschicht wird zunächst mit einer $SnCl_2$ u. ein alkyliertes Naphthalinsulfonat als Benetzungsmittel enthaltenden wss. Lsg. vorbehandelt. Danach wird mittels des Reduktionsverf. eine Ag-Schicht niedergeschlagen, auf der schließlich galvanoplast. eine Metallschicht erzeugt wird. Durch die Vorbehandlung wird die Bldg. der Ag-Schicht stark beschleunigt. (**A. P. 2 580 718** vom 26/7. 1946, ausg. 1/1. 1952. E. Prior. 1/8. 1945.) MARKHOFF. 6515

Charles Litzenberg, Philadelphia, Pa., übert. von: **Rowen S. Stuffer,** East Riverton, N. J., V. St. A., *Elektrolytisches Ablösen galvanischer Überzüge von zwei oder mehr Metallen, wie Kupfer, Nickel, Chrom, Gold und Silber von Eisenunterlagen.* Die Gegenstände werden anod. in H_3PO_4-Lsg. behandelt, die 25—95 Mol-% einer H_3PO_4 von 85 Gewichts-% u. $^1/_{64}$—15 oz./gal (0,12—112 g/Liter) Kationen des abzulösenden Metalls enthält. Durch das Verf. werden in einem Arbeitsgange mehrere verschied. Überzüge abgelöst, ohne das Grundmetall anzugreifen. (**A. P. 2 596 307** vom 5/11. 1947, ausg. 13/5. 1952.) MARKHOFF. 6515

Gunnar Rosenqvist, Calumet, Mich., V. St. A., *Erzeugen elektrolytischer Metallniederschläge.* Während der elektrolyt. Abscheidung wird der Metall-Nd. mit Hämmern bearbeitet, um gleichmäßige, glatte Metallauflagen zu erhalten. Eine Vorr. zur Durchführung des Verf. wird beschrieben. — Abbildungen. (**E. P. 663 850** vom 13/2. 1948, ausg. 27/12. 1951.) MARKHOFF. 6517

Industrial Metal Protectives, Inc., Wilmington, Del., V. St. A., übert. von: **Alexander McDonald,** Gordon bei Sydney, Neusüdwales, Australien, *Erzeugen von metallischen Überzügen.* Feinverteilte Metalle, wie Zn, Al, Mg, Cd u. deren Legierungen, werden in Na_2SiO_3 eingetragen u. auf die zu überziehenden Metallflächen aufgetragen. Auf die eingebrannte Überzugsschicht wird eine 2. Schicht aus Na_2SiO_3 u. Pb-Staub aufgetragen. Ein Zusatz von PbO u. von $PrCrO_4$ zu Zn-Staub enthaltenden Überzügen verhindert die Bldg. von Alkalizinkat, das das Abplatzen des Überzugs verursacht. Die Überzüge sind auch gegen Seewasser beständig. (**A. P. 2 576 845** vom 14/11. 1946, ausg. 27/11. 1951.) MARKHOFF. 6517

British American Research Ltd., Wishaw, Lanarkshire, England, *Aufdampfen von Metallüberzügen auf nichtmetallischen, biegsamen Unterlagen.* Die Unterlage wird zunächst bei einem Druck von 50—500 μ Hg erhitzt, um okkludierte Gase oder flüchtige Bestandteile zu entfernen, u. dann einer Abkühlzone zugeführt, deren Druck noch geringer als in der vorhergehenden Erhitzungszone, wobei ein Eindiffundieren von Gasen in die Abkühlzone verhindert wird. Schließlich wurden auf der abgekühlten Grundlage Metalldämpfe, z. B. von *Al, Mg, Ag, Au, Sn, Zn,* als zusammenhängende Schicht kondensiert. Das Verf. eignet sich bes. zum Metallisieren von Cellophan. — Abbildung. (**E. P. 663 251** vom 25/5. 1949, ausg. 19/12. 1951. A. Prior. 4/8. 1948.) MARKHOFF. 6517

Parker Rust Proof Co., Detroit, übert. von: **Herbert K. Ward,** Birmingham, Mich., V. St. A., *Phosphatierungslösung für Zinkoberflächen* enthält im wesentlichen 1—2% PO_4-Ionen u. soviel Zn- u. Mn-Ionen, daß sich ein Dihydrogenphosphat bildet, ferner mindestens 0,2% Ni-Ionen u. mindestens 0,16 BF_4-Ionen. Mit einer solchen Lsg. lassen sich nicht nur Zn-, sondern auch Fe-Oberflächen phosphatieren. — Beispiel: 100 (lbs.) $Zn(H_2PO_4)_2$·

2 H_2O, 23 H_3PO_4 (75%ig.), 78 $NiSO_4 \cdot 7 H_2O$ u. 16 $NaBF_4$. (**A. P. 2 591 479** vom 12/5. 1947, ausg. 1/4. 1952.) MARKHOFF. 6533

Deutsche Waffen- und Munitionsfabriken Akt.-Ges., Berlin-Charlottenburg (Erfinder: **Erwin Nießner**, Lübeck), *Erzeugen einer Phosphatschicht auf Kupfer und Kupferlegierungen.* Die Gegenstände werden vor der Phosphatierungsbehandlung in eine 3—10%ig. $FeCl_3$-Lsg. bei ca. 50° 10—20 Min. getaucht. Bei der Phosphatierung schlägt sich auf den so vorbehandelten Oberflächen eine feinkristalline gleichmäßige Phosphatschicht nieder, die hohe mechan. Festigkeit besitzt u. gegen Funkendurchschlag isolierend wirkt. (**D. R. P. 718 719** Kl. 48d vom 9/1. 1941, ausg. 8/12. 1952.) MARKHOFF. 6533

Johannes Gerhard Gerth, Heinz Julius Günther Salzmann und **Martin Johannes Hamann**, Leitfaden der Erzaufbereitung. Ein Fachbuch über Fragen d. Erz- u. Gesteinsaufbereitung. Bonn: Scheur. 1952. (VI + 239 S. m. 107 Abb. u. 61 Tab.) 8°. DM 43,80.

Colin James Sinithells, Tungsten; its metallurgy, properties and applications. New ed. New York: Chemica Pub. Co. (338 S. m. Abb. u. Diagr.) $ 8,50.

IX. Organische Industrie.

E. Benk, *Zur Kenntnis des Isothymols.* Übersicht über Anwendungsgebiete u. Unterscheidungs-Rkk. des Isothymols (1-Methyl-5-isopropyl-3-oxybenzol; F. 29°; Kp. 236 bis 237°; n_D^{40} 1,516) von Thymol. (Dtsch. Drogisten-Ztg. **6.** 589. 15/11. 1951. Reutlingen.) v. OSTEN. H 1060

Shen-Wu Wan, *Oxydation von Äthylen zu Äthylenoxyd.* Es wird die katalyt. Oxydation von Äthylen mit O_2 eingehend untersucht. Die Herst. des Ag-Katalysators ist genau angegeben. Versuchsdaten für einen Temperaturbereich von 200—270° bei Raumgeschwindigkeiten (Volumengas Durchsatz/Std. bei 1 at u. Temp. des Reaktionsgefäßes dividiert durch das Vol. des Katalysatorbettes) von 1200—3600/Std. u. Mischungen von 10—85 Vol.-% O_2. Weitere Verss. mit gleichem Durchsatz u. variierender Länge des Katalysatorenbettes, variierender Temp. u. Zus. des Ausgangsgemisches sind ebenfalls beschrieben. Bei den Versuchsbedingungen sind sowohl Raum–Zeit-Ausbeuten u. Konz. an Äthylenoxyd in der Endproduktmischung mehrfach höher als bei der bekannten Oxydation von Äthylen mit Luft unter sonst gleichen Versuchsbedingungen. Eine empirkinet. Gleichung wird aufgestellt. (Ind. Engng. Chem. **45.** 234—238. Jan. 1953. New Haven. Conn., Yale Univ.) K. O. MÜLLER. H 3030

Deutsche Hydrierwerke Akt.-Ges., Düsseldorf (Erfinder: **Winfried Hentrich**, Riehen, Schweiz, und **Alfred Kirstahler**, Düsseldorf), *Herstellung von 1.5-Dichlorpenten* (**I**) durch Einw. von HCl auf 1.5-Pentandiol, dad. gek., daß man konz. wss. HCl bei Drucken < 25 at, zweckmäßig bei 8—15 at, u. bei 140—180° auf 1.5-Pentandiol einwirken läßt. Als Vorlauf erhält man *Pentamethylenoxyd*, Kp. 87°, u. als Hauptprod. I, $Kp._{34}$ 84—85°. (**D. B. P. 856 888** Kl. 12o vom 30/9. 1943, ausg. 24/11. 1952.) G. KÖNIG. H 510

N. V. de Bataafsche Petroleum Mij., Den Haag, Holland (Erfinder: **C. R. Nelson, M. A. D. Taylor, D. D. Davidson** und **L. M. Peters**), *Herstellung von Äthylalkohol.* Man leitet Äthylen u. Wasserdampf bei ca. 270—310°, bes. 290—300°, u. erhöhtem Druck über einen Katalysator auf einem Träger. Der Katalysator besteht aus calcinierter Diatomeenerde oder ähnlichen Trägern u. H_3PO_4. Der Träger enthält mindestens 70, bes. 75—85%, H_3PO_4. Wichtig ist, daß die Rk. in Abwesenheit von Cu durchgeführt wird. (**Schwed. P. 133 693** vom 24/8. 1948, ausg. 27/11. 1951. A. Prior. 25/8. 1947.) JÜRGEN SCHMIDT. H 560

Badische Anilin- & Soda-Fabrik, Ludwigshafen/Rh. (Erfinder: **Walter Reppe**, Ludwigshafen/Rh., und **Otto Hecht**, Philadelphia, Pa., V. St. A.), *Herstellung von Butandiol-(1.4) und seinen in 1- oder 1.4-Stellung durch Kohlenwasserstoffreste oder heterocyclische Reste substituierten Abkömmlingen* durch katalyt. Hydrierung der entsprechenden γ-Acetylenglykole in fl. Phase, dad. gek., daß man Ni- oder Co-Katalysatoren verwendet, die aus Ni- oder Co-Legierungen durch Herauslösen der anderen Komponenten gewonnen oder die auf Bimsstein, Fullererde, Kieselgel, Asbest oder Al_2O_3 aufgebracht worden sind. — Butindiol-(1.4) wird in Ggw. eines aus einer Al–Ni-Legierung durch Herauslösen des Al gewonnenen Katalysators hydriert: *1.4-Butylenglykol*, $Kp._{0,6-0,8}$ 105—107°. — 1.1.4.4-Tetramethylbutin-(2)-diol-(1.4), F. 93°, → *Tetramethylbutandiol-(1.4)*, F. 91°. (**D. B. P. 858 094** Kl. 12o vom 31/10. 1937, ausg. 4/12. 1952.) G. KÖNIG. H 570

Camille Dreyfus, übert. von: **Joseph E. Bludworth** und **Ronald E. Meyer**, New York, N. Y., V. St. A., *Kondensation von Acrolein mit einem einwertigen gesättigten aliphatischen Alkohol* in einem alkal. Medium u. in einer O_2-freien Gasatmosphäre in Ggw. eines Polymerisationsschutzmittels, z. B. von Hydrochinon. — Es werden z. B. angewandt 1,8 Mol

Acrolein u. ca. 22,5 Mol $CH_3 \cdot OH$. (**Can. P. 477 362** vom 31/8. 1945, ausg. 25/9. 1951. A. Prior. 23/9. 1944.) M. F. MÜLLER. H 670

Usines de Melle, Saint-Léger-les-Melle, Frankreich (Erfinder: **H. M. Guinot**), *Entwässerung wässeriger Essigsäurelösungen.* Man dest. die Lsgg. kontinuierlich azeotrop unter Verwendung eines Gemisches von Essigsäureestern, bes. Äthylacetat, u. von in W. wenig lösl. Stoffen, die aber mit diesem azeotrope Gemische ergeben, wie Bzn. oder Cyclohexan. Man führt beide Zusatzstoffe der Destillationskolonne im voraus zu, so daß sich zwei bestimmte Zonen ausbilden. In der einen Zone, nämlich oberer Kolonnenteil, Kondensator u. Abscheider, reichert sich das Bzn. oder Cyclohexan an u. wird in dieser Zone im Kreislauf geführt. Darunter, in der Kolonne, herrscht der Essigsäureester vor. Die Essigsäurelsg. wird einem mittleren Boden der Kolonne zugeführt, aber jedenfalls unterhalb der Grenzzone zwischen den beiden Zusatzstoffen. Die konz. Essigsäure wird aus der Zone des zweiten Zusatzstoffes (Äthylacetat) abgezogen u. gegebenenfalls in einer Nebenkolonne vom mitgeführten Äthylacetat befreit. Man kann bei diesem Verf. auch von einer Essigsäurelsg. ausgehen, die bereits große Mengen Äthylacetat enthält u. diesen Überschuß vom Boden der Kolonne abziehen. — Kolonnenschemata. (**Schwed. P. 133 774** vom 4/3. 1940, ausg. 4/12. 1951. F. Priorr. 4/3. 1939 u. 13/1. 1940.) JÜRGEN SCHMIDT. H 810

E. I. du Pont de Nemours & Co., übert. von: **Milton J. Hogsed,** Wilmington, Del., V. St. A., *α-Methylen-δ-methyladiponitril* (I) erhält man durch Dimerisierung von Methacrylnitril durch Erhitzen auf 300—400° von höchstens 15 Min. unter Druck in fl. Phase in An- oder Abwesenheit eines Lösungsm. (Xylol, Butylacetat, W.). — Methacrylnitril wird in Xylol mit Hydrochinon unter N_2 15 Min. auf 310° erhitzt, durch fraktionierte Dest. erhält man I, $Kp._{28}$ 145—155°; n_D^{25} 1,4510, u. als Nebenprod. ein cycl. Dimeres mit $Kp._{28}$ 120—145°; n_D^{25} 1,4518. (**A. P. 2 566 203** vom 26/4. 1950, ausg. 28/8. 1951.) KRAUSS. H 820

E. I. du Pont de Nemours & Co., übert. von: **Georges E. Tabet,** Wilmington, Del., V. St. A., *7-Chlor-6-äthoxy-3-heptensäure* (I) *und deren Nitril* $ClCH_2CH(OC_2H_5)CH_2CH=CHCH_2-X$ (X = CN oder COOH). Das 1.2- oder 1.4-Addukt von Butadien an α.β-Dichloräthyläther [$ClCH_2CH(OC_2H_5)CH_2ClCHCH=CH_2$, $Kp._3$ 71—80°, oder $ClCH_2CH\cdot(OC_2H_5)CH_2CH=CHCH_2Cl$, $Kp._{3-4}$ 98—102°, 1.6-Dichlor-5-äthoxyhexen-2] wird in Ggw. von $CaCO_3$ u. wss. CuCl mit HCN 2 Std. im Druckgefäß auf 130° erhitzt, durch Dest. erhält man *7-Chlor-6-äthoxy-3-heptensäurenitril*, $Kp._1$ 123°; n_D^{26} 1,4642, das beim Verseifen mit 6nHCl I, $Kp._{0,4}$ 130—131°, n_D^{30} 1,4692, liefert. (**A. P. 2 570 886** vom 25/3. 1950, ausg. 9/10. 1951.) KRAUSS. H 850

Freeport Sulphur Co., übert. von: **George Barsky,** New York, N. Y., V. St. A., *Blausäuregewinnung.* HCN u. NH_3 enthaltende Abgase werden mit einem Absorptionsmittel behandelt. Man leitet sie z. B. durch eine angesäuerte Lsg. aus Borsäure u. Pentaerythrit. Dabei reagiert NH_3 mit dem Komplexsalz, HCN bleibt in der Lsg., aus der man ihn durch Erhitzen austreibt. (**A. P. 2 590 146** vom 24/3. 1949, ausg. 25/3. 1952.) NEBELSIEK. H 890

Eastman Kodak Co., Rochester, N. Y., übert. von: **James M. Straley** und **Clyde W. Wayman,** Kingsport, Tenn., V. St. A., *Naphthalinpolycarbonsäuren bzw. ihre Anhydride* erhält man durch Oxydation mehrkerniger Verbb. mit Luft oder O_2 in Ggw. eines „aldehydaktivierten" Co-Katalysators bei 50—150°. — Beispiel: In Co-Acetat + Buttersäure bei 80° wird ein schwacher O_2-Strom eingeleitet u. langsam 50 Butyraldehyd (I) zugetropft, dann gibt man Acenaphthen langsam in 5 Portionen zu u. hält die Aktivität des Katalysators ((unter dauerndem Einleiten von O_2) durch weiteren Zusatz von I aufrecht, bis insgesamt 375 I verbraucht sind (Reaktionstemp. 80—95°, Reaktionsdauer ca. 7 Std.). *Naphthalsäureanhydrid* (II), F. 268—270°, lösl. in konz. H_2SO_4 mit gelblichbrauner Farbe u. blauer Fluorescenz. — Weitere Beispiele: peri-Succinoylacenaphthen → *1.4.5.8-Naphthalintetracarbonsäure* (III). — 2.4.7.10-Tetrachlorpyren-3.8-chinon → *2.6-Dichlor-1.4.5.8-naphthalintetracarbonsäure*, F. 385—390°. — Acenaphthochinon → II. — peri-Acenaphthindanchinondiketimid → III. — 8-Äthyl-(7.8-dihydro-9-phenalon) → II. — 5-Acetylenacenaphthen → *4-Acetyl-1.8-naphthalsäureanhydrid*, F. 189—190° (aus Chlf.) u. *4-Carboxy-1.8-naphthalsäureanhydrid*, F. 241—242°. — Weichmacher u. Farbstoffzwischenprodukte. (**A. P. 2 578 759** vom 27/1. 1950, ausg. 18/12. 1951.) MÜLLER-MEININGEN. H 2700

National Research Council, übert. von: **Adrien Cambron** und **Francis L. W. McKim,** Ottawa, Ontario, Can., *Ag-Ca-Katalysator*, z. B. für die Oxydation von Äthylen zu *Äthylenoxyd.* Stücke einer 1—75% (1—15%) Erdalkalimetall (Ca) enthaltenden Ag-Legierung werden z. B. bei 350° mit einer Mischung von 90 (%) N_2 u. 10 Dampf (I) 30 Min. u. dann mit I 1 Std. behandelt. Hierauf werden mindestens 5% des Ca, z. B. mit 20%ig. Essigsäure, herausgelöst. (**A. P. 2 562 858** vom 14/3. 1951, ausg. 13/7. 1951.) STEIL. H 3030

Eaton Laboratories Inc., New York, N. Y., V. St. A., *Herstellung von 5-Nitrofuran.* Man nitriert ein Furanderiv. (I) bei 0—50° mit konz. HNO_3 u. Essigsäureanhydrid unter allmählicher Zugabe des I. Das erhaltene Zwischenprod. wird dann mit 1—3 Vol. W. verd. u. durch Zusatz eines bas. Stoffes in Ggw. von Essigsäure bei p_H 1,79—4,66 u. 25—60° in 5-Nitrofuran übergeführt. (**Finn. P. 25961** vom 21/11. 1949, Auszug veröff. 31/10. 1952.) JÜRGEN SCHMIDT. H 3061

Badische Anilin- & Soda-Fabrik, Ludwigshafen/Rh. (Erfinder: **Hans Krzikalla**, Heidelberg, und **Ernst Woldan**, Burgkirchen/Alz), *Herstellung von Dihydrofuranen.* 1-Chlorbuten-(2)-ol-(4) oder seine Homologen (I) werden dest., gegebenenfalls unter red. Druck u. in Ggw. von Katalysatoren. Das Verf. kann mit der Herst. von I verbunden werden. *Dihydrofuran*, Kp. 64°; *2.5-Dimethyldihydrofuran*, Kp. 90—93°. (**D. B. P. 855860** Kl. 12q vom 28/4. 1942, ausg. 17/11. 1952.) FABEL. H 3061

Kemisk Værk Køge A/S, Kopenhagen, Dänemark, *Herstellung von 2.5-Dihydrofuranderivaten* aus Furan (I) bzw. seinen Derivv. (II). Die Oxydation erfolgt elektrolyt., bes. mit Halogen in einer Lsg. von I oder II in einem organ. Lösungsm., z. B. einem Alkohol, bes. bei —10 bis —15°. I + NH_4Br in CH_3OH ergibt z. B. *2.5-Dimethoxy-2.5-dihydrofuran*, Kp. 157—159°. — Lösungsmittel usw. (**D. B. P. 848 501** Kl. 12q vom 1/9. 1950, ausg. 4/9. 1952. Dän. Prior. 29/12. 1949.) FABEL. H 3061

Badische Anilin- & Soda-Fabrik, Ludwigshafen/Rh., *Herstellung von Tetrahydrofuranen* aus 1.4-Glykolen durch Wasserabspaltung bei erhöhter Temp., wobei als Katalysatoren Festsäuren, bes. solche auf Kunstharzbasis (Kationenaustauscher), verwendet werden. (**D. B. P. 850 750** Kl. 12q vom 17/11. 1943, ausg. 29/9. 1952.) FABEL. H 3061

Imperial Chemical Industries Ltd., London (Erfinder: **John George Mackay Bremner, Robert Reid Coats** und **Maurice Arthur Eric Hodgson**, Norton-on-Tees), England, *Abscheidung von Wasser aus Tetrahydrofuran und Wasser enthaltenden Mischungen.* Man gibt soviel Glycerin zu, daß 2 Schichten entstehen, wobei man z. B. im Gegenstrom arbeitet, u. trennt diese Schichten. (**D. B. P. 858 405** Kl. 12q vom 19/1. 1949, ausg. 8/12. 1952. E. Prior. 3/1. 1947.) FABEL. H 3061

Kemisk Værk Køge A/S, Kopenhagen (Erfinder: **Niels Konrad Friedrich Wilhelm Clauson-Kaas**, Klampenborg), Dänemark, *Herstellung von 2.5-Diacyloxytetrahydrofuranen* (cis- oder trans-Form) durch Hydrierung der 2.5-Dihydroverbb., bes. mit RANEY-Ni. Es werden dargestellt (I = „tetrahydrofuran"): *2.5-Diacetoxy-I*, n_D^{25} 1,439 bzw. 1,437 (F. 18—21°); *2.5-Dipropionoxy-I*, n_D^{25} 1,438 bzw. 1,437 (F. 11—14°); *2.5-Dibutyroxy-I*, n_D^{25} 1,440; $Kp._{0,1}$ 99—104°; *2.5-Dibenzoxy-I*, F. teilweise 80—84° u. vollständig 125°. — Zwischenprodukte. (**D. B. P. 855 862** Kl. 12q vom 16/5. 1951, ausg. 17/11. 1952.) FABEL. H 3061

Henkel & Cie. G. m. b. H. (Erfinder: **Ludwig Mannes** und **Werner Scherff**), Düsseldorf, *Herstellung von Tetrahydrobrenzschleimsäure.* Tetrahydrofurfurylalkohol wird unter Druck mit verd. wss. Lsgg. von Alkali- bzw. Erdalkalihydroxyden [NaOH, $Ba(OH)_2$] in Ggw. von Dehydrierungskatalysatoren auf Temppp. $>220°$ erhitzt. (**D. B. P. 859 316** Kl. 12q vom 26/2. 1943, ausg. 11/12. 1952.) FABEL. H 3061

Texas Co., New York, N. Y., übert. von: **Rush G. McCleary**, Beacon, N. Y., und **Lawrence W. Devaney**, Waco, Tex., V. St. A., *Thionaphthen* (I). Man mischt Äthylbenzol mit H_2S im Mol-Verhältnis 1 : 4, erhitzt das Gemisch zunächst fast auf Reaktionstemp. u. dann in Ggw. eines aus 10 (%) Cr_2O_3, 5 SiO_2 u. 85 Al_2O_3 bestehenden Katalysators auf 1150° F bei n. Druck. Analog kann man Styrol mit H_2S zu I umsetzen. Aus Cumol u. H_2S erhält man in gleicher Rk. *3-Methylthionaphthen* (II), $Kp._{10}$ 210—225° F; aus p-Cymol u. H_2S *3.6-Dimethylthionaphthen*, $Kp._{10}$ 246—250°, neben II. (**A. P. 2 591 710** vom 6/11. 1947, ausg. 8/4. 1952.) BRÖSAMLE. H 3071

Kodak-Pathé, Frankreich, übert. von: **Henry D. Porter** und **Arnold Weissberger**, *Herstellung von Iminopyrazolonen* durch Ringschluß von Cyanoacetylarylhydrazinen in Ggw. von Alkalien. Zu A. P. 2 367 523; C. **1945**. II. 1876 ist nachzutragen: *β-Cyanoacetylphenylhydrazin*, aus 50%ig. A., F. 105—106°, wird erhalten durch Rk. von Phenylhydrazin mit Cyanoacetylchlorid oder -azid. (**F. P. 989 223** vom 17/7. 1947, ausg. 6/9. 1951. A. Prior. 4/9. 1942.) HOPPE. H 3122

Soc. des Usines Chimiques Rhône-Poulenc, Paris (Erfinder: **Igor Scriabine**, Lyon), Frankreich, *Herstellung von Piperazin* durch Erhitzen von Monoäthanolamin (I)-hydrohalogenid auf 200—270°, gegebenenfalls in Ggw. von wasserentziehenden Mitteln. — Man kocht 305 g I, 1180 g HCl (D. 1,18) u. 100 g $MgCl_2$ 3 Std. am Rückfluß, dest. den Säureüberschuß ab u. erhitzt auf 230—240°. (**D. B. P. 817 913** Kl. 12p vom 6/4. 1950, ausg. 22/10. 1951. F. Prior. 21/4. 1944.) LANK. H 3272

Soc. des Usines Chimiques Rhône-Poulenc, Paris (Erfinder: **Igor Scriabine**, Lyon), Frankreich, *Isolierung von Piperazin* (I) *aus* I *enthaltenden Reaktionsgemischen* (II). I wird in ein Halogenhydrat (III) übergeführt u. II mit einem NH_4-Halogenid versetzt, dessen Halogen dem des **III** entspricht; aus dem Doppelsalz wird **I**, z. B. durch Dest. in Ggw. von Alkalien, frei gemacht. (**D. B. P. 817 754** Kl. 12p vom 29/3. 1950, ausg. 18/10. 1951.) LANK. H 3272

United States Rubber Co., New York, N. Y., übert. von: **Walter D. Harris**, und **Dwight L. Schoene**, Naugatuck, Conn., V. St. A., *1.2-Dihydropyridazin-3.6-dion* (**I**) erhält man durch Rk. von Maleinsäure (**II**) mit einem Hydrazinsalz einer starken anorgan. Säure in wss. Medium bei 75—110°. Beispiele mit Hydrazinsulfat, -chlorid, -phosphat u. Dihydrazinsulfat. Statt **II** kann auch **II**-Anhydrid verwendet werden (**A. P. 2 575 954** vom 25/1. 1950, ausg. 20/11. 1951.) BRÖSAMLE. H 3272

X. Färberei. Organische Farbstoffe.

—, *Der Ursprung der Bezeichnung Fuchsin.* Die Gebrüder RENARD (Fuchs) bezeichneten das Fuchsin nach der Fuchsie, die von LINNÉ zu Ehren des deutschen Botanikers FUCHS (1501—66) benannt worden war. (Chimia [Zürich] **6.** 218. 15/9. 1952.) BLUMRICH. 7000

H. G. Olson, *Regulierung von Zeit und Temperatur, zwei wichtige Faktoren beim Färben.* Allg. gehaltene Ausführungen mit Beispielen über automat. Regulierung von Färbezeiten (Anheizen, Färben, Abkühlen) u. Tempp. in verschied. Färbemaschinen. (Amer. Dyestuff Reporter **40.** 6—8. 8/1. 1951. Taylor Instrument Comp.) ZAHN. 7020

Joachim Neubert, *Das Färben und Ausrüsten von Wirkwaren.* Behandelt wird das Färben von Baumwolle, Viscose- u. Kupferspinnfasern, vor allem auch von Perlon u. Nylon für sich u. in Mischung. Prakt. Hinweise, Färbevorschriften u. entsprechende Farbstoffsortimente werden angeführt. (Textil-Praxis **7.** 964—71. Dez. 1952.) P. ECKERT. 7020

Arthur E. Weber, *Wollgruppe. Das Färben der Wolle mit Küpenfarbstoffen unter der besonderen Berücksichtigung des Anthrachinontyps.* Es wurde gefunden, daß bei der Beobachtung gewisser Vorsichtsmaßnahmen sich prakt. alle Anthrachinonküpenfarbstoffe in hellen, mittleren u. dunklen Tönen, ohne Änderung der Festigkeit, Elastizität u. des Griffes auf Wolle färben lassen. Die Affinität sowie das Egalisiervermögen dieser Farbstoffklasse sind gute, der Farbton brillant u. die Echtheiten hervorragende. Ferner sind sie nicht so selektiv gegenüber gewisser Unterschiede in der Wolle (z. B. tippy-dyeing). Die experimentellen Färbebedingungen werden unter Angabe von Rezepturen u. Verküpungsvorschriften ausführlich beschrieben. (**Vgl. auch C. 1952. 5488.**) (Amer. Dyestuff Reporter **40.** P78—83. 5/2. 1951. Nat. Aniline Div., Allied Chem. and Dye Corp.) H. G. FRÖHLICH. 7020

Gerhard Dierkes, *Spezialverfahren zum Färben von Cellulosefasern mit Küpenfarbstoffen.* Nach allg. gehaltenen Ausführungen werden die Färbeverff. behandelt, die vom verküpten Farbstoff ausgehen. In diesem Zusammenhang werden erwähnt: Das Temperaturstufenverf., das Küpenklotzkontinueverf. sowie das Färben im fl. Metallbad. Eingegangen wird anschließend auf die Färbeverff., die vom unverküpten Farbstoff ausgehen, wobei das Pigmentklotzverf. u. das Pigmentkontinueverf. näher beschrieben werden. Hinsichtlich der Färbeverff., die sich der Küpensäure bedienen, finden sich Angaben über das Küpensäureverf. sowie über das Küpensäurekontinueverfahren. Prakt. Hinweise unter Verwendung schemat. Darstellungen werden gemacht. (Reyon, Zellwolle, andere Chemiefasern **31.** 61—70. Febr. 1953.) P. ECKERT. 7020

Karl Wojatschek, *Über das Färben von Zycon bzw. Wolle/Zycon-Mischungen mit Wollfarbstoffen. Zycon* (**I**) ist eine Zeinfaser der VIRGINIA-CAROLINA CHEMICAL CORP. Es wurde gefunden, daß **I** mit der überwiegenden Zahl der Säure- u. Chromfarbstoffe gefärbt werden kann, wobei sich die Affinitätsunterschiede gegenüber einer vergleichsweise mitgefärbten Wolle durch Änderung des Färbeverf. oft beträchtlich ändern. Zwecks Erzielung guter Ton in Ton-Effekte auf Wolle/I-Mischungen verhalten sich die Säure- u. Chromfarbstoffe sehr unterschiedlich, u. es ist daher notwendig, eine entsprechende Farbstoffauswahl zu treffen. Der Ton in Ton-Effekt ist bei ein u. demselben Farbstoff oft beträchtlichen Schwankungen unterworfen, sofern die Färbemeth. geändert wird. Die Echtheiten der auf einer **I**-Faser erzielten Färbung stimmen nicht immer mit der entsprechenden Wollfärbung überein. (Textil-Praxis **7.** 986—88. Dez. 1952.) P. ECKERT. 7020

L. I. Belenki und **M. Je. Kasanskaja**, *Ein neues Verfahren zur Bestimmung von Hydrosulfit.* Zur Best. von Hydrosulfit in noch andere Stoffe enthaltenden Lsgg. wird ein abgemessenes Vol. zu einem Überschuß von eingestelltem *Säurerot S* (20 g/Liter) hinzugefügt. Die nach der Rk. schwächer gefärbte Lsg. wird verd. u. photocolorimetriert. Den Restbetrag an Säurerotlsg. liest man aus der Eichkurve ab. Küpenfarbstoffe, die beim Zusammengießen der Lsgg. ausfallen, werden vor der Titration abfiltriert. Bei der

Red. entstehen wahrscheinlich die Na-Salze der Naphthion- u. Amino-R-Säure sowie $NaHSO_3$. Die Messung erfolgt im photoelektr. Colorimeter im UV-Gebiet 220—400 mμ. Na-Sulfit beginnt erst nach 30 Min. entfärbend zu wirken, beim Verdünnen (100—200fach) erst nach 24 Stunden. Bestimmungsfehler ±3%. Die potentiometr. Kontrolltitrationen mit $K_3Fe(CN)_6$ ergab in Ggw. von 3 Küpenfarbstoffen etwas geringere Werte (Oxydation des $Na_2S_2O_4$ durch Luft-O_2). Das Verf. eignet sich auch für Leukoverbb. der Küpenfarbstoffe. (Текстильная Промышленность [Textil-Ind.] **12.** Nr. **6.** **35.** Juni 1952.)
v. Wilpert. 7086

American Cyanamid Co., New York, N. Y. (Erfinder: **Jevry Michael Mecco,** Somerville, N. J.), V. St. A., *Färben von Fasermaterial mit Küpenfarbstoffen, die bei erhöhter Temperatur hierbei gegen Überreduktion empfindlich sind.* Man unterwirft das Fasermaterial der Einw. eines Färbebades, das außer dem Küpenfarbstoff, Alkali u. einem reduzierenden Agens noch mindestens $^1/_4$ des Gewichtes des Farbstoffs einer die Überred. verhindernden Verb. enthält, welche unter folgende Gruppen fällt: a) N-Verbb., in welchen ein N mit mindestens einer Bindung an O gebunden ist u. mit mindestens einer Bindung an ein anderes Element als O oder N; b) anorgan. Nitrite, z. B. $NaNO_2$; c) anorgan. Halogenate, auch Nitropropan. (**D. B. P. 858 689** Kl. 8m vom 10/5. 1950, ausg. 8/12. 1952. A. Prior. 30/11. 1949.)
v. Schiller. 7021

Deutsche Rhodiaceta Akt.-Ges., Freiburg/Breisgau (Erfinder: **Paul César Joly,** Lyon, Frankreich), *Färben von geformten Gebilden aus Celluloseacetat oder Vinylpolymeren.* Man verwendet Lsgg. von Farbstoffen in Tetrahydrofuran oder dessen Homologen, die noch andere flüchtige organ. Lösungsmittel enthalten können, direkt oder in wss. Bad verteilt. (**D. B. P. 858 688** Kl. 8m vom 9/4. 1943, ausg. 8/12. 1952. F. Prior. 20/4. 1942.)
v. Schiller. 7021

Naphtolchemie Offenbach (Erfinder: **Ernst Fischer**), Offenbach/M., *Wasserunlösliche Azofarbstoffe.* Die Diazoverbb. aus Aminen der allg. Formel I werden mit Acetessigsäurearylamiden der allg. Formel **II** gekuppelt. Hierbei kann der C_6H_5-Rest in **I** noch durch Halogenatome, Alkyl- oder Alkoxygruppen substituiert sein; in **II** bedeutet ein X eine Alkoxygruppe, das andere ein Halogenatom. Die Reaktionsprodd. färben Kunststoffe u. Kautschuk echt gelb u. sind auch zur Herst. von Farblacken u. spinngefärbter Kunstseide geeignet. — Beispiel: 15,4 (Teile) diazotiertes 1-Amino-2.5-dimethoxybenzol-4-sulfonsäurephenylamid werden mit 13,6 1-Acetoacetylamino-2.4-dimethoxy-5-chlorbenzol gekuppelt. (**D. B. P. 845 374** Kl. 22a vom 21/1. 1950, ausg. 31/7. 1952.)
Kalix. 7053

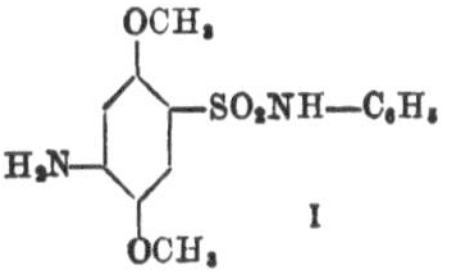

I

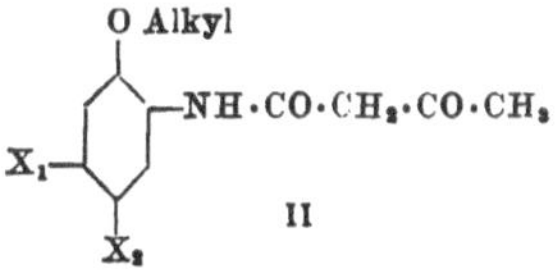

II

General Aniline & Film Corp., New York, N. Y. (Erfinder: **Harry W. Grimmel,** Providence, R. I., und **Ludwig Richter,** Eaton, Pa.), V. St. A., *Metallisierbarer o.o'-Dioxyazofarbstoff.* 33,9 (g) 6-Nitro-2-amino-4-oxybenzolsulfonsäure werden diazotiert u. bei 15° mit 45,8 1-Phthaloylamino-7-oxynaphthalin in 200 W. + 15 cm³ 40%ig. NaOH + 150 20%ig. Sodalsg. innerhalb ½ Std. gekuppelt. Wasserlösl. Farbstoff der Formel **I**, welcher Wolle nach dem Direktverf. schwarz, nachchromiert olivschwarz färbt u. Effektfasern aus Acetatseide reserviert. Die Färbungen sind kunstlichtbeständig. (**D. B. P. 848 676** Kl. 22a vom 1/3. 1949, ausg. 8/9. 1952. A. Prior. 14/8. 1948.)
Kalix 7053

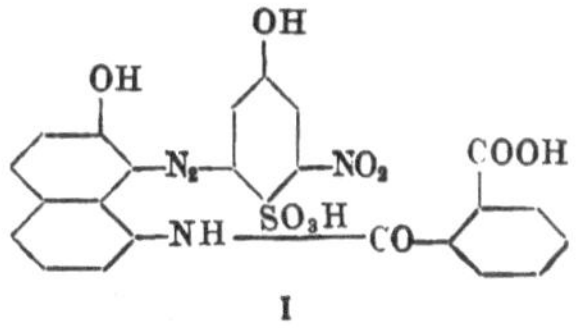

I

I. G. Farbenindustrie Akt.-Ges., Frankfurt/M. (Erfinder: **Richard Stüsser,** Köln, und **Siegfried Petersen,** Leverkusen), *Disazofarbstoffe.* 2 (Mol) Diazoverbb., die metallkomplexbildende Gruppen enthalten, werden mit 1 Mol einer Verb. der nebenst. allg. Formel gekuppelt. Hierbei bedeutet R—NH den Rest eines 1-Aminoaryl-5-pyrazolons oder -5-aminopyrazols u. X eine CO-Gruppe oder den Triazinring. Die Reaktionsprodd. ziehen auf Baumwolle u. regenerierte Cellulose u. geben auf der Faser (bes. mit Cu) metallisiert, gelbe, orange u. rote lichtechte Färbungen. — Beispiel: 2 (Mol) diazotierte 1-Aminobenzol-2-carbonsäure werden mit 1 des Doppelharnstoffs aus 1 4.4'-Diaminostilben-2.2'-disulfonsäure u. 2 1-(3'-Aminophenyl)-3-methyl-5-pyrazolon in sodaalkal. Lsg. gekuppelt. Gelbes Pulver, das Baumwolle gelb, nachgekupfert grünstichig färbt. (**D. R. P. 762 445** Kl. 22a vom 11/6. 1942, ausg. 17/11. 1952.)
Kalix. 7055

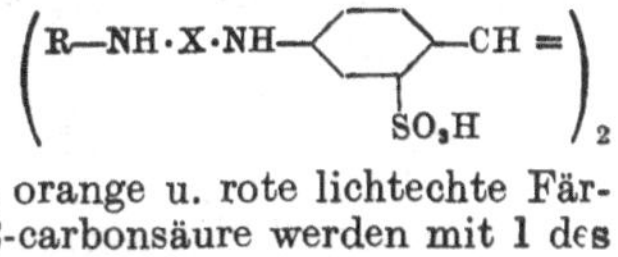

J. R. Geigy Akt.-Ges., Basel (Erfinder: **Werner Bossard**, Riehen), Schweiz, *Metallisierbare Polyazofarbstoffe.* Diazotierte Aminodisazofarbstoffe (I) der allg. Formel $A-N_2-B-N_2-C-NH_2$ werden mit solchen Monoazofarbstoffen (II) gekuppelt, die durch saure Kupplung von o-Carboxydiazoniumverbb. mit 2-Amino-5-oxynaphthalin-7-sulfonsäure hergestellt worden sind. Hierbei bedeuten: A einen Benzolrest, in welchem sich eine COOH u. eine OH-Gruppe in o-Stellung zueinander befinden, u. B u. C Phenyl- oder Naphthylreste; A, B u. C können noch weitersubstituiert sein, bes. mit SO_3H- oder COOH-Gruppen, vorzugsweise soll C in o-Stellung zu NH_2 eine gegebenenfalls substituierte Alkoxygruppe enthalten. Die Reaktionsprodd. färben Cellulosefasern nachgekupfert rot- bis grünstichig grau. — Beispiel: 15,3 (Teile) 1-Amino-4-oxybenzol-3-carbonsäure werden diazotiert u. mit 22,3 eines Gemisches aus 1-Aminonaphthalin-6- u. -7-sulfonsäure gekuppelt, das Reaktionsprod. nochmals diazotiert u. mit 13,7 1-Amino-2-methoxy-5-methylbenzol gekuppelt. Der so erhaltene **I** wird wieder diazotiert u. mit dem **II** aus 5-Chlor-2-aminobenzoesäure u. 2-Amino-5-oxynaphthalin-(7) gekuppelt. Dunkles wasserlösl. Pulver, das Cellulose blaustichig, beim Nachkupfern rein grau färbt. (**D. B. P. 848 677** Kl. 22a vom 4/4. 1945, ausg. 8/9. 1952. Schwz. Prior. 4/4. 1944.) Kalix. 7055

General Aniline & Film Corp., New York, N. Y., übert. von: **David I. Randall**, Easton, Pa., und **Edgar E. Renfrew**, Phillipsburg, N. J., V. St. A., *Anthrachinonfarbstoffe* für Acetatkunstseide (**E**), die bes. widerstandsfähig gegen Rauchgase sind, von der allg. Zus. **I**, worin X H oder CH_3, R H oder $-CH_2COH_2CH_2OZ$, Z H, Oxalkyl oder Alkoxyalkyl u. Y H, OH oder **II** bedeutet, können nach an sich bekannten Methoden hergestellt werden. — Durch Umsetzen von Chinizarin (**III**), Leuko-**III** u. 2-(5-Amino-o-tolylmethoxy)-äthanol (**IIIa**) in absol. A. in Ggw. von HBO_3 erhält man den Farbstoff der Zus. **IV**. Er färbt **E** wasch-, licht- u. rauchgasecht, kräftig klar blaustichig violett. Weitere Farbstoffe können erhalten werden bei Ersatz von **IIIa** durch: 2.2'-(4-Amino-2.6-tolylendimethoxy)-diäthanol (**IVa**), färbt **E** blauviolett; α-[2-(2-Methoxyäthoxy)-äthoxy]-m-toluidin der Zus. **V**, färbt **E** blaustichig violett; 2-(2-m-Aminobenzyloxyäthoxy)-äthanol, färbt **E**

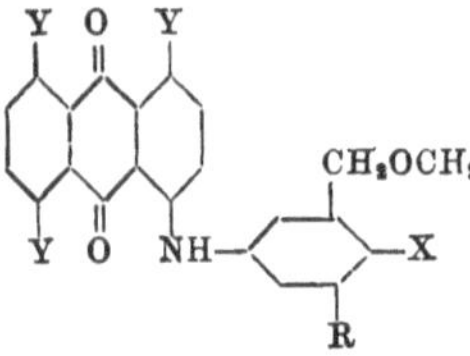

I

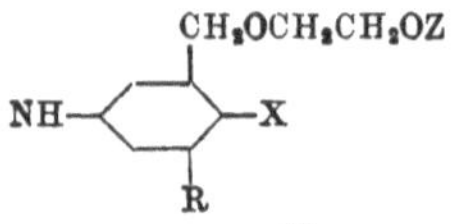

II

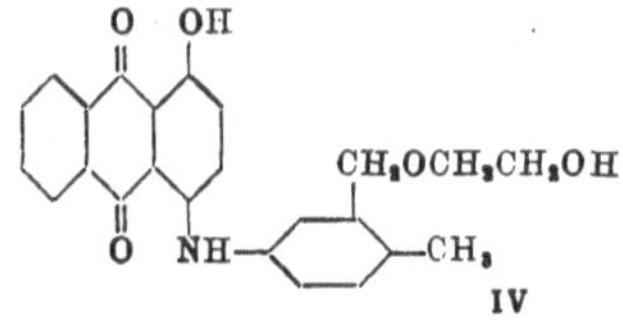

IV

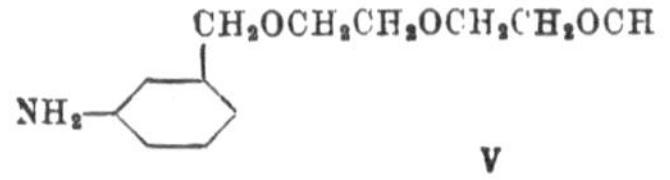

V

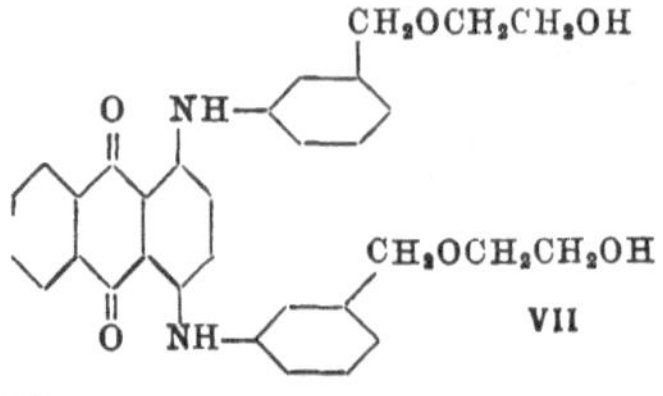

VII

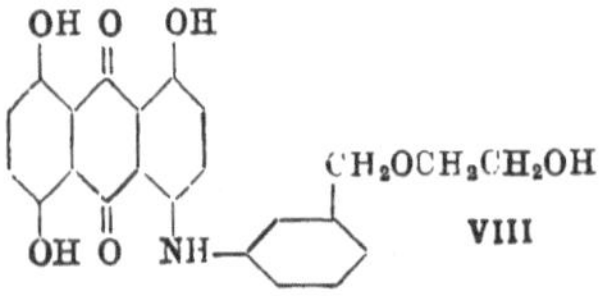

VIII

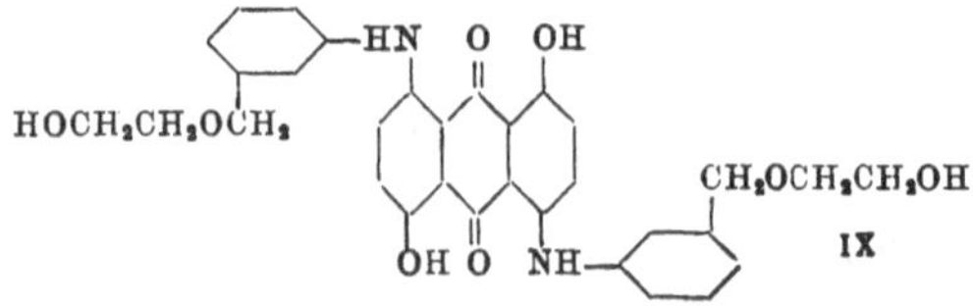

IX

violett. An weiteren Farbstoffen kann aus **III**, Leuko-**III** u. 2-m-Aminobenzyloxyäthanol (**VI**) der Farbstoff der Zus. **VII** hergestellt werden, er färbt **E** kräftig blaugrün. Farbstoffe von ähnlichem Aufbau u. Eigg. werden erhalten bei Ersatz von **VI** durch: **IIIa** oder **IVa**. Aus Leukotetraoxyanthrachinon u. **VI** erhält man den Farbstoff der Zus. **VIII**. Er färbt **E** blau. Aus 4.8-Dibromanthrarufin u. **VI** (in Nitrobenzol in Ggw. von Na-Acetat, CuCl u. Cu) erhält man den Farbstoff der Zus. **IX**, er färbt **E** blau. (**A. P. 2585681** vom 10/12. 1949, ausg. 12/2. 1952.) Roick. 7059

Cassella Farbwerke Mainkur (Erfinder: **Werner Zerweck** und **Ernst Heinrich**), Frankfurt/M., *Saurer Wollfarbstoff.* 1-Amino-4-halogenanthrachinon, das in 2-Stellung Halogen oder eine Sulfonsäuregruppe enthält, kondensiert man mit 3-Aminophthalsäure (oder deren Isobutylester), tauscht gegebenenfalls das Halogenatom der 2-Stellung gegen die Sulfonsäuregruppe aus u. verestert die Carboxylgruppen der Phthalsäure mit Isobutylalkohol. — Die *1-Amino-4-(2'.3'-dicarboisobutoxyphenylamino)-anthrachinon-2-sulfonsäure* löst sich in Form ihres Na-Salzes leicht in W. u. färbt Wolle in sehr klaren, licht- u. naßechten rotstichigblauen Tönen. (**D. B. P. 844 775** Kl. 22b vom 3/6. 1950, ausg. 24/7. 1952. **Zusatz zu D. B. P. 824 815; C. 1952. 6288.**) ROICK. 7059

XIa. Farben. Anstriche. Lacke. Naturharze.

L. A. Jordan, *Trocknende Öle für die Farbenindustrie.* Allg. Ausführungen. (Chem. and Ind. **1952.** 92—94. 2/2. Teddington, Middlesex, Res. Assoc. of Brit. Paint, Colour and Varnish Manufacturers.) LIEBNER. 7096

C. Röthgen, *Werkstoffe für die Nitrokombinations- und Kunstharzlackierung.* Geschildert werden die Bindemittel u. Pigmente für Öl-, Nitrocellulose-, Nitrocellulose-Kunstharz (Alkydharz)-lacke, Kunstharzeinbrennlacke, Lackfarben, Grundierungen bzw. Haftgründe, Spachtel u. Füller. (Ind.-Lackier-Betrieb **20.** 195—96. Okt. 1952.) SCHEIFELE. 7096

—, *Neuzeitliche Farbspritzapparate.* (Ind.-Lackier-Betrieb **20.** 200—01. Okt. 1952.) SCHEIFELE. 7106

K. W. Abineri, *Moderne Lackierverfahren.* Besprochen werden: elektrostat. u. Warmspritzen von Lacken; Tauch-, Gieß-, Walzen-, Trommellackierung; Ofen- u. Infrarottrocknung von Lacken. (Paint, Oil Colour J. **123.** 19—21. 2/1. 1953.) SCHEIFELE. 7106

Rudolf Klose, *Blasenbildung bei Verarbeitung von Phenol-Formaldehyd-Lack.* Zur Vermeidung von Bläschenbldg. bei der Verarbeitung von kalthärtenden Phenol–Formaldehyd-Lacken sind folgende Momente zu beachten: Lösungs- u. Verdünnungsmittel sowie Härterzusatz müssen den Verhältnissen entsprechend abgestimmt sein. Zum Spritzauftrag sind kleine Farbdüsen von 1,5—1,8 mm mit Fließbecher oder hochgehängtem Farbfließgefäß zu verwenden; Druckgefäße sind nur verwendbar, wenn präzis arbeitende Reduzierventile vorhanden sind. Der Druck soll auf 3,0—3,5 at gehalten werden. — 14 Abbildungen. (Ind.-Lackier-Betrieb **20.** 81—83. Mai 1952.) SCHEIFELE. 7106

Rudolf Klose, *Vergleichende Versuche zwischen kalt- und heißgespritzten Farbfilmen.* Nitrocellulose–Kunstharz-Lacke wurden kalt u. heiß im Fließ- u. Druckverf. gespritzt u. der Verlauf der Filmbldg. mkr. untersucht. Die Spritzviscosität betrug 22 sec im 4,0 mm Düse Fordbecher. Verfilmung, Filmstärke usw. verhalten sich bei diesen Lacken ebenso wie bei reinen Nitrocellulose- u. Phenolharzlacken. Die Materialersparnis beim Heißspritzen beträgt ebenfalls ca. 50%. Der heißgespritzte Film zeigt größere Filmstärke, Filmdichte, Haftfestigkeit, Härte, Dehnung u. Reißfestigkeit. (Ind.-Lackier-Betrieb **20.** 189—94. Okt. 1952.) SCHEIFELE. 7106

Leonardo Cristini, *Über die antikorrosiven Anstrichstoffe vom Typ „Wash Primer“.* Herst., Verarbeitungsweise u. Anwendung des als *Metal Coditioner WP 1* bezeichneten antikorrosiven Grundiermittels. Zus.: *Y–563-D* (bas. Zn-Chromat der Zus. $4{,}5\,ZnO \cdot CrO_3$) 6,47 (kg); Mg-Silicat 0,96; Ruß 0,072; *Vinylite XYHL* (Polyvinylbutyral) 6,70; Butanol 14,97; Äthanol 57,74; Phosphorsäure 3,35; W. (maximal) 3,00. (Ind. Vernice **6.** 244—45. Nov. 1952.) SCHEIFELE. 7106

Francisco Garcia Estartus, *Technologie antikorrosiver Überzüge auf der Grundlage von Phenolharzen.* Nach Darst. der Grundbegriffe werden Verss. mit verschied. Gemischen aus o-Kresolharz u. Phenolharz zur Prüfung ihrer Resistenz gegen H_2SO_4 (10%ig.) u. gegen Aceton beschrieben. Die dabei zutage getretenen Fehler werden systemat. in ihrer Beeinflußbarkeit durch die Fabrikation der Resole, durch die Herst. der Lacke u. deren Aufbringung untersucht u. in einer Tabelle übersichtlich dargestellt. (Rev. Plásticos **2.** 23—26. 47. Jan./Febr. 114—15. 136. Mai/Juni 1951.) RUMPF. 7106

Robert L. Waide, Houston, Tex., V. St. A., *Zementhaltige Farbmischung.* Zur Herst. eines ätzkalkfreien Anstrichmittels werden 60 (Gewichtsteile) weißer Portlandzement mit 22 faserigem Talk, 10 $CaCO_3$ mit einer Teilchengröße zwischen 0,5 u. 10 μ, 7 NaCl u. 1 Ca-Stearat vermischt. Die Mischung war mit W. angemacht u. liefert wasserbeständige *Anstriche* auf beliebigen Oberflächen. (**A. P. 2 588 438** vom 20/6. 1949, ausg. 11/3. 1952.) HANS HOFFMANN. 7107

British Rubber Producers' Research Association, England, *Herstellung von Lack und Firnis aus oxydiertem Kautschuk.* Man baut Kautschuk mittels geringer Mengen eines Peptisiermittels wie Thio-β-naphthol oder Mercaptobenzothiazol (I) bei 100—160° in Ggw. von O_2 bis zur halbfl. Form ab. Man plastiziert Kautschuk z. B. mit 1% **I** bis zu 30 Einheiten MOONEY-Viscosität u. dann im Innenmischer in Luftgegenwart 4 Std. bei 125°. Das erhaltene Prod. kann mit Nitrocellulose oder Leinöl gemischt u. mit Trocknern, Weichmachern, Sprit, Gummi oder Harzen gemischt werden. (**F. P. 988 759** vom 17/6. 1949, ausg. 31/8. 1951.) PANKOW. 7107

Siemens-Schuckertwerke Akt.-Ges. (Erfinder: **Robert Schwarz, Alfred Kessler** und **Karl Knoll**), Berlin und Erlangen, *Veredlung härtbarer Kieselsäureesterharze.* Kieselsäurepolyester mittleren Polymerisationsgrades, zweckmäßig Tetra- bis Oktaester, werden in der Wärme mit Fettsäureestern gemischt u. das Gemisch vor der Weiterverarbeitung mit Toluol oder dgl. verdünnt. Vor der Verarbeitung kann ein hitzebeständiger Weichmacher, wie Siliconöl, in Mengen von 5—10% beigemischt werden. Als Fettsäureester dienen z. B. Ricinusöl oder Tran. — *Lackartiges Anstrichmittel.* (**D. B. P. 861 612** Kl. 39c vom 25/6. 1949, ausg. 5/1. 1953.) DONLE. 7107

Soc. An. des Pneumatiques Dunlop, Allier, Frankreich, *Witterungsschutz* für Dächer, Wagen, Möbel. Man verwendet zum Überziehen dieser Gegenstände Polyvinylchlorid oder Vinylchloridmischpolymerisate als solche oder in Form von Schichtgewebe. Als Klebmittel hierfür kann auch Polyvinylacetat verwendet werden. (**F. P. 984 907** vom 8/10. 1943, ausg. 12/7. 1951.) PANKOW. 7107

Newark Plaster Co., V. St. A., übert. von: **Charles H. Cuppett,** *Überzüge auf Gipsplatten* u. anderen Gegenständen aus Gips mit einem Papierbelag. Man bringt auf das Papier eine wss. Emulsion aus einem thermoplast. Vinylmischpolymerisat u. gegebenenfalls 0,001—2% der Emulsion eines Benetzungsmittels, wie Glyoxal, u. trocknet Gipsplatte nebst Überzug. Die Kanten der Platten werden mit Paraffin, Wachs oder Asphalt wasserdicht gemacht. (**F. P. 983 598** vom 23/3. 1949, ausg. 25/6. 1951. A. Prior. 20/4. 1948.) PANKOW. 7107

American Can Co., New York, übert. von: **Paul W. Greubel,** Great Neck, N. Y., V. St. A., *Herstellung von Decklacken für Flachdruckfarben,* die auf Metall, Emaille oder Textilgewebe gedruckt werden. Auf den feuchten Druck wird ein Lack (**I**) aus einem Alkydharz, einem Ausflockmittel (**II**) für das Pigment der Druckfarbe u. einem organ. Lösungsm. (**III**), das sich mit der Druckfarbe mischt, aufgebracht. **II** sind z. B. Milchsäure, Formamid oder Äthylenglykol u. **III** z. B. Butanol, Hexanol, Octanol. Nach dem Aufbringen des **I** werden die Drucke in der Wärme getrocknet. (**A. PP. 2 597 863, 2 597 864** u. **2 597 865,** alle vom 8/4. 1948, ausg. 27/5. 1952.) LAASS. 7107

Dow Corning Corp. (Erfinder: **Arthur John Barry** und **William Sinclair Loose**), Midland, Mich., V. St. A., *Schutzlack für Gegenstände aus Magnesium und seinen Legierungen* gegen Anlaufen an der Luft. Der Gegenstand wird mit einem Lack aus härtbaren Polysiloxanen (**I**) überzogen, u. der nach dem Verdampfen des Lösungsm., z. B. Toluol, entstandene Lackfilm zwischen 100 u. 350° gehärtet. **I** sind unvollständige Kondensationsprodd. mit harzartigen Eigg., die durch Hydrolyse der Mischungen von 2 oder mehreren Organosilanen (**II**) erhalten werden. **II** können z. B. sein: Phenylchlor-, Methylchlor-, Phenylmethylchlor- u. Alkoxysilane. (**D. B. P. 855 817** Kl. 75c vom 27/9. 1950, ausg. 17/11. 1952. A. Prior. 27/2. 1946.) LAASS. 7107

Soc. Chimique de Gerland (Soc. An.), Rhône, Frankreich (Erfinder: **Marcel-Eugène Faidutti**), *Herstellung von Vinylharz-Kautschukmischungen.* Man verwendet ein Vinylharzgel, Kautschuk oder Kunstkautschuk u. als Hilfsmittel Teer, wie Steinkohlenteer (**I**) oder Bitumen. Man mischt z. B. 15—50 (Teile) Polyvinylchlorid mit 10—50 Plastiziermittel auf der Heißwalze u. vergelt, gibt 10—100 **I** zu u. schließlich 10—50 Weich- oder Hartkautschukmischung. Solche Mischungen eignen sich zum Überziehen von Metallen. (**F. P. 988 006** vom 29/7. 1943, ausg. 22/8. 1951.) PANKOW. 7107

XIb. Plaste (Kunstharze. Plastische Massen).

Federico Strasser, *Spezielle Spritzgußformen.* (Rev. Plásticos **2.** 234—35. Sept. Okt. 1951. Santiago de Chile.) RUMPF. 7170

Eliseo Villanueva, *Die Planung von Gußformen für Kunststoffe.* (Rev. Plásticos **2.** 179—82. Juli/Aug. 236—38. Sept./Okt. 1951.) RUMPF. 7170

J. Aleman Vega, *Die Bedeutung der katalytischen Oxydation für die Kunststoffherstellung.* Kurze Darst. der katalyt. Oxydation von organ. Verbb., deren Endprodd. zur Herst. von Kunststoffen verwendet werden. (Rev. Plásticos **2.** 16—20. Jan./Febr. 1951.) RUMPF. 7170

L. D. Marlier, *Das Verformen von Polyvinylchloridpasten.* Die als Plastisole bezeichneten pastenförmigen Dispersionen von Polyvinylchlorid in Weichmachern sind durch kurzes Erhitzen auf 160° in festes Gel überführbar. Verarbeitung zu Formteilen (Spielzeug, Puppen, Handschuhe, Kleinteile usw.). (Matières plast. Résines synthét. **7.** Nr. 58. 9—10. Mai/Juni 1952.) SCHEIFELE. 7172

G. Widmer, *Welche Anwendungen sind die günstigsten für Melaminharzpulver und für solche auf Harnstoffbasis?* Es werden die Vorteile von Melaminharzen gegenüber

Harzen auf Harnstoffbasis aufgezeigt, wobei bes. die Beständigkeit der ersteren gegen sd. W. hervorgehoben wird. (Rev. Plásticos **2.** 63—65, 75. März/April 1951. Basel, Ciba.) RUMPF. 7180

J. Gil Montero, *Die neuen Kunststoffe auf Sojabasis.* Kurzer Bericht über die auf der Basis der Sojabohne entwickelten verschiedenartigen Kunststoffe. (Rev. Plásticos **2.** 21—22. 47. Jan./Febr. 1951.) RUMPF. 7198

C. Brinkmann, *Prüfgerät für die Untersuchung von Kunststoffen bei Hochspannung.* Beschreibung u. Abb. des Prüfgerätes. (Rev. Plásticos **3.** 370—71. Nov./Dez. 1952.) SCHEIFELE. 7210

Badische Anilin- & Soda-Fabrik, Ludwigshafen/Rh. (Erfinder: **Roland Linke,** Weinheim), *Folien aus Polyäthylen* (I). Man bringt I in warmplast. Zustand zwischen Walzen, deren Temp. mindestens 10^0 unterhalb des Erweichungspunktes des I gehalten werden u. walzt zu einer Folie aus. (**D. B. P. 863 405** Kl. 39b vom 8/6. 1944, ausg. 19/1. 1953.) SALZMANN. 7173

Röhm & Haas G. m. b. H. (Erfinder: **Otto Röhm** und **Ernst Trommsdorff**), Darmstadt, *Polymerisieren von Vinyl-, Acryl- und Methacrylverbindungen* in Ggw. von W. nach D. R. P. 735 284, dad. gek., daß vor oder während der Einführung der Monomeren in das als Dispersionsmedium dienende W. in dem W. ein flockiger Nd. erzeugt u. das Monomere in dieser Dispersion in Abwesenheit vom Emulgatoren unter mechan. Bewegung polymerisiert wird. — Z. B. wird eine Lsg. von 1 (Teil) $FeCl_3$ u. 0,3 Benzoylperoxyd in 100 Acrylsäureäthylester in 200 W., in dem 0,5 $MgCO_3$ aufgeschlämmt sind, unter Rühren bei 60—70^0 eingetropft. Die Polymerisation ist nach einigen Std. beendet, u. das erhaltene feinkörnige Polymerisat durch ausgeschiedene $Fe(OH)_3$ braun gefärbt. (**D. R. P. 747 596** Kl. 39c vom 21/2. 1935, ausg. 22/9. 1952. **Zusatz zu D. R. P. 735 284; C. 1943. II. 2332.**) HERBST. 7173

N. V. de Bataafsche Petroleum Mij., Holland, übert. von: **William E. Vaughan** und **Fred E. Condo,** *Polymerisationskatalysator.* Zur Polymerisation ungesätt., polymerisierbarer Verbb., wie Butadiene, Vinylester, -äther, Acrylverbb., Styrole, Allylverbb., verwendet man 0,01—0,5, bes. 0,01—0,25%, eines organ. Peresters nicht aromat. Carbonsäuren mit mindestens einer CO-Gruppe, die durch höchstens 4, vorzugsweise 2 C-Atome von der Perestergruppe getrennt ist. Bevorzugt werden das Bis-[tert.-butyl]-dipermalonat (I), -diperoxalat, -monopermalonat, -dipermethylmalonat, O-Äthyl-O.O-tert.-butylmonopermalonat $C_4H_9 \cdot O \cdot O \cdot CO \cdot CH_2 \cdot CO \cdot O \cdot C_2H_5$, tert.-Diamyldipersuccinat, -dipermethylmalonat, tert.-Dihexyldiperäthylsuccinat, -diperglutarat, O-Äthyl-O.O-tert.-hexylmonopersuccinat. Die Polymerisationstemp. soll 50^0 nicht überschreiten. Bei einem Vergleichsansatz polymerisiert Styrol mit Benzoylperoxyd 165 Std. mit I 21 Stunden. (**F. P. 991 414** vom 27/7. 1949, ausg. 5/10. 1951. A. Prior. 2/8. 1948.) PANKOW. 7173

Mathieson Alkali Works, V. St. A. (Erfinder: **Edwin Richard Erickson**), *Polymerisationsverzögerer für aromatische Vinylverbindungen.* Man verwendet Polyoxybenzole der nebenst. Formel (R_1—R_5 = H, OH oder substituierte oder unsubstituierte KW-stoffe, mindestens R_1 oder R_3 muß = OH sein), die mit geringen $SnCl_4$-Mengen vorbehandelt sind; genannt sind Hydrochinon (I), Catechin (II), Pyrogallol, Di-tert.-butyl-I, -II oder -pyrogallol, Di-tert.-butylchlor-I, Dichlorphenyläthyl-I, Phenylbutyl-I, Octyläthyl-II, Tributyl-I, Di-tert.-butylphenyl-I, Butyldichlorphenyläthyl-I, Di-p-tolyl-I. — Man löst z. B. 3 g 2.5-Di-tert.-butyl-I in Bzl., gibt 10 Tropfen $SnCl_4$ zu u. läßt 10 Min. unter Rückfluß kochen, filtriert, wäscht mit Ligroin. 6,05% des Prod. verzögern die Induktionsperiode von Dichlorstyrol um 64 Min., ohne $SnCl_4$-Behandlung verzögert der Stoff nur 38 Min.; andere Metallchloride als $SnCl_4$, z. B. $FeCl_3$, $ZnCl_2$ u. $AlCl_3$, sind unwirksam. Bei der Dest. von Styrol u. dessen Derivv. verwendet man zweckmäßig 2 solcher Verzögerer, einen leichter flüchtigen u. einen schwerer als das Styrol flüchtigen. (**F. P. 976 652** vom 19/2. 1948, ausg. 21/3. 1951. A. Prior. 11/3. 1947.) PANKOW. 7173

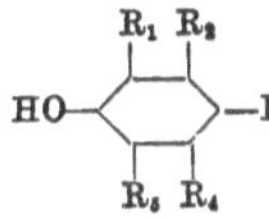

Badische Anilin- & Soda-Fabrik (Erfinder: **Heinrich Neresheimer,** Höchenschwand, und **Alfred Ehrhardt**), Ludwigshafen/Rh., *Weichmachungsmittel für Polyvinylchlorid* u. seine Mischpolymerisate, bestehend aus dem Phosphorsäure-tri-β-äthylhexylester. (**D. B. P. 859 523** Kl. 39b vom 2/7. 1943, ausg. 15/12. 1952.) SALZMANN. 7173

National Southern Products Corp., Del., übert. von: **Paul F. Bruins,** Douglaston, und **Edward J. Kurtz,** Brooklyn, N. Y., V. St. A., *Weichmachungsmittel für Polyvinylharze.* 60 (Teile) eines Gemisches aus einem Polymerisat von Vinylchlorid (I), einem Mischpolymerisat aus I u. Vinylacetat u. einem Mischpolymerisat aus I u. Vinylidenchlorid werden mit 16—24 Dioctylphthalat u. 16—24 eines (Tallöl-) Harzsäureadduktes eines Maleinsäure—Alkanol-Esters polymerisiert. Das Addukt wird hergestellt, indem z. B. 675 (Teile) raffiniertes Tallöl u. 98 Maleinsäureanhydrid 2 Std. in CO_2-Atmosphäre auf 180° erhitzt u. dann bei 110° mit 227 Butylalkohol in Ggw. von 7,7 p-Toluolsulfonsäure u. 187 Bzn. verestert werden. (**A. P. 2 585 222** vom 25/2. 1949, ausg. 12/2. 1952.) MÖLLERING. 7173

Dow Chemical Co., V. St. A. (Erfinder: **George William Stanton** und **Charles Everett Lowry**), *Herstellung von Polyvinylidenchloridlatex* durch Emulsionspolymerisation von 89—92 (%) Vinylidenchlorid (I), 2—4 Acrylnitril (II) u. 4—9 Äthylacrylat (III) bei p_H 1,5—6,5 mit 45—60 Monomeren u. 55—40 W., ferner Perverbb. u. gegebenenfalls lösl. Fe-Salzen als Katalysatoren. Bei 3 **II** soll der **I**-Geh. nicht unter 90, bei 4 **II** nicht unter 91 sein, günstigstes Verhältnis 90 **I**, 2,5—3 **II** u. 7,5—7 **III**. Aus den Polymeren hergestellte Folien sind biegsam, elast. u. feuchtigkeitsundurchlässig u. eignen sich, da sie keine Weichmacher enthalten, öl- u. fettfest sind, als solche oder mit Papierverstärkung zum Verpacken von Lebensmitteln. Man kann aus dem Latex auch durch Elektrophorese Gegenstände herstellen oder ihn durch Zusatz von polyacrylsauren Salzen oder Oxyäthylcellulose verdicken. Die zunächst hergestellten Folien sind amorph, werden aber nach einigen Tagen kristallin. (**F. P. 986 126** vom 12/5. 1949, ausg. 27/7. 1951. A. Prior. 27/5. 1948.) PANKOW. 7173

Distillers Co. Ltd., England (Erfinder: **Donald Faulkner** und **Johann Josef Peter Staudinger**), *Plastische Masse aus Vinylidenchloridpolymeren oder -mischpolymeren* durch Zusatz von ca. 1—30 Gew.-% eines dimeren oder trimeren Styrols, Alkyl- oder Halogenstyrols oder deren Mischungen. Die dimeren u. trimeren Styrole können dem Polymeren oder dem monomeren Vinylidenchlorid vor der Polymerisation zugesetzt werden. Zur Herst. der Styroldi- u. -trimeren erhitzt man z. B. 600 g α-Methylstyrol in 600 g Xylol unter Rückfluß u. gibt von Zeit zu Zeit etwas aktivierten Ton (1—2 g) bis zu 30 g in 1½ Std. zu, filtriert heiß u. dest. bei $Kp._{15}$ 95°. Den Rückstand kann man direkt zum Plastizieren von Polyvinylidenchlorid verwenden oder in die Fraktionen $Kp._{0,5}$ 90 bis 95° (n 1,5679; Mol.-Gew. 244), 95—97° (1,5691; 248), 111—135° (1,5709; 249), 135 bis 155° (1,5752; 290) u. 155—192° (Mol.-Gew. 334) aufteilen u. als Plastiziermittel verwenden. Die Fraktionen 1—3 (90—135°) scheiden bei —15° Kristalle vom F. 51° (Dimethylphenylhydrinden) aus; auch Kristalle u. Mutterlauge können zum Plastizieren dienen. Ähnlich wurde eine Mischung aus o- u. p-Chlorstyrol dimerisiert. (**F. P. 980 800** vom 6/12. 1946, ausg. 17/5. 1951. E. Prior. 6/12. 1945.) PANKOW. 7173

E. I. du Pont de Nemours & Co., übert. von: **Jesse Harmon**, Wilmington, Del., V. St. A., *Polymerisieren von Vinylpyridinen.* Man polymerisiert in wss. Lsg. ein Vinylpyridinsalz einer Säure der Dissoziationskonst. wenigstens $1{,}49 \cdot 10^{-4}$. Man polymerisiert z. B. 2-Vinylpyridinhydrochlorid mit einer Methylgruppe im Ring bei 20—100° in Ggw. eines Peroxydkatalysators 20—80 Std., neutralisiert u. wäscht den Niederschlag. (**Can. P. 484 309** vom 22/12. 1948, ausg. 24/6. 1952. A. Prior. 7/1. 1948.) PANKOW. 7173

Erich Cohnhoff, Rhône, Frankreich, *Herstellung von Phenolharz.* Man kondensiert bis zur ersten Stufe u. stabilisiert die erhaltene koll. wss. Lsg. durch Zusatz von 1—10% eines Stoffes wie Tannin, Oxal-, Wein-, Citronensäure. Die Lsg. kann mit Füllstoffen versetzt u. weiter kondensiert werden, sie kann auch für Imprägnierungen verwendet werden oder zur Herst. von Klebfilmen, die bei 108° u. weniger u. einem 9—12 Min. dauernden Druck zum Bekleben von Gegenständen dienen. — Man verrührt z. B. bei 40° 41,86 (%) Kresol u. 45,23 40%ig. CH_2O, gibt langsam 5,35 Hexamethylentetramin u. 1,78 NH_3 (25° Bé) zu, läßt auf 63° steigen, kühlt die einsetzende Rk., so daß 96° nicht überschritten werden, gibt bei 91° 3,78 Tannin zu u. hält die Temp., bis die M. die gewünschte Konsistenz erreicht hat. (**F. P. 974 588** vom 4/11. 1941, ausg. 23/2. 1951.) PANKOW. 7177

Michael Erlenbach und **Adolf Sieglitz**, Deutschland, *Elastisches Phenolaldehydharz.* Man gibt zu Phenolaldehydharzen vor dem Härten Polyvinylalkohol (**I**), teilweise acetalisierten, veresterten oder veräthertem **I** u. CH_2O. Beim Härten bindet sich letzterer an das Phenolharz u. die Polyvinylverb.; man verwendet mindestens 10% (des Phenolharzgewichts) Polyvinylderiv. u. mindestens 5% Aldehyd. Eine Mischung aus 10 (Gewichtsteilen) partiellem Polyvinylacetal, 1 CH_2O u. 90 fl. Phenol-CH_2O-Harz härtet man durch Erhitzen oder Zusatz von p-Toluolsulfonchlorid. (**F. P. 988 276** vom 14/6. 1949, ausg. 24/8. 1951. D. Prior. 1/10. 1948.) PANKOW. 7177

Bakelite Corp., V. St. A., übert. von: **Conrad Frederick Schrimpe**, *Herstellung eines Phenolformaldehydharzes.* Man kondensiert ein bas. Phenol-CH_2O-Harz mit einer CO-Verb. mit einem C in α-Stellung zur CO-Gruppe u. mit wenigstens 2 akt. H-Atomen (Acet-, Propyl-, Butyraldehyd, Aceton, Methyläthylketon). Freies oder schwach gebundenes CH_2O wird auf diese Weise gebunden. Die erhaltenen Harze eignen sich als Klebstoffe, z. B. für Sperrholz, Schichtkörper, für Überzüge u. Ionenaustauscher. — 940 (g) Phenol, 2400 37%ig. CH_2O u. 35 40%ig. NaOH werden nach Stehen über Nacht bei 40° im

Vakuum entwässert, 440 Acetaldehyd u. 30 cm^3 (25%ig.) Dimethylamin (p_H 9,8) zugesetzt; nach 3 Tagen dest. man unter Vakuum bei 70° u. erhält ein von Phenol u. CH_2O freics Harz das bei 90° gehärtet wird. (**F. P. 989 465** vom 23/6. 1949, ausg. 10/9. 1951. A. Prior. 1/7. 1948.) PANKOW. 7177

Deutsches Hydrierwerk Rodleben VEB, Rodleben (Erfinder: **Winfried Hentrich,** Rodleben, und **Wilhelm Kaiser,** Dessau), *Herstellung von Superpolyamiden.* Furfurol wird in Furfuracrylsäure u. diese in 3-Oxypimelinsäure übergeführt, die in Pimelinsäure u. diese durch Dest. ihres Anhydrids bzw. ihrer Salze oder katalyt. in Cyclohexanon, letzteres in Cyclohexanonoxim u. dies in Caprolactam (**I**) umgewandelt wird. **I** oder die ε-Aminocapronsäure werden allein oder zusammen mit anderen polyamidbildenden Komponenten zu Polyamiden kondensiert. — 150 (Gewichtsteile) Furfurol, 300 wasserfreies Na-Acetat u. 300 Essigsäureanhydrid werden 8 Std. bei 150° u. 4 Std. bei 160° gehalten, auf 80° abgekühlt, mit W. zers., mit Wasserdampf dest., mit Soda alkal. gemacht, filtriert, angesäuert. 140 der erhaltenen Furfuracrylsäure, in 760 Butanol aufgeschlämmt, werden mit HCl behandelt, langsam auf 100° erwärmt u. unter HCl-Einleiten 5 Std. gehalten, mit eiskalter NaCl-Lsg. neutral gewaschen, Butanol abdest. u. 3-Oxypimelinsäuredibutylester bei $Kp._1$ 165—170° dest.; 143 davon werden in Ggw. von 15 Cu–Ni–Mn-Katalysator mit 380 10%ig. NaOH ½ Std. bei 120° unter 50 at H_2-Druck gehalten, 1 Std. auf 270° geheizt, 1 Std. gehalten u. Pimelinsäure aufgearbeitet. 100 der Säure werden mit 10 Fe-Oxalat auf 310° erhitzt, wobei Cyclohexanon u. W. abdest., auf 320° gesteigert u. 3—4 Std. gehalten. Cyclohexanon wird mit je 10%ig. Soda- u. danach NaCl-Lsg. gewaschen, getrocknet, destilliert. Man gewinnt daraus Cyclohexanonoxim, löst 40 in 120 Perchloräthylen u. trägt unter Kühlen in 41 techn. Oleum (20% SO_3) bei 45—55° ein, trennt Lösungsm. ab, gießt auf Eis, neutralisiert bei 30—40° u. trennt **I** ab. (**D. P. [DDR] 746** Kl. 39c vom 23/4. 1943, ausg. 8/5. 1952 [Wirtschaftspatent].) PANKOW. 7181

Frank K. Signaigo, Kenmore, N. Y., V. St. A., *Polyalkylenpolysulfidkunststoffe.* 2.3-Dibrompropylalkyläther werden mit Na-Polysulfid zur Rk. gebracht. — Z. B. wird eine Mischung aus 252 (Teilen) $Na_2S \cdot 9H_2O$ u. 68 S in 90 W. bei 50° bis zur Lösung verrührt, wonach 12 NaOH u. danach 30,6 $MgCl_2 \cdot 6H_2O$ in 40 W. hinzugefügt werden. Innerhalb von 3—4 Std. werden zu dieser Lsg. bei ca. 50° 246 2.3-Dibrompropyläthyläther gegeben. Die Reaktionsmischung wird bei 70—75° 7—8 Std. nachgerührt. Nach dem Abkühlen wird diese in eine große Menge W. gegeben u. das feste Reaktionsprod. durch Dekantieren mit W. gewaschen u. an der Luft getrocknet. In entsprechender Weise ist aus 2.3-Dibrompropylmethyläther *Poly-(methoxymethyl)-äthylenpolysulfid* erhältlich. Die verfahrensgemäß erhältlichen Kunststoffe sind unlösl. in W., aber lösl. in organ. Lösungsmitteln, wie Dioxan. (**A. P. 2 586 182** vom 11/12. 1945, ausg. 19/2. 1952.) HERBST. 7185

Dow Corning Corp. (Erfinder: **John Thomas Goodwin**), Midland, Mich., V. St. A., *Herstellung von Siloxan-Mischpolymerisaten,* dad. gek., daß eine Mischung von cycl. Polymeren, von denen das eine Polymere Einheiten des Typs $R(CH_3)_2SiCH_2SiCH_2O$— u. das andere Einheiten des Typs —$(CH_3)_2SiO$— enthält, in denen R ein Substituent aus der Gruppe der Methyl- u. Phenylreste ist, mit rauchender H_2SO_4 in Kontakt gebracht wird, wobei sich ein Siloxan-Mischpolymerisat bildet, bei dem ein Teil der Si-Atome nur an C-Atome gebunden ist, u. das die Zus. aufweist, daß im Durchschnitt 1,98—2,1 organ. Reste auf je 1 Atom der Siloxanbindung aufweisenden Si-Atome kommen, daß über 50% dieser organ. Reste Methylgruppen sind, daß die übrigen Reste aus den Einheiten $(CH_3)_3SiCH_2$— u. $(CH_3)_2C_6H_5SiCH_2$— bestehen, wobei diese Einheiten einen Mindestgeh. von 0,25% ausmachen, u. daß restliche Si-Valenzen durch Siloxanbindungen abgesätt. sind. Es kann ein Siloxan, das $(CH_3)_3SiO_{0,5}$-Einheiten enthält, mit der Mischung polymerisiert werden. Zu der Mischung mit der rauchenden H_2SO_4 kann nach einiger Zeit etwas W. zugesetzt werden. — Beispiele. Die Prodd. bleiben bis —75° fl. u. können als *Schmiermittel, Dämpfungsmittel, Hydraulik-Fll.* u. *fl. Dielektrika* verwendet werden. (**D. B. P. 865 210** Kl. 39c vom 26/9. 1950, ausg. 2/2. 1953. A. Prior. 19/3. 1949.) SCHINDLER. 7189

Siegfried Glaubert, Seine, Frankreich, *Herstellung von Faser-Kunstharzplatten.* Zu den Fasern gibt man ein alkal. wärmehärtendes Kunstharz u. einen $B(OH)_3$ enthaltenden sauren Stoff (Kunstharz, Aldehyd, organ. Stoff mit 5—6 C-Atomen) u. mischt sie so, daß das p_H der Mischung unter 7 liegt, worauf gepreßt u. gehärtet wird. Statt $B(OH)_3$ kann man auch Kieselsäure anwenden. Man nimmt z. B. ein alkal. kondensiertes Phenol-CH_2O-Harz u. ein sauer kondensiertes, dem man 2,5% $B(OH)_3$ zusetzt oder vor oder bei der Kondensation zugesetzt hat, vermischt sie in Mengen von Bruchteilen eines % bis zu mehreren % mit den Holzspänen u. preßt bei 110—170° u. 3—70 kg/cm^2 zu Platten. (**F. P. 982 739** vom 8/3. 1949, ausg. 14/6. 1951. A. Prior. 7/12. 1948.) PANKOW. 7205

Farbwerke Hoechst, vormals Meister Lucius & Brüning, Frankfurt/M. (Erfinder: **Fritz Reichert** und **Georg Schulz,** Kelkheim, und **Ernst Rother,** Frankfurt/M.), *Herstellung von folienartigen Werkstoffen* für Fußböden u. Tischbeläge, Wandbekleidungen u. dergleichen. Die Füllstoffe werden mit einer Lsg. hydrophobierender Substanzen (Wollfett, Kolophonium, Paraffin, Wachse) in organ. Lösungsmitteln behandelt, mit gegebenenfalls Weichmacher enthaltenden *Polyvinylesterdispersionen* gemischt u. die Mischung auf der Mischwalze u./oder auf dem Kalander zu Folien verarbeitet. (**D. B. P. 829 060** Kl. 39b vom 25/3. 1950, ausg. 21/1. 1952.) SALZMANN. 7205

United Kingdom of Great Britain (Minister of Supply), England (Erfinder: **Cyril George Evans** und **Arthur Baker**), *Herstellung von Faser-Kunstharzmassen.* Man imprägniert ein Fasermaterial, wie Asbestfasern, mit einem Ausgangsstoff für ein m-Oxyphenolkondensationsprod. u. einen anderen Teil der Fasermasse mit einem anderen Ausgangsstoff (CH_2O), bringt beide Fasermassen miteinander in Kontakt u. härtet. Man imprägniert Asbestfasern mit einem teilweise kondensierten Harz aus Resorcin mit $^1/_4$ des CH_2O in der doppelten Menge Alkohol gelöst u. einen anderen Teil der Asbestfasern mit der entsprechenden Menge Paraformaldehyd in Phenol–CH_2O, entfernt den Alkohol, regelt die Weichheit der Fasermasse durch Aufsprühen von W., legt sie zusammen, preßt u. heizt 3 Std. bei 100°. Als weitere Kunstharze sind Kresolmischharze u. Harnstoff–CH_2O-Harze genannt. (**F. P. 983 851** vom 31/3. 1949, ausg. 28/6. 1951. E. Prior. 2/4. 1948.) PANKOW. 7205

Licentia Patent-Verwaltungs-G. m. b. H., Hamburg (Erfinder: **Gaetano F. D'Alelio** und **Alvis L. Barrier,** Pittsfield, und **Edmond F. Fiedler,** Adams, Mass., V. St. A.), *Kunstharzpreßstoff,* bestehend aus Asbest, einem hitzehärtbaren Kondensationsprod. aus einem *Aminotriazin* mit einem *Aldehyd* u. einem Schrumpfmittel, wie Phenol- oder Anilin–CH_2O-Harze oder Anilin. — Elektr. Isolationen. (**D. B. P. 862 504** Kl. 39b vom 1/11. 1949, ausg. 12/1. 1953.) SALZMANN. 7205

Hellmut Reuther und **Alexander Kaden,** Dresden, *Herstellung pulverfähiger Siliconharze für Preßmischungen.* Man schreckt das an sich plast. Harz im heißen Zustand ab, pulvert es sogleich u. mischt die Füllstoffe zu. 30 g Methylphenylsiliconkondensat (ohne Lösungsm.) von bei Raumtemp. plast. Form werden auf ca. 300° erhitzt u. in 1 Liter Eiswasser gegeben. Nach ½ Std. nimmt man aus dem W., trocknet, pulvert, mischt mit 70 g Chloritschiefermehl u. verpreßt. (**D. P. [DDR] 34** Kl. 39b vom 19/4. 1951, ausg. 2/9. 1952 [Wirtschaftspatent].) PANKOW. 7205

Stanley Reginald William Martin, Synthetic resin chemistry for students; reprinted with revisions. New York: Anglobks. 1952. (168 S. m. Diagr.) $ 3,—.

XII. Kautschuk. Guttapercha. Balata.

Jacques Clouaire, *Beitrag zur Untersuchung der Trocknung von Plantagenkautschuk.* Eingehende Unters. der Trocknung durch Heißluft, Heizplatten u. -trommeln sowie Infrarotstrahlen. Die theoret. Grundlagen sowie Dauer, Energieverbrauch u. Ausbeute der einzelnen Verff. werden ausführlich behandelt. 3 Skizzen von entsprechenden Trocknungsanlagen. (Rev. gén. Caoutchouc **30.** 34—38. Jan. 113—17. Febr. 1953. Dakar, Senegal, Socony-Vacuum-Oil Co.) WINIKER. 7222

Kurt F. Heinisch, *Verunreinigungen im Rohkautschuk.* Allg. Ausführungen bzgl. Art, Verteilung, Bedeutung u. Best. der Verunreinigungen. (Gummi u. Asbest **5.** 405—07. 1952. Bogor, Java, Indochines. Inst. für Kautschukforsch.) WINIKER. 7222

J. L. Infiesta, *Der Kautschuk, ein Ausgangsstoff für plastische Massen.* Zusammenstellung der Eigg. verschied. *Thermopren*-Sorten, die Guttapercha, Balata u. Gummilackharz ersetzen sollen. Ferner Beschreibung des „*Vulcalock*"-Verf. der Firma GOODRICH zum Überzug von Metallen mit Gummi sowie einige Daten u. Anwendungen von *Plioform.* (Rev. Plásticos **2.** 27—30. 41. Jan./Febr. 1951.) RUMPF. 7224

Jacques Le Foll und **Claude Pariente,** *Die künstlichen Dispersionen Néolatex.* Kurzer Überblick über Eigg. u. Anwendungen von *Néolatex 257, 500* u. *503* (wss. Dispersionen von Reifenregenerat) sowie *Néolatex 450* (wss. Dispersion von Naturkautschuk). (Rev. gén. Caoutchouc **30.** 87—89. Febr. 1953.) WINIKER. 7224

J. van Alphen, *Der Gebrauch von Selenium und Tellurium in der Kautschukchemie.* Zusammenfassender Überblick an Hand veröffentlichter (28 Literaturhinweise) u. unveröffentlichter sowie eigener Arbeiten. Die Vulkanisation des Kautschuks ist mit Se nur in Ggw. eines Beschleunigers möglich. Diese Vulkanisate besitzen keine größere Abriebfestigkeit als die mit S erhaltenen. Bei gleichzeitiger Verwendung von S u. Se bzw. Te wird nur S gebunden, während Se bzw. Te nur als Beschleuniger wirkt. Kurzer Hinweis auf den Gebrauch von Se-Verbb. als Vulkanisationsmittel. (Gummi u. Asbest **5.** 312—14. 1952. Delft/Holland, Rubber-Stichting.) WINIKER. 7228

R. Houwink, A. J. De Vries und **J. W. F. van't Wout**, *Ebonit aus Hevealatex.* Vff. beschreiben die Herstellungsmethoden von Ebonit aus Hevealatex u. seine zahlreichen Anwendungsmöglichkeiten. Der so erhaltene Ebonit ist n. Ebonit hinsichtlich der mechan. Eigg. überlegen, was damit erklärt werden kann, daß bei der Verwendung von Latex die Kautschukmoll. ihre ursprüngliche Länge bewahren. (Rev. gén. Caoutchouc **30.** 181—85. März 1953.) WINIKER. 7228

Willi Schlitt, *Technologisches vom Kautschukschaum.* An Hand der Patentliteratur gibt Vf. einen Überblick über die verschied. Arbeitsverff. u. Vorrichtungen zum Herstellen von Gegenständen bzw. Formkörpern aus Schaumkautschuk. (Gummi u. Asbest **5.** 314—17. 352—54. 356. 358. 398. 400—02. 1952.) WINIKER. 7228

Soc. Auxiliaire de l'Institut Français du Caoutchouc, Seine, Frankreich (Erfinder: **Jean Nicolas Louis Le Bras** und **Patrice Henri-Marie Compagnon**), *Herstellung von Kautschukumwandlungsprodukten.* Man polymerisiert in Kautschukmilch oder künstlichen Kautschukdispersionen ungesätt. polymerisierbare Verbb., wie Styrol, Acrylsäure, deren Ester, Acrylnitril, Acrolein oder deren Mischungen, in Ggw. eines Peroxydkatalysators. Es entsteht ein prakt. unlösl., vulkanisierbarer, leichtwalzbarer Kautschuk. Man gibt z. B. zu NH_3-freier, 20%ig. Kautschukmilch 1—2 g Emulgator (pro 100 cm^3 Kautschukmilch) u. 1% Schutzkoll., wie Gelatine, u. (pro 100 Teile Kautschuk) 50 Teile Acrylnitril u. (pro g Kautschuk) 2—10 cm^3 akt. O in Form von H_2O_2 u. hält 24 Std. bei 50—60°. Das homogene Gel wird koaguliert. Oder man walzt Kautschuk kalt $^3/_4$ Std., erhitzt $1\frac{1}{2}$ Std. in indifferentem Gas auf 250° u. erhält viscose Fl., die in Bzl. gelöst, in Seife, Dispergiermittel u. Schutzkoll. enthaltendem W. emulgiert u. nach Benzolentfernung wie vorher mit Acrylnitril polymerisiert wird. — Man kann die polymerisierbaren Stoffe, wie Acrylsäure, deren Nitril, Styrol, Maleinsäureanhydrid, auch dem Kautschuk auf der Walze zusetzen. Man walzt z. B. Kautschuk, gibt 5% Maleinsäureanhydrid zu u. walzt kalt bei sehr eng gestelltem Walzenspalt. Leicht walzbarer Kautschuk von erhöhtem Nerv, leichter Thermoplastizität, dem vor der Vulkanisation neutralisierende Stoffe, wie Polyalkohole, Amine, Polyamine, zugesetzt werden. Das oben genannte fl. Kautschukprod. wird nach Zusatz von 2% Benzoylperoxyd auf die Walze gegossen u. 15% Maleinsäureanhydrid zugesetzt. Man erhält eine feste Platte. (**F. PP. 972 455** u. **972 456** vom 24/3. 1941, ausg. 30/1. 1951.) PANKOW. 7225

Standard Oil Development Co., Elizabeth, N. J., V. St. A., *Kautschukähnliche Polymerisate.* Ein Gemisch aus Isobutylen u. einem inerten Lösungsm., wie Methyl- oder Äthylchlorid, wird im kontinuierlichen Verf. bei —40 bis —160° mit einem FRIEDEL-CRAFTS-Katalysator, wie $AlCl_3$, zu einer Dispersion aufgeschlämmt, worauf man nach der Polymerisation die kalte Dispersion in eine warme, lebhaft gerührte wss. Fl. in einer geschlossenen Abschreckzone leitet, in der das inerte Lösungsm. u. das Polymerisat abgetrennt werden. Zweckmäßig verwendet man W. von 38—82°. — Reaktionsschema, Apparatur. (**D. B. P. 852 303** Kl. 39c vom 11/8. 1950, ausg. 13/10. 1952. A. Prior. 25/11. 1943.) MÖLLERING. 7225

Phillips Petroleum Co., Del., übert. von: **William B. Reynolds, John E. Wicklatz** und **Thomas J. Kennedy**, Bartlesville, Okla., V. St. A., *Künstlicher Kautschuk.* In wss. Emulsion bei p_H 9—12 u. bei Tempp. von 10 bis —40° wird ein Gemisch aus einem größeren Anteil 1.3-Butadien (**I**) u. aus Styrol (**II**) bei Verwendung einer Alkaliseife als Emulgator in Ggw. eines Katalysatorgemisches aus einem Oxydations- u. einem Reduktionsmittel polymerisiert. Bezogen auf die Menge polymerisierbarer Verbb., verwendet man 0,1—10 (Millimol) 1-Alkyl-1.2.3.4-tetrahydronaphthalin-1-hydroperoxyd mit nicht mehr als 30 C-Atomen (Alkylrest z. B. Methyl-, 2-Äthyl-5-methoxy-Rest) u. 0,1—3 einer Alkaliferropyrophosphat-Komplexverb. sowie reduzierend wirkenden Zucker. — Als Modifizierungsmittel setzt man Alkylmercaptane mit 8—16 C-Atomen zu. — 72 (Teile) **I**, 28 **II**, 180 W., 4,7 Kaliharzseife, 0,25 Alkylmercaptan (C_{12}—C_{16}), oxydierender Katalysator in beliebiger Menge, 0,037 KOH, 0,5 KCl, 1 Dextrose u. Komplexverb. aus 0,165 $K_4P_2O_7$ u. 0,14 ($FeSO_4 \cdot 7H_2O$) als reduzierend wirkender Katalysator werden bei 5° in ca. 5 Std. zu einer Kautschukmilch polymerisiert. (**A. P. 2 584 773** vom 12/12. 1949, ausg. 5/2. 1952.) MÖLLERING. 7225

Soc. An. des Pneumatiques Dunlop, Seine, Frankreich (Erfinder: **W. C. Davey, F. A. Jones** und **P. Lenton Bradshaw**), *Plastizieren von Kautschuk.* Man erwärmt eine saure wss. Kautschukdispersion mit etwas (0,05—1,5 Gew.-% des Kautschuks) einer gelösten oder dispergierten Perverb. in Ggw. eines Aralkylsulfonats oder eines nichtion.

Stabilisators, wie die Polyäthylenglykolester, in Mengen von 0,2—5% auf 30—70°. Bei einem p_H 4—6 verwendet man zweckmäßig Aralkylsulfonate, bei einem p_H 1—4 die nichtion. Stabilisatoren. Man unterbricht die Wrkg. der Oxydationsmittel durch Aufrahmen, Zentrifugieren, Auswaschen oder Reduktionsmittel. Der aus der Dispersion erhaltene Kautschuk ist leichtlösl. u. kann als solcher oder in Form der wss. Dispersion als Klebmittel verwendet werden. Zu 83 (Gewichtsteilen) konz. Kautschukmilch gibt man 0,25 des Reaktionsprod. aus Dodecylalkohol u. Äthylenoxyd in 10 W., 10n H_2SO_4 u. 0,45 $(NH_4)_2S_2O_8$ in 10 W. u. erwärmt 6 Std. bei 40°. (**F. P. 978 812** vom 10/1. 1949, ausg. 18/4. 1951. A. Priorr. 10/1. 1948 u. 4/1. 1949.) PANKOW. 7227

Jean-Ferdinand Boiry, Seine-et-Oise, Frankreich, *Weichmachen von Kautschuk.* Kautschukmilch wird unter Vermeidung der Elektrophorese u. anod. Abscheidung von Kautschuk zweckmäßig in Ggw. von Oxydations-Katalysatoren u. Weichmachern u. Peptisiermitteln elektrolysiert. Der anod. nascierende O bewirkt eine Erweichung des Kautschuks. Die Kathode taucht in eine leicht alkal. Fl., als Oxydationskatalysatoren nimmt man Perverbb., Nitrate, Chlorate, Hypochlorite, Pb-Oxyde, -Carbonate, -Sulfate, Mn-Oxyde, -Carbonate, Alkohole, Aldehyde, Ketone, Chinone, Phenole, trocknende Öle, Harze, ihre Seifen, Linoleate, Abietate, als Weichmacher u. Peptisiermittel Hydrazin, Phenylhydrazin, Thiophenol. Durch Rühren oder Bewegen der Kautschukmilch wird Elektrophorese verhindert. (**F. P. 989 682** vom 26/2. 1944, ausg. 12/9. 1951.) PANKOW. 7227

English Clays Lovering Pochin & Co. Ltd., England (Erfinder: **Thomas Webster Parker** und **Norman Owen Clark**), *Ton für Kautschukmischungen.* Man behandelt Ton (Kaolinit) mit einem aliphat. oder aromat. Amin (Benzylamin), einer organ. quaternären Base oder einem bas. Farbstoff. Man gibt Kaolin mit basenaustauschenden Eigg. 24 Std. in 2%ig. Salzsäure, wäscht ihn dann u. versetzt ihn in wss. Suspension (p_H 1,5) mit einer Lsg. von Trimethylammoniumcetylhydroxyd bis p_H 7, trocknet, pulvert u. mischt in Kautschuk. Er erhöht in der Kautschukmischung Zugfestigkeit u. Elastizitätsmodul. (**F. P. 974 795** vom 10/11. 1948, ausg. 26/2. 1951. E. Priorr. 11/11. 1947 u. 22/10. 1948.) PANKOW. 7227

Monsanto Chemical Co., St. Louis, Mo., übert. von: **Rutherford Blake Hill**, Nitro, W. Va., V. St. A., *Vulkanisationsbeschleuniger und Vulkanisiermittel*, bestehend aus dem mit 0,1—1% einer Base, wie Ammoniak, behandelten Verschmelzungsprod. gleicher Gewichtsverhältnisse von Dithiobisthiazol-Beschleunigern, wie 2.2'-Dithio-bis-benzothiazol, mit S. (**Can. P. 479 523** vom 13/5. 1948, ausg. 18/12. 1951. A. Prior. 24/9. 1947.) PANKOW. 7229

Comp. de Produits Chimiques et Électrométallurgiques Alais, Froges et Camargue, Seine, Frankreich (Erfinder: **Maurice Fournier** und **Saint-Aleux**), *Kautschukwaren aus Kautschukmilch.* Um die Durchlässigkeit von Kleidungsstücken aus Kautschuk für Feuchtigkeit zu erhöhen, gibt man zu Kautschukmilch bis zu 20 u. mehr % Polyvinylalkohol. Die Löslichkeit des Kautschuks in organ. Lösungsmitteln wird dadurch verringert. (**F. P. 992 320** vom 16/6. 1944, ausg. 17/10. 1951.) PANKOW. 7231

National Cash Register Co., V. St. A., übert. von: **Galen J. Wilson**, *Herstellung von porösem Kautschuk*, auch Nitril-, Butylkautschuk oder Thioplasten. Man mischt in den Kautschuk einen mikrofeinen, später herauslösbaren Füllstoff in Ggw. eines Lösungsm. für Kautschuk. In 453,6 g einer Mischung aus 100 (Gewichtsteilen) Butadien–Acrylnitril-Mischpolymerisat, 5 ZnO, 1,5 Benzothiazylsulfid, 1 Phenyl-β-naphthylamin, 1 Stearinsäure, 40 Holzruß, 1,5 S gibt man eine Mischung aus 2571,9 g $NaNO_3$ (90% müssen durch 325-er Sieb gehen), 925 cm^3 Toluol, vulkanisiert u. löst das Nitrat heraus. (**F. P. 994 944** vom 24/12. 1928, ausg. 23/11. 1951.) PANKOW. 7231

Semtex Ltd., London (Erfinder: **Walter Saul** und **Leslie Herbert Griffiths**, Wolverton), England, *Herstellung von Formmassen.* In geschmolzenen cyclisierten Kautschuk wird ein mit diesem verträgliches Harz, z. B. Cumaron–Inden-Harz, Kolophoniumsalze, Resinate, Estergummi, Xylenol–CH_2O-Harze, modifizierte Phenol–CH_2O-Harze, eingemischt, worauf alle übrigen für die M. bestimmten Zusätze zugefügt werden. Verwendung für Wand- u. Bodenbeläge. (**D. B. P. 852 449** Kl. 39b vom 3/10. 1950, ausg. 16/10. 1952. E. Priorr. 21/8. 1948 u. 12/8. 1949.) OVERBECK. 7231

Bata, Tschechoslowakei, *Herstellung von weißem Faktis.* Öl u. Chlor-S läßt man in einem geschlossenen, mit einem Kühlmantel versehenen Gefäß reagieren. Dabei drückt eine Schraube ohne Ende das Reaktionsgut aus dem sich verengenden Gefäß durch eine schmale Öffnung heraus, worauf die M. mit Alkali behandelt wird. — Vorrichtung. (**F. P. 989 235** vom 10/10. 1947, ausg. 6/9. 1951. Tschech. Prior. 14/10. 1946.) PANKOW. 7239

XV. Gärungsindustrie.

W. Kilp und **H. Grübler,** *Das Verzuckerungsvermögen und die Haltbarkeit der Verzuckerungskraft von Pilzamylase.* Die Unters. von 2 Pilzmalzen ergab bei Verzuckerung von Roggen eine Mehrausbeute von durchschnittlich 5,3% gegenüber der Verzuckerung mit Gerstendarrmalz, bei Kartoffelwalzmehl lag die Mehrausbeute bei 3%. Eine Abnahme der verzuckernden Eigg. der Pilzmalze durch Lagerung über $1^3/_4$ Jahre konnte nicht beobachtet werden. (Alkohol-Ind., wiss.-techn. Brennereibeilage **64.** 1—4. 1951. Chemielabor. Isny.) HAEVECKER. 7536

Curt Luckow, *Über die Anforderungen der Likörindustrie an Sirup und Couleur.* „Likörsirupe" sollen vor allem frei von SO_2 u. Buttersäure sein, um das Aroma der damit versetzten Fll. nicht zu beeinflussen. Trockensirup, der gern verwendet wird, muß sich klar lösen; am sichersten ist die Verwendung von Raffinadecouleur. Die Couleur darf keine Ca- u. Fe-Salze enthalten u. soll „frostfrei" sein. Auch wird eine starke Färbekraft verlangt. (Stärke **3.** 199—201. Juli 1951. Bergisch Neukirchen bei Köln.) ULMANN. 7536

A. H. Cook und **J. R. A. Pollock,** *Chemische Betrachtungen des Mälzens.* 1. Mitt. *Entfernung von freien Aminosäuren und Zuckern aus Gerste während des Einweichens.* Nach der Netzung der Gerste konnten auf chromatograph. Wege folgende Aminosäuren u. Zucker in der Ablauf-Fl. nachgewiesen werden: Alanin, Arginin, Asparaginsäure, Glutaminsäure, Glycin, Histidin, Isoleucin, Leucin, Lysin, Phenylalanin, Prolin, Serin, Tyrosin, Valin, wahrscheinlich auch γ-Aminobuttersäure, Galaktose, Glucose, Arabinose, Spuren Fructose, Xylose, Rhamnose u. nicht identifizierte Oligosaccharide. (J. Inst. Brewing **58.** ([N. S.] 49.)325—30. Sept./Okt. 1952. Nutfield, Surrey, Brewing Ind. Res. Foundation.) HAEVECKER. 7544

P. Kolbach, *Bitterwert und Hopfengabe.* Vf. diskutiert den Wert der Bitterwertformel von WÖLLMER. Dieselbe führt bereits bei mäßig gealtertem Hopfen zu falschen Werten. Nur bei Hopfen mit $<$15% Hartharz (vor der Einlagerung bestimmt) kann der mit dieser Formel gefundene Wert so lange zur Hopfengabeberechnung einsetzen, bis der Hartharzgeh. auf $>$25% gestiegen ist. (Brauerei, wiss. Beilage **5.** 43—46. Juli/Aug. 1952. Berlin, Versuchs- u. Lehranstalt für Brauerei.) HAEVECKER. 7544

P. Kolbach, *Zeitgemäße Sudhausfragen.* Vf. bespricht die Rolle des Brauwassers, Maischverf. u. Hopfenkochen. Besondere Vorteile bzgl. einer möglichen Hopfenersparnis sind durch Behandlung des in Würze suspendierten Hopfens durch Ultraschall gegeben. — 13 Literaturhinweise. (Brauerei, wiss. Beilage **5.** 111—16. Nov. 1952. Berlin, Versuchs- u. Lehranstalt für Brauerei.) HAEVECKER. 7544

P. Kolbach und **H. Schilfarth,** *Versuchssude nach dem Ultraschall-Hopfensparverfahren der Ultra-Technik GmbH.* Beschreibung der Versuchsanordnung, Kostproben u. der analyt. Ergebnisse von Hopfen, Ausschlagwürzen u. Bieren. Die Bitterstoffbest. im Bier bestätigt die Ergebnisse der Kostproben, nach denen die durch die Beschallung erzielte Hopfenersparnis wesentlich unter 20% liegen muß. (Brauerei, wiss. Beilage **5.** 123—25. Dez. 1952. Berlin. Versuchs- u. Lehranstalt für Brauerei.) HAEVECKER. 7544

K. S. Estlin, *Bierfiltration mittels Diatomeenarten.* Beschreibung der techn. Anlage. (Brewers' Guild J. **38.** 457—76. Nov. 1952.) HAEVECKER. 7550

A. E. Wiles, *Hefetrübung und Laboratoriumskontrolle.* Besprechung der Biertrübung durch wilde Heferassen, ihre möglichen Ursachen, die bisher nur wenig geklärt sind, u. die Überwachung im Laboratorium. (J. Inst. Brewing **58.** ([N. S.] 49.) 252—58. Juli/Aug. 1952. Sheffield, Exchange Brewery.) HAEVECKER. 7550

C. Rainbow, *Einige Betrachtungen über Verderben von Bier durch Mikroorganismen.* Besprechung der für das Wachstum von Milchsäure- u. Essigsäurebakterien notwendigen Nährstoffe, deren Konz. im Bier niedrig gehalten werden muß. (J. Inst. Brewing **58.** ([N. S.] 49.) 249—51. Juli/Aug. 1952. Birmingham, Univ. Edgbaston, Dep. of Applied Biochem.) HAEVECKER. 7550

R. M. Thomson, *Praktische Kontrolle der Luft im Bier.* Hinweis auf die Bedeutung des Luftgeh. im Bier, welcher für dessen Haltbarkeit maßgebend ist. Unter den Maßnahmen, die den Luftgeh. niedrig zu halten geeignet sind, wird bes. die Anwendung von Ascorbinsäure als reduzierende Substanz empfohlen, zusätzlich werden techn. Maßnahmen beschrieben, wie Verdrängung der Luft durch CO_2. Zur Best. des Luftgeh. werden die Meth. von MENDLICK oder der Indicator-Zeittest von GRAY u. STONE als für die Praxis geignet hervorgehoben. (Brewers' Guild J. **38.** 167—84. Mai 1952.) HAEVECKER. 7550

H. Schilfarth, *Betrachtungen über die Fuselölbildung im Bier.* Vf. erörtert den N-Wechsel der Bierhefen u. die THORNEsche Theorie der Fuselölbldg. sowie die Herst.

aminosäurenreicher Malze u. Würzen u. der Einfl. der Gärtemp. auf die Fuselölbildung. — 42 Literaturhinweise. (Brauerei, wiss. Beilage **5.** 47—51. Juli/Aug. 1952. Berlin, Versuchs- u. Lehranstalt für Brauerei.) HAEVECKER. 7550

H. F. P. Webber, L. Taylor und **J. Compton,** *Sterilsierung von Brauereianlagen zur Herstellung von unpasteurisiertem Flaschenbier.* Vf. erörtert, welche Teile der Brauerei vorwiegend einer möglichen Infektion ausgesetzt sind. Zur Desinfektion werden heißes W. oder Dampf oder germicide Lsgg. einer quartären NH_4-Verb. empfohlen. (J. Inst. Brewing **58.** ([N. S.] 49.) 267—69. Juli/Aug. 1952. London, Anchor Brewhouse, Horseldown.) HAEVECKER. 7550

Diarmuid Murphy, *Über die Möglichkeit der Glycerinproduktion durch Hefe aus Sulfitablaugen.* Sulfitablauge mit einem Zuckergeh. von 2,48%, eingedickte Lauge mit 4,56% Zucker u. 5%ig Rübenzuckermelasse wurden mit verschied. Hefen in stillstehenden u. Schüttelkulturen auf die Menge des bei der Gärung entstehenden A. u. Glycerins (**I**) untersucht. Zur Erhöhung der **I**-Ausbeute wurde $MgSO_3$ zugesetzt, was in allen Fällen die Gärung verlangsamt. In den Sulfitablaugen wird nur bis zu 50% des vorhandenen Zuckers vergoren, u. die **I**-Ausbeuten, berechnet auf den verbrauchten Zucker, betragen höchstens 15% (bei 6% $MgSO_3$). Bei der Melasse liegen die Verhältnisse wesentlich günstiger. Da auch die Gewinnung des entstandenen **I** aus den stark verunreinigten Lsgg. schwierig ist, wird die Verwendung der Sulfitablauge als Basis für die **I**-Gewinnung als nicht günstig angesehen. (Canad. J. Technol. **29.** 471—78. Nov. 1951. Ottawa, Can., Nat. Res. Labor., Div. of Applied Biol.) ROSSOW. 7578

P. A. Anastassiadis und **J. A. Wheat,** *Einige Faktoren, die die Gärung von Rübenmelasse durch Pseudomonas Hydrophila beeinflussen.* Es wurden Gärverss. mit Pseudomonas hydrophila bei verschied. Zuckerkonzz. (5—12,5%) u. p_H (3,5—8) ausgeführt. Durch Zugabe von $(NH_4)_2HPO_4$ u. Netzwasser stieg der Anfangsbetrag der Gärung u. die Gleichmäßigkeit der Ergebnisse. Dagegen ergab nur Zugabe von Netzwasser eine erhöhte Ausbeute an 2.3-Butandiol. Die beste Zuckerausnutzung wurde bei einer Zuckerkonz. von 7,5% erzielt. Zur Einstellung eines günstigen Anfangs-p_H von 6,0 kann Essig- oder Schwefelsäure verwendet werden. Die Vergärung von Melasselsgg. mit 7,5% Zuckergeh. u. 0,05% Netzwasser ergab in 40 Std. eine durchschnittliche Ausbeute von 78,2 Mol. Butandiol u. 42,5 Mol. A. per 100 Mol. Zucker. (Canad. J. Technol. **31.** 1—8. Jan. 1953. Ottawa, Can., Nat. Res. Labors.) HAEVECKER. 7578

R. K. Logan und **H. Butler,** *Malzdarren-Probenehmer.* Musterstecher für Malz aus lose geschichteten Haufen zur Erlangung eines Durchschnitts aus Oberfläche u. Tiefe (Abb.). (J. Inst. Brewing **58.** ([N. S.] 49.) 266. Juli/Aug. 1952. Mirfield, Edward Sutcliffe Ltd.) HAEVECKER. 7598

Kurmärkische Zellwolle und Zellulose Akt.-Ges., Wittenberge, **Rheinische Kunstseide Akt.-Ges.,** Krefeld, **Rheinische Zellwolle Akt.-Ges.,** Siegburg, **Schlesische Zellwolle Akt.-Ges.,** Hirschberg, **Zellwolle und Zellulose Akt.-Ges. Küstrin,** Küstrin, zusammengeschlossen in der **Phrix-Arbeitsgemeinschaft,** Hirschberg/Riesengeb. (Erfinder: **Hugo Koch,** Bad Warmbrunn), *Reinigung technischer Hydrolysate cellulosehaltiger Rohstoffe für die Gewinnung von Hefen.* Die Hydrolysate werden mit Kalkmilch stark alkal. gemacht; dann wird vom enstandenen Nd. abfiltriert, der überschüssige Kalk ausgefällt u. das **I** mit Preßluft belüftet. (**D. R. P. 761 641** Kl. 6b vom 13/4. 1941, ausg. 17/11. 1952.) KETTNER. 7507

Carl Canzler, Deutschland (Erfinder: **Emil Kirschbaum**), *Herstellung aromatischer, alkoholischer Getränke,* dad. gek., daß die bei Abdest. des A. aus vergorener Fruchtmaische entweichenden aromareichen Gase in einem besonderen Absorptionsapp. im Gegenstrom dem Destillat einverleibt werden. — Zeichnung. (**F. P. 1 006 730** vom 13/9. 1949, ausg. 28/4. 1952. D. Prior. 1/10. 1948.) HEYNE. 7537

Weigelwerk Akt.-Ges., Neisse, *Gewinnung von Würze aus Trub, Trebern, Treberteig und dergleichen.* Die noch würzehaltigen Massen werden in W. aufgeschlämmt u. durch eine kontinuierlich arbeitende Zentrifuge (**I**) in Dünnwürze u. dickbreiige M. getrennt, worauf letztere wieder mit W. aufgeschlämmt, erneut durch **I** geschickt u. in würzehaltiges Waschwasser u. dickbreiige M. zerlegt wird. Dieser Vorgang kann bis zur vollständigen Erschöpfung der M. wiederholt werden. (**D. R. P. 752 315** Kl. 6b vom 10/5. 1942, ausg. 21/7. 1952.) KETTNER. 7545

Alexander Frieden, Whitefish Bay, und **Harold H. Geller,** Milwaukee, Wis., V. St. A., *Schaumstabilisierung.* Den schaumbildenden, alkoh., CO_2- u. eiweißhaltigen Fll., z. B. *Bier,* wird 1 Gew.-% lösl. *Carboxymethyloxyäthylcellulose* zugesetzt, in der die Carboxymethyl- u. die Oxyäthylsubstitution im Cellulosemol. nicht mehr als 0,7 Mol pro Mol Glucose betragen. (**A. PP. 2 588 378** vom 5/11. 1949 u. **2 588 379** vom 2/6. 1950, beide ausg. 11/3. 1952.) KETTNER. 7551

Robert S. Aries, New York, N. Y., und **Haskell C. Needle**, Chicago, Ill., V. St. A., *Milchsäure durch Gärung.* Stärke wird durch Behandlung mit einem verflüssigendem, durch Züchten von Bakterien u. Schimmelpilzen auf einem gemeinsamen Nährsubstrat gewonnenem Enzym verflüssigt u. anschließend zur Verzuckerung u. Vergärung mittels verzuckernder Enzyme behandelt, die aus Bakterien u. Schimmelpilzen stammen, die zusammen mit Kulturen von Lactobacillus delbrücki auf einem Nährmedium gezüchtet wurden. Verzuckerung u. Vergärung können dabei in ca. 48 Std. durchgeführt werden. (**A. P. 2 588 460** vom 22/4. 1950, ausg. 11/3. 1952.) KETTNER. 7579

XVI. Nahrungs-, Genuß- und Futtermittel.

—, *Die Qualitätsmerkmale des Durumweizens unter Berücksichtigung der verschiedenen Getreidestandards im internationalen Getreidehandel.* Eigg. von Durumweizen aus Nordamerika, Mittelmeerländern, Rußland, Klassifizierung nach Naturalgewicht, Wassergeh., Besatz u. Beschädigung. (Müllerei **5.** 707—08. 8/11. 1952.) HAEVECKER. 7664

—, *Bemerkungen über Getreide der Ernte 1952.* Ergebnisse der Analysen von französ. Getreide der Ernte 1952 u. Vgl. mit den Ergebnissen früherer Ernten. (Bull. anciens Élèves École franç. Meunerie **1952.** 183—86. Sept./Okt.) HAEVECKER. 7664

Gerhard Brückner, *Der Einfluß der Lagerung auf den Verarbeitungswert des Weizens.* Beschreibung des Nachreifeprozesses u. diesbzgl. Unterss. an deutschen u. amerikan. Weizen. Verminderung der Keimkraft drückt sich bei den deutschen Weizen meist in geminderter Backfähigkeit aus, was in amerikan. Weizen nicht der Fall ist. (Müllerei **5.** Nr. 46., wiss. Müllerei Nr. 11. 113—19. 15/11. 1952. Berlin, Versuchanstalt für Getreideverwertung.) HAEVECKER. 7664

C. L. Brooke, *Überwachung der Vitaminanreicherung in Mehlmühlen.* Beschreibung der Hantierung u. Kontrolle von Zumischapparaten u. zusätzlicher Laboratoriumseinrichtungen zur Fluorescenzunters. geklärter wss. Extrakte. (Northwestern Miller, **248.** Sektion 1a. 21a—22a. 14/10. 1952. Merck & Co., Inc.) HAEVECKER. 7670

J. Weseley Nelson, *Qualitätskontrolle in der Nahrungsmitteltechnik.* Würdigung des Wertes von Nahrungsmittelunterss. in der Getreidemüllerei. (Trans. Amer. Assoc. Cereal Chemists **10.** 199—202. Okt. 1952. Minneapolis, Minn., Nutrena Mills, Inc.) HAEVECKER. 7670

J. B. M. Coppock, *Symposium über gewisse in Müllerei und Bäckerei verwendete Chemikalien.* Besprochen werden die Anwendung u. Wrkg. von NCl_3, ClO_2, Benzoylperoxyd, $KBrO_3$, Ascorbinsäure u. Ammoniumpersulfat. (Proc. Roy. Soc. Med. **45.** 677—80. Okt. 1952.) HAEVECKER. 7670

T. Moran, *Einige chemische Reaktionen, die bei der Mehlveredelung eine Rolle spielen.* Es werden die bei der Behandlung von Mehl mit NCl_3, ClO_2, $KBrO_3$, Ascorbinsäure u. Ammoniumpersulfat stattfindenden Oxydations- u. Reduktionsvorgänge besprochen. Die bei der Behandlung mit NCl_3 nach dem AGENE-Verf. mögliche Bldg. von Methioninsulfoxim hat bei Verfütterung von aus AGENE-behandeltem Mehl hergestellten Gebäcken an Hunden zu Vergiftungen geführt. Vf. gibt die tox. Dosen von Methioninsulfoxim für verschied. Versuchstiere an. (Proc. Roy. Soc. Med. **45.** 680—81. Okt. 1952.) HAEVECKER. 7670

A. C. Frazer, *Die medizinischen Risiken für den Verbraucher und wie sie gemindert werden können.* Die üblichen Bleich- u. Veredelungsmittel für Mehl haben in der n. Dosierung keine direkten oder indirekten tox. Wirkungen für den Verbraucher, mit Ausnahme von NCl_3. Vf. empfiehlt zur Abwendung von Schäden eingehende Unterss. über die AGENE-Behandlung. (Proc. Roy. Soc. Med. **45.** 681—84. Okt. 1952.) HAEVECKER. 7670

Karl Trognitz, *Bedeutung der Proteine für die Beurteilung von Weizen- und Roggenmehlen.* Behandelt werden die Best. der Proteine u. ihr Einfl. auf die Backfähigkeit der Mehle. (Lebensmittel-Ind., Ausg. A **4.** 17—21. Jan. 1952.) HAEVECKER. 7670

—, *Prüfungsmethoden für die Ermittlung der Qualität der Mahlerzeugnisse aus Durum-Weizen in der Teigwarenindustrie.* Zur Qualitätsermittlung von Hartweizenteigwaren werden bestimmt: 1. Kochdauer, mindestens 10—25 Min., 2. Wasseraufnahmefähigkeit, 3. Quellungsgrad, 4. Zersetzungswiderstand, 5. Geschmack. Die Vgll. sollen stets mit Teigwaren gleichen Formats, gleicher Dicke u. Größe vorgenommen werden. (Müllerei **5.** 721—22. 15/11. 1952.) HAEVECKER. 7672

Albrecht Fincke, *Über den Gehalt süßer und bitterer Mandeln, Haselnuß-, Erdnuß- und Aprikosenkerne an Vitamin B_1.* Vf. stellte fest, daß die Erdnußkerne den höchsten Geh. (im Mittel 0,60 mg/100 g Trockenmasse) an Aneurin (I) aufweisen. Es folgen der Haselnußkern u. die süßen Mandeln. Bei bitteren Mandeln u. Aprikosenkernen werden niedrigere Werte (im Mittel 0,17—0,19 mg) gefunden. (Zucker- u. Süßwaren-Wirtsch. **5.** 513—14. 5/7. 1952. Köln-Marienburg, Fachverband der Süßwaren-Ind. Detmold, Wissenschaftl. Forsch.- u. Beratungsstelle.) WINIKER. 7688

Hermann Serger, *Die Kupfergrünung bei industriellen Gemüsekonserven und ihr Nachweis.* Überblick über Methoden zur Grünung von Gemüsekonserven nebst krit. Betrachtung der Cu-Bestimmungsmethoden. — 10 Literaturhinweise. (Chemiker-Ztg. **77.** 35—38. 20/1. 1953. Braunschweig.) WINIKER. 7690

F. A. Henglein und **F. Anders,** *Über Zuckergelee mit Polykieselsäure.* Im Anschluß an die aus experimentellen Befunden bei Pektin-Zuckergelees von Vff. abgeleitete Theorie (Z. Lebensmittel-Unters. u. -Forsch. **92.** [1951.] 178) der Geleebldg. werden Verss. zur Zuckergeleebldg. durch *Polykieselsäure* angestellt. Aus 48%ig. Na_2SiO_3-Lsg. u. aus durch Verseifung von Kieselsäuremethylester (3,8 g) mit W. (76,2 bzw. 11,2 g) erhaltener Monokieselsäure lassen sich durch Zusatz einer Lsg. von 60 g Saccharose in 25 g W. Zuckergelees mit den gleichen Eigg. wie die Pektinsäure-Zuckergelees herstellen. Die Gelees sind vollkommen klar, thermoirreversibel, schnittfest u. elastisch. Durch W. werden sie zers., indem der Zucker herausgelöst wird u. weiße, koll. Polykieselsäure zurückbleibt. Vff. nehmen an, daß bei der Polykondensation der Kieselsäure eine dreidimensionale, hauptvalenzmäßige, irreversible Vernetzung der SiO_2-Tetraeder zustande kommt. An noch freien OH-Gruppen der Polykieselsäure finden starke nebenvalenzmäßige Verknüpfungen mit W. u. Zucker statt. (Makromolekulare Chem. **7.** 177—83. Okt. 1951. Karlsruhe, TH, Inst. für chem. Technik.) FAHRNLÄNDER. 7704

Karl Heinz Hauptmann, *Die Wirkung der Filtrationsenzyme bei der Fruchtsaftbereitung.* Bei der Klärung von Fruchtsäften u. Süßmosten durch Fermentpräpp. spaltet die Pektinase (**I**) die Polygalakturonsäure bis einschließlich zur Galakturonsäure, während die Pektase (**II**) nur demethoxylierend wirkt. Beide Fermente wirken viscositätserniedrigend auf Pektinlösungen. Vornehmlich **II**-haltige Präpp. unterstützen in ihrer Wrkg. die natürliche Selbstklärung der Säfte. Durch ihre Wrkg. werden die safteigenen Pektine verstärkt demethoxyliert, u. da die in diesen Präpp. vorhandenen geringen **I**-Konzz. nicht im gleichen Verhältnis mit dem Abbau der Pektine Schritt halten können, fallen die Pektine als voluminöse Pektat-Ndd. aus. Durch die große Trübstoffbldg. tritt hierbei ein ziemlicher Saftverlust ein. Um geringe Trübstoffmengen als Bodensatz im geklärten Most zu erhalten, ist der weitere Abbau (u. nicht die Ausflockung) durch eine kombinierte **I**-**II**-Wrkg. notwendig. (Ind. Obst- u. Gemüseverwert. **37.** 388—90. 6/11. 1952. Ingelheim/Rh., C. H. Boehringer Sohn.) HAEVECKER. 7706

Reinhold Parlow, *Lecithin in der Schokoladenherstellung.* Allg. Ausführungen. (Zucker- u. Süßwaren-Wirtsch. **5.** 748—49. 20/9. 1952. Berlin.) WINIKER. 7726

R. P. Choi, C. W. Tatter und **C. M. O'Malley,** *Lactosekristallisation in Trockenmilchprodukten.* 1. Mitt. *Eine Methode zur Abschätzung des Grads der Kristallisation.* α-Lactose u. β-Lactose (**I**) sind in gesätt. Lsg. miteinander u. mit α-Lactosehydrat (**II**) als Bodenkörper im Gleichgewicht. **II** löst sich nicht, wenn es einer solchen Lsg. zugesetzt wird, Amorphe Lactose u. krist. **I** gehen in Lösung. Daher läßt sich mit der getroffenen Versuchsanordnung der Geh. an **II** in Trockenmilchprodd. ermitteln. In frischer Trockenmagermilch mit niedrigem Feuchtigkeitsgeh. wie in Trockenmolke liegt Lactose nicht krist. vor. Das gilt für Erzeugnisse nach dem Sprühverf. ebenso wie für solche aus der Walzentrocknung. Bei höherem Feuchtigkeitsgeh. liegt ein großer %-Satz **II** vor. Die Lactosebest. erfolgte nach HINTON u. MACARA mit Chloramin-T. (J. Dairy Sci. **34.** 845—49. Sept. 1951. Chicago, Ill., American Dry Milk Inst., Inc.) FRESENIUS. 7756

R. P. Choi, C. W. Tatter und **C. M. O'Malley,** *Lactosekristallisation in Trockenmilchprodukten.* 2. Mitt. *Einfluß von Feuchtigkeit und Alkohol.* (1. vgl. vorst. Ref.) In bes. hergestellten Proben von Trockenmilcherzeugnissen verschied. Feuchtigkeitsgeh. wurde nach verschieden langer, unter besonderen Kautelen erfolgter Lagerung der Geh. an krist. α-Lactosehydrat (**I**) bestimmt. In einer anderen Versuchsreihe wurde die Umwandlung amorpher Lactose in **I** unter dem Einfl. von 95%ig. A., Methanol oder A. + W. gemessen. Für Trockenvollmilch nach dem Sprühverf. ergab sich ein „krit." Trockengeh. bei 6,5—7%, für Trockenmagermilch nach Sprüh- oder Walzenverf. ein solcher bei 7,5—8%. Erst oberhalb des krit. Trockengeh. schreitet die Bldg. von **I** rasch fort. Für Trockenvollmilch nach dem Sprühverf. ergab sich nur sehr geringe Bldg. von **I** bei Behandlung mit A. oder Methanol. Zusatz von H_2O zum A. verstärkte die **I**-Bildung. (J. Dairy Sci. **34.** 850—54. Sept. 1951.) FRESENIUS. 7756

R. B. Parker, V. N. Smith und **P. R. Elliker,** *Bakterien, die Quark leimig oder schleimig machen.* Alcaligenes metalcaligenes, Pseudomonas viscosa u. Pseudomonas fragi sind verantwortlich für das Leimig- u. Schleimigwerden von Quark. Dabei kann fruchtiger

Geruch oder Geschmack, gelegentlich auch ein modriges, fauliges, schwach ranziges oder bitteres Aroma auftreten. Die Ursache liegt wohl in der Verwendung von unsauberen Gerätschaften oder im Waschwasser. Der Defekt entwickelt sich unter Umständen schon innerhalb 24 Std. bei kühler Lagerung. Das Auftreten des Fehlers kann durch p_H-Einstellung auf weniger als 5 eingeschränkt werden. Das einzig sichere Mittel ist die Verhinderung der Verunreinigung der Milch durch die Erreger. (J. Dairy Sci. **34.** 887—93. Sept. 1951. Corvallis, Oreg., Oregon Agricult. Exp. Stat.) FRESENIUS. 7760

W. J. Harper, K. T. Maskell und **R. E. Hargrove,** *Reifung von Käse italienischer Art.* Käse, zu dessen Herst. ungereinigte Labpaste verwendet wurde, besaß ein zufriedenstellendes Aroma, wogegen die Verwendung von gereinigten Labpasten oder Labextrakten nicht zum gewünschten Prod. führte. Ziegenlab war Kalbslab nach Aroma u. Geschwindigkeit seiner Entw. überlegen. 11 Fermenterzeugnisse des Handels wurden auf Feuchtigkeit, Fett, Salz, Eiweiß u. flüchtige Säuren untersucht. Die Ergebnisse waren recht uneinheitlich. Zwischen flüchtiger Säure im Ferment u. im Käse bestehen bestimmte Beziehungen. Der Verarbeitungsprozeß bei der Fermentreinigung bewirkt eine definierte Änderung seiner chem. Zusammensetzung. Labpräpp. mit wenig flüchtiger Säure haben geringe Lipaseaktivität. Die 11 Proben wurden auch bakteriolog. untersucht. 10 enthielten 200—10000 verschied. Bakterien/g, 1 über 500000. Anaerobier entwickelten sich auf Thioglykolat-Agar nicht. Einige Bakterien waren proteolyt. u. Gasbildner u. im Käse unerwünscht. Zwischen Bakterienflora der Fermente u. ihrer flüchtigen Säure bestehen keine Beziehungen, ebensowenig zwischen Bakterienflora der Fermente u. flüchtiger Säure im Käse. (Butter, Cheese Milk Products J. **43.** 20—21. 36—38. Dez. 1952. Columbus, O., State Univ., Dep. of Dairy Technol.) FRESENIUS. 7760

T. M. MacIntyre und **C. D. T. Cameron,** *Muschelschalen, Kalkstein und Austernschalen mit und ohne unlöslichen Staub als Kalknahrung für Küken.* Die vorgenannten Kalkverbb. erwiesen sich als gutes Beifutter zur Aufzucht von Küken. Die Ausnutzung des CaO ist beachtlich hoch. (Sci. Agric. **31.** 429—34. Okt. 1951. Nappan, Neuschottland.) GRIMME. 7786

H. A. Frediani, J. T. Owen und **J. H. Baird,** *Anwendung eines automatischen Karl-Fischer-Titrationsapparates zur Feuchtigkeitsbestimmung in Nahrungsmitteln.* Beschreibung u. Abb. einer automat. App. zur Best. der Feuchtigkeit nach der Meth. von KARL FISCHER. (Trans. Amer. Assoc. Cereal Chemists **10.** 176—79. Okt. 1952. Rahway, N. J., Merck & Comp., Inc.) HAEVECKER. 7788

Gunnar Ågren, *Mikrobiologische Bestimmungen von Aminosäuren in Futtermitteln.* 3. Mitt. (2. vgl. C. **1952.** 2769.) Von Rapsmehl (Rückstand der Rapsölherst.), Bäckerhefeautolysat, Grashalmen (*Festuca pratensis*) u. Rotklee (Trifolium pratense) wurden bestimmt: N (9,10, 12,2, 3,18 bzw. 4,52%, bezogen auf asche- u. wasserfreies Material), Gesamtprotein (= % N·6,25), Asche (26,2, 7,4, 2,4 bzw. 1,6%) u. Feuchtigkeitsgeh. (6,2, 25,0, 79,3 bzw. 86,2%). Der Geh. des Proteinhydrolysats an 18 Aminosäuren wurde mikrobiol. bestimmt. Die Aminosäurezus. des Rapsmehles entsprach etwa der des früher analysierten Lupinen- u. Bohnenmehls; die Aminosäurezus. der autolysierten Bäckerhefe ähnelte der der Bierhefe. Bei den beiden Pflanzen stimmten, mit Ausnahme der Arginin- u. Methioninwerte, die Aminosäuregehh. mit den Zahlen überein, die LUZZ (Advances Protein Chem. **5.** [1949.] 237) für Leguminosen u. Gramineen angegeben hat. (Acta chem. scand. **6.** 608—09. 1952. Uppsala, Univ., Dep. of Med. Chem.) K. F. MÜLLER. 7788

R. J. Morris, R. D. MacPhee und **E. L. Randall,** *Ultraviolettspektrophotometrie zur Feststellung von Lebensmittelverfälschungen.* Verfälschungen von Butter (**I**) mit Margarine (**II**) lassen sich UV-spektrophotometr. nachweisen, da **I** ca. 1% konjugierte Dien-, 0,02% konjugierte Trien- u. 0,001—0,004% konjugierte Tetraenverb. enthält, während **II** neben ca. 0,6% konjugierten Dien- u. 0,015% konjugierten Trienverbb. prakt. keine konjugierten Tetraenverb. besitzt. Baumwollsaatöl enthält keine Tetraenverbb., Olivenöl 0,0005—0,002%. Verfälschungen von Schweine- bzw. Rindfleisch mit Pferdefleisch sind durch UV-spektrophotometr. Messungen nach Alkali-Isomerisierung der nur im Pferdefett in größerer Menge vorhandenen Linolensäure besser nachweisbar als durch Abscheidung der entsprechenden Bromverbindung. (Analytic. Chem. **24.** 1396—99. Sept. 1952. Reno, Nev., Univ., Univ. of Nevada.) KAISER. 7794

Morris B. Jacobs, *Verfälschung des Vanillins.* Vf. berichtet über den Nachw. von Verfälschungsmitteln des Vanillins durch F., fraktionierte Kristallisation, Best. von p_H u. Asche, sowie Rkk. mit H_2SO_4, NaOH, $FeCl_3$ u. $NaHSO_3$. (Amer. Perfumer essent. Oil Rev. **60.** 211—13. Sept. 1952.) MÜHLMEISTER. 7794

Kenton L. Harris und **J. Frank Nicholson,** *Bewertung von Röntgenuntersuchungstechniken zur Feststellung von Insektenbeschädigung von Weizen.* Durch Röntgenaufnahmen von Weizenkörnern kann deren mehr oder weniger weitgehende innere Beschädigung durch Insektenfraß sichtbar gemacht werden. Es werden die hierfür entwickelte Technik u. die Grenzen ihrer Anwendbarkeit besprochen. (Northwestern Miller **248.** Nr. 20. Milling Product. Sect. 2. 8a—11a. 11/11. 1952.) HAEVECKER. 7796

George C. Potter, J. A. Shellenberger und **Max Milner,** *Die Wirkung der Reinigung auf die Entdeckung von Insekteneierbruchstücken im Weizen.* Die Fuchsinsäure- u. Berberinsulfatprobe zur Best. von Insekteneierbruchstücken werden unzuverlässiger, je mehr beschädigte u. angescheuerte Weizenkörner während der üblichen Reinigungsverff. entstanden sind. Die ermittelten Ziffern für Eierbruchstücke werden niedriger, je mehr Weizenbruch vorhanden ist, wobei der Gesamtbetrag an beschädigten Bestandteilen unverändert bleibt. (Trans. Amer. Assoc. Cereal Chemists **10.** 181—87. Okt. 1952. Manhattan, Kans., Kansas State Coll.) HAEVECKER. 7796

Jean Kiger, *Fluorescenzanalyse von Getreide- und anderen Mehlen im „schwarzen Licht“.* Beschreibung der charakterist. Fluorescenzerscheinungen verschied. Mehle im UV-Licht (3600 Å). (Bull. anciens Élèves École franç. Meunerie **1952.** 192—93. Sept./Okt.) HAEVECKER. 7798

Max Groeck, Bottrop, *Verhinderung des Weichwerdens von konservierten Gurken, Kürbis, Tomaten, Birnen, Pflaumen usw.* durch Zusatz von Schutzmitteln, die bes. aus Ca-, (Mg-), Na- u. SO_4-Ionen oder einzelne dieser Ionen enthaltenden Mineralstoffen bestehen, z. B. auf 1 kg Konservierungsgut 1,5 g Benzoesäure + 2 g Aufhärtepulver, bestehend aus 23% $CaCO_3$ + 24,3% Na_2SO_4 + 52,7% $NaHSO_4$. (**D. B. P. 858 497** Kl. 53c vom 23/2. 1949, ausg. 8/12. 1952.) MAASS. 7689

Calico Printers' Association Ltd., Manchester (Erfinder: **Louis Amédée Lantz,** Manchester, Lancashire, und **Wadrin Röman,** Hale, Cheshire), England, *Enthülsen von Johannisbrotsamen* (**I**). Die **I** werden mit konz. H_2SO_4 oder konz. H_3PO_4 mit $<10\%$ Wassergeh. bei z. B. 40—50° so lange unter Rühren behandelt, bis sich die verkohlten Hülsen durch Waschen entfernen lassen. (**D. B. P. 856 835** Kl. 53k vom 13/9. 1950, ausg. 24/11. 1952. E. Priorr. 27/2. 1941 u. 26/1. 1942.) KRANZ. 7697

C. H. Boehringer Sohn, Ingelheim/Rh. (Erfinder: **Josef Motzel,** Gau-Algersheim, und **Wilhelm Kiessling,** Ingelheim/Rh.), *Herstellung von Getränken,* bes. *Süßmosten u. Fruchtsäften.* Die Säfte werden zur Fermentierung mit Präpp. aus zur Säurebldg. herangezüchteten Mikroorganismen, bes. Aspergillusarten, behandelt, die in einem p_H-Bereich von ca. 2—4 maximale Wirksamkeit zeigen. Anschließend wird filtriert u. pasteurisiert. (**D. R. P. 754 713** Kl. 53k vom 19/2. 1941, ausg. 20/10. 1952.) KRANZ. 7707

California Fruit Growers Exchange, übert. von: **Clarence W. Wilson,** Los Angeles, Calif., V. St. A., *Reinigen von Fruchtsäften,* in denen feste Stoffe suspendiert sind, durch Zusatz eines Alkali- oder NH_4-Pektats. Beim Stehen bilden sich unlösl. Pektate, welche von der Fl. getrennt werden. (**Can. P. 479 218** vom 2/12. 1942, ausg. 11/12. 1951. A. Prior. 16/2. 1942.) M. F. MÜLLER. 7707

Chemische Fabrik von Heyden Akt.-Ges., München (Erfinder: **Wilhelm Müller,** Darmstadt), *Benzoesäuresulfimid* erhält man durch elektrolyt. Oxydation von o-Toluolsulfonamid unter Verwendung von PbO_2 als Anodenmaterial. Die Anode besteht aus Pb-Legierungen u. trägt einen dichten, kompakten Belag von PbO_2. (**D. B. P. 865 740** Kl. 12o vom 11/3. 1943, ausg. 5/2. 1953.) BRÖSAMLE. 7713

William J. Hale, Midland, Mich., V. St. A., *Verbesserung von Tabak* durch Behandlung mit einer Dispersion von Chlorophyll-Carotinoiden in einer Menge von 0,01 bis 3,0% von der Trockenmenge des Tabaks. (**Can. P. 485 811** vom 20/8. 1948, ausg. 19/8. 1952.) M. F. MÜLLER. 7735

A/S Thor Dahl, Sandefjord (Erfinder: **Reidar Gording,** Oslo), Norwegen, *Haltbar- und Genießbarmachen von Walfleisch.* Man trocknet das Walfleisch ohne Kochen unter Zugabe von W. oder Dampf, so daß alle wasserlösl. Geschmacksstoffe in dem Trockenprod. verbleiben, u. befreit das Trockenprod. durch Extraktion mit organ., wasserfreien Extraktionsmitteln, wie Bzn. oder Trichloräthylen, von seinem Fettgehalt. (**D. B. P. 863 162** Kl. 53c vom 6/8. 1949, ausg. 15/1. 1953. N. Prior. 6/8. 1948.) MAASS. 7751

Hercules D. Dakis, San Diego, Calif., V. St. A., *Konservieren von Fisch für Lebensmittelzwecke,* bes. zur Verbesserung des Geschmackes. Man fügt zum Fisch u. gegebenenfalls zum Öl vor dem Verschließen der Dosen eine kleine Menge Citrusöl, das Honig u. vegetabil. Gummi enthält, zu. (**A. P. 2 602 030** vom 5/8. 1949, ausg. 1/7. 1952.) MAASS. 7753

Wilhelm Rummel, Gurkenkonservierung sowie die Herstellung von Sauerkraut, Salz- u. Essiggemüse u. englischen Soßen. 5. Aufl. Braunschweig: Serger & Hempel. 1953. (152 S. m. Abb.) 8°. DM 11,80.

XVII. Fette. Seifen. Wasch- u. Reinigungsmittel. Wachse. Bohnermassen usw.

Vojtěch Mareš, Prag, Tschechoslowakei, *Raffinieren von Fetten und Ölen.* Rohfett wird im Vakuum auf 200—300° erhitzt, bis alle nichtfettigen Stoffe koaguliert u. der größere Teil der freien Fettsäuren abdest. sind. Man kühlt nun schnell ab, versetzt mit adsorptiven Erden, filtert u. dämpft im Vakuum bei 200—250°. Das Verf. wird kontinuierlich ausgeführt. — Zeichnung. (**A. P. 2 594 953** vom 28/10. 1948, ausg. 29/4. 1952. Tschech. Prior. 20/7. 1948.) LÜTTGEN. 7875

Hans Paul Kaufmann, Münster/Westf., *Raffinieren von fetten Ölen und Fetten,* dad. gek., daß man diese bes. in gelöster Form in mit chem. indifferenten Adsorptionsmitteln, bes. grob granuliertem Al_2O_3, beschickten Türmen von ernährungswichtigen Begleitstoffen, z. B. Sterinen, befreit u. diese durch Extraktion der Adsorptionsmittel mit z. B. 1 (Teil) Methanol u. 2 Ae. gewinnt. (**D. R. P. 722 108** Kl. 23a vom 25/9. 1937, ausg. 14/8. 1952.) LÜTTGEN. 7875

Aktiebolaget Separator, Stockholm, Schweden (Erfinder: **S. F. N. Bierke**), *Raffinieren von fetten Ölen.* Man behandelt die fetten Öle mit W., gegebenenfalls unter Zusatz von Säure u. Kohlenhydraten, schlämmt dann das Rohöl ab u. zentrifugiert dieses, wobei man auf eine schlammreiche wss. Phase u. eine schlammarme Ölphase hinarbeitet. Das Gemisch soll der Zentrifuge mit einer Temp. von ca. 70° zugeführt werden. Die Ölphase wird anschließend mit Ätzalkali neutralisiert u. dann in einer zweiten Zentrifuge von der gebildeten Seife abgetrennt. Hierbei wird die von der ersten Zentrifuge kommende Ölphase vor dem Neutralisieren entlüftet u. dann 2—3 Min. unter Druck mit dem Alkali vermischt, unter Druck der zweiten Zentrifuge zugeleitet u. hier maximal 40 Sek. gehalten, worauf die Trennung durch Zentrifugieren erfolgt. Der Druck beträgt ca. 4—5 at. — Schema. (**Schwed. P. 134 292** vom 29/9. 1949, ausg. 22/1. 1952.) JÜRGEN SCHMIDT. 7875

E. F. Brew & Co., Inc., New York, N. Y., übert. von: **Herbert H. Mueller**, Winchester, Mass., V. St. A., *Umestern.* Fette mit einem Geh. an Glyceriden niederer Fettsäuren, z. B. Cocosöl, werden mit höheren Fettsäuren im Vakuum erhitzt, wobei eine Umesterung stattfindet u. die freiwerdenden niederen Säuren abdestillieren. Die in den zurückbleibenden Glyceriden vorhandenen Fettsäuren werden mit Glycerin verestert. (**A. P. 2 585 027** vom 1/7. 1948, ausg. 12/2. 1952.) LÜTTGEN. 7877

Lever Brothers Co., Cambridge, Mass., V. St. A., übert. von: **Arthur Dacre Wilson** Hornechurch, **Henry Bowen Oakley**, Bromborough, und **John Rourke**, Bebington, England, *Kontinuierliche Herstellung von Margarine* durch Abkühlen eines fl. Fettstromes auf 23—34° u. Auskristallisieren der höherschm. Glyceride in diesem Strom, Mischen des Fettes mit wss. Bestandteilen u. schnelles Abkühlen u. Emulgieren der entstandenen Mischung. — Vorrichtung. (**A. P. 2 592 224** vom 23/3. 1949, ausg. 8/4. 1952. E. Prior. 1/4. 1948.) MAASS. 7901

Badische Anilin- & Soda-Fabrik, Ludwigshafen/Rh. (Erfinder: **Max Harder** und **Martin Luther**, Mannheim), *Herstellung von Fettsäuren und Alkalisalzen.* Rohseife wird mit konz. wss. Lsgg. von Alkalisalzen gemischt u. nach Einstellen des p_H-Wertes auf 5—6 mit konz. Mineralsäure zerlegt. (**D. B. P. 851 103** Kl. 23d vom 14/5. 1943, ausg. 2/10. 1952.) LÜTTGEN. 7909

Ernest Schlenker, St. Barnebe, Marseille, Frankreich, *Fraktionieren von Fettsäuren,* die aus natürlichen Fetten durch Hydrolyse gewonnen werden. Fettsäuregemische werden auf 15—20° unterhalb des Titers der Fettsäuren abgekühlt u. mit selektiven Lösungsmitteln behandelt. (**A. P. 2 589 148** vom 28/1. 1949, ausg. 11/3. 1952.) LÜTTGEN. 7909

Röhm & Haas G. m. b. H. (Erfinder: **Ernst Trommsdorff, Otto Grimm** und **Friedrich Wilhelm Ditt**), Darmstadt, *Seife,* gek. durch den Geh. von gegebenenfalls durch geeignete Zusätze wasserlösl. gemachten Amiden (I) von polymeren Säuren der Acrylsäurereihe oder freie oder durch Basen abgesätt. COOH-Gruppen enthaltenden Mischpolymerisaten von I ungesätt. Carbonsäuren. (**D. B. P. 853 789** Kl. 23e vom 23/7. 1942, ausg. 27/10. 1952.) LÜTTGEN. 7911

Badische Anilin- & Soda-Fabrik, Ludwigshafen/Rh. (Erfinder: **Mathias Pier**, Heidelberg, und **Kurt Peters**, Wien), *Fettsäuren* erhält man durch Oxydation von Paraffinen vom $Kp._5$ 170—325°, die vor der Oxydation einer raffinierenden Hydrierung bei 30—300 at u. ca. 350—460, bes. 370—430° u. milden Spaltung unterworfen werden, wobei man Katalysatoren verwendet, die aus akt. Al_2O_3, das mit Sulfiden von Metallen der 6. Gruppe u. Ni- oder Co-Sulfid versehen ist, bestehen. — Ausgangsprodd. für *Seifen-* u. *Waschmittelherstellung.* (**D. B. P. 863 195** Kl. 12o vom 21/3. 1943, ausg. 15/1. 1953.) MÜLLER-MEININGEN. 7911

Imperial Chemical Industries Ltd., London, und **Frederick Joseph Pollok**, Largs, England, *Flüssiges Reinigungsmittel* (I), bestehend aus $<$ 8% anionakt. I u. wasserlösl.

Salzen roher Carboxymethylcellulose mit > 0,7 Carboxymethylgruppen pro Anhydroglucose-Einheit. (**E. P. 678 445** vom 27/5. 1949, ausg. 3/9. 1952.) LÜTTGEN. 7913

—, Deutsche Einheitsmethoden zur Untersuchung von Fetten, Fettprodukten und verwandten Stoffen. Bearb. u. hrsg. von d. Deutschen Gesellschaft f. Fettwissenschaft e. V. Münster/Westf. Für Zitate: DGF-Einheitsmethoden. Lfg. 2. Abt. B. C. Stuttgart: Wissenschaftl. Verl.-Ges. 1952. 8°. B. Fettrohstoffe. C. Fette. Kapitel 4. DM 15,—.

XVIIIa. Holz. Cellulose. Zellstoff. Papier. Papierdruck. Celluloid. Linoleum.

W. F. McKee, *Der Einfluß der Holzbehandlung und Schnitzelherstellung auf Ertrag und Qualität von Sulfitzellstoff.* (Pulp Paper Mag. Canada **53.** 237—41. 1952.) HEINRICHS. 7956

T. E. Detcher und **R. M. Jones,** *Zukunft und Anwendung des Ammoniumbisulfit-Zellstoff-Verfahrens.* Seit 1946 wird in mehreren Zellstoffwerken der USA Zellstoff mit Ammoniumbisulfit erzeugt. Vff. berichten über Erfahrungen im Vgl. zu Ca-Bisulfit bzgl. erhöhter Korrosion. 2—3% höherer Ausbeute, besserer Festigkeitseigg. u. Beseitigung der eingedampften Ablauge durch Verbrennung. (Paper Ind. **33.** 1438—42. März 1952. Barrett Div., Allied Chemical & Dye Corp.) BORCHERS. 7962

F. R. Sheldon, *Sulfitzellstoff-Bleiche mit Wasserstoffsuperoxyd.* Ausgezeichnete Ergebnisse bei der Bleichung von Sulfitzellstoff erzielt man mit Hilfe des „Einweich-Bleichverf." durch H_2O_2. Unter weitgehender Schonung der Zellstoffaser, deren Verletzung durch die übliche Cl-Bleiche die Regel ist, erhält man gute Ausbeute mit bester Farbbeständigkeit. Die Meth. läßt sich ausgezeichnet in bestehende ein- oder mehrstufige Verff. einbauen. (Pulp Paper Mag. Canada **52.** 104—07. Sept. 1951. Buffalo, N. Y., Buffalo Electro-Chemical Co., Inc., Res. and Development Div.) HEINRICHS. 7962

G. Centola, F. Pancirolli und **G. Ceragioli,** *Das Aufschließen von Jahrespflanzen durch Kochen mit Kalk und Schwefel.* Zusatz von S oder H_2S in äquivalenten Mengen (bis zu 1,2% bezogen auf die Trockenmasse) erleichtert den Aufschluß von Jahrespflanzen (Alfa, Stroh, Bagasse, Papyrus, Banane) wesentlich. Die erhaltene Hemicellulose-Pulpe enthält zudem weniger Lignin u. läßt sich durch nachfolgendes alkal. Kochen leichter in Cellulose überführen, die sich durch erhöhte Feuchtigkeit auszeichnet. Geruch u. Beschaffenheit der Fl. lassen auf die Bldg. von Thioligninen schließen. Andererseits ist gerade der unangenehme Geruch ein Hindernis für die unmittelbare Verwendung der M. in Papiermühlen. Ihre Herst. ist jedoch interessant für die (geschützten) zweistufigen Verff. (Kalk–Soda), um den Alkaliverbrauch herabzudrücken. Sie konnte deshalb auf einfachen Anlagen mit kleiner Kapazität für eine spätere zentralisierte Fertigverarbeitung erzeugt u. gegebenenfalls gereinigt werden. Bei Verwendung von Vorrichtungen vom Typ Pulpinaster, Hydropulpen usw. wird sich ein nahezu vollständiger Aufschluß erzielen lassen. (Ind. Carta **6.** 89—95. Aug./Sept. 1952. Milano, Staz. Sper. per la Cellulosa, Carta e Fibre Tessili Vegetali e Artificiali.) FRÜHWALD. 7964

P. Kirjakka und **E. Turunen,** *Selektive Veresterung von Tallöl mit Pentaerythrit.* Da Pentaerythrit (I) bei 106° mit 1,2% p-Toluolsulfosäure (II) als Katalysator sich nur mit Fettsäure (III), nicht aber mit Harzsäure (IV) verestert, untersuchten Vff. die Veresterung von I mit einmal dest. Tallöl bei 100—125° mit Zusatz von **II**, $SnCl_2$ u. ZnO. Hierbei wurden nur 2—3% **IV**, bezogen auf **III**, verestert. Bes. wirksam war Zusatz von 0,3% $SnCl_2 \cdot 2\,H_2O$ bei 151°, wobei nach 2 Std. 75% der **III** in Tallöl verestert waren. (Teknillisen Kemian Aikakausilehti **9.** 161—63. 1952. Helsinki, Finland's Inst. of Technol.) BORCHERS. 7966

—, *Herstellung von Papier aus Bagasse.* In der beschriebenen peruan. Zellstofffabrik werden die schädlichen Markzellen mechan. von der Bagasse getrennt, dann wird das Material gepreßt u. gelagert. Es werden 4 Sorten Zellstoff (I) hergestellt. Der Aufschluß erfolgt nach einem modifizierten Natronverf., das Bleichen in einer Stufe mit Hypochlorit. Für Papiersäcke wird der kurzfaserige Bagasse-I zu 50%, für sonstige Packpapiere zu 10% mit Sulfat-I gemischt; Druck- u. Zeitungspapiere bestehen zu 100% aus Bagasse-I. Letztere sind stärker als solche aus Holz-I u. müssen langsamer durch die Papiermaschine laufen, da sie etwas schwerer getrocknet werden. (Pulp Paper Mag. Canada **53.** Nr. 11. 83—86. Okt. 1952.) H. BECKER. 7974

Kurt Heide, *Beitrag zu Gütebeurteilungen von Zellstoffen.* Nach Ansicht des Vf. beruhen Ungleichmäßigkeiten der Qualität, Eigg. u. Einheitlichkeit der Fasern (Viscoseverf.) auf Uneinheitlichkeit des verwendeten Zellstoffs. Die Ursache hierfür ist in den morpholog. Unterschieden des Holzes zu suchen. Die Meth. zur Ermittlung der Unterschiede selbst beruht auf der besonderen Quellung des Zellstoffs mit Phosphorsäure.

Das Verf. läßt die verschied. Wachstumserscheinungen des Holzes erkennen. Die Methodik der Best. wird an Hand zahlreicher Abbildungen eingehend beschrieben. (Faserforsch. u. Textiltechn. **3.** 465—77. Dez. 1952. Schwarza, Thüringisches Kunstfaserwerk „Wilhelm Pieck".) P. ECKERT. 8006

Lars Nordman, Charley Gustafsson und **Göran Olofsson,** *Über die Festigkeit der Bindungen im Papier.* Zur Messung der Bindungsfestigkeit im Papier wurden eingespannte Streifen abwechselnd belastet u. entspannt, wobei die Dehnung mkr. u. opt. mittels Lichtreflexion gemessen wurde. Letztere geht direkt proportional der Zunahme der freien u. damit der Abnahme der gebundenen Oberfläche. — 15 Schrifttumshinweise. (Paperi ja Puu **34.** 47—52. 15/3. 1952. Helsingfors, Papierabt., Zentrallabor. AB.) BORCHERS. 8010

Harald Fiebiger, *Messung der Luftdurchlässigkeit und Wasseraufnahmefähigkeit. Zwei einfache, in der Praxis leicht durchführbare Prüfverfahren.* Beschrieben wird der POTTS-Test, ein einfaches Prüfverf. zur Messung der Luftdurchlässigkeit von Papier. Das GURLEY-Densometer beruht auf folgendem Meßprinzip: Ein senkrecht stehender zylindr. Hohlkörper wird an seiner oberen Stirnseite mit dem zu untersuchenden Papier bespannt u. hierauf in ein zweites, mit W. gefülltes zylindr. Gefäß getaucht, so daß sich zwischen den Wasserspiegeln im äußeren u. inneren Zylinder eine Niveaudifferenz u. im inneren Zylinder ein Überdruck einstellen. Unter seiner Wrkg. entweicht die Luft durch das Papier so lange, bis Niveaugleichheit eingetreten ist. Als Maß gilt die Zeit zum Einweichen von 100 cm^3 Luft. Weiter angeführt wird der SCHOPPERsche Luftdurchlässigkeitsprüfer. Als einfaches Prüfverf. zur Messung der Wasseraufnahmefähigkeit von Papier, Karton u. Pappe wird der COBB-Test erwähnt. Zur Best. müssen folgende Versuchsbedingungen ermittelt werden: Die während einer angegebenen Zeitdauer durch das Papier hindurchgehende Wassermenge oder der Druck, bei dem das W. durch das zu prüfende Papier hindurchzudringen beginnt, oder die Zeit, die für die Durchdringung des Papiers erforderlich ist. Eine genaue Beschreibung des Gerätes wird gegeben. (Allg. Papier-Rdsch. **1953.** 12—14. 12/1.) P. ECKERT. 8010

Badische Anilin- & Soda-Fabrik, Ludwigshafen/Rh. (Erfinder: **Karl Eichstädt,** Bietigheim/Württ.), *Imprägnieren von Holz.* Das lufttrockene oder getrocknete Holz wird in bekannter Weise mit Lsgg. von Verbb. behandelt, die mehrere Isocyanatgruppen enthalten, u. nach dem Abtreiben der flüchtigen Bestandteile der Imprägniermittel kurze Zeit auf 50—150° erhitzt. (**D. B. P. 853 968** Kl. 38h vom 2/8. 1942, ausg. 30/10. 1952.) E. PETERSEN. 7953

Canadian International Paper Co., Montreal, übert. von: **William Howard Rapson,** Hawkesbury, Can., *Bleichen von vorgebleichtem Holzzellstoff.* Der Stoff wird mit ClO_2 versetzt, das $p_H > 7$ gehalten u. die M. nach Verbrauch des ClO_2 mit Alkalihypochlorit u. -hydroxyd ohne wesentlichen Abbau bis zu einem Weißgrad über 90% behandelt. Beispiel: Sulfitzellstoff, der mit Cl_2 vorgebleicht u. mit Alkali heiß extrahiert wurde, wird mit 1,4% ClO_2 bei 45° u. 6% Stoffdichte behandelt, das p_H durch NaOH zwischen 7 u. 9 gehalten; nach 4 Std. mischt man 0,35% NaOCl u. 0,15% NaOH zu u. behandelt 4 Std. bei 45° weiter. Der Weißgrad beträgt 98,5% u. die Viscosität 28,5 Centipoise. (**A. P. 2 587 064** vom 9/3. 1949, ausg. 26/2. 1952.) G. VOGEL. 7957

Norsk Hydro-Elektrisk Kvaelstofaktieselskab, Oslo (Erfinder: **Carl Christian Andersen,** V. Aker), Norwegen, *Reinigung von Sulfitablauge,* welche gegebenenfalls von ihrem Zuckergeh. durch Gärung befreit ist, durch Behandlung mit einem *sauren Kationenaustauscher,* der die Hauptmenge der Basen der Ablauge, z. B. Kalk, Natron oder NH_3, aufnimmt u. H-Ionen an die Lauge abgibt. (**D. R. P. 753 043** Kl. 12o vom 7/9. 1938, ausg. 9/2. 1953. N. Prior. 23/8. 1938.) BRÖSAMLE. 7963

Erik Oemann, Stocksund, Schweden, *Aufschließen von Stroh durch* Kochung mit einer Lsg. oder Suspension von Kalk ohne Überdruck unter ständiger Umwälzung der Kochlauge im Kreislauf. Die nach Beendigung einer Kochung erhaltene Kochlauge wird zusammen mit W. u. einem Zusatz von frischem Kalk als Aufschließungs-Fl. neuer Mengen Stroh verwendet. Die vom ersten Kochprozeß stammende Laugenmenge beträgt 30—50% der neu zugeführten Wassermenge. (**Oe. P. 173 255** vom 29/12. 1949, ausg. 10/12. 1952. Schwed. Prior. 12/3. 1949.) GLAFEY. 7965

Storviks Sulfit Aktiebolag, Ockelbo, Schweden (Erfinder: **S. P. H. E. Holgersson**), *Eindampfen von Ablaugen der Zellstoffgewinnung.* Man läßt die Laugen mehrmals über oder durch poröse Schichten aus Holzwolle, Stroh, Hobelspänen, Stahlwolle, Reisig oder dgl. laufen u. leitet gleichzeitig Luft durch diese Schicht, wobei die herablaufende, nach u. nach dicker werden Lauge gesammelt wird. — Zeichnung. (**Schwed. P. 133 301** vom 14/4. 1949, ausg. 16/10. 1951.) JÜRGEN SCHMIDT. 7967

Svenska Cellulosaföreningens Centrallaboratorium (Erfinder: **Erich Adler,** Lidingö, und **Erik Karl Maurits Hägglund**), Stockholm, Schweden, *Wasserlösliche Stoffe aus Schwarzlaugelignin* (I). I wird ohne besondere Vorbehandlung mit Alkalien bei erhöhter Temp. u. notfalls unter Druck, gegebenenfalls nach vorheriger oder anschließender Oxydation mit H_2SO_3 oder deren Salzen oder Verbb., die diese unter den Reaktionsbedingungen liefern, behandelt u. das Reaktionsprod. gegebenenfalls vor oder gleichzeitig mit der Sulfonierung, aber vor einer etwaigen Oxydation, mit einem Aldehyd, zweckmäßig in alkal. Mittel umgesetzt. — I wird mit NaOH u. Na_2SO_3 6 Std. auf 135° erhitzt. Die durch eine Cellophanmembran dialysierte sulfit- u. sulfationenfreie Lsg. wird dann eingedampft. Die wss. Lsg. ist bis zum p_H 4 nicht fällbar, bei niedrigerem p_H fällt die freie *Ligninsulfonsäure* mit 6% SO_3H aus. I kann auch im Druckgefäß mit Na_2SO_3 u. 40%ig. CH_2O 3 Std. auf 150° erhitzt werden. Nach dem Eindampfen u. Aussalzen mit Na_2SO_4 erhält man ein 75% Gerbstoffe enthaltendes Prod., das beim Gerben ein weiches u. volles Leder mit erhöhter Schrumpftemp. ergibt. Verwendung als Gerbstoffe Emulgier- u. Dispergiermittel für Druckerschwärze, Textilfarbstoffe, Schneid- u. Bohröle, als Verstärkerfüllstoffe für Kautschuk u. als dispergierender, härtebeschleunigender u. die Festigkeit erhöhender Zusatzstoff für Zement. (**D. B. P. 859 889** Kl. 12o vom 20/12. 1950, ausg. 18/12. 1952. Schwed. Priorr. 22/12. 1949 u. 27/5. 1950.) KRAUSS. 7967

Ontario Paper Co. Ltd., Ontario, Can., *Gleichzeitige Gewinnung von Cellulose und Vanillin.* Man behandelt Holz gleichzeitig mit einer alkal. Aufschlußlsg. u. einem O_2 enthaltenden feinverteilten Gas. (**Finn. P. 25 815** vom 25/2. 1947, Auszug veröff. 31/7. 1952. Can. Prior. 26/7. 1946.) JÜRGEN SCHMIDT. 7967

Stora Kopparbergs Bergslags Aktiebolag, Falun, Schweden (Erfinder: **K. N. Cederquist**), *Verzuckerung von Cellulose im Zweistufenverfahren.* Das Ausgangsmaterial (Holz, Stroh) wird mit 3—20 kg konz. Säure je t Trockensubstanz imprägniert u. schnell unter Druck u. Einblasen von Wasserdampf erhitzt, so daß teilweise Aufschluß zu einfachen Zuckern erfolgt. Diese werden ausgewaschen, der Rückstand wird mit stärkerer Säurelsg. bis zu 7—30 kg je to ursprüngliches Ausgangsmaterial imprägniert u. erneut schnell mit direktem Dampf zur Beendigung des Aufschlusses erhitzt. In der 1. Stufe erfolgt der Aufschluß bei 160—200°, bes. bei 180°, in der 2. Stufe bei 190—250°, bes. 210—215°. (**Schwed. P. 132 220** vom 8/6. 1948, ausg. 3/7. 1951.) JÜRGEN SCHMIDT. 7969

Hercules Powder Co., übert. von: **Charles L. P. Vaughan,** Wilmington, Del., V. St. A., *Wasserlösliche Cellulosemischäther* mit wenigstens 0,05 Carboxyäthyl- u. 0,05 Oxäthylgruppen pro Anhydroglucoseeinheit. Man läßt eine Suspension von Alkalioxäthylcellulose (hergestellt aus Cellulose u. $\underset{\diagdown O \diagup}{CH_2-CH_2}$) in einem inerten organ. Lösungsm. (Dioxan) mit 0,15—4 Mol Alkylacrylat, Acrylnitril oder Acrylamid in Ggw. von NaOH, bes. bei 50—140°, reagieren. (**A. P. 2 618 635** vom 23/12. 1949, ausg. 18/11. 1952.) FABEL. 7971

—, Handbuch der Papier- und Pappenfabrikation. (Papierlexikon.) Im Auftr. d. Verl. bearb. v. **Fritz Hoyer** u. a. Wiesbaden: Sändig. 1952. (25 S.) 4°. DM 3,60.

XVIIIb. Textilfasern.

Helmut Zahn, *Chemie und Feinbau der Textilfasern.* Übersichtsarbeit. (Chemiker-Ztg. **77.** 8—12. 10/1. 1953. Heidelberg, Univ., Chem. Inst.) P. ECKERT. 8040

Nils Hartler und **Olof Samuelson,** *Abbau von Baumwolle und Holzcellulose mit Ligninsulfonsäure und Sulfitablauge.* Es wird über Verss. der Hydrolyse von Cellulosefasern mit H_2SO_4 (**I**), hochmol. Ligninsulfonsäure (**II**) u. Sulfitablauge (**III**) berichtet. Bei Säurekonzz., die die gleiche Inversionsgeschwindigkeit von Rohrzucker ergeben, erhält man mit **II** einen wesentlich langsameren Abbau der Cellulosefasern als mit **I**. Die Verss. zeigen, daß die Anteile der Cellulosefasern, die für die niedrigmol. Säure zugänglich sind, von der hochmol. nicht durchdrungen werden können. Beim Sulfitkochen liegt in der Ablauge ein Gemisch von hochmol. u. niedermol. Säuren vor. Trotzdem ist der Verlauf des Abbaues im wesentlichen derselbe wie bei einer niedermol. Säure. Dieses Verh. läßt sich mit Hilfe der DONNAN-Theorie deuten. Die Unterss. wurden sowohl mit Baumwolle als auch mit Holzcellulose durchgeführt. Unterschiede haben sich nun insofern ergeben, als bei den vorliegenden Verss. der Abbau länger durchgeführt wurde als bei früheren Versuchen. Dies trifft vor allem für die Viscosität als Funktion der Hydrolysezeit zu. Die Verss. haben ferner ergeben, daß die Kurven für Baumwolle u. Holzcellulose einander zweimal schneiden. — 41 Literaturzitate. (Svensk Papperstidn. **55.** 851—62. 30/11. 1952. Göteborg, Schweden, Dep. of Engng. Chem., Chalmers Tekniska Högskola.) P. ECKERT. 8044

H. Bergs, *Ein Beitrag zur Imprägnierung von Baumwoll-Regenmantelpopeline.* Die Prüfung von Baumwoll-Regenmantelpopeline nach der BUNDESMANN-Meth. läßt häufig Unterschiede im Imprägnierungswert erkennen. Als Ursache werden angeführt: Beschaffenheit der Rohware; Vorbehandlung, vor allem der Abkochprozeß u. die sich bis zur Imprägnierung ergebende Saugfähigkeit; Verwendung von Hilfsmittel; Imprägnierung; Trocknungsvorgänge u. Schrumpfung sowie Ungenauigkeiten bei der Prüfung. Zur Behebung der Unterschiede ist eine eingehende Unters. der Fehlerquellen angestellt worden. (Textil-Praxis **7.** 983—85. Dez. 1952.) P. ECKERT. 8044

G. J. Schuringa, J. Isings und **A. J. Ultée jr.**, *Die chemische Zusammensetzung der Epicuticula der Wolle.* 1. Mitt. *Der Proteincharakter der Epicuticula.* (Vgl. auch C. **1952.** 5672.) Histochem. Unterss. an ausgezogenen Haarwurzeln von Fledermäusen u. Schweinefötus mit der ALLWÖRDENschen Rk., mit Bromwasser sowie dem CHÈVREMONT u. FRÉDÉRICschen Nachw. von Cystein mit $Fe[Fe(CN)_6]$ ergaben, daß die Epicuticula (I) weit unterhalb der Mündung der Talgdrüsen bereits ausgebildet ist, so daß die Theorie von ELLIOTT, wonach I ein Prod. der Talgdrüsen ist, hinfällig wird. Die ALLWÖRDENsche Rk. wird an derselben Stelle sichtbar, an der die Cysteinzone beginnt. I aus Wolle nach der Bromwassermeth. sowie der Na_2S-Meth. isoliert, enthält 13% N, 2,4—2,8% S, 2 bis 10% Asche (Quarz). Im HCl-Hydrolysat wurden papierchromatograph. in Übereinstimmung mit ZAHN dieselben Aminosäuren wie in Wolle gefunden. Röntgenograph. wurden diffuse Ringe bei 4, 5 u. 10 Å festgestellt, ein weiterer Hinweis für den Proteincharakter von I. Die bisherigen Ansichten über Entstehung u. Zus. der I werden krit. diskutiert u. teilweise zurückgewiesen. (Biochim. biophysica Acta [Amsterdam] **9.** 457—67. Okt. 1952. Delft, Vezelinst. T. N. O.) ZAHN. 8060

E. S. Shanley, H. O. Kauffmann und **W. H. Kibbel**, *Der Wasserstoffperoxyd-Eintrocknungsprozeß zum Bleichen von Wolle.* Beim kontinuierlichen Eintrocknungsbleichen von Wolle (I) mit H_2O_2 (II) imprägniert man die Ware mit 0,2—0,3% II u. H_2SO_4 u. trocknet bei 93°, wobei die Bleichung erfolgt. Der End-p_H nach dem Trocknen ist neutral bis schwach alkalisch. Der Bleichgrad wurde durch Reflexionsmessungen an I bestimmt. Beim Kochen der gebleichten Ware mit sauren Flotten, wie sie beim Färben verwendet werden, bildet sich die ursprüngliche Färbung wieder zurück. Dies beruht auf in I zurückgehaltenem II, nach dessen Entfernung durch bis zu 3 Wochen langes Altern bei Zimmertemp. oder Einw. von 0,2% $Na_2S_2O_4$ vom I-Gewicht oder Hefepaste (Katalase) keine Farbrückbldg. mehr auftritt. Man kann auch die Farbflotte 0,1% $Na_2S_2O_4$ vom I-Gewicht zusetzen. Die gebleichte I sollte möglichst unter 100°, z. B. bei 80°, gefärbt werden. (Amer. Dyestuff Reporter **40.** 1—4. 8/1. 1951. Buffalo, Electro-Chemical Co.) ZAHN. 8060

Paul-August Koch und **Wolfgang Bobeth**, *Glasfädenuntersuchungen.* 14. Mitt. *Technologische Prüfung und Eigenschaften von Glaskunstseiden- und Glasfasergeweben.* (13. vgl. C. **1953. 3498.**) Es wird gezeigt, daß Glasgewebe im Vgl. zu n. Textilgeweben bzgl. ihrer technolog. Eigg. große Streuungen zeigen. Glasgewebe, bes. aus Glaskunstseide, sind gegenüber Biegebeanspruchung sehr empfindlich, gegenüber Scheuerbeanspruchung im trockenen Zustand dagegen sehr widerstandsfähig. Glasfasergewebe erreichen hinsichtlich der Scheuerwerte nur $^1/_4$ der der Glaskunstseidengewebe. Die Naßscheuerwerte sind sehr schlecht (5—10% der Trockenscheuerwerte). Glasfasergewebe besitzen bei besonderer Wahl des Gewebes gute Wärmeisolationseigenschaften. Die an trockenen Glaskunstseidengeweben festgestellten relativ hohen Zerreißfestigkeiten werden vermindert: durch Wassereinw. auf ca. 40% der Ausgangsfestigkeit; in zunehmendem Maße mit steigender Temp. u. Einwirkungsdauer beim Erhitzen; durch Entschlichten auf ca. 75% der Ausgangsfestigkeit. Kaum beeinträchtigt wird das Gewebe durch Kälteeinwirkung. Geringfügig vermindert wird es durch eine 3monatliche Bewetterung. Eine starke Beeinträchtigung erfährt das Gewebe durch Verrottung. Nach einem Monat sinkt die Festigkeit auf 55,5% der Anfangsfestigkeit herab. (Glastechn. Ber. **25.** 396—405. Dez. 1952.) P. ECKERT. 8082

K. Schwertassek und **K. Hájek**, *Die praktische Anwendung des Umwertungsdiagrammes zum Studium von Kristallisationsprozessen.* 7. Mitt. *über den Zusammenhang der Jodsorption und den Kristallisationszustand von Cellulosefaserstoffen.* (6. vgl. C. **1953. 946.**) (Faserforsch. u. Textiltechn. **3.** 349—54. Sept. 1952.) P. ECKERT. 8102

Henkel & Cie. G. m. b. H. (Erfinder: **Arthur Zimmermann**), Düsseldorf, *Herstellung von Salzen höhermolekularer Äthercarbonsäuren.* Simplexartige Verbb. des Chitins mit Kohlenhydraten aus mycelbildenden Mikroorganismen werden schonend mit Alkali behandelt u. die entstandenen Alkaliverbb. mit z. B. Monochloressigsäure oder β-chlorpropionsaurem Na behandelt. — Zusatzstoffe für *Textilhilfsmittel, Waschmittel, Klebstoffe.* (**D. B. P. 863 338** Kl. 12o vom 2/5. 1942, ausg. 15/1. 1953.) FABEL. 8029

Farbenfabriken Bayer, Leverkusen, *Aufhellen von Papier, Leder, Holz, Seife, Textilien usw.*, dad. gek., daß der Stoff mit sulfonsauren Salzen von Verbb. behandelt wird, die mindestens einen 1.2.3-Triazolring im Mol. enthalten. Pro Liter Flotte werden z. B. verwendet: 0,05—0,06 g 4.4'-Bis-[5'-sulfonaphtho-[1'.2':4.5]-triazolyl-(2)]-stilben-2.2'-disulfonsäure oder 0,5—0,7 g 2-(4'-[5''-Sulfonaphtho-[1''.2'':4''.5'']-triazolyl-(2'')]-phenyl)-6-methylbenzthiazolsulfonsäure, gegebenenfalls unter Zusatz von ähnlichen Mengen eines aus 1 (Mol) 4.4'-Diaminostilben-2.2'-disulfonsäure u. 2 Phenylisocyanat erhaltenen Harnstoffes u. von Waschmitteln. (**Schwz. P. 275 140** vom 16/10. 1948, ausg. 1/8. 1951.) G. VOGEL. 8029

Zellwolle- & Kunstseide-Ring G. m. b. H., Berlin, *Herstellung reaktionsfähiger S-Verbindungen*, dad. gek., daß man mindestens 2 reaktionsfähige H-Atome enthaltende Verbb. mit CH_2O bzw. seinen Polymeren, einem tert. Amin u. SO_2 umsetzt. Nach dem Beispiel wird Adipinsäurediamid, Paraformaldehyd mit Pyridin im SO_2-Strom umgesetzt. Kristallblei. — *Veredlung natürlicher u. künstlicher Textilien.* (**D. B. P. 859 446** Kl. 12o vom 23/3. 1945, ausg. 15/12. 1952.) SCHINDLER. 8033

I. G. Farbenindustrie Akt.-Ges., Frankfurt/M. (Erfinder: **Ludwig Orthner, Gerhard Balle**, Frankfurt/M., und **Georg Dittus**, Ludwigshafen/Rh.), *Hydrophobieren von Textilgut.* Man behandelt dieses mit gelösten oder dispergierten Salzen von (Di-) Isothioharnstoffen, die am S die Gruppe $R-X-CH_2$ enthalten oder deren S-Atome durch die Gruppe $-CH_2-X-R'-X-CH_2-$ verknüpft sind (R = Alkylrest mit mindestens 4 C-Atomen; $R' = R$ oder 2wertiger Alkylarylrest, gegebenenfalls mit —O-Brücken; X = O oder S). Das imprägnierte Textilgut wird (nach Vortrocknung) einer Wärmebehandlung unterworfen. Geeignet sind die Umsetzungsprodd. aus Thioharnstoffen u. Butylchlormethyläther, Dodecylbrommethyläther oder den Chlormethyläthern von alkyl-, aryl- oder alkylarylsubstituierter Glykolen. — Wollgabardine wird bei 30—40° mit einer 1%ig. Lsg. des Prod. aus Thioharnstoff u. Octadecylchlormethyläther mit einem geringen Zusatz von Octadecyloxymethylpyridiniumchlorid 30 Min. behandelt, abgequetscht u. 1 Std. auf 120° erwärmt. (**D. R. P. 756 904** Kl.8k vom 11/12. 1937, ausg. 10/11. 1952.) MÖLLERING. 8037

Soc. An. le Cristallex, Marne, Frankreich (Erfinder: **Claude de Jarny**), *Imprägnieren von Fasern mit Vinylharzen.* Fasern, Fäden, Papier, Gewebe werden vor oder nach der Verarbeitung mit wss. Dispersionen der Vinyl- u. Styrolharze imprägniert. (**F. P. 982 010** vom 29/5. 1943, ausg. 4/6. 1951.) PANKOW. 8037

Treesdale Laboratories and Textile Processing Co., übert. von: **James Francis McCarthy**, Mars, Pa., V. St. A., *Wasserfest- und Feuersichermachen von Textilien.* Man behandelt mit einer Mischung aus 14 (Gew.-%) einer 55%ig. wss. Dispersion von Polyvinylchlorid, 6,5 Weichmacher, z. B. Dibutyl- oder Dioctylphthalat, Äthylphthalyläthylglykolat oder Methoxyäthylacetylricinoleat (65%ig. wss. Emulsion), 75,5 Sb_2O_3 (70%ig. wss. Dispersion), 3 Na-Carboxymethylcellulose (2%ig. Lsg.) u. 1 einer 28%ig. NH_4OH-Lösung. Das behandelte Material wird bei 200—240° F getrocknet. (**A. P. 2 591 368** vom 22/1. 1947, ausg. 1/4. 1952.) v. SCHILLER. 8037

Joseph Bancroft & Sons Co., übert. von: **Florence M. Ford** und **William P. Hall**, Wilmington, Del., V. St. A., *Feuerfestmachen von Fasermaterialien* u. gleichzeitiges Imprägnieren gegen Schimmel durch Imprägnieren mit einer wss. Lsg. wenigstens einer anorgan. P oder S enthaltenden Säure, welche frei von Metall ist u. keine organ. Reste enthält, aber auch keine O oder Halogen abgebenden Bestandteile enthält u. unter den Reaktionsbedingungen nicht flüchtig ist, deren Anionen jedoch sich unter den Reaktionsbedingungen verflüchtigen. In der wss. Lsg. ist ferner wenigstens eine nichtmetall. organ. bas. Verb., wie Harnstoff oder Biuret sowie eine wasserlösl. flüchtige alkal. Verb., wie NH_4OH u. ein Aldehyd, z. B. Formaldehyd, Hexamethylentetramin, Acetaldehyd, Glyoxal. — Durch das Alkali wird der p_H-Wert der Lsg. bei p_H 6—8 gehalten. — Nach dem Beispiel wird ein Gemisch aus 100 (Teilen) H_3PO_4 (75%), 200 Harnstoff, 15 NH_3 (28%ig), 50 CH_2O (37%ig) u. 100 W. hergestellt, getrocknet u. 30 Sek. bis 40 Min. bei 250 bis 400° F erhitzt. Vgl. Finn. P. 25 086; C. **1952.** 621. (**Can. P. 483 884** vom 20/2. 1945, ausg. 10/6. 1952. A. Prior. 10/6. 1944.) M. F. MÜLLER. 8037

G. B. Heijmer, Stockholm, Schweden, *Herstellung von Tüchern für künstlerische und dekorative Zwecke.* Man belegt die Tücher mit einer Paste, die hauptsächlich aus nitriertem Holz u. daneben aus Natur- oder Kunstharzen, Weichmachern u. Pigmenten bestehen kann. Diese Belagmasse soll die Poren des Gewebes abdichten, so daß es als Bildunterlage verwendet werden kann. (**Schwed. P. 132 856** vom 10/6. 1947, ausg. 4/9. 1951.) JÜRGEN SCHMIDT. 8037

Vereinigte Glanzstoff-Fabriken Akt.-Ges., Wuppertal (Erfinder: **Elmar Profft**, Berlin), *Veredeln von Cellulosehydratgut.* Es wird zur Herabsetzung seines Quellungsvermögens zuerst mit einer Lsg. aus einem ein- oder mehrwertigen aliphat. Alkohol, CH_2O u. einer geringen Menge NH_4Cl vom p_H 3—3,5 getränkt, darauf abgepreßt bzw. abgeschleudert, anschließend getrocknet u. einer mehrstd. Wärmebehandlung bei 100° unterworfen, worauf das Gut durch Avivieren, erneutes Trocknen u. Konditionieren fertiggestellt werden kann. — Z. B. wird ein Kunstseidenstrang (20 g) 15 Min. bei n. Temp. mit 300 cm^3 einer Lsg., die im Liter 6 g Diacetonalkohol, 0,6 g NH_4Cl u. 120 cm^3 CH_2O (40%ig) enthält u. mit 2,2 cm^3 HCOOH auf p_H ca. 3 eingestellt ist, behandelt, danach auf ein Gewicht von 46 g abgepreßt u. schließlich 2½ Std. einer Temp. von 100° ausgesetzt. Alsdann wird aviviert, getrocknet u. konditioniert. Das Wasserrückhaltvermögen der behandelten Ware beträgt 37,4% gegenüber einem Ausgangsquellwert von 66%. Der Behandlungseffekt ist gegen sd. Seife–Soda-Lsgg. beständig. (**D. B. P. 852 390** Kl. 8k vom 2/10. 1948, ausg. 13/10. 1952.) HERBST. 8075

Kurmärkische Zellwolle und Zellulose Akt.-Ges., Wittenberge, **Rheinische Kunstseide Akt.-Ges.**, Krefeld, **Rheinische Zellwolle Akt.-Ges.**, Siegburg, **Schlesische Zellwolle Akt.-Ges.**, Hirschberg, und **Zellwolle und Zellulose Akt.-Ges.**, Küstrin (Erfinder: **Otto Moldenhauer**, Hirschberg, und **Eduard Moosmüller**, Bad Warmbrunn), *Rückgewinnung und Wiederverwendung von Viscose aus benutzten Filtertüchern*, dad. gek., daß die Tücher mit nur so viel W. oder Lauge behandelt werden, daß eine auf höchstens 0,3% Cellulosegeh. verd. Viscoselsg. erhalten wird, die nach Filtration der Löselauge für Cellulosexanthogenat zugesetzt wird. (**D. R. P. 767 553** Kl. 29b vom 30/1. 1941, ausg. 8/12. 1952.) SALZMANN. 8075

Courtaulds Ltd., England, *Wiedergewinnung und Reinigung von Na_2SO_4 aus Viscosespinnbädern*. Die Herst. von wasserfreiem Na_2SO_4 aus Glaubersalz (I) erfolgt derart, daß **I** bei einer unter 32,5° liegenden Temp., z. B. 12—14°, in eine gesätt. Na_2SO_4-Lsg. eingetragen u. durch eine geeignete Transportvorr. dem Strom der Na_2SO_4-Lsg. entgegen zu einem Gefäß bewegt wird, das auf über 32,5° erwärmt wird. Dort erfolgt unter langsamem Rühren der Fl. Bldg. von wasserfreiem Na_2SO_4, das laufend abgezogen werden kann. Die dem **I** entgegenströmende Na_2SO_4-Lsg. wäscht dieses gleichzeitig. (**F. P. 990 016** vom 1/7. 1949, ausg. 17/9. 1951. E. Prior. 2/7. 1948.) WITTHOLZ. 8075

—, Rayon technology (including acetate); Handbook for textile mills; prepared by the Textile Research Department, American Viscose Corporation. 2nd ed. New York: McGraw-Hill. 1953. (351 S. m. Abb. u. Diagr.) $ 7,—.

Louis Diserens, *Neueste Fortschritte und Verfahren in der chemischen Technologie der Textilfasern.* Zweiter Teil. *Neue Verfahren in der Technik der chemischen Veredlung der Textilfasern (Hilfsmittel in der Textilindustrie)*. 1. Band. Basel: Verlag Birkhäuser. 1948. (XII + 727 S.) Sfr. 91,—.

(Vgl. C. **1949**. II. 806. **1950**. I. 1152. **1952**. 7098.) Das vorliegende Buch verdankt sein Entstehen einer weitgehenden Umarbeitung u. Erweiterung der im Jahre 1940 in französ. Sprache erschienen Ausgabe „Nouveaux procédés dans la technique de l'emoblissement des fibres textiles". Behandelt wird die Vorbereitung der pflanzlichen u. tier. Fasern, die Vorbehandlung der Naturseide, das Bleichen der Textilfasern sowie der Einfl. der Alkalien auf die Cellulosefasern u. die Einw. der Säuren auf die pflanzlichen Fasern. Die gesamte in den neuen Text aufgenommene Dokumentation über die Vorbehandlungen der Textilfasern beschäftigt sich mit dem Schlichten, Entschlichten, Waschen, Chloren, Carbonisieren, Schmälzen, Mercerisieren, Pergamentieren sowie mit weiteren Arbeitsgängen. Angeführt werden ungefähr 2000 Patente u. eine bedeutende Anzahl bibliograph. Angaben. Das angeführte Schrifttum reicht bis zum Zeitpunkt der Drucklegung. P. ECKERT. 8022

XIX. Brennstoffe. Erdöl. Mineralöle.

R. Monicard und **H. Dumas**, *Radioaktivität der Sedimentgesteine, des Rohöls und der Lagerstättenwässer.* Auszugsweise Übersetzung der C. **1953**. 1584 referierten Arbeit. (Erdöl-Ztg. **68**. 111—14. Okt. 1952.) ROSENDAHL. 8186

J. I. Wasson und **W. M. Smith**, *Wirkung der Alkylsubstitution an Phenolen auf Alterungsschutzeigenschaften.* Zweck der Unters. ist, alkylierte Phenole zu entwickeln, die eine besondere Alterungsschutzwrkg. bei Erdölprodd. besitzen. Die wirkungsvollsten Alterungsschutzmittel auf Basis von Phenol waren solche, die eine tert.-Butylgruppe in der 2- u. 6-Stellung (o zur OH-Gruppe) u. eine n-Alkylgruppe in der 4-Stellung besitzen. Die Wrkg. dieser Verbb. steigt mit steigender C-Zahl von 1—4 des n-Alkylsubstituenten in der 4-Stellung. Phenole, die eine solche Struktur aufweisen, bedingen eine ster. Hinderung u. sind chem. inert. Das 2.6-Di-tert.-butyl-4-Kresol, eine der bei den Verss. gefundenen Verbb., hat bei einer großen Zahl von Erdöl-KW-stoffen eine bes. gute Alterungsschutzwrkg. u. wird in immer größeren Mengen verwendet. Eingehende experimentelle Verss. im Original. (Ind. Engng. Chem. **45**. 197—200. Jan. 1953. Baton Rouge, La., Esso Standard Oil Co., Louisiana Div.; Linden, N. J., Esso Labor., Res. Div., Standard Oil Development Co.) K. O. MÜLLER. 8194

Roy F. Weston, *Verarbeitung des Abfallwassers in Ölraffinerien.* An Hand zahlreicher Schrifttumsangaben werden die verschied. Verff. geschildert, die geeignet sind, die in den Raffinerien anfallenden Abwässer nutzbringend zu verwerten. (Chem. Engng. Progr. **48.** 459—67. Sept. 1952. Philadelphia, Pa., Atlantic Refining Co.) ROSENDAHL. 8194

J. Duffy jr. und **H. M. Hart,** *Metallvergiftung von fließenden Spaltkatalysatoren.* Die bes. in den höhersd. Fraktionen der untersuchten Öle vorhandenen nichtflüchtigen Spuren Fe, Ni, V u. Cu sind die Ursache der Vergiftung eines säureakt. *Montmorillonit*-Katalysators, der im Umlauf zur Spaltung von Gasölen zu hochklopffestem Bzn. dient. Der jeweils durch Brennen von anhaftendem Koks befreite hocherhitzte Katalysator durchläuft zusammen mit dem zu spaltendem Öl den Spaltreaktor, wobei 10—15 Vol.-% schwerer Gasölrückstände dem frischen Ausgangsöl zugesetzt werden. Spektralanalyt. wird festgestellt, daß die Wrkg. des Katalysators durch das im Rückstandsöl angesammelte Ni u. V vermindert wird. Ausführliche Verss. u. Diskussion. (Chem. Engng. Progr. **48.** 344—48. Juli 1952. Sugar Creek, Mo., Standard Oil Co. of Indiana.) K. O. MÜLLER. 8196

E. M. Gladrow, R. W. Krebs und **C. N. Kimberlin jr.,** *Reaktionen von Kohlenwasserstoffen über Spaltkatalysatoren.* Es werden die Gründe untersucht, warum Katalysatoren verschied. Zus. in der Qualität unterschiedliche Prodd. liefern. Unter Verwendung definierter KW-stoff-Ausgangsprodd. werden die Katalysatorenunterschiede bei der Spaltung in Richtung des C-Ion-Mechanismus geprüft. Es wurde gefunden, daß ein Silica-Al-Katalysator ein Bzn. mit höherer OZ. auf Grund größerer Verdampfbarkeit, infolge größerer Mengen niedrigmol. Spaltstücke, u. größere Mengen an Isomeren u. Aromaten liefert als ein Silica-Mg-Katalysator. Es wird angenommen, daß diese beiden Katalysatoren sich durch die Wirkungsintensität der akt. Zentren unterscheiden, die das Carbonium-Ion befähigen sollen, einen Dipol im KW-stoff zu bilden. Diese akt. Zentren sollen als Spannung auf der Oberfläche liegen, ermangeln aber elektr. einer bevorzugten Richtung. — Vff. glauben, daß ihre Hypothese über das Carbonium-Ion u. dessen Beziehung zum akt. Zentrum bisher in der Theorie der katalyt. Spaltung beobachtete Anomalien klären kann. (Ind. Engng. Chem. **45.** 142—47. Jan. 1953. Baton Rouge, La., Esso Labors., Esso Standard Oil Co., Louisiana Div.) K. O. MÜLLER. 8196

W. L. Burriss, N. T. Hsu, H. H. Reamer und **B. H. Sage,** *Das Phasenverhalten im Wasserstoff–Propan-System.* Es wurde das Phasenverh. von H_2 in Mischung mit leichten Paraffin-KW-stoffen untersucht. Die Zus. einer gleichzeitig bestehenden fl. u. gasförmigen Phase von Mischungen von H_2 u. Propan wurde bei Tempp. zwischen 4 u. 88° im Zweiphasenbereich u. im Gas-Fl.-Gleichgewicht der Komponenten untersucht. Es wurde gefunden, daß bei Drucken über 560 at bei 4° zwei Phasen bestehen. Der krit. Druck steigt schnell bei fallender Temp. unter diejenige, die dem krit. Stadium des Propans entspricht. Die Unters. ist von Bedeutung bei Errichtung von Hydrierungsanlagen u. der Trennung des H_2 von den leichten Paraffin-KW-stoffen. — Tabellen, Diagramme u. 18 Literaturhinweise im Original. (Ind. Engng. Chem. **45.** 210—13. Jan. 1953. Pasadena, Calif., California Inst. of Technol.) K. O. MÜLLER. 8198

Milenko Radančević, *Die Erzeugung von Synthesegas durch partielle Oxydation von Methan.* Es wurden Verss. ausgeführt zur partiellen Oxydation des CH_4 zu CO mit reinem O_2 sowohl auf therm. als auf katalyt. Wege. Für die therm. Überführung von CH_4 in CO ist eine Temp. von 1300° notwendig. Bei den Verss. wurde nur mit Tempp. bis 1100° gearbeitet. Bei 1100° betrug die Zus. des Synthesegases in Vol.-%: CO_2 1,6, CO 22,6, H_2 56,5. — Bei den katalyt. Verss. wurde $Ni(NO_3)_2$ als Katalysator auf Silicagel niedergeschlagen, im Luftstrom auf 500° erhitzt u. bei 500° mit reinem H_2 reduziert. Die optimale Temp. betrug 850°, die günstigste Zuströmungsgeschwindigkeit für CH_4 0,7, für O_2 0,42 Liter/Minute. Das mol. Verhältnis O_2/CH_4 muß über dem stöchiometr. Wert liegen. Am besten wirkt ein Katalysator mit 3,5% Ni mit 1% CuO als Promotor auf Silicagel als Träger. — Beschreibung u. Abbildungen der verwendeten Apparaturen. (Nafta [Zagreb] **3.** 5—11. Jan. 1952. Zagreb, Inst. za naftu.) BECKMANN. 8200

E. E. Bramston-Cook, *Aromatisierungsverfahren für Kohlenwasserstoffe.* Bericht über die Entw. der Aromatengewinnung in den USA aus Kohlenteeren nach den verschied. Aromatisierungsverff. bis zu dem modernen katalyt. arbeitenden Platforming-Verfahren. Bei dem 1949 von der UNIVERSAL OIL PROD. CO. entwickelten kontinuierlich arbeitenden Verf. wird Pt als Katalysator verwendet, C_5-Ring-Naphthene können isomerisiert u. C_6-Ring-Naphthene in Bzl. übergeführt werden, wobei vorhandene Paraffine ebenfalls isomerisiert werden. Beschreibung der Arbeitsweise. Das ebenfalls katalyt. arbeitende HOUDRIFORMING-Verf. wird ebenfalls beschrieben. (Chem. Engng. Progr. **48.** 381—84. Aug. 1952. New York, Ozonite Chemical Co.) K. O. MÜLLER. 8200

C. L. Dunn und **G. E. Liedholm,** *Gewinnung durch extraktive Destillation.* Um die aus katalyt. Aromatisierungsanlagen anfallenden Aromatengemische zu trennen, um reines Bzl., Toluol oder Xylol zu erhalten, sind 3 Verff. in prakt. Anwendung: Lösungsmittelextraktion mittels Diäthylenglykol–W. (Udex-Verf.); das Silicagel-Adsorptionsverf. (Arosorb-Verf.) u. das Shell-Verf. der extraktiven Destillation. Bei letzterem werden die Aromatengemische mit „Amerikakresol" (200—220°) dest. u. aus den Destillaten die Aromaten abgezogen. Handelt es sich nur um Bzl. oder Toluol, dann wird als Lösungsm. Phenol verwendet. (Petroleum Processing **7.** 842—43. Juni 1952. Shell Development Co.) K. O. MÜLLER. 8200

Josip Verčon, *Die Anwendung schwerer Brennstoffe in Dieselmotoren.* Es werden günstig ausgefallene Verss. mit 2 Motorschiffen beschrieben, die die Verwendung von n. Heizöl u. von einem Spindelölfiltrat in der jugoslaw. Marine zum Gegenstand hatten. Ein besseres Arbeiten des Motors bei Verwendung schwerer Brennstoffe wurde bewirkt durch Erhöhung der Temp. der Zylinderwände, durch Regelung der Kühlwassermenge u. durch Kühlung der Kolben mit Öl. Die Kühlung der Düsen mußte verstärkt werden, um die Verrußung der Öffnungen herabzusetzen. Wegen der hohen Entflammungstemp. wurde die Voreinspritzung erhöht. Zur Reinigung der schweren Brennstoffe müssen besondere Vorkehrungen getroffen werden. (Nafta [Zagreb] **3.** 12—17. Jan. 1952. Belgrad, Univ., Inst. für Brennstoffe.) BECKMANN. 8212

Zsigmond de Galocsy, Zürich, Schweiz (Erfinder: **Hans Bischoff,** Essen/Ruhr), *Konvertierung von Wassergas.* Sie erfolgt unmittelbar anschließend an die Gaserzeugung bei Tempp., mit denen das Gas (**I**) den Gaserzeuger verläßt, unter Benutzung feinverteilter, von I getragener Katalysatoren. Als solche dienen Stäube von Kalk, Magnesia, Raseneisenerz, Rotschlamm u. dergleichen. Eine Entschwefelung vor der Konvertierung findet nicht statt. (**D. B. P. 843 546** Kl. 12i vom 21/1. 1949, ausg. 10/7. 1952.) ZÜRN. 8153

Edward G. Ragatz, San Marino, Calif., V. St. A., *Gewinnung von leichten Kohlenwasserstoffen, besonders Propan* (**I**), *aus Adsorptionsölen der Erdgasaufbereitung.* In einer Fraktionierkolonne wird Äthan (**II**) ausgetrieben, wobei das gereinigte, **I** enthaltende Adsorptionsöl über einen Wärmeaustauscher abgezogen u. nur zum Teil zum Auswaschen von im **II** mitgerissenen **I** zurückgeführt wird. Aus dem so vorbehandelten, von **II** freien Adsorptionsöl wird **I** in üblicher Weise gewonnen. — Reaktionsschema. (**A. P. 2 548 058** vom 28/7. 1947, ausg. 10/4. 1951.) MÖLLERING. 8187

Petrolite Corp. Ltd., Wilmington, Del., übert. von: **Melvin De Groote,** University City, Mo., V. St. A., *Brechen von Erdölemulsionen* mit einem Demulgiermittel, bestehend aus hochmol. Oxypropylierungsprodd. oxyalkylierter Zwischenprodd., die sich von wasserunlösl., xylolunlösl. Polypentaerythriten mit mindestens 8 OH-Gruppen ableiten. Die Komponenten sollen folgenden Bedingungen entsprechen: a) Das mehrwertige Ausgangsreagens darf keine zusammenhängende Kette von 8 C-Atomen enthalten; b) Mol.-Gew. des Zwischenprod. größer als 1200 u. kleiner als 25000; c) das durch Oxyalkylierung gewonnene Zwischenprod. soll eine Verb. aus der Äthylenoxyd- u. Glycidklasse enthalten; d) das Zwischenprod. soll in W. dispergierbar sein, mindestens bis zur koll. Löslichkeit, u. xylolunlösl. sein; e) die Wasserlöslichkeit des Zwischenprod. soll der Oxyalkylierung entsprechen, wenn man eine Verb. der Äthylenoxyd- u. Glycidklasse verwendet; f) Mol.-Gew. des Oxypropylierungsendprod. von 5000—100000 im Durchschnitt; g) Oxypropylierungsendprod. soll xylollösl. sein; h) die Xylollöslichkeit des Oxypropylierungsendprod. soll dem Grad der Oxypropylierung entsprechen; i) das mehrwertige Ausgangsreagens soll nicht mehr als 7 Gew.-% des Oxypropylierungsendprod. betragen; j) vollständige Rk. zwischen den Alkylenoxyden u. dem mehrwertigen Ausgangsreagens. — Beispiele für das mehrwertige Ausgangsreagens: Tri-, Tetra-, Heptapentaerythrit. (**A. P. 2 552 532** vom 16/11. 1949, ausg. 15/5. 1951.) UNGER. 8191

N. V. de Bataafsche Petroleum Mij., Den Haag (Erfinder: **Robert Bartlett Ewell,** Den Haag, Holland, **James Fred Crocoll** und **Frederick Kunreuther,** Emeryville, Calif., V. St. A.), *Katalytische Spaltung von Kohlenwasserstoffölen.* Zur Erzeugung von KW-stoffen des Benzinsiedebereiches wird das zu spaltende Öl in zwei Anteile zerlegt. Der höhersd. Anteil wird mit heißem, frisch regeneriertem Katalysator aufwärts durch eine 1. Reaktionszone geleitet, wobei durch entsprechende Temperatur- u. Strömungsbedingungen unter Verhinderung des Absetzens eine wesentliche Spaltung erzielt wird. Der Katalysator wird in einer Entladungszone, die oberhalb der 2. Reaktionszone angeordnet ist, von den dampfförmigen Spaltprodd. abgetrennt u. in die fluidierte Katalysatorschicht dieser 2. Reaktionszone geführt, während der niedrigsd. Anteil des zu spaltenden Öles unter Spaltbedingungen von unten durch diese Schicht geleitet wird. Der verbrauchte Katalysator wird aus dieser 2. Reaktionszone in eine Regenerierzone geleitet, u. die dampfförmigen Spaltprodd. aus der 1. u. 2. Reaktionszone werden in gemeinsamem Dampfstrom, der frei von Katalysator ist, am oberen Ende der Entladungszone abgeführt. Menge u. Verweilzeit des Katalysators sind in der 2. Reaktionszone größer als in der 1., während die Temp. in der 1. Reaktionszone höher als in der 2. ist. — Zeichnung. (**D. B. P. 852 885** Kl. 23b vom 3/4. 1951, ausg. 20/10. 1952. A. Prior. 4/4. 1950. Holl. Prior. 15/11. 1950.) UNGER. 8197

Standard Oil Development Co., Elizabeth, N. J., V. St. A., *Spalten von Kohlenwasserstoffölen mit Spaltkatalysatoren aus synthetischen Gelen und deren Regenerierung.* Man behandelt die KW-stoffe bei 800—1100° F mit synthet. Kieselgel oder Si-Al-Gel oder Si-Mg-Gel u. regeneriert den verbrauchten Katalysator fallweise durch Abbrennen der kohligen Ablagerungen. Zur Reaktivierung des regenerierten Katalysators behandelt man diesen mit einer wss. HF-Lsg. (0,4—10%, bes. 1—3%, berechnet auf das Gewicht des behandelten Katalysators), die auch Al-Salze enthalten kann. Dann wird der reaktivierte Katalysator gewaschen u. getrocknet. (**E. P. 665 791** vom 23/8. 1949, ausg. 30/1. 1952. A. Prior. 27/10. 1948.) UNGER. 8197

Badische Anilin- & Soda-Fabrik, Ludwigshafen/Rh. (Erfinder: **Ernst Donath,** Pittsburgh, Pa., V. St. A.), *Spalten von Mittel- und Schwerölen in flüssiger Phase.* Man spaltet Mittel- u. Schweröle, die mit einem feinverteilten Katalysator (Bleicherde, künstlich erzeugte Mg- oder Al-Silicate, akt. Tonerde mit Oxyden der Metalle der 5. bis 8. Gruppe des Period. Syst.) gemischt sind, ohne wesentliche Verdampfung unter Drücken von 20—300 at bei 400—600° u. entspannt sie in der Weise, daß sie prakt. vollständig verdampfen. Man scheidet den Katalysator aus den entspannten Dämpfen ab u. kondensiert sie. (**D. B. P. 853 486** Kl. 23b vom 21/5. 1943, ausg. 23/10. 1952.) UNGER. 8197

Badische Anilin-& Soda-Fabrik, Ludwigshafen/Rh. (Erfinder: **Harry Wely,** Krefeld-Uerdingen), *Wiederbelebung von Katalysatoren der Kohlenwasserstoffbehandlung.* Man kann mit kohligen Ablagerungen überzogene Katalysatoren fortlaufend u. in kürzester Zeit durch Behandlung mit vorgewärmter Luft im Gegenstrom regenerieren, indem man den Wiederbelebungsraum durch übereinander angeordnete durchlässige, kippbare, ausziehbare oder schwingende Böden in Zwischenräume unterteilt, über die die staubförmigen Katalysatoren von oben nach unten geleitet werden. Die bei der Wiederbelebung entstehende Wärme wird in jedem Zwischenraum getrennt abgeführt. — Zeichnung. (**D. B. P. 853 787** Kl. 23b vom 5/5. 1943, ausg. 27/10. 1952.) UNGER. 8197

Standard Oil Co., Cleveland, übert. von: **George L. Lupfer,** Bedford, **Ralph G. Atkinson,** Maple Heights, und **John D. Stubbs,** Cleveland, O., V. St. A., *Entfärbung von mit Lösungsmitteln gereinigten Schmierölen.* Man setzt dem Mineralöl Furfural zu, trennt den Extrakt ab, gibt Bleicherde zu dem gereinigten Öl–Furfural-Gemisch, erhitzt den Brei, bis das Furfural abdest. u. die Farbe des Öls sich aufgehellt hat, gibt Methyläthylketon zu dem Gemisch aus Öl u. Bleicherde, kühlt das Gemisch, um Paraffin aus dem Öl zu fällen, trennt Paraffin u. Bleicherde vom Öl u. vom Keton u. trennt letzteres ab. Gereinigtes, entparaffiniertes u. entfärbtes Öl. Zeichnung. (**A. P. 2 602 044** vom 7/4. 1948, ausg. 1/7. 1952.) UNGER. 8221

Dow Corning Corp., Midland, Mich. (Erfinder: **George Malcolm Hain,** Stamford, Conn., und **William Albert Zisman,** Washington), V. St. A., *Abschmierfette,* 1. bestehend aus Siloxanpolymeren oder -mischpolymeren als Grundlage u. einem geringen Anteil an Alkaliseifen höherer Fettsäuren, z. B. Li-Stearat; 2. bestehend aus mehr als 70 (Teilen) Alkylsiloxanpolymeren oder Arylsiloxanpolymeren oder ihren Mischpolymeren u. weniger als 30 Alkaliseifen. (**D. B. P. 850 047** Kl. 23c vom 21/9. 1950, ausg. 22/9. 1952. A. Prior. 21/6. 1945.) DERSIN. 8223

Sinclair Refining Co., New York, N. Y., übert. von: **John W. Teter,** Chicago, Ill., und **John Walter Nelson,** Hammond, Ind., V. St. A., *Schmierfett,* bestehend aus Mineralschmieröl, das durch Zusatz von hochmol., mikrokrist. Wachssäuren verdickt ist, die durch Oxydation von Paraffinwachs mit 34—55 C-Atomen mit O_2 in Ggw. von Katalysatoren erhalten wurden, in W. unlösl. sind, eine VZ. $<$200 besitzen u. überwiegend aus Monocarbonsäuren mit einer Kettenlänge von $>$18 C-Atomen bestehen. In gleicher Weise kann man auch die Alkali- oder Erdalkaliseifen der Säuren verwenden. (**A. PP. 2 590 786** u. **2 590 801** vom 19/5. 1950, ausg. 25/3. 1952.) DERSIN. 8223

Standard Oil Development Co., übert. von: **Arnold J. Morway,** Clark Township, und **John J. Kolfenbach,** Somerville, N. J., V. St. A., *Hochdruckschmierfett,* bestehend aus Mineralschmierölen, die durch Zusatz von 5—25 Gew.-% Na- oder Li-Seifen von Fettsäuren mit 12—22 C-Atomen verdickt sind u. 3—15 nichtflüchtige Reaktionsprodd. der CANNIZZARO-Rk. eines Alkalihydroxyds mit einem S-haltigen heterocycl. Aldehyd, z. B. β-Thiophenaldehyd oder α- oder β-Thiofurfurol, enthalten. (**A. P. 2 581 126** vom 31/8. 1949, ausg. 1/1. 1952.) DERSIN. 8223

Farbenfabriken Bayer (Erfinder: **Ottmar Wahl, Werner Schommer,** Leverkusen, und **Gerhard Schrader,** Opladen-Bruchhausen), *Hochdruckschmiermittel,* gek. durch einen Geh. an organ. Esteramiden der Säuren bzw. Thiosäuren des P, bes. ca. 0,05—5%. —

Man verwendet z. B. Diphenylthiophosphorsäureamid, Diphenylphosphorsäureamid, -anilid, -hexylamid u. -isododecylamid. (**D. B. P. 849 468** Kl. 23c vom 10/9. 1943, ausg. 15/9. 1952.) DERSIN. 8223

George M. Hain, United States Navy, V. St. A., *Schmier- und Dichtungsmasse für Schraubengewinde usw.*, bestehend aus 45—90 (Gew.-%) Polybuten mit Mol.-Gew. 3000 bis 10000, 0,5—5 Lecithin u. 10—50 Flockengraphit, Glimmer oder Talkum mit einer Korngröße von 200—300 Maschen, die miteinander gleichmäßig verrieben sind. (**A. P. 2 581 407** vom 11/12. 1945, ausg. 8/1. 1952.) DERSIN. 8223

Chemische Werke Albert (Erfinder: **Hans Huber** und **Frithjof Kroemer**), Wiesbaden, *Gleit- und Schmiermittel für Preß- und Stanzformen.* Verwendung von viscosen koll. Lsgg. von an sich wasserunlösl. Kurrolschen Salzen für den oben angegebenen Zweck. — Die Salze werden mittels Alkalisalzen, z. B. Na_2SO_4, $NaNO_3$ oder Na-Fettalkoholsulfonaten, oder mittels Salzen starker NH_4-Basen oder schwacher Basen, z. B. Harnstoff, durch Erwärmen in viscose, in der Kälte beständige Emulsionen übergeführt. (**D. B. P. 851 102** Kl. 23c vom 25/9. 1941, ausg. 2/10. 1952.) DERSIN. 8223

Texaco Development Corp., New York, übert. von: **Wynkoop Kierstedt jr.,** Scarsdale, und **Howard H. Gross,** Pleasantville, N. Y., V. St. A., *Abscheidung von Paraffin aus Kohlenwasserstoffgemischen.* Ein Paraffinkuchen, der noch andere Bestandteile als festes Paraffin enthält, wird bei niedriger Temp. mit einem Lösungsm. für diese anderen Bestandteile behandelt, die verd. Mischung auf Entmischungstemp. erwärmt, so daß das gewünschte Paraffin in der Mischung in fester Form vorliegt, während die unerwünschten Bestandteile in Lsg. bleiben. Man trennt das feste Paraffin von der Lsg. ab u. versetzt es mit frischem Lösungsmittel. Nun erhöht man die Temp. des Paraffin-Lösungsmittelgemisches über den Entmischungspunkt (5—50° F), so daß 2—30 Gew.-% des gewünschten Paraffins sich in dem Lösungsm. lösen, kühlt ab bis zur Abscheidetemp. u. trennt das feste Paraffin von der Lsg. ab. — Zeichnung. (**A. P. 2 595 468** vom 24/6. 1947, ausg. 6/5. 1952.) UNGER. 8227

Wilhelm Gumz, Vergasung fester Brennstoffe. Stoffbilanz u. Gleichgewicht. Eine Darstellung praktischer Berechnungsverfahren. Berlin, Göttingen, Heidelberg: Springer. 1952. (VI + 102 S.) 8°. DM 9,60.

XXI. Leder. Gerbstoffe.

K. H. Gustavson, *Die isoelektrischen Punkte von Chrom–Kollagen-Verbindungen.* Die isoelektr. Punkte von chromgegerbten Hautpulvern u. von Kalbfellen wurden nach 3 verschied. Methoden bestimmt, wobei übereinstimmende Ergebnisse erhalten wurden. Für kation., d. h. mit bas. Chromsulfat gegerbtes Hautmaterial lag der isoelektr. Punkt zwischen p_H 6,5 u. 7,5, gegenüber 5,5 für reines Kollagen. Mit Na-Dioltetraoxalatochromiat, d. h. anion. gegerbtes Hautpulver hatte einen isoelektr. Punkt von 4,0—4,5. Unter Verwendung eines Acetatpuffers kation. gegerbtes Hautpulver hatte einen isoelektr. Punkt von 4,2. Die Umladung der Chromkomplexe ist offenbar durch das Eindringen von Acetatresten in diese Komplexe bedingt. Bei anion. Gerbung wird der isoelektr. Punkt nicht durch die Art des Puffers beeinflußt. Wird kation. gegerbtes Hautpulver getrocknet, so verschiebt sich der isoelektr. Punkt um 2 Einheiten nach der sauren Seite. — Das für die Verss. verwendete Freiberger Hautpulver wurde kation. mit einer 15 g $Cr_2(OH)_2(SO_4)_2 \cdot Na_2SO_4$ pro Liter enthaltenden Lsg. gegerbt. Die Entsäuerung erfolgte bei der einen Hälfte des Materials durch Auswaschen mit W. unter allmählicher Neutralisation der herausdiffundierenden Säure, bei der anderen durch Ausschütteln mit 4%ig. wss. Pyridinlösung. Die anion. Gerbung wurde durch Behandeln von je 5 g Hautpulver mit 200 ml Lsg. von Na-Dioltetraoxalatochromiat bei p_H 5,0 durchgeführt. Die Lsg. enthielt 20 g Cr_2O_3/Liter. Zur Best. des isoelektr. Punktes diente die Mikroelektrophorese, die elektrokinet. Meth. von NEALE u. die Farbstoffbindung als Funktion des p_H. — 1 Abb., 1 Tabelle. (J. Amer. Leather Chemists Assoc. **47.** 425—37. Juni 1952. Stockholm, Garverinäringens Forskninginst.) O. ENGEL. 8336

K. S. Kirby, E. Knowles und **T. White,** *Die Gerbstoffe.* 2. Mitt. *Die komplexe Natur der vegetabilischen Gerbstoffextrakte.* (1. vgl. WHITE, J. Soc. Leather Trades' Chemists **33.** [1949.] 39—51.) Zur Aufklärung der komplexen Natur von vegetabil. Gerbstoffen ist die Papierchromatographie bes. geeignet. Vff. fanden nun, daß n-Butanol–Essigsäure–W.-Gemische (4 : 1 : 5) zur Zerlegung von hydrolysierbaren Polyphenolen bes. geeignet sind, während kondensierte Gerbstoffe sich nur schwierig trennen lassen. Sek. Butanol, mit W. gesätt., eignet sich vor allem zur Kennzeichnung von Gallusgerbsäure. Die weiteren Unterss. als solche zeigen, daß bei den verschied. Gerbstoffextrakten in keinem Fall ein chem. einheitlicher Gerbstoff dominiert, sondern daß die Extrakte zusammengesetzter chem. Natur sind. Für die chromatograph. Unterss. wird der Gerbextrakt in Pyridin–W. (1 : 1)

oder 2-Methoxyäthanol–W. (1: 1) zu 10, 5 bzw. 2% ig. Lsgg. gelöst. Entwickelt werden die Diagramme mit ammoniakal. Silbernitratlsg., frisch zubereiteter 2fach diazotierter Benzidinlsg. oder mit Soda alkal. gemachter 1% Kaliumferrocyanidlösung. Danach wird gespült u. getrocknet (bei Verwendung von Silbernitrat wird im Dunkeln bei 25° getrocknet). Als Papier wurde Whatmanpaper No. 11 verwendet (1, 2 u. 20 ist ebenfalls geeignet). Die Ergebnisse werden ausführlich besprochen. (J. Soc. Leather Trades' Chemists **35.** 338—44. Okt. 1951. Harpenden, Forestal Res. Labor., Forestal Central Labor.)
H. G. FRÖHLICH. 8336

W. D. Raymond, *Die Verwendung von Akazienschoten und -rinde als Gerbmaterialien.* Es werden in Tabellenform Angaben über den Gerbstoffgeh., den Wassergeh., die Asche, den Nichtgerbstoffgeh. von verschied. Akazienschoten u. -rinden, die in Afrika u. Indien wachsen, gegeben. Danach liegt der durchschnittliche Gerbstoffgeh. der Schoten zwischen 50—60% u. der der Rinden zwischen 15—35%. — 3 Tabellen. (Colonial Plant Animal Products **2.** 285—91. 1951.) H. G. FRÖHLICH. 8336

Miguel Granell, *Kunstharze beim Gerben und bei der Fertigstellung des Leders.* Zusammenfassender Bericht über die bekannten, beim Gerben u. der Fertigstellung des Leders benutzten synthet. Gerbstoffe bzw. Kunststoffe. (Rev. Plásticos **2.** 221—24. Sept./Okt. 1951.) RUMPF. 8336

J. Wagner, *Die Gerbstoffbilanz bei der Bodenledergerbung.* Vf. behandelt die Frage der Gerbstoffausnutzung bei der Bodenledergerbung (Aufstellung einer „Gerbstoffbilanz") u. gibt einen Überblick über Ursachen von Gerbstoffverlusten sowie über Fehler bei der Gerbstoffbestimmung. — 10 Literaturhinweise. (Leder **3.** 178—82. Aug. 1952.)
WINIKER. 8336

John Kendall, *Die Kunst der Chromlederbehandlung. Benetzungseigenschaften und Zurichtung.* Allg. Hinweise auf die chem.-physikal. Eigg. von Chromleder u. deren Einfl. auf das Netzvermögen des Chromleders sowie die verschied. Zurichtemethoden. (Leather Trades' Rev. **106.** 763—64. 768. 31/12. 1952.) H. G. FRÖHLICH. 8340

—, *p_H-Messungen in der Gerberei.* Die Bedeutung der p_H-Messung für die Gerberei wird erörtert; für die Messungen wird ein „Tester" empfohlen, der mit einer ringförmigen Sb-Elektrode als p_H-Anzeiger u. einer Hg_2Cl_2-Elektrode ausgerüstet ist. (Nederl. Leder-Ind. **63.** 625. 11/12. 638. 18/25. 12. 1952.) WESLY. 8364

Robert M. Lollar, *Der Schimmelwiderstand von Leder.* Es wird ein Überblick über die Prinzipien zur Prüfung der Schimmelfestigkeit von Leder gegeben. In diesem Zusammenhang wird die Meth. der AMERICAN LEATHER CHEMISTS ASSOCIATION ausführlich beschrieben. (Leather Manufacturer **62.** Nr. 3. 15—20. März 1951. Cincinnati, O., Univ., Tanners' Council Res. Labor.) H. G. FRÖHLICH. 8368

C. W. Mann, John Mandel, Mary N. Steel und **J. R. Kanagy,** *Zur Frage der Probenahme bei Rindoberleder.* 2. Mitt. (1. vgl. C. **1952.** 628.) An einer Reihe von ungespaltenen Rindseiten wurde der Einfl. der Entnahmestelle eines Probestückes auf den Ausfall der chem. u. physikal. Prüfung untersucht. Für die chem. Analyse ist es an sich ziemlich gleichgültig, von welcher Stelle die Probe dafür stammt, es ergeben sich überall ungefähr die gleichen Werte. Anders bei den hier speziell untersuchten physikal. Eigg. der Leder, die sehr stark von der Struktur der Haut u. damit von der Entnahmestelle abhängig sind. Geprüft wurde die Reißfestigkeit, die Stichausreißfestigkeit u. die Weiterreißfestigkeit parallel u. quer zur Rückenlinie u. der Berstwiderstand. In mehreren Zeichnungen wurde der Grad der Eignung der verschied. Stellen der Haut für die einzelnen Prüfungen eingetragen; vorteilhaft sind die Gegenden am Schild u. gegebenenfalls an der Schulter, da sie für die hier durchgeführten Prüfungen geeignete Werte geben, die als gute Durchschnittswerte der ganzen Seite angesehen werden können. (J. Amer. Leather Chemists Assoc. **47.** 352—70. Mai 1952. Washington, D. C., Nat. Bur. of Standards.)
STADLER. 8368

E. B. Randall, T. J. Carter, T. J. Kilduff, C. W. Mann und **J. R. Kanagy,** *Die Variation der physikalischen und chemischen Eigenschaften von gespaltenen und ungespaltenen Chromledern.* Die physikal. u. chem. Eigg. von 30 chromgegerbten Oberledern aus Stierhäuten wurden eingehend untersucht. Jeweils die eine Hälfte der Häute war auf die übliche Stärke gespalten, die andere spiegelbildliche Hälfte wurde unverändert untersucht. Jede Hälfte wurde in 21 Felder geteilt u. jedes dieser Felder für sich geprüft. Die Übereinstimmung zwischen spiegelbildlichen Blocks desselben Leders war im allg. gut. Die Blocks untereinander wichen jedoch stärker voneinander ab. Die Festigkeitseigg. von ungespaltenen u. gespaltenen Ledern waren nicht wesentlich verschieden. Im Mittel war die Festigkeit (Reißfestigkeit u. Stichausreißfestigkeit) parallel zur Rückenlinie größer als senkrecht dazu, nur an einigen Stellen des Bauches u. der Schultern war

es umgekehrt. Die Berstdrucke waren teils für die gespaltenen u. teils für die ungespaltenen Hälften etwas größer. Im Mittel sind die Unterschiede jedoch nicht groß. Die Wasserdurchlässigkeit u. die Wasserdampfdurchlässigkeit war für die gespaltenen Leder größer als für die ungespaltenen. Im Kern war die Wasseraufnahmefähigkeit bei den ungespaltenen Ledern größer, in den anderen Teilen der Haut waren die Verhältnisse unterschiedlich. Es hängt dies wahrscheinlich mit der Fettverteilung im Leder zusammen, da zwischen Fettgeh. u. Wasseraufnahmefähigkeit eine gute Korrelation besteht. Der Asche- u. der Cr_2O_3-Geh. nahm vom Schwanz zum Hals u. vom Rücken zum Bauch hin ab u. der Fettgeh. in den gleichen Richtungen zu. — 11 Abbildungen, 10 Tabellen. (J. Amer. Leather Chemists Assoc. **47.** 404—25. Juni 1952. Washington, Nat. Bureau of Standards.)
O. ENGEL. 8368

Badische Anilin- & Soda-Fabrik, Ludwigshafen/Rh. (Erfinder: **Hans Krzikalla**, Heidelberg, und **Gerhard Otto**, Mannheim), *Herstellung von metallhaltigen Gerbstoffen.* Man führt Sulfonsäuren von komplexbildenden organ. Verbb. zusammen mit sulfonsäuregruppenfreien Carbonsäuren in Verbb. von Metallen über, deren Salze eiweißfällende Eigg. haben, z. B. werden in einer Lsg. von 132 (Teilen) wasserfreiem $Al_2(SO_4)_3$ in 500 W. 24,2 des Dinatriumsalzes der Sulfobernsteinsäure u. 11,8 Bernsteinsäure eingetragen. Die Lsg. wird mit ca. 22 Na_2CO_3 versetzt u. zur Trockne gedampft. (**D. B. P. 858 286** Kl. 28a vom 18/3. 1944, ausg. 4/12. 1952.)
v. SCHILLER. 8337

Badische Anilin- & Soda-Fabrik (Erfinder: **Richard Alles**, Heidelberg, und **Friedrich Wilhelm Guthke**), Ludwigshafen/Rh., *Herstellung von Gerbstoffen.* Naphtholsulfonsäuren werden mit mehrwertigen Phenolen (**I**) oder mit Kondensationsprodd. aus kernverbindend wirkenden Mitteln (CH_2O) (**II**) u. **I** oder mit Kondensationsprodd. aus **II**, **I** u. Harnstoffen sowie mit **II** kondensiert. — Beispiele für **I**: Resorcin, Brenzcatechin, Pyrogallol usw. (**D. B. P. 858 703** Kl. 12q vom 5/4. 1942, ausg. 8/12. 1952.)
FABEL. 8337

Farbenfabriken Bayer, Leverkusen (Erfinder: **Hermann Noerr**, Bolton, England, **Walter Hees**, Köln, und **Gustav Mauthe**, Opladen), *Herstellung der Ammoniumverbindungen sulfomethylierter phenolischer Kondensationsprodukte.* Phenole (z. B. Brenzcatechin, Resorcin, 4.4'-Dioxydiphenylsulfon) oder höhermol. phenol. Verbb. (z. B. aus Sulfitablauge gewonnene) werden mit CH_2O u. NH_4-Salzen der H_2SO_3, bes. NH_4HSO_3, in schwach saurem bis sehr schwach alkal. Gebiet, bes. bei 130—150°, unter Druck umgesetzt. — *Gerbstoffe.* (**D. B. P. 867 857** Kl. 12q vom 18/1. 1944, ausg. 19/2. 1953.)
FABEL. 8337

Otto Hansen, Bergisch-Gladbach, und **Hans Steinbrink**, Marl/Westf., *Fetten von gegerbten Häuten.* Man behandelt diese mit niedrigpolymeren Styrolen für sich allein oder zusammen mit anderen Lederfettungsmitteln; z. B. werden Kernstücke für Treibriemen im Walkfaß mit 4 (%) Degras, 2 Talg, 1 Haarfett u. 7 Distyrol, bestehend aus 40 Di-, 30 Tri- u. 30 Tetra- u. Pentastyrol, 50 Min. bei 50° gefettet. Anschließend wird an der Luft getrocknet. (**D. B. P. 857 426** Kl. 28a vom 2/10. 1948, ausg. 27/11. 1952.)
v. SCHILLER. 8341

Reinhold Hagen, Hangelar über Siegburg/Rhld., *Kaschieren von Leder*, bes. *Spaltleder.* Eine Folie aus thermoplast. M., wie Polyvinylchlorid, wird auf das Leder (**I**) gelegt u. von ihrer Oberseite unter gleichzeitigem Anpressen so weit u. so lange erhitzt, daß sie teilweise in die Unebenheiten des **I** eindringt. — Vorrichtung. (**D. B. P. 841 866** Kl. 75c vom 2/2. 1950, ausg. 19/6. 1952.)
E. WEISS. 8341

Max Merkel, Göppingen, *Herstellung von mehrfarbigem Kunstleder* durch Streichen, Gießen, Walzen, Spritzen oder dergleichen. Eine der in verschied. Farbtönungen eingefärbten Kunstledermassen wird in ein flächenhaftes Gebilde mit Aussparungen übergeführt, die gleichzeitig oder nachträglich mit andersfarbigen Kunstledermassen ausgefüllt werden. (**D. B. P. 849 991** Kl. 81 vom 8/10. 1950, ausg. 22/9. 1952.) v. SCHILLER. 8353

XXIV. Photographie.

G. A. Isstomin, *Auflösungsvermögen photographischer Schichten und Auflösungskraft des Auges bei kleinen Kontrasten.* Das Auflösungsvermögen photograph. Schichten wird am besten durch die Formel $R = R_0 \sqrt{K_t/(1 - K_t)}$ ausgedrückt, wobei $K_t = (B_1 - B_2)/\Theta$ der Kontrast des Testobjektes ist, B_1 u. B_2 der Helligkeitswert der hellen u. dunklen Teststriche. Für den Übergang vom Auflösungsvermögen der Schicht $R_0/K_t =$ zu R bei beliebigem K_t-Wert. Experimentell wurde die Brauchbarkeit der Formel bestätigt. Für geringen Kontrastwert $K_t < 0{,}50$ schlägt Vf. eine Abänderung der Formel vor: $R = R_0 \sqrt{K_t/(1 - K_t)}$, die mit prakt. Beobachtungen übereinstimmt. Somit ist bei visueller Wahrnehmung oder Wiedergabe des Objektes durch die lichtempfindliche Schicht eine gegenseitige Abhängigkeit zwischen Auflösungsvermögen u. dem Kontrast Objekt/

Untergrund festzustellen. (Доклады Академии Наук СССР [Ber. Akad. Wiss. UdSSR] [N. S.] **84.** 273—75. 11/5. 1952.) Oehrn. 8590

R. E. Maurer und **J. A. C. Yule**, *Ein photographischer Desensibilisierungseffekt bei Belichtung mit niedrigen Intensitäten.* Vff. beschreiben einen neuen photograph. Effekt, den sie „L.I.D.-Effekt" (low intensity desentitization effect) nennen. Bei gewissen solarisierenden Emulsionen wird das durch kurze Belichtung mit hohen Intensitäten entstandene Bild durch eine nachfolgende lange Zweitbelichtung mit Licht geringer Intensität zerstört. Wird die Belichtung mit niedriger Intensität als Vorbelichtung gegeben, so tritt ebenfalls Desensibilisierung ein. In beiden Fällen ist die aus Erst- u. Zweitbelichtung resultierende D. niedriger als die lediglich durch Kurzbelichtung mit hohen Intensitäten erhaltene Schwärzung. Der neue Desensibilisierungseffekt wird zusammen mit anderen Doppelbelichtungseffekten, wie Herschel-, Villard- u. Clayden-Effekt, erörtert. Die sensitometr. Unterss. wurden an Eastman-High Contrast Positivfilm, Typ 1363, durchgeführt, der 2 Min. in Kodalith-Entwickler entwickelt wurde. Der Effekt konnte nur bei typ. Kombinationen von Emulsion u. Entwickler beobachtet werden. Er tritt z. B. nicht auf, wenn der genannte Positivfilm im Kodak-Entwickler SD-12 oder Kodak-Rapid-Röntgenentwickler entwickelt wurde, u. nur schwach mit Kodak-Entwickler D-19. Im allg. zeigen den Effekt nur solarisierende Emulsionen. An Stelle der Belichtung mit hohen Intensitäten kann Röntgenstrahlung treten. Prakt. Anwendung kann der neue Effekt für die Umkehrentw. u. für die Farbkorrektur bei der Reproduktion farbiger Originale finden. (J. opt. Soc. America **42.** 402—08. Juni 1952. Rochester, N. Y., Kodak, Res. Labor.) W. Günther. 8598

G. Kornfeld, *Die Sensibilisierung der Ederschen Reaktion durch Farbstoffe — ein Vergleich zur Farbsensibilisierung von Emulsionen.* Die Edersche Rk. beruht auf der Red. von $HgCl_2$ durch *Ammoniumoxalat* zu *HgCl* unter Freiwerden von CO_2. *Sensibilisierungsfarbstoffe*, wie sie zur Herst. photograph. Emulsionen verwendet werden, vermögen auch die Edersche Rk. zu sensibilisieren, für die folgende Ketten-Rk. angenommen wird: unter dem Einfl. der Lichtenergie bildet sich $C_2O_4^- \cdot C_2O_4^- + Hg^{2+} \rightarrow Hg^+ + 2\,CO_2$; $Hg^+ + C_2O_4^{2-} \rightarrow Hg^{2+} + C_2O_4^-$; $Hg + Hg^{2+} \rightarrow Hg_2^{2+}$ (als Kalomelfällung). Es wurde eine große Anzahl von Farbstoffen untersucht, wobei eine gewisse Analogie zur Sensibilisierung photograph. Emulsionen festgestellt wurde. Die beste Quantenausbeute gab das *3.3'-Dimethylbenzselenocyaninchlorid.* Sie beträgt unter den Versuchsbedingungen bei einer Bestrahlung von 5 Min. bei 14° 3,2 ± 0,4, bei 25° 5,0 ± 0,4, bei 30° 6,1 ± 0,3. — *Eosin* u. *Erythrosin* sind bes. wirksam, *Rose bengale* wirkt schwach, während *Fluorescein* u. *Dichlorfluorescein* sehr viel schwächer sind. *Safranin* gibt eine Spur einer Kalomelfällung nach einstd. Bestrahlung. Keinen Effekt zeigen *Rosanilinchlorhydrat, Kongorot* u. *Dimethylaminochinaldin,* ferner *Indigodisulfonat, Säurefuchsin* u. *Thiocarmin B.* Für Eosin wird eine Quantenausbeute von 3,2 angegeben, für das symm. *1.1'-Diäthyl-2.2'-cyaninchlorid* bei Bestrahlung von 5 Min. 0,4, für *3.3'-Diäthylthiocyaninchlorid*: 4,0 u. für das asymm. *1.3'-Diäthylthio-2'-cyaninjodid*: 5,6. *4'-Cyanine* u. *Isochinoline* sind nur wenig wirksam. Die *Pyridocyanine,* z. B. das *1.1'-Diäthyl-4.4'-pyridocyaninperchlorat,* sensibilisieren die Edersche Rk. ebenfalls nur schwach. Gute Sensibilisatoren sind die einfachen *Benzseleno-* u. *Benzoxazolcyanine.* Änderungen an den N-Substituenten wirken sich auf die Quantenausbeute aus. Der Methylgruppe am N eines Benzthiazol-, Benzoxazol- oder Benzselenazolkernes kommt eine besondere Wrkg. zu. Einführung weiterer Benzolreste, wie z. B. beim Übergang von den Benzthio- zu den Naphthiocyaninen, beeinträchtigt ebenfalls die Sensibilisierungswirkung. Farbstoffe mit nichtcoplanarer Konst. sensibilisieren nicht, ebensowenig wie sie photograph. Emulsionen sensibilisieren. Im Gegensatz hierzu sensibilisieren Farbstoffe mit langer Kette die Edersche Rk. nicht, während sie sonst photograph. Sensibilisatoren sind. Auch die Übersensibilisatoren sind in der Ederschen Rk. ohne Wirkung. — Vf. nimmt an, daß bei der Sensibilisierung der Ederschen Rk. durch Farbstoffe ein Energie- u. kein Elektronentransport stattfindet, woraus sich neue Gesichtspunkte für die Erklärung der opt. Sensibilisierung von Halogensilberemulsionen ergeben können. (Sci. Ind. photogr. [2] **23.** 377—85. Okt. 1952. Rochester, N. Y., Kodak, Labor. des Rech.) W. Günther. 8604

Herausgeber u. verantwortlich für den Inhalt: Prof. Dr. Maximilian Pflücke, Berlin W 8, Jägerstraße 22/23, Fernsprecher: 200481, 201464. Redaktion: Chefredakteure Dr. Eugen Klever und Prof. Dr. Maximilian Pflücke. Verlag: Akademie-Verlag GmbH, Berlin NW 7, Schiffbauerdamm 19 (Fernsprecher 425571, Postscheckkonto Berlin 35021) u. Verlag Chemie, GmbH, Weinheim/Bergstraße (Postscheckkonto Frankfurt/M. 145314 u. Berlin [West] 7430, Fernsprecher: Weinheim 2017). Bestell- u. Verlags-Nr. dieses Heftes: 1007/124/24. Das Chemische Zentralblatt erscheint wöchentlich
Satz u. Druck: VEB Leipziger Druckhaus, Leipzig, III/18/203. VI. 53.
Veröffentlicht unter der Lizenznummer 1212 des Amtes für Literatur und Verlagswesen der Deutschen Demokratischen Republik.
Printed in Germany.

Die Aufgabe von Anzeigen kann sowohl beim Akademie-Verlag, Berlin, als auch beim Verlag Chemie, GmbH, Weinheim/Bergstraße, erfolgen

FSC
www.fsc.org
MIX
Papier | Fördert gute Waldnutzung
FSC® C083411

Kolibri 360 GmbH
Ferdinand-Jühlke-Straße 7
99095 Erfurt, Deutschland
produktsicherheit@kolibri360.de